농업
연구개발 정책

박정근

博 英 社

머 리 말

이 책의 제명을 농업과학기술정책으로 할 것인가, 농업연구정책으로 할 것인가를 놓고 마지막 교정을 보는 순간까지 망설였다. 그러나 구체적이고 현실적인 농업기술보다 농업기술에 대한 이론적 접근이라고 보아 농업연구정책으로 결정하였고 농업기술의 이론 자체만이 아니라 현실적 역동성을 가지고 농업기술을 본다는 뜻에서 농업 연구개발 정책이라고 최종적으로 정하였다.

저자가 2004년 출판한 농업발전경제학에서 경제발전을 위한 농업의 역할과 농업발전의 원동력으로 농업기술에 관한 중요성을 역설했다. 따라서 농업기술의 속성을 파악하여 현실적인 농업문제를 연구개발의 측면에서 체계화하고 궁극적인 정책의 방향을 제시하고자 하는 것이 이 책을 쓴 목적이다.

사실 농업기술개발은 기술 자체가 갖는 자연과학적 성격보다 사회과학적 특성의 인식에서 출발해야 한다. 이러한 관점은 일찍이 슘페터(J. Schumpter)의 혜안에 의해서 단순한 기술이 아니라 기업가가 창출하는 기술혁신(innovation)으로 투시되었다. 그러나 오늘날 기술혁신은 기업가에 의하여서만이 아니라 연구조직이나 연구기관의 사회적 통합화 과정으로 이해할 수 있는 사회경제적 성격이 분명하다. 따라서 연구개발 체계와 연구자원 배분의 제도경제적 접근이 이루어져야 할 것이다. 예컨대 농업기술은 연구자의 창의성뿐만 아니라 연구자원의 투입에 의하여 개발되며 이것은 바로 연구자원 배분의 문제라는 것을 의미한다. 또한 오늘날 농산물 무역개방으로 농업생산의 국제경쟁력이 중시되면서 농지제도를 중심으로 농업 구조조정 문제가 중요하며 유전자변형 농산물이나 식품의 안전성 문제는 단순한 기술문제를 넘어서 새로운 제도변화를 필요로 한다. 이처럼 최근 농업문제는 직접지불제나 휴경제도, 작물보험제도 등 제도적인 접근이 중요하기 때문에 농업 연구자원 배분에서 사회과학분야의 중요성이 커진다.

이러한 문제의식에서 이 책은 농업 연구개발 과정의 사회경제적 성격과 제도적 접근의 중요성에 따라 농업 연구자원 배분의 현실성을 분석하고자 하였다. 따라서 국가 농업 연구체계와 농업연구에서 공공부문과 민간부문의 역할, 아울러 최근의 중요한 농업연구로 농업생명공학, 벼 직파재배, 정밀농업연구의 경제성과 제도적 측면을 분석하고 식량작물과 원예작물 등 분야별 농업 연구자원 배분의 우선순위에 관한 실증적 사례를 분석하였다. 그러나 중요한 축산분야는 자료수집이 미비하여 포함시키지 못하였다. 농업기술을 개발하는 농업연구는 패턴모형에서 본 바와 같이 자원, 기술, 제도, 문화의 유발성에 따라 나타난다는 이론 틀에 따라 쌀 산업 발전문제에 응용하였다. 이론 틀과 연구방법은 그동안 저자가 발표한 논문을 수정보완하고 ISNAR 교육자료와 Alston저서에서 발췌하여 참고 및 재구성하였다.

이 책이 나오기까지 많은 분들의 도움이 컸다. 특히 농촌경제연구원의 서종혁 박사는 초고를 처음부터 끝까지 통독하고 여러 가지 문제점을 지적하여 주었다. 같은과 소순열 교수와 양병우 교수는 3장을, 작물유전학 전공의 윤성중 교수는 5장을 읽고 이에 대한 조언을 주었다. 11장의 자료정리와 부록은 대학원생 박우성 군이 성실하게 수행했으며 원고와 참고문헌의 정리는 농업경제학과 김순애 양, 학부의 이창희 군과 윤담현 군의 수고가 컸다. 실태조사와 자료분석을 맡은 강창식 박사, 황정욱 조교와 장동헌 박사의 마무리 교정에 대한 노고도 잊을 수 없다. 이 내용을 대학원 강의로 한 학기동안 같이 읽고 토론한 농업기술원 고경식 농촌지도사의 수고에 경의를 표한다. 편집에 필요한 사진을 제공해 준 농생물학과 김태홍 교수와 농공학과 이재영 교수에게 감사한다. 또한 언제나 이 분야에서 묵묵히 같은 길을 가고 있는 농촌진흥청 서동균 박사의 큰 도움에 고마움을 전한다. 이 책의 모든 자료수집과 분석은 농촌진흥청의 연구비 지원으로 가능했으며, 정무남 박사님의 격려와 도움에 깊은 사의를 드린다.

가족의 격려가 없으면 이 책이 나오기 어렵거나 훨씬 더 늦어졌을 것이다. 큰딸 도환과 작은딸 도연, 이 책의 시작부터 마지막까지 순간순간 참신한 아이디어를 내준 아내 희정 등 모든 가족들에게 따뜻한 사랑을 느낀다.

끝으로 어려운 농업분야 출판사정에도 불구하고 출판을 맡아주신 박영사 황인욱 전무님, 조성호 차장님, 그리고 편집부 우석진 차장님과 여러분께 감사한다.

2007년 4월 8일(음)

건지산 자락 연구실에서

저자 씀

차 례

제 1 부
농업 과학기술과 농업 발전이론

제 2 부

농업 연구개발 체계와 지역농업 발전

제 3 부
농업 연구방법과 연구평가

제 4 부
농업성장과 연구자원 배분의 효율성

제 5 부
농업발전과 농업 연구개발 정책의 방향

제 1 부

농업 과학기술과 농업 발전이론

꼬마잠자리
(세계에서 가장 작은 잠자리, 전북대 김태흥 교수 제공)

농업발전은 단순히 전통사회의 근대화문제에 그치지 않고 어떻게 하면 지속적으로 농업성장을 이룰 것인가 이며 이는 궁극적으로 농업기술에 달려 있다. 오늘날 농업과 농업연구의 변화에 따라 농업 과학기술 문제는 적정 농업 연구관리와 농업 과학기술의 평가체계 구축이 필요하다. 이것은 농업기술의 원천과 농업기술의 수요 공급에 따른 농업기술 개발의 과정분석에서 농업기술을 위한 제도적 접근이 중요하다는 사실로 알 수 있다. 농업기술은 생화학적 기술과 기계적 기술, 생명공학 기술로 나눌 수 있으며 미국과 같이 땅이 넓고 노동력이 부족한 나라에서는 기계적 기술이 발전하고 아시아지역과 같이 인구가 조밀하고 농지가 영세한 나라에서는 생화학적 기술이 발전하였다. 역사적으로 미국은 토지가격이 노임에 비하여 상대적으로 낮고 일본과 같은 아시아 지역에서는 농지가격에 비하여 노임이 낮았다. 따라서 농업기술은 부존자원에 따른 요소가격 변화에 의하여 기술개발 경로가 결정된다는 유발적 기술변화 가설이 역사적으로나 지역적으로 실증적 검증을 거치면서 확인 되었다. 이와 같은 유발이론은 기술변화가 새로운 소득의 흐름을 가져오고 이에 대한 새로운 제도가 유발되면서 기술과 제도의 유발성은 그 사회의 문화적 요인을 포함하는 이론적 확장을 보였다. 따라서 농업 발전이론은 부존자원, 기술, 제도, 문화의 상호 연계에서 접근하는 패턴모형에 의하여 설명할 수 있다. 이처럼 농업발전은 직선적인 접근이 아니라 다양한 요인으로 상호 연계성을 추구하는 이론적 배경에서 출발하여야 한다.

제 1 장

농업의 변화와 농업 과학기술

농업생산의 성장은 경제발전의 초기에는 주로 자원의 확대에 의하여 이루어졌다. 그러나 경제발전에 따라 자원 확대의 한계가 나타나기 시작하면서 농업자원의 합리적 이용과 농업생산성 제고가 점차 중요하게 되었다. 농업의 성장과 발전이 자원위주에서 과학기술 위주로 전환하게 되면서 농업생산의 지속적 성장이나 가속화를 이룰 수 있는 농업생산 기술의 기반은 어떻게 다져야 하는가 라는 문제가 대두된다. 이 문제는 농업에서 기술진보의 원천은 무엇이며 그 과정은 어떻게 이루어지는가, 또 그 사회경제적 성격은 무엇인가를 분명하게 이해함으로써 올바른 해답을 찾을 수 있다. 과거의 기술개발과는 달리 19세기 이후 과학기술은 대부분 과학자들의 실험실이나 연구소에서 만들어졌다. 따라서 농업기술은 연구기관에 대한 투자와 연구조직의 합리화, 즉 연구자원 배분문제로 파악할 수 있다. 이것은 농업기술 투자배분, 연구기관의 입지와 규모, 농업 과학기술 관리의 적정성과 평가체계의 구축을 위한 연구개발 체제 등 모든 문제를 포괄하여 마침내 농업 연구개발 정책문제로 귀착하게 된다.

그 나라의 한정된 농업 연구자원을 배분하는 데에는 과학과 기술, 공공부문과 민간부문, 기초부문과 응용부문에 대한 분배 등 여러 가지 선택의 문제에 직면한다. 과거에는 생산기술이 가장 중요했으나 오늘날은 생산기술 이외에 농촌개발, 공해문제, 소비자들이 갖는 식품안전과 유통 등 광범위한 부문에 연구자원을 배분해야 한다는 사회의 요구도 점점 커진다. 국가는 연구개발 정책의 테두리에서 농업기술에 대한 일정한 목표를 설정하고 그것을 달성하기 위하여 연구자원 배분정책을 실현한다.

이처럼 농업 연구개발 정책은 그 사회의 정치적·경제적·문화적 제 조건과 밀접한 관계가 있는 역사성을 갖는다. 이와 같은 역사적 및 사회경제적 성격에 대한 인식을 출발점으로 하지 않을 때 연구자원의 비효율적 배분만이 아니라 이에 따른 그 사회의 갈등은 피할 수 없다. 따라서 농업 과학기술 정책은 농업 연구개발의 사회경제적 성격의 인식이라는 바탕에서 출발해야 한다. 이때에 비로소 농업 연구개발 정책은 합리적인 연구자원 배분과 효율적인 연구투자를 이룰 수 있을 것이다.

그동안 경제학자들의 관심은 경제성장에서 단순한 기술 진보율의 계측에 한정되었고 과학과 기술은 경제체계의 외생요인으로 취급되었다. 이것은 그들이 기술을 경제성장의 원천으로 인식함에도 불구하고 기술진보 과정에 대한 사회경제적 성격을 파악하지 못한 데 기인한 것이다. 따라서 먼저 농업기술의 원천과 과정을 살펴 농업 기술진보의 사회 경제적 성격을 구명할 필요가 있다.

1.1 농업의 변화와 농업 과학기술의 중요성

경제발전에 따라 농업은 빠른 속도로 변화하고 있다. 특히 농업의 변화는 농업생산성에 의해서 크게 좌우되며, 농업생산성을 결정하는 농업 연구투자의 중요성이 과거 어느 때보다 농업문제에서 비중이 커지고 있다. 농업의 변화는 다음과 같은 다섯 가지로 설명할 수 있다. 첫째, 세계무역기구(WTO) 설립 이후 농업무역의 자유화가 급속히 이루어져 나라마다 단순한 전통적인 농업생산보다 비교우위에 의한 농업의 시장경쟁력이 농업생산에서 중요하다. 따라서 농업기술 증진이 비교우위를 높이고 경쟁력을 강화하는 핵심적 요인이다. 더구나 시장경제의 진전에 따라 앞으로는 농업생산만이 아니라 농업 시장조직의 경쟁력 제고가 이루어져야 한다. 이에 따라 농산물 가공(processing), 분배(distribution), 포장(packaging), 도매(retailing), 기타 농업 유통분야가 크게 확대되었다. 이처럼 농업의 변화에 따라 농업 연구투자의 다양화가 요구된다.

둘째, 농업의 변화는 농업생산력이 농업성장에 기여하는 몫이 점점 커져 농업은 단순한 자원위주의 농업에서 과학기술 위주의 농업으로 변모하고 있다. 농업에서 투입물의 효율적 이용이나 농업생산의 체계화(farming systems)뿐만 아니라 지식과 기술 집약적인 생산이 이루어지고 있다. 단순한 농업 연구투자만이 아니라 농업 연구투자 자원배분의 효율성을 높이기 위하여 농업 연구기관의 관리와 경영의 효율성문제에 대한 관심이 크게 높아졌다.

셋째, 농업의 변화는 친환경농업의 확대이다. 과거의 농업생산은 규모경제에 의한 대량생산이었으나 오늘날 농업은 친환경 위주의 농업으로 변모하고 있다. 농업은 자연자원을 이용하여 생산이 이루어지고 있으며 농업기술의 발달에 따라 환경에 대한 정(正)의 효과와 부(負)의 효과가 혼합되어 나타나고 있다. 농업의 비교역적 기능(non-trade concerns)으로 나타나는 정(正)의 효과만이 아니라 지하수 오염(ground water pollution), 토양침식(soil erosion), 생물 다양성 상실(loss of bio-diversity) 등 부(負)의 영향이 농업생산과 밀접한 관계를 가지고 있다. 농업 기술개발은 환경문제에 절대적인 영향을 주고 있으며, 이 분야에 대한 농업연구의 중요성이 점점 커지고 있다.

넷째, 농업의 변화는 유전자 조작 농산물(genetically modified organism: GMO), 지적소유권(intellectual property rights: IPR), 정보기술(information technology: IT) 등 이 분야 새로운 기술의 확대이다. GMO는 어떤 생물에서 내병성이나 내충성과 같은 유용한 유전자를 인공적으로 분리하여 이를 기존의 다른 작물에 도입하여 동일한 유전자 기능을 발휘하도록 조작된 농산물이다. 1970년대부터 수확량 제고를 위한 돌파구로 시작된 GMO는 곡물, 야채, 과일에서 앞으로는 식품, 사료, 의약품 등 농산물 가공분야로 확대될 것으로 보인다. 소비자의 안전성이나 생태계 교란에 대한 우려에도 불구하고 안전성에 대한 기준이나 GMO의 개발, 생산, 유통에 대한 국제적 기준이 마련되면 생명공학의 발전과 함께 농업연구에서 점차 비중이 커질 것이다. 또한 농업에서도 지적소유권문제가 나타나고 정보기술이 점차 커져 과거와는 달리 공공부문과 민간부문의 연구투자 배분문제가 대두되고 있다.

다섯째, 농업의 변화는 농업생산물에 관한 소비자들의 관심이 과거보다 더 커졌다는 점이다. 적절한 식생활과 식품의 안전성(proper diet and food safety) 문제에 소비자들의 관심이 커졌을 뿐만 아니라 시민운동을 통하여 보다 적극적으로 사회적 영향력을 발휘하고 있다. 따라서 농업생산은 단순히 가격을 중심으로한 시장경제만이 아니라 환경문제나 식품의 안전성 등 다양한 문제에 관심을 가져야 한다. 농업연구는 이러한 문제에 적극적인 관심을 가져야 한다.

이와 같이 농업의 변화에 따라 오늘날 농업은 과거와 같은 단순히 경제성장을 위한 농업의 역할만이 아니라 사회가 요구하는 농업의 역할이 다양해졌다. 비록 농업의 변화에 따라 농업연구의 중요성이 커지나 농업 연구투자는 시장경제에서 시장실패(market failure)로 인하여 민간기업에 맡기기 어려운 특성을 갖는다. 따라서 과소투자(under-investment)로 인한 높은 수익률(rate of return)에도 불구하고 농업 연구투자는 공공부문의 투자에 의존할 수밖에 없다. 민간부분의 투자는 시장에서 기업이 가격지표에 의한 의사결정 과정을 거쳐 자원배분의 결과를 가져오지만 공공부분의 투자는 의사결정 과정이 단순한 시장지표에 의해서 결정되는 것은 아니다. 농업 연구투자는 투자재원의 출처(sources of research funds)나 연구자체의 특성, 연구와 기술 및 지도보급의 연계 등 여러 가지 요인에 의하여 결정된다. 따라서 농업 연구투자는 시장에 의하여 결정되기 어렵고 결국 정부개입(government involvement)이 필요하다. 시장경제에서 민간부문의 투자기준은 시장의 투자수익률에 의하여 투자의 효율성으로 나타나지만 공공부문의 투자에 대한 결정은 사회의 후생복지를 위한 국가 정책목표에 따라 크게 달라지기 때문이다.

1.2 적정 농업 연구관리와 평가체계 구축의 필요성

오늘날 농업 과학기술 개발을 위한 공공부문의 연구투자는 단순한 투자규모의 확대만이 아니라 연구관리를 체계화하여 연구기관의 능력(institutional capacity)을 배양하는 방향으로 빠르게 변모하고 있다. 그 이유는 다음과 같은 네 가지로 정리할 수 있다. 첫째, 정치적 민주화의 진전과 지방 자치의 정착에 따라 공공부문 연구자원에 대한 투자효과를 합리적으로 설명하여 연구투자 예산을 확보할 수 있는 정치풍토가 조성되고 있다. 과거와는 달리 기술개발이 단순한 공급자 위주에서 수요자 중심의 연구예산 배분에 따라 이루어지면서 연구투자의 기술 수요자에 대한 반응(monitoring)과 연구평가(evaluation) 기능이 점점 중요한 변수로 나타나고 있다.

둘째, 세계화에 따른 농산물 시장개방으로 시장경제의 확대가 이루어지고 기술의 발달이 가속화되어 농업연구의 결과물도 점차 상업화가 가능해지면서 공공부문의 연구기관이 민간 연구기관이나 단체와 연계가 이루어지고 있다. 기술개발에 따라 농업연구에서도 특허(patents)가 가능해지면서 연구기관의 연구 결과물과 서비스의 연구기관 귀속이 가능해지고 이에 대한 제도적 뒷받침이 필요하다.

셋째, 기술개발과 시장의 확대에 따라 지역별, 상품별, 기술별 농민조직이 다양하게 이루어지고 농업 연구자원의 원천도 다양해졌다. 이러한 농업의 변화에 농업 연구기관의 연구자원 배분도 적절하게 맞추어져야 할 필요성이 있다.

넷째, 공공부문 농업기술 개발은 과거에는 전통적으로 분야별, 품목별, 지역별 전문가들에 의하여 실험실이나 시험포장에서 이루어졌다. 그러나 연구기관의 실험수준과 현장농민의 기술격차에 따라 농민의 현장 의식파악, 의사결정에 관한 정보, 농업기술과 현장 작부체계의 연계 등 적정기술 개발을 위한 현장 농업연구(on-farm research)의 중요성이 점차 커져 농업연구 평가시스템에 이러한 문제를 체계적으로 포함시켜야 한다.

농업기술은 토지를 절약하는 기술이나 노동을 절약하는 기술, 또는 에너지를 절약하는 기술에 따라 자원을 보유하고 있는 지주나 노동자 등 누구에게 유리한 기술인가가 서로 다르게 나타날 수 있다. 따라서 농업 연구자원의 배분 결과는 사회 각계의 각각 다른 이익집단을 형성하게 된다. 이러한 이익집단은 정치력에 의하여 연구자원 배분에 영향을 주고 현실적으로 그 결과가 다르게 나타나기 때문에 사회체제가 연구자원 배분에 미치는 영향을 배제할 수 없다.

공공부문에 의하여 배분되는 농업 연구자원은 연구재원의 출처(sources of funds)가 어디인가에 따라 달라진다. 중앙정부의 연구투자는 확산효과(spill-over effect)에 따라 광범위한 목표를 설정할 수 있다. 그러나 지방정부의 연구투자는 지역의 특화품목을 중심으로 이루어지며 대학의 연구기관에서는 학제 내의 연구에 중점을 두게 된다. 기초연구나 응용연구 등 연구 자체의 특성에 따라 연구자원 배분이 달라질 수 있다. 이처럼 공공연구 투자로서 농업 연구자원 배분은 다양한 특성에 따라 그 결과가 달리 나타나기 때문에 경제적 효율성뿐만 아니라 사회적 후생을 높일 수 있는 국가의 정책목표에 적합한 적정 자원배분이 이루어져야한다.

농업 연구자원의 적정배분은 국가의 농업 연구체계가 연구관리의 효율성과 적정성을 뒷받침할 수 있는 제도적 신축성이 이루어질 수 있을 때 가능하다. 오늘날 농업

연구기관의 연구자원 출처와 연구수행의 기능이 농업의 변화에 따라 다양하게 나타나며 그 중요성이 점점 커지고 있다. 이러한 현실에서 농업 연구기관은 연구의 우선순위 결정, 연구관리와 연구 인센티브 제공, 외부와의 연계성 구축 등을 통하여 연구기관의 관리체계가 효율성과 적합성을 동시에 높일 수 있어야 한다.

농업연구는 연구자들의 창조적 과정이기 때문에 그 결과는 언제나 불확실하다. 과학기술은 그 분야가 전문적이어서 연구자들의 채용이나 승진 등 연구관리를 위한 행정이 다른 행정기관과 다른 기준을 가질 수밖에 없다. 연구자들의 행동은 통제하기 어렵고 신축성과 자율성이 보장되어야 하며 연구비 예산편성이나 집행도 다른 행정 분야와는 다르다. 따라서 농업 연구자원 배분과 연구관리의 효율성이나 적정성은 농업기술 평가시스템의 구축에 의하여 체계적으로 이루어질 때 가장 합리적으로 이루어질 수 있다. 농업부문의 공공 연구기관이 새로운 변화에 적응하기 위해서는 보다 신축적이고 효율적인 연구제도와 연구체계를 갖출 수 있는 새로운 연구시스템의 구축과 지속적인 강화가 필요하다. 이를 위해서는 농업생산 기술평가 시스템을 구축하여 새로운 환경변화에 탄력적으로 적응할 수 있는 연구의 모니터링(monitoring)과 기술평가(evaluation)체제를 갖출 필요가 있다.

1.3 농업 과학기술 변화의 이론모형

1.3.1 농업 과학기술의 원천

과학기술이란 인간의 욕망에 적합하도록 주어진 대상을 변화시키는 모든 인간적 행위를 말하며 인간의 창조능력에서 나온다. 과거 기술은 개인의 영감이나 천재성에 의해서 이루어진 것이 사실이다. 그러나 오늘날 대부분의 기술혁신은 개인적 천재성보다 훈련된 과학자들의 노력으로 이루어진다는 것이 보편적인 사실이라 할 수 있다.

고전파 경제학자들이 기술을 경제발전의 중요한 원천으로 보면서도 그 원천을 개인의 창조능력 자체에만 두었기 때문에 경제발전에서 기술의 역할을 과소평가한 흔적은 적지 않다. 리카르도(Ricardo)의 수확체감법칙이나 맬더스(Malthus)의 인구론에서 보인 식량공급과 인구증가에 대한 비관적 견해는 모두 그 가정이 소박한 자연과학적 제 조건 때문이다. 따라서 고전파 경제발전이론이 자본축적 과정을 능동적으로 체계화하는데 성공하였지만 기술에 대하여 자연과학이나 개인의 창조능력을 넘어선 사회경제적 성격파악을 결여하여 경제발전이 종국에는 정지한다는 그릇된 전망을 보여 주었다.

고전파뿐만 아니라 과거 신고전파 경제학자들이 기술변화를 경제체계의 외생변수로 취급한 것도 같은 이유에서이다. 따라서 과거 신고전파 경제학자들이 경제발전 모형에 대한 이론적 정밀성과 실증적 계량분석 방법을 뚜렷이 발전시켰음에도 불구하고 기술진보를 부적절하게 취급한 사실을 간과할 수 없다.

기술에 대한 실증적 계측은 솔로(R. Solow, 1957)가 기술진보를 생산함수에 포함시켜 계측한 것이 전기가 되었다. 그는 생산증가를 노동, 자본 등 생산요소의 증가만이 아니라 기술진보에 의해서 설명하였다. 그러므로 생산증가에서 자본, 노동 등 모든 생산요소의 기여를 뺀 나머지 잔여를 기술의 기여로 계측하였다. 그러나 잔여법에 의한 기술진보의 계측에는 기술뿐만 아니라 오차 항(error)이 포함되어 있다는 통계학적 문제점을 회피할 수 없다. 그 후 시간(t)이라는 변수로 나타난 기술은 시간이 경과함에 따라 일정하게 변화한다는 비현실적 가정을 내포하게 된다. 뿐만 아니라 기술은 어디서 오는지 그 원천이 없으며, 비용이 들지 않고 시간과 더불어 스스로 진보한다는 의미가 된다.

기술진보는 시간에 따라 일정하게 변화하거나 비용이 들지 않는 것이 아니다. 오늘날 많은 기술혁신은 실험실, 연구소와 같은 연구조직을 통하여 이루어지며 따라서 개인의 천재성뿐만 아닌 사회적 산물이라 할 수 있다. 물론 산업과 과학연구가 밀접히 연관된 실험실의 개념은 19세기로 거슬러 올라간다. 이때부터 연구팀들이 지정된 과제를 놓고 실험실이나 연구실에서 연구하는 기술개발의 조직화가 이루어졌다. 이러한 연구기관의 기술발전은 이용 가능한 연구자원을 새로운 기술 자체만 아니라 새로운 지식이나 정보로 전환시키는 과정에서 이해할 수 있다.

기술혁신의 과정을 구체적으로 살펴보면 개인의 발명은 다음과 같은 4단계를 거쳐 이루어진다(Usher, 1954; Ruttan, 1982, 51-54에서 재인용).

① 문제인식 단계: 어느 한 분야에서 새로운 기술의 필요성을 인식하나 방법이 불완전하고 만족스럽지 못하다.

② 자료정리 단계: 문제해결에 필요한 자료나 결정요인을 어떤 사건이나 사상을

통하여 체계적으로 정리한다.

③ 실험·관찰 단계: 반복적 시행착오를 통한 관찰로 문제의 기본적 해결방안을 얻으나 불확실성으로 예측이 어렵다.

④ 수정·개선 단계: 새로 인식된 관계를 완전히 이해하고 효과적으로 개발기술의 광범위한 개선 및 재정리가 이루어진다.

이러한 개인적 발명이 창출되는 단계를 그림으로 나타낸 것이 〈그림 1-1〉이다. 여기서 새로운 발명은 에디슨(Edison), 말코니(Marconi) 같은 개인의 천재성이라는 우연에 의하여 이루어진다.

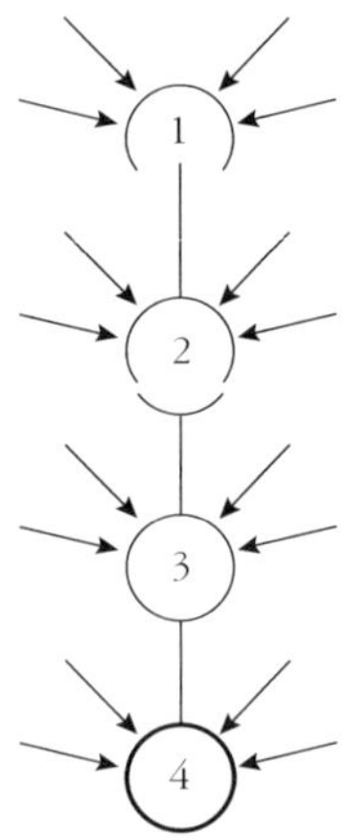

자료: V. W. Ruttan(1982), Agricultural Research Policy, p.52.

그림 1-1 개인적 발명의 창출단계

그러나 오늘날 기술개발은 특수한 분야에서 훈련과 경험을 쌓은 개인이 모여서 통합된 조직으로 이루어진 실험실이나 연구소에 의하기 때문에 누적적 종합화 과정을 거쳐서 사회화되고 연속성을 갖게 된다. 〈그림 1-2〉에서 볼 수 있듯이 기술혁신의 각 단계는 발명의 개인적 요소들이 누적적으로 통합되어 이루어지고 있으며 연속된 과정으로 나타난다. 이때 기술혁신의 속도와 방향은 특히 두 번째 자료정리단계(Ⅱ)와 네 번째 수정개선단계(Ⅳ)에서 우연성이 감소하고 적정연구자원과 연구 환경에 크게 의존하게 된다. 따라서 기술혁신 과정분석을 통하여 기술의 원천은 발명가의 천재성만이

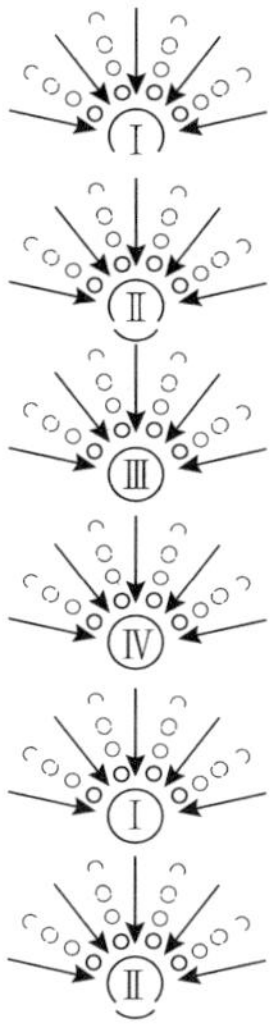

자료: V. W. Ruttan(1982), Agricultural Research Policy p.53.

그림 1-2 기술혁신의 누적적 종합화 과정

아니라 연구자원의 배분이라는 사회경제적 성격이 명확해질 수 있다.

기술개발은 자연과학의 기초분야와 밀접한 관계를 갖는다. 과거에는 기술이 과학을 앞섰다고 할 수 있으나 20세기 이후에는 과학이 기술진보를 뒷받침하는 중요한 요인이 되었다. 따라서 기술진보는 기초과학에 기반을 둔 응용과학이라 할 수 있고 〈그림 1-2〉에서와 같은 단순한 1차적 선형관계라 할 수는 없을 것이다.

〈그림 1-3〉은 기술혁신의 누적적 종합화 과정이 기초과학과 응용과학의 상호연관아래 평행하게 단계적으로 진행되는 것을 나타낸다(Ruttan, 1982). 그림에서 알 수 있듯이 과학과 기술은 과거에 축적된 지식의 연속적 발전과정이 상호 의존성을 가지고 나타난다. 이것은 곧 연구기술 개발뿐만 아니라 사회전체의 과학발전, 교육, 기술보급 및 전파 등이 복합적으로 기술혁신을 가져온다는 사실을 뜻한다. 이러한 관점에서 기술혁신을 보면 기술은 천재의 우연성보다 연구, 교육, 기술보급을 통한 자원배분과 밀접한 연관을 가지며 기술진보의 속도와 방향은 사회경제적 소산이라고 할 수 있다.

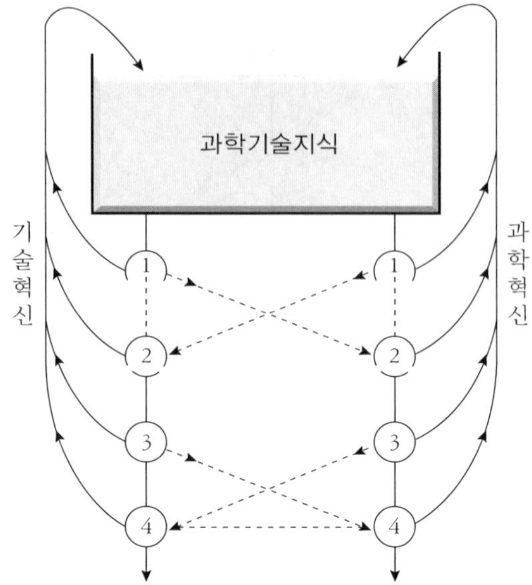

자료: V. W. Ruttan(1982), Agricultural Research Policy, p.57.

그림 1-3 과학기술 진보의 상호관계

실증적으로 그릴리케스(Griliches, 1964)는 미국 농업생산함수의 계측에서 토지, 노동, 자본 등 전통적 투입물 외에 기술을 나타내는 시간변수 대신 교육, 연구, 기술보급 등 새로운 비전통적 투입물변수를 직접 포함시켰다. 이와 같이 농업기술의 자원적 요소들이 농업생산 증가에 미치는 효과를 계측하고 검증한 이래 오늘날 농업기술의 원천에는 연구·교육·기술보급이 포함되어 있다는 사실은 논란의 여지가 없다.

뿐만 아니라 많은 연구결과는 농업 연구개발비의 투자수익률이 높게 계측됨으로써 농업 연구개발은 생산증대 효과만 아니라 경제적인 투자가치가 충분한 것으로 나타났다. 다만 공업 연구개발과는 그 특성이 달라 농업은 기술개발에서 오는 수익을 대부분 소비자가 흡수하고 기술개발자가 직접 거둘 수 없기 때문에 민간기업보다 공공기관에서 투자할 수밖에 없다는 사실은 이미 널리 알려져 있다.

이런 관점에서 농업 생산문제를 보면 오늘날과 같은 과학위주의 농업에서 농업기술은 농업연구·교육·기술보급에 대한 자원 배분문제로 마침내 귀착하게 된다. 더구나 공업기술은 다른 나라에서 직접이전이 가능하나 자연적 요소에 민감한 농업기술은 직접 기술이전이 어렵고 공공기관의 연구개발 투자에 의존해야하기 때문에 정부의 농업 연구개발 투자와 농업 연구자원 배분정책이 중요한 문제가 된다.

1.3.2 농업 과학기술의 수요와 공급

일반적인 기술개발의 수요분석은 시장을 중심으로 생산자의 개별적 경제활동 가운데 생산과정에서 새로운 기술에 따른 기대수익으로 파악할 수 있다. 그러나 농업부문과 같은 공공부문의 기술수요는 국가의 농업 연구자원 배분이라는 관점에서 분석할 수 있다. 국가의 경제정책에 따른 목표설정 아래 농업기술 개발수요가 이루어지기 때문이다. 농업기술은 수익성이라는 기술수요의 미시적 분석과는 달리 거시적 측면에서 농가 소득증대, 소비자 복지증진, 경제성장을 위한 농업성장 등 경제발전에서 농업의 역할을 위하여 국가의 필요에 따른 농업 연구자원 배분이 중요하다. 사실 농업기술은 특허제도의 미비에 따라 기술개발의 수익이 개발자에게 귀속되지 않을 때 그 파급효과가 가격하락으로 대부분 소비자에게 유리하게 나타나기 때문에 민간부문 보다 공공기관의 연구투자에 의존하게 된다. 또한 농업부문의 연구자원 배분은 국가의 경제정책에 의존하는 경향도 간과할 수 없다. 이와 같이 농업기술은 개별농가의 수익성뿐만 아니라 국가의 거시적 관점에서 기술수요가 이루어지기도 한다. 농업기술의 수요는 시장경제에서처럼 단순한 수익성에 한정될 수 없고 미시적 측면에서나 거시적 측면에서나 사회경제적 성격으로 파악하고 인식하는 것이 적정 기술개발을 위한 전제조건이 될 것이다.

과학과 기술의 관계는 19세기 이전까지는 그 연계가 극히 미비했으나 대체로 기술이 과학을 앞지르는 경향이었다. 그러나 20세기에 접어들면서 과학과 기술은 상호 보완적인 결합이 뚜렷해졌다. 이것은 개인적 발명의 한계가 나타나고 근대적 실험실이나 연구소가 과학기술 창조에 선도적 역할을 시작했기 때문이다. 그러나 이때까지 과학과 기술에 대한 인식은 과학과 기술 그 자체가 원래부터 가지고 있는 고유한 내재성의 범주를 벗어나지 못해 기술진보는 기술의 자연과학적 성격으로서만 파악되었을 따름이다. 이것은 기술의 수요 측면에 대한 인식의 결여를 뜻하며 기술은 단지 공급현상으로만 파악되었다는 것을 말한다.

기술은 단지 역사적으로 나타나는 발명가의 천재성에 의하여 기술의 내재성을 발견하고 이를 이용할 때 우연히 이루어지는 것으로 보았다. 따라서 기술진보는 역사적 필연성을 결여한 우연한 현상으로 파악되었다. 이러한 소박한 자연과학적 기술관에 대하여 기술의 사회적 성격을 최초로 지적한 슘피터(Schumpeter, 1934)는 발명(invention)과 기술혁신(innovation)의 개념을 우선 구분하였다. "기술혁신은 우리가 발명이라고 할 수 있는 어떤 것 없이도 가능하다. 그리고 발명은 반드시 기술혁신을 유발하는 것이 아니다." 여기서 기술혁신은 단순한 발명이 아니라 보다 넓은 사회경제적 의미를 갖는다. 즉, 기술혁신은 새로운 상품의 발명이나 새로운 생산방법의 창안뿐만 아니라 새로운 시장의 개척, 새로운 원료확보, 나아가서는 새로운 공업조직까지도 포함한다. 따라서 기술혁신은 발명가가 아니라 기업가에 의해서 이루어진다. 슘피터(Schumpeter)의 기술혁신 개념에서 지적할 수 있는 것은 첫째 그동안 기술자체의 내재성으로 설명한 기술진보의 성격을 사회경제 체제 안에서 설명함으로써 그 범위를 확대시켰다는 점이다. 이것은 경제성장이나 발전을 단순한 기술진보, 즉 자본축적으로 설명하는 경제학자들의 기술론적 논리에 기업가 정신이라는 인간적 요소를 부여함으로써 기술과 인간을 경제체제 안에 결합시켰다는 것을 뜻한다. 두 번째로 슘피터(Schumpeter)는 기술혁신의 사회경제적 성격을 드러냄으로써 기술혁신에 대한 제도적 중요성을 인지시킬 수 있는 계기를 만들었다는 점이다(Ruttan, 1965).

슘피터(Schumpeter)는 기술혁신에서 발명자의 천재성 대신에 단순히 기업가 정신만을 대체함으로써 그 이상의 사회경제적 성격에 눈을 돌리지 못하였다. 이것은 그의 기술혁신에 대한 과정분석이 결여되었기 때문이다. 오늘날 기술개발은 각 분야에서 훈련과 경험을 쌓은 개인이 모여서 통합된 조직으로 이루어진 실험실이나 연구소에서 이루어진다. 그러나 슘피터(Schumpeter)는 기술혁신이 실험실이나 연구소에서 종합화 과정을 거쳐 사회화되고 연속성을 갖게 된다는 사실을 인식하지 못했다.

1.3.3 농업 기술혁신의 과정

기술혁신의 과정분석은 농업기술과 같은 응용기술 개발을 살펴볼 때 뚜렷이 나타난다. 기술개발 과정은 끊임없는 시행착오를 거치는 가운데 연구 활동을 통하여 새로운 기술을 개발할 수 있는 확률적 범위를 넓혀 가는 과정이라 할 수 있다. 왜냐하면 기술개발은 상품생산과는 달라서 언제나 그 결과에 대한 불확실성에 직면하기 때문이다.

키스립(Kislev, 1977)이 정형화시킨 작물육종 기술개발과정은 기술의 사회적 성격을 이해하는데 밑바탕이 된다. 사탕수수 개량종 개발과정에 대한 실증분석을 토대로 작물육종 기술개발 과정은 다음과 같이 4단계로 볼 수 있다. 첫 번째 단계에서는 〈그림 1-4〉에서 볼 수 있듯이 품종의 새로운 형질에 대한 지식이 없기 때문에 인위적 품종개량은 이루어질 수 없다. 다만 새로운 형질의 품종은 예외적으로 우연히 이루어지고 대부분의 품종은 같은 형질을 나타낸다. 즉 같은 형질을 나타내는 품종분포는 집중되어 있다. 두 번째 단계에서는 적당한 온도나 일조량에 따라 새로운 형질을 나타내는 품종이 존재한다는 사실이 알려진다. 따라서 새로운 교배가 이루어지고 그 결과를 관찰하면 좋은 형질의 종자가 채취된다. 그러나 이 단계에서는 아직 새로운 우량품종의 채취가 일반화된 것은 아니다. 그림에서 보듯이 품종의 형질에 대한 분산은 커져서 우수한 품종이나 열등한 품종의 분포가 무작위하게 나타나며 따라서 그 분산이 1단계에 비하여 크게 나타난다. 그러나 이 단계에서는 가장 훌륭한 형질을 나타내는 품종이 인위적으로 선별될 수 있는 지식이 알려지게 된다. 세 번째 단계에서는 특별한

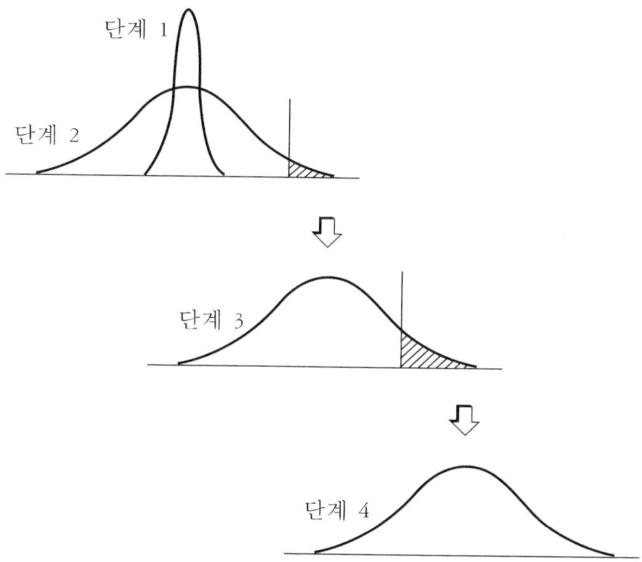

자료: Kislev, Yoav(1977), A Model of Agricultural Research, in Thomas M. Arndt, Dana G. Dalrymple, and Vernon W. Ruttan, (eds.) Resource Allocation and Productivity in National and International Agricultural Research, University of Minnesota Press, p.267.

그림 1-4 사탕수수 개량종 기술개발 과정

형질의 품종을 직접 교배하여 우량품종을 일반화시킨다. 즉 다수확, 내병성 등 특수한 품질을 갖는 품종을 원형으로 개발시키는 단계이다. 그림에서와 같이 2단계의 우량품질을 3단계에서는 일반화시킨다. 마지막으로 네 번째 단계에서는 일반화된 원형품종을 여러 가지 기술조건이나 지역조건에 적합한 품종으로 개발시키는 단계이다. 이때에 비로소 새로운 품종이 일반농가에 어느 지역에서나 보급될 수 있다. 4단계에 와서는 그림에서 알 수 있듯이 분포의 모집단이 완전히 달라져 1, 2단계에 비해 그 품종의 형질이 바뀐 것을 알 수 있다.

기술혁신의 과정은 2단계부터 각 단계마다 연구개발 방법에 각각의 특징을 갖게 된다. 작물육종 연구과정에서 알 수 있듯이 연구결과는 연구 활동의 생산성과 밀접한 관계를 가지고 식물병리, 생리, 토양학 등 학제간의 상호 보완성이 요구된다. 따라서 연구개발이 단순하고 불연속적인 개인의 영감이나 천재성보다 실험실이나 연구소 같은 종합적이고 연속적인 사회성을 갖는다는 사실을 알 수 있다.

기술공급의 사회경제적 성격은 기술이 그 공급 측면에서 연구조직과 같은 제도적 요인과 기술혁신을 위한 연구자원이 중요하다는 사실을 의미한다. 〈그림 1-4〉와 같이 기술개발 과정이 연구결과의 확률적 분포를 보일 때 연구자원의 크기와 효율성은 분명히 기술진보를 좌우하게 된다. 연구자원의 크기와 효율성은 그 사회의 연구개발에 대한 역사성, 연구조직의 체계와 성격 등 제도적 요인에 밀접한 관계를 가지며 사회경제적 조건에 의한다. 기술공급에서 이러한 사회경제적 성격에 대한 인식을 결여할 때 기술혁신은 연구자원 없이 저절로 이루어진다는 결론에 이를 수 있다. 과학과 기술의 연계가 약하거나 기술진보가 발명가나 개인의 천재성에 의하여 우연히 이루어졌을 때는 그것이 가능하다. 그러나 근대사회 이후 과학과 기술의 상호연계가 크고 기술혁신의 사회화가 이루어지면 과학기술은 연구자원의 투입에 대한 결과라는 것은 분명한 일이다. 물론 이와 같은 논의는 기초과학보다 응용과학이나 기술에 더 적절하며 기초과학은 교육과 밀접한 관계를 갖는다. 또 기초과학은 연구결과의 성과가 오랜 기간에 걸쳐서 이루어지기 때문에 어느 정도의 한계를 갖는 것도 사실이다.

기술개발의 과정분석에서 나타난 기술공급의 사회화 현상은 마침내 기술의 원천을 경제적으로 파악하여 공급보다 수요 측면에서 설명함으로써 기술진보는 기술에 대한 수요에 의하여 유발된다고 볼 수 있다. 기술진보는 사회적 필요에 의해서 이루어지며 발명가의 발명 자체도 역사적·사회적 산물이라는 것이다. 따라서 기술진보의 자연과학적 내재성에 따른 기술의 공급 측면보다 사회적 필요에 따른 수요 측면이 강조된다. 이것은 기술혁신에 대한 수요는 궁극적으로 상품생산에 의하여 유발된다고 본다.

기술혁신을 상품수요라는 시장요인과 같은 순수한 경제변수로 설명하려는 기술의 수요이론은 미국의 개량옥수수(hybrid corn)의 기술개발과 전파를 분석한 그릴리케스(Griliches, 1957)를 비롯하여 루카스(Lucas, 1967), 벤지온-루탄(Benzion-Ruttan, 1978) 등에 의하여 이루어졌다.

그릴리케스(Griliches, 1957)는 미국 각 지역의 개량옥수수 기술보급과 전파를 개량종 식부면적, 시장규모, 시장비용, 개발비용과 기대보급률 등과 같은 경제변수에 의하여 설명하였다. 이때 개량옥수수는 어느 지역에서나 적합한 품종이 아니고 지역특성에 알맞게 시험연구소에서 개발시켜야 하기 때문에 농민의 개량옥수수 수용률에 개량종 수요뿐만 아니라 품종개발 요인도 포함되어 있다. 이것은 단기적인 가격과 소득변화와 같은 중요한 경제변수가 포함되지 않고 장기변화를 나타내는 지역변수를 이용한 부분균형 모형이다. 그럼에도 불구하고 기술공급은 기대수익에 의하여 설명되고, 농민의 기술수용은 기대이윤에 의해서 설명된다는 실증적 결과를 얻었다. 따라서 기술개발이나 수용은 경제적 수익성이라는 기술개발에 대한 수요에 의해서 이루어진다는 것이다.

기술에 대한 수요가 기술개발의 수익성에서 초래된다는 사실은 기술개발의 불확실성에 따른 한계를 나타난다. 더구나 수요에 대한 실증분석이 어려운 것이 사실이지만 이론적인 측면에서 그 중요성을 갖게 된다. 왜냐하면 기술혁신의 과정분석에서 본 바와 같이 기술개발을 위한 연구자원의 필요성이라는 측면과 연구자원 배분의 효율성이라는 문제에 직접 경제적 의미를 부여하기 때문이다. 따라서 기술개발을 위한 연구자원 공급은 단순한 자원배분이나 공급이 아니라 경제적 투자이며 투자의 효율성이라는 관점에서 파악될 수 있다. 사실 그릴리케스(Griliches, 1958)이래 농업 연구자원이 농업생산성 향상에 얼마나 기여하는가, 즉 농업 연구자원의 투자효율성 계측분석은 그 이론적 측면에서나 방법론적 측면에서 큰 진전을 보였다. 그러나 기술공급이 상품공급과는 달리 불확실성에 직면하고 있는 어려움과 마찬가지로 연구자원의 투자효율성은 그 불확실성과 함께 투자효과의 복합적인 사회경제적 성격으로 말미암아 자본재 투자와 크게 다르다.

1.3.4 농업 과학기술 진보의 유발성

기술진보의 경제적 성격은 기술에 대한 수요·공급모형뿐만 아니라 기술진보 방향과 부존자원에 따른 시장 요소가격과의 관계에서도 파악할 수 있다. 기술진보의 방향은 부존자원에 의하여 결정되는 요소가격으로부터 유발된다는 것이다. 농업기술은 어떤 생산 요소가 상대적으로 부족하여 값이 비쌀 때 상대적으로 풍부하여 값이 싼 다른 생산요소로 대체시켜 농업 자원배분을 합리화하고 비용을 최소화시키는 촉매역할을 하는 것이다.

농업기술은 노동을 절약하는 기계적 기술과 토지를 절약하는 생화학적 기술로 구분할 수 있다. 기계적 기술은 노동과 기계를 대체하고 생화학적 기술은 노동이나 다른 생산 요소를 토지와 대체한다.

18세기 영국의 농업혁명 과정에서 볼 수 있는 농업기술 변화와 1920년대 대만의 쌀 생산기술 도입과 개발은 이와 같은 생산요소의 대체에 의한 토지생산성 증진 기술개발 경로를 보여준다. 영국은 농업혁명에서 경종과 축산이 결합된 경영방식을 도입하였으며 이러한 새로운 경영방식은 보다 더 노동집약적 방법으로 토지생산성을 높여 부족한 국내의 식량공급에 기여하였다. 일제 식민지시대 대만의 폰라이(Ponlai) 품종은 관개시설로 충분한 물을 공급하고 다량의 금비를 사용하여 쌀 생산을 증가시킨 토지생산성을 높이는 생화학적 기술이었다.

기계적 기술진보는 자본에 대한 노동의 상대적 부족으로 노임이 상승함에 따라 자본집약적인 기계화를 촉진시킨 결과이며 따라서 노동생산성이 증가된다. 도시화·공업화에 따라 이농이 증가하고 농촌노동력 부족이 야기되어 농촌 노임이 상승하면 농업기계가 노동을 대체하게 된다. 이렇게 노동을 절약하는 기계적 기술은 노동력 부족으로 나타나는 노임 상승에 의하여 유발된다고 할 수 있다. 넓은 토지에 비해 노동력이 부족한 미국농업은 농기계의 발달이 두드러지게 나타나는 것이 그 특징이었다. 1840년대부터 미국농촌의 추수를 위한 일련의 농업 기계발전 과정을 보면 낫(sickle)으로부터 덧살을 댄 낫(cradle), 예취기(reaper)를 거쳐 수확기(harvester), 바인더(binder), 컴바인(combine)에 이르기까지 부존자원에 따른 요소가격과 농업기술 진보 방향과의 상관성이 뚜렷하다(Hayami and Ruttan, 1985). 농업기계화는 노동을 자본으로 대체시킴으로써 노동생산성을 향상시키고 부존자원의 경제적 반영인 생산요소 가격에 의해서 유발된다.

이와 같이 농업 기술진보의 방향은 그 나라의 부존자원에 따라 토지가 제약조건이 될 때는 생물학적 기술진보가, 노동이 제약조건이 될 때는 기계적 기술진보가 그 장애를 제거한다. 그 나라가 부존자원에 따라 가장 적정한 기술을 개발할 때에 농업발전은 손쉽게 이루어질 수 있다. 따라서 기술진보는 과학과 기술의 내재성에 따라 경제체계에 외생적으로 결정되기 보다는 부존자원을 반영하는 요소가격이라는 경제변수에 의하여 결정됨으로써 내재화시킬 수 있다. 이것이 곧 유발적 기술혁신이다.

유발적 기술혁신은 물론 개별기업의 경제행위에 기초한 것이다. 그러나 농업기술은 기술개발의 수익이 개별기업에 귀속하지 않고 사회화하는 것이 일반적이기 때문에 국가나 공공기관의 연구에 크게 의존할 수밖에 없다. 따라서 기술혁신의 유발성에 대한 메커니즘은 요소시장과 같은 시장기구에 대한 반응뿐만 아니라 공공연구기관의 연구자나 연구관리자들의 경제적 변화에 대한 반응에 의존하게 된다.

농업부문의 공공 연구기관을 통한 유발적 기술의 메커니즘은 농민들의 요소가격에 의해 유발된 기술수요를 연구기관에 전달할 수 있는 통로를 필요로 한다. 또 연구기관의 연구원들이나 과학자들이 사회의 필요에 따라 기술혁신을 가져올 수 있는 인센티브가 중요하다. 따라서 이러한 메커니즘에는 연구기관의 관료제적 성격, 농민의 조직 등 여러 가지 사회경제적 요인들이 포함되어 있다.

유발적 기술혁신에 대한 실증적 분석과 검증은 하야미-루탄(Hayami-Ruttan, 1971)의 미국과 일본 농업의 요소가격 변화와 농업 기술진보의 방향에 대한 실증분석 이후, 유럽(Binswanger, Ruttan and others, 1978)과 한국(박정근, 1986) 등 여러 나라에서 이루어졌다. 미국과 같이 토지에 비해 노동이 상대적으로 부족한 나라에서는 지가에 비해 노임이 비싸기 때문에 기계적 기술진보로 노동생산력 증가가 두드러졌다. 토지가 부족하여 지가가 높은 일본농업은 다비성 종자개발로 토지생산성을 높이는 방향으로 기술진보가 이루어졌다. 물론 미국에서 식부면적 제한정책에 따라 단위면적당 수량을 증진시키는 기술진보가 이루어진 것도 사실이다. 일본에서도 공업화 진전에 따라 농촌노동력의 감소로 노임이 상승하고 농업기계화가 급속히 이루어졌다. 이것은 부존자원이 다른 두 나라 사이의 비교뿐만 아니라 한 나라에서도 경제여건변화에 따라 부존자원이 달라지고 요소가격 변화가 이루어지면 농업 기술진보의 방향이 달라진다는 사실을 나타낸다.

1.3.5 농업 연구개발의 결과

농업 연구자원 배분이 가져온 새로운 농업기술 개발은 같은 양의 생산을 위하여 투입물이 줄거나, 같은 투입물로 생산량을 높이거나 또는 다른 환경에 작목을 적합시키는 결과를 가져온다. 새로운 기술개발은 새로운 소득의 흐름(income stream)으로 나타나 최종적으로 생산자나 소비자, 또는 각 투입물의 소유자들에게 배분된다. 그러나 새로운 소득의 흐름이 어떻게 달라지는가는 새로운 기술이 새로운 제도에 대한 수요를 창출하기 때문에 소득흐름은 정치적, 경제적, 사회적 여건에 따라 달라진다. 왜냐하면 연구자원 배분에 의하여 나타나는 기술의 결과는 각 이익집단의 새로운 기술에 대한 이해관계에 따라 정치적 압력을 행사할 수 있는 계기를 만들 수 있기 때문이다.

국제무역이 폐쇄된 경제체제(closed economy)에서 농업기술 개발의 결과로 나타나는 이익은 생산자와 소비자가 공유한다. 기술진보에 따른 농업생산성 증가율이 수요증가율에 미치지 못할 때는 농산물 가격이 상승하나 기술진보가 없을 때보다 가격상승의 속도가 낮다. 가격상승이 낮기 때문에 소비자도 이익을 얻을 수 있으나 가격상승으로 대부분의 이익은 생산자에게 돌아간다. 생산성 증가율이 수요증가율보다 빠를 때는 농산물 가격의 하락으로 기술진보에 의한 비용절감에 따라 생산자와 소비자가 기술진보의 이익을 공유하게 된다. 이처럼 생산자와 소비자 사이에 나타난 기술진보로 인한 이익배분은 농업 생산성 증가와 수요 증가에 따라 나타나는 가격변화에 달려 있다.

폐쇄경제에서 농업기술의 결과는 농산물 가격탄력성과 밀접한 관계를 갖는다. 가격탄력성이 비탄력적인 경우에는 농업 연구투자의 결과로 나타나는 생산성 증가 효과는 소비자에게 대부분 귀속된다. 그러나 탄력적인 경우에는 생산성 증가 효과가 생산자에게 귀속된다. 연구투자의 목적이 소비자 보호를 위한 경우에는 가격 탄력성이 비탄력적인 작목에 연구자원이 배분되어야 한다. 그러나 생산자의 농업소득 보호가 목적이라면 탄력적인 작목에 우선되어야 한다. 가격 탄력성이 비탄력적인 농산물은 곡물 등 기본적인 식품으로 빈곤계층을 보호하기 위하여 중요하며 농민소득을 보호하기 위한 비교적 탄력적인 식품은 육류, 과일, 채소 등이다. 이처럼 연구자원의 배분은 국가의 농업 정책목표와 밀접한 관계를 갖는다.

국제교역이 이루어지는 개방경제 체제(open economy)에서는 폐쇄경제 체제에서보다 기술진보의 이익이 생산자들에게 돌아가는 몫이 크다. 왜냐하면 농산물 수출이 자유로운 개방체제에서는 국내시장에서 생산물의 가격 탄력성뿐만 아니라 해외 농산물 수출에 의하여 생산증가로 기술진보의 이익이 생산자에게 모두 귀착되기 때문이다. 해외시장에서 차지하는 시장 점유율이 낮아 국제 가격에 영향을 주지 않을 경우와는 달리 시장 점유율이 높아 공급이 증가하여 가격이 내려갈 경우에는 폐쇄경제 체제에서와 같이 생산자와 소비자가 기술진보의 이익을 공유하게 된다. 이 경우 소비자는 국내소비자뿐만 아니라 물론 해외시장의 소비자들도 당연히 이익을 보게 된다.

농산물의 일부를 해외에서 수입하는 경우에 과거에는 수입에 의존하던 농산물을 기술진보에 의하여 모두 국내에서 공급할 수 있을 때는 기술진보의 이익이 모두 생산자에게 돌아간다. 농산물 수입의 경우 해외시장 가격은 변동이 없을지라도 수송비 등 유통비가 추가되어 수입 농산물의 가격이 해외시장 가격보다 높다. 따라서 기술진보에 의해서 수입 농산물을 국내에서 충당할 경우에는 농산물을 수입할 때 수입농산물 가격보다 국내가격이 낮아지기 때문에 소비자도 이익을 보게 된다. 이러한 사실을 보면 생산농민의 소득을 높이기 위해서는 농업 연구자원은 수출 농산물 생산에 우선적으로 배분되어야 하며 국내 소비자의 후생을 목적으로 하는 경우에는 수입 농산물 생산에 우선적으로 배분되어야 한다.

농업기술은 토양이나 수자원 보존, 지력증진, 기계화, 에너지 이용, 노동효율을 증진시키는 기술 등 다양하나 크게 토지 절약적인 기술, 노동 절약적인 기술 또는 에너지를 절약하는 기술로 나눌 수 있다. 노동이 풍부하나 농지가 부족한 나라에서는 농지를 절약하는 기술이 중요하며 토지는 넓으나 노동이 부족한 나라에서는 기계화에 의하여 노동을 절약하는 기술이 중요하다. 따라서 농업 연구자원의 배분이 그 나라의 부존자원에 따라 농지를 절약하여 토지 생산력을 높이거나 노동을 절약하여 노동 생산성을 높이는 기술을 가져와 부존자원의 제약요인을 극복할 수 있다. 그러나 농업 연구자원의 배분에 따라 여러 가지 기술이 가져오는 경제적 효과는 토지를 소유하는 지주나 노동을 소유하는 노동자 사이에 다르게 나타난다. 노동을 절약하는 기계적 기술은 노동을 기계로 대체함에 따라 노동자에게 불리하게 되며 토지 생산성을 높이는 기술은 지주에게 유리하기 때문이다.

농업 연구자원 배분의 결과는 생산요소에 대한 귀속만이 아니라 대농과 소농 등 규모에 따라 다르게 나타난다. 기계적 기술은 대농에게 유리하고 생화학적 기술과 같은 토지 생산성을 높이는 기술은 소농에게도 유리하나 대농에게도 똑같이 영향을 주는 규모 중립적인 성격을 갖는다고 보아야 한다. 따라서 소농만을 위한 농업기술은 극히 제한적이다. 또한 농업 연구자원 배분은 품목에 따라 다르게 나타나기 때문에 농업 연구자원 배분의 우선순위 결정은 보다 합리적으로 이루어져야 한다.

1.3.6 농업연구자들의 책임과 한계

오늘날 농업생산에 농업연구자들의 책임과 그 한계는 무엇인가? 농업연구자들은 농업 생산문제에서 기술개발에 대한 결과에 책임을 회피할 수는 없지만 그러나 전부 떠맡을 수도 없다. 과거 폐쇄된 사회에서 기술은 개인의 독창적 천재성에서 창출되었지만 오늘날과 같은 개방사회에서는 전문적 과학자들이 연구기관에서 창출해낸 사회적 산물이기 때문이다.

사회현실은 농업연구자 자신의 연구목적에 대한 가치중립이나 합목적성에도 불구하고 그 연구결과가 대농을 위한 것인가, 소농을 위한 것인가, 기업가를 위한 것인가, 농업노동자를 위한 것인가, 또는 농민을 위한 것인가, 행정 관료를 위한 것인가 라는 연구자 자신의 가치판단을 넘어서는 결과뿐만 아니라 마침내 연구자 자신의 도덕성 문제에까지 이르게 한다. 그러나 오늘날 농업연구자들의 책임에는 그 한계가 뚜렷하다. 왜냐하면 농업기술 개발은 궁극적으로 농업 연구자원 배분에 달려 있고 이것은 정치, 경제, 사회구조에 따라 그 한계가 설정되어 있기 때문이다.

제2차 세계대전당시 독일의 히틀러 치하 과학자들이나 전략 무기개발을 위한 과학자들의 역할은 과학자들의 책임에 대한 많은 논란을 불러일으켰다. 1970년대 말 미국 캘리포니아의 한 소송사건은 농업연구자들의 책임과 한계에 관한 복잡한 문제점에 대하여 시사한 바 크다(Ruttan, 1982). 1978년 미국 캘리포니아의 한 농업노동자 단체가 캘리포니아 대학당국에 대한 소송을 제기했다. 주민의 세금으로 지원을 받는 캘리포니아대학 농업연구소에서 토마토 생산을 기계화하는 연구개발 결과가 농업노동자들의 대량실업을 초래했다는 것이다. 따라서 농기계의 특허권 수입의 일부를 농업노동자들을 위한 실업수당으로 지급해야 한다는 주장이다. 1979년 미국 농무장관은 실업을 초래하는 미국 농무부 연구자원의 지원을 일체 중지한다고 선언했다. 물론 캘리포니아대학 농과대학장은 바로 그것은 학문연구의 자유를 침해하는 처사라고 비난했다.

사실 이러한 문제는 구체적으로 살펴보면 현실적으로 해결하기 어려운 여러 가지 복잡한 문제점들을 내포하고 있다. 이것은 하나의 사회 전체적 문제이며 사회후생이나 복지정책과 같은 사회 전체적 책임으로 대처할 수 있다. 따라서 결코 개별적인 농업연구소나 농업연구자들이 져야할 부담은 아닐 수도 있다. 그러한 현실적 가치판단 문제는 사회적 합의에 의해서 해결할 수밖에 없을 것이다. 이것은 곧 자연과학의 연구에 그 연구결과가 사회에 미치는 영향을 분석할 수 있는 전문적인 사회과학자의 참여가 필수적이라는 것을 의미한다.

참고문헌

박정근(1986), "한국 미곡생산 성장의 성격분석: 1963-1984", 「농업경제연구」 제27집, pp.13- 28.

Ben-Zion, Uri and Vernon W. Ruttan(1978), "Aggregate Demand and the Rate of Technical Change", Ch.9, pp.261～275, Binswanger, Hans P., Vernon W. Ruttan and others, (eds.) *Induced Innovation: Technology, Institutions and Development*, Johns Hopkins University Press.

Binswanger, H.P., V. W. Ruttan and Others(1978).

Griliches, Z.(1957), "Hybrid Corn: An Explanation in the Economics of Technical Change", *Econometrica*, 25, 501～522.

__________(1958), "Research Costs and Social Return: Hybrid Corn and Related Innovations," *Journal of Political Economy* 66.

__________(1964), "Research Expenditures, Education, and the Aggregate Agricultural Production Function," *American Economic Review*, 54:961-974

Hayami, Y. and V. W. Ruttan(1971), *Agricultural Development: An International Perspective*, Baltimore, Johns Hopkins Univ. Press.

__________(1985), *Agricultural Development: An International Perspective*, Baltimore, Johns Hopkins Univ. Press.

Kislev, Yoav(1977), "A Model of Agricultural Research", in Thomas M. Arndt, Dana G. Dalrymple, and Vernon W. Ruttan, (eds.) *Resource Allocation and Productivity in National and International Agricultural Research*, University of Minnesota Press.

Lucas, R. E.(1967), "Tests of a Capital-Theoretic Model of Technological Change", *Review of Economic Studies*, 34, 175～190.

Ruttan, Vernon W.(1965), On Schumpeter and Development, *The Philippine Economic Journal*, IV(1), 57～63.

__________(1982), *Agricultural Research Policy*. Minneapolis: University of Minnesota Press.

Ruttan, Binswanger and Others(1978), *Induced Innovation: Technology, Institutions and Development*, The Johns Hopkins University Press.

Schumpeter, J.(1934), *The Theory of Economic Development, An Inquiry Profits, Capital, Credit, Interest, and the Business Cycle*: Harvard University Press, Cambridge(Seventh Printing, 1961).

Solow, R. M.(1957), "Technical Change and the Aggregate Production Function", *Review of Economics and Statistics*, 29, 312~320

Usher(1954), *A History of Mechanical Inventions*, Cambridge, Mass.:Harvard University Press.

제 2 장

농업 과학기술과 농업발전

오늘날 농업발전은 전통적인 농업을 근대적인 농업으로 전환시키는 농업의 근대화 문제만이 아니다. 경제발전 과정에서 농업생산성을 높여 농업성장을 지속시키는 것이다. 따라서 농업 발전문제는 어떻게 농업연구에 의하여 농업 과학기술을 개발하여 지속적인 농업성장을 이룰 수 있는가이다. 이처럼 농업발전은 적정기술에 의하여 그 나라의 부존자원에 따라 나타나는 농업성장의 장애요인을 극복하는 과정이다. 오늘날 농업 과학기술은 농업의 변화에 따라 과거와 같이 단순한 독농가나 과학자의 창의력에만 의존하여 개발되는 것이 아니다. 그 사회가 갖는 적정기술은 부존자원에 따라 시장경제에서 요소가격에 의하여 유발되기 때문에 농업기술의 유발성은 농업 연구개발 정책에서 중요한 의미를 갖는다.

농업 과학기술은 기술진보에 따라 나타나는 새로운 제도변화와 기술개발에 필수적인 연구자원 배분을 결정하는 사회체제에 의하여서도 영향을 받는다. 농업 기술개발에 영향을 주는 제도변화는 사회체제에 의하여 결정될 뿐만 아니라 기술개발과 제도변화의 동태적 전개과정에서 역사적, 문화적 요인까지 포함시켜 경제체제에 내생화할 수 있다. 따라서 농업발전은 부존자원, 기술, 제도, 문화가 상호 연계된 패턴모형(pattern model)으로 설명할 수 있다.

한국 농업에서도 그동안 농업기술의 유발성에 관한 실증적 분석이 이루어졌으며 과거의 하향식 기술공급에서 수요자중심의 상향식 기술공급이 이루어질 수 있는 사회체제로 변모하고 있다. 이 장(章)에서는 농업발전의 원천인 농업 기술변화이론과 실증적 분석을 토대로 패턴모형의 파라다임(paradigm)을 정리하여 한국 농업발전에 응용할 수 있는 새로운 가능성을 모색하고자 한다.

2.1 부존자원과 농업기술 변화

기술변화의 방향이 부존자원에 따라 결정되는 요소가격에 의하여 영향을 받는다는 유발적 기술변화(induced innovation) 가설은 최초로 힉스(Hicks, 1932)에 의하여 제기되었다. 그는 "노동절약적 발명이 지배적인 실제적 이유는 ―생산요소의 상대가격 변화 그 자체가 기술혁신이나 어떤 특별한 종류의 발명에 하나의 자극이 되어― 상대적으로 비싼 요소의 사용을 절약하는 방향으로"라고 기술변화의 유발성을 시사하였다.

힉스(Hicks)가 제시한 유발적 기술변화 이론은 아마드(Syed Ahmad, 1966)에 의하여 기술변화를 생산함수를 이용하여 미시분석으로 보다 분명하게 설명되었다. 그는 하나의 잠재적 생산함수(potential production function)로서 연구와 기술의 응용 없이는 얻을 수 없으나 현재의 과학과 지식으로 얻을 수 있는 기술혁신 가능성곡선(innovation possibility curve: IPC)의 개념을 도입하여 유발적 기술혁신 이론을 설명하였다. IPC는 기업가가 주어진 연구개발(R&D) 자원을 가지고 개발할 수 있는 잠재적 기술개발 과정을 모두 포함하는 포락선(envelope)이다.

〈그림 2-1〉에서 I_t는 주어진 IPC_t에서 t기에 현실적으로 실현 가능한 기술을 나타내는 등량곡선(iso-quant curve)이다.

t기의 가격선이 P_t로 주어졌을 때 I_t는 t기의 비용최소를 나타내는 기술이다. $(t+1)$기에 IPC는 IPC_{t+1}로 이동하며 요소가격이 불변이고 기술변화가 중립적이면 $(t+1)$기의 새로운 등생산 곡선(isoquant curve)은 I_{t+1}이다. 그러나 노동가격의 상대가격이 더 비싸져서 가격선이 P_t에서 P_{t+1}로 변화면 $(t+1)$기의 새로운 등생산 곡선은 I_{t+1}이 아니라 연구개발에 의하여 노동을 더 절약할 수 있는 I'_{t+1}가 된다. 따라서 I'_{t+1}의 기술은 I_{t+1}보다 원점에 가까운 노동절약적인 기술이며 아마드(Ahmad) 모형은 연구개발 행위를 포함한 미시적 모형으로 유발적 기술변화를 나타낸다.

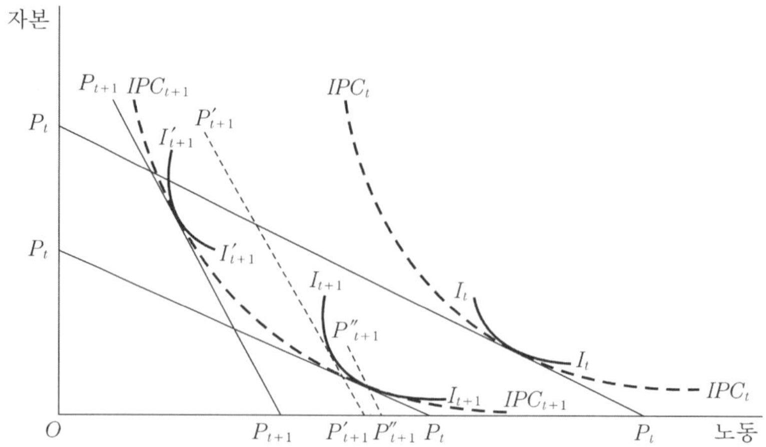

자료: Syed Ahmad(1966),On the Theory of Induced Invention, Economic Journal 76.

그림 2-1 아마드의 유발적 기술혁신모형

하야미-루탄(Hayami-Ruttan)의 유발적 기술혁신모형은 아마드(Ahmad)모형과 같으나 농업성장에 따른 기술변화의 경로를 보다 구체적으로 기계적 기술과 생화학적 기술로 나누어 설명하였다. 〈그림 2-2〉는 기계적 기술진보와 생화학적 기술진보의 과정을 나타낸다. 〈그림 2-2〉의 (a)에서 I0는 t0시점에서 기술혁신가능곡선(IPC)을 나타내며 그것은 보다 비탄력적인 등생산 곡선의 포락선으로 나타난다. 어떤 기술 I0에서 가격선이 BB일 때 비용 최소점은 P점이며 이 때 토지, 노동, 동력은 균형을 이룬다.

그림에서 토지와 동력의 관계는 직선(A, M)으로 나타나 있다. I_1은 t_1시점에서의 *IPC*를 나타내며 과학기술의 수준이 높아졌기 때문에 I_0보다 원점에 가깝다. t_0시점보다 t_1시점에서 농업노동이 공업부문으로 이전하면 노동이 더 희소하여 지대보다 노임이 상대적으로 높다. 따라서 가격선이 *BB*에서 *CC*로 변한다면 새로운 기술 I_1가 개발되며 최소균형점은 P로부터 *Q*로 이동되고 노동은 동력과 대체하게 된다. 이 때의 토지면적이 넓어지는 것은 당연하다.

생화학적 기술진보 과정도 〈그림 2-2〉의 (b)에 나타나있다. I'_0는 *IPC*를 나타내며 I_0는 주어진 *IPC*에서 어느 한 기술을 나타낸다. 비료와 토지의 가격비가 시점 t_0와

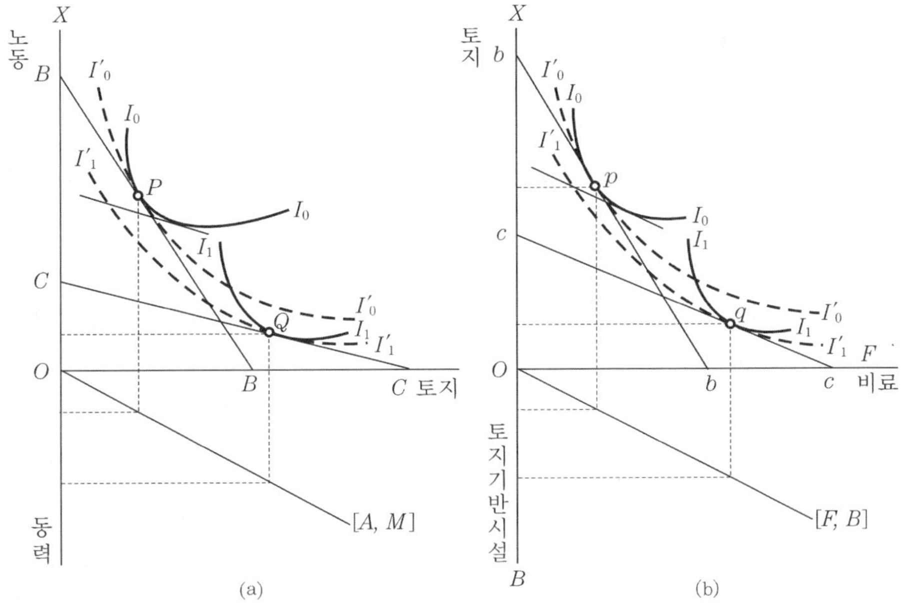

자료: Hayami. Y. and V. W. Ruttan. (1985). Agricultural Development: An International Perspective, Baltimore, Johns Hopkins Univ. Press.

그림 2-2 하야미-루탄의 유발적 기술혁신 모형

t_1상에 *bb*와 *cc*로 변했을 때, 비료에 대한 반응이 보다 민감한 신품종은 I_1이 t_1시점의 *IPC*인 I'_1에 포락되어 개발된다. 일반적으로 다비성 비료와 관개 배수시설은 서로 보완적인 관계를 갖기 때문에 그림에서 비료와 토지 기반시설은 (*F*, *B*)의 선형관계로 나타난다.

이와 같이 농업기술 진보는 부존자원에 따라 기계적 기술과 생화학적 기술로 각각 다른 경로를 보이며 이것은 요소시장에서 부존자원에 따른 요소가격에 의하여 농업성장에 따라 편향(biased)된 기술경로를 나타낸다. 따라서 농업성장은 그 나라 부존자원의 변화에 잘 적응하는 적정 기술경로의 선택에 의하여 이루어져야 한다.

2.2 농업기술 변화의 실증분석

기술개발의 방향이 부존자원에 의한 생산요소가격에 의하여 유발된다는 유발적 기술변화 가설은 하야미-루탄(Hayami-Ruttan)이 미국과 일본의 농업성장 과정에서 실증적인 검증을 통하여 입증하였다. 농업성장은 자원보다 농업기술에 의하여 이루어지며 농업기술은 단위면적당 수확량을 높이는 토지생산성과 단위노동당 수확량을 높이는 노동생산성에 의하여 계측할 수 있다. 인구가 과밀하여 경지면적이 좁고 노동이 풍부한 아시아 지역은 과거 일본과 같이 토지생산성을 높이는 기술이 발전되었다. 그러나 토지가 풍부하여 경지면적이 넓고 인구가 상대적으로 희소한 아메리카 대륙의 미국에서는 노동생산력을 높이는 기술이 발전하였다. 유럽지역에서는 독일이나 덴마크에서와 같이 부존자원의 특징이 일본과 미국의 중간형태를 보였다. 어느 지역에서나 농업성장은 생산력의 증진에 따라 이루어지며 생산력 증진은 부존자원에 따라 토지생산성이나 노동생산성, 또는 토지생산성과 노동생산성의 동시적인 상승에 의하여 이루어졌다. 이와 같이 농업의 성장은 기술에 의하여 좌우되며 기술은 부존자원에 의하여 제약된 성장의 장애를 극복하는 방향으로 진행되었다(Hayami and Ruttan, 1985).

하야미-루탄(Hayami-Ruttan, 1985)은 미국과 일본농업의 성장과정을 통하여 유발적 기술진보 과정을 실증적으로 검증하였으며 그 결과는 다음과 같다. 미국과 일본은 두 나라의 농업 부존자원이 크게 다르고 따라서 생산 요소가격도 역사적으로 크게 다르다. 미국은 1880년에 1인당 경지면적이 일본의 20배였으며 100년 후인 1980년에는 50배가 넘었다. 또한 1ha의 농지를 구입하기 위하여 1880년에 일본의 농민은 미국의 농민보다 8배의 노임을 지불했으며 1980년에는 11배의 노임을 지불해야 했다. 이처럼 미국은 토지가 일본에 비해 풍부하여 농지가격이 낮고 인구가 많은 일본은 미국에 비해 노임이 낮았다.

그러나 미국과 일본 두 나라는 부존자원이 달라 생산요소의 가격차이가 크게 달랐으나 농업생산의 성장률이 두 나라가 모두 100년 동안에 연평균 1.6%의 비교적 높은 성장률을 보였다. 두 나라가 모두 똑같이 투입물 증가율은 연평균 0.7%였으며 생산물가격 증가율은 0.9%였다. 미국은 노동생산성 증가율이 3.1%였으며 일본은 2.7%를 나타냈다. 물론 두 나라가 각각 100년 사이에 농업생산과 생산력의 증가율이

표 2-1 미국과 일본의 농업 생산성 변화

	기간					전기간 1880-1980
	1880-1900	1900-1920	1920-1940	1940-1960	1960-1980	
미 국						
산출물(종자와 사료)	2.2	0.8	1.3	1.9	1.9	1.6
총투입물	1.6	1.4	0.2	0.1	0.3	0.7
총생산성(산출물/총투입물)	0.6	-0.7	0.1	1.9	1.6	0.9
남자 노동자 수	1.1	0.2	-0.9	-3.7	-3.8	-1.5
남자 노동자 1인당 산출	1.1	0.6	2.2	5.9	6.1	3.1
농경지 면적	1.8	-0.1	-0.4	0.2	-0.2	0.3
경지 면적	2.7	1.1	-0.1	-0.1	0.1	0.7
농경지 면적당 산출물	0.4	0.8	1.7	1.7	2.1	1.3
경지 면적당 산출물	-0.4	-0.3	1.4	2.0	1.8	0.9
남자 노동자 1인당 농경지 면적	0.7	-0.3	0.5	4.1	3.9	1.8
남자 노동자 1인당 경지 면적	1.5	0.9	0.8	3.8	4.2	2.2
일 본						
산출물 (종자와 사료)	1.6	2.0	0.7	1.8	1.9	1.6
총투입물	0.4	0.5	0.3	1.6	1.0	0.7
총생산성	1.2	1.5	0.4	0.2	0.9	0.9
남자 노동자수	0.1	-0.6	-0.9	-0.1	-4.2	-1.1
남자 노동자 1인당 산출	1.5	2.6	1.6	1.9	6.3	2.7
경지 면적(=농경지 면적)	0.4	0.7	0.1	-0.04	-0.5	0.1
경지 면적당 산출물	1.2	1.3	0.6	1.8	2.4	1.5
남자 노동자 1인당 경지 면적	0.4	1.3	1.0	0.1	3.8	1.2

자료: Hayami. Y. and V. W. Ruttan. (1985). Agricultural Development: An International Perspective, Baltimore, Johns Hopkins Univ. Press., p.167.

역사적으로 각각 다른 상승과 하강국면을 거친 것이 사실이다. 결과적으로 서로 크게 다른 부존자원을 가진 두 나라가 똑같이 농업생산력의 성장을 가져온 것은 미국은 성장의 장애요인인 노동력 부족을 기계적 기술에 의하여 극복하였고 일본은 성장의 장애요인인 토지의 부족을 생화학적 기술에 의하여 극복하였기 때문이다. 〈표 2-1〉에서 보면 미국은 100년 동안에 연평균 농업 노동생산성이 3.1% 증가하였고 일본은 2.7% 상승하였다.

농업 총생산(Y)은 단위면적당 수량(*Y/H*)과 총 경지면적(*H*)에 의하여 결정된다

($Y = Y/H \cdot H$). 따라서 총생산은 총경지면적과 단위면적당 수량을 높임으로써 증가시킬 수 있다. 경지면적이 제한되어 있고 도시화·공업화에 의해서 농지전용이 이루어지고 있는 상황에서는 단위면적당 수량을 증대시키는 방법이 중요하며, 이것은 토지생산성을 높여 가능하게 된다. 단위면적당 수량증대는 관개시설을 확장하거나 새로운 다수확품종, 비료의 투입에 의해서 가능하다. 노동생산성 증가는 1인당 생산량에 의해서 결정되며 1인당 생산량(Y/L)은 1인당 경지면적(H/L)과 단위면적당 수량에 달려 있다 ($Y/L = Y/H \cdot H/L$).

미국은 1인당 경지면적이 연평균 2.2% 증가한 데 반하여 일본은 1.2% 증가했으며 미국은 토지생산성을 나타내는 경지면적당 산출량이 0.9% 증가한데 비하여 일본은 1.5% 증가하였다. 이러한 사실로 보아 일본은 1인당 경지면적보다 토지생산성 증가에 의해서 노동생산성 증가가 이루어졌고 미국은 토지생산성보다 경지면적의 증대에 의해서 이루어진 것으로 설명할 수 있다. 이처럼 미국은 땅이 넓기 때문에 기계적 기술에 의하여 농업생산의 성장이 이루어졌고 일본은 생화학적 기술에 의하여 농업생산의 증가가 이루어졌다. 따라서 부존자원에 따른 농업기술의 진보방향이 농업성장에 미치는 영향은 절대적이라는 사실을 알 수 있다.

2.3 한국 농업의 유발적 기술변화

농업생산의 성장이 주로 자급할 수 있는 전통적인 투입물에 의해서 이루어지는 자원위주의 농업(resource-based agriculture)에서는 투입물의 사용이 시장가격에 의하여 이루어진다고 보기 어렵다. 그러나 농업생산이 전통적 투입물보다 시장에서 구입하는 근대적 투입물에 의하여 이루어지는 기술 위주의 농업(technology-based agriculture)에서는 투입물 수요는 투입물 시장가격에 의하여 영향을 받는다. 따라서 한국 농업성장의 기술변화 방향에 대한 유발성은 1960년대 이후 과학기술 위주의 농업에서 파악할 수 있다.

한국 농업은 초기에는 농촌의 상대적 과잉인구에 따라 노동생산성보다 토지생산성을 높일 수 있는 기술진보가 이루어졌다. 특히 1970년대 생화학적 기술인 다수확 신품종의 개발과 보급으로 토지생산성이 꾸준히 높아졌다. 1980년대 이후 수출주도형 공업화 추진으로 고도 경제성장에 따라 이농(離農)이 가속화되었다. 그 결과 농촌의 노동력 부족과 노임 상승으로 노동과 농기계의 대체가 이루어진 것이다.

한국의 쌀 생산 기술변화를 보면 1970년대 통일벼 개발은 단위면적당 수량을 증진시키는 토지생산력 위주의 생화학적 기술이다. 1980년대 이후 경운기, 이앙기 등 기계적 기술의 보급은 농촌 노동력 부족과 이로 인한 노임 상승에 따라 노동과 기계의 대체이며 특히 1990년대 이후 빠른 속도로 확산되는 직파기술은 노동력을 절감시키는 노동절약적 기술이다.

농업 기술변화는 토지생산성이나 노동생산성과 같은 생산성지수의 변화로 알 수 있지만 토지와 노동, 기계와 노동, 또는 비료와 토지와 같은 생산요소 결합비율로 나타난다. 왜냐하면 기계적 기술은 토지와 노동이나 기계와 노동의 비율 증가로, 생화학적 기술은 비료와 토지 비율의 증가로 나타낼 수 있기 때문이다. 이처럼 생산요소 결합비율의 변화는 기술의 경제적 성격을 실증적으로 파악하는데 편리한 방법이 될 수 있다. 생산요소의 결합비율 변화가 부존자원의 변화에 따른 생산요소 가격의 변화로 설명될 수 있다면 기술변화는 가격변화에 의해서 경제적 설명이 가능할 것이다.

2.3.1 생화학적 기술변화

한국의 쌀 생산에서 토지와 노동, 농기계와 노동 등 생산요소 결합비율과 농지가격과 노임, 농기계가격과 노임 등 생산요소 가격 결합비율의 변화를 보면 생산요소 결합비율의 변화는 생산요소 가격변화에 따른 기술변화의 동태적 조정과정으로 파악할 수 있다. 이것은 생산요소 가격의 결합비율이 달라짐에 따라 어느 정도 생산요소의 사용과 생산성 증가 방향에 영향을 주는 유발적 기술변화과정으로 설명된다는 사실을 의미한다. 1963~84년의 쌀 생산은 생산성 기여도가 약 75%로 나타나며 생산성 증가는 토지 절약적 또는 노동절약적 기술변화로 나타났다. 생산요소의 비율과 요소가격은 토지-노동비율 변화의 70%, 동력-노동비율의 60%, 비료-토지변화의 85% 이상이 요소의 상대가격에 의하여 설명된다는 실증적 결과를 보여 한국 쌀 생산의 기술진보는 유발적 기술혁신 이론과 일치하였다(박정근, 1986). 1970년대 한국 농촌진흥청 실험자료도 유발적 기술변화 모형을 지지하는 결과를 보여주었다. 즉 벼의 재배품종과 신품종의 비료반응을 보면 비료투입이 낮은 단계에서는 수량에 별 차이가 없으나 비료투입이 증가함에 따라 신품종과 재래품종의 수량차이가 확대된다. 재래품종에서도 비료가격이 낮아짐에 따라 비료의 투입량이 늘어나고 수량의 증대가 이루어지지만 신품종에서 비료투입량 증가에 따른 수량증대는 괄목할 만하다(J. K. Park, 1986).

〈표 2-2〉와 〈표 2-3〉에서 비료값과 쌀값의 상대가격 하락과 단위면적당 쌀 수량증대는 단순한 비료값 하락에 따른 비료의 증가된 투입만이 아니다. 이는 새로운 품종개발에 따른 비료투입량 증대와 단위면적당 수량의 증대를 요소가격변화와 토지생산성을 높이는 기술개발로 설명할 수 있다.

표 2-2 비료-쌀 가격비와 Ha당 쌀 수량

(1980=100)

연 도	비료 가격지수 (1)	쌀 가격지수 (2)	비료/쌀 가격 지수의 비(1/2)	Ha당 쌀 수량(Mt) (3)
1963	11.9	5.7	2.1	32.7
1964	14.6	7.1	2.1	33.4
1965	20.7	6.7	3.1	28.9
1966	20.7	7.1	2.9	32.3
1967	18.1	7.7	2.4	29.7
1968	18.1	9.1	2.0	28.1
1969	19.4	11.3	1.7	33.9
1970	20.0	12.5	1.6	33.0
1971	20.0	15.7	1.3	33.7
1972	20.2	19.9	1.0	33.4
1973	22.6	20.9	1.1	35.8
1974	28.7	30.3	0.9	37.1
1975	47.4	38.1	1.2	38.6
1976	80.0	46.4	1.7	43.3
1977	80.0	50.5	1.6	49.4
1978	80.0	59.0	1.4	47.4
1979	81.4	76.7	1.1	45.3
1980	100.0	100.0	1.0	28.9
1981	143.9	116.8	1.2	41.6
1982	163.5	121.0	1.4	43.8
1983	163.5	121.9	1.3	44.2
1984	163.5	125.1	1.3	46.1

자료: 농협중앙회 통계월보(1985).

〈표 2-2〉에서 비료와 쌀 가격의 상대적 가격하락과 단위면적당 쌀 수량의 증대는 뚜렷하다. 뿐만 아니라 1970년대 이후 다수확 품종의 재배면적이 크게 늘어 한국의 총 쌀 생산량은 급격한 증가를 보였다. 1970년대 중반 이후 쌀 자급을 이룰 수 있었던 것은 비료 공급이 늘어나고 가격이 하락하면서 유발된 다수확 신품종 개발에 의한 것으로 볼 수 있다.

1980년 냉해 피해에 의하여 신품종 확대는 큰 타격을 입었고 이후에는 재배면적이 감소하기 시작하였다. 이것은 신품종의 미질이 한국인들의 식성에는 맞지 않았기 때문이며 신품종 개발보급에는 주곡자급을 목표로 한 정부의 강력한 뒷받침이 있었다는 것을 의미한다. 〈표 2-3〉에서 1980년대 이후 신품종의 재배면적이 점차 줄기 시작했지만 한국의 쌀 생산량은 계속하여 늘어나는 추세를 보였다. 그것은 재래품종의 생산량이 과거보다 크게 늘어났기 때문이다. 1972~74년의 단위면적당 쌀 생산량을 보면 신품종은 1ha당 4.46t 을 생산했으나 재래품종은 3.37t 으로 크게 뒤져 신품종의 75% 수준에 그쳤다. 그러나 신품종이 보급된 10년 후인 1982-84년에는 재래품종도 신품종의 1ha당

표 2-3 쌀 품종별 수량과 재배면적(1970~84)

연 도	신 품 종		재래품종		총 생 산
	수량(Mt/Ha)	재배면적(%)	수량(Mt/Ha)	재배면적(%)	(1,000Mt)
1970	—	0	3.3	100	3,939
1971	—	0	3.4	100	3,998
1972	3.9	16	3.2	84	3,957
1973	4.8	10	3.4	90	4,212
1974	4.7	15	3.5	85	4,445
1975	5.0	23	3.5	77	4,669
1976	4.8	44	4.0	56	5,215
1977	5.5	54	4.2	46	6,006
1978	4.9	85	4.4	15	5,797
1979	4.6	61	4.4	39	5,565
1980	2.9	50	2.9	50	3,551
1981	4.4	26	4.1	74	5,063
1982	4.9	33	4.1	67	5,175
1983	4.8	34	4.2	68	5,404
1984	5.0	30	4.5	70	5,682

자료: 농림통계연보(1984).

4.90t에 비슷한 87% 수준인 4.27t에 이르게 되어 재래품종의 쌀 수량이 크게 늘었다. 따라서 80년대 이후 비록 신품종의 재배면적이 감소되어도 전체 쌀 생량은 감소하지 않고 오히려 증가추세를 보인 것이다. 이것은 다수확품종의 재배를 위해 개발된 여러 가지 재배기술이 재래품종의 재배에도 크게 확대되어 재래품종의 수확량을 크게 증가시킨 것으로 설명할 수 있다. 새로운 다비성 다수확 신품종은 수리 관개시설의 확충에 의한 안정적인 물 공급이 필수적이다. 그동안 한국농업은 품종개발만이 아니라 관개배수시설에 대한 집중적인 투자가 이루어졌기 때문에 토지생산성을 높이는 기술개발과 관개 수리시설의 보완관계에 의하여 수확량의 꾸준한 증대가 이루어진 것이다. 이처럼 한국의 쌀 생산기술은 1970년대 이후 1980년대에까지 토지생산성을 높이는 기술개발의 방향으로 진행되었으며 이것은 부존자원에 따른 요소가격에 유발된 기술변화로 설명할 수 있다.

2.3.2 기계적 기술변화

한국은 1980년대 이후 지속적인 공업화에 의하여 농촌의 노동력 부족과 노임 상승에 따라 노동을 절감시켜 노동생산성을 높일 수 있는 농업기계화가 빠른 속도로 진전되었다. 농업기계화를 촉진시키기 위해서는 경영규모의 확대로 규모경제를 실현해야하나 대형기계화에 의한 생산성증가는 경지규모의 영세성으로 인하여 성장의 애로점이 되었다. 임대차에 의하여 경영규모의 확대나 위탁영농에 의하여 대형농기계의 효율적 이용이 어느 정도 가능하였다. 그러나 경영비 중 노력비의 비중이 높기 때문에 노동력 절감을 위한 생력기술(省力技術)의 필요성이 절실해진 것이 사실이다. 경제성장에 따라 노동력 부족으로 노임 상승이 토지 집약적이고 노동 절약적인 농업기계화만이 아니라 규모 중립적인 직파재배 기술을 유발하였다.

쌀 생산을 위한 노동 투하시간과 노동 투하비용을 보면 육묘와 이앙작업에 소요되는 노동시간과 노동비용이 높게 나타난다. 따라서 이앙작업을 위한 기계화나 이앙기술개발이 농업 경영합리화를 위하여 중요한 기술 개발이다. 80년대 중반이후 이앙기가 보급되어 그동안 손으로 이앙하던 이앙방법이 상자 묘로 8일 만에 육묘하여 이앙하는 기계이앙으로 전환되었다. 그러나 노동력 부족이 가속화되면서 육묘와 이앙단계를 생략하고 직접 볍씨를 파종하는 직파재배가 빠른 속도로 보급되었다. 기계이앙은

손 이앙에 비하여 노동시간이 절감되고 노동 작업과정이 편이함에도 불구하고 짧은 시간에 집중적으로 노동을 투하해야 한다는 어려움이 있다. 왜냐하면 육묘와 이앙시간은 단축할 수 있으나 그 모든 과정을 단축된 시간 내에 모두 거쳐야 하기 때문이다. 직파재배는 육묘와 이앙 단계를 모두 생략하고 직접 볍씨를 파종하기 때문에 토지에 대하여 중립적이며 노동시간이 크게 단축된다(박정근 · 서동균, 1994).

직파재배는 오늘날과 같이 자원위주의 농업에서 기술위주의 농업으로, 자급위주의 농업에서 시장위주의 농업으로 변화된 여건에서 노임 상승과 노동력 부족에 따라 노동을 절약하는 기술개발이다. 직파기는 농기계와 같이 요소가격 변화에 따라 등생산곡선 위에서 노동을 기계로 대체하는 요소의 대체와 기술개발을 동시에 나타낸다. 뿐만 아니라 규모 중립적이며 단지 노동만을 절감시키는 기술의 특성을 나타내기도 한다. 따라서 이러한 기술개발은 요소가격에 의하여 유발된 기술개발이라 할 수 있다.

이와 같은 유발성 가설을 실증적으로 검증하기 위하여 쌀 생산을 위한 생산요소비의 변동과 요소가격 비를 비교해 보면 1979~91년 기간에 기계와 노동의 비는 농지와 노동가격, 농기계와 노동가격에 의하여 89% 이상이 설명되었다. 이것은 한국에서 노동생산성을 높이는 기계적 기술개발은 1980년대 이후 쌀 생산을 위한 투입요소 비율의 변화에 의하여(표 2-4) 시장경제에서 자원구조를 반영한 요소가격에 의하여(표 2-5) 설명될 수 있다는 유발적 기술혁신가설을 입증하는 것이다(박정근 · 서동균, 1994).

통일벼 개발이 정부주도에 의하여 이루어진 기술임에 비하여 직파기의 개발과

표 2-4 쌀 생산을 위한 투입물요소와 투입물요소 가격지수비의 변화

연 도	투입물요소비		투입요소 가격지수비	
	농지/노동	농기계/노동	농지가격/노임	농기계가격/노임
1964	5.86	0.68	100.00	100.00
1970	6.23	1.53	61.88	66.45
1974	7.04	3.21	124.26	63.77
1980	8.62	11.99	79.31	25.45
1984	9.36	21.82	55.03	23.72
1990	13.47	63.36	128.49	12.98

자료: 박정근 · 서동균(1994), 쌀 생산기술의 유발성에 관한 연구, 「농업경제연구」, Vol.35, No.2, p.162.

표 2-5 쌀 생산을 위한 생산요소비용의 변화

연 도	생산비 (A)	토지용역비 (B)	노임 (C)	B/A (%)	C/A (%)
1988	323,170	176,501	66,802	54.6	20.7
1989	360,314	191,917	81,624	53.3	22.7
1990	385,851	193,572	94,159	50.2	24.4
1991	400,065	185,640	105,150	46.4	26.3
1992	397,296	171,396	110,837	43.1	27.9
1993	397,534	156,508	114,196	39.4	28.7

자료: 박정근 · 서동균(1994), 쌀 생산기술의 유발성에 관한 연구, 「농업경제연구」, Vol.35, No.2, p.163.

보급은 독농가들에 의하여 이루어지고 있다. 특히 산파(散播)는 도복에 대한 우려에도 불구하고 농민들에 의하여 주도되고 있다. 따라서 우리나라 벼의 직파재배 기술은 요소의 시장가격 변화에 따라 농민들에 의하여 주도되는 유발적 기술개발이라 할 수 있다.

2.3.3 한국 농업기술의 유발성 논쟁

유발적 기술혁신은 부존자원에 따라 요소시장에서 부족하여 가격이 상승하는 요소를 절약하고 풍부하여 가격이 하락하는 요소를 많이 쓰는 기술의 편향성을 의미한다. 따라서 요소시장에서 요소가격이 왜곡되지 않고 부존자원을 그대로 반영하며 농민의 기술수요가 농업연구기관에 그대로 반영될 수 있는 사회체제에서만 유발적 기술혁신이 현실적으로 가능하다는 이론이다. 그러나 한국의 통일벼 개발은 요소가격에 의하여 유발된 기술이 아니라 유신체제에서 저임금에 의한 수출주도형 경제개발이라는 국가의 경제정책 목표를 달성하기 위한 하향식 기술개발이라는 것이다(Burmeister, 1985). 왜냐하면 통일벼 개발은 시장가격에 의하여 유발된 기술이 아니라 다수확 신품종 개발에 의하여 주곡자급으로 저임금 기조를 유지하기 위하여 국가주도에 의한 관료조직의 산물로 보기 때문이다. 따라서 한국의 통일벼 개발이 하야미-루탄(Hayami-Ruttan)의 유발적 기술혁신 모형으로 설명할 수 없다는 버마이스터(Burmeister)의 주장이 일리가 있다.

그러나 1980년대 냉해피해 이후 급격히 줄어든 신품종 재배면적에도 불구하고 한국의 쌀 생산량은 지속적으로 증가하였다. 그것은 통일벼의 토지생산성을 높이는 보온못자리에 의한 일조시간 연장, 비료의 증투 등 새로운 기술을 재래품종 재배에서 그대로 수용하였기 때문이다. 비록 통일벼 기술은 하향적 기술개발이라 하더라도 통일벼 이후의 품종개량은 신품종의 미질을 개선하는 방향으로 지속적인 기술개발이 이루어졌다. 또한 재래품종에서 통일벼 재배기술 확산이 빠르게 이루어진 사실을 보면 국가의 관료제적 통제만이 아니라 시장기구 하에서 유발적 기술개발의 경로가 한국의 쌀 기술 개발에서도 이루어지고 있다는 사실을 부인할 수 없다. 따라서 한국 농업기술은 국가주도의 기술개발과 유발적 기술개발이 동시에 이루어진 것으로 볼 수 있다.

한국농업의 유발적 기술변화는 특히 1990년대 이후 농촌노동력 부족과 노임 상승에 따라 노동력을 절감시키는 직파재배기술의 개발과 보급 및 확산을 보면 더 분명히 나타난다. 통일벼의 개발과 보급은 농촌진흥청의 주도하에 이루어졌으나 직파재배기술의 개발과 보급은 농민들의 주도하에 이루어졌기 때문이다. 따라서 직파재배의 확산은 시장기구에 의하여 부존자원의 변화가 그대로 반영되고 농민의 기술수요에 의하여 보급, 확대되는 기술개발의 유발 메커니즘을 그대로 나타낸다.

한국의 1970년대 이후의 토지생산성 증대를 위한 다수확 신품종 기술개발은 유발적 기술이기 보다 국가주도의 기술개발이나 일반 벼의 토지생산성을 증대시키는 기술개발은 유발적 기술이라 할 수 있다. 1990년대 이후 직파재배 기술은 노동생산성을 높이는 유발적 기술개발이라 할 수 있을 것이다. 이러한 사실을 보면 농업성장을 가져오는 농업기술의 방향은 부존자원에 의한 기술의 유발적 성격만이 아니라 농업 연구자원의 배분이 어떻게 이루어지는가가 중요하다. 기술의 방향을 결정하는 농업 연구자원의 배분은 농업 연구조직을 둘러싼 국가의 사회경제적 배경에 따라 나타나는 제도적 요인에 의하여 결정된다. 따라서 이러한 제도를 결정하는 사회체제에서 어떻게 제도가 이루어지는가를 분석함으로써 농업발전 모형에 대한 보다 현실적인 결론을 얻을 수 있다.

2.4 농업 과학기술과 제도변화

2.4.1 새로운 제도의 수요와 공급

2.4.1.1 제도의 수요

농업 기술개발은 농업 연구자원 배분에 영향을 주는 사회체제에 따라 달라진다. 공공 연구기관이나 농업 연구조직 등 그 사회가 갖는 제도적 특성에 따라 농업 기술개발이 영향을 받는다. 또한 농업 기술변화가 가져오는 새로운 소득원(income stream)의 창출은 사회적 분배과정에서 새로운 제도변화를 유발하기 때문에 농업발전은 농업 기술변화만이 아니라 농업 제도변화 과정과 특성을 분석해야 한다.

제도는 사회에서 상대방의 행동을 서로 예측할 수 있도록 규제하는 사회적 규칙이다. 인간의 경제활동은 가계, 기업, 관료조직 사이에 서로의 행동을 규제하는 규칙이 있다. 제도는 시장에서 기업간의 시장행위를 규제하거나 기업과 기업을 둘러싼 외부환경을 규제하는 규칙을 모두 포함한다. 인간행동은 사회체제 내에서 이러한 사회적 규칙에 의하여 서로 규제되어 있을 때 서로의 행동에 대하여 예측이 가능하며 서로가 불확실성에 대처할 수 있다(Ruttan, 2003, p.5).

농업에서 제도변화는 역사적으로 재산권(property right)의 확립에서 나타났다. 영국의 농업혁명에서 엔크로저 운동은 개방적 농지의 이용에서 사적 소유권의 확립이라는 제도변화를 뜻한다. 오늘날 농업에서 계약(contract)형태의 변화는 제도변화로 나타난다. 과거 신고전학파의 농지제도(land tenure)에 관한 이론은 분익농(share-cropping)의 자원배분이 비효율적이라는 견해를 보였다. 이것은 계약형태의 변화나 선택이라는 제도적 관점에서 농지제도 문제를 접근하지 않은 결과이다. 왜냐하면 신고전학파의 접근에 의하면 자작농과 분익농은 노동의 한계생산(marginal product)과 노임(wage)이 일치하는 점이 각각 다르기 때문이다. 그러나 지주가 선택할 수 있는 계약형태는 지주가 노동자를 고용하는 자영형태, 고정지대를 받고 임대하는 임차농 형태, 분익소작농의 형태 등으로 나눌 수 있다. 계약형태에서 노동자를 고용하는 경우에는 노동자들의 노동을 감독하는 비용(monitoring cost)이나 노동자들의 도덕적 해이(moral hazard)가 현실적인 거래비용에 포함된다. 따라서 이러한 거래비용을 고려한 제도적 접근에 의하여 가장 효율적인 계약형태를 선택할 수 있다.

완전경쟁 시장기구의 메커니즘에서는 정보비용(information cost)이나 거래비용(transaction cost)이 영(零)이라는 전제에서 가격기구에 의한 자원배분이 이루어진다. 그러나 현실적으로 농산물의 거래는 시장에서 수요자와 공급자간에 정보의 비대칭성(asymmetry)으로 인하여 정보비용이 영(零)이 아니다. 따라서 계약에 따른 거래비용을 고려해야 한다. 이러한 관점에서 거래비용을 고려한 제도적 접근이 현실에 가까운 실증적 분석이 될 것이다. 계약의 선택에서 중요한 거래비용은 기술변화와 깊은 관계를 갖는다. 기계적 기술이 발달하여 고용하는 노동자 수가 적어질수록 거래비용인 작업감독비용이 낮아지기 때문에 지주가 직접 노동자를 고용하는 자영농 형태가 유리하다. 그러나 생화학적 기술이 발달하면 생산과정이 노동의 전문성이나 토양에 대한 섬세한 기술이 요구되기 때문에 감독비용이 높아서 고정지대의 임차농 형태가 유리하다. 이처럼 제한적 합리성(bounded rationality)으로 시장에서 가장 낮은 생산비(production cost)만을 추구하는 신고전 접근방법보다 생산비뿐만 아니라 거래비용을 포함한 제도적 접근이 현실적으로 설득력을 갖는다.

새로운 제도에 대한 수요는 부존자원 변화에 따른 요소의 상대가격 변화, 시장규모 변화, 새로운 불균형을 초래하는 기술이나 정부정책 변화, 세계시장에서 교역조건 변화 등 여러 가지 요인에 의해서 이루어진다. 역사적으로 인구가 적고 경지가 넓을 때는 사적 소유권제도가 확립되지 않았다. 인구 증가에 따라 경지가 부족해지면서 사적 소유권제도가 확립되어 시장실패에서 벗어날 수 있기 때문에 새로운 토지소유권 제도에 대한 수요가 나타난 것이다. 특히 새로운 기술개발과 부존자원의 변화에 따라 생산·소비·자원배분이나 소득배분에서 나타나는 예상수익이나 손실이 이와 관련된 이익집단의 제도변화에 대한 강한 유인이 된다. 왜냐하면 새로운 기술이나 상대가격 변화가 현 제도에 불균형을 가져오고 마침내 새로운 제도에 대한 수요로 나타나기 때문이다.

따라서 제도변화에 의해서 이루어지는 규모경제, 위험이나 거래비용의 절감, 외부효과의 개선, 불완전한 시장이나 시장실패의 개선을 통하여 각 계층의 경제주체는 이익을 극대화하거나 손실을 극소화하고자 한다. 이처럼 제도변화의 수요는 새로운 소유권 제도의 확립, 보다 효율적인 시장기구의 개선 또는 사회나 개인의 계약실행의 점진적 변화와 같은 시장의 경제적 요인이 중요하다. 그러나 외부효과가 큰 공공재

(public goods)의 경우에는 그 원활한 공급을 위해서 시장요인이 아닌 비시장제도가 필요하며 이를 실현하기 위해서 실제적으로 정치적 자원의 동원이 요구되는 경우가 있다.

농산물시장에서 제도변화에 대한 수요는 농산물의 특성인 품질의 불확실성 때문에 정보비용으로 나타나는 거래비용을 줄이기 위해서 필요한 보험제도나 상품 표준화, 상표 등이다. 또한 농업연구는 공공재적 성격으로 인하여 특허제도에 의한 인센티브가 없기 때문에 농업 연구개발은 민간부문보다 공공기관에 의하여 수행된다. 이와 같이 공공부문의 특성을 갖는 국가 농업 연구조직의 변화는 사회적 연구자원 배분의 적정화를 위한 새로운 제도의 수요라 할 수 있을 것이다.

2.4.1.2 제도의 공급

제도변화의 공급은 새로운 제도를 창출하고 여러 가지 기득권 집단 사이의 갈등을 조정하는 데 드는 비용에 의하여 이루어진다. 따라서 실질적으로 그 사회에서 정치적으로 동원되는 자원이 중요하다. 제도의 공급은 제도변화에 필요한 정치적, 경제적 자원의 비용보다 기대수익이 높을 때 이루어지게 된다. 만일 어떤 새로운 제도가 사회적 기대수익을 높여 전체 사회의 강력한 지지를 받게 되면 제도변화가 쉽게 이루어진다. 그러나 새로운 제도가 비록 사회적 기대수익을 높일지라도 정치적 지배세력에 의하여 방해되거나, 사회적으로 불필요한 제도가 어느 일부 집단의 이익을 위하여 공급될 수 있다(박정근, 2004).

제도변화에 중요한 정치적 자원동원(mobilization of political resource)은 집단행동(collective action)과 관료조직(bureaucracy)에 밀접한 관계를 갖는다. 새로운 제도변화를 가져오는 데 중요한 정치력은 집단행동에 의하여 외부로 표출될 수 있으며 국가의 관료조직이 새로운 제도변화를 가져오는데 영향력을 행사할 수 있다. 정치력을 발휘하는 데 중요한 집단행동은 어떻게 조직을 구성할 수 있는가에 달려 있다. 조직의 구성은 개별구성원이 집단행위에 대하여 개별행동과 마찬가지로 이기적으로 행동할 때 무임 승차자(free-rider)문제가 생기기 때문에 집단행동을 위한 조직의 비용이 중요하다. 조직의 구성은 구성원의 숫자, 나이, 크기에 따라 비용이 달라지며 구성원의 출신지역이나 계층의 구성에 따라 서로 달라진다. 농민들은 숫자가 많으며 공간적으로 분산되어 있고 조직의 비용이 높기 때문에 집단행동의 비용이 높다. 숫자가 감소할수록 무임승차문제가 줄어들어 집단행동의 비용이 낮아진다.

경제발전의 초기에는 농민의 숫자가 많고 교통이나 통신의 발달이 이루어지지 않아 공공재의 공급을 요구하는 농민들의 집단행동 비용은 높다. 더구나 경제발전의 초기에는 사회적 불안정으로 정치지도자는 농민에게 비중을 두지 않아 농업부문 공공투자에 대한 한계수익은 높지 않다. 국민들의 공업화에 대한 높은 욕구 때문에 농업부문의 공공투자에 대한 한계수익은 낮다. 그러나 경제발전에 따라 농민들의 숫자가 감소하고 교육수준이 높아지며 무임승차문제가 완화되면 농업보호를 요구하는 농민들의 집단행동이나 정치투쟁이 격화된다. 이와 같은 상황에서는 정치지도자의 농업공공 투자에 대한 한계비용이 낮아지고 한계수익이 높아져 농업공공재 공급을 위한 제도변화가 쉽게 이루어진다.

제도변화에 대한 공급비용은 종교나 이념(ideology)을 포함한 그 사회의 문화적 환경이 영향을 주기도 한다. 왜냐하면 제도란 사회적 규칙이며 문화적 환경이 전통적으로 사회에 미치는 영향이 크기 때문이다. 따라서 협동정신과 같은 그 사회의 전통적인 요인이 제도변화의 공급비용을 크게 줄일 수 있다. 또한 이념이 제도변화를 위하여 필요한 집단행동을 촉발시켜 제도의 공급비용을 줄이거나 반대로 공급을 어렵게 할 수도 있다. 기술변화가 자연과학 지식의 발달에 크게 의존하는 것과 같이 제도변화는 사회과학 지식에 따라 결정된다. 제도의 공급이 시행착오를 통한 경험에 의하여 이루어질 때는 높은 비용을 치루나 사회과학 지식의 축적은 제도공급의 비용을 절감시킬 수 있다. 사회과학 지식의 발달은 그 사회가 학문의 자유나 진리탐구의 자유가 얼마나 보장되는가에 달려 있다.

2.4.2 농업 제도변화의 현실적 메커니즘

기술변화와 관련된 각 집단간의 경제적 관계가 이익집단으로 조직화되고 정치체제와 관료기구를 통하여 실질적 연구자원배분에 영향을 주며 기술개발이 이루어질 수 있는 사회체계에서는 기술혁신은 〈그림 2-3〉과 같은 메커니즘으로 설명할 수 있다(de Janvry, 1978). 이러한 메커니즘에서는 기술혁신의 필요성은 시장 가격기구라는 사회경제구조를 통하여 각 집단의 예상수익에 따라 잠재수요(latent demand)를 형성한다.

새로운 기술개발에 대한 잠재수요는 조직화된 이익집단의 정치적 영향력에 의하여

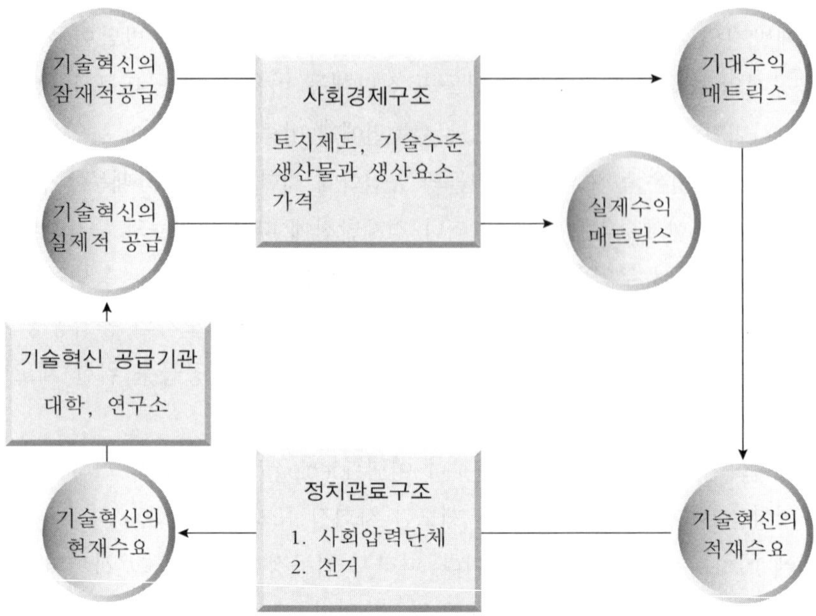

자료: Alain de Janvry "Social Structure and Biased Technical Change in Argentine Agriculture," in Induced Innoration: Technology, Insticutions and Development, H. P. Binswanger and V. W. Ruttan(Baltimore: Johns Hopkins University Press, 1978, p.302.

그림 2-3 기술혁신과 사회체제

정치체제와 관료기구를 통하여 현재수요(actual demand)로 나타날 수 있다. 그 결과 연구자원 배분이 공공 연구기관에 의하여 이루어져 개발된 기술공급으로 현재화(顯在化)한다. 조직화된 농업 이익집단이란 농업 협동조합같이 농민을 주체로 한 농민단체이거나, 농산물을 중심으로 한 생산자단체이거나, 지역중심의 지역단체나 소비자단체 등 어느 것이나 가능하다. 새로운 기술혁신을 가져오는 연구자원 배분이 현실화되는 정치, 관료구조는 선거구를 통하여 의회에 대한 정치력으로 나타날 수 있고 사회적 압력단체로서 직접 행정기관에 대한 영향력으로 나타날 수 있다.

이러한 체제에서 농민의 집단행동과 농민조직이 새로운 제도변화에 미치는 영향은 크다. 앞서 지적한 바와 같이 농업은 생산자수가 많아 농업정책이 개개농민에게는 하나의 공공재적 성격을 갖기 때문에 농민들은 무임승차로 인한 시장실패를 벗어나기 어렵다. 뿐만 아니라 농업은 정치적 영향력을 발휘할 수 있는 집단행동에서 그 조직의 문제가 상대적으로 불리하다. 왜냐하면 농업생산이나 농민들의 농촌생활은 공간적으로 범위가 넓고 다수가 분산되어 있기 때문에 조직의 형성이나 관리가 어렵고 비용이 높으며 특히 교통, 통신 등 정보에 크게 불리하기 때문이다. 뿐만 아니라 경제발전 과정에서 농업의 구조조정은 이농으로 이루어지기 때문에 농촌에 남아 있는 인구는 연령, 교육 등 질적인 면에서 조직력이 약화될 수밖에 없기 때문이다.

그럼에도 불구하고 이러한 메커니즘에 따라 움직이는 사회체제에서 기술변화가 가져오는 그 사회 모든 이익집단의 기대수익은 기술변화를 잠재적으로 요구하는 합리적 기준이 된다. 또 그 사회가 상향식(bottom-up) 대의정치나 민주정치의 정치체제를 가졌을 때 이러한 잠재수요를 수렴하여 새로운 기술공급으로 전환할 수 있도록 연구자원을 배분하여 현재화 하는 것이 가능하다. 따라서 그 사회의 사회경제구조가 그와 같이 공급된 기술혁신에 의하여 모든 이익집단에게 현실적인 보수를 가져다주는 메커니즘에서 적정기술의 문제는 사회경제 구조 내에서 조정될 수 있다. 이러한 사회에서 이익집단의 집단행동이 기술혁신에 대한 잠재수요를 현재수요로 바꾸는 데 중요한 역할을 한다.

이러한 체제와는 다른 독재체제에서는 하향식(up-bottom)으로 기술혁신에 대한 잠재수요를 현재화시킬 수 있는 정치사회적 메커니즘이 결여되어 있다. 따라서 농업기술 개발은 국가의 관료조직에 의하여 영향을 받게 된다. 엘리트 관료조직은 공업화나 수출주도형 경제정책이라는 국가 지상목표를 달성하기 위해 식량의 자급자족이나 외화절약이라는 전략적 농업정책을 위한 연구자원배분에 역점을 둔다(Burmeister, 1985).

한국 농업기술 진보와 제도변화의 메커니즘은 1960년대 이래 수출주도형 공업화를 통한 경제성장의 목표아래 식량자급을 위하여 1970년대 통일벼 개발 보급으로 특징을 가졌다(Burmeister, 1985). 그러나 농민의 정치력 결핍과 식량자급을 위한 행정 주도적 농업기술 개발·보급에도 불구하고 농민의 생산요소에 대한 시장가격 반응이나 마을을 중심으로 한 공동노동, 농기구 이용 등 제도적 변화과정도 부인할 수 없다(박정근, 1986).

오늘날 한국농업은 시장경제의 진전에 따라 지역별, 작목별, 형태별, 이익단체의 형성이 확대되고 기술진보에 따라 농업제도에 대한 관심이 커지게 되었다. 더구나 세계무역기구(WTO)의 설립 이후 농산물 수입개방으로 농촌의 위기의식이 커지면서 농민의 공동이익을 위한 공감대가 확산되어 무임승차자문제가 크게 감소되었다. 이농으로 농촌인구가 크게 감소하여 농민의 조직화 비용이 줄어들고 국민소득(GNP)에 대한 농업부문의 비중감소는 다른 부문으로부터 농업보호의 부담을 적게 하였다. 교통, 통신의 발달로 정보교환이 신속해지고 비용도 낮아졌다. 농업문제에 대한 농민의 의식수준도 높아져 농민의 상대적 빈곤감이나 소외의식이 뚜렷해졌다. 1970년대 이후 캐톨릭 농민회, 기독교 농민회 등 조직적인 농민운동단체의 선도적 역할에 따라 농민단체의 조직화와 운동역량이 크게 향상되었다. 따라서 1980년대 이후 농가 부채경감 조치, 농어촌 발전 종합대책, 농협조합장 직선제, 양곡가격 국회 사전 동의제 등 새로운 제도변화가 이루어진 사실은 농민조직화에 의한 집단적 제도개혁 요구에 따른 새로운 제도의 공급이라 할 수 있다.

오늘날 농산물 수입개방에 대응한 농업 구조조정에 관련된 제도변화 문제는 앞서 본 바와 같이 우리 사회의 정치경제와 사회구조와 깊은 관련을 갖는다. 따라서 기술변화에서 유발된 새로운 제도변화가 이루어질 수 있는 메커니즘과 여건이 중요하다. 수입개방에 대응한 농업정책은 절박한 현실문제에 일시적으로 대처하기 위한 단순한 미봉책이어서는 안 되며 새로운 제도변화를 가져오는 메커니즘에서 전체 국민의 합의를 바탕으로 할 때 실질적인 힘을 발휘할 수 있다. 이를 위해서는 어떠한 이념이나 기득권층의 이익을 위한 직선적 방향보다 새로운 제도변화가 정치시장에서 그 자원을 얻고 합리적인 관료조직을 통하여 그들의 자원을 효율적으로 배분할 수 있는 사회체제가 중요하다. 이러한 체제에서는 점진적 제도변화를 이룰 수 있는 정책제시에 필요한 행태 분석적 접근이 가능하다.

과거 한국의 정치구조는 민주주의에 뿌리를 갖지 못한 채 소수 정치엘리트가 그들이 설정한 정책목표를 달성하기 위하여 국가권력을 발휘하는 하향적 제도공급 과정이었다는 사실을 부정할 수 없다. 이러한 구조에서는 소수의 정치엘리트가 제도에 대한 잠재적 수요에 부응하는 대신에 이를 왜곡시킴으로써 국민적 합의에 의한 사회의 잠재력을 충분히 발휘할 수 없다. 경제성장에 중요한 새로운 기술혁신이나 제도변화가 현장중심의 사회체제에서 상호 연관적으로 이루어질 때 정치관료 엘리트나 과학기술 엘리트의 역할뿐만 아니라 국민전체의 창의성이 극대화될 수 있다.

또한 사회과학 연구를 위한 학문적 자유가 보장됨에 따라 새로운 제도변화의 폭이 크고 탄력적일 수 있다. 맹목적이고 교조주의적인 이념이나 편향된 가치판단이 사회과학의 학문적 연구범위를 제한할 때 제도변화의 영역은 한정되고 경직적일 수밖에 없다. 제도의 공급비용은 사회과학 연구를 위한 연구자원의 양과 질에 크게 좌우된다. 또한 연구자원 배분이 연구기관의 자율성을 보장받지 못하고 권력엘리트에 의해서 독점되거나 특정방향으로 왜곡될 때 높은 사회적 비용을 치르게 된다. 따라서 새로운 제도개선을 위하여 가치중립적 연구자원 배분이 필수적이며 연구자원 배분은 특정 이익집단에 한정시키지 말고 다양화하여야 한다. 특히 농업기술 개발을 위한 연구자원만이 아니라 농산물 수입 자유화와 같은 공공재의 성격을 갖는 제도적 대응책도 새로운 제도의 공급변수로서 광범위하고 집중적인 국가 연구자원 배분에 의하여 도출될 수 있을 것이다.

2.5 농업발전모형: 패턴(Pattern) 모형에 의한 접근

오늘날 농업발전이론은 전통적인 정태농업을 근대적인 동태농업으로 어떻게 전환시킬 것인가라는 농업근대화 문제를 넘어서 농업생산의 지속적 성장이나 농업생산력의 가속화를 어떻게 이룰 수 있는가에 있다. 따라서 농업성장문제는 자원위주의 농업(natural resource-based agriculture)에서 지속적으로 생산성을 높일 수 있는 과학기술 위주의 농업(science-based agriculture)으로 전환에 초점을 맞춘다.

과학기술 위주의 농업에서 농업성장은 지속적인 농업기술 진보를 가져오는 기반에 달려 있다. 따라서 농업성장은 부존자원에 따라 자원공급이 제약되어 나타나는 농업생산의 장애요인을 농업기술에 의해서 극복해 나가는 과정으로 이해할 수 있다(Hayami-Ruttan, 1985).

기술은 생산과정에서 상대적으로 부족하여 값이 비싼 생산요소를 풍부하여 값이 싼 생산요소로 대체시키는 촉매 역할을 한다. 농업생산 성장의 장애요인이 되는 비탄력적 토지공급은 생화학적 농업기술에 의해서 극복될 수 있으며, 비탄력적인 노동공급은 기계적 기술에 의해서 극복될 수 있다. 따라서 농업에서 기술진보의 경로는 부존자원과 밀접한 관계를 갖는다. 시장구조가 부존자원의 희소성을 정확하게 반영하고 연구기관이 이러한 시장정보에 따라 최소비용을 나타내는 적정기술을 공급하는 메커니즘에서는 기술이 내생변수로 취급될 수 있다. 기술은 경제체제 내에서 요소가격에 의하여 결정되기 때문이다.

그러나 시장구조가 요소가격을 왜곡하거나 연구자원 배분이 시장정보와 연계되지 않는 정치·사회구조에서 기술진보는 부존자원을 제대로 반영하지 못하고 비효율적 경로로 진행될 수 있다. 농업기술은 공공재의 특성을 갖기 때문에 정치·사회조건과 밀접한 연관을 갖는 공공 연구기관의 조직, 운영 등 여러 가지 제도문제가 중요하다. 그러므로 기술변화가 사회 경제조건에 따라 부존자원을 왜곡시키는 경로로 진행할 가능성을 배제할 수 없다(de Janvry 1978: Sanders and Ruttan 1978). 따라서 기술변화가 초래하는 불균등이 새로운 제도변화를 유발시키는 제도의 수요가 되기 때문에 유발적 기술혁신 이론은 제도변화의 유발적 성격을 구명하여 기술혁신뿐만 아니라 제도자체를 경제체제에 내생화시켜 기술과 제도를 경제체제 내에서 설명하고자 한다(Ruttan, 1978).

유발적 제도변화 과정은 제도의 수요·공급모델(model)에 의하여 설명할 수 있다. 그 사회의 새로운 제도에 대한 수요는 기술변화와 부존자원의 변화에 의하여 유발된다. 즉 사회경제구조 내에서 새로운 기술개발이나 부존자원의 변화에 따른 잠재적 기대수익의 매트릭스는 농지제도, 기술수준, 시장가격에 따라 달라지며 제도변화에 대한 강한 유인이 된다. 새로운 기술개발이나 부존자원의 상대가격이 변함에 따라 현제도에 대한 불균등이 초래되고 새로운 제도에 대한 수요가 야기된다. 뿐만 아니라 기술진보의 결과로 얻게 되는 새로운 소득원(income stream)의 창출과 이의 사회적 분배에 대한 사회·경제적 재조정문제는 새로운 제도변화를 필요로 하게 된다. 예를 들면 제한된 토지에서 인구증가 압력이 가중됨에 따라 토지 소유권제도의 변화를 가져오거나 공동지에 대한 규정이 강화된 역사적 사실을 볼 수 있다. 또한 필리핀에서는 쌀 생산 기술변화로 쌀 수익이 증가하여 소작제도의 변화를 가져온 실증적인 사례연구가 이루어지고 있다(Hayami and Kikuchi 1981). 최근 공해에 관한 규제 또한 자원과 기술변화에 따라 유발된 제도문제로 볼 수 있다.

그러나 제도변화가 실제로 이루어질 수 있는가는 제도의 공급 측면인 제도변화에 대한 의지와 능력에 달려 있다. 새로운 제도에 대한 공급의지와 능력은 사회의 정치·권력구조, 관료조직 및 각 계층집단의 사적 이해관계 등에 따라 달라질 수 있다. 한편으로는 현재지식 스톡, 특히 사회과학지식에 의한 공급비용이 중요하다. 새로운 제도의 공급은 공공재의 성격을 갖기 때문에 이념이나 전통, 그 사회의 가치관 등과의 관계도 깊어 제도공급의 실증분석은 여러 가지 실제적 제약을 갖게 된다.

물론 기술변화와 제도변화는 부존자원의 변화와 같은 동일한 원천을 갖기 때문에 상호 밀접한 관계를 갖는다. 노동에 대한 토지의 상대가격 상승은 비탄력적 토지공급의 제약을 벗어날 수 있는 생화학적 기술을 개발시키고 토지소유권에 대한 규정을 강화시키는 제도변화를 초래한다. 토지에 대한 노동의 상대가격 상승은 노동을 대체할 수 있는 자본집약적인 기계적 기술을 개발하고 동시에 노동생산력을 높이고 노동조건을 개선시키는 제도변화를 유발시킨다.

기술변화에 의한 소득의 변화와 제도변화에 의한 소득분배의 변화는 생산물에 대한 상대적 수요변화를 유발시키고 소비 패턴(pattern)의 변화를 촉진시킨다. 기술변화와 제도변화로 인한 새로운 소득원의 창출은 토지와 노동 등 생산요소 소유자 사이의 분배구조와 개인이나 계층간의 분배구조를 변모시켜 새로운 제도변화를 유발한다. 따라서 이와 같은 기술과 제도의 유발모형은 동태적 전개과정에서 자연히 부분적 유발모형을 일반 균형으로 확장시킨 유발모형뿐만 아니라 나아가서는 이론적 측면에서

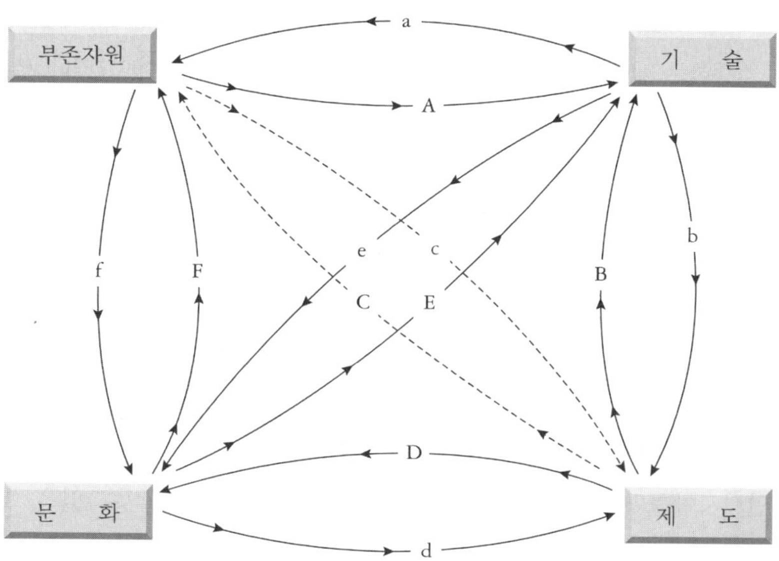

자료: Hayami. Y. and V. W. Ruttan. (1985). Agricultural Development: An International Perspective, Baltimore, Johns Hopkins Univ. Press.

그림 2-4 농업발전을 위한 패턴모형

역사적·문화적 요인까지 포함시켜 이를 경제체제에 내생화시킬 수 있다.

일반 균형적 유발이론의 확장모형은 전통적 신고전학파의 기술·자원·제도 등을 외생요인으로 한 왈라스(Warlas)류의 일반균형 모형을 의미하는 것은 아니다. 이 모형은 하야미-루탄(Hayami-Ruttan, 1985)이 농업발전에서 패턴모델(pattern model)로 정리한 자원·기술·제도·문화를 내생 변수로 하는 새로운 패러다임이다. 이 모형은 농업발전에 양적 요소뿐만 아니라 정치적·사회적·문화적 요인을 포함하여 질적인 요소를 고려하고자 하는 시도이며, 〈그림 2-4〉에서와 같이 모든 장기적 사회경제 현상의 변천을 상호 의존관계로 파악하는 것이다.

패턴모형(pattern model)은 어떤 사회경제 현상을 전체적인 시각에서 파악할 수 있는 장점이 있다. 패턴모형에서 우리는 분석대상 부문과 고려하지 못하여 간과하고 있는 부문을 분명하게 파악함으로써 우리의 분석범위와 제약범위를 명확하게 규정할 수 있다. 따라서 패턴모형은 어떤 사회현상 분석의 한계와 그 범위를 파악하는데 유용하다. 뿐만 아니라 어느 한 부문에 한정되어 있는 결론의 도출보다 모든 요인의 상호 연관성을 종합한 전체적인 성격구명이 필요함을 알 수 있다.

현실적으로 그동안 부존자원과 기술, 부존자원과 제도, 기술과 제도의 관계를 구명하고 검증하는 실증분석이나 접근방법은 상당히 진전되어 있다. 그러나 부존자원과 문화, 제도와 문화, 기술과 문화의 관계를 실증적으로 구명한 결과는 극히 제한되어 있으며 분석 여건도 취약하다. 경제학자들은 지금까지 기호(taste)요인으로, 정치학자들은 이념(ideology)으로서 문화를 동일한 여타의 조건(ceteris paribus)이라는 테두리에서 외생화 시켰다. 그러나 지금까지 외생화 시켜온 문화적 요인의 내생화는 사회경제 현상을 바라보는 인식의 변화라는 점에서도 필요하다. 앞으로 경제현상의 분석은 경제학, 사회학, 정치학뿐만 아니라 인류학 등 다른 사회과학 분야를 포함한 학제간의 깊은 연계가 이루어져야 한다. 이와 같이 유발이론을 일반균형론적인 입장에서 보다 확대시킬 때 농업성장과 발전문제에 대한 접근은 미시적 분석방법에 기초하면서도 폭넓은 인식시야를 가짐으로써 신고전학파의 제약성을 극복할 수 있을 것이다.

참고문헌

박정근(1986), "한국 미곡생산 성장의 성격분석: 1963-1984", 「농업경제연구」 제27집, pp. 13-28.

박정근(2004), 「농업발전경제학」, 박영사.

박정근 · 서동균(1994), "쌀 생산기술의 유발성에 관한 연구", 「농업경제연구」 제35집 제2권, pp.157-171.

Ahmad, Syed(1966), "On the Theory of Induced Invention," *Economic Journal* 76, pp.344-357.

Binswanger, H. and Vernon W. Ruttan(1978), et al (eds.) *Induced Innovation, Technology, Institutions, and Development*, Johns Hopkins University Press.

Burmeister Larry L.(1985), "State, Society and Agricultural Research Policy: The Case of South Korea," *Ph.D. Thesis*, Department of Rural Sociology, Cornell University, Ithaca, N.Y.

de Janvry, A.(1978), "Social Structure and Biased Technical Change in Argentine Agriculture" in H. Binswanger and V. Ruttan (eds.) *Induced Innovation: Technology, Institutions and Development*, The Johns Hopkins University Press.

Hayami, Y. and V. W. Ruttan(1985), *Agricultural Development: An International Perspective*, Baltimore, Johns Hopkins Univ. Press.

Hayami, Yujiro and Masao Kikuchi(1981), *Asian Village Economy at the Crossroads: An Economic Approach to Institutional Change* Tokyo: University of Tokyo Press.

Hicks, J. R.(1932), *The Theory of Wages*, London: Macmillan, pp.124-25.

Park, Jung Keun(1986), "Fertilizer Response Functions in Korean Rice Production," Bulletin of the Agricutural Collge, Chonbnk National University, Vol.12, No.1.

Ruttan, Vernon W.(1978), "Induced Institutional Change," Ch. 12, in Binswanger, Hans and V. Ruttan (eds.) *Induced innovation: Technology, Institutions and Development*, The Johns Hopkins University Press.

Ruttan, Vernon W.(2003), *Social Science Knowledge and Economic Development*,

University of Michigan Press.

Sanders, J. H. and V. W. Ruttan(1978), "Biased Choice of Technology in Brazilian Agriculture" in H. Binswanger and V. Ruttan (eds.) *Induced Innovation: Technology, Institutions and Development*, The Johns Hopkins University Press.

제2부

농업 연구개발 체계와 지역농업 발전

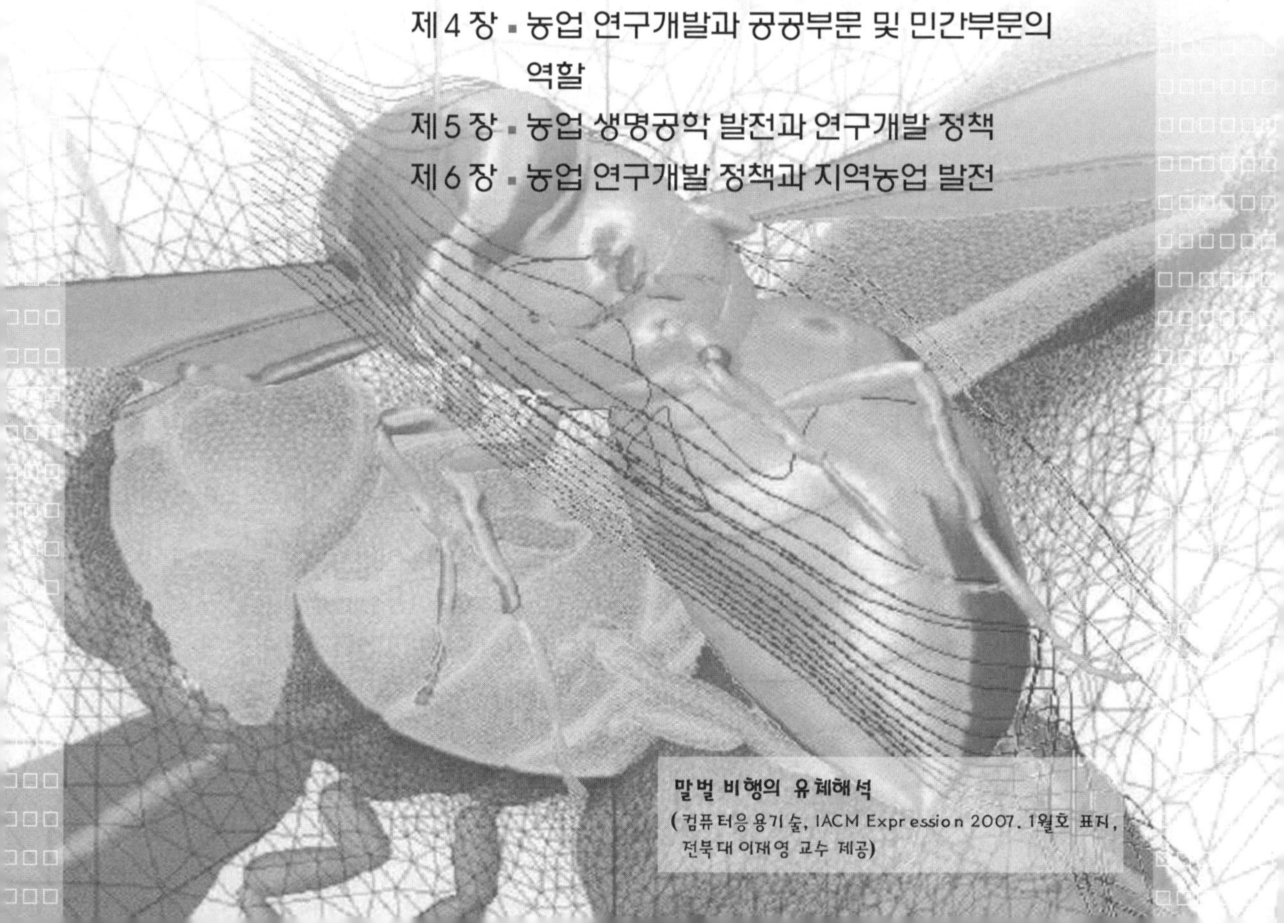

말벌 비행의 유체해석
(컴퓨터응용기술, IACM Expression 2007. 1월호 표지, 전북대 이재영 교수 제공)

세계화의 진전에 따라 농업 과학기술의 영역이 점차 사라져가지만 농업연구의 특성에 따라 국가 농업 연구체계는 그 역할이 오히려 커지고 있다. 국가 농업 연구체계는 농업연구의 중앙집권적 집중화와 지역분권적 분산화, 농업연구, 교육, 기술보급의 연계성, 농업 연구자원의 배분과 출처에서 국가의 역할 등에 관한 문제이다. 국가 농업 연구체계는 그 나라의 역사적, 사회경제적 특성에 따라 다르기 때문에 여러 나라의 경험적 사실을 비교분석할 필요가 있다. 특히 과거에는 농업연구에서 국가주도적인 공공부문의 역할이 절대적이었으나 오늘날 생명공학을 중심으로 농업특허제도의 뒷받침에 따라 민간부문의 농업연구가 확대되고 있다. 따라서 농업기술 개발에서 생명공학연구의 발전에 따라 민간부문과 공공부문의 역할이 조정되어야 할 것이다. 이러한 관점에서 앞으로 생명공학의 발전에 따른 식품안전성이나 지적소유권 등 제도변화 문제가 농업 과학기술에서 중요하게 될 것이다. 따라서 과거와 같은 단순한 부존자원의 변화만이 아니라 생명공학발전에 따른 국가 농업 과학기술 정책의 과제와 방향이 정립되어야 한다. 또한 농업 과학기술은 농업의 지역특성에 따라 지역농업문제로 접근할 필요가 있다. 국가 농업 연구체계는 농업 연구기관의 입지정책, 시험포장의 기능과 운영 등 실제적인 면에서 지역농업 발전에 중요한 역할을 한다. 따라서 지역농업 발전을 위한 농업연구의 정책방향을 모색하고 그 한계를 구명할 필요가 있다.

제 3 장

국가 농업 연구개발 체계와 지역농업 발전

오늘날 세계화의 진전에 따라 다국적 기업이 빠른 속도로 확대되며 과학기술의 국제화로 국가의 영역이라는 의미가 점점 약화되고 있다. 그러나 경제발전의 원천인 생산력 증진의 기초가 되는 과학기술의 국가적 체계에 대한 관심은 보다 커져간다. 왜냐하면 국가간의 경제성장 속도가 다르며 그 이유 중의 하나가 바로 국가 간의 기술개발 체제가 다르기 때문이다. 이처럼 어느 국가나 경제발전 단계가 다르고 이에 따라 역사와 문화가 다르며 제도, 법률, 정책이 다르기 때문에 거시적 경제정책의 효과가 달라 R&D 자원배분, 자원의 원천, 대학의 역할 등 국가적 과학기술연구 체계에 대한 관심이 커진다.

역사적으로 국가 연구개발 체계의 강조는 최초로 리스트(F. List, 1841)에 의하여 이루어졌다. 물론 스미스(A. Smith, 1776)는 경제발전을 위하여 노동의 분업을 통하여 주어진 희소한 자원의 배분과 과학자들의 연구행위를 포괄적으로 설명하였다. 이에 반하여 리스트(F. List)는 국가의 하부구조와 제도를 통한 생산력의 발전을 강조하였다. 리스트(F. List)는 이처럼 경제발전을 위하여 국가의 연구개발을 중요시하였으나 이를 위한 분석적 방법을 구체화한 것은 아니었다. 그는 오늘날과 같은 산업부문에서 실험실제도와 같은 정규적, 체계적, 전문적 연구개발(R&D)이나 연구조직에 대한 구체적인 개념을 정립하지 못하였다.

회사 내 연구개발을 위한 실험실 조직은 1843년 세계 최초의 농업연구소인 로담스테드 농업연구소(Rothamsted Agricultural Experiment Station)의 설립이다. 이후 서구 선진국에서는 과학과 기술의 비약적인 발전이 이루어졌으며 연구개발(R&D)이 기술혁신의 원천이며 국가의 연구개발 조직이 중요하다는 공통적 인식을 갖게 되었다. 이러한 확신은 1·2차 세계대전을 통하여 원자물리학의 발전과 무기개발에 의하여 보다 현실화되었다. 따라서 1950년대 이후에는 선진국뿐만 아니라 신생 독립국이나 후진국에서도 국가의 농업 연구조직을 체계화하고 연구회의(research councils) 등 연구개발에 대한 제도적 정비를 마련하였다. 1970년대까지 국가 농업 연구조직에 대한 정부의 투자는 빠른 속도로 진행되었으며 국가의 농업 연구기관, 대학과 연구소 등 농업연구를 위한 하부구조가 크게 확대되었다.

1980년대 이후 세계경제는 무역과 시장 자유화가 급속히 진행되고 교통, 정보, 통신 분야의 기술진보가 이루어져 농업환경이 달라지고 국가 농업기술 체계도 이에 따라 새로운 조정이 필요하였다. 농업환경의 변화에 따라 농업 연구체계가 복합화(pluralization)되고 다양화(diversification)되었다. 그러나 공공부문 농업 연구투자는 성장이 둔화되고 공공 연구조직의 경직성, 뒤떨어진 연구전략, 훈련된 연구 인력의 감퇴, 과학 학문분야의 상호간 교류의 제약 등이 노출되면서 새로운 개혁이 요구되었다. 이러한 개혁은 그동안 공공 농업 연구조직이 연구자를 중심으로 공급자 위주의 하향식 체제에서 연구의 수요자를 중심으로 한 농업 연구체계로 패러다임의 전환이 필요하다는 사실을 의미한다. 국가 농업 연구체계(national agricultural research system)는 농업 연구과정에서 새로운 지식과 기술의 개발, 확산, 수용, 이용에 관한 모든 제도적, 정책적 요인을 포함한다. 산업, 대학, 연구기관 사이의 연계에 의하여 새로운 지식과 기술이 국가 농업 연구체계를 통하여 상품과 용역으로 전환한다.

이 장(章)에서는 국가 연구체계의 역사적 발전에 비추어 농업연구에 대한 특성과 역사적 발전단계를 검토하고 세계 주요국의 농업 연구체계를 비교하여 앞으로 국가 농업 연구체계의 과제와 방향을 설정하고자 한다.

3.1 국가 농업 연구체계와 연구자원 배분

3.1.1 공공부문 농업연구의 특성

3.1.1.1 농업연구의 공공성

농업발전에 따라 농업 연구투자의 중요성과 효과가 점점 커짐에도 불구하고 농업연구는 오늘날과 같은 시장경제에서 공공재적 성격에 따라 시장실패(market failure)로 나타나는 문제점을 갖고 있다. 농업 연구투자는 공공 후생을 증진시키는 효과를 보이나 순수한 사적 이익(net private benefit)이 낮아서 민간부문의 농업연구는 투자유인이 극히 제한적이다. 따라서 농업 연구투자의 수익률은 높으면서도 투자는 낮게 나타나 농업 연구투자의 사적 한계효율과 사회적 한계효율이 다르다. 그 이유는 다음과 같은 세 가지로 설명할 수 있다(Alston and Pardey, 1996). 첫 번째, 농업부문의 연구투자는 공공재적 성격을 갖기 때문이다. 지식(knowledge) 그 자체는 누구나 공유할 수 있어서 비배제성(non-excludability)과 비경합성(non-rivalness)을 갖기 때문에 농업 연구투자는 투자자가 시장에서 모든 이익을 되돌려 받을 수 없다. 농업 연구투자가 사적 한계비용과 사회적 한계비용이 서로 다른 두 번째 이유는 외부경제(externality)가 작용하기 때문이다. 외부경제는 한 개인의 경제행위가 확산효과(spillover effects)를 가질 때 나타난다. 또 농업생산에 부수적으로 나타나는 공익적 기능이나 환경문제 등으로 인한 외부효과 때문에 자원배분의 사적 의사결정이 사회적 적정수준을 가져오지 못하고 결과적으로 시장실패를 초래하게 된다. 농업 연구투자에서 시장실패가 나타나는 세 번째 이유는 농업연구의 불확실성이다. 농업생산은 기후 등 자연적 요인에 영향을 받아 계절성이나 생산주기가 중요하다. 따라서 농업연구는 연구를 시작해서 결과가 나오기까지 기간이 길어 불확실성에 그대로 노출되어 있다. 이러한 위험은 농업연구의 규모(scale)나 범위(scope)와 관련이 있다. 농업에서 개인의 연구는 위험을 분산시킬 수 있는 규모경제가 어렵기 때문에 민간투자가 제약되어 사회적 적정 투자가 이루어지기 어렵다.

물론 트레이터(traitor)나 터미네이터(terminator) 기술과 같은 농업기술의 발달로 농업부문에서도 특허(patent)나 기술에 대한 지적소유권(intellectual property right)이 가능하게 되었다. 따라서 농업부문에서 공공부문만이 아니라 민간부문 기술의 확대가 이루어지는 것이 오늘의 현실이다. 그러나 농업연구의 외부효과나 공익적 기능에 따라 시장실패와 공공성은 원천적인 농업연구의 특성으로 남아 있다.

3.1.1.2 농업연구에 대한 정부개입의 당위성

앞서 본 바와 같이 농업의 특성과 농업연구의 특성에 따라 농업 연구투자는 일반적으로 과소투자(under-investment)로 인하여 수익률이 높게 나타난다. 따라서 농업 연구투자는 사회적 직접 투자를 위한 정부개입(government involvement)의 당위성을 갖는다. 최근 기술 발달에 따라 종자, 농기계, 농약부문이나 특히 가공분야 등 유통부문에서 어느 정도 특허가 가능하며 무임승차(free-rider) 문제에서 벗어나 민간투자가 확대되고 있다. 그러나 응용연구(applied research)와는 달리 기초연구(basic research)에 대한 투자는 연구효과가 확산되기 때문에 민간기업의 연구투자보다 공공기관의 연구투자에 의존할 수밖에 없다. 대규모의 농업연구는 개별농가나 민간기업이 높은 비용으로 이를 수행하기 어렵기 때문에 정부의 농업 연구투자가 이루어져야 한다. 그러나 정부의 연구투자가 오히려 민간투자를 제약할 수 있는 가능성도 배제할 수는 없다. 따라서 농업연구에 대한 정부의 직접개입은 시장실패로 민간투자가 제약을 받거나, 규모경제로 인하여 시장의 경쟁구조가 위협을 받거나, 연구와 교육, 기술보급의 연계성이 저해를 받을 경우에 한정시켜야 한다.

농업 연구투자에 대한 정부개입은 다음과 같은 몇 가지 형태로 나타난다(Alston, 1995). 첫째는 농업 연구결과의 공공재적 성격에 따른 시장실패 문제를 해소하기 위해서 지적소유권(intellectual property rights) 제도를 확립하여 농업연구에 대한 기업 등 민간투자를 확대할 수 있다. 두 번째는 민간부문에서 연구자금을 유인하여 새로운 연구기관을 설립하거나 보조금, 세금 감면 등 조처를 취하여 민간부문의 R&D를 확대하는 방법이다. 세 번째는 정부에서 직접 R&D투자를 확대하여 정부가 직접적으로 R&D투자의 저위성을 극복하는 것이다.

여러 가지 농업연구에 대한 정부개입의 형태 가운데 정부의 직접적인 농업 연구투자가 가장 중요한 방법이다. 왜냐하면 사적인 지적재산권확립에 의한 민간부문 농업 연구투자의 확대는 비록 농업투자의 공공재적 성격 중 비배제성(non-excludability)을 극복하여 민간투자의 확대를 유도한다 해도 비경합적 성격(non-rivalness)에 대한 사회적 이익의 감소를 가져오기 때문이다. 따라서 정부의 직접적인 농업 연구투자가 가장 중요한 형태라 할 수 있다.

정부의 직접적인 농업 연구투자는 농업 연구와 국가의 발전목표에 대한 조정이 가능하다. 또한 농업 연구와 농업정책을 연계시켜 농업 연구자원이 국가의 농업 우선순위에 따라 배분될 수 있다. 뿐만 아니라 농업 연구기관 간의 연구분야나 자원배분의 조정이 가능하기 때문에 가장 중요한 농업 연구 정책변수가 된다. 따라서 정부의 공공부문에 대한 농업 연구자원 배분의 효율성과 농업 연구관리의 적정성 문제가 크게 대두된다. 농업 연구자원 배분의 효율성과 농업 연구관리의 적정성은 농업 기술평가 시스템 구축에 의하여 체계화할 때 가장 합리적으로 이루어질 수 있다.

공공부문 농업 연구투자에 대한 정부개입의 당위성은 이와 같은 사회의 저위 투자만이 아니라 연구와 교육, 기술보급의 상호 보완성이 이루어질 수 있고 경쟁을 강화시키기 때문에 필요하다(Ruttan, 1982). 또한 민간부문에 맡기면 시장경제에서 영리추구가 가능한 부문에 편중되어 사회에 필요한 기술개발이 약화될 우려도 크다. 그러나 시장실패(market failure)보다 현실적으로 심각하게 나타날 수 있는 비시장실패(non-market failure)인 정부실패(government failure)에 대한 우려도 부정할 수 없다. 정부투자에 의존하는 공공부문 연구자들은 민간부문처럼 경쟁이 강하지 않다. 따라서 연구에 대한 자극이 약하거나 농민들과 직접적인 연계가 부족하여 연구결과의 문제점에 대한 상호 협력이 이루어지지 못할 경우가 많다.

3.1.2 국가 농업 연구체계의 역사적 발전단계와 특성

3.1.2.1 국가 농업 연구체계의 발전단계

국가 농업 연구체계는 어느 사회에서나 국가적, 문화적 영역을 넘어서 일반화할 수 있는 발전단계를 거친다. 따라서 각 단계가 나타내는 특성과 그 사회가 처해 있는 단계에서 그 사회 농업 연구체계의 특수성을 파악하여 일반화 할 수 있다. 즉 각 단계마다 그 단계만이 공통적으로 갖는 일반적 특성을 갖기 때문에 다른 단계와 구별될 수 있다. 이에 따라 어느 한 단계에서 다른 단계로 넘어가는 과정에 대한 실증분석이 가능하며 각 단계를 단축시켜 연구체계의 발전을 가속화시킬 수 있다. 또한 발전단계를 규정하는 본질적인 요인이 무엇인가를 밝혀 앞으로 어떤 단계를 거쳐 갈 것인가를 내다볼 수 있다. 뿐만 아니라 다른 나라의 발전단계를 직접 비교하여 그 나라의 현실적 위치를 알 수 있는 비교분석이 가능하다.

국가 농업 연구체계는 어느 나라에서나 역사적으로 또는 시계열적으로 그 발전 과정이 다음과 같은 3단계를 거치면서 오늘날과 같은 체계로 정착하였다(Ruttan, 1982). 첫 번째 단계는 진보적이고 창의적인 개별 선도농민이나 발명 농가를 중심으로 기술개발이 이루어지는 단계이다. 영국에서는 19세기 초 영(Arthur Young)이 선도농가가 영농에서 이룬 기술진보를 널리 알렸고, 독일의 튀넨(Johann Heinrich Von Thünen)이 근대적 농업경영의 기초를 마련하였다. 미국에서는 제퍼슨(Thomas Jefferson)의 토양 지력 시험, 디어(John Deere)의 수확기계 발명 등이 선도 농가나 발명 농가를 중심으로 한 농업 연구체계의 첫 번째 단계를 보여준다. 일본에서는 선도적인 독농가를 중심으로 종자선택이나 전통적인 농업기술의 확대와 보급이 이루어졌다. 이처럼 국가 농업 연구체계의 첫 번째 단계에서는 개별 발명가나 선도 농가를 중심으로 새로운 농업기술이 나타나고 기술진보를 이룬다. 그러나 농업을 위한 조직적이고 체계적인 연구와 기술개발이 이루어진 것은 아니다.

두 번째 단계는 농업 과학기술 전문가를 중심으로 농업연구소나 실험실이 만들어지고 여기서 농업기술 개발을 위한 연구가 어느 정도 체계적으로 이루어지는 단계이다. 영국에서 1842년 스코틀랜드 농민들이 농화학회(Agricultural Chemical Association)를 창립하고 화학실험실을 설립하여 농민들을 위한 토양시험이 체계화되었다. 또한 1843년에는 로스경(Sir J. B. Lawes)이 로담스테드연구소(Rothamsted Experiment Station)를 세워 인공비료에 관한 연구를 수행하였다. 독일에서는 리비히(Justus von Liebig)의 식물영양에 관한 토양학적 분석연구가 농업연구소 설립을 자극하는 기폭제가 되었다. 이처럼 두 번째 단계는 첫 번째 단계와는 달리 개별 농가가 주도하는 단순한 농업기술 개발과 진보가 아니다. 농업전문가들이 실험실과 연구소를 중심으로 과학을 농업에 응용할 수 있는 연구자원을 모으고 이를 조직화하여 농업기술이 가속화할 수 있는 단계이다. 따라서 두 번째 단계에서 농업기술 개발의 형태는 기술분야나 기술 성격에 따라 각각 달리 나타난다. 또한 생물학적, 화학적, 기계적 농업기술에 대한 연구지원이 국가나 생산자 단체 등을 통하여 지속적으로 이루어질 수 있는 제도적 뒷받침이 이루어진다. 이를 바탕으로 농업 각 분야의 새로운 기술개발이 실험실이나 연구소를 중심으로 체계적으로 이루어질 수 있었다. 그러나 이 단계에서 농업연구는 단일 품목이나 단일 분야의 연구에 한정되며 품목간이나 분야간의 연계가 이루어지지 않는 것이 두 번째 단계의 특징이라 할 수 있다.

세 번째 단계는 국가의 통합적 농업 연구체계(integrated agricultural research systems)가 이루어져 농업 연구자원 배분에 의하여 농업연구의 우선순위를 결정할 수 있는 국가 농업 연구역량(research capacity)을 배양하는 단계이다. 이 단계는 농업 기술개발이 개별 농가나 시험연구소 중심으로 이루어지는 것이 아니다. 농업연구는 국가적 관점에서 농림부(ministry of agriculture)나 농업연구회의(agricultural research councils)체제에서 국가의 농업연구기관을 중심으로 이루어진다. 즉 공공부문과 민간부문, 경종작물과 축산이나 식품부문 등 부문별 연구자원 배분이 조정되고 계획되어 통합적인 국가 농업 연구체계가 확립된다. 이를 위하여 개별 작물연구를 위한 연구기관과 연구소의 규모나 입지를 결정하고 국가, 지역, 민간부문의 농업연구를 통합적으로 조정한다. 그 결과 효과적인 성과를 거둘 수 있는 합리적 농업 연구정책이 국가의 역사적 배경에 따라 나라마다 각각 달리 나타날 수 있다. 일반적인 농업연구의 특성에 의하여 민간기구보다도 국가 주도하에 농업 연구체계가 결정된다. 따라서 농업 기술개발에 국가 농업 연구정책의 실효성이 큰 영향을 미치게 된다. 이 단계에서는 초기에는 공공연구의 비중이 컸지만 민간부문의 확대에 따라 공공부문은 기초연구나 소농을 위한 연구, 자연자원의 경영관리 등 국가 전략적 연구에 치중한다. 민간부문은 상업적 영농부문에 비중을 둔다. 또한 연구, 교육, 기술보급의 통합적 체계를 구축하여 복합적인 연구체계(pluralistic research system)가 형성된다.

그러나 이러한 국가 농업 연구체계는 서구 자본제 선진국들의 발전단계를 일반화한 것이다. 첫 번째 단계와 두 번째 단계는 국가 농업 연구체계라 하기 어렵고 세 번째 단계의 국가 통합적 연구체계를 비로소 국가 농업 연구체계라 할 수 있다. 선진국 농업기술이나 농업제도의 이전을 중심으로 국가 농업 연구체계를 수립한 후진국들은 이와 같은 계기적 발전단계를 거치지 않는다. 그 나라의 역사적 배경에 따라 첫 번째 단계에서 세 번째 단계로, 또는 두 번째 단계에서 세 번째 단계로 선진국 농업 연구체계의 이식이 이루어질 수 있다.

3.1.2.2. 국가 농업 연구체계의 주요 논점

국가 농업 연구체계에서 주요 논점은 농업연구의 중앙 집권적인 집중화

(centralization)와 지역 분권적인 분산화(decentralization)문제, 농업연구와 교육, 기술보급의 연계문제, 농업 연구자원의 배분과 연구자원의 출처(sources)문제 등이다. 이러한 논점은 농업 연구체계의 발전단계에서 첫 번째와 두 번째 단계인 독농가와 실험실 중심의 단계에서는 크게 문제되지 않는다. 그러나 제3단계인 농업연구소 중심의 국가 농업 연구체계에서 주요 논점으로 부각되는 문제들이다.

농업연구의 집중화와 분산화문제는 농업 연구자원의 배분, 농업 연구항목(agenda)과 연구계획(programming)에 관한 의사결정 과정에서 나타난다. 농업 연구체계의 집중화는 농업 연구체계에서 연구자원 배분이나 연구에 관한 의사결정이 중앙정부에 집중되는 것을 말한다. 이에 대하여 농업 연구체계의 분산화는 지역이나 농가단위에 따라 도(道)나 현(縣), 또는 주(州)와 같은 지역의 시험연구소에 분산되어 있는 것이다. 결과적으로 국가 농업 연구체계가 집중화되어 있는가 또는 분산화 되어 있는가에 따라 연구자원 배분의 효율이 달라진다. 농업연구와 농업교육, 농업기술 보급의 연계문제는 미국의 경우와 같이 농업연구와 농업교육, 농업기술 보급이 주(state)에 있는 주립 농과대학 내에 함께 있는가, 또는 농업연구와 기술보급은 같은 체계 내 에 있으나 농업교육은 농업과는 독립적으로 교육부 내에 있는가, 농업연구, 기술보급, 교육이 각각 독립적으로 되어 있는가 등의 문제이다. 또한 농업 연구자원의 배분과 연구자원의 출처문제는 국가 농업 연구체계에서 기초연구와 응용연구에 대한 자원배분과 연구주체, 농업 연구자원의 출처가 공공부문인가, 민간부문의 몫은 어느 정도인가 등에 관한 문제이다.

농업연구의 집중화는 농업 연구자원과 농업연구에 대한 의사결정 과정이 중앙정부에 집중되어 있는 것을 말한다. 따라서 국가의 농업 연구목표를 달성하는 데 일관성이 있으며 농업 연구자원의 배분이 효율적으로 이루어질 수 있다. 농업연구에서 자원배분이나 의사결정이 하향식으로 이루어져 연구자원 배분에 중앙정부의 영향력이 크고 결과적으로 연구결과의 파급효과가 크다. 그러나 연구자원 배분이나 의사결정 과정에서 관료제적 요소가 작용할 소지가 있다. 또한 정부와 지역의 농업 연구목표를 적절하게 조정하기 어려운 단점을 회피하기 어렵다. 더구나 농업기술은 지역적 특성(location specific technology)과 농업 생태적 특성(agroecological characterization)이 강하기 때문에 집중화에 의한 자원배분의 효율성은 낮아진다. 지역과 농가의 특성을 적합하게 조정하고 농업 연구결과에 대하여 연구자와 지역농가의 의사소통이 원활하게 이루어질 수 있는 분산화가 농업 연구자원 배분의 효율성을 높일 수 있다.

농업 연구의 의사결정 과정이 지방분권으로 되어 있는 분산화는 비록 국가와 지역의 농업연구 목표를 조정하고 연구자원 배분의 효율성을 높일 수 있으나 연구자들이 농업 연구자원을 얻는 데 어려움이 크다. 지역 연구기관은 대부분의 농업 연구자원을 중앙정부에 의존하여야 한다. 따라서 농업 연구자원을 얻기가 쉽지 않고 언제나 지역 연구자원의 한계에 직면하기 쉽다. 또한 한정된 농업 연구자원을 여러 지역에 분산해야 하기 때문에 기초연구 등 연구자원의 규모경제가 작용할 때 그 효율성이 낮아지는 위험을 회피하기 어려운 문제도 부인할 수 없다.

국가의 농업 연구체계에서 농업교육, 연구, 지도보급의 연계를 어떻게 할 것인가 라는 문제는 중요한 논점이다. 과거의 역사적 경험에 의하면 미국의 주립 농과대학과 같이 농업연구, 기술보급 및 교육이 같은 체계 내에서 서로 긴밀한 연계를 갖는 경우에 농업개발의 효율성이 높고 효과가 극대화 될 수 있다. 왜냐하면 토지공여대학(land grant university)으로서 주립 농과대학은 지역사회와 밀접한 관계를 유지하기 때문이다. 교수와 연구자가 모두 지역사회의 농민들과 깊은 유대를 갖고 농업에 대한 공통적인 사명감에 따라서 지역이 필요한 농업 기술개발과 보급이 쉽게 이루어질 수 있다. 더구나 지방정부가 제공하는 농업 연구자원은 지역주민의 농업기술에 대한 연구와 교육, 기술보급의 필요를 충족해야 한다. 따라서 농업이 지역사회를 배경으로 발전하는 미국의 토지공여 주립대학처럼 제도적 하부구조(infrastructure)가 갖추어진 국가에서는 주립 농과대학이 중심이 되어 농업연구, 농업교육, 농업기술의 지도와 보급이 상호 깊은 연계를 갖고 같은 체제 내에서 이루어지는 것이 효과적이다.

그러나 어느 사회가 농업연구에 대한 제도적 하부구조를 갖추지 못하고 대학이 본래 전통적인 목표인 진리탐구와 기초연구에 초점을 맞추는 경우에는 농업연구와 교육, 기술 보급기능이 같은 체제 내에 있지 않고 각각 분리되어 있는 것이 일반적이다. 선진국에서는 새로운 농업연구에 의하여 기술이 개발되고 보급되며 이를 교육시켜야 하기 때문에 연구, 지도보급, 교육의 기능이 통합된 체계에서 이루어질 수 있다. 후진국에서는 새로운 농업기술이 연구에 의하여 개발되기 보다는 이미 개발되어 있는 선진국 기술을 도입하여 이를 그 나라 지역적 특성에 적합하게 맞도록 적응시험을 위주로 해야 하기 때문에 연구와 교육은 각각 분리된 체계로 발전된다. 일반 교육체계 내에 있는 농과대학을 중심으로 한 농업관련 교육기관은 농업교육과 농업의 기초연구에 집중한다. 반면 정부의 농업 연구기관은 지역농업과 밀접한 관련을 갖는 새로운 기술을 도입하여 농민들에게 보급하기 때문에 기초연구 위주의 농업교육과는 각각 독립적으로 분리되어 있다. 물론 이러한 체제에서 농업연구와 기술보급은 분리되지 않고 같은 체제 내에 있다.

농업연구와 교육의 관계에서 보면 대학원 교육의 경우에는 서로 보완적인 관계를 가질 수 있으나 학부의 경우에는 다르다(Ruttan, 1982). 왜냐하면 대학학부(undergraduate)의 교육은 기초교육이 주가 되기 때문에 지역사회의 현실적인 농업문제보다 원리적인 교육에 중점을 둔다. 대학원(graduate)의 교육은 현실적인 농업문제에 대한 연구를 바탕으로 하기 때문에 연구와 교육이 밀접한 연계를 갖는다. 즉 개발된 연구결과로서의 기술은 실제로 농업현장에서 농민들이 필요하기 때문에 즉시 기술의 보급이 이루어질 수 있다.

농과대학은 기초연구와 농업교육만이 아니라 지역농민의 기술수요에 부응하는 응용연구에 대한 활동이 커지며 농민이나 농업관련 종사자에 대한 직업교육이나 현장교육을 강화한다. 산학협동의 활성화에 따라 현장중심으로 농민이나 농업 연관기업체가 참여하여 산학협동이 체계화되면 농업 연구자원의 배분이 농업기술정책과 연계되어 영농체계화연구(farming systems research)와 같은 현장연구가 이루어질 수 있다. 공공 농업 연구기관도 농과대학과 긴밀한 연계를 갖고 대학과 공동연구를 확대한다. 따라서 서로 다른 국가 농업 연구체계에서 다양한 농업발전 접근방법에 의하여 농업교육, 연구, 기술보급문제는 서로 독립적이기보다는 보완적인 관계를 유지한다.

농업 연구자원의 배분에서 기초연구와 응용연구 배분의 크기나 연구의 주체, 연구자원의 출처는 그 나라의 크기와 역사적 배경에 따라 다르다. 농업기술의 발전에 기초연구가 중요하나 작은 나라에서는 기초연구에 투자할 연구자원이 제약되어 응용연구의 비중이 커진다. 또한 공공부문에서 주로 기초연구에 대한 투자가 이루어지고 연구 성과나 결과를 바로 향유할 수 있는 민간부문에서 응용연구에 의한 투자가 이루어진다. 나라가 크거나 연구자원의 규모가 크면 기초연구는 중앙정부의 집중화된 연구조직에 의존하며 응용연구나 지역적 특성을 고려하여 지역 환경에 알맞은 지역 적응연구(adaptive research)는 지역에 분산시키는 국가 농업 연구체계가 바람직 할 것이다. 경제발전에 따라 민간부문 연구자원의 비중이 커가고 시장경제가 확대되면서 연구자원의 출처는 점차 다양화하고 민간부문의 연구자원의 비중이 커지는 것도 사실이다.

3.1.3 세계화(globalization)와 국가 농업 연구체계

국가 연구체계에 관한 일반적 중요성은 앞서 본 바와 같이 역사적으로 스미스(Adam Smith)와 리스트(Friedrich List)에 의하여 구별된다. 스미스(A. Smith)는 국가의 경제성장에 대하여 국가의 전략이나 역할보다 단순히 시장경제를 위한 분업과 물적 자본축적에 의한 생산력 증진을 강조하였다. 이에 대하여 리스트(F. List)는 교육과 훈련기관, 과학기술 제도, 생산자와 사용자의 상호 연계지식, 지식의 축적, 수입기술의 적합성 연구, 전략산업의 진흥 등 국가의 주도에 의하여 이루어질 수 있는 생산력 증대에 관심을 가졌다. 따라서 리스트(List)는 경제성장이 나라마다 각각 다른 특징을 갖는다고 보았다. 역사적으로 나타나는 경제성장의 국가별 다양성(divergence)은 이러한 사실을 반영한다(C. Freeman, 1995).

최근 다국적 기업(transnational corporations)의 출현과 세계화의 진행은 전통적인 국가의 영역을 확대하여 국경 없는 세계화로 국가의 경제구조, 가치관, 문화, 제도, 역사적 차이를 점차 소멸시키고 있다. 그러나 전통적인 미시경제 행태분석(microeconomic behaviour analysis)의 접근방법인 완전한 정보와 초 합리성(perfect information and hyper-rationality)이라는 가정과는 달리 현실은 언제나 불확실성(uncertainty), 국지적 지식(localized learning), 제한적 합리성(bounded rationality)에 직면해 있다. 따라서 세계화에 의하여 기대할 수 있는 표준화와 수렴화(standardization and convergence) 보다 개별 국가의 특성에 따라 각 국가의 발전경로가 달라지고 다양화가 이루어지고 있다. 왜냐하면 소비자의 기호, 국가의 제도, 기후, 환경이 다르면 제품과 서비스가 달라지기 때문에 세계화에 의한 상품과 서비스의 표준화도 궁극적으로는 한계를 보이기 때문이다(Lundvall, 1993).

농업은 자연환경에 의하여 크게 좌우되며 농산물 소비는 문화적 요인에 의하여 지배되는 경우가 많다. 농업생산은 토지를 주된 생산수단으로 이용하며 강우량, 일조시간, 습도 등 기후조건에 크게 영향을 받는다. 또한 농업생산은 유기적 생산이기 때문에 기계의 사용과 분업이 제약을 받는다. 따라서 농업생산은 시장조건의 변화에 신축적으로 적응하기 쉽지 않고 시장경제에서 생산이나 가격이 비탄력적인 성격을 갖는다. 농업기술의 발전에 따라 이러한 제약은 어느 정도 극복될 수 있다. 그러나 농업기술은 지역적 특성(location-specific)이 강하여 단순한 기술이전이 어렵다. 농업기술은 그 나라의 물적, 생화학적, 사회 경제적 환경에 따라 서로 다르기 때문에 농업기술의 이전은 이에 대한 연구가 이루어지고, 그 결과를 분석, 시험하여 이를 그 나라 환경에 적합하도록 응용하는 과정을 거쳐야 한다. 따라서 세계화가 진전되면서 농업기술 이전(agricultural technology transfer)의 과정에서 각국의 자연조건이나 생태환경에 따라 그 나라의 작물, 가축, 농기계, 영농체계에 적합한 국가적 기술체계가 필수적이다.

농업생산의 또 다른 특성은 시장경제로 설명하기 어려운 시장실패로 나타나는 비시장경제적 특성이다. 시장경제에서 상품가격에는 그것을 생산하는 데 필요한 모든 비용이 반영되어 있다. 그러나 시장에서 대가를 받지 못하고 사회적 후생에 영향을 주는 외부효과(external effects)를 발생시키는 공익적 기능이 농업생산의 특성이다. 홍수방지, 토양보존, 대기정화, 생태계 보호, 보건 휴양기능, 전통문화의 보존 등 농업의 공익적 기능은 나라마다 다르기 때문에 시장경제에 의한 가격기구로 이러한 기능을 해결하기 어렵다. 따라서 국가적 농업 연구체계에 의하여 농업생산의 공익적 기능의 조정이 이루어질 수 있으며 시장경제에 의한 세계화의 진행이 농업생산에서는 어느 정도 한계를 보일 수밖에 없다.

농업에서 시장경제의 제약은 농산물의 비대칭적 정보(asymmetries of information)에 따라 야기될 수 있다. 시장경제에서 상품거래는 상품의 품질이 모두 동질적이며 수요와 공급에 의하여 시장거래가 자유롭고 거래비용이 적다는 전제에서 이루어진다. 그러나 농산물의 경우에는 공산품과는 달리 품질이 균일하지 않으며 품질에 대한 정보가 불확실하다. 농산물의 생산자는 상품의 품질에 대하여 비교적 정확하게 알고 있으나 소비자는 상품에 대한 전문적인 지식이 없을 때 정확한 정보를 얻기 위하여 많은 시간과 비용이 소요된다. 따라서 품질이 정확하게 구별되는 공산품의 경우에는 시장에서 경매와 같은 방법에 의하여 언제든지 간단히 거래할 수 있다. 그러나 유기농산물과 같이 규격화와 표준화가 이루어지지 않아 품질 선별을 위한 정보비용이 들거나 이용가능한 정보가 문제가 되는 농산물의 경우에는 신뢰와 신용과 같은 복잡한 인간적인 요소가 얽혀지기 때문에 거래비용이 높아진다. 이러한 문제점들을 극복하기 위하여 품질 보증제, 고유의 상표부착, 연쇄점과 같은 유통망의 구성으로 규격화와 표준화에 의한 판매, 정부나 공공기관의 품질 인증제도의 확립 등 제도적인 접근이 이루어지고 있다. 농산물 생산과 시장에 대한 제도적 접근은 표준화의 기준, 새로운 생산물의 특허, 연구기관의 조직화, 연구체계의 하부구조 등과 같은 국가의 제도적 요인이나 연구체계와 밀접한 연계를 가진다.

농산품의 소비는 시장에서 가격과 수량에 따라 소비자의 시장행태에 의하여 결정된다. 또한 교통의 발달로 인한 물류변화나 냉동체인과 같은 새로운 기술개발에 의하여 패스트 푸드 등 식품소비가 세계적으로 균일화하는 경향을 보인다. 그러나 기본적으로 식문화(食文化)는 그 나라의 자연환경이나 고유의 전통과 밀접한 관계를 갖는다. 따라서 식품 소비패턴은 나라마다 다르고 개인의 기호변화가 중요하다. 이러한 환경, 전통, 기호는 장기적으로 변화하기 때문에 단기적인 시장행태는 제약적이다.

세계화의 진전에 따라 단순히 가격과 수량을 기초로 한 시장경제에서 각 국가의 특성에 따라 달라지는 제도적 요인 등을 사상할 때 이러한 비시장적 요인을 고려하여 가격과 수량의 시장적 요인을 사상하는 것보다 더 심각한 결과를 초래할 수 있다(Freeman, 1995). 더구나 농산물의 경우에는 시장실패로 나타나는 공익적 기능과 정보의 불확실성에서 오는 거래비용 등 제한적 합리성에 따라 제도적 요인이 작용하는 범위가 더 크다. 따라서 시장경제의 범위가 보다 더 한정될 수밖에 없다. 이것은 앞으로 세계화의 진전이 이루어져도 농산물은 시장경제만이 아니라 시장경제와 이를 보완하는 비시장경제의 상호 연계가 필수적이라는 사실을 말한다.

세계화가 이루어지면서 기술의 모방, 확산과 이전으로 국가 농업 연구체계가 국가간에 서로 영향을 주고 복잡하게 얽혀지고 있다. 그러나 국가간의 부존자원이 다르고 산업조직과 분업화의 누적적 효과가 다르며 국가의 지식축적과 금융조직, 교육과 훈련, 경제 및 정치제도가 다르다. 따라서 앞으로 세계화가 진전되면서도 국가 농업 연구체계의 중요성은 여전히 지속될 것으로 본다(Niosi and Bellon, 1996).

3.2 세계 주요국가의 농업 연구체계의 역사적 변천

3.2.1 영국의 국가 농업 연구체계

근대적 농업혁명을 이룬 영국에서 농업 연구체계의 기원은 1660년대로 올라간다(Ruttan, 1982). 영국에서 농업연구가 초기에는 주로 창의적인 농민개인에 의하여 이루어졌다. 이 당시 창의적인 농민으로 웨스턴 경(Sir William Western)은 겨울에

동물사료로 순무를 이용했으며 타운센드(Lord Townshend)는 노포크식 윤작체계를 소개하였다. 그 후 18세기 후반기에 베이크웰(Robert Bakewell)은 소와 양의 품종선택을 시도하였다.

영국은 19세기 중반기에 이르러서 비로소 근대적 시험연구를 기초로 한 농업 연구체계가 이루어졌다. 스코트랜드에서 농화학협회(Agricultural Chemistry Association of Scotland)가 1842년 에딘버러(Edinburgh)에 설립되었으나 회원들이 필요로 하는 실용적 결과물을 내지 못하여 결국 1848년에 해체되고 말았다. 로스 경(Sir John Bennet Lawes)은 1843년 세계 최초의 농업시험연구소(Agricultural Experiment Station)를 로탐스테드(Rothamsted)에 설립하였다. 여기서 독일의 리비히(Justus von Liebig)에게 수학한 길버트(Sir Henry Gilbert)가 연구를 수행하였다. 이 연구소는 1889년 로스농업신탁(Lawes Agricultural Trust)으로 전환할 때까지 로스인산기업(Lawes Phosphate Enterprise)에서 재정 지원을 받았다. 그러나 그 후 농업연구위원회(Agricultural Research Council)를 통하여 정부지원에 의존하였다.

영국에서 농업연구는 1901년 시행된 발전과 도로 개선법(Development and Road Improvement Act)에 근거하여 설치한 발전위원회(Development Commission)를 통하여 정부자금의 지원이 이루어졌다. 1911년 이후에는 잉글랜드(England)와 스콧트랜드(Scotland)의 농업부(Department of Agriculture)에서 대학과 연구기관에 연구자금(Grant)을 지원하였다. 농업연구위원회(Agricultural Research Council)가 1931년 설립되어 위원들은 발전위원회와 농업부에 과학자문을 담당하였다. 1954년에 농업 연구의 책임이 발전위원회에서 2개 부문의 농업부로 이전되어 농업연구위원회의 자문으로 지역 연구기관(state-aided institute)을 관리하고 지원하는 책임을 가졌다. 1955년에는 영국의 식량통제가 종식되어 식량부(Ministry of Food)가 없어지고 그 기능은 농수산부(Ministry of Agriculture and Fisheries)에 통합되어 명칭도 농수산식품부(Ministry of Agriculture, Fisheries and Food)로 바뀌었다. 잉글랜드와 웨일스지방의 지역 연구기관의 관리는 1956년 농업연구위원회로 이전되었다. 1959년 식품연구와 여러 농업관련 연구기관들이 과학산업연구부(Department of Scientific and Industrial Research)로부터 농업연구위원회로 관리가 이전되었다. 그러나 같은 해 농업연구위원회의 예산권이 예산에 관하여 과학정책위원회(Council for Scientific

Policy)의 자문을 받는 교육과학부(Department of Education and Science)로 옮겨졌다.

1960년대 초까지 농업연구위원회가 맡은 임무는 주로 진행되는 연구의 추진, 검토와 새로운 연구를 개발하는 것이었다. 또한 지역연구기관을 감독하고 산하 연구기관과 부서를 관리하며 대학의 기초 및 응용연구를 지원하는 것이었다. 그러나 연구의 자유를 위하여 직접적인 지침은 없었으며 연구자의 개인적 자유와 농업발전을 위한 연구의 적합성에 관한 균형을 유지하도록 노력하였다. 이처럼 농업연구가 1910년까지는 민간부문인 기업이나 개인의 창의적인 연구에서 이루어졌다. 그 후 1960년까지는 공공부문에서 연구자원이 배분되고 연구에 관한 의사결정은 과학자나 연구행정가(scientist-administrator)에 의하여 이루어지는 체계로 바뀌었다.

영국의 농업 연구체계에서 큰 변화를 가져온 것은 내각의 장기적 정책자문을 수행하는 중앙정책심의위원(Central Policy Review Staff)인 로드차일드(Lord Rothschild)가 1971년 제안한 보고서이다. 그는 연구위원회에 연구자원의 계약원칙(customer-contractor principle)을 제안하여 국가 연구지원에 새로운 변혁을 가져왔다. 즉 정부 연구지원을 받는 연구자들은 연구에 대하여 국가의 필요에 따른 연구책임(responsibility)과 회계책무(accountability)를 지키며 계약원칙(customer-contractor principle)을 따르도록 규정한 것이다. 왜냐하면 그동안 농업연구자들은 연구의 자유만을 추구하여 농업연구의 수요자인 농민, 투입물 공급자, 식품 가공업자, 농수산 식품부(Ministry of Agriculture, Fisheries, and Food)의 필요를 충족시키지 못하였다고 보았기 때문이다. 농업연구위원회는 농수산 식품부에서 지원하는 연구자원의 절반이상을 계약형태로 지원하였다. 따라서 이후부터 농업연구의 주도권은 농업연구위원회에서 농수산 식품부로 옮겨지고 응용연구가 크게 강화되었다. 로드차일드보고서는 농업연구위원회와 농수산 식품부의 긴밀한 협조를 위한 제도적 조치를 제안하여 이를 위한 합동협의기구(Joint Consultative Organization)가 신설되었다. 이 기구는 농민, 농업 투입물 공급자, 식품 가공업자, 농업 공무원, 과학자 대표들로 구성되었다.

영국은 1976년에 유럽연합(EU)의 공동농업정책(Common Agricultural Policy)에 가입하였고 1979년 대처(Margaret Thatcher)의 보수당 집권으로 정부규모, 세금, 정부 예산적자를 감축시키는 정책을 추구하였다(Thirtle, 1999). 따라서 연구자원의 감소가 뒤따랐고 공공연구의 민간부문 이전이 이루어져 1980년대 농업위원회 지원을 받던 18개의 연구기관이 8개로 줄었다. 1984년에는 합동협의기구(Joint Consultative Organization)가 우선순위위원회(Priorities Board)로 대치되고 농업연구위원회의 명칭도 농업 및 식품연구위원회(Agricultural and Food Research Council)로 개칭하여 식품안전 등 연구범위가 확장되고 예산도 늘어났다. 우선순위위원회의 구성도 유통업자와 소비자까지 확대되었다.

영국의 농업연구체계는 1990~1995년 사이에 또 다른 큰 변화를 보였다. 그동안 골격을 유지한 로드차일드보고서(Rothschild report)의 내용이 폐기되어 시장중심의 계약원칙(customer-contractor principle)이 사라지고 응용연구보다 기초연구에 중점을 두게 된 것이다. 1994년에 교육과학부(Department of Education and Science)가 과학기술청(Office of Science and Technology)으로 개편되어 과학기술의 중요성이 인식되어 청장은 내각에 각료로 임명되었다. 이 과정에서 농업 및 식품연구위원회(Agricultural and Food Research Council)는 생명기술 및 생물과학연구위원회(Biotechnology and Biological Sciences Research Council: BBSRC)에 속하게 되었다. 또한 농업 및 식품연구위원회에 속한 연구기관도 생명기술 및 생물과학 연구기관(Biotechnology and Biological Science Research Institutes)으로 바뀌었다.

농수산식품부(MAFF)에 소속된 7개 기관은 국가 농업기반 유지를 위하여 농작물분야, 식물병해충, 농약, 비료시비 등 기반연구 분야, 축산분야, 농촌경제, 농촌관리 등 사회과학 및 기타분야에 걸쳐 농업 전반에 관한 연구를 수행한다. 과학기술청 산하에 속하는 BBSRC의 임무는 삶의 질 향상, 국가 부의 창출, 상업 및 공업을 지원하기 위한 연구 및 훈련 등 광범위하며 지원분야는 화학, 물리, 농업과학, 공학, 생물학 등 광범위하다. BBSRC가 직접 지원하는 8개의 농업관련 연구기관은 필요예산의 절반가량을 BBSRC에서 지원받고 있으며 중요한 예산의 일부를 농수산 식품부(MAFF) 등 다양한 정부기관과 단체로부터 지원을 받는다. 이 후 2001년 영국은 농수산 식품부를 생명과 환경을 총괄하는 환경식품농촌부(Ministry of Environment, Food and Rural Affairs: DEFRA)로 바꾸고 물, 식품, 대기, 국민, 동물과 식물에 관한 모든 업무를 관장하게 되었다.

영국의 농업 연구체계는 독농가 중심의 기술발전에서 근대적인 실험실 체계로 전환하고 국가의 근대적인 농업 연구체계로 전형적인 발전과정을 거쳐 왔으며 19세기 초까지 세계 농업 연구체계의 표본이 되었다. 특히 식민지 시대 플랜테이션(plantation)

이나 대규모 농업생산에서 수출위주의 상품생산을 위한 연구지원에 중요한 자율적인 연구모형으로 선구적인 역할을 하였다. 그러나 영국은 전통적인 자유주의 사상(laissez faire) 때문에 후발국 독일의 국가 중심 농업 연구체계에 밀려 그 영향력이 감소된 것이 사실이다. 따라서 1960년대 이후에는 시장경제에 맞는 응용연구에 주력하여 새로운 계약제도로 변환을 시도하기도 하였다. 최근에는 경제의 다양화에 따라 국가 농업 연구체계도 다양화하고 민간부문의 역할이 점차 확대되는 등 세계 농업 연구체계의 변화와 마찬가지로 영국의 공공부문 농업 연구체계도 민간부문과는 달리 기초연구에 주력하는 변화를 보인다. 농과대학은 연구기관과 분리되어 있으며 농업 기술보급은 환경식품농촌부(DEFRA) 산하에 독립적인 기구로 농민에 대한 컨설팅 업무를 수행한다.

3.2.2 독일의 국가 농업 연구체계

19세기 초까지 영국은 중농학파를 이끌었으나 그 후 농업에서 과학기술의 응용은 독일에게 우위를 넘겨주게 되었다. 독일모형은 농업연구와 교육에서 다른 나라가 본받을 만한 전형을 이루었다. 그 이유는 영국은 스미스(Adam Smith)의 자유주의 전통(laissez faire tradition)에 따라 제도변화에 별다른 관심이 없었기 때문이다. 그러나 영국보다 기술과 경제력, 정치력이 뒤떨어진 독일은 과학, 기술, 교육 등 제도변화를 통하여 격차를 줄일 수 있도록 국가의 지원을 아끼지 않았다. 그 결과 19세기 말에 영국은 독일에 비하여 과학기술의 훈련, 기초과학과 응용과학의 진보를 위한 제도변화 등 인간자본 형성에 뒤떨어졌다. 따라서 1860년대와 1870년대 영국과 독일의 격차는 크게 줄고 화학, 전기공학분야에서 독일은 영국을 앞질렀다(Ruttan, 1982).

독일농업에서 토양학의 리비히(Just von Liebig)가 1840년 발간한 유기화학 저서는 농업연구의 분수령을 이루었다. 그는 기센(Giessen)에 유기화학 분야의 연구생을 훈련하는 실험실을 처음으로 설립하였으며 세계 각국에서 학생들이 모여들었다. 이를 계기로 1852년 독일 정부가 지원하는 공공 농업연구소(agricultural experiment station)가 색소니(Mockern in Saxony)에 최초로 설립되었다. 이 연구소는 시험을 통한 과학적인 조사에 의하여 농업기술을 진흥시키는 것을 목표로 하고 과학자와 농민의 협동을 중시하였다. 그 후 25년 동안 독일에서 74개로 확대되었고 독일모형은 미국, 오스트리아, 이탈리아, 일본으로 확산되었다.

근대적 연구대학(modern research university)도 독일에서 시작되었다. 오늘날 훔볼트대학(Humboldt Universitat)의 전신인 베르린의 프리드리히-빌헤름대학(Friedrich-Wilhelm-Universitat)이 1809년에 설립되었다. 전통적인 유럽의 대학은 신학, 약학, 법률과 같은 직업교육 위주였으나 이 대학은 화학, 물리학, 생물학과 같은 실험과학 위주의 연구대학을 목표로 하였다. 약학박사인 테어(Albrecht Thaer)가 농학교수로 임명되고 베르린 과학원(Berlin Academy of Sciences)회원이 되었다. 이 새로운 연구대학에서 그 당시 농학교육은 제도적으로 분리되지 않았다. 테어(A. Thaer)는 농업연구에서 농학교육을 독립시켰고 그 후 독일의 각 주에 독립적인 농업교육기관(agricultural academies)이 설립되었다. 그러나 리비히(Liebig)는 독립적인 농업 교육기관보다 훔볼트식으로 대학조직 안에 교육과 연구를 통합하는 체제를 주장하였다. 이후 독일은 대부분 지역에서 대학 내에 연구와 교육이 통합된 체제로 발전하였다.

그러나 이러한 대학체제에서 농업 현실 문제를 해결하는 데 필요한 생산기술에 대한 연구는 충족되지 못했다. 따라서 독일의 지방정부들은 색소니연구소(Saxony Station)와 같은 공공 농업 연구기관(agricultural experiment station)을 세웠다. 이 연구기관은 대학과는 달리 교육기능은 전혀 없고 다만 연구기능만 담당하였으며 지역 농민단체(local farmers' organization)의 지원을 받았다. 독일에서 지역중심의 분산된 농업 연구체계(decentralized agricultural research system)는 중앙집권이 아닌 연방 중심의 정치체제에서 비롯되었고 농림식품부(Ministry of Agriculture, Food, and Forestry)가 최초로 설립된 것도 1919년 바이마르공화국(Weimar Republic)에서다. 이처럼 1900년 초부터 중앙집권적 움직임을 보여 1905년 식물방제를 위한 연구소(Biologische Anstalt fur Land-und Fortwirtschaft)가 설립되어 독일 전 지역에 연결망(network)을 형성하였다. 1910년에 오늘날 막스프랑크연구소(Max-Plank-Gesellschaft)의 전신인 카이저-빌헤름연구소(Kaiser-Wilhelm-Gesellschaft)가 초기에는 기초연구만을 지원하기 위하여 설립되었다. 이 연구소는 그 후 유전학, 식물 육종, 농기계 등 응용분야를 확대하였다.

제2차 세계대전 이후 서독의 연구체계는 연방 식품농림부(Federal Ministry of Food, Agriculture, and Forestry) 아래에 16개의 연구소와 5개의 지원연구소를 갖는 연방농업연구센터(Federal Agricultural Research Centre: FAL)를 중심으로

6개의 다른 품목별 연구센터로 되어 있다. 따라서 연방정부는 연방식품농림부 산하에 총7개의 연구센터가 71개의 연구소와 8개의 지원연구소 및 지원부를 갖는 체제이다. 연방농업연구센터(FAL)는 농업연구의 기본적 책임을 졌고 독립적인 지역 농업연구소(state experiment station)는 몇 개에 불과하며 토양, 사료와 종자시험, 식물방역에 관한 업무를 수행하였다. 연방농업연구센터(FAL)는 강력한 기초과학 중심의 연구기관으로 기능을 하고 다른 연구기관은 식품농림부가 필요한 품목중심의 프로그램을 수행하였다. 지역단위에서는 전통적인 대학체제 안에 농업연구와 교육기능을 맡았고 주정부가 주요한 기술인력, 장비, 재정적 지원을 맡았다.

연방농업연구센터(FAL)는 농업관련 대표자로 구성된 대표자회(Board of Representatives), 연구기관장 및 과학자로 구성된 평의원회(Senate), 연구기관의 장으로 구성된 실행위원회(Executive Committee)로 구성되어 있다. 연방정부, 주정부, 과학위원회, 재계와 농업단체, 농민대표로 구성된 대표자회의는 의결기능, 평의원회(Senate)는 연구비와 인력에 대한 연방식품농림부와 대표자회의가 제안한 안건의 조정으로 심의기능을 맡고 실행위원회는 자문기능을 수행하며 연구센터관리 및 평의원회(Senate)와 긴밀한 협조를 담당한다.

독일의 농업 연구체계는 역사적으로는 독농가나 실험실 위주의 발전과정에서 영국에 뒤떨어졌다. 그러나 19세기 이후 국가 농업 연구체계를 중심으로 근대적 발전에는 영국을 앞서 다른 나라에 전형적인 국가 농업 연구체계로서 영향력을 크게 발휘하였다. 따라서 독일의 모형은 미국, 일본 등 여러 나라 농업 연구체계의 설립에 그 표본이 되었다. 독일은 역사적으로 최초의 대학의 교육기능에 연구기능을 통합시켰으며 강력한 중앙정부의 뒷받침으로 연방 농업센터가 농업연구의 중심이 되어 기초연구를 수행하였다. 지역 농업연구소는 많지 않고 지역대학 내에 농업교육과 연구기능이 함께 이루어지고 있다. 연방정부에서 농업의 다양화에 따라 농업만이 아니라 임업과 식품을 총괄적으로 담당하고 있는 것은 영국과 마찬가지이다.

3.2.3 미국의 국가 농업 연구체계

미국의 국가 농업 연구체계는 1850년대 농업연구에 대한 공공지원과 농업연구소 설립이 이루어진 독일모형의 영향이 컸다. 이 당시 독일에서 수학한 지도자들이 미국에 농업연구소를 설립하였다. 19세기 미국 농업기술은 처음에는 창의적인 개인 발명가에 의하여 선도되었다. 특히 19세기 후반 경운기나 수확기와 같은 기계적 기술의 발전은 괄목할 만하였으며 생물학적 기술의 발전은 별로 진전이 없었다. 미국은 토지가 넓고 노임이 비싸서 노동 절약적인 기술개발이 토지 생산력을 높이는 기술보다 빠른 속도로 진행되었다. 그러나 19세기 후반 농업기계의 발전이 둔화되면서 노동 생산력의 정체와 농산물 가격 상승에 따라 공공 농업연구와 생물학적 기술투자에 대한 관심이 커지기 시작했다(Ruttan, 1982).

미국의 국가 공공 농업 연구체계는 1862년 미국의 의회가 모릴법안(Morill Act)의 통과로 그 기틀이 잡혔다. 이 법에 의하여 각 주는 연방 토지 30,000에이커를 공여받고 미국 농업의 이익을 위하여 토지 공여대학(land grant university)을 설립하도록 지원을 받았다. 같은 해에 연방정부는 농무성(United States Department of Agriculture: USDA)을 처음으로 설치하였다. 이후 독일에서 훈련받은 지도자들이 독일과 같이 연방과 주의 이중적 체계(dual federal-state system)로 미국의 농업 연구체계를 만들었다. 또한 미국 농무성(USDA)의 연구조직은 분야별 조직(discipline-oriented structure)이라기보다는 상품별, 또는 과제별 과학부서(scientific bureaus)중심이었다.

최초의 지역농업연구소(state agricultural experiment station)는 1877년 세워진 코네티컷주 농업연구소(Connecticut State Agricultural Experiment Station)이다. 1887년 연방자금이 토지 공여대학의 지역농업연구소에 제공되도록 규정한 해치법(Hatch Act)에 의하여 제도적으로 연방정부의 주정부에 대한 농업 연구지원이 이루어지게 되었다. 그러나 이때까지 주(state)의 재정지원으로 농업연구가 이루어지는 주는 극히 제한적이었다. 이후 미국의 모든 주에 농업연구소가 설립되어 과학 위주의 농업연구(science-based research)가 이루어질 수 있었다. 비록 연방정부의 자금지원에도 불구하고 주(state)의 지역농업에 대한 연방정부의 영향력은 최소화되었다.

미국의 농업 기술보급은 1914년 스미스-레버법(Smith-Lever Act)에 의거하여 토지 공여대학이 미국무성(USDA)과 협력하여 전시포(field demonstration), 출판물 등을 통하여 농민들에게 농업기술을 실질적으로 보급하도록 제도화하면서 시작되었다. 각 주는 매년 연방정부로부터 농업기술 보급을 위하여 최초로 일정액 ＄10,000과 각 주의 농업인구 비율에 따라 경상예산을 배정받게 되었다. 이 후 이 법은 점차 농업기술 보급을 위한 연방자금의 확대를 위하여 몇 차례의 수정을 거쳤다.

미국의 농업 연구기관은 처음에는 유럽의 영향을 받아 연방과 주의 이중적 체계를 가졌다. 그러나 농업교육과 연구가 밀접한 관계를 맺지 않고 농업 연구자가 농업기술보급의 책임을 갖지 않는 유럽과는 달리 교육, 연구, 기술보급이 공공부문의 지원을 받아 상호 밀접한 연계를 갖는 독특한 미국식 시스템으로 자리를 잡게 되었다. 그러나 1920년대 초 미국의 농업 연구기관이 효율적인 제도로 정착하기까지에는 50~70년의 시간이 걸렸다(Ruttan 1982, p.77). 이 때까지 농무성(USDA)에 식물, 곤충, 토양, 기상을 관장하는 국(Bureau)들이 포함되었고 1922년에 농업경제국(Bureau of Agricultural Economics)이 신설되었다. 이 기간에 미국 농업연구의 제도적 발전은 1926년 연방-주정부의 국가 옥수수 개량 프로그램(National Corn-Improvement Research Program)과 TVA(Tennessee Valley Act)에서 주도한 국가 비료연구개발센터(National Fertilizer Research Center)의 설립이다. 주정부와 연방정부가 공동으로 국가 농업 연구프로그램을 통하여 보다 집중적으로 국가의 주요 농업과제를 수행할 수 있었다. 또한 토양과 화학분야로서 농업의 기초연구와 공업분야의 응용연구를 접목시키는 최초의 시도가 되었다.

농무성(USDA) 내의 국(Bureau)들 사이에 유기적 연계가 약하다는 평가에 따라 1953년 개편을 단행하여 농업연구처(Agricultural Research Services: ARS)로 통합되었다. 국(Bureau) 대신에 부서(Division)로 바꾸고 이를 총괄하는 농업연구처(ARS)가 공공부문 농업연구를 주도하였다. 이후 연방정부의 공공부문 농업 연구자원 배분에 대한 주도가 이루어졌고 상품생산보다 상대적으로 농촌개발과 환경문제, 소비자에 대한 관심사항이 커졌다. 그러나 이러한 개편으로 그동안 정치적 영향에서 벗어나 있었던 농업연구가 행정부와 의회의 영향 하에 놓이게 되었다. 과제의 선택이나 연구의제(agenda)결정 과정에 정치적 요인이 작용할 수 있게 된 것이다. 따라서 현실적이지 못하고 관료제적 타성을 지니며 연구자원 배분이 중복적이고 연구계획, 우선순위 결정이 정치적이라는 비판을 지속적으로 받으면서 1972년 농업연구처(ARS)의 재개편이 다시 이루어졌다(Arnon, 1989, p.64).

1972년 농업연구처(ARS)의 개편은 1953년에 설치된 중앙집권적인 부서(Division)를 폐지한 것이다. 보다 행정적인 간소화를 도모하기 위하여 4개의 지역으로 나누어 각 지역에 지역 부처장(Regional Deputy Administrator)을 두고 그 아래 여러 개의 지역연구소(Research Area Centres)를 나누어 설치하여 현장연구의 책임을 강화하고자 하였다. 그러나 이러한 재개편이 결과적으로는 국가 전체의 농업문제를 대처하는 데 실패하였다. 왜냐하면 기초연구에 대한 경시, 국가와 지역농업 문제의 중복과 연방예산의 비효율적인 운용을 초래하였다는 비판이 뒤따랐기 때문이다(Arnon, 1989, p.66).

특히 카슨(Rachel Carson, 1962, Silent Spring)과 하이타워(Jim Hightower, 1973, Hard Tomatoes, Hard Times)의 영향으로 미국 공공부문의 농업연구는 1970년대 새로운 전기를 맞게 되었다. 그동안 농업연구의 과제나 우선순위 결정에 동식물, 토양문제 등 기술적으로 좁은 범위에 제한되어 있고 농기업(agribusiness)의 이익을 대변하는 기술에 치우쳐 있었다. 따라서 소비자나 농업노동자, 농촌 지역사회의 복지문제를 외면한다는 지적이 제기되었다. 그 결과 농업연구소나 연방 농업연구비의 지출이 보다 광범위하게 이루어지기 시작했다.

1977년 식품 및 농업법령(Food and Agriculture Act)에 의하여 그 이듬해인 1978년에 농업연구처(Agricultural Research Services), 협동연구처(Cooperative Research Service), 농업기술보급처(Extension Service)와 국립농업도서관(National Agricultural Library)이 과학교육청(Science and Education Administration: SEA)으로 통합되었다. 따라서 이 4기구는 계획수립, 예산집행, 프로그램 활동 등에 긴밀한 협조와 조정이 이루어지도록 하고 또한 SEA 아래 식품 영양센터(Food and Nutrition Center)를 설치하였다. 그 후 의회는 농업 연구예산을 대폭 확대하고 경상연구과제, 공모과제, 동물건강(animal health), 에너지, 소농, 양어(aquaculture)문제 등 구체적인 연구활동에 대하여 규정하였다(Office of Technology Assessment, 1982). 이후 연방 농업 연구비 배분은 농무성 주관 하에 연구소, 대학 등 연구자들에게 자유경쟁에 의하여 공모방식이 도입되었다. 따라서 농업 연구비 배분에 의회의 영향력이 강하게 작용하게 되었다. 그러나 과학교육청(SEA)아래 본질적으로 다른 4기구는 기대했던 바와는 달리 1982년 이후 분리하여 각각 독립적으로 운영되었다.

미국의 국가 농업 연구체계는 독일의 영향을 받아 연방과 주정부 체계(federal-state system)인 이중적 체계화를 나타낸다. 따라서 농업 연구체계는 농무성(USDA) 산하의 농업연구처(ARS)와 각 주의 토지공여대학(land grant university)에 독립적으로 설치된 지역농업연구소(state agricultural experiment station)로 되어 있다.

농업연구처(ARS)는 미국 전역에 8개의 지역 연구센터로 되어 있으며 경쟁력 있는 농업체계, 국민건강 증진, 국가의 안정된 식량문제와 같은 국가 또는 지역단위의 과제를 연구하였다. 지역농업연구소는 주 내의 또는 주 사이의 농업문제를 수행한다. 미국의 국가 농업 연구체계는 기본적으로 교육, 연구, 기술보급이 통합된 모형이라는 특징을 갖는다. 본래의 농업연구 중심에서 농촌개발, 환경문제, 소비자에 대한 관심 등으로 연구의 범위가 확대되면서 의회나 행정부의 정치적 영향력이 커졌다. 농업에서 공공부문의 연구자금은 대부분 연방정부에 크게 의존하였으나 농업의 다양화에 따라 민간부문의 역할이 점차 커져가고 있다.

3.2.4 일본의 국가 농업 연구체계

일본의 농업 연구체계는 미국의 경우와 같이 초기에 독일의 영향을 받았다. 미국은 각 주의 지역농업연구소(state agricultural experiment station: SAES) 설립을 독일의 농업연구 모형에서 본받았으며 일본은 독일의 중앙정부 역할을 본받아 체계화한 것이다. 일본의 중앙정부는 경제발전 과정에서 서구 선진국의 공업화를 따라 잡는데 필요한 자본축적을 위하여 농업의 빠른 성장이 필요했다. 즉 농업잉여를 통한 자본축적을 목적으로 농업 연구투자를 확대하였다.

일본 농업연구의 제도화는 다음과 같은 3단계를 거쳤다(Hayami and Ruttan, 1985). 제1단계는 명치기간(1868~1911)중에 일본의 지도자들이 서구를 순방하면서 본 미국과 영국의 농업기술 이전 단계이다. 일본정부는 농업기술 이전을 위해서 1871년 서양 농기계 전시장(Western Farm Machinery Exhibition Yard)으로 전시농장(demonstration farm)을 열었고, 1878년 나이토 신자꾸 농업연구소(Naito Shinjaku Agricultural Station)를 설립하였다. 그 이듬해인 1879년에는 수입 농기계와 같은 농기계 생산을 위하여 미타 농기계제작소(Mita Farm Machinery Manufacturing Plant)가 세워졌다. 일본정부는 그 이전인 1877년에 이미 고마바농업학교(Komaba Agricultural School)를 설립하였다. 이 학교는 1890년에 동경농업대학(University of Tokyo College of Agriculture)으로 개편되었으며 학생교육을 위하여 영국에서 강사를 초빙하였다. 1875년에는 호카이도의 사뽀르농업학교(Sapporo Agricultural School)에 미국인 강사를 초빙하였다. 이처럼 이 당시 이들 학교의 교과과정은 모두 영국과 미국의 농업기술 이전을 위한 것이었다. 그러나 일본의 농업은 호카이도를 제외하고는 농가의 평균 1인당 경작면적이 0.5ha 이하의 소농들이었기 때문에 서구의 대농 위주의 농기계는 전혀 쓸모가 없었다. 따라서 명치정부는 재빨리 고마바농업학교 영국인 강사들의 계약이 끝나는 1881년 이들을 모두 독일의 농화학자와 토양학자로 대체하고 교과과정도 전통적인 독일의 리비히(Liebig)식으로 바꾸었다.

제2단계는 일본의 전통적인 농업기술을 합리적으로 이용하고 이를 배경으로 한 농업기술을 보급시키는 단계였다. 1881년 일본정부는 중앙부처에 농상업부(Ministry of Agriculture and Commerce)를 설립하고 1885년 순회강사제도(itinerant instructor system)를 만들어 경험이 있는 농민들이나 고마바농업학교 졸업생들로 강사를 구성하였다. 1886년에 곡물 및 원예시험농장이 세워지고 1893년에 고노수(Konosu)에 시험포장을 둔 국립농업연구소가 니시가하라(Nishigahara)에 설립되었다. 이 당시 국립농업연구소 설립의 배경을 보면 다음과 같다. 앞서 언급한 바와 같이 메이지시대 일본의 근대화는 농업부문 생산력 증진보다 농지세로 자본을 축적하여 공업화를 이룰 수 있다. 그 후 경제발전에 대한 보상을 위하여 농지세 감면으로 농민의 후생을 높여주려는 움직임이 있었다. 그러나 1891년 일본의 농업부문 학자들의 모임인 농업과학협회(Agricultural Science Association)는 농업발전 전략에 관한 협정서를 발표하였다. 그 내용은 농지세 감면이 대다수 농민인 소작인들에게 혜택이 가지 않고 결국 소수인 지주들의 수입만 올리게 되는 결과를 초래한다고 지적하였다. 따라서 소극적인 농지세 감면보다 전체 농민의 복지를 올릴 수 있는 농업 생산력 증진을 위하여 농업교육, 연구, 기술보급과 같은 적극적인 농업발전 정책을 추진할 것을 건의하였다. 이 내용을 담은 협정서가 일본 국립농업연구소를 설립하는 결정적인 계기를 만든 것이다. 국립농업연구소 아래에는 6개의 지소를 두었고 여기서는 시험위주로 품종과 재배기술을 비교하는 데 중점을 두었다. 이러한 연구소를 중심으로 전통적인 농업기술에 대한 시험연구와 비교연구가 진행되어 메이지시대 농업 생산력 제고에 큰 기여를 하였다. 이에 따라 염분을 이용한 품종선별, 못자리 개선기술, 잡초방제를 위한 정조식 모내기, 품종개선 등 농업기술이 선도지주(gono)나 선도농민(rono)을 중심으로 개발되고 보급되었다. 더구나 공업화로 비료공업이 발달하면서 비료시용 재배기술도 크게 신장하였다. 그러나 지역농업연구소(prefectural agricultural experiment station)는 1899년 지역농업에 대한 보조금 지급법령이 만들어진 후에야 시작되었으며 1910년 이래 농업연구비 지출의 대부분이 지방정부에서 이루어졌다.

일본 농업연구체제의 제도화 3단계는 전통적인 기술을 배경으로 한 농업 생산력 증진이 더 이상 이루어지기 어렵기 때문에 과학적인 연구능력(research capacity)을 발전시킨 단계이다. 국립농업연구소는 1904년에 작물 육종사업을 시작하였다. 그러나 1920년대 중반에 새로운 연구체계로 국가수준에서 작물 육종프로그램이 조정되면서 보다 효과적인 연구가 이루어지고 성과를 보이기 시작하였다. 이러한 새로운 연구체계는 1926년부터 처음 밀에서 시작하여 1927년에 벼, 그 다음에는 다른 작물과 가축이 포함되었으며 연구방향은 고도의 중앙 집권적 성격을 가졌다. 1922년에 국립농업연구소의 리꾸(Rikuu)지소에서 노린(Noin) 1호가 개발되고 1927년에 이를 지역본부인 니이가타(Niigata)에 보내어 지역적응 시험을 시도하였다. 그 후 1931년에 줄기가 짧고, 조생종이며, 비료반응이 빠른 신품종이 보급되기 시작하였다. 이에 따라 1930년대까지 일본전역에 신품종 벼가 재래품종을 대체하였다.

제2차 세계대전 이후 일본의 농업연구체계는 지역연구소와 지소에 자율권이 커지는 방향으로 재편되었다. 니시가하라의 국립농업시험연구소는 기초연구를 수행하고 연구조정 역할과 책임을 가졌으며 고노수 시험농장은 지역연구소로 되었다. 1950년에 국립농업과학원(National Institute for Agricultural Sciences)이 설립되어 국가의 농업에 관한 주요 연구나 지역의 농업연구, 또 특별한 설비나 장비가 필요한 농업연구를 관장하였다. 그동안 농림수산부 산하에 있던 연구기관은 각각 다른 부서에 속해 있었으나 1956년에 개편되어 농림수산부 산하에 농림수산연구회의(Agriculture, Forestry, and Fisheries Research Council)의 단일 체계에 속하게 되었다. 이 연구회의는 주요 연구프로그램의 개발이나 농림부와 지역연구기관, 대학간의 협동연구를 위하여 인원과 예산에 관한 모든 책임을 가졌다. 1970년대에 국립농업과학연구원(National Institute for Agricultural Sciences)을 비롯하여 대부분의 주요 농업 연구기관이 니시가하라에서 쓰꾸바로 옮겼다. 일본의 농업 연구기관의 특성은 중앙과 지방의 이원적 체계이다. 지방의 지역연구기관은 독립적인 자율성을 가졌으나 미국과는 달리 대학과의 연계는 이루어지지 않았다.

일본의 지역농업시험장은 원래 8개이었으나 현재는 6개로 되어 지역의 종합농업연구를 수행한다. 여기에는 기초연구, 작목 또는 전문연구를 담당하는 13개의 전문시험장과 연구소로 되어 있어 국립 농업시험 연구기관은 모두 19개의 기관으로 구성되었다.

지방에는 농업기술센터, 지역연구소 혹은 지소가 238개 시험장으로 되어 지역에 알맞은 지역특화 연구를 수행하였다. 그러나 2001년 국민의 현실적인 필요에 부응한 효율적인 서비스를 제공하기 위하여 농업연구기관의 독립적인 행정법인화를 추진하였다. 이에 따라 직원의 신분도 국가공무원과 비국가공무원으로 구분하고 조직운영의 자율성이 확대되어 업무의 효율화를 도모하고자 하였다. 업무결과에 대하여 평가 · 개선제도를 도입하고 업무내용, 업적, 평가 등의 정보공개를 원칙으로 하였다.

일본의 국가 농업 연구체계는 전형적인 독일의 모형을 따라 중앙과 지방의 이원적 체계이나 중앙정부의 주도하에 농업연구가 이루어졌다. 초기에는 농업연구에 의한 기술개발보다 서구의 선진기술 이전에 주력하였으며 그 후 전통적인 농업기술의 보급에 힘썼다. 그러나 전통적인 농업기술이 농업 생산력을 높이는 데 한계를 보이면서 새로운 농업기술 개발을 위한 연구역량을 높이기 위하여 국가 농업 연구체계를 강화하였다. 일본의 농업 연구체계는 중앙정부 농림수산부에 속하는 농림수산연구회의 산하의 중앙 연구기관과 독립적인 자율성을 갖는 지역특화에 따른 지역연구기관으로 되어 있으며 대학과의 연계는 이루어지지 않고 있다. 최근에는 연구사업의 효율성을 높이고 투명성을 확보하기 위하여 독립 행정법인 체제로 전환하였다.

3.2.5 브라질의 국가 농업 연구체계

브라질의 농업연구는 1808년에 리오 데 자네이로 식물원(Botanical Garden)이 설립되면서 시작되었다고 할 수 있다. 이 당시 농업은 주로 커피와 사탕수수 등 수출작물 위주였다. 이러한 작물의 생산은 노예노동에 의존하였으나 1850년 노예매매가 금지되었다. 노예제의 폐지에 따라 지주들은 노동력 부족을 우려하여 정부에 새로운 농기계와 농업기술 개발에 대한 압력을 넣기 시작했고 정부는 1859~60년에 5개의 농업연구소 설립을 승인하였다. 그러나 5개의 농업연구소 가운데 2개의 농업연구소(Imperial Agricultural Institute in Rio de Janeiro and in Bahia)가 특정항목(thematic)이나 상품에 집중하는 유럽모형에 따라 설립되어 활동을 하였다. 1개는 설립되었으나 활동하지 않았고 나머지 2개는 설립조차 되지 않았다. 1877년에 농업학교(Agricultural School of Bahia)가 설립되어 농업연구에 중요한 역할을 하였다. 정부는 커피농민들의 강력한 요구에 따라 1887년에 농업연구소(Imperial Agronomic Station of

Campinas)를 세웠다. 이 연구소는 몇 년간 중앙정부 산하에 있었으나 1891년 상파울로의 지방정부로 이전하였다가 1891년에 농업연구소(Agronomic Institute of Campinas)로 바꾸어 오늘날까지 지속되었다(Beintema 외, 2001).

브라질은 1889년에 공화국으로 탈바꿈하였으나 농업과 농업연구는 오히려 과거보다 더 위축되었다. 더구나 세계공황을 거치면서 브라질 정부는 농업보다 공업에 중점을 두었다. 1970년대 중반까지 농업생산의 증대를 주로 경지면적의 확대와 노동력에 의존하였기 때문에 국가의 농업 연구체계에 별다른 역점을 두지 않았다. 브라질 농업연구소의 설립은 19세기 말엽에 이루어졌으나 이 분야에 대한 국가 예산도 극히 미미한 수준이었다. 그러나 1970년대에는 공업화를 위한 자본을 마련하기 위하여 농산물 수출의 확대가 필요했다. 또한 공업화에 따라 도시 노동자들의 식량수요가 확대되면서 농업생산 증가를 위하여 초기에는 경지확대를 도모하였으나 결국 기존의 경지를 집약적으로 경작하여 단위면적당 수량을 높여야 했다.

그 때까지 국가의 농업 연구체계는 단위면적당 수량을 높이기 위하여 생산력 증대를 가져올 수 있는 기술개발에는 부적절하였다. 따라서 1972년 브라질 농업 연구체계를 근대화시키기 위한 특별위원회가 구성되어 브라질 농업 연구체계에 대한 전반적인 검토가 이루어졌다. 이 위원회의 보고는 현 농업 연구체계에 관하여 다음과 같은 강점과 약점을 지적하였다. 강점은 다음과 같은 5가지로 요약되었다. 첫째, 연구기관이 지역적으로 전 국가에 분산되어 있다. 둘째, 연구 기초시설과 장비가 적절하게 갖추어져 있다. 셋째, 연구결과를 발표할 수 있는 16개의 학술지가 발간되고 있다. 넷째, 많지는 않으나 행정적 부담만 줄면 언제나 연구에 활용할 수 있는 자격을 갖춘 연구자들이 많이 있다. 다섯째, 연구자들은 통합된 연구정책의 필요성을 인지하고 있다는 점이다. 약점은 다음의 10가지이다. 첫째, 모든 연구자들에게 기본적 농업의 필요성이 알려져 있지 않다. 둘째, 연구자와 농민 사이에 교류가 없다. 셋째, 현 행정체계에서는 유능한 연구자를 채용하고, 훈련시키며, 승진시키기 어렵다. 넷째, 다수의 중요하지 않는 연구과제가 병렬적으로 수행되어 연구원 간의 의사소통이 부적절하게 이루어진다는 사실을 반증한다. 다섯째, 의심스러운 개별적 연구활동을 평가하는 적절한 프로그램이나 메커니즘이 결여되었다. 여섯째, 연구원 중 거의 10%만 대학원 훈련을 받았다. 일곱째, 급여체계가 경쟁적으로 전문직 노동시장에서 자격 있는 연구원을 적절히 채용하여 승진시키고 무자격자를 탈락시킬 수 있도록 되어 있지 않다. 여덟째, 관리직에 대한 높은 보수가 연구직의 의욕을 상실하게 한다. 아홉째, 중앙정부에서 제공하는 재정을 얻고 관리하는 메커니즘이 부적절하다. 열째, 모든 연구시설이 제대로 사용되지 않는다(Jose Pastore and Eliseu R. A. Alves, 1975).

이러한 평가결과에 따라 특별위원회는 농업 연구체제로서 가장 효율적인 형태로 보이는 공사(public corporation) 형태를 제안하고 의회는 1973년 EMBRAPA (Brazilian Public Corporation for Agricultural Research)를 설립하였다. 이 후부터 농무성의 국립농업연구부(the National Department of Agricultural Research of the Ministry of Agriculture) 대신에 EMBRAPA가 국가 농업연구를 총괄하고 지역 농업연구에 대한 조정과 지원의 책임도 모두 이 곳으로 이전되었다.

EMBRAPA는 경제학 훈련을 받은 젊은 전문 관료(technocrats)들이 주축이 되어 브라질농업 연구기구를 완전히 재편하였다. 그들은 국제 농업 연구기관의 단일작물 연구모형에 따라 브라질 농업 연구체계에 새로운 패턴을 만들었다. 소맥, 사탕수수, 옥수수, 콩, 쌀, 고무, 축산 등 주요 품목별 국립연구센터(National Research Center)와 세 개의 토양별 자원센터(Resource Center)를 설립하였다. 각 국립연구센터는 몇 개의 품목이 생산되는 지역의 기후조건에 따라 한 개소의 중앙연구소와 여러 개소의 지역연구소로 구성되었다. 국립연구센터는 주로 응용연구 기관으로 바로 농업생산에 영향을 주는 농업기술 패키지를 창출하였다. 생산자와 기술보급 사이에 피드백 메커니즘이 이루어져 생산의 우선순위가 분명히 나타나도록 하였다. 품목별 및 지역별 연구센터는 연구자들 사이의 학제간의 교류를 증진시켰다. 농업기술 패키지는 작물 품종, 병충해 방제, 시비, 잡초방제 등 패키지 요소에 관한 상호 교류를 강화하는 이점을 보였다.

중앙정부의 농업 연구조직 개편만이 아니라 EMBRAPA는 농무성에서 보내진 직원들의 거의 절반을 교체하였다. 대학원 학위과정을 통하여 연구원 훈련을 강화하였으며 보수도 국제연구기관 수준으로 높였다. 신규 연구원의 채용이나 외국의 연구원 초빙, 외국의 대학이나 연구기관과 브라질 연구기관과 상호 교류를 확대하여 연구원들의 자질을 향상시켰다. 이처럼 EMBRAPA의 연구원에 대한 훈련비용이 한 나라가 단일 프로그램으로 지출한 비용으로는 세계 역사상 최대규모였다(Evenson,1984). 국가 연구프로그램(national research program: PMP)은 상품, 자원, 주요과제에 관한 사항을 중심으로 단기, 중장기 연구목표와 연구 우선순위에 대한 지표 및 정치적 목표를 설정하였다. PMP는 정기적으로 수정되고 현실화 되었다. 대학도 PMP에 참여하여 기초연구를 수행하였다.

그러나 1980년대 중반 정부는 재정위기에 봉착하여 대부분의 공공기관의 예산을 삭감하면서 EMBRAPA의 활동에도 의구심을 가졌다. 이러한 비판에 대응하기 위하여 EMBRAPA는 농업 연구투자의 수익성에 관한 사회 경제적 영향분석을 수행하였다. 1990년에는 새로운 제도적 모형개발을 위하여 EMBRAPA의 고객과 최종 수요자에 대한 연구 우선순위에 초점을 맞추었다. 또한 학제간과 기관간의 연구프로젝트 개발, 연구자원 배분에 대한 행정관리의 분산화를 도모하였다. 그러나 인적자원 정책과 주요자원과 유지를 위한 지출은 중앙집권 체제를 유지하였다. 1993년부터는 EMBRAPA의 각 센터에 대한 임무, 목적, 인적자원과 하부구조의 수요, 우선순위에 관한 5개년 계획을 수립하였다.

1960년대까지 지역농업연구소는 몇몇 주를 제외하고는 극히 활동이 미미한 수준이었다. 그러나 1970년대 이후 EMBRAPA는 각주에 지역농업 연구기관을 설립하도록 재정과 기술적 지원을 제공하였다. 그러나 1990년대 이후 중앙정부의 지역농업 연구기관에 대한 지원이 줄어들고 여러 지역농업 연구기관은 지역농업기술 보급기관과 통합하게 되었다.

브라질은 역사적으로 유럽모형에 따라 농업 연구체계를 시작하였으나 광대한 농지를 부존자원으로 보유하였기 때문에 농업생산의 증진을 생산력의 증대보다 경지면적의 확대에 의존하였다. 따라서 지역적으로 경제적 발전 배경이 달라 국가의 농업 연구체계는 취약하였다. 그러나 공업화를 추진하는 과정에서 식량문제와 외화절약을 위하여 농업 생산력 증진에 대한 수요가 커지면서 1970년대 초 국가 농업 연구체계에 대한 개혁이 절실하게 되었다. 이에 따라 브라질은 농업부(Ministry of Agriculture)의 농업 연구체계를 대신하는 공사(public corporation)형태의 EMBRAPA를 설립하여 새로운 국가 농업 연구체계를 수립하였다. EMBRAPA의 행정체계는 공공부문과 민간부문이 서로 혼재해 있는 다중조직모형(multi-organizational model)이라 할 수 있다. 브라질의 농업 연구체계는 기초과학은 대학이 담당하고 단기 및 응용연구는 지역연구소에서 수행하며 EMBRAPA는 수출상품 위주의 대규모 상업적 기업농을 위한 생산기술 제고에 주력하였다. 그러나 다수의 소농에 대한 특별한 정책적 관심은 결여되었다.

3.2.6 호주의 국가 농업 연구체계

호주는 미국과 같이 연방정부와 주정부의 2원화된 정치체제를 가지며 주정부는 연방정부에 대하여 독립적이다. 정부는 농업에 대하여 투입물과 생산물 보조, 관개, 수송 등 하부구조에 대한 지원 등 정부의 개입이 지난 1970년대 말까지 컸으나 그 이후 다른 선진국에 비하여 크게 줄어들었다. 호주정부의 농업지원은 다른 선진국들과는 달리 농산물 가격지원이나 직접적인 농민에 대한 지원보다 농업 연구개발 투자를 확대하는 방향으로 이루어졌다. 호주의 농업 연구투자는 다른 나라보다 공공부문의 비중이 크다는 것이 특징이었다.

농업연구에 정부가 개입하기 시작한 것은 역사적으로 1850년대 농민위원회(farmers committee)가 설립한 최초의 실험농장(experimental farm)을 빅토리아 농업위원회(Victorian Board of Agriculture)가 인수하면서부터 라고 할 수 있다. 과거에는 이러한 정부 지원이 상대적으로 비공식적이며 일관성이 없었으나 보다 공식화되고 민간부문의 역할이 커지는 쪽으로 달라졌다. 호주의 농업연구에 대한 정부개입은 주로 정부의 연구자원 지원에 의해서 이루어졌다. 오늘날 농업 연구체계는 생산자들에게 부과되는 자조금(check-offs)이나 상품세(commodity tax)에 의한 재원과 이에 대한 정부의 대응재원으로 이루어진 연구개발 공사(research and development corporation: RDCs)가 주도하는 체계로 바뀌었다.

1985년 공사설립 이전까지는 호주의 국가 농업연구는 중앙정부(Commonwealth Government)의 과학산업 연구기구(Commonwealth Scientific and Industrial Research Organization: CSIRO)와 주정부에 의한 공공부문이 주도하였다. 민간부문인 기업측에서는 비공식적인 성격이 강했다. CSIRO는 1916년까지는 과학기술자문회의(Advisory Council for Science and Technology)였으며 1926년 과학산업 연구회의(Council for Scientific and Industrial Research)로 바뀌었다가 그 후 오늘날의 CSIRO가 되어 국가 최대 연구기구가 된 것이다.

CSIRO는 처음에는 농촌부문이 중심이었고 기초연구에 중점을 두었으나 점차 외부에서 재원을 찾아 현재는 재원의 30%가 비정부부문에서 출연되고 자연히 기초연구보다 응용연구의 강화가 이루어졌다. 정부재원은 CSIRO 이외에도 대학 연구기관과 호주 농업 자원경제국(Australian Bureau of Agricultural and Resource Economics)

에 배정되었다. 그러나 국가의 대부분 응용연구 자원은 주정부의 농업국에 배정되었다. 주정부는 응용연구만이 아니라 기초연구와 농업 기술보급(extension) 등 연방정부와 함께 복합적인 역할(multiple role)을 수행하였다.

1983년에 노동당의 집권으로 호주의 국가 농업연구는 연구 개발공사 체계로 큰 전환을 하였다. 연구 개발공사는 1985년 호주 축산육우 연구 개발공사(Australian Meat and Livestock R&D Corporation)가 최초로 설립되었고 1987년에 원예 연구 개발공사가 설립되었다. 1989년에는 1차 산업 및 에너지 연구개발 법령 하에 여러 추가적인 품목별 공사가 설립되었다. 따라서 앞서 본 2개 이외에 11개 부문(면화, 유우, 건조과일, 수산물, 목재삼림, 곡물, 포도 및 포도주, 양모, 돼지, 설탕과 담배)의 공사가 설립되었다. 토지 및 수자원R&D공사와 농촌산업R&D공사(Rural Industry R&D Corporation)는 생산농민의 참여 없이 중앙정부에서 직접 투자하여 개별 상품공사를 설립하지 못한 기타의 품목에 대한 연구개발을 수행한다.

연구 개발공사를 위하여 농촌 산업연구 기금(rural industry research trust fund)이 15개 부문(보리, 육계, 면화, 유우, 건조과일, 수산물, 꿀, 쇠고기와 양고기, 유지, 돼지, 양계, 담배, 밀, 포도주, 양모)에 설립되었다. 생산물이나 생산가치에 따라 생산농민들에게 그 재원이 부과되었고 이에 대한 중앙정부의 대응재원(matching fund)이 제공되었다. 이처럼 연구 개발공사(RDCs)의 설립으로 민간부문의 역할이 공식화되고 강화된 것이다. 즉 지금까지 중앙정부에 의하여 주도된 연구관리를 위한 위원회의 위원선발에 생산농민들이 참여하게 되었다. 따라서 농민들은 5개년 기간 단위로 연구정책 방향을 결정하는 과정에 실질적으로 개입하게 되었고 그 후 중앙정부로부터 점차 독립된 것이다.

농촌의 연구 개발공사(RDCs)는 자금의 확보, 임원의 고용, 특허출연 등 모든 업무에 자율성을 가졌다. 공사는 연구개발 자원배분에 정치적인 영향을 줄이기 위하여 보드(board)선출시 각 조직의 대표보다 직능대표를 위주로 하였다. 그러나 생산자 지원을 위한 정부와 정치적 협상이 가능하도록 국가적 또는 지역적 상품별 단체나 농민단체에 의한 로비단체를 전제로 한 것이다. 또한 전국규모의 농민연맹(National Farmer's Federation)으로 조직되어 농민의 의사를 반영한다. 이처럼 공사설립으로 농업 연구자원이 크게 증가되고 농업연구에 기업의 지원이 늘었으며 농업연구개발의 방향에 민간부문의 영향이 커졌다. 그러나 농업연구의 방향이 기초연구에서 응용연구로 편중되는 부적절한 결과를 가져온 것도 사실이다.

호주정부는 1991년에 산업과 공공연구소의 연계를 통한 특수 분야의 R&D를 수행하기 위하여 협동연구센터(cooperative research centers: CRCs)를 설립하였다. 협동연구센터(CRCs)는 연구를 수행하는 데 연구기관이 지역적으로 분산되어 있기 때문에 연구기관의 규모경제(scale economy)나 범위경제(scope economy)에 비효율적이고 비효과적 요인이 많아 이를 보완하기 위해서 설립한 것이다. 정부 연구기관, 대학과 민간 연구기간이 보통 7년간의 계약기간 동안 현금이나 현물을 출연하여 연구수행이나 연구관리를 공동으로 하였다. CRC에는 대개 CSIRO, RDCs, 지방정부 농업국, 기타 민간연구소가 참여하였다. CSIRO나 대학 연구기관은 기초연구나 장기적인 연구에 편중되었다. 따라서 비교적 단기 응용연구를 위하여 CRS를 통한 공동연구가 이루어진 것이다. 1999년에 총 62개의 센터 중 농업, 농촌기반 제조업, 환경 분야에 관련된 CRC가 24개소였다. 이 센터에서 고급양모, 소맥품질, 축산물품질, 토양관리, 잡초방제, 분자생물 등에 관한 연구를 수행한다. 센터의 재원은 공공부문 연구기관, 중앙정부, 산업의 기금에서 나오며 정부재원은 센터 예산액의 50%를 초과할 수 없다.

호주의 농업 연구자원의 배분은 1993년에 약 70%가 공공부문, 30%가 민간부문에 의하여 이루어졌다. 전체 농업연구비의 53%가 지방정부 농업국에서, CSIRO가 30%정도, 대학연구기관이 12%를 차지하였다. 그러나 CSIRO의 연구자원 배분의 비중이 점점 줄어들고 대학의 비중이 늘어가는 추세를 보인다.

호주 국가 농업 연구체계의 특징은 세계 유일의 모형이라 할 수 있는 연구개발공사(RDCs)체계라 할 수 있다. 이 모형은 정부와 산업이 상호 대응투자에 의하여 성공적인 협력관계(partnership)를 유지하여 민간부문의 확대가 이루어지면서 공공부문이 민간부문을 선도하는 역할을 하였다. 특히 연구개발공사는 종자개발, 기술장비개선, 작물관리와 동물사양의 개선, 수확 후 관리, 병충해 방제, 위험관리 등 각 부문에서 큰 기여를 하여 산업의 경쟁력이 높아졌다. 또한 환경문제에 대한 정부의 영향력이 커졌다. 호주의 국가 농업 연구체계를 통하여 정부주도의 농업 연구정책에서 농민들의 영향력이 어떻게 커졌으며 농민단체와 정치체제가 어떻게 상호 간에 영향을 미치는가를 볼 수 있다.

3.2.7 한국 농업 연구체계의 발전과 변화

우리나라 근대 농업기술 도입은 1884년에 우리나라 최초의 농업시험장인 농무목축 시험장의 설립이라 할 수 있다. 그 후 1899년에 창립된 상공학교는 1904년 농상공학교로 개칭되었다. 1905년 농상공학교 부속 농사시험장 관제를 공포하여 실습포 480정보에서 각종 농사시험을 행하였다. 1906년 일본 통감부는 농업기술의 개량과 보급을 위해 수원에 권업모범장을 설치하고 목포에 출장소를 설치하였다. 권업모범장은 기구가 확대되어 각 지역에 출장소와 지장이 설립되었고 농상공학교는 1906년에 농과가 수원농림학교로 분리되었다. 1910년 한일합병에 따라 권업모범장이 조선총독부로 이관되고 수원농림학교를 그 부속기관으로 통합하여 연구, 교육, 지도의 기능이 단일체제로 개편되었다. 그 후 1918년 수원농림학교가 농림전문학교로 개편되고 1920년 교육제도 변경에 따라 권업모범장과 분리되었다.

권업모범장은 초창기에는 일본에서 육성된 우량품종을 들여와 재래품종과 비교시험을 하거나 현지적응 시험을 거치는 사업이 중심이었다. 농촌지도는 순회교육, 농사강습회와 품평회를 통하여 이루어졌고 각급 학교와 조선농회 등 민간단체에 의해서도 지도활동이 이루어졌다. 권업모범장은 각종 시험조사의 필요성이 높아지면서 1929년 농사시험장으로 개칭되었다. 1930년에는 남부지방에 맞는 우량품종의 보급을 위하여 이리(裡里)에 남선지장을, 1931년에는 갑산(甲山)에 북선지장을 신설하여 북부 고원지대의 농사를 장려하였다. 일제는 우량 신품종의 보급을 원활하게 하기위하여 통감부 때 신설된 종묘장을 1910년에는 전국에 10개소로 늘리고 1917년까지 전국 13개도에 종묘장을 설치하였다. 그 후 1932년에는 각도에 있던 도 종묘장을 도 농사시험장으로 개편하여 전국적인 농사시험장 체계를 갖추었다. 그 후 1944년 농사시험장은 농업시험장으로 명칭을 바꾸었다.

해방 후 우리나라 농업 연구조직은 일제하 조선총독부의 농업시험장을 1946년 미 군정청 중앙농사시험장으로 개칭하면서 시작되었다. 미 군정청은1947년 중앙에 농사개량원을 설치하고 그 산하에 중앙농사시험장을 국립농사시험장으로 이름을 바꾸어 편입시켰다. 또 농사개량원 산하에 농사교도국을 신설하였으며 문교부 산하의 국립서울대학교 농과대학을 편입시켜 미국의 토지공여주립대학(land grant university) 체제와 같이 연구, 교육, 기술 보급업무를 통합하였다.

1948년 대한민국 정부수립 후 1949년 1월 농업기술원 직제가 공포되었다. 이에 따라 농사개량원, 국립농사시험장, 국립농사교도국 및 중앙토지행정회의 농민훈련소는 폐지되었다. 서울대학교 농과대학은 문교부로 이관되고 국립농사시험장과 농사교도국을 통합하여 연구와 기술보급을 위한 중앙농업기술원이 새롭게 발족되었다. 도에는 도 농업기술원, 군에는 군 농사교도소를 그대로 두어 농업연구와 기술보급의 유대를 갖게 하고 농사 기술보급을 병행하던 농회조직은 해산되었다.

1953년 12월 UNKRA의 재정지원으로 농림부 농업경제과, 도농무과, 시군 등 행정계통으로 농업기술 보급사업을 맡게 하여 잠시 동안 농업연구와 농업기술 보급이 분리되기도 하였다. 농업기술원 직제는 1954년 1월 개정되어 중앙농업기술원에 서무과, 시험제1부(기초연구과, 농예화학과, 원예과, 잠사과), 시험제2부(원예과, 경영기술과, 기술수령과)와 지원으로 결성되었다. 중앙농업기술원은 1956년 3월 교도부를 부활하여 서무과, 시험부, 교도부 및 지원으로 조직을 개편하였다.

1956년 미국 원조당국(ICA)과 농업 교도사업에 관한 행정을 체결하여 법률에 의하여 농사 연구지도기구를 확립하고 농사 연구지도사업 수행을 위한 기초를 조성하였다. 이로써 일제하 강제적 농사지도와 해방 후 혼란과 무질서를 벗어나 체계적이고 과학적인 농업연구와 지도를 수행할 수 있었다. 이를 위하여 그 해 5월에 미국 미네소타대학교 농과대학 메이시(H. Macy) 학장이 방문하여 한국 농업과 농촌을 둘러보고 한국의 농사 연구지도기구에 관한 메이시 보고서를 제출하였다. 이 보고서를 근거로 1957년 5월 농업 연구기관과 지도기관을 행정기관에서 독립시키는 농사 교도법을 법제화하여 농사원을 발족하였다. 농사원의 조직은 중앙에 시험국과 교도국을 두며, 산하시험연구기구로는 농업시험장, 원예시험장, 잠업시험장, 임업시험장, 축산시험장, 가축위생연구소 등 6개 시험장과 연구소를 두었다(대통령령 제1275호, 1957. 5. 28). 따라서 농업관계 연구와 지도기관은 단일기구로 발족되었다.

1959년에는 메이시 보고서에 따라 산학협동을 위하여 농과대학과 농사원이 협조할 수 있도록 농사원 시험지도 위원회 규정을 제정 공포하여 농사시험 전체의 설계와 평가에 대학교수가 참여할 수 있도록 하였다. 그 후 1961년 농사시험 지도위원회 규정이 각령으로 공포되어 지도사업까지 참여할 수 있도록 하였다. 그 해 다시 농사원 기구를 확대 개편하여 시험국에 기획관리부를 신설하고 식물환경부 등 7개부를 두었다(한국농정40년사, 1989, p.323).

1961년 군사정부는 농사원이나 지방자치단체, 농협과 토지개량조합에서 농촌지도 사업을 각각 담당하는 농촌지도 체계의 다원화가 낭비와 효율성이 낮다고 보아 농사연구 지도 체계를 일원화하고 기능적으로 분화시킨다는 원칙을 세웠다. 이에 따라 1962년 3월 농촌진흥법이 제정 공포되고 농림부의 지역사회국, 훈련원, 중앙전매연구소 연초시험업무 등을 통합하여 농촌진흥청이 발족되었다. 도 농사원과 각종 도립 농림사업장, 도 지역사회과를 도 농촌진흥원에 이관하고 시군에 농촌지도소와 지소를 설치하여 농업 연구 지도기관을 단일화하였다. 농업에 관한 연구기구를 모두 부단위에서 시험장 단위로 바꾸어 독립시키고 농촌진흥청에는 시험국, 지도국, 농림공무원 교육을 위한 수련소 및 10개 연구기관과 9개의 도 농촌진흥원을 두어 농업 연구와 지도를 일원화하여 조직을 정비하였다.

농촌진흥청은 경제발전과 농업의 변화에 따라 꾸준히 기구개편과 조직의 정비가 이루어졌다. 1963년 12월 수련소를 농림공무원 교육원으로 개편하고 1965년 이리의 수도육종연구소를 호남작물시험장으로 개칭하였으며 밀양에 영남작물시험장을 신설하였다. 이들은 이 후 다시 호남농업시험장과 영남농업시험장으로 개칭되었다. 1966년 산림청신설로 임업시험장과 임목육종연구소 및 출장소를 산림청으로 이관하였다. 시장경제의 진전에 따라 농민들의 농업경영에 대한 중요성이 커지면서 1967년 시험국의 농업경영과를 농업경영연구소로 개편하였다. 1964년부터 필리핀에 있는 국제미작연구소(IRRI)의 협조로 일본품종 유카라와 대만품종 대중재래1호를 인공 교배하여 얻은 1대 잡종과 IR 8을 삼원 교배하여 얻은 IR 667을 육성하여 1971년에 이를 통일벼라 명명하고 농가에 보급하여 녹색혁명의 기틀을 마련했다.

1977년 5월 작물시험장의 맥류 연구분야를 독립시켜 맥류연구소로 승격시켰고 12월에는 농촌의 식생활개선을 위한 농촌영양개선 연수원을 신설하였다. 농림부 소속이던 농공이용연구소를 1974년 농촌진흥청에 편입시켜 1979년 농업기계화연구소로 개편하였다. 이것은 이농으로 인한 농촌 노동력 부족문제를 농업 기계화에 의하여 대처하기 위한 것이었다. 1981년 농수산부 소속의 국립농업자재검사소에서 농약분야 연구기능을 이관하여 농약연구소를 신설하였다. 1986년에는 농업기술연구소에 유전공학과를 설치하였으며 1991년에 농업유전공학연구소를 신설하여 분리시켰다. 또한 원예시험장의 과수 연구분야를 분리하여 과수연구소를 신설하고 맥류연구소는 폐지하여 작물시험장에 맥류과로 축소 개편하였다.

문민정부가 출범되면서 UR협상으로 무역개방에 따른 농업의 국제 경쟁력 강화와 이를 위한 농업의 구조조정이 농정의 중심이 되었다. 1992년부터 농촌진흥청도 국제 기술협력 및 기술개발을 강화하고 지역중심의 특화농정을 위하여 유사기관을 통폐합하는 구조조정이 이루어졌다. 농업기술연구소, 농업유전공학연구소, 농약연구소를 통합하여 농업과학기술원으로 개편하고 원예시험장과 과수연구소를 통합하여 원예연구소로, 국립잠사소와 잠업시험장을 통합하여 잠사곤충연구소로, 국립종축원과 축산시험장을 축산기술연구소로 통합하고, 농촌생활개선연수원을 농촌생활연구소로 개편하였다. 또한 전문 농업인력을 육성하고 관리하기 위하여 한국농업전문학교를 신설하였다. 국민의 정부 출범 이후에는 1998년부터 IMF를 극복하고 정보화 시대에 대비하기 위하여 구조조정을 단행하였다. 즉 일부 하부조직을 감량하였으며 조직운영의 자율성과 탄력성을 강화하고 농업 생명공학 연구기능을 강화하였다.

우리나라의 근대적 농업연구는 역사적으로 일제 하에서 일본의 우량품종을 보급하기 위하여 재래종과 비교시험하거나 현지 적응시험을 하는 것이었다. 그 후 농업연구와 지도체계는 강력한 중앙 집권적 특성을 가졌다. 일제시대에는 식민모국인 일본의 공업화를 추진하기 위한 식량증산을 위하여 일본 농업기술의 강제적 이식이 이루어졌다. 해방 후 혼란기를 거쳐 1960년대 이후 경제의 고도성장 과정에서 수출 주도형 공업화에 필수적인 식량자급을 위하여 국가 주도하에 하향식 기술개발과 보급이 이루어졌다. 통일벼 개발과 보급과 이농에 따라 부족한 노동력을 기계화에 의하여 극복하면서 우리는 자원위주의 농업에서 기술위주의 농업으로 전환하였다. 경제발전을 위한 농업의 역할로서 우리나라 농업연구는 세계에서 가장 효율적인 성과를 보인 것이 사실이다.

3.3 주요국가의 농업 연구체계 비교분석과 발전 방향

3.3.1 국가별 농업 연구체계의 비교

앞서 본 국가들의 농업 연구체계를 비교분석하기 위하여 각 국가 농업 연구체계의 발전단계, 연구체계에서 중요한 논점인 집중화(centralization)와 분산화(decentralization), 농업연구와 교육, 기술보급의 연계문제, 연구자원의 출처와 연구자원 배분 등을 살펴볼 수 있다. 농업 연구체계의 발전단계는 독농가의 기술개발, 실험실 연구단계 및 국가 농업 연구체계 설립단계의 3단계로 나누어 보았다. 이러한 계기적 단계(sequential stage)를 거쳐 오늘날과 같은 국가 농업 연구체계를 형성한 나라는 영국이다. 영국은 스미스(Adam Smith)의 자유주의 전통에 따랐기 때문에 처음부터 국가가 주도적으로 농업 연구체계를 세운 것이 아니다. 따라서 시장경제가 진행되면서 농업연구의 특성에 따라 시장실패를 보완하기 위하여 국가의 농업 연구체계가 이루어진 것이다.

독일의 경우는 영국과는 달리 후진국 독일과 영국의 과학기술 격차를 줄이기 위하여 정부의 강력한 주도하에 국가 농업 연구체계가 이루어 졌다. 따라서 영국과 같은 계기적 단계가 아니라 정부가 지원하는 농업연구소를 중심으로 농업 연구체계가 이루어 졌으며 독일의 모형이 미국과 일본으로 이전되었다. 미국은 영국의 독농가와 독일의 실험실 조직 등 유럽의 경험을 받아드려 미국에 적합한 국가 농업 연구체계를 수립하였다. 일본은 강력한 중앙정부 주도 체제에서 전통적인 일본기술을 바탕으로 한 농업기술을 배양하고 국가 중심의 농업 연구체계를 만들었다. 이처럼 미국과 일본은 독일모형을 바탕으로 자국의 환경에 적합한 국가 농업 연구체계로 발전시켰다. 호주와 브라질, 한국은 국가 연구체계의 3단계를 거치지 않고 바로 선진국의 농업 연구체계를 수입하였다. 브라질은 EMBRAPA를 설립하여 중앙정부 중심의 연구체계를 만들었으며 호주는 연구개발 공사를 설립하여 민간부문의 역할이 농업연구에서 중요한 체제를 만들었다. 한국은 일제시대에 일본의 농업 연구체계가 이식되었으며 해방 후 경제개발에 따라 강력한 중앙정부 체제에 의하여 농업연구와 기술보급이 이루어졌다. 이처럼 후진국들은 선진국들의 발전 단계별 국가 농업 연구체계의 수립이 아니라 선진국 제도를 수입하여 국가 농업 연구체계를 수립하였다.

국가 농업 연구체계에서 중요한 논점은 연구자원의 배분이나 연구항목과 연구계획에 관한 의사결정이 중앙정부에 집중되어 있는가, 또는 지역에 분산되어 있는가를 나타내는 집중화와 분산화문제이다. 집중화는 국가 농업정책의 일관성을 갖고 중복투자를 회피할 수 있기 때문에 효율적이다. 그러나 지역의 특수성을 반영하는 현장농민들의 기술수요가 제대로 반영되기 어려운 문제점을 보인다. 또한 집중화에 대하여 지역의 부존자원이나 경제환경에 따라 탄력적으로 연구자원 배분을 적합화 시킬 수 있는 분산화는 보다 광범위한 지역문제에 대처할 수 있는 사회과학적 지식의 축적이 요구된다.

영국의 농업 연구체계는 전형적인 역사 발전단계를 거쳤기 때문에 본래 국가 주도적 공공부문의 농업연구보다 개별적인 민간부문의 연구개발을 모태로 하여 발전하였다. 따라서 농업 연구기관은 중앙정부인 농수산식품부에 한정되어 있지 않고 정부 내 여러 부처와 대학이나 민간연구소 등 다양하게 분포되어 있다. 그러나 농업 연구자원의 배분에는 중앙정부의 권한으로 집중화되어 있는 특징을 보인다. 영국과는 달리 독일은 정부가 지원하는 연방농업연구센터의 공공연구소를 중심으로 국가 농업 연구체계가 이루어졌다. 지역농업연구는 전통적으로 대학을 중심으로 지방정부의 지원에 크게 의존하여 연방정부와 주정부의 이중적인 체계를 갖는다. 미국은 초기에는 영국과 같이 독농가 중심의 기계적 기술개발이 급속하게 이루어져 농업 노동생산성이 크게 상승하였으며 토지생산성은 별로 높지 않았다. 그러나 19세기 말 농업 노동생산성이 하락하고 생산이 정체되면서 독일의 국가 농업 연구체계를 받아들여 공공부문 농업 연구투자를 확대하였다. 그 결과 노동생산성의 상승만이 아니라 생물학적 기술투자가 크게 향상되었다. 미국은 독일과 같이 연방정부와 주정부의 이중적 체계를 가졌으나 연구자원배분이나 의사결정과정에서 주정부의 독립성이 커서 분산화 체계의 특징을 갖는다.

일본은 미국과 같이 독일의 국가 농업 연구체계를 받아들여 중앙과 지방의 이원적 연구체계를 가졌으나 미국과는 달리 중앙정부 주도하에 농업연구가 이루어졌다. 그러나 지방의 연구는 지역 특화적 연구기관이 산재하여 지역에 맞는 연구를 수행하여 중앙과 지역연구가 적절한 조화를 이루었다. 호주의 국가 농업 연구체계도 중앙과 지방의 이원적 체계를 갖는다. 그러나 중앙정부 주도하의 집권화라기보다는 주정부가 지역농업 연구에 대한 주도권을 갖고 있다. 또한 농촌의 연구개발 공사나 협동연구센터를 중심으로 민간부문의 역할이 점점 커지고 있으며 정부와 민간부문의 상호 보완관계가 가장 효율적으로 이루어진 연구체계의 특징을 보인다. 이처럼 개발국들의 국가 농업 연구체계는 중앙과 지방의 이중적 체계에서 집권화나 분권화의 특징을 보이면서도 이를 적절히 조화하고 있다.

브라질과 한국의 국가 농업 연구체계는 중앙집권적 성격이 강하다. 브라질은 정부의 직접적인 농업연구보다 공사형태의 EMBRAPA가 국가 농업연구를 총괄하는 강력한 중앙집권적 연구체계를 가졌다. 비록 형태는 공공부문과 민간부문이 혼재되어 있어도 EMBRAPA는 국가 농업연구를 총괄하고 지역농업연구에 대한 조정과 지원의 책임을 갖기 때문에 집권화의 특징을 그대로 나타낸다. 한국의 농업 연구체계는 일제 식민지 시대 일본의 기술전파를 위한 농업시험장체제에서 정치적 격변기를 지내면서 농촌진흥청 체제의 강력한 하향식 중앙 집권적 농업 연구체제를 가졌다. 그러나 1990년대 이후 지방화시대를 맞이하여 지역농업센터를 중심으로 분권화의 성격이 점차 뚜렷해지고 있다.

농업 연구체계와 교육·기술보급의 연계는 미국의 농업교육, 연구, 기술보급이 연방정부의 지원을 받아 주립농과대학 내에 상호 밀접한 관계를 갖는 미국식 시스템으로 자리를 잡고 있다. 그러나 영국의 경우에는 농업교육은 연구와 완전히 분리되어 있으며 기술보급은 연구기능과 함께 환경식품농촌부(DEFRA)에 속하여 있으면서도 농업연구와 독립적인 기구로 분리되어 있다. 독일은 대학의 교육기능에 연구기능을 통합시켰으며 중앙정부의 지원으로 연방농업센터가 농업연구의 중심적 기능을 수행한다. 또한 지역대학 내에 농업교육과 연구기능이 통합되어 있다. 일본은 대학의 농업교육과 연구가 완전히 분리되어 있을 뿐만 아니라 연구와 기술보급도 각각 연구청과 농업지도청으로 분리되어 있으나 중앙정부와 지방의 현(縣)이 협력지도체제를 갖는다. 호주의 농업기술 보급은 연방정부와 완전히 분리되어 주정부에서 완전한 책임을 갖는다. 농업교육과 기술보급은 각각 독립적이며 연계를 갖지 않는다. 또한 기술보급과 응용연구도 분리되어 있다. 브라질은 연구와 독립적인 기술보급기능을 가지며 자금지원은 중앙정부에 의하여 이루어지나 기능은 지방정부의 책임 하에 이루어진다. 한국은 대학의 농업교육과 농업연구는 독립적으로 분리되어 이루어지지만 농업연구와 기술보급은 농촌진흥청 내에서 각각 분리된 조직으로 수행되고 있다.

가장 효율적인 체계로 평가되고 있는 통합형 미국모형은 후진국에 적합하지 않는 것으로 나타났다. 왜냐하면 미국의 토지공여대학은 농촌의 지역사회와 밀접한 연계를 갖고 많은 주가 분포되어 연구결과가 주마다 중첩되어서 실질적인 문제해결에 상호 보완적이기 때문이다. 또한 대학에서 연구를 통하여 새로운 기술을 개발할 수 있기 때문에 교육과 연구 및 기술보급이 서로 연관되어 이루어질 수 있다. 그러나 후진국들은 기술개발보다 선진국 기술의 이전이 주를 이룬다. 따라서 연구기능은 지역적 적합성 연구와 이에 대한 기술보급이 대부분으로 연구와 교육의 직접적 연계보다 독립적인 수행이 가능하다. 이처럼 사회경제적 배경과 기술개발의 특성이 각각 다르기 때문에 나라마다 그 나라의 환경에 적합한 국가 농업체계가 이루어져야 한다.

국가 농업 연구체계의 또 다른 중요한 논점은 연구자원 배분에서 기초연구(basic research)와 응용연구(applied research)의 수행을 누가 어떻게 할 것인가 라는 문제이다. 농업연구에서 기초연구와 응용연구는 선형모형(linear model)에서 기초연구 - 응용연구 - 기술 - 경제적 생산성으로 나타나는 계기적 발전과정에서 나타난다. 따라서 연구자원 배분에서 효율성은 기초연구와 응용연구가 중요하다. 영국에서는 과거 농업연구위원회(Agricultural Research Council)가 대학의 기초 및 응용연구를 지원하였으며 농수산식품부에서 응용연구를 주도하였다. 1971년 로드차일드보고서에 따라 농업연구는 농업연구위원회보다 농수산식품부의 응용연구에 비중이 커졌다. 그러나 1990년대초 로드차일드보고서 내용이 폐기되고 다시 응용연구에서 기초연구로 농업연구의 방향이 달라졌다. 독일은 연방농업연구센터(FAL)가 강력한 기초연구를 수행하고 막스 프랑크연구소도 기초연구를 지원하였다. 농식품임업부 산하의 연구소와 지역의 주정부와 농민단체의 지원으로 응용연구가 이루어졌다.

미국의 농업 연구체계에서 기초연구와 응용연구는 미농무성(USDA)의 농업연구처(ARS)와 각 주의 토지공여대학에 설치된 지역농업연구소(SAES)에서 수행한다. 1970년 농업연구처에서 기초연구는 연구예산의 41%, 응용연구는 55%, 발전연구는 4%로 배분되었으나 1993년에 각각 48%, 43%, 9%로 기초연구의 비중이 커졌다. 지역농업연구소에서는 1970년 각각 37%, 55%, 9%에서 1993년 47%, 46%, 7%로 농업연구에서 기초연구의 비중이 커졌다(Julian M. Alston, J. E. Christian, and P. G. Pardey, 1999 p.102). 일본은 중앙 농림수산성 산하의 국립농업연구 시험기관에서 기초연구를 수행하였으며 이들은 1970년대 대부분 니시가하라에서 쓰꾸바로 이전하였다. 응용연구는 국립농업시험기관의 지역별 시험장과 지방의 지역연구기관이 주로 지역특화연구를 수행하였다. 브라질의 농업연구는 기초연구는 대부분 대학에서 담당하고 단기 및 응용연구는 지역연구소에서 수행하였다. 브라질 농업연구의 주도적 역할을 하는 EMBRAPA는 수출상품 위주의 대규모 기업농을 위한 기술개발에 주력하였다. 호주는 처음에는 대학과 중앙정부의 과학산업연구기관인 CSIRO에 의하여 기초연구가 이루어졌으나 이 기관의 재원이 외부에서 충당되는 부분이 늘어가면서 기초연구보다 응용연구의 강화가 이루어졌다. 국가의 대부분 응용연구자원은 주정부에서 지원하였으나 사실 주정부는 응용연구만이 아니라 기초연구와 농업기술보급 등 연방정부와 함께 복합적인 기능을 수행하였다. 또한 협동연구센터(CRS)도 단기 응용연구를 수행하였다. 한국의 응용연구와 기초연구는 대학과 농촌진흥청의 농업과학기술원이 기초연구를 맡고 응용연구는 농촌진흥청의 품목별 연구기관이나 지역연구소 및 도 농업기술원을 중심으로 이루어졌다.

3.3.2 앞으로 국가 농업 연구체계의 발전 방향

농업 연구개발의 성과로 나타나는 새로운 지식은 비경합성(nonrivalness)과 비배제성(non-excludability)이라는 공공재적 성격을 갖는다. 따라서 연구투자에 대한 수익을 되돌려 받을 수 없는 시장실패(market failure) 때문에 사회적 한계수익이 사적 한계수익보다 커서 민간부문에 의한 연구자원 배분은 사회적으로 적정수준에 이르지 못한다. 이처럼 농업부문 연구투자의 결과는 확산효과(spillover effect)로 인한 외부경제(externality)를 가져와 시장실패에 직면하게 된다. 외부경제는 농업의 공익적 기능에 따른 정(正)의 효과만이 아니라 농업생산이 초래하는 환경오염 등 부(負)의 효과도 크다. 또한 연구과정의 기본적 특성은 연구결과의 불확실성(uncertainty)이다. 따라서 위험부담을 회피하는 민간기업(risk-averse firms)은 불확실성이 큰 연구부문의 투자를 꺼리기 때문에 연구투자는 사회적 적정투자보다 낮은 저위투자(underinvestment)를 가져온다. 일반적으로 농업 투입물에 대한 농업연구는 연구투자의 불가분성(indivisibilities)과 연구기간이 장기간 소요되기 때문에 규모가 커지거나 연구투자에 대한 시간이 길수록 경제적인 성격(economics of scale and time)을 갖는다. 따라서 정부의 지원에 의하여 대규모의 투자가 유리하기 때문에 국가의 농업 연구체계가 중요하다. 그러나 농업부문 공공 연구투자는 정체되어 있다. 따라서 농업 연구투자의 특성을 파악하여 투자 효율성을 높이기 위한 발전방향을 모색하여야 할 것이다.

오늘날 농업과 관련된 문제는 대학에서도 단순히 농과대학 내에 한정되지 않고 중앙정부에서도 농수산부 이외에 환경부, 과학기술처 등 비농업부서와 농민단체와 비정부기구 등 다양하게 연관되어 있다. 또한 국가 농업 연구체계는 연구 수행기관, 연구정책 수립기관, 연구자금 지원기관 등 독립적으로 분리되어 다양화하고 있다. 농업 연구정책은 농림부, 연구수행은 대학, 공공연구소, 민간연구소에서 이루어지며 연구재원의 조달도 다양한 기금에 의하여 이루어진다. 이처럼 농업연구의 다양화

배경은 과거 농업문제는 농업연구가 농업 생산성을 높여 농산물 생산과 소비의 확대에 한정되었으나 과학기술이 발전하고 경제가 성장하면서 농업생산 방법이나 소비자의 욕구가 다양화하였기 때문이다. 따라서 국가 농업 연구체계는 농업문제의 연구범위(agenda)를 확대하고 농업 연구체계를 중앙 집권화(centralization)에서 지방 분권화(decentralization)로 나아가야 한다. 농업 연구범위는 수확 후 기술(post-harvest), 생명과학, 정보기술, 환경문제, 식품 안전성(food safety) 등 다양한 문제를 포함해야 한다. 더구나 지방화가 빠르게 진행되는 상황에서 연구에 관한 의사결정이 지역특성에 적합한 분산화 방향으로 나아가야 환경변화에 대처할 수 있는 신축성을 가질 수 있다.

농업연구의 최근 추세는 민간 연구부문의 확대경향이다. 농업부문 연구의 특성은 시장실패와 불확실성이기 때문에 앞으로 공공부문 농업 연구투자의 방향은 민간부문 연구투자가 회피하는 농업부문 기초연구에 대한 관심을 강화시켜야 한다. 농업부문에서 민간부문 연구는 지적재산권이 어렵거나 시장규모의 영세성에 따라 제약을 받기 쉽다. 그러나 공공부문의 연구투자가 정체되어 있을 때 이 간극을 메울 수 있는 민간부문의 연구투자가 필요하다. 더구나 시장경제가 농업부문에서도 빠르게 진전되며 따라서 공공부문의 연구투자는 민간부문 연구투자를 이끌어 내고 이를 뒷받침할 수 있는 방향을 모색해야 한다. 즉 기초연구의 강화만이 아니라 공공연구와 민간연구의 협력체제(partnership)를 바탕으로 농업 연구투자의 제약에서 벗어날 수 있어야 한다. 물론 이러한 가능성은 농업이 시장 경제화 되어 있는 선진국의 성숙한 경제체제에서 찾을 수 있고 후진국에서는 제약되어 있는 것이 사실이다.

국가 농업 연구체계에서 공공분야의 투자 효율성을 높이고 그 효과성을 극대화하기 위해서는 규모 및 범위의 경제를 통해서 연구체계의 구조조정이나 합리화를 모색해야 한다. 이를 위해서는 기본적으로 연구체계의 분산화에 의하여 연구조직의 신축성을 발휘해야 한다. 즉 재원의 출처나 인력조직의 신축성을 통하여 조직의 신축성을 도모할 수 있으며 지적소유권 제도의 확립이 필요하다. 또한 연구자원 배분의 우선순위를 정치적 결정보다 경제적 접근에 의하여 가능하도록 제도정비가 이루어져야 한다. 뿐만 아니라 연구조직의 연구 활동, 각 프로젝트의 주제, 특정분야의 연구평가 등을 위해서 독립된 평가기구를 설립하여 평가체계를 확립해야 한다. 이를 위해서는 새로운 환경변화에 탄력적으로 적응할 수 있는 연구의 모니터링(monitoring)과 기술평가(technology evaluation)체제를 갖출 수 있는 연구기관의 제도적 개발역량(institutional capacity)을 배양하여야 할 것이다.

3.4 국가 농업 연구체계와 사회과학연구

국가 연구체계는 영국의 경제학자 스미스(Smith)의 분업에 의한 생산력 증진에 대하여 독일의 리스트(List)가 국가 하부구조와 제도를 통한 생산력 발전에서 역사적 근거를 찾을 수 있다. 농업연구는 공공성과 시장실패에 따라 민간부문의 연구투자보다 국가 공공연구에 의한 정부개입의 당위성을 갖는다.

국가 농업 연구체계의 역사적 발전단계는 창의적인 선도농가나 독농가 중심의 기술개발 단계에서 농업연구소나 실험실을 중심으로 농업기술의 전문가가 과학을 기술에 접목시키는 단계로 이전하였다. 그 다음 단계는 국가의 공공 농업 연구기관을 중심으로 공공부문과 민간부문, 기초연구와 응용연구, 경종작물과 축산 등 부문별 연구자원 배분이 조정되고 계획되어 통합적인 국가 농업 연구체계가 확립되는 단계이다. 이러한 3단계는 반드시 계기적으로 이루어지기보다는 그 나라의 역사적 배경에 따라 달리 나타날 수 있으며 후진국에서는 선진국 농업 연구체계의 제도적 이전에 따라 연구체계가 성립될 수 있다.

국가 농업 연구체계에서 주요 논점은 농업연구의 중앙집권화와 지역 분산화 문제, 농업연구와 교육, 기술보급 간의 연계문제, 농업 연구자원 배분과 연구자원의 출처문제 등이다. 이러한 문제에 대한 논의는 나라마다 농업연구나 농업의 특성이 달라 논점을 일반화할 수 있는 모형은 설정하기 어렵다. 더구나 농업발전 단계나 경제발전 단계에 따라 제도의 성립과정이 다르고 시장경제의 진전에 따라 농업 연구체계의 구성요소가 다양해지기 때문에 나라마다 각각 다른 국가 농업 연구체계로 발전했다.

최근 다국적 기업의 출현과 세계화의 진전으로 국가의 경제구조, 가치관, 문화, 제도, 역사적 차이에 대한 간극이 점차 좁혀져 가고 있다. 그러나 현실은 불확실성, 국지적 지식, 제한적 합리성에 따라 각국의 발전경로가 달라지고 상품과 서비스의 표준화도 궁극적으로 한계를 보일 수밖에 없다. 더구나 농업기술은 자연조건이나 생태환경에 따라 지역적 특성을 갖고 농산물 시장의 시장실패와 거래비용으로 시장행태는 제약적이기 때문에 세계화의 진전에도 불구하고 시장경제를 보완하는 비시장경제의 상호연계에 따라 국가 농업 연구체계의 중요성은 여전히 지속될 것으로 보인다.

이와 같은 논점에 따라 영국, 독일, 미국, 일본, 호주, 브라질, 한국 등 7개 국가의 농업 연구체계를 비교 분석한 결과 역사적, 지역적, 발전 단계별 특성에 따라 다양한 국가 농업 연구체계를 발전시켰다. 그러나 단순한 제도이전에 따른 국가 농업 연구체계의 도입보다 그 나라의 역사적, 제도적 합리화 과정을 거쳐서 설정된 농업 연구체계는 어떤 형태를 갖든 간에 그 나라에 가장 적합한 체제로서 자리 잡고 있다는 사실을 알 수 있다. 이것은 선진국이나 후진국의 제도변화 과정에서 정치적 요인이 어떻게 작용했는가와 사회과학 연구축적에 의한 제도변화에 대한 접근에 의하여 결정된다고 본다. 자연과학 연구에 의한 기술개발과 마찬가지로 사회과학 연구에 의한 제도변화 과정의 분석에 따라 국가 농업 연구체계의 적합화에 대한 제도적 합리성이 달려 있다. 따라서 앞으로 그 사회에 적합한 제도적 합리성을 모색하기 위해서는 이를 위한 사회과학 연구자원의 지속적 배분이 중요하다고 본다.

참고문헌

한국농촌경제연구원(1989), 한국 농정 40년사.

Alston, J. M., and P. G. Pardey(1996), *Making Science Pay: The Economics of Agricultural R&D Policy*, Washing D. C.: American Enterprise Institute.

Alston, J. M. and W. J. Martin(1995), "A Comment on Border Price Changes and Domestic Welfare in the Presence of Distortions." *Oxford Economic Papers.*

Alston, J. M., J. E. Christian, and P. G. Pardey(1999), "Agricultural R&D Investments in the United States", *in Paying for Agricultural Productivity*, Alston, J. M., P. G. Pardey and V. H. Smith eds., Johns Hopkins University Press.

Arnon, I.(1989), *Agricultural Research and Technology Transfer*, Elsevier Applied Science.

Beintema, Nienke M., Antonio Flavio Dias Avila, Philip G. Pardey(2001), Agricultural R&D in Brazil: Policy, Investments, and Institutional Profile. Washington, D.C.: IFPRI, Embrapa, and FONTAGRO.

Brennan, John P. and John D. Mullen(2002), "Joint Funding of Agricultural Research by Producers and Government in Australia", In *Agricultural Research Policy in an Era of Privatization*, edited by Derek Byerlee and Ruben G. Echeverria, CABI Publishing.

Carson, Rachel(1962), *Silent Spring*, New York: Houghton-Mifflin.

Evenson, R. E.(1984), Observations on Brazilian Agricultural Research and Productivity. In *Brazilian Agriculture and Agricultural Research*, ed. L. Yeganiantz, EMBRAPA, Brazilia, DF, 247-76.

Freeman, Chris, (1995) "The National System of Innovation in Historical Perspective", *Cambridge Journal of Economics*, Vol. 19, 5-24.

Hayami, Yujiro and Vernon W. Ruttan(1985), *Agricultural Development: An International Perspective*, University of Minnesota Press.

Hightower, Jim(1973), *Hard Tomatoes, Hard Times*, Cambridge, Mass.: Schenkman

List, F.(1841), *The National System of Political Economy*, 단국대출판부, 이주성 역 1983.

Lundvall, B. A.(1993), "User-Producer Relationships", in *National Systems of Innovation and Internationalization*, D. Foray and C. Freeman (eds).

Niosi, J. and B. Bellon(1996), "The Globalization of National Innovation Systems", In:De la Mothe, J., Paquet, G. (Eds.), *Evolutionary Economics and the New International Political Economy*. Pinter, New York, 138-159.

Office of Technology Assessment(1982), *An Assessment of the United States Food and Agricultural Research System.*

Pannell, David J.(1999,) "On the Balance between Strategic-Basic and Applied Agricultural Research", *The Australian Journal of Agricultural Economics*, Vol. 43, No. 1, 91-113.

Pastore, Jose and Eliseu R. A. Alves(1975), Reforming the Brazilian Agricultural Research System, in *Resource Allocation and Productivity in National and International Agricultural Research*, edited by Thomas M. Arndt, Dana G. Dalrymple, and Vernon W. Ruttan(1977).

Ruttan, V. W.(1982), *Agricultural Research Policy*. Minneapolis: University of Minnesota Press.

Smith, Adam(1776), *An Inquiry into the Nature and Couses of the Wealth of Nations*(ed. Edwin Cannan, New York: Random House, 1937).

Thirtle, Colin, Jenifer Piesse, and Vincent H. Smith(1999), "Agricultural R&D Policy in the United Kingdom", *in Paying for Agricultural Productivity*. Julian M. Alston, Philip G. Pardey, and Vincent H. Smith, Eds., Johns Hopkins Leniversity Press.

제 4 장

농업 연구개발과 공공부문 및 민간부문의 역할

경제발전에 따라 농업부분의 R&D는 빠르게 변화하는 과학기술과 기술제도, 사회변화와 농업 자체의 변화, 농산물시장과 일반경제의 변화 등 주변 환경의 변화와 함께 다음과 같이 두 가지 변화를 보이고 있다. 총 연구비 중 공공부문 농업연구비와 농업연구에 종사하는 연구원 수가 민간분야에 비하여 상대적으로 줄어들고 있으며 민간부문의 역할이 점차 증대되고 있다는 사실이다(Byerlee and Echeverria, 2002). 그동안 대부분 R&D에 대한 연구는 공공부문 R&D에서 농업기술 개발을 위한 정부개입의 필요성과 공공부문 투자의 합리성을 밝히는 데 집중되었다. 최근 OECD국에서 생명공학과 같은 기술변화와 지적소유권(intelligent property right)등 제도변화에 따라 민간부문의 농업연구 개발부문이 확대되면서 공공부문 농업연구 투자와 기술정책에 대한 새로운 관심이 나타나기 시작했다. 즉 국가전체의 연구예산이 줄어들면서 공공부문 연구효과를 민간부문이 어느 정도 메꾸어 줄 수 있는가라는 문제가 제기되었다. 이에 따라 공공부문 연구와 민간부문 연구는 서로 구축관계(crowding out)인가, 또는 보완관계인가에 대한 명확한 구분과 민간부문 연구가 확대되면서 소득배분(income distribution)에 어떤 영향을 줄 것인가, 따라서, 농민들이 어떤 영향을 받게 될 것인가에 대한 관심이 커졌다.

우리나라는 WTO체제 이후 농업특별세 부과에 따라 농림기술 개발투자가 크게 확대되어 농업기술 개발의 체계를 보다 효율화하고 농업 연구자원 배분의 합리화를 도모하여 농업의 국제 경쟁력을 높이려는 노력이 커지고 있다. 또한 농업이 자원위주의 농업에서 과학기술 위주의 농업으로 변모하고 자급위주의 농업에서 시장위주의 농업으로 전환하면서 농업 투입물에 대한 시장수요가 커지고 민간부문의 연구가 확대할 수 있는 잠재력이 커져가고 있다. 따라서 이와 같은 농업연구 환경의 변화에 농업기술 개발을 위한 민간부문과 공공부문의 역할이 무엇이며, 어떻게 민간부문과 공공부문의 조화에 의하여 사회적으로 가장 적정한 연구자원 배분이 이루어질 수 있는가, 또한 농업 연구개발비는 어떻게 민간부문과 공공부문에 배분되어야 하며 이를 위한 요인들은 무엇인가를 명확하게 구명할 필요가 있다.

이를 위하여 이 장(章)은 농업기술 개발을 위한 민간부문과 공공부문의 역할에 대한 이론적 틀을 정립하고 어떻게 농업 연구개발(R&D)에서 민간부문과 공공부문의 조화가 이루어질 수 있는가에 대한 정책적 함의를 도출하고자 한다.

4.1 농업 연구체계의 특성과 변화

4.1.1 농업 연구체계의 다양화

국가의 농업 연구체계(national agricultural research system)는 과거에는 농업 연구의 공공재적 성격(public good)에 따라 국가의 농업 연구기관을 중심으로 단순한 직선형 조직(linear system)으로 인식되었다. 우리나라에서 과거 농림부는 농촌진흥청과 같은 국가 농업연구기관에 연구재원을 공급하여 새로운 기술을 개발하고 농촌지도기관에서 농민들에게 새로운 기술을 지도·보급하는 하향식 조직이었다. 이러한 시각에서 민간연구기관은 국가의 농업연구기관과 상호 밀접한 관계를 맺지 못하고 시장에서 거래될 수 있는 투입물(종자, 기계, 비료 등)에 대한 기술개발과 보급이 한정적으로 이루어졌다.

그러나 최근의 농업과 농업연구 환경의 변화에 따라 단순한 전통적인 관점(traditional view)과 크게 다른 새로운 관점(new perspective)으로 국가의 농업 연구조직을 파악해야 한다(그림 4-1). 먼저 오늘날의 농업 연구체계는 농업 연구수행

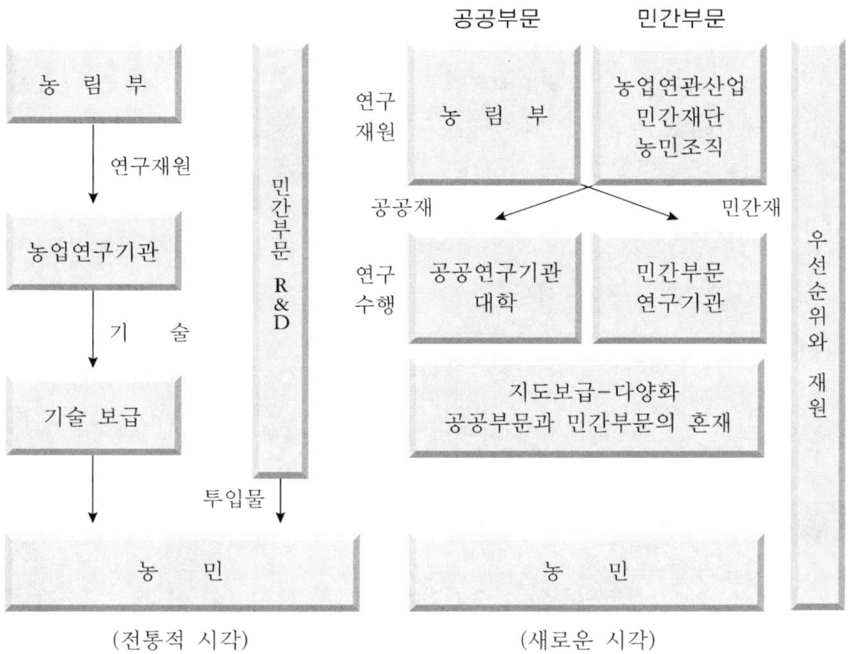

자료: D. Byerlee & G. E. Alex, Strengthening National Agricultural Research Systems, The World Bank, 1998, p.19.

그림 4-1 국가 농업 연구체계의 전통적 시각과 새로운 시각

기관과 연구자금 지원기관의 분리가 이루어지고 공공부문 연구만이 아니라 민간부문의 기능이 확대되어 연구자금이나 연구수행 기관의 다양화가 이루어지고 있다.

과거에는 주로 국가의 공공연구에 의하여 농업연구가 주도되었다. 앞으로는 농업연구와 기술보급에 민간부문의 역할이 확대되면서 공공기관과 민간기관의 연구 활동분야나 효율적인 연구수행을 위한 조정이 필요하고 공공기관의 연구자원배분에 신축성(flexibility)이 요구된다.

특히 연구자원 배분의 우선순위 결정에 다양한 기술수요자들의 의견이 반영될 수 있는 신축적인 연구체계가 이루어져야 한다. 따라서 농업연구의 공공성과 정부개입의 당위성은 과거와는 달리 보다 세분화된 농업연구의 성격 구명에서 출발해야 한다.

4.1.2 새로운 농업 연구체계의 상호연계성

과학(science)과 기술(technology)을 포괄하는 연구(research)는 과거에는 단순히 기초연구(basic research)와 응용연구(applied research)로 구분되어 기초연구를 바탕으로 한 응용연구가 기술개발(technology development)을 가져오는 직선형 접근(linear model)이 이루어졌다(그림 4-2).

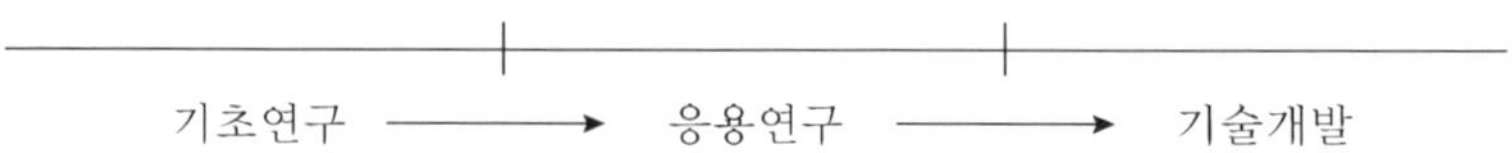

자료: V. W. Ruttan, Technology, Growth and Development: An Induced Innovation Perspective, Oxford University Press, 2001.

그림 4-2 직선형 모형(linear model)

그러나 최근에는 과학연구와 기술개발은 과학적 특성만이 아니라 제도적 특성에 따라 복잡한 관계를 나타낸다. 기초연구와 응용연구는 연구결과를 정부가 주도하는 공공재로서 특성과 민간이 주도하는 시장재로서 특성이라는 제도적 요인에 의하여 큰 영향을 받기 때문이다. 기술개발은 〈그림 4-3〉에서와 같이 과학과 기술의 특성과 시장과 정부의 제도적 특성에 따라 4상한으로 구분할 수 있다(Ruttan 2001). 그림에서 Ⅳ상한은 호기심에서 유발되는 기초연구이며 보어(Bohr)상한이다. 이러한 연구는 민간, 대학, 정부 등 다양한 기관에서 지원되거나 수행된다. Ⅱ상한은 에디슨(Edison)상한이며 전적으로 민간부문에서 시장이윤을 목적으로 기술개발이 이루어지며 기초과학에 의존하나 과학발전에 기여하지 못하는 기술이다. Ⅰ상한은 이용자가 유발한 기초연구인 파스퇴르(Pasteur)상한이다. 이 영역은 기초과학을 중심으로 시장재화를 개발하는 연구활동이며 주로 민간부분에 의하여 이루어진다. 마지막 Ⅲ상한은 정부가 주도하는 응용연구와 기술개발이 중심이 되는 리크오버(Rickover)상한이다. 이 부문은 시장에서 민간부문의 투자가 이루어지지 않는 순수한 공공재적 성격을 갖기 때문에 정부에서 지원해야 하는 부문을 말한다.

과거의 직선형 모형(linear model)은 Ⅳ상한에서 Ⅱ상한으로 직선적인 과학과 기술의 연계를 나타냈으나 오늘날과 같이 과학과 기술이 상호 보완적으로 혼재되어

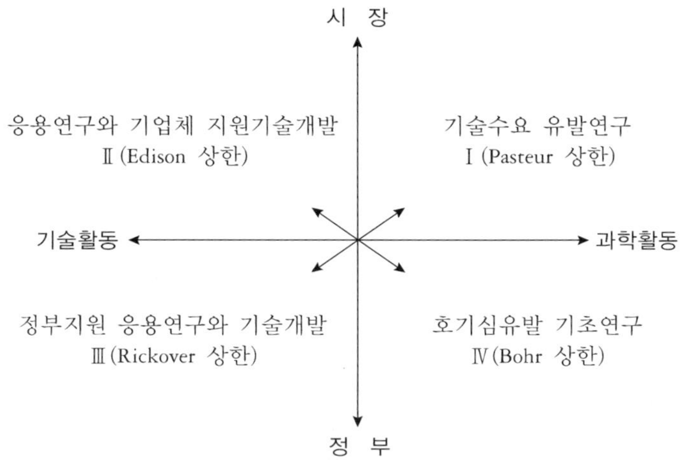

자료: V. W. Ruttan, Technology, Growth and Development: An Induced Innovation Perspective, Oxford University Press, 2001.

그림 4-3 과학연구와 기술개발 조직의 4상한 모형

있는 사회에서는 과학과 기술, 시장과 정부 등의 특성에 따라 수평적, 수직적, 상호간의 연계가 다양하게 나타난다.

4.2 농업연구에서 민간부문과 공공부문의 특성

4.2.1 농업연구의 민간부문과 공공부문의 구분

농업연구에서 민간부문과 공공부문의 구분은 공공재(public goods)와 민간재(private goods)의 구분처럼 명확하지 않다. 농업연구 자체의 성격과 연구기관의 성격에 따라 다르기 때문이다. 연구기관이 민간부문에 속하는가, 공공부문에 속하는가는 다음과 같이 4가지 기준에 의하여 구분할 수 있다(Thirtle and Echeverria, 1994). 첫째, 소유와 관리의 주체가 누구인가, 둘째, 자금의 출처가 어디인가, 셋째, 경제적 이윤추구 여부, 넷째, 연구개발 결과물인 기술의 소유권이 어디에 귀속되는가라는

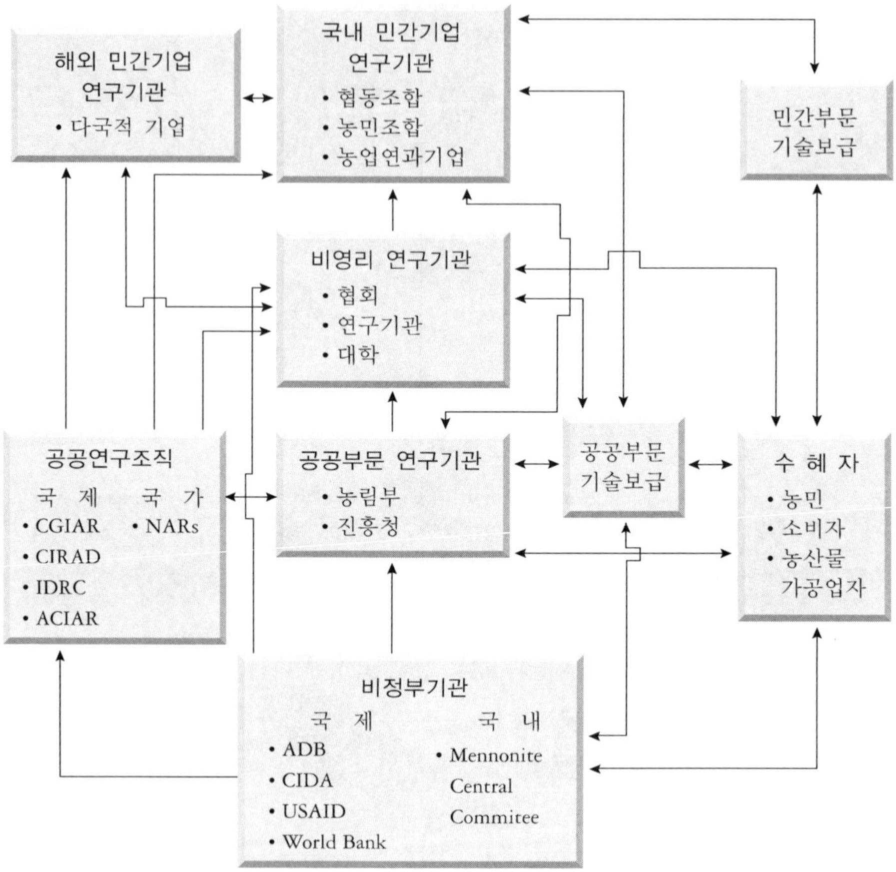

자료: Umali, D. L., Public and Private Sector Roles in Agricultural Research: Theory and Experience, World Bank Discussion Papers, The World Bank, Washington, DC., 1992.

그림 4-4 국가 농업 연구조직의 체계적 흐름

기준이다.

즉, 연구기관의 주체가 어디냐에 따라 국내의 공공부문이나 민간부문, 해외의 공공부문이나 민간부문, 또한 연구기관의 목적에 따라 영리를 목적으로 하는 민간부문, 영리를 목적으로 하지 않는 비영리부문과 공공부문으로 나눌 수 있다. 그 밖에 자금의 출처가 민간부문인가, 공공부문인가, 연구결과물의 소유권이 공공부문에 속하는가, 민간부문에 속하는 가도 구분의 기준이 될 수 있다. 이러한 구분은 〈그림 4-4〉의 농업 연구조직의 체계적 흐름에서 살펴볼 수 있다.

물론 민간부문과 공공부문은 그 목적이 분명히 다르다. 민간부문의 농업기술 개발은 이윤추구가 그 목적이며 공공부문은 경제개발이나 빈곤퇴치, 환경이나 생물 다양성 보호 등과 같은 공익적 목적을 추구한다. 민간부문의 비영리 기구에서도 이윤추구가 아닌 공익적 목적을 추구하는 농업 연구기관이 있다. 그러나 민간부문의 영리를 목적으로 하는 농산물 가공, 농업 투입물 산업 등 농업연관 산업부문(agribusiness sector)과 비정부기구(NGO), 민간 전문협회나 사단법인 등 비영리를 목적으로 하는 기구의 차이는 비영리기관은 이윤이 발생할 경우에 영리기업과는 달리 비영리 목적을 위하여 기구에 재투자한다는 점이다.

이러한 비영리 목적의 기구는 그 자금의 출처가 공공부문, 민간부문, 기타 국제기관에서 나오며 대학도 공공부문과 민간부문의 성격을 동시에 갖는다. 따라서 비록 4가지 기준에 의하여 공공부문과 민간부문의 구분이 가능할지라도 서로 주체나 자금출처 등이 혼재되어 그 구분이 불분명한 것이 사실이다.

4.2.2 기술과 연구활동의 특성에 따른 구분

농업연구의 체계는 기술의 특성에 따라 연구활동별로 〈표 4-1〉에서 다음과 같은 6단계(level)로 구분할 수 있다(Huffman and Evenson, 1993). 이러한 기술체계에서 연구활동에 따라 공공부문과 민간부문 기술의 특성이 나타난다. 단계Ⅰ은 새로운 기술의 최종 사용자이다. 단계Ⅱ는 공공부문과 민간부문의 정보체계로서 기술보급, 유통 및 분배를 나타낸다. 단계Ⅲ은 응용연구의 결과인 상품화할 수 있는 기술과 지식이다.

단계Ⅳ는 새로운 기술을 발명하거나 발견하기 위한 공공부문과 민간부문의 응용연구이다. 여기에는 기계적, 화학적, 생물학적, 경영적 그리고 정책적 기술이 포함되어 있다. 대부분의 기계적, 화학적 기술은 민간부문에서 개발되고 또한 분자생물 기술은 민간부문에서 생산되나 요즘은 공공부문에서도 이에 대한 개발이 이루어지고 있다. 이 단계의 기술에서는 민간부문과 공공부문이 직접적으로 경합하고 있으나 지적소유권이 보장되지 않는 영역은 공공부문이, 지적소유권이 보장되는 부문은 민간부문이 차지하고 있다. 동물과 식물의 육종분야, 경제정책 분석과 경영방법 등은 이 분야에 속한다.

단계Ⅴ는 새로운 기술이나 제도를 설계하는 데 필요한 지식을 만들기 위하여 구체적인 발견을 위한 사전기술(pre-technology) 연구이다. 사전기술분야는 기술개발 기업에 중간 생산물을 공급하며 이 기술이야말로 공공부문이나 민간부문 기술개발에 가장 결정적인 기술을 제공한다. 특히 단계Ⅳ와 Ⅴ의 구별이 중요하다. 공공부문에서는

표 4-1 농업 연구개발 체계에서 과학과 기술의 6단계

단계/활동	사용자와 사용형태				
Ⅰ. 최종사용자	생 산 자		정 부		소 비 자
⇕					⇕
Ⅱ. 기술보급 (공공부문과 민간부문)	자원과 환경 ⇄	상품위주	경영과 시장	공공정책 ⇄	가족과 인간 자원
⇕	농업 과학기술 주요분야				⇕
	수 학	물 리 학	생 물 학		사회과학
Ⅲ. 기술개발 산출물 (농업연관 산업발전)	농기계 및 설비 건 물 컴퓨터 장비 /소프트웨어	비 료 농 약 관개체계 방역체계	작물품종 원 예 종 자 사 료	동물육종 가축건강 식 품	경영체계 시장체계 제도변화 건강보호 아동보호
⇕					⇕
Ⅳ. 기술개발 (공공부문과 민간부문 연구)	농공학과 디 자 인 기 계 컴퓨터 디자인	토 양 학 관개배수방법	농 학 원 예 식 물 육 종 응용식물병리	동물 및 가금 동물육종 동물영양 수 의 학	농업경영과 유통 자원경제학 농촌사회학 공공정책학 인간생태
⇕					⇕
Ⅴ. 사전적 과학(대학과 공공연구 기관)	응용수학 응용물리학 공 학 컴퓨터공학	기 상 학 토양물리와 화학 수 자 원	식물생리학 식물육종학 식물병리학	인간과 동물생리 학 인간과 동물육종 학 동물 병리학 영 양 학	응용경제 통계학 & 계량경제 정 치 학 사 회 학
⇕					⇕
Ⅵ. 일반핵심 과학(대학과 공공연구 기관)	수 학 확률과 통계		세 균 학 생 화 학 식 물 학 생 태 학	유 전 학 분자생물학 미생물학 동 물 학	경 제 학 심 리 학

자료: Ruttan. V. W, Technology, Growth and Development: An Induced Innovation Perspective, Oxford University Press, 2001, pp.220-221.

단계Ⅴ의 기술인 사전기술로서 동·식물 육종, 동·식물 생리분야가 있다. 이 분야는 대학에서도 많은 연구가 이루어졌다. 또한 단계Ⅴ의 기술은 순수 기초과학인 단계Ⅵ에 응용기술인 단계Ⅳ를 연결하는 역할을 한다. 단계Ⅴ와 Ⅵ의 구분은 단계Ⅴ는 이 기술에 대한 수요측에서 유발되며 단계Ⅵ은 공급측에서 유발된다는 점이다.

4.2.3 민간부문과 공공부문의 조직에 따른 구분

농업연구를 위한 민간부문과 공공부문의 조직상 구분은 앞서 본 바와 같이 공공부문은 공익적 목적을 위하여 조직되며 민간부문은 영리를 목적으로 하거나 비영리 목적의 단체로 조직된다. 〈표 4-2〉에서 두 부문이 구분되어 있으나 민간부문과 공공부문의 구분은 점점 복잡한 것이 사실이다. 비정부기구(NGO)에 속하면서도 자금의 출처는 정부에 의존하거나 민간부문에 속하는 기구가 공공부문과 같은 목적을 수행하는 경우도 있기 때문이다. 또한 농업관련 공사의 경우에는 반은 공공적인 성격을, 또 반은 민간적인 성격을 갖기도 한다. 외형적인 조직은 민간부문이나 그 실체는 정치적인 영향력 아래에 놓여 있는 경우도 많다.

연구의 결과물이 어떤 형태인가도 공공부문과 민간부문의 구분의 척도가 된다. 공공부문은 연구결과를 전유할 수 있고 무상으로 공공에게 제공하여 확산효과(spillover effect)가 크며 민간부문의 연구결과는 영리목적으로 전유된다. 그러나

표 4-2 공공부문과 민간부문의 농업 연구조직상의 구분

공공부문	농림부, 과학기술처 산하 농촌진흥청 대 학 국제농업연구기관		
민간부문	비영리기관	사단법인 N G O 농업협동조합 농업분야공사	
	영리기관	투입물회사 농업부문 식품산업 기술용역	종자, 사료, 비료, 농약, 농기계 농민단체 식품가공회사 용역회사

민간부문의 연구결과가 많은 농민들에게 무상으로 공개되는 경우도 없지 않다.

마지막으로 기술의 개발과 기술의 이전에서 민간부문과 공공부문의 활동범위가 결정되어 이에 따라 구분되는 경우도 있다. 공공부문은 기술개발에 중점을 두나 민간부문은 새로운 기술의 개발보다 시장을 통한 유통으로 기술의 이전에 치중한다는 사실로 구분할 수도 있다. 민간부문의 기술유통에 의한 기술이전은 최종 기술 수요자들의 경제적 필요성에 부응하기 때문에 기술 확산의 영향이 크지만 경제적 여력이 부족한 농민들이나 지역적으로 불리한 농민들에게는 영향을 미치지 못하는 경우가 있다. 또한 민간부문의 기술이전도 새로운 지역이나 환경에 적합하도록 하는 연구가 필요하기 때문에 이러한 구분에도 부적절한 경우가 있다.

4.3 민간부문 농업 연구투자의 경제적 특성

공공부문 농업 연구투자의 특성은 농업연구의 공공재적 특성에 따른 시장실패이다. 따라서 농업 연구투자의 저위로 투자수익률은 높게 나타난다. 이와 달리 민간부문의 농업 연구투자는 연구에서 얻는 새로운 연구결과에 대한 시장규모와 새로운 기술에서 얻을 수 있는 수익과 투자비용에 달려 있다. 물론 새로운 기술에서 얻을 수 있는 수익을 전유(appropriability)할 수 있다는 전제가 있어야 한다. 그러나 비영리 목적의 민간부문은 이러한 수익률보다 얼마나 외부로부터 지속적으로 연구자원을 얻을 수 있는가가 중요하다.

영리목적의 민간부문의 연구투자에 대한 수익은 여러 가지 요인에 의하여 결정된다. 〈표 4-3〉에서 수익은 투입물과 산출물 시장규모, 배제 가능한 수익의 전용 메커니즘, 효율적인 기업환경 등에 의하여 결정된다. 시장규모는 인구와 시장구매력, 농업 기후조건, 시장가격에 영향을 주는 정부정책 등이 중요하다. 수익 전용 메커니즘은 개량옥수수와 같이 자연적으로 농민들이 개량종을 구입하여야 하나 지적소유권 제도(intelligent property rights: IPR)처럼 제도적인 장치에 의해서도 가능하다. 그러나 그것은 정부에서 얼마나 강제하느냐에 달려 있으며 또한 간접적으로 WTO규정에 의하여 영향을 받을 수 있다. 따라서 정부의 국제무역 정책이나 시장정책에 의해서 간접적으로 영향을 받는다. 민간부문 농업 연구투자의 비용을 결정하는 요인은 농업

연구프로그램의 비용과 이와 관련된 위험정도이다. 연구투입물은 연구시설이나 현존하는 지식과 기술의 스톡(stock)만이 아니라 연구활동을 수행하는 연구 인적자원도 중요하다. 연구투입물의 공급은 상위수준 연구에 얼마나 쉽게 접근할 수 있는가, 얼마나 이용할 수 있는가가 중요하며 이들이 공공부문에서 나오는가, 또는 민간부문에서

표 4-3 영리목적의 민간부문 연구의 비용과 수익의 직·간접적 결정요인

	직접적 결정요인	간접적 결정요인
민간연구 수 익	• 산출물과 투입물 수요 – 인구, 수요의 가격탄력성 – 1인당 소득, 수요의 소득탄력성 – 생태학적 조건 – 농업 정책부문(상품가격, 신용, 국내와 국외 교역) – 거시적 정책(환율, 통화와 재정)	– 농업지원서비스(기술보급, 유통) – 농업 조직투자 – 사회문화적 요소(인종적, 지역적) – 쌍방과 다자 합의 (GATT, EFTA, NAFTA) – 공공연구와 기술실험
	• 전 용 – IPR 제도 – 계약규정과 실행 – 배제기술발달(예, 유전자복제, 잡종)	– 국제적 합의(TRIPs)
	• 기업환경 – 산업정책(면허, 투자규정) – 해외와 자국의 투자유인 – 반 트러스트 정책	– 경쟁정책
민간연구 비 용	• 연구투자의 제공 – 과학자의 공급과 질 – 공공부문과 비영리 민간부문의 연구 이용 가능성(NARIs, CGIAR, NGOs) – 기술수입정책(수입의무와 양적제한) – 해외 직접투자정책 – 거시정책(환율, 통화와 제정)	– 공공 및 민간교육 지출의 단계와 구성(1차, 2차, 대학교)
	• 기업환경 – 시장집중(규모와 시간경제학, 자본 및 연구인력경쟁) – 연구유인 (세금면제, 보조금, 공여), 기술적 서비스와 과학공원 – 기술검정과 식품안전정책	– 양측과 국제적 합의(GATT, EFTA, NAFTA, MERCOSUR) – 자본시장의 발달(투자와 사업자금)

자료: Pray, Carl E. and Dina Umali-Deininger, The Private Sector in Agricultural Research Systems: Will it Fill the Gap, World Development Vol. 26, No.6, pp. 1127-1148.

얻을 수 있는가도 중요하다. 공공부문이나 비영리부문에서 얻을 수 있을 때는 비용이 들지 않지만 영리목적의 민간부문에서 대부분 생산될 경우에는 비용이 많이 들기 때문이다.

해외 직접 투자정책도 해외기업의 새로운 기술이전이 이루어지는 데 영향을 주기 때문에 중요하며 기술 인력의 공급에 교육도 중요한 요인이 된다. 기업 환경도 민간부문 연구투자에 영향을 주고 정부의 기술정보, 조세정책, 정책지원 등이 비용을 감소시킨다. 간접적인 영향으로 자본시장 발전도 연구투자에 중요한 요인으로 작용한다.

민간부문의 농업 연구투자에서 중요한 전제가 되는 투자수익의 전유(appropriability)는 시장구조, 기술의 성격, 연구 소요기간, 정부의 지적소유권 제도와 같은 규제에 달려 있다. 독점이나 과점 시장체제는 연구개발에서 오는 수익을 하나나 몇 개의 기업이 전유할 수 있게 한다. 지적소유권 제도는 이처럼 발명자에게 개발수익을 전유할 수 있도록 보호하며 연구결과를 보호할 수 있는 법적 조치이다.

지적소유권을 보호할 수 있는 법적조치는 종자 인증제, 복제권 등 여러 가지가 있다. 기술적 특성에 따라 수익을 전용할 수 있는 것은 식물의 개량종처럼 쉽게 복제할 수 없는 경우 개량종자에 대한 프리미엄을 받을 수 있다. 시간도 중요한 결정요인 중의 하나이다. 어떤 기업이 다른 경쟁기업보다 빨리 새로운 기술개발에 성공하면 보다 높은 가격으로 더 많은 이윤을 얻을 수 있게 된다.

마지막으로 민간부문의 연구투자에 영향을 주는 요인으로 공공부문 연구투자의 효과를 둘 수 있다. 공공부문 연구투자는 민간부문에 정(正)의 효과와 부(負)의 효과를 가져올 수 있다. 공공부문의 연구투자는 기초연구를 강화하고 연구투입물(동식물 세균플라스마, 과학자, 새로운 연구기술)의 공급을 확대하기 때문에 민간부문 연구비용을 감축시킬 수 있다. 그러나 공공부문 연구투자의 감소는 민간부문에 연구자들이나 연구시설을 확대시킬 수 있기 때문에 민간부문 연구비용을 감소시킬 수 있다. 따라서 민간부문과 공공부문의 연구의 역할에 의하여 현실적인 이해가 결정될 것이다.

4.4 농업연구를 위한 민간부문과 공공기관의 협력체계

4.4.1 민간부문과 공공부문 연구의 대체성

공공부문의 농업 연구예산이 감축됨에 따라 민간부문의 연구투자가 이 간극을 메워야 한다는 것은 민간부문과 공공부문이 서로 대체적일 때 가능하다. 민간부문과 공공부문은 기술의 성격에 따라 대체적이거나 보완적이다. 앞서 본 6단계에서 Ⅵ단계의 일반과학과 Ⅴ단계의 사전기술 단계에서는 주로 대학과 공공 연구기관에 의하여 연구가 이루어진다. 이 단계에서는 연구결과가 일반적이기 때문에 지적소유권에 의하여 보호받기 어려워 민간부문의 연구 활동은 극히 제한된다. 따라서 이 단계에서는 공공부문과 민간부문의 연구 활동은 서로 보완적이며 경합적 관계를 갖지 않는다. Ⅳ단계인 기술개발은 공공부문과 민간부문의 두 부문 모두에서 연구 활동이 이루어지기 때문에 어떤 경우에는 서로 겹치는 경우가 있으며 이 단계에서는 경합적이다. 이 단계에는 화학적, 기계적 기술 등 응용분야가 포함되며 응용분야는 특허에 의하여 기술개발의 결과에 따른 수익을 전유할 수 있을 때 민간부문의 연구활동이 활발하다. 농업경영과 생물학적 기술개발은 특허가 어렵기 때문에 공공부문의 연구활동에 의존하게 된다. 여러 공공부문의 연구활동은 연구결과가 시장에서 유통되기 어려워 민간부문에 대한 적절한 자극을 주지 못하는 부분에서 이루어진다. 그러나 민간부문과 공공부문이 서로 경합되는 분야에서는 비교우위가 높은 부문의 연구활동을 강화하여 국가 농업 연구자원 배분의 효율성을 높여야 할 것이다.

4.4.2 민간부문과 공공부문 협력의 필요성

그동안 농업연구는 대부분 그 특성상 공공부문에서 이루어졌기 때문에 민간부문에 대한 관심이 높은 것은 아니었다. 또한 민간부문과 공공부문의 상호연계에 의하여 연구효율을 크게 높일 것으로 기대하지는 않았다. 그러나 많은 나라에서 연구예산이 감축되면서 공공부문의 연구자원 감소로 연구자원 배분의 효율성에 대한 관심이 높아졌다. 또한 기술개발에 따라 민간부문의 역할이 커지면서 공공부문과 민간부문의 협력이 현실화되었다. 따라서 정책당국은 민간부문과 공공부문 연구의 비교우위에 따른 국가 연구체계 내에서 새로운 조정이 중요하다는 점을 인식하게 된 것이다. 특히 생명공학 기술(biotechnology)의 빠른 발전에 따라 농업기술에서 민간부문 기술개발의 역할이 커졌을 뿐만 아니라 공공부문과 민간부문간의 협력체제의 필요성과 이에 따른 이점이 부각되고 있다.

생명공학 기술은 R&D를 위한 최소 투자단위가 크기 때문에 민간 기업들의 통합이 이루어질 뿐만 아니라 그 기술의 응용은 자본 집약적이고 장기간이 소요되기 때문에 공공부문과 민간부문의 참여가 확대되고 있다. 따라서 앞으로 이 분야에서 어떻게 민간부문과 공공부문의 협력이 이루어질 것인가는 새로운 과제가 되었다. 앞으로 이 분야의 확대는 국가의 농업기술 개발정책 계획수립에서 어떻게 두 부분의 협력을 유도하여 효율적인 농업 연구자원 배분을 이룰 수 있을 것인가라는 관점에서 중요하다.

한편, 과거의 기초과학과 응용과학의 직선적인 분류에 따른 민간부문과 공공부문 역할의 분담보다 협력체제의 필요성은 연구결과의 상호 구축효과(crowding out)보다 연구과정에서의 상호 보완성이 중요하기 때문이다. 연구결과는 새로운 지식(knowledge)이며 이것은 새로운 자산형태를 나타낸다. 민간부문과 공공부문은 각각 기초연구와 응용연구에 관한 지적자산(knowledge assets)에 대한 자산구성(asset portfolios)이 다르다. 민간부문은 장기적 연구자금 확보를 위하여 금융자산과 특정 과학 연구자산, 유전자총(gene guns)과 농용박테리아(agri-bacterium)와 같은 응용기술에 관한 상용화할 수 있는 연구자산을 보유한다.

한편, 공공부문에서는 엘리뜨 세균플라스마(elite germplasm) 은행과 같은 연구자산을 가져 서로 상호 연구자산의 이용에 보완적이다. 공공부문의 연구기관은 민간부문의 특정 연구과정에서 자료를 얻을 수 있고 민간부문과 상호 교환할 수 있기 때문이다. 이러한 보완적인 연구자산은 연구개발 능력, 경험, 종자은행을 통해서 민간부문과 공공부문이 서로 보완관계를 가질 수 있다(Rausser, Simon, Amedan, 2000). 농업이 점차 정보 집약적(information intensive)인 산업으로 변모해 가면서 이러한 보완적인 관계는 점차 강해질 것이다. 왜냐하면 예를 들어 종자판매는 종자판매에만 그치지 않고 그 지역의 토양 성분과 특정 농장에 대한 정보(farm-specific information)를 포함한 종자와 화학성분의 패키지(package)로서 판매하게 되며 공공부문의 보유정보가 중요한 기초 자료가 될 수 있기 때문이다. 이러한 농업 연구개발을 위한 공공부문과 민간부문의 상호연계를 위한 새로운 협력(partnerships)은 국가의 농업 연구정책 수립에 한정되지 않는다. 점차 정부와 국제 원조기관, 다국적 기업 등이 민간부문과 공공기관의 상호협력을 위한 국제기구 발족이 늘어간다. 실제로 이러한 목적을 위하여 국제기구인 ISAAA(the International Service for the Aquisition of Agri-biotech Applications)가 1991년에 수립되었다. 선진국의 민간기업이 후진국에 식량부족을 메울 수 있는 농업생산력 증진을 위하여 1995년에 수립된 CGIAR의 민간부문위원회(the Private Sector Commitee)도 공공부문과 민간부문 협력을 목표로 한 국제기구이다.

4.4.3 민간부문과 공공부문 협력체계의 모색

4.4.3.1 농업 과학기술의 발달과 민간·공공기관의 협력체계

생명공학과 같은 기술의 발달에 따라 민간부문과 공공부문의 협력체계의 필요성이 점점 높아지고 있다. 비록 지적소유권 제도가 확립되어 있는 경우에서도 이에 따른 소송이 많으면 이를 시행하기 위한 거래비용(transaction cost)이 높기 때문에 시장실패로 인한 공공부문의 역할이 중요하다. 따라서 경쟁적인 민간부문이 활성화되기 전까지 초기단계에서는 공공부문이 주도적인 역할을 하고, 민간부문의 활성화가 이루어진 단계에서는 공공부문은 민간부문이 관심을 갖지 않는 지역의 농민과 환경이나 불확실성이 큰 쪽으로 새로운 방향모색이 이루어져야 할 것이다. 사실 대부분의 나라에서 공공부문은 초기에는 병충해 방제나 생태체계에 친화적인 내병성 연구에서 점차 민간부문의 관심이 적은 부문으로 연구가 옮겨진 사실을 볼 수 있다.

그러나 공공부문에서 독자적으로 민간부문에서 얻는 것보다 낮은 비용으로 개발할 수 있는 연구영역은 목표 연구 결과물에 대한 특허수를 줄이기 위해서 독자적인 연구개발이 이루어져야 한다. 사실 제1세대 기술(first generation technologies)의 특허기간이 만료됨에 따라 이러한 공공부문의 연구영역은 확대되어가고 있다.

공공부문이 개발하는 것보다 민간부문에서 쉽게 기술에 접근하는 것이 비용이 적을 때는 여러 가지 협정에 의해서 이러한 목표를 달성할 수 있다. 이것은 신용합의(confidential agreements), 물질 이전합의(material transfer agreements: MTA),

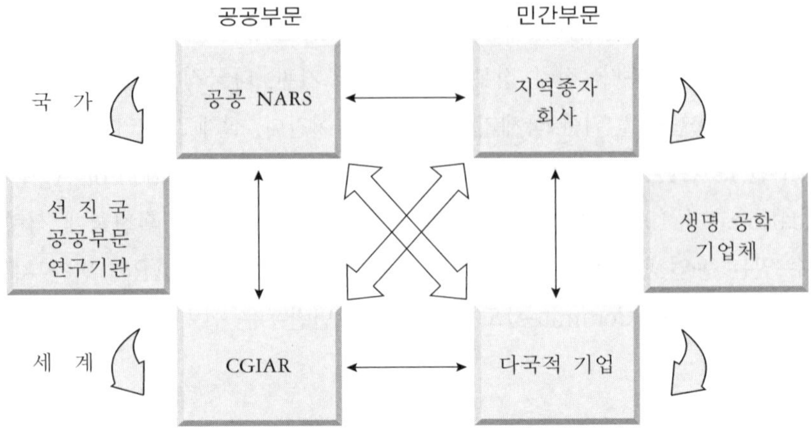

자료: D. Byerlee & K. Fischer, Accessing Modern Science: Policy and Institutional Options for Agricultural Biotechnology in Developing Countries, IP Strategy Today No. 1-2001, 2001.

그림 4-5 공공부문과 민간부문의 가능한 협력체계

면허(licensing), 구입(purchase) 등 여러 가지 방법이 가능하나 기술과 시장조건, 상대 민간기업체의 관심에 따라 달라질 수 있다.

가장 중요한 방법은 공공부문과 민간부문의 협력(alliances)과 합작투자(joint ventures)이다. 여기에는 물론 물질 이전합의(MTA)와 면허가 포함된다. 최근 생명공학분야에서 특히 합작투자가 증가하고 있으나 그 형태는 다양하다. 공공부문과 민간부문의 합작투자는 국내 연구기관에 한정되지 않고 다국적 기업이나 국제 농업연구기관이 포함되어 〈그림 4-5〉에서 볼 수 있듯이 다양하게 나타난다.

이와 같이 합작투자에 의한 민간부문과 공공부문의 협력은 민간부문과 공공부문의 목표를 동시에 달성할 수 있는 장점이 있으나 협력과정에서 여러 가지 어려운 요인들이 장애가 된다. 민간부문은 위험을 최소화하고 이윤을 극대화할 수 있는 조건에서 연구결과의 보호를 받을 수 있다. 공공부문은 시장실패에 의한 사회적 손실을 회피하여 빈곤한 농민층이나 자원이 부족한 지역 농민들의 후생복지를 위하여 민간부문과 협력하여 사회적 후생을 높일 수 있다.

그러나 합작투자를 위한 조건은 상호협상에 의하여 결정되기 때문에 협상과정에서 민간부문과 공공부문의 상호이익이 극대화될 수 있어야 한다. 이것은 민간부문과 공공부문이 갖는 자산이 서로 보완적이어야 하며 연구결과물에 대한 최종 시장이 분할되어 서로의 목적을 충족시킬 수 있을 때 원만한 협상이 가능하다.

공공부문과 민간기업이 가질 수 있는 자산은 〈표 4-4〉와 같다. 이러한 자산은 상호 보완성이 얼마나 큰가, 또 얼마나 체계적으로 정리하여 보유하느냐에 따라서 상호 협상에서 유리한 입장을 갖게 될 것이다.

민간부문과 공공부문이 서로 시장을 분할하여 현실적으로 그들이 갖는 자산의 보완성을 활용할 수 있다. 즉 공공부문은 자원이 빈곤한 농민들에게 유익한 반면 민간부문은 수익을 얻을 수 있는 상업적 영농을 대상으로 한 시장분할이 가능하다.

공공부문은 한계지역(marginal areas), 자원빈곤 농민(resource-poor farmers), 이익이 없는 작물(orphan crop) 등에서 민간부문이 수익이 없어서 관심이 없는 농민을 대상으로 기술 사용료를 무상이나 낮게 이용하도록 하여 사회적 후생을 높일 수 있다. 같은 기술도 수익이 높은 시장지향지역(market-oriented area)의 상업적 영농은 높은 가격으로 이용하여 민간부문의 수익을 보장할 수 있다.

시장은 농민형태에 의하여 분할하여야 하나 실제로 현실적인 어려움 때문에 작목, 특정종자, 지역, 소득 수준 등에 따라 분할할 수 있다. 그러나 이론적으로는 바람직하지만 다른 농민들이나 다른 지역에 확산효과가 나타날 수 있기 때문에, 또 지적소유권이 보호되지 않는 지역에서 쉽게 새로운 기술에 접근할 수 있어서 이에 대한 사용권을 사고자하는 유인이 크지 않다. 이처럼 시장분할은 상호간의 협상, 신뢰구축 및 시장에서 시장분할을 실질적으로 수행할 수 있는 역량 등 여러 가지 요인에 의하여 결정된다. 따라서 지적소유권과 그 권리를 갖는 소유자가 많지 않고 지역적으로 시장분할이 가능하며, 확산효과를 저지하기 쉬운 경우에만 시장분할이 가능할 것이다.

표 4-4 농업 생물공학 연구의 공공 및 민간부문 자산(Asset)

조 직	공공부문	민간부문
주요자산	• 지역의 다양한 생식질 • 지역의 지식 • 육종, 평가계획 및 관련된 하부구조 • 기술지도를 포함한 보급 • 상위부문 수용능력 • 가장 긍정적인 공공이미지	• 지역의 지식 • 육종프로그램과 하부구조 • 종자보급체계 • 유 통 망

4.4.3.2 제도변화와 민간부문 및 공공부문 협력 체제

민간부문과 공공부문의 협력 체제를 강화하기 위해서는 두 부분을 연계하는 제도적 장치가 중요하다. 미국의 농업에서 이러한 기술변화와 제도변화의 상호 보완적 관계를 살펴볼 수 있다.

미국에서 식물에 대한 특허보호는 1930년 식물보호법(Plant Protection Act)이 육종에 관한 특허권을 보호하는 것에서 비롯되었다. 1960년대 유럽에서 식물종자등록(plant variety registration)을 시행했으나 육종권(breeders right)은 특허권으로서 보호를 받지는 못했다는 점에서 차이가 있다. 미국은 1970년에 식물종자보호법(Plant Variety Protection Act: PVPA)을 제정하여 식물종자보호증명(Plant Variety Protection Certificate)을 발행하였다.

그러나 보다 빠른 속도로 새로운 발명에 대한 특허권을 보장하여 민간부문의 기술개발을 위한 시장실패를 보완한 것은 민간부문의 기술개발이 빠른 속도로 진행한 1980년대 이후부터 일련의 제도적 조치에 의한 것이다. 이때 미국은 가장 중요한 산업부문에서 조차 기술적 우위에서 밀려나면서 기술개발에 대한 연방입법에 의하여 제도적 보완을 시작하였다.

1980년 베이-돌법(Bayh-Dole Act, PL96-517)은 연방정부의 지원을 받는 대학, 비영리 기업과 소규모 기업들이 발명에 대한 상업화를 위하여 특허권을 소유할 수 있도록 특허규제를 자유화한 것이다. 그 해(1980)에 스티븐슨-와이들러기술혁신법(Stevenson-Wydler Technology Innovation Act, PL96-480)은 연방연구소가 기업과 협력하여 상업목적을 달성할 수 있는 법적 근거가 되었다. 1984년에는 국가협동연구법(National Cooperative Research Act, PL98-462)에 의하여 반 트러스트법에 저촉되지 않고 연구합작이 가능하도록 했으며 1986년에는 연방기술이전법(Federal Technology Transfer Act, PL99- 502)에 의하여 정부와 민간부문의 협력이 이루어질 수 있는 제도를 강화하였다.

그동안 역사적으로 공공부문은 농업부문의 작물 종자갱신 연구에 지배적인 역할을 했으며 민간부문은 정원과 원예작물의 종자갱신을 주도하는 역할분담이 있었다. 그러나 1980년대 이후 민간부문의 각종 작물의 품종육종에 대한 투자가 비약적으로 확대되었다. 따라서 이후부터 민간부문이 수익을 얻을 수 있는 작물의 개량 육종분야에 집중적인 투자가 이루어짐에 따라 공공부문은 보다 사전적인 기술분야(pre-technology research)와 민간부문과 함께 이용할 수 있는 세균플라즈마풀(germplasm pool)을 확대하는 데 힘을 썼다. 또한 연방정부, 주, 그리고 민간 종자기업이 컨소시엄을 구성하여 제도적인 연계를 갖는 옥수수유전자고양컨소시엄(Genetic Enhancement for Maize: GEM)이 주축이 되어 새로운 품종을 개발하기 위하여 기술적 협력만이 아니라 정보를 교환하며 20개 이상의 민간기업이 이 컨소시엄에 참여하였다

육종방법과 엘리트 세균플라즈마(elite germplasm) 개발과 같은 기초연구는 공공부문에서 주도하였으며 민간기업에서는 수익을 기대하기 어려워 연구유인이 없는 몇몇 작물분야도 공공부문에서 담당하였다. 그러나 1994년 수정된 식물종자보호법(Plant Variety Protection Act)이 통과되면서 이러한 작물에 대한 민간기업의 연구투자가 크게 증가하였다. 생명공학 기술의 발달로 인한 육종방법의 개선과 개량 육종기술의 발달로 시장이 넓어지면서 이 분야의 민간 연구투자가 확대되었다.

응용기술분야에 공공부문의 연구가 지속될 수 있는 것은 대학원 교육프로그램 때문이다(Ruttan, 1982). 민간부문이 응용기술분야에서 크게 성장했으나 대학에서는 지속적으로 연구 인력을 제공할 수 있었기 때문이다. 공공부문에서 응용기술분야의 지속적인 유지는 시장경쟁을 강화하여 민간기업 부문의 독주를 막아 지속적인 기술개발을 가능하게 하였다. 독점기업은 언제나 기술개발 투자에 대한 유인이 없기 때문이다. 그러나 앞으로 응용분야 기술개발에 대한 공공부문의 역할은 주기적으로 재평가할 필요가 있다.

이처럼 민간부문과 공공부문의 농업기술 개발을 위한 협력은 기술의 발달만이 아니다. 기술발달에 부응한 제도변화에 의하여 보다 빠른 속도로 협력이 강화되고 이에 따라 민간부문과 공공부문의 역할분담이 이루어진 사실이 중요하다.

4.4.4 민간부문과 공공부문의 협력이 소득배분에 미치는 영향

농업기술 개발을 위한 민간부문과 공공부문의 역할이 정립되어 서로 협력이 이루어졌을 때 그 결과가 농업분야와 경제 전체에 어떤 영향을 미칠 것인가가 중요하다. 농업기술 개발의 성격에 따라 기술개발이 공공부문에 의하여 주도되면 시장실패를 보완하여 사회적 후생을 증진시키는 목표를 추구한다. 그러나 민간부문은 시장경제에서

영리추구를 목표로 하기 때문에 민간부문 확대가 경제에 미치는 영향은 달라진다. 그렇다면 농업 연구개발에 민간부문의 역할이 커질 때 누구에게 정(+)의 효과가 나타나고 누구에게 부(-)의 효과가 나타날 것인가는 국민경제에서 최종적으로 소득배분으로 나타날 것이다.

먼저 농업기술 개발의 민간부문 확대가 공공부문에 구축효과를 가져올 때는 소비자들의 세금부담이 줄어들고 연구결과의 수혜자인 농민들은 특허에 대한 대가를 치러야 하기 때문에 영농비용이 늘어 농민들의 부담이 늘어나게 될 것이 예상된다. 반면에 농민들은 장래의 농업 생산력 증가를 기대할 수 있다. 그러나 모든 농민들이 똑같은 결과를 기대할 수는 없다. 시장경제에 깊이 통합되어 있지 못한 농민들은 과거와 같이 기술개발에 대한 목소리가 크지 않는 한 공공부문이 주도하던 때에 비해 혜택이 줄어들 것이다. 유전공학 기술의 비약적인 발전에 따라 민간부문이 농업기술 개발에 참여하는 비중이 커졌을 때 그 미래를 예측하기는 아직 이 시점에서는 어려울 것이다. 그 효과를 비관적으로 전망하는 경우 실제로 생명공학 연구비용이 크게 하락하거나 많은 기업들이 이에 대한 수요를 크게 늘린 오늘날의 현실은 어디서나 쉽게 볼 수 있다. 또한 이를 낙관적으로 보는 경우에도 환경문제나 지적소유권의 시행에 따르는 높은 거래비용이 장애가 되는 경우를 쉽게 볼 수 있어서 그 장래를 간단히 예측하기는 어렵다.

유전공학의 발달이 병충해 방제 등 그 기술 자체는 물론 여러 가지 긍정적 효과를 가져올 수 있다 하더라도 이 기술과 보완적인 새로운 영농지식이나 경영기술에 대한 개별농민들의 능력에 따라 결과가 달리 나타날 수도 있을 것이다. 새로운 종자가 생명공학 기술에 의하여 개발되어도 그 보급이 자동적으로 이루어지는 것은 아니다. 그 지역에서 정보를 교환할 수 있는 제도적 장치나 기술을 보급하는 지도기관, 효율적인 투입물 시장구조, 지역 종자시장 등이 이러한 기술을 보급하기 위한 선결요인이기 때문에 이러한 조건에 따라서 그 결과는 크게 달라질 것이다. 특히 앞서 본 바와 같이 제도적인 뒷받침이 중요한 역할을 할 것이다.

소농이 많은 지역에서 민간부문의 역할은 제약된다. 소농이 많은 경우에는 위험부담이 크고, 시장비용이 높을 뿐만 아니라, 기술의 우선순위가 단순한 생산력 증대에만 있는 것이 아니다. 기술의 보급을 위한 정보교환이 우선적이며, 영농행위가 집단적인 의사결정이나 사회 구조적 변화와 깊은 연관을 갖는 경우도 많기 때문에 영리를 목표로

한 민간부문의 역할이 제한적이다.

소비자들이나 일반 국민들에게 미치는 영향도 간단히 평가하기는 어려울 것이다. 민간부문의 농업기술 개발이 확대되면 정부의 공공부문 지출의 감소로 세금경감이 이루어질 것이나 장기적으로는 농산물 가격상승에 따라 국민부담이 더 커질 수도 있기 때문이다. 그러나 앞서 본 농업에 미치는 효과가 어떻게 나타나느냐에 따라서 소비자들에게 미치는 영향도 다양해 질 것이다.

민간부문과 공공부문의 협력이 모색되고 있는 초기단계에서 그 결과를 평가하기에는 아직 시기상조라 할 수 있을 것이다. 따라서 앞으로 이에 대한 실증적인 연구결과를 토대로 지속적인 평가가 이루어져야 할 것이다.

4.5 민간부문과 공공부문 농업 연구체계의 정책과제와 방향

최근 농업기술 개발을 위한 R&D구성의 추세를 보면 대부분의 OECD국가에서는 민간부문의 확대에 따라 공공부문과 민간부문의 역할분담과 협력방안이 모색되고 있다. 이것은 농업에서도 과학기술의 발전에 따라 공공부문과 민간부문의 명확한 구분이 불분명해지고 지적소유권제도의 확립 등 기술의 시장실패 문제가 어느 정도 극복되는 과정에서 나타난 자연스러운 결과라 할 수 있다.

그러나 농업기술 개발을 위한 연구자원 배분에서 민간부문과 공공부문의 상호보완적인 역할분담이 이루어질 수 있는 여건마련이 선결문제라 할 것이다. 이러한 선결문제는 다음과 같은 몇 가지 문제점을 내포하고 있다.

첫째, 그동안 여러 나라에서 민간부문과 공공부문의 협력방안이 시장분할에 의한 협력의 결과를 분석할 수 있는 실증적인 경험을 토대로 한 자료가 불충분하기 때문에 지속적으로 이에 대한 연구검토가 이루어져야 할 것이다. 둘째, 민간부문의 확대에 따라 나타날 수 있는 소득분배에 대한 명확한 결론을 얻을 수 있는 실증적 자료가 불충분하다. 비록 WTO체제에서 세계시장이 확대되고 있지만 민간부문이 영리를 목적으로 하는 다국적기업에 의하여 시장을 넓혀갈 때 소농위주의 농업체계에서 어떤 대응을 할 수 있는가에 대한 체계적인 검토가 이루어지지 않았기 때문이다. 셋째, 민간부문의 확대에 따라 시장실패를 보완할 수 있는 제도적인 뒷받침이 중요하지만 이러한 제도는 그 나라의 사회경제적 여건에 부응한 기술개발과 제도변화의 상호 연관에서 모색되어야 할 것이다.

우리나라는 그간 농업기술 개발에서 공공부문이 주도적인 역할을 해왔으며 농업 R&D의 생산성 기여와 투자 수익률이 높고 WTO체제에 대응하기 위한 국민적 합의에 의하여 R&D투자가 지속적으로 이루어졌다. 그러나 농업 R&D의 전체 연구비에서 차지하는 비중은 격감하고 농업 R&D에서 민간부문의 확대 추세에도 불구하고 이에 대한 관심은 높지 않은 것이 사실이다. 농업 R&D에서 민간부문의 기초자료가 거의 전무하다는 사실은 이러한 현실을 반영하고 있다.

최근 중소기업 기술혁신지원체제를 구축하여 중소기업 기술개발 자금이 지원되고 있다. 농업부문은 대부분 공공부문에서 R&D가 이루어지고 민간부문에서도 생명공학을 중심으로 한 대규모 기술개발 투자 추세에 따라 중소기업 부문에서 차지하는 비중이 낮기 때문에 농업부문의 지원은 미미한 실정이다. 그러나 우리의 소농체제에서는 기초연구만이 아니라 응용연구 분야의 다양한 기술체제에 따라 소규모 농림부문의 핵심적 벤처기업이 산재해 있는 현실을 보면 보다 폭넓은 지원체제를 강화할 필요가 있다고 본다.

앞으로 우리나라의 농림기술 개발을 위한 민간부문과 공공부문의 협력을 위하여 앞서 검토한 다른 나라의 현실에 비추어 다음과 같은 몇 가지 정책제언이 가능하다.

그동안 우리나라 농업기술 개발을 주도해온 공공부문은 앞으로 민간부문과 협력을 모색하기 위한 전제로서 민간부문과 보완적인 세균플라즈마(germplasm)와 같은 연구자산을 지역베이스로 확충하고, 민간부문의 연구 활성화가 이루어질 수 있는 기초적인 사전연구와 기초연구분야를 보다 강화하여, 민간부문과 공공부문의 협력을 위한 연구 인프라를 체계적으로 구축해야 한다. 이를 위해서는 연구 인력의 질을 강화할 수 있는 교육과 연결시켜 탄력적인 인력자원 활용체제를 갖추고 지역 및 국제 연구기관과의 네트워크를 강화시킬 필요가 있다.

민간부문은 보다 폭넓은 첨단응용기술을 활용할 수 있는 시장분할을 위한 기초자료를 확보하고 공공부문에서 훈련된 인적자원의 효율성을 높일 수 있는 방안을 모색해야 한다.

이러한 민간부문과 공공부분의 협력을 위한 구체적인 방안을 모색하기 위하여 민간부문 기술협력을 위한 잠재력을 파악할 수 있는 실증적인 기초자료가 중요하다.

민간부문 연구기관의 현황과 실태를 조사하는 기초자료의 마련과 공공부문과 민간부문 협력의 기초인 연구 인프라에 대한 실태조사와 이의 변화에 대한 주기적인 조사를 통하여 제도적인 뒷받침이 이루어져야 한다. 이것은 이 분야에 대한 체계적인 조사연구를 위한 사회경제적 연구자원이 지속적으로 확대되어야 한다는 사실을 말한다.

참고문헌

박정근 (1987), "한국농업과학 기술정책의 과제와 방향", 「농업정책연구」.

박정근 (2002), "농업 R&D 인적자원의 현황과 조직화 방안", 2002년 「농업과학심포지엄」.

박정근 (2000), 「농업생산기술평가의 시스템구축에 관한 연구」, 농촌진흥청.

Alston, J. M. and B. J Craig. and P. G. Pardey(1996), Research Lags and Research Returns. *Proceedings of the Conference on Global Agricultural Science Policy for the 21st Century*, 26-28 August, Melbourne.

Alston, J. M, and Philip G. Pardey, Vincent H. Smith(1999), *Paying for Agricultural Productivity*, IFPRI.

____________(1996), *Making Science Pay: The Economics of Agricultural R&D Policy*, The AEI Press.

____________(1998), *Science Under Scarcity: Principles and Practice for Agricultural Research Evaluation and Priority Setting*, Cab International.

Byerlee, Derek and Ruben G. Echeverria(2002), *Agricultural Research Policy in an Era of Privatization*, CABI Publishing.

Byerlee, D. and G. E. Alex(1998), *Strengthening National Agricultural Research Systems*, The World Bank.

Byerlee, D. & K. Fischer(2001), "Accessing Modern Science: Policy and Institutional Options for Agricultural Biotechnology in Developing Countries", *IP Strategy Today* No. 1-2001,

Carl E. Pray(1996), "The Impact of Privatizing Agricultural Research in Great Britain: An Interim Report on PBI and ADAS", *Food Policy*, Vol. 21, No. 3, 305-318.

Clive James(1996), Agricultural Research and Development: The Need for Public-Private Sector Partnership, *Issues in Agriculture* Paper No.9, Consultative Group on International Agricultural Research.

Echeverria Ruben, Eduardo J. Trigo and Derek Byerlee(1996), "Institutional Change and Effective Financing of Agricultural Research in Latin America", *World*

Bank Technical Paper No. 330, World Bank, Washington, DC.

Fuglie, Keith, Nicole Ballenger, Kelly Day, Cassandra Klotz, Michael Ollinger, John Reilly, Utpal Vasavada, and Jet Yee, *Agricultural Research and Development: Public and Private Investments under Alternative Markets and Institutions.*

Huffman, W. E. and R. E. Everson(1993), *Science for Agriculture: A Long-Term Perspective.* Ames, Iowa State University Press.

Huffman, Wallace E.(1999), "Finance, Organization, and Impacts of U.S.A Agricultural Research Future Prospects", Iowa State University, Dept. Econ. *Staff Paper* No. 314, March.

____________(1999), "The Organization of Agricultural Research in Western Developed Countries", *Agricultural Economics*, 21.

International Service for National Agricultural Research(1993), *Monitoring and Evaluating Agricultural Research*, Cab International.

James, C.(1996), "Agricultural Research and Development: The Need for Public and Private Partnership", *Issues in Agriculture* Paper No. 9, CGIAR, Washington, DC.

Park, Jung Keun(2002), "Sources of Korean Agricultural Growth", *International Seminar on Agriculture Value*, Korean Agriculture History Association, Seoul.

____________(1986), "The Sources of Productivity in Korean Rice", *Journal of Rural Development*, Vol. IX, No.2. 305-321.

Pray, Carl E. and Dina Umali-Deininger(1998), "The Private Sector in Agricultural Research Systems: Will it Fill the Gap", *World Development* Vol. 26, No.6, 1127-1148.

Rausser Gordon, Leo Simon and Holly Ameden(2000), "Public-Private Alliances in Biotechnology, Can They Narrow the Knowledge Gaps between Rich and Poor?", *Food Policy* 25, 499-513.

Ruttan, V. W.(1982), *Agricultural Research Policy.* Minneapolis: University of Minnesota Press.

Ruttan. V. W.(2000), "Biotechnology and Agriculture: A Skeptical Perspective", *AgBioForum*, Vol.2, No. 1, 54-60.

Ruttan, V. W.(2001), *Technology, Growth and Development: An Induced Innovation Perspective*, Oxford University Press.

Thirtle Colin, Ruben G. Echeverria(1994), "Privatization and the Roles of Public and Private Institutions in Agricultural Research in Sub-Saharan Africa", *Food Policy* 19 (1) 31-44.

Umali, D. L.(1992), "Public and Private Sector Roles in Agricultural Research: Theory and Experience", *World Bank Discussion Paper* No. 176, World Bank, Washington, DC.

제 5 장

농업 생명공학 발전과 연구개발 정책

농업 R&D에서 민간부문의 비중이 점차 커지고 있다. 이것은 농업 생명공학의 발전과 지적재산권(intellectual property right: IPRs) 제도의 확립으로 과거에는 농업연구의 특성에 따라 공공부문에서 담당하던 농업연구가 점차 민간부문으로 확대되기 때문이다. 농업기술의 특성이 공공재적 성격을 갖기 때문에 특허권(patents) 보장이 어려워 그동안 민간부문의 연구투자가 제약을 받았다. 그러나 생명공학의 경우에는 특허가 가능하여 민간부문의 투자가 어느 정도 이루어질 수 있다. 이처럼 농업기술의 발달과 이에 따른 제도 변화에 의하여 공공부문과 민간부문의 연구자원 배분의 효율성 문제가 새롭게 대두되고 있다.

과거의 농업기술은 단순히 생화학적 기술(biological & chemical technology)과 기계적 기술(mechanical technology)로 구분되어 생화학적 기술은 공공부문 연구의 역할이 크고 기계적 기술은 민간부문의 투자가 주를 이루었다. 그러나 오늘날과 같이 기술의 다양화에 따라 단순한 생화학적 기술과 기계적 기술에 의한 구분만이 아니라 종자산업이나 생명공학 기술(biotechnology)의 발달로 국가 농업 연구자원 배분에 공공부문과 민간부문간의 조정 문제가 대두되고 이에 대한 제도변화가 이루어졌다.

초기에 국가의 종자에 대한 규제는 상품종자의 품질을 개선하여 이를 유지하기 위해서 종자의 순수성, 지속성, 잡초오염(weed contamination)에 대한 시험을 목적으로 시작되었다. 즉, 종자인증 프로그램(seed-certification program)이 19세기 유럽과 미국에서 시작되었다. 이것은 농민들에게 시험토양에서 실증시험을 거쳐 이를 토대로 한 객관적인 정보를 제공하기 위하여 주로 유럽 몇몇 나라의 작물연구소나 농업기술 정보기관에서 점점 발전된 것이다.

그 후 제2차 세계대전 전에 유럽 국가에서 새로운 품종에 대하여 육종가권리(breeders' right)를 보호하기 위한 특허제도가 설립되었고 1961년 유럽 국가들이 프랑스 파리에서 새로운 식물종자 보호를 위한 국제협정(the International Convention for the Protection of New Varieties of Patents)을 체결하였다. 이 협정에 따라 식물 육종가의 권리를 국내법으로 보호 하는 12개의 나라가 국제연맹(International Union)을 결성하였으며, 여기에 가입한 나라들은 상호간에 이러한 권리를 보호하기로 합의 하였다. 1978년에 이 협정은 다른 나라들도 국제연맹에 가입할 수 있도록 문호를 개방하였다. 이처럼 각국의 종자산업에 대한 보호는 점차 높은 관심을 불러일으키고 그 영역을 확대하게 되었다.

종자산업에 대한 국가보호는 단지 육종전문가를 보호하는 것만이 목적이 아니었다. 국가의 식물자원에 대한 유전자원의 보전과 식품 다양성을 유지하기 위한 국가의 보호라 할 수 있다. 그러나 경제발전과 기술진보에 따라 민간부문의 연구투자가 확대되고 그동안 비배제성(non-excludability)과 비경합성(non-rivalness)에 따라 나타나는 농업기술의 공공재적 성격으로 초래된 저투자가 새로운 생명공학 기술이 지적재산권 제도에 의한 국가 보호로 발전되면서 크게 달라지고 있다. 지적재산권은 비배제성을 완화시킬 수 있다. 그러나 비경합성은 그대로 유지되기 때문에 배제성에 따라 나타나는 사회적 손실을 감수해야 한다는 딜레마를 갖게 된다. 지적재산권에 따라 독점권을 인정하지 않으면 사회적으로 적정한 수준의 연구투자가 이루어지지 않고, 지적재산권을 인정하여 독점권이 주어지면 기술의 확산이 사회적으로 적정수준까지 이루어지지 않는 딜레마를 말한다. 따라서 국가의 과학기술 정책은 이러한 딜레마를 극복하기 위하여 적절하게 기술발전과 제도변화의 사회적 적정성을 모색해야 할 것이다.

이처럼 과거에는 국가의 규제가 종자생산에 한정되었으나 기술의 발전에 따라 생명공학이 확대되면서 국가 연구체계에서 민간부분의 연구, 지적소유권, 공공기관과 민간부분의 협력체계와 같은 새로운 과제에 대한 비중이 점차 커지고 있다. 따라서 농업 생명공학분야의 기술발전과 제도변화에 따라 나타나는 문제점들이 오늘날 농업

연구개발 정책에 시사하는 것들이 무엇인가를 살펴볼 필요가 있다. 따라서 이 장(에서는 먼저 이를 위한 이론적 틀을 정리하고 생명공학 기술의 변화, 지적소유권 제도의 변화, 생명공학부문의 연구개발 정책과제와 방향을 제시한다.

5.1 지적소유권의 경제적 이론분석

기술전파에 대한 지적소유권의 경제적 관계는 스펜스(Spence, 1984)에 의하여 이론적 개발이 이루어졌으며 페린(Perrin, 1992)이 다음과 같은 모형으로 정리하였다. 새로운 기술의 가치는 기술도입으로 나타나는 비용감소이며 기술에 의한 미래 비용감소 총액의 현재가치(the present value of the future stream of cost reduction)가 기술응용에 따른 기술가치 측정이라 할 수 있다. 따라서 〈그림 5-1〉에서 볼 수 있는 바와 같이 새로운 기술의 응용에 따라 기술전파에 대한 지불의사(willingness to pay)를 나타내는 유발수요(derived demand for technology diffusion)를 그릴 수 있다. 그림에서 가장 가치가 높은 새로운 기술의 응용은 Oa이며 응용할 수 있는 총 기술의 수(number of applications)는 d_m이다. 만일 새로운 기술전파에 대한 한계비용이 O에 가까워 가면 사회적 최적 기술응용은 d_m이며, 새로운 기술의 사회적 수익은 소비자 잉여(consumer surplus)인 Oad_m이다.

만일 지적재산권이 주어지고 전혀 비용을 드리지 않고 이것을 행사할 수 있다면,

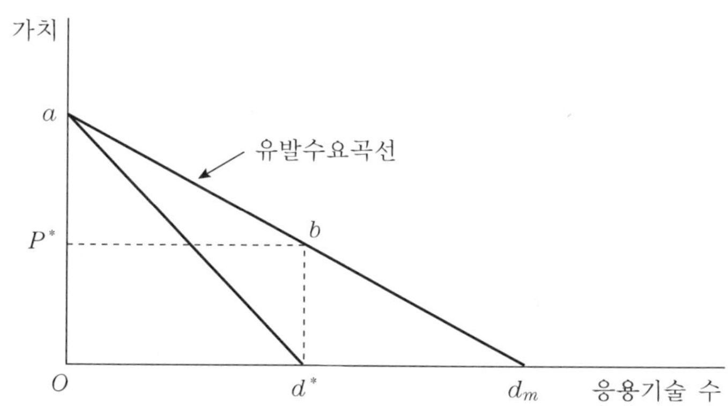

그림 5-1 기술전파의 유발수요

지적재산권 소유자는 수요곡선의 한계수익곡선(MR)이 수평축과 만나는 d^*점에서 bd^*과 bp^*를 얻어 로열티(royalty fee) OP^*를 설정하고 d^*점에서 응용 기술 수(number of application)를 얻어 OP^*bd^*만큼의 총수익을 얻을 수 있다. 따라서 독점적으로 지적재산권이 주어지면 사회적 소비자잉여는 abP^*로 줄어들어 후생의 감소로 나타나게 된 다. 그러나 지적재산권에 의한 독점적 수익이 보장되지 않으면 새로운 기술개발에 대한 인센티브가 없기 때문에 기술개발이 이루어지지 않는다는 문제점을 안고 있다.

〈그림 5-1〉은 하나의 새로운 기술에 대한 유발수요를 나타내지만 사회전체로는 무수한 새로운 기술이 있으며 각각의 새로운 기술은 각각의 유발수요를 갖는다. 따라서 이 각각의 새로운 기술에 대한 사회적 수익(net social benefit)은 〈그림 5-2〉에서와 같이 DK_s로 나타나고 사회적 한계순수익곡선(marginal net social benefit)으로 표시할 수 있다. 즉, 각 기술개발률(rate of knowledge production)과 사회적 수익은 우하향하는 한계수익 곡선이다. 기술개발에 대한 사회적 적정률은 〈그림 5-2〉에서 K_s이다. 〈그림 5-1〉에서는 기술 응용수가 d_m인 데 비하여 〈그림 5-2〉에서는 지적재산권이 없을 때는 새 기술사용에 의한 비용 절감부분을 모두 전유할 수 없게 된다.

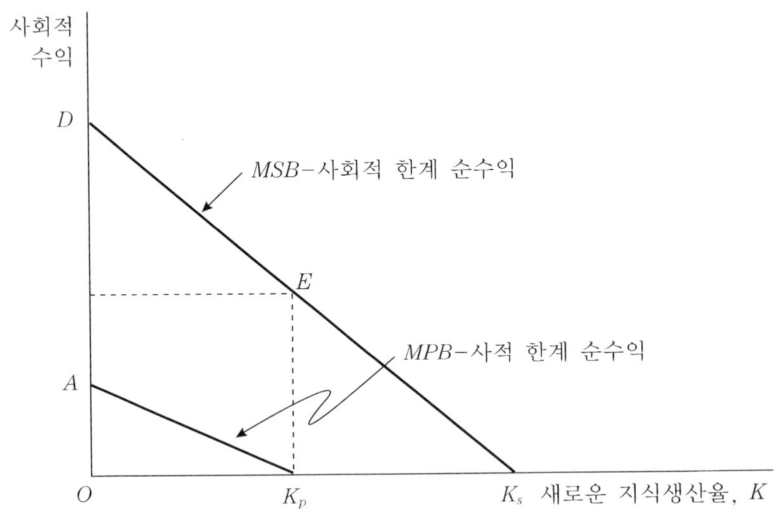

그림 5-2 새로운 지식 생산율

따라서 새로운 기술개발의 수용은 〈그림 5-2〉에서 K_s보다 적은 K_p에 불과하고 개인이 전유할 수 있는 사적 한계수익은 사회적 한계수익 DK_s보다 아래에 있는 AK_p이다. 새로운 기술에 의하여 얻게 되는 사적 수익은 OAK_p이다. 또한 새로운 기술의 확산효과(spillover effect)를 포함한 사회적 수익은 〈그림 5-1〉에서 d_m이기 때문에 $ADEK_p$이다. 왜냐하면 새로운 기술의 사회적 한계수익은 비배제성으로 인해 사적 한계수익의 수직적 총계이기 때문이다.

그러나 지적소유권이 인정되면 〈그림 5-1〉에서 기술 개발자의 로열티는 OP^*bd^*이며 이것은 로열티 수익이라 할 수 있고 지적소유권이 없을 때 사적수익과 구분된다. 〈그림 5-3〉에서 지적재산권이 있을 때 이 로열티의 한계수익은 MRB (marginal net royalty benefit)이며 이것은 지적재산권이 없을 때 사적 한계수익(marginal net private benefits: MPB)보다 높고 지적재산권이 없을 때 사회적 한계수익(marginal net social benefits: MSB)보다는 낮다. 기술개발률의 사회적 적정 수준은 MRB와 수평축이 접하는 K_i점이며 이것은 K_s와 K_p 사이에 위치한다. 지적재산권이 있을 때 사회적 한계수익인 MSBI는 MSB의 아래쪽에 위치한다. 왜냐하면 지적재산권

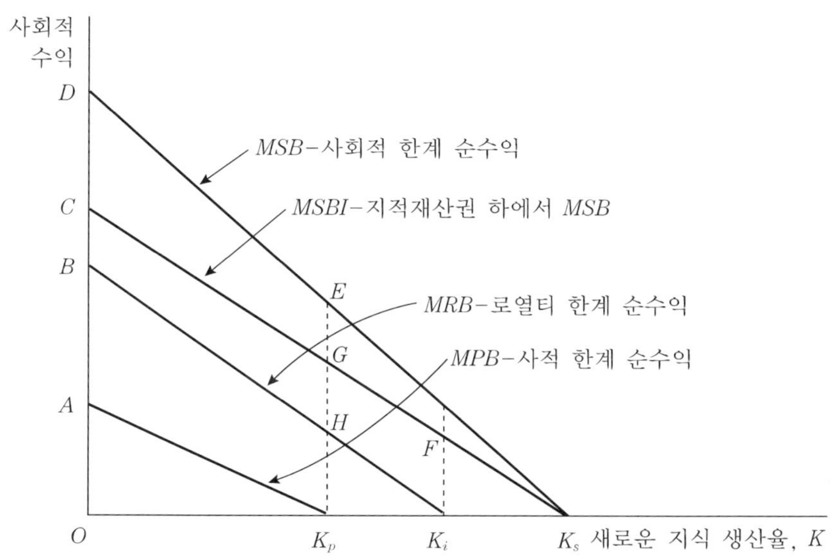

그림 5-3 지적재산권 하에서 새로운 지식 생산율

이 있으면 새로운 기술의 전파는 〈그림 5-1〉에서 d_m이 아니라 d^* 까지 제약되기 때문이다. 지적재산권 하에서 소비자 잉여부분은 $BCFK_i$이며 기술개발자의 전용수익은 OBK_i이다. 지적재산권은 기술 개발자에게 분명히 높은 수익을 가져다준다.

지적재산권이 없을 때 기술 개발자가 얻는 OAK_p보다 OBK_i가 크기 때문이다. 그러나 지적소유권이 사회적 후생에 미치는 영향은 그 결과가 불분명하다. 왜냐하면 기술개발률이 비록 사회적 적정 수준에 가까워갈 지라도 지적재산권 하에서 한정된 기술전파를 나타내는 $OCFK_i$가 $ODEK_p$보다 클 수도 있고 작을 수도 있기 때문이다. 지적재산권 하에서 $BCFK_i$와 지적재산권이 없을 때 $ADEK_p$를 비교하면 사회적 후생변화는 불분명하다. 그러나 MPB가 MSB에 비하여 상대적으로 작으면 $ADEK_p$가 $BCFK_i$ 보다 작아지기 때문에 사회 전체적인 후생은 지적재산권이 있을 때 더 커진다. 또 지적재산권 시행이 완전하지 못할 경우 새로운 기술개발에 대한 인센티브가 줄어들어 기술개발자의 전용 한계수익은 떨어질 것이다. 그러나 사회적 한계수익은 오히려 증가하며 사회적 후생은 커질 것이다. 따라서 적정 지적재산권의 시행은 완전한 시행보다 강도가 낮을 때 이며 이때의 사회적 후생은 증가할 것으로 본다.

이러한 지적재산권의 경제이론을 현실적으로 응용하기 위하여 선진국의 기술이 후진국에 이전될 때 지적재산권이 어떤 영향을 미치는가를 분석할 수 있다. 앞의 〈그림 5-3〉에서 사적 한계수입(MPB)이 후진국에 응용될 때 선진국 기술의 사회적 한계수익을 나타낸다고 하면 〈그림 5-4〉에서 AK_p로 나타난다. AK_p 상단의 수직적 총계는 기술을 후진국에 응용했을 때 기술의 파급효과로 나타나는 총 사회의 수익이 될 것이다. 사회의 총수익의 크기는 후진국에 대한 선진국 기술의 생산성과 후진국에 기술이 전파되는 농업의 규모에 의존한다. 만일 선진국과 후진국의 기술에 대한 수익의 우선순서가 일치한다면 사회적 한계수익은 K_s처럼 우하향할 것이다. 〈그림 5-4〉에서 후진국이 지적재산권제도를 시행하였을 때 나타나는 이익과 손실을 본 수 있다. 그림에서 (a) $ABHK_p$는 선진국 기술에 지불하는 기술사용료이며 따라서 후진국의 손실분이다. (b) $CDEG$는 후진국에서 지적재산권에 의하여 기술 확산이 제약되기 때문에 초래된 손실이다. (c) $HGFK_i$는 새로운 기술개발 때문에 나타나는 이익이다. 지적재산권의 시행이 후진국에서 어느 정도 약화되면 MRB는 낮아지고 MSBI는 높아질 것이다. 따라서 (a)와 (b)의 손실분은 작아지고 (c)는 불분명하다. 결론적으로 지적재산권제도의 완전한 시행은 그 실현성이 적을 뿐만 아니라 후진국에서는 그 사회적 후생도

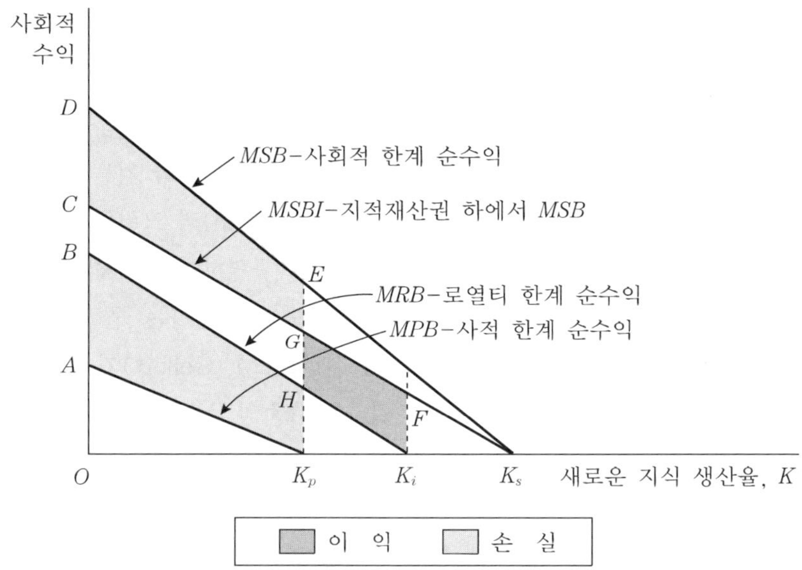

그림 5-4 후진국에서 지적재산권 강화에 따른 이익과 손실

크지 않다. 그러나 선진국과 후진국의 기술개발의 이익에 대한 우선순위가 상호 동일하지 않는 것은 사실이다.

5.2 농업 생명공학 기술의 발전과 수용

5.2.1 생명공학 기술의 발전

생명공학(biotechnology)은 생체나 생체 유래물질 또는 생물학적 시스템을 이용하여 산업적으로 유용한 제품을 제조하거나 또는 공정을 개선하기 위한 기술이다. 생명공학은 1919년 헝거리 농공기사인 에리키(Karl Ereky)가 최초로 쓴 용어이다. 그 후 1938년 록펠러재단(Rockfellow)의 자연과학분야 책임자인 위버(Warren Weaver, 1938)가 새로운 분자생물학(molecular biology)을 장래의 유망한 과학분야로 소개한 이후 오늘날 실제로 현실화된 것이다.

사실 식물의 육종은 1865년 오스트리아의 수도사인 멘델(G. Mendel)이 완두를 연구하며 유전법칙에 의하여 유전적 특징이 부모로부터 자손에게 물려진다는 사실을 발표한 이 후부터 발전되었다. 그 후 분자생물학은 1938년 캘리포니아 공과대학의 델브럭(Max Delbruck)이 핵산의 일종으로 유전정보를 담는 화학물질인 DNA (deoxyribo nucleic acid)를 확인한 것을 시초로 과거의 생물학 기술과는 달리 그 성격이 확연히 구분되었다. 이후 1953년 왓슨(James Watson)과 크릭(Francis Crick)이 DNA의 이중 나선구조(double helical structure)를 규명하여 네이처(Nature)지에 발표하면서 이후에는 DNA가 세포에 암호화된 정보를 전달하는 구조를 밝히려는 연구에 집중되었다. 이에 따라 1967년 미국의 젤러트(M. Gellert)가 DNA 2가닥 사슬 중 어느 한쪽에 들어가 잘린 부분을 연결하는 효소인 DNA 연결효소(ligase)를 발견하고 1970년대 초기에 미국의 스미스(H. O. Smith)와 나단스(D. Nathans) 등 에 의해 DNA의 특정한 염기배열을 식별하여 두 사슬을 절단하는 핵산 분해효소의 하나인 제한효소(restriction enzyme)를 발견하였다. 이에 따라 스탠포드 대학교의 코헨(Stanly Cohen)과 UC샌프란시스코의 보이어(Herbert Boyer)가 1973년 제한효소와 연결효소를 이용하여 DNA를 자르고 붙이는 기술과 박테리아에서 새로운 DNA를 복제하는 기술을 완성하여 특정 DNA를 삽입한 생명체를 만드는데 성공하였다. 코헨-보이어의 유전자 접합기술(gene splicing technique)은 인간에게 유용한 유전공학의 가능성을 열어 놓은 것이다. 1975년 독일의 쾰러(Georges J. F. Koehler)와 아르헨티나의 밀스타인(Cesa Milstein)이 영국 캠브리지에서 1개의 항체 생산 세포가 증식하여 생긴 균일한 세포군에 의하여 생산된 항체인 모노클로널항체(monoclonal antibody)의 대량 생산방법을 개발하였다. 밀스타인-쾰러 기술로 융합 세포종(hybridoma)이라는 항체 생산세포에 의하여 여러 가지 질병의 진단과 치료가 가능하게 되었다. 이러한 일련의 기술개발 과정을 거쳐 오늘날과 같은 생명공학 기술의 비약적인 발전이 이루어진 것이다(Ruttan, 2001).

5.2.2 농업 생명공학 기술의 발전과 재배면적의 확대

생명공학 기술의 농업분야에 대한 응용은 1980년대 초 식물의 조직 배양기술이 그간에 개발된 모노클로널항체와 DNA 기술과 결합하여 단일세포나 식물조직에서 전체식물을 형질변환하거나 동물 체외수정을 통하여 그 가능성이 열리게 되었다. 기존의 식물 육종에서는 가깝게 관련된 종만이 교배될 수 있었다. 따라서 어떤 특정 목적에 부합되는 특징을 갖는 생물체를 얻기 위해서는 자연계에서 선발이나 교배를 통하여 반복적인 과정을 거쳤다. 이와 같은 방법으로 높은 기능이나 우량형질을 개발할 수 있었기 때문에 많은 시간이 요구되고 시행착오를 가졌다 그러나 생명공학적 방법인 유전자 변형 생산물(genetically modified organism: GMO)의 기술개발은 우리가 원하는 특정 형질의 유전자를 꺼내 다른 생물체에 직접 삽입하여 유용한 품종을 바로 얻을 수 있다. 또한 같은 생물 종에서 뿐만 아니라 다른 종에서도 얻을 수 있기 때문에 품종개량의 폭이 넓어지고 그 소요시간이 짧아졌다. 즉 식물의 단일세포를 형질전환시켜 형질전환 전 단일세포로부터 식물체 재분화 과정을 거친 다음 전체 식물체의 형질전환을 시키는 기술이 가능하게 된 것이다.

1982년에 가축을 위한 최초의 유전자 재조합 DNA백신이 개발되고 유전자 변형식물인 피튜니아(pitunia)가 최초로 생산되었다. 1983년에 생명공학기술을 이용하여 피튜니아를 완전 성장시키는 데 성공하여 유전자 변형식물의 새로운 특징이 자손에게 전달된다는 사실을 확인하였다. 1986년 벨기에에 이어서 미국과 프랑스에서 제초제 저항성 담배가 포장에서 공식적으로 시험되었으며 1988년 콩과 벼의 형질전환이 이루어졌다. 미국의 몬산토(Monsanto)사는 1994년에 우유생산을 늘려 사료의 효율을 높힐 수 있는 소의 성장호르몬(rbST)을 유전공학기술에 의하여 개발하여 시장생산을 시작하였다. 같은 해 미국의 식품의약청(FDA)은 칼진(Calgene)사에서 만든 토마토(Flavr Savr TM)를 시장판매할 것을 승인하였으나 성공을 거두지는 못했다 이처럼 1990년대 중반 이후에는 빠른 속도로 농업분야에서 유전자 변형 농산물이 잡초방제, 병해충 방제를 위하여 콩, 옥수수, 면화에 응용되어 1996년 이후 대규모로 상업화되었다. 세계 최초의 복제양 돌리(Dolly)가 1997년 영국 로스린연구소(Roslin Institute)에서 탄생되었고 2000년에는 비타민 A의 전구체인 베타카로틴의 함량을 높여 비타민 A의

표 5-1 세계 유전자 변형 농산물(GMO)개발 현황

(2005.01. OECD)

구 분	옥수수	유채	콩	면화	감자	토마토	기타(11주목)	계
품목수	21	17	5	9	7	6	22	17작물 87품목

자료: 2005생명공학백서, 과학기술부, 2005.12, p.95.

함량과 철분성분이 강화된 황금 쌀이 유전공학에 의하여 개발되었다. 2001년에는 벼의 게놈(Genom)지도가 완성되었다. 몬산토사는 2004년 지방산을 감소 삭제한 콩(low-linolenic)을 소개하기도 하였다.

이처럼 유전공학 기술이 농업생산에 응용되면서 유전자 변형 농산물은 전 세계적으로 재배면적이 확대되었다. 세계 유전자 변형 농산물의 개발 현황을 보면 2005년 1월 현재 OECD통계에서 17작물 87개 품목이 개발되었으며 특히 옥수수는 21개 품목, 유채는 17개 품목을 나타냈다(표 5-1).

세계의 국가별 유전자 변형 농산물(GMO) 재배 현황은 1996년 재배가 시작된 이후 비약적인 증가 추세를 볼 수 있다. 다음 〈표 5-2〉에서 보면 초기부터 미국과 아르헨티나가 세계 GMO 재배의 주도적인 역할을 하고 있으며 2000년대 이후에는 캐나다와 중국이 꾸준히 재배면적을 넓히고 있다. 2004년 현재 미국이 전체 GMO재배면

표 5-2 국가별 유전자 변형 농산물(GMO) 재배 현황

(2005.01. ISAAA, 백만 ha,%)

구 분	1996	2000	2001	2002	2003	2004
미 국	1.5	30.3(69%)	35.7(68%)	39.0(66)	42.8(63)	47.6(59)
아르헨티나	0.1	10.0(22)	11.8(22)	13.5(23)	13.9(21)	16.2(20)
캐 나 다	0.1	3.0(7)	3.2(6)	3.5(6)	4.4(6)	5.4(6)
중 국	–	0.5(1)	1.5(3)	2.1(4)	2.8(4)	3.7(50
기타(12개국)	–	0.3(1)	0.4(1)	0.6(1)	3.8(6)	8.1(10)
합 계	1.7	44.2(100)	52.6(100)	58.7(100)	67.7(100)	81.0(100)
전년대비증가율	–	11%	19%	12	15	20

자료: 2005생명공학백서, 과학기술부, 2005.12, p.95.

표 5-3 작목별 유전자 변형 농산물(GMO) 추이

(2005.01. ISAAA, 백만 ha,%)

구 분	1996	2000	2001	2002	2003	2004
콩	0.5	25.8	33.3	36.5(62%)	41.3(61.3%)	48.4(60)
옥 수 수	0.3	10.3	9.8	12.4(21)	15.5(23)	19.3(23)
면 화	0.8	5.3	6.8	6.8(12)	7.2(11)	9(11)
유 채	0.1	2.8	2.7	3.0(5)	3.6(5.3)	4.3(6)
기 타	0.1미만	0.1미만	0.1미만	0.1미만	0.1미만	0.1미만
계	1.7	44.2	52.6	58.7(100)	67.7(100)	81.0

자료: 2005생명공학백서 과학기술부, 2005.12, p.96.

적의 59%, 아르헨티나가 20%를 차지하고 있다. 작물별 유전자 변형 농산물(GMO)의 세계 재배 추이는 2004년 콩이 4,840만 ha로 총 재배면적의 60%를 차지하고 옥수수, 면화, 유채의 순으로 되어 있다(표 5-3). 이처럼 세계의 유전자 변형 농산물의 재배면적과 재배규모가 커지기 때문에 시장규모도 커지고 있다. 2004년 전체 세계 작물시장 규모인 325억달러 중 유전자 변형 농산물의 시장규모는 47억달러로 15%를 차지하며 세계 종자시장 규모인 300억달러의 16%로 점차 그 규모가 커지고 있다 (2005생명공학백서, p.96).

5.2.3 한국의 농업 생명공학 기술의 발전

한국의 생명공학 기술에 대한 관심은 1980년대 초부터 한국과학기술연구원(KAIST)에서 생물공학부를 중심으로 생물공학 육성을 위한 정책보고서(1981)를 제출하면서 가시화되기 시작하였다. 이후 정부나 정치권에서도 관심을 갖기 시작하여 1983년 유전공학 육성법이 국회를 통과하고 1984년 동법 시행령이 제정되었다. 1985년 한국과학기술원 부설 유전공학센터가 정식으로 설립되어 유전공학에 대한 본격적인 연구가 시작되었다. 그러나 이에 앞서 생명공학 기술을 농업분야에 적용하기 위한 전문 연구실이 1983년 농촌진흥청 농업기술연구소에 설치된 유전공학 연구실이었으며 1986년에는 농업기술연구소 생물부에 유전공학과가 설치되었다.

한국의 생명공학 연구는 민간기업보다 국가 주도하에 과학기술부, 보건복지부, 교육인적자원부, 산업자원부, 농림부, 대학 및 일부 산업체가 참여하였다. 이처럼 공공부문이 중심이 되어 유전체 연구 등 기초연구에서부터 유전자 변형작물의 개발 및 실용화를 위하여 산·학·연 공동 협력연구가 진행되었다(2005생명공학백서, p.251).

농업부문 생명공학 연구의 대표적 성과는 1991년 한국과학기술연구원(KIST)부설 생명공학연구소에서 정혁박사 팀이 세계 최초로 인공 씨감자 대량생산 기술을 개발하여 국제적인 특허를 얻은 것이다. 기존 씨감자는 토양에서 종서로 키운데 대하여 인공 씨감자는 특수 배양액에서 콩알 정도의 크기로 키운 것이다. 농업분야 생명공학의 주체인 농촌진흥청은 1991년부터 본격적으로 농업 생명공학 연구에 착수하였다. 농생물 유전체 해독연구, 생명공학 기술을 이용한 유전자 변형 농생물체 개발연구, 식품 개발연구 등 여러 분야에서 연구가 진행 중이다. 그러나 현재까지 아직 실용화 단계에는 이르지 못하고 있는 실정이다.

농생물 유전체 해독연구는 벼, 배추, 돼지 등에 대한 유전체 해독을 위하여 국제 공동연구를 수행하고 있다. 유전자 변형작물의 연구개발은 2005년 10월 현재 18작물 45종이 진행 중이며 이 중 형질전환 도입유전자의 기능발현이 확인된 유전자 변형 작물은 9작물 23종이다. 이 가운데 안전성 평가연구 중인 작물은 4작물 4건이다(2005생명공학백서, p.256). 생명공학 기술을 이용한 식품개발은 아직 국내에서 상품화한 실적은 없으나 농림부, 과학기술부, 보건복지부, 농촌진흥청에서 연구개발 사업을 수행하고 지원한다. 식품의약품안전청은 유전자 재조합 식품의 국내생산 및 판매를 위한 안전성 심사를 수행하여 2005년 10월 현재 콩, 옥수수, 매화, 감자, 캐놀라에 대하여 제초제 내성, 병충해 저항성 등 35종에 대한 식품안전성 심사가 완료되었다.

한국의 생명공학 기술수준은 비록 실용화에 이르지 못했을지라도 국가주도의 연구수행과 지원에 따라 1980년대 이후 꾸준히 늘어가고 있다. 따라서 SCI에 발표된 논문 수나 특허 출원 수가 빠른 속도로 향상되고 있다. 생명공학분야의 국가별 기술수준을 양적으로 나타내는 특허 건수와 질적 지표인 PII(patent impact index)를 보면 〈표 5-4〉에서 한국의 세계 기술수준은 1995~1999년의 20위에서 2000~2004년에는

표 5-4 미국특허로 살펴본 세계의 주요 국가별 기술수준

국 가	특허건수		특허영향지수(PII)		기술력(TS)			
	95-99	00-04	95-99	00-04	95-99	순위	00-04	순위
미 국	19,812	23,959	1.14	1.18	22,586	1	28,272	1
일 본	2,259	2,283	0.52	0.53	1,175	2	1,210	2
독 일	1,241	1,851	0.60	0.61	745	4	1129	3
영 국	913	1,105	0.86	0.95	785	3	1050	5
네덜란드	659	1,142	0.70	0.43	461	6	491	7
프랑스	785	984	0.55	0.62	432	7	610	6
캐나다	779	1,104	0.91	0.97	709	5	1071	4
대한민국	122	256	0.36	0.43	44	20	110	14
대 만	40	198	0.69	0.22	27	21	44	21
인 도	55	127	0.41	0.66	23	22	84	18
중 국	20	59	0.81	0.89	16	25	53	20
전 체	28,997	36,519	1	1	28,997		36,519	

자료: 2005생명공학백서, p.14.

14위로 높아지고 있음을 알 수 있다. 따라서 앞으로 이 분야의 기술수준은 계속하여 향상 될 것으로 보인다.

5.3 농업 생명공학의 제도 변화

5.3.1 생명공학분야의 제도 변화

초기에는 지식의 흐름이 기술에서 과학으로 진행되었으나 생명공학과 같은 고도의 기술은 과학의 발전에 따라 기술의 진보가 이루어진다. 새로운 기술의 발전은 생산자만이 아니라 소비자 등에 대한 광범위한 영향에 따라 새로운 제도를 유발시킨다. 그러나 과학의 발전은 전문가들의 연구에 영향을 주기 때문에 새로운 제도가 정립되기에는 기술보다 훨씬 어려운 논란의 과정을 거칠 수밖에 없다. 생명공학분야의 제도변화는 앞에서 본 바와 같이 농업부분은 종자산업의 발전과 지적재산권의 확립에서 출발하였으나 생명공학의 발전에 따라 보건, 환경 등 다양한 분야에 미치는 영향이 고려되어야 했다. 따라서 초기에 종자 육종권이나 식물 보호법은 판매된 종자의 순수성(purity)이나 품질을 보호하고 공공복리에 어긋나는 종자산업의 독점을 막기 위하여 가족농이나 일반 대중에 대한 관심에서 출발하였다. 그러나 생명공학의 발전은 단순히 농업문제만이 아니라 일반인들의 자연에 대한 위협이나 위험에 대한 우려를 갖게 하였기 때문에 이 분야의 전문가들은 새로운 제도변화에 대한 관심을 나타내기 시작했다.

생명공학분야의 제도적 관심에 대한 배경은 다음과 같다. 즉 미국 국립보건원(National Institute of Health: NIH)은 1974년 유전자 재조합 연구를 총괄하기 위하여 재조합 DNA자문위원회(Recombinant DNA Advisory Committee)를 구성하고 1976년 유전자 재조합 실험에 대한 가이드라인을 처음으로 발표하였다. 한편 1974년 스탠포드대학교 버그(Paul Berg)를 중심으로 10명의 저명한 분자생물학자들이 과학(Science)지에 편지를 보내 재조합 DNA를 포함한 박테리아와 바이러스가 파괴적일 가능성이 있기 때문에 그 문제가 깊이 해명될 때까지 실험이 제한되어야 한다고 주장했다(Ruttan, 2001). 그 후 1975년에 버그(Berg)와 싱거(Maxin Singer) 등이 캘리포니아 아실로마(Ascilomar)에서 이 문제를 토의하기 위하여 국제회의를 소집하였다. 이들은 과학계에서는 사상 처음으로 "실험에서 가능한 위험"을 알리고 적절한 규제조치를 취득할 것을 권고하였다. 이것은 과학이 사회에 미치는 영향으로 인하여 과학자의 연구에 미치는 사회의 제약에 대하여 과학자들 스스로 연구의 영역을 보호하기 위한 적극적인 행동이라고 할 수 있다. 그러나 사회과학자의 참여가 없다는 점에서 한계를 보이기도 하였다. 이를 계기로 대중에게 분자생물학 발전에서 오는 두려움이 알려졌고 1976년 미국의 국립보건원(NIH)의 가이드라인이 만들어진 것이다. 마사추세츠 주의 캠브리지 시의회는 하버드대학교에 유전공학 연구시설을 건립하는데 대한 정당성을 입증하도록 요구하였다. 이처럼 생명공학 기술은 정치 문제화되어 미국 하원에서 청문회가 열리고 모든 DNA연구에 대한 국립보건원(NIH) 가이드라인이 의무화 되도록 추진되었다. 농학자들과 식물 육종전문가들은 유전자 변형에 대한 가이드라인에 우호적이었으나 생명과학자들과 환경전문가들은 더 엄격한 가이드라인을 희망하였다. 미국과 캐나다 등 북미는 유전공학에 의한 작물의 위험을 규제하는 수직적 또는 생산물 위주로 규제한다. 이것은 전통적으로 생산된 생산물과 GMO를 비교하여 최종 생산물의 특성에 따라 규제가 이루어지는 것이다. 이에 대하여 대부분의 유럽 국가들은 생산과정 위주의 수평적인 규제를 하며 이것은 GMO생산과정에 사용하는 기술의 특성을 규제하는 것이다(Ruttan, 2001).

1972년 미국 GE(General Electric)사의 챠크라바티(A. M. Chakrabarty)는 기름을 먹는 미생물에 대한 특허를 신청했었다. 미국 특허청(The U.S. Patent and Trademark Office)은 그 박테리아 제조과정에 대한 특허는 인정했으나 박테리아 자체에 대한 특허는 식물체 이외의 생물체에 대하여 현행 법률에서는 특허를 낼 수 없다고 부결시켰다. 그러나 1980년 미국 연방법원은 다이아몬드-챠크라바티(Diamond vs Chakrabarty)재판으로 알려진 이 사건에서 유전자 재조합 생명형태에 대한 특허취득을 인정하고 엑슨(Exxon)사에 기름을 먹는 미생물에 대한 특허를 인정하였다. 이 사건이 미국에서 생명공학 특허제도의 전기가 되었다.

미국의 연방정부는 1986년 "생명공학규제를 위한 조정기준"(Coordinated Framework for Regulation of Biotechnology)을 마련하여 모든 생명공학에 의한 생산물은 이 규제에 따르도록 하였다. 연방정부에서는 식품의약청(Food and Drug Administration: FDA), 환경보호처(Environmental Protection Agency: EPA), 그리고 미농무성(U.S. Department of Agriculture: USDA), 농작물 건강조사처

(Agricultural Plant Health Inspection Service: APIS) 등 여러 기관이 생명공학 연구, 개발, 승인에 관여하고 있다. 어느 나라에서 유전자 변형식품을 허가하기 전에 이를 규제하는 기관에서는 먼저 이 식품에 대하여 소비가 인체에 안전하다는 것을 확신할 수 있고 그 다음에는 소비자들이 자유롭게 선택할 수 있도록 유전자 식품에 대한 표시 등 정보를 제공해야 한다. 이에 따라 유전자 변형식품의 안전성에 대한 시험이 이루어져야 한다. 따라서 유전자 변형식품의 검사와 표시에는 ① 생산물 시험에 대한 과학적 방법 ② 검사체계의 민감성 ③ DNA나 단백질 등 실제검사 대상 ④ 검사 및 관리기관 ⑤ 검사결과에 대한 책임 소재 등이 분명해야 한다. 미국의 생명공학 규제에 대한 기술적 기준은 다음과 같은 4가지 원칙에서 출발한다. ① 현재의 법규는 적절하다. ② 규제는 생산과정이 아니라 생산물에 기초한다. ③ 유전자 변형 생산물은 기존의 작물과 다르지 않다. ④ 새로운 생산물 도입에 위험이 있다는 증거가 있을 경우에만 해당기관에서 감독한다.

이처럼 미국에서 유전자 변형식품은 기본적으로 전통적인 식품과 크게 다르지 않다는 전제에서 출발하기 때문에 새로운 위험이나 더 큰 위험이 없다고 본다. 더구나 GM식품의 표시제도에 대하여 필스버리사(Pilsbury Company) 부사장 할랜더(Susan Harlander)는 "한 중간규모의 식품회사가 6천개 이상의 제품을 취급하며 이 제품들은 천개의 공급처에서 8천개의 내용물을 포함하고 있다. 더구나 천개의 공급처는 100여 개의 나라에 수출하는 과정에서 30개의 가공공장을 통하여 수송하기 때문에 농장에서 최종소비지까지 모든 이 내용물을 추적하는 시스템이 설사 정확하다 할지라도 수십억 불의 비용을 감당해야 할 것"이라고 토로하였다(Vines, 2002).

미국이나 캐나다와는 달리 EU는 기본적으로 GM식품은 위험성이 있으며 전통식품과는 분리하여 취급해야 한다고 본다. 따라서 EU는 일반 식품법(EU General Food Law) 7조에 의거하여 미국과 달리 예방원칙(Precautionary Principle)을 주장하였다. 이에 따라 국제기관이 GM식품도입으로 야기될지도 모르는 장래의 미지의 위험에 대처하고 환경변화를 제한하기 위한 적절한 조치를 취하도록 식품안전제도를 수립하였다. EU와 일본은 의무적 표시제도에 반대하는 미국과는 달리 예방적이고 최종생산물이 아닌 생산과정을 규제하고 GM식품 표시제를 의무화 하고 있다(Moss, 2006).

뉴질랜드와 호주는 GMO에 대하여 미국과 EU의 정책을 부분적으로 수용하여 중간적인 정책노선을 취하고 있다. 그러나 EU와 일본의 규제정책으로 GM식품에 대한 EU 내에서의 GM식품 교역이 사라졌을 뿐만 아니라 목화 이외의 모든 GM식품의 국제교역에 대하여 부정적인 영향을 미쳤다. 또한 2000년에 130개 이상의 나라가 카르타헤나 의정서(Cartagena Protocol on Biosafety: CPB)에 동의하여 생명공학기술에 의한 생명체 변형작물(living modified organism: LMO)의 국경이동을 규제하기로 하여 2003년 9월부터 시행되었다. 미국은 1980년 다이아몬드-챠크라바티(Diamond vs Chakrabarty) 판결 이후 생명공학 기술에 대한 특허권이 보장되면서 빠른 속도로 제도 변화가 이루어졌다. 1985년 개량옥수수와 다른 작물에 대한 특허권이 허용되고 1987년 동물에까지 확대된 후 1988년 최초의 동물특허가 하버드 쥐(Harvard Mouse)에게 주어졌다(Huffman and Evenson, 1993, p.136). 이후 미국은 빠른 속도로 생명공학 기술이 발전하였다.

5.3.2 한국의 농업 생명공학 제도 변화

선진국에서는 21세기를 주도해 나갈 혁신기술로 생명공학 분야가 농업, 의료, 에너지 등 각 분야에서 활발하게 연구 되고 있다. 이와 같은 상황에서 한국의 농업 생명공학은 1983년 유전공학 육성법이 국회를 통과하고 1984년 9월 시행령이 제정되어 1985년 한국과학기술원부설 유전공학센터가 설립되면서 본격적으로 연구가 시작되었다. 생명공학육성법은 몇 차례의 개정을 거쳤으며 농림부, 교육자원부, 산업자원부, 보건복지부 등 각 관계부처에서 생명공학 육성계획을 세워 과학기술부장관에게 제출해야 한다. 과학기술부 장관은 이를 종합 조정하여 생명공학 육성기본 계획을 수립하여 생명공학의 기초연구, 응용연구, 인력자원의 효율적 활용에 대한 지침을 마련하도록 하였다. 또한 생명공학 종합정책 심의회를 구성하여 종합적인 조정과 집행을 심의하도록 하여 생명공학에 대한 국가의 방향을 정립하도록 하였다. 이후 생명공학은 인간의 생명을 중심으로 뇌연구 촉진법(1998), 장기 등 이식에 관한 법률(1999)에 의한 규제가 마련되었다. 또한 농림산업을 통하여 천연물 신약연구개발의 기반을 조성하여 개발기술의 산업화를 촉진하고 고부가가치를 창출하도록 천연물 신약연구 개발 촉진법이 2000년 제정되었다.

그러나 유전자변형에 대한 생물 다양성과 바이오 안전성에 대한 국제 협약인

「카르타헤나 의정서」가 2000년 채택되어 유전적 변화에 대한 국가간 이동에서 초래되는 위험에 대한 관심이 커졌다. 이 의정서에 가맹하는 50번째 국가의 비준 후 90일 내에 효력을 발생할 것으로 한 규정에 의거하여 2003년 6월 팔라우가 50번째의 국가로 비준하면서 그해 9월 발효되었다. 한국은 2000년 9월 의정서에 비준하고 2001년 3월 「유전자변형생물체의 국가간 이동 등에 관한 법률」을 공포하여 유전자변형 생물체에서 오는 위험을 막기 위한 제반 운용과 관리를 규정하였다. 따라서 이 법률에 의한 보건복지부, 농림부, 산업자원부, 환경부, 과학기술부의 바이오안전성에 관한 책임을 분담하게 되었다.

비록 국내에서 유전자 변형 농산물의 개발이 실용화되지 않았을지라도 1995년 미국에서 콩, 옥수수 등 유전자 변형 농산물의 산업화가 이루어지면서 농산물 수입 자유화에 따라 GMO의 국내 수입 유통이 점차 확대되었다. 소비자들의 GMO 안전성에 대한 관심이 높아 가면서 GM농산물에 대한 국내정보를 제공할 필요성이 커지게 되었다. 따라서 농림부는 농수산물 품질검사법을 폐지하고 1995년 농수산물 품질관리법을 제정하여 유전자 변형 농수산물에 대하여 이를 표시할 수 있는 법적 근거를 마련하였다. 이 법은 2001년 농산물 품질관리법으로 개정되고 GM농산물 표시제를 콩, 옥수수, 콩나물은 2001년, 감자는 2002년에 실시하여 표시대상 품목의 유전자 변형 농산물을 판매하는 수입상, 중간 및 최종 판매자가 GMO 농산물, 농산물 포함, GMO 농산물 포함가능성의 세 경우로 구분하여 표시하도록 하였다. 유전자 변형 농산물이 3% 이하로 포함된 경우는 구분, 유통 및 관리 증명서를 첨부하여 표시를 면제하도록 하였다. 같은 해 식품의약품 안전청에서는 표시제를 실시하여 유전자 재조합식품들의 표시기준을 마련하고 콩, 옥수수, 콩나물을 주원료로 하는 식품을 대상으로 식품표시제를 실시하였다. 국립농산물 관리원에서는 유전자 변형 생물체 표시대상 농산물을 모집단 별로 대표성이 유지되도록 수거하여 유전자 변형 농산물이 포함되어 있는지 여부를 분석할 수 있는 세부사항을 규정하였다. 2002년 농림부는 국내 환경보건과 안전한 농산물의 유통을 목적으로 유전자 변형 농산물에 환경유해성 평가 지침을 마련하였다. 이 후 유전자변형 농산물을 유통시키거나 농경지에 재배할 경우 국내 생물 다양성의 보전 및 지속적인 이용에 영향을 미칠 것인가에 대한 심사를 받도록 규정하였다.

유전자 변형 생물체는 국민의 식품과 직접적인 연관이 있다. 따라서 유전자 재조합 식품에 대한 안전관리 체계가 보건복지부에서 검토되어 1996년 식품의약품안전본부가 발족되었다. 안전본부는 1998년 식품의약품 안전청으로 확대 개편되어 유전자 재조합 식품의 안전성 관리를 책임지게 되었다. 1998년 유전자 재조합 식품첨가물 안전성 평가제도 심사지침이 마련되어 1999~2004년까지 5개 작물 20종의 유전자 재조합 농산물과 11종의 유전자 재조합 미생물 관련 식품첨가물의 안전성 심사가 이루어졌다. 이 중 18종의 유전자 재조합 농산물과 6종의 유전자 재조합 식품첨가물의 심사가 완료되었다.

유전자 재조합 농산물은 콩, 옥수수, 면화, 유채 등 곡물과 채소로 작목이 다양해졌다. 그 특성도 제초제 저항성이나 병해충 내성만이 아니라 영양성 강화로 확대되고 있다. 유전자변형 농산물의 생산국가도 미국, 캐나다 등 선진국에서 중국, 인도 등 여러 나라로 확산되고 있다. 따라서 유전자 재조합 식품의 심사도 보다 광범위하게 이루어질 필요가 있다. 우리나라는 그동안 심사 지침에 의한 임의 규정에서 식품위생법에 의거 2004년부터 식품첨가물과 농산물 중 콩, 옥수수, 감자의 안전성 평가를 의무적으로 시행하도록 했다. 2005년부터는 모든 유전자 재조합 식품에 대한 안전성 평가의 의무화를 규정하였다. 이처럼 식물만이 아니라 최근에 줄기세포의 연구에 대한 국민적 관심이 커가면서 생명윤리 및 안전에 관한 법률(2004)과 인체조직 안전 및 관리 등에 관한 법률(2004), 연구실 안전 환경 조성에 관한 법률(2005)이 제정되어 생명공학에 관한 사회의 제도적 대응이 점차 커지고 있다.

5.4 농업 생명공학 연구개발 정책의 과제와 발전 방향

농업 생명공학에 대한 견해는 그 발전이 개발도상국의 농업생산력을 높여 빈곤을 줄이고, 안정적 식량공급과 영양의 개선을 도모하며, 자원의 지속적 이용을 초래한다고 보는 낙관적인 견해가 있다. 이에 대하여 이윤추구를 위한 다국적 기업의 농업에 대한 지배를 강화하고 유전자원을 지배하여 종 다양성의 감소를 가져준다는 비관적인 견해가 있다(임형백, 2004). 실제로 개발도상국의 소농생산에서 병해충, 잡초, 한해 등으로 인한 작물의 손실로 소득과 식량의 위기가 커지고 있다. 또한 토양의 산성화와 척박화, 여러 가지 생물학적(biotic) 또는 비생물학적(abiotic) 요인에 따라 생산성 향상이 한계를 보인다. 그러나 농업 생명공학 기술의 발달로 농업생산성 향상, 비용감소, 비경제적 농지의 활용에 따른 경제적 이익만이 아니라 환경부담을 완화하고 품질, 저장능력을 증대시켜 소비자 선택의 폭을 넓힐 수 있는 것도 사실이다.

농업 생명공학 기술발전에 따른 다국적 기업의 농업지배는 소농생산의 취약성을 더욱 확대시키고 단종 재배에 따른 생물 다양성 상실과 외래유전자 전이로 생태환경의 문제점을 야기 시킨다. 더구나 현재의 제초제나 병충해 내성의 단일 형질(single trait) 기술에서 여러 유전자의 조작으로 가능한 한해내성(draught tolerance) 품종인 복합 형질(complex traits) 기술이 작물, 나무, 가축에 대한 유전자 변형 농산물을 생산하게 되면 앞으로 그 긍정적인 이점과 함께 가능한 부정적 우려도 점점 커질 것으로 보인다.

환경문제에서도 생물의 화학물질을 분해하고 축적하는 능력을 이용하여 다양한 오염물질을 정화시키는 낙관적인 가능성이 있다. 이에 대하여 GMO에 의한 잡초·해충의 저항력 증대에 따라 더 높은 수준의 투입재를 사용하거나 토양의 비옥도가 감소하게 되는 부정적인 효과를 부인할 수 없다. 이처럼 농업 생명과학 기술의 발달은 우리에게 긍정적인 면과 부정적인 면을 동시에 가져다주는 이중적인 면을 갖는 것이 사실이다. 따라서 농업 생명공학 문제는 단순히 그 당위성에 대한 논의가 중요한 것이 아니다. 기술의 발전에 따른 새로운 제도문제로서 접근하여 그 부작용을 줄이고 농업문제 해결에 기여할 수 있는 정책적 과제와 앞으로 방향설정이 중요하다. 농업 생명공학의 정책적 과제와 방향설정은 농업 생명공학의 발전과 농업에서 경제구조와 농업 소득에 대한 영향문제, 농업 연구자원 배분의 효율성을 높이기 위한 공공부문과 민간부분의 역할문제, 농업 생명공학 기술과 관련된 지적재산권(intellectual property rights) 문제, 안전성(biosafety) 문제로 구분하여 분석할 필요가 있다.

5.4.1 GMO의 경제성 평가

우리나라에서는 직접적으로 실용화된 GMO개발이 이루어지지 않았기 때문에 경제적 평가가 어렵다. 미국의 성장호르몬(rbST) 기술에 관한 경제적 평가는 위스컨신 주의 젖소농가에서 자리스(Jarris, 1996)의 조사결과가 보고되었다. 이 보고서에 의하면 50마리 규모의 젖소농가에서 우유수량의 증가율은 낮은 우유생산 젖소에서 높으나 그 절대량은 높은 우유생산 젖소가 더 많은 것으로 나타났다. 캘리포니아의 500마리

표 1-2 GM 농산물 세계 시장 규모

(단위: 백만 달러)

연 도	1995	1996	1997	1998	1999	2005	2020
세계시장규모	75	235	670	1,200-1,500	4,000	20,000	75,000

자료: 현봉철, 2003, p.773.

젖소 사육규모 농가에서도 대규모 농가일수록 성장호르몬(rbST)기술 수용에 대한 비용감소가 크게 나타났다(Ruttan, 2001). 우유의 소득탄력성이 낮거나 우유생산이 과잉인 나라에서 성장호르몬(rbST)기술 수용에 따른 우유생산량 증가는 우유가격을 떨어트려 결국 기술수용에 따른 수익은 생산자로부터 소비자에게 이전될 것이다. 우리나라에서도 우유소비가 늘지 않는 한 생명공학 기술의 도입은 우유 생산농가의 규모경제로 인하여 소규모 농가의 감소를 초래할 것이다.

GM 농산물에 대하여 농민의 입장에서 본 경제성 평가는 다국적기업에 의한 종자비의 증가를 감안하더라도 GM 농산물의 세계시장 규모의 급진적인 확대에서 앞으로 그 수용률이 비약적으로 커질 것으로 전망된다. GM 농산물은 1995년 75백만 달러에서 2020년에 75,000백만 달러로 늘어날 것으로 예측하기 때문이다.

미국의 GM 콩 생산에서 총 경제적 잉여의 분배를 보면 민간부문 종자회사와 특허소유에 대한 경제적 잉여가 총 잉여의 1/3이며, 소비자와 농민에게 총 잉여의 2/3가 배분된 것으로 나타났다(Per Pinstrup-Andersen, 1999). 그러나 이러한 추세는 앞으로 생명공학 기술발전에 따라 그 전망은 불투명하다고 본다. 다만 GM농산물의 확대와 규모경제에 따라 앞으로 구조조정을 위한 경지규모의 확대는 대농은 유전자 변형 농산물의 개발에 의한 생산비 절감을 통하여 국제 경쟁력을 높이고 소농은 친환경 농업으로 상품의 가격차별화를 통하여 대농과 소농의 성장경로가 달라질 수 있다. 따라서 유전자 변형 농산물의 개발은 앞으로 농업구조문제에 새로운 변수가 될 것이다.

5.4.2 유전자 변형 농산물 연구투자에서 민간부문의 역할

농업 연구투자는 그동안 농업연구의 시장실패를 보완하는 공공부문 투자에 의존하였다. 그러나 생명공학부문의 기술진보가 민간부문 연구투자를 크게 확대하면서 국가 R&D에서 민간부문의 농업 연구투자부문이 크게 증가하고 있다. 생명공학 기술은

1980년대 중반 이후 그 초기 단계에서는 기초연구가 중요하며 막대한 연구투자가 소요되기 때문에 비록 상품화가 가능할 경우에도 대학과 공공 연구기관에서 주도하였다. 따라서 대학의 실험실에서 소규모 벤처기업과 합작 형태로 대부분 시작하였으며 점차 대규모 제약회사 등의 재정적 뒷받침을 얻어 대학, 벤처기업, 대기업의 협력형태로 발전하였다.

1990년대 중반 이후에는 생명공학분야는 대규모 다국적 기업이 주도하여 그들은 중소기업을 인수하고 농약회사나 약품회사가 종자회사를 매수하는 등 시장 지배력을 강화하였다(윤병선, 2004). 그러나 유전자 변형식품에 대한 소비자들의 부정적인 반응에 따라 새로운 기능성 식품을 개발하고 식품가공업과 제휴를 모색하여 부가가치를 높이는 방향으로 나아가고 있다.(박인선, 2001). 이러한 대기업들의 농업과 식품산업의 지배는 결과적으로 대기업들이 소농 생산자들의 빈곤과 환경문제에 대한 관심이 적을 뿐만 아니라 패스트식품(fast food) 이나 정크식품(junk food) 등으로 전통적인 식생활 패턴에 위험을 가져오는 등 부작용에 따라 새로운 농업문제를 야기 시킨다. 대기업에 의한 유전자 변형식품의 확대는 농업생산력을 높여 식량공급의 확대를 가져올지라도 소농에 대한 종자비용의 상승이나 식품 소비구조 변화에 따른 소비자들의 식품 안전성문제의 이면성을 보인다.

정부는 대기업에 의한 민간부문 연구투자가 관심을 갖지 않는 소농이나 환경부분에 관한 투자 유인정책을 강화하고 R&D에 대한 세금제도, 벤처자본 등을 통하여 민간부분에 대한 효과적인 국가 연구개발 정책을 수행할 필요가 있다. 더구나 공공연구 기관에서 개발한 생명공학 기술은 민간 기업의 개발기술과 경합하여 농민들에게 새로운 합리적 선택의 기회를 주어야 할 것이다. 이것은 공공부문 생명공학 연구투자가 민간 기업의 독점적 지배력을 완화시키는 지렛대의 역할을 할 수 있어야 한다. 이처럼 공공부문과 민간부문의 생명공학 기술에서 상호 역할은 경쟁관계가 아닌 보완관계를 유지할 수 있도록 국가의 R&D 정책 방향이 수립되어야 한다.

5.4.3 지적재산권과 농업 연구개발 정책

지적재산권(intellecteal property rights: IPRs)은 특허(patents), 식물 육종가 권리(plant breeder's rights), 종자와 종축증명(seed and breed certification), 복제권

(copyrights), 기업비밀(trade secrets) 등을 포함하며 특히 특허권은 새롭고(novelty), 유용하고(usefulness), 불분명한(non-obviousness) 특성을 가져야 한다. 식물에 대한 육종권리는 국가에서 품종의 품질을 보호하기 위한 조치였다. 특허는 새로운 기술개발에 대한 수익을 보장하여 기술개발을 촉진시키고 자극하기 위한 제도라고 할 수 있다. 특히 농업부문 연구의 시장실패를 보완하기 위한 제도적 장치인 것이다. 그러나 생명공학 기술의 발전이 공공부문보다 다국적 기업에 의한 민간부문이 주도하면서 지적재산권(IPRs)은 기업의 인수와 합병에 중요한 요인으로 되고 있다. 시장지배에 필수적인 기술에 대한 지적재산권의 확보를 위하여 기업의 인수와 합병이 진행되기 때문이다. 이처럼 지적 재산권 문제는 단순히 새로운 기술개발을 위한 제도에서 시장 구조변화에 따라 시장지배를 위한 수단으로 이용되고 있다.

생명공학 기술의 발전이 빠르지 못한 후진국에서는 지적재산권 문제가 실질적으로 기술개발에 별다른 영향을 주지 못하고 있다. 더구나 선진국 기술에 대한 접근을 어렵게 하기 때문에 이 제도의 수립에 소극적이다. 다만 WTO 체제하 국제간의 규제를 받아드려야 하는 환경에서 선진국들의 외압에 따라 지적재산권 제도에 대한 강요가 이루어졌다. 또한 선진국들의 생명공학 기술 보호에 대하여 후진국들은 유전자원 보호를 통하여 선진국들에게 대항하는 하나의 수단이며 후진국들의 주도로 이루어진 생물다양성 협약이 바로 그 결과이다.

그러나 지적재산권제도에 따라 민간부문의 R&D투자가 급격히 증가하고 민간기업의 구조가 대규모의 다국적기업으로 집중화하였다. 또한 국가간의 무역장벽은 기업의 인수와 합병에 의한 집중에 따라 점차 낮아질 수 있을 것이다. 앞으로 후진국에서 지적재산권제도가 확립되면 이러한 추세는 점차 강화될 것이며 선진국 기술이전에 대한 비용은 크게 증가할 것이다. 따라서 공공부문 연구정책의 방향은 이러한 민간부분의 역할에 보완적인 정책수단을 강화해야 한다. 즉 민간부문이 간과하는 소농생산이 필요로 하는 기술이나 환경보호와 관련된 기술개발이 공공부문에서 보완되어야 할 것이다.

5.4.4 안전성(Biosafety) 평가와 과학기술정책

유전자 변형 농산물에 대한 안전성은 유전자 변형 기술에 따른 식품, 환경 및 인체에 대한 위험을 평가하고 관리하는 것이다. 생명공학 기술의 안전성 체제를 구축하는 것은 그 나라의 환경, 정치, 문화, 재정, 과학기술 수준 등 모든 복합적인 요인에 의하여 기준을 정하여야 하기 때문에 접근방법이 쉽지 않다. 더구나 사회적, 윤리적 기준과 함께 보건위생, 경제적, 환경적 요인으로 다음과 같이 5가지 요인이 고려되어야 한다(Mclean, Frederic, Traynor, Cohen and Komen, 2002).

가장 기본적인 첫 번째 요인은 국가의 정책목표로서 식품, 농업, 환경의 지속적 발전과 관련하여 위험분석, 조사, 모니터링의 시행이 이루어져야 한다. 안전성 체계는 이러한 요인과 연계되어야 한다. 두 번째 안전성 정책에 선행되어야 할 요인은 국가의 사회철학, 정치형태, 법률체계 등에 대한 현상파악과 평가이다. 여기에는 농업 수출과 수입, 환경보호, 생명공학 기술, 과학기술의 하부구조, 행정력 등 모든 국가의 현실적 상황을 파악하고 평가할 수 있는 자료가 준비되어야 한다. 세 번째 요인은 위험평가와 규제를 지원하기 위한 과학기술과 개발역량이다. 이를 위해서는 정부 내에서 이러한 역량을 키우거나 선진국의 컨설팅을 위한 위원회를 구성하거나 이 두 가지 접근을 적절히 조화시킬 수 있어야 한다. 네 번째 요인은 규제의 정비이다. 안전성 규제 체계의 기초는 법률, 법령, 행정명령 등에 의한 합법적 규제에 대한 정부정책의 실효성을 얻을 수 있는 권위(authority)이다. 이러한 국가의 권위에 기초하여 규제가 가능하기 때문이다. 다섯째 요인은 규제의 실행이다. 이를 위해서는 위험의 평가, 관리를 위한 적절한 메커니즘이 설정되어야 한다. 이처럼 5가지 요인에 따라 국가의 안전성 체계가 구축되어야 하지만 이 과정에서 일반적인 투명성이 보장되어야 하며 공공의 참여가 필수적이다. 국가의 생명공학 기술의 안전성 체계가 확립되면 위험성으로 인한 불확실성에 따른 부정적인 측면에서 보다 농업발전을 위한 긍정적인 접근이 가능하게 될 것이다.

참고문헌

박민선(2001), "생명공학을 통한 기업의 농업지배", 「농촌사회」 제11집 제2호.

박정근(2002), "농림기술개발과 정부·민간의 역할", 농림부문의 R&D 투자방향과 효율적 관리방안 심포지엄, 농림기술관리센터.

박희제(2004), "농업생명공학기술에 대한 한국인의 인식과 태도", 「농촌사회」 제14집 제1호

생명공학정책연구센터(2005), 「생명공학 백서」, 과학기술부.

오세익·김수석(1999), "21세기 첨단농업기술의 발전방향과 정책과제", 「농업경제연구」 제40집 제2권.

윤병선(2004), "농업관련산업의 세계화 전략과 그 영향", 「산업경제연구」 제17권 제5호

임형백(2006), "생명공학과 GMOs의 농업에 대한 사회적 함의" 「한국농촌지도학회지」 제11권 제1호.

현봉철(2003), "생명공학기술혁신과 생물자원의 활용효율성 제고 전략", 「농업경영·정책연구」 제30권 제4호.

Anatole, F. Krattiger(2002), "Public-Private Partnerships for Efficient Proprietary Biotech Management and Transfer, and Increased Private Sector Investments", *A Briefings Paper with Six Proposals Commissioned by UNIDO.*

Byerlee, Derek, Echeverria, Rulon G.(2002), *Agricultural Research Policy in an Era of Privatization*, CABI Publishing.

Cohen, Joel I., John Komen and Patricia Zambrano(2005), *Public GM Innovations, Safety Regulation, and Results*, University of Warwick, Coventry, U. K.

Georges, J. F. Koehler, Cesa Mistein(1975).

Guillaume, P.(2006), "An Analysis of Trade Related International Regulations of Genetically Modified Food and their Effects on Developing Countries", *EPT Discussion Paper* 147.

Huffman, W. E. and R. E. Evenson(1993), *Science for Agriculture: A Long-Term Perspective*. Ames, Iowa, U.S.A.: Iowa State University Press.

Jarvis, L. S.(1996), *The Potential Effects of Two New Biotechrolrgies on the World*

Dairy Industry, Boulder, Co: Westriew Press.

Mclean, Moruen A. Robert J. Frederick, Patricia L. Traynor, Joel I. Cohen, and John Komen(2002), "A Conceptual Framework For Implementing Biosafety: Linking Policy, Capacity, and Regulation", ISNAR *Briefing Paper*. No.47.

Moss, Charles B. Andrew Schmitz and Troy G. Schmitz(2005), "First-Generation Genetically Modified Organisms in Agriculture", *Journal of Public Affairs* 6(1)

OECD(2003), Accessing Agricultural Biotechnology in Emerging Economies

Per Pinstrup-Andersen(1999), "Agricultural Biotechnology, Trade, and the Developing Countries," *AgBioForum* 2(3-4), 215-217

Perrin, R. K.(1992), "Intellectual Property Rights in Agricultural Development", *Agricultural Technology: Policy Issues for the International Community*, edited by Jock R. Anderson, CAB International, 499-516.

Rausser, Gordon(1999), "Private/Public Research: Knowledge Assets and Future Scenarios", *American Journal of Agricultural Economics*, Vol.81, No.5, 1011-1027.

Ruttan, V. W.(2001), *Technology, Growth and Development: An Induced Innovation Perspective*, Oxford University Press.

Spence, Michael(1984), "Cost Reduction, and Industry Performance", Econometrica, Vol. 52, No. 1, 101-121.

Wright, Susan(2001), "Legitimating Genetic Engineering", Foundation for the Study of Independent Social Ideas, Inc., http://www.biotech-info.net/ legitimating.html.

Vines, R.(2002), "The Regulation of Biotechnology," *Virginia Cooperative Extension Service*, 443-006.

제 6 장

농업 연구개발 정책과 지역농업 발전

농업문제는 경제발전 과정에서 각각 다른 형태로 나타나게 된다. 경제발전의 초기에는 식량문제로 나타나며 다음에는 공업과 농업의 소득격차 문제, 그 다음에는 농업구조문제로 나타난다. 농업문제는 농산물 가격정책이나 농업 소득정책 등 일반 농업정책으로 접근할 수 있다. 그러나 일반 농업정책의 지속적인 수행에도 농업문제가 지역에 따라 지역적 특성으로 인하여 지역 간의 차이를 보여 일반 농업정책으로 해결하기 어려운 지역적 특수성을 보일 때 지역농업 문제로 접근할 수 있다. 산업으로서의 농업문제를 농촌지역이라는 공간구조에 의하여 접근하는 것이 지역농업문제라 할 수 있다. 동일한 일반 농업정책에도 불구하고 지역에 따라 농업의 생산성이나 소득격차가 커지거나 농업구조가 달라지면 국가의 거시적 또는 미시적 농업정책이나 개별경영만으로는 지역의 특수성에서 나타나는 농업문제를 해결하기 어렵기 때문에 지역농업문제로 접근해야 한다. 지역농업문제는 지역문제와 농업문제가 복합적으로 혼재되어 있기 때문이다.

경제발전에 따라 농업문제와 지역문제가 어떻게 나타나는가를 보면 다음과 같다. 농업문제가 식량문제로 나타나는 것은 인구증가 속도가 빠르고 식량 소비증가가 소득증대에 따라 빠르게 이루어지게 되는 경우이다. 농업기술이 식량공급을 뒷받침하지 못할 때는 농업문제는 지역농업문제가 아닌 국민경제문제의 핵심이 된다. 따라서 농업정책은 국가의 주곡자급을 위하여 단위 면적당 수량을 증가시킬 수 있는 토지 생산력을 높이는 증산정책으로 일관된다.

그러나 식량이 과잉되면 농산물 가격의 하락으로 농업문제는 농업소득 문제로 전환된다. 공업화의 진전에 따라 경제성장이 빨라지면서 농업과 공업의 생산성 격차가 확대되고 농업과 공업의 소득격차가 확대되면 농업문제는 농업보호에 의한 농업 소득증대 정책으로 접근할 수 있다. 농업보호 정책은 외국 농산물의 수입을 막는 국경보호나 농산물 가격지지, 비료·농기계 등 농업투입물 보조금 지급 등으로 농민의 소득을 높이는 것이다. 또한 공업의 지방 분산화를 통하여 농촌에 공장을 유입시켜 농외소득 증대기회를 확대한다. 따라서 공업의 지방 분산화로 지방에서 노동력과 같은 농업 자원배분의 효율성을 높이고 농외소득 향상을 통하여 농가소득을 올림으로써 농촌의 소득문제를 해결할 수 있다. 이처럼 농산물 가격정책 등 일반 농업정책에 의한 농업소득 문제와 함께 농외소득 증대를 위한 공장의 농촌유치 등 지역경제문제로 접근할 수 있다. 물론 이것은 농업문제와 지역문제로서 간단히 지역농업 문제라기보다는 더 넓은 의미에서 지역경제문제이다.

공장의 지방 분산화로 농외소득을 얻을 수 있는 기회를 확대하여 농가소득의 증대가 이루어지면 농촌의 소득문제는 해소될 수 있다. 그러나 비록 농촌의 소득문제가 해결된다 하더라도 오늘날과 같이 WTO체제 하에서 농산물 수입개방에 따라 외국 농산물과 시장에서 경쟁하게 되면 농업의 국제 경쟁력을 높이기 위해서 규모경제(scale economy)로 농업의 생산비를 낮추어야 한다. 이때 농업문제는 농촌의 소득문제를 넘어서 농업구조문제로 나타난다. 더구나 농외소득을 높이기 위하여 노동 절약적인 농업의 기계화가 이루어지거나 농촌의 노동력 부족을 해소하기 위하여 기계화가 진전되면서 농업구조문제는 보다 심각해진다. 인구가 과밀하고 토지가 부족한 아시아 지역에서 비록 농업소득문제를 해결할 경우에도 농업구조문제는 그대로 남게 된다.

농업구조문제는 전업농에 의한 개별 경영의 선택적 육성이나 개별 영농의 체계화를 통하여 대규모 경영의 유리성을 도모하는 것이다. 그러나 농지가격이 높고 도시화·공업화의 진전으로 농지전용에 따라 농지의 자산가치 상승을 기대하여 농민들이 농지를 계속하여 소유하고자 하는 상황에서는 농업구조 조정문제는 해결하기 어렵다. 또한 겸업농가의 농지소유도 전업농의 농지소유 확대에 걸림돌이 되어 농지소유에 의한 농업구조조정을 어렵게 한다. 따라서 임대차에 의한 농지의 규모 확대나 개별 영농의 조직화를 통하여 구조조정이 가능하다. 이때는 노동력 부족을 메우기 위한 공동작업, 농기계의 공동이용 등 지역농업에 의한 접근이 필요하다. 뿐만 아니라 국제 경쟁력을 높이기 위한 농업구조문제는 규모경제만이 아니라 농산물의 품질 향상과 안전성, 저장과 가공 등 유통부문으로 사업의 범위를 확대하여 부가가치를 높여야 한다. 이러한 규모의 경제성(scale economy)과 범위의 경제성(scope economy)은 일반 농업정책만이 아니라 지역농업정책에 의하여 그 효율성을 높일 수 있기 때문에 지역농업에 의한 접근이 필요하다.

6.1 지역농업 접근의 필요성

경제발전에 따라 농업문제가 달라지고 농업의 발전에 따라 지역농업문제는 그 성격이 달라진다. 오늘날의 농업은 자원위주의 농업에서 과학기술위주의 농업으로, 자급위주의 농업에서 시장위주의 농업으로, 성장위주의 농업에서 환경위주의 농업으로 달라지고 있다. 이에 따라 농업의 지역적 특성을 나타내는 공간구조가 다른 의미를 갖게 되며 이에 대한 새로운 접근이 필요하게 된다.

과거와 같이 자원위주·자급위주·성장위주의 농업에서는 지역의 토질·토성이나 지세·강수량·수자원 등 자연조건이 농업생산을 결정하며 적지적산으로서 지역농업이 의미를 갖는다. 따라서 어디에서 어떤 작목의 생산이 가능한가라는 문제가 중요하다. 오늘날과 같이 기술과 시장위주의 농업에서는 연구개발투자에 의하여 어떤 기술개발이나 가능하기 때문에 어디에서 어떤 작목이 유리한가는 지역의 경제적 환경이 중요하다. 과학기술 위주의 농업에서는 자연환경을 어느 정도 조절할 수 있는 기술혁신이나 교통과 통신의 발달에 따라 농업의 지역성이 달라진다. 과거와 같은 자급위주의 농업에서는 국가의 식량자급문제를 해결하기 위하여 지역간의 농업생산이 보완관계를 가질 수 있다. 그러나 시장위주의 농업에서는 지역간 농산물 생산이 시장에서 상호 경합관계를 갖게 되고 시장에서 농산물 수급과 가격의 불안정문제가 나타나기 때문에 이에 대처하기 위한 지역농업의 중요성이 점차 커진다.

물론 시장경제에서 나타나는 농업문제는 가격의 불안정성이나 소득 탄력성의 상대적 저위 등 농산물의 특성에 따라 농산물 가격정책이나 소득정책 등 일반 농업정책에 의하여 어느 정도 접근이 가능하다. 그러나 시장경제로 접근하기 어려운 농업의 비교역적 특성 때문에 나타나는 농업문제는 지역 농업적 접근이 필요하다. 농업생산의 비교역적 특성이란 농업의 공익적 기능으로서 무임승차 문제(free rider problem), 농산물 품질에 대한 정보가 공산품과 달라 언제나 불확실하기 때문에 나타나는 레몬재(lemon good)적 특성, 농민들이 농촌에 공간적으로 분산되어 공업에 비하여 단체행동 등 조직형성에 불리한 공간적 분산성 등을 말한다. 시장경제가 발달하면서 농산물과 공산품의 차이는 이와 같은 농업의 비시장경제적 특성의 중요성으로 나타난다. 이러한 농업의 비시장경제적 요인은 시장경제 하에서 농산물 가격정책이나 소득정책 등 일반적인 농업정책으로서 보다 지역적 특성과 연계한 지역농업으로 접근할 필요가 있다.

오늘날 경제발전에 따라 자연생태계의 파괴로 지구환경이 급속도로 악화되고 있다. 따라서 지금까지 성장을 위한 농업에서 자연자원과 환경보존을 위한 친환경 농업의 중요성이 크게 대두되었다. 이처럼 농업은 환경보존·보건휴양 및 사회 문화적 기능이 증대함에 따라 농업발전과 환경보존의 두 목표를 조화시키기 위해서 과거와 같은 성장위주의 농업에서 지속 가능한 농업으로 전환되고 있다. 지속 가능한 농업은 생산성과 수익성을 확보하고 자원과 환경을 보존하기 위해서 윤작체계를 도입하고, 자연환경을 보전하기 위해 토양과 수질을 보전할 수 있는 농법과 생태계 메커니즘을 활용하기 위해서 복합영농 방식이나 생물 공학적 기술을 이용한다. 이러한 지속적 농업은 경제적 이익과 환경 및 안전성을 균형적으로 도모하기 때문에 일반 농업정책과 함께 지역농업에 의하여 소기의 목표를 달성할 수 있다. 지속적 농업이 추구하는 환경문제는 시장경제로 접근하기 어려운 공익적 기능으로 시장경제를 바탕으로 한 일반 농업정책만이 아니라 지역농업정책이 효과적이다.

이와 같이 경제발전에 따라 농업문제가 달라지고 농업발전에 따라 농업생산의 특성이 달라지기 때문에 농산물 가격정책이나 소득정책 등 일반 농업정책보다 지역농업에 의한 농업문제 접근이 필요하다. 따라서 과거에 비하여 오늘날 지역농업 개발정책의 중요성이 보다 커지고 있는 것이 사실이다.

6.2 지역농업 발전과 지역농업 연구개발투자

6.2.1 지역농업 연구의 필요성과 한계

지역농업은 기후나 토질 등 지역적 특성에 따라 어느 정도 동질성을 갖기 때문에 농업연구단위로서 중요성이 크다. 더구나 농업연구에서 중요한 지역특성(location-specific)은 비록 작물의 지역적 적합성이 광범위한 품종이라 할지라도 지역에서 선발시험(screening test)과 적응시험(adaptability test)을 거쳐야 하기 때문에 지역농업 연구체계의 분산화(decentralization)가 중요하다. 농민들에게 새로운 작목이나 가축 품종의 추천이 이루어지기 위해서는 지역적응 시험이 필수적이다. 물론 농업 연구설비는 실험설비, 도서관, 행정요원 등 고정비가 커서 규모경제(scale economy)에 따라 집중화(centralization)가 유리한 것도 사실이다(3장 참고). 그러나 농업에서 기초연구(basic research)가 아닌 응용연구(applied research)는 지역적 특성이 중요하다. 따라서 여러 지역에서 동시에 응용연구를 수행하여 다양한 특성에 대한 실험이나 적응시험이 이루어진다면 보다 빠른 시간에 새로운 기술에 대한 적응결과를 얻을 수 있다.

지역농업 연구는 이와 같이 기술적인 측면에서 뿐만 아니라 다음과 같은 연구체계에서 나타나는 특성에 따라 그 중요성이 크다. 첫째, 지역농업 기술수요는 지역현장에서 가장 빨리 파악할 수 있다. 따라서 지역현장에서 농민들의 기술수요나 현장애로에 대한 정보를 직접 농민들과 가깝게 접촉하여 얻을 수 있다. 둘째, 지역농업 연구기관에서 농민들과 함께 농업체계화연구(farming systems research)를 통하여 현장농민들이 직면하는 문제파악과 문제에 대한 현실적 해결이 가능하다. 현장연구(on-farm research)는 지역농업연구소(regional stations)를 중심으로 할 때 가장 효율적이며 효과적으로 이루어질 수 있다. 셋째, 지역농업 연구는 지역의 농촌지도와 직접 연계되어 농업연구 결과를 가장 쉽게 농민들에게 전파할 수 있다. 따라서 지역농업 연구의 분산화에서 오는 규모경제에 따른 불리함을 기술전파의 편의성과 신속성에 의하여 어느 정도 극복할 수 있다.

지방자치제가 확립되어 지역주민의 정치적 영향력이 지역농업의 정책결정에 중요한 요인이 되고 있는 환경에서는 지역농업 연구가 실제로 지역농업 발전에 미치는 영향은 크다. 국가의 일반적인 농업목표를 달성하기 위하여 체계적인 국가 농업연구를 수행하고 기초적인 농업연구를 체계화한 국가 농업 연구기관과 지역농업 연구는 다르다.

오늘날 지역 환경에 적합한 조건에서 지역농업의 목표를 달성하기 위하여 지역농업 연구를 체계화한 지역농업 연구의 필요성이 점점 커지고 있다. 그러나 지역농업 연구가 국가 농업 연구체계와는 독립적인 체계를 가질 때는 지역행정이나 지역경제의 특성에 따라 본래의 지역농업 연구와는 다른 결과를 초래할 가능성도 없지 않다. 왜냐하면 지역농업 연구예산의 제약에 따라 지역농업 연구의 목적과는 달리 현실적으로 실현 가능한 연구영역에 한정되거나 지역경제나 주민에 대한 투자의 우선순위에서 벗어날 경우 본래의 목적에 알맞은 투자가 이루어지지 못하기 때문이다. 지역농업 연구는 지역경제의 특성이나 농업문제의 특성에 따라 시장경제에서 시장 실패로 나타나는 부문이 크고 지방자치체제의 자율성 때문에 현실적으로 이와 같은 가능성을 배제할 수 없다.

6.2.2 지역농업연구소를 결정하는 요인

지역농업 연구에서 중요한 요소는 지역농업연구소의 수, 설립위치나 규모와 운영 방향이다. 지역농업 연구는 행정구역이나 동질적인 기후환경을 중심으로 이루어져야 하지만 연구자원의 제약에 따라 가장 합리적인 연구소 수, 위치, 규모가 결정되어야 한다. 지역농업연구소는 그 지역의 주요 생태 환경조건에 따라 효과적으로 농업 적응 시험을 수행할 수 있는 최소의 요건을 구비해야 한다. 그러나 실제로 지역농업연구소의 설립은 이와 같은 최소 요건에 의해서만 결정되는 것이 아니며 다양한 정치적, 사회적, 지역적 여건에 따라 결정되기 쉽다. 따라서 최소 자원의 필요를 충족시키지 못하고 난립되거나, 농업환경이 생태적인 측면에서 중복되거나, 최소 적응연구를 수행할 수 있는 연구인력보다 과다한 연구소를 설립하는 경우는 회피해야 할 것이다. 또한 기초연구를 충족시킬 수 있는 지역농업연구소를 설립한 후 이를 근거로 지역농업연구소 지소(branch)를 만들거나 현장 연구포장(on-farm experiments)을 설치하는 방법도 고려해야 할 것이다.

지역농업연구소가 어디에 설립되어야 하는가도 결정해야 할 중요한 문제이다. 실험포장의 중요성을 고려할 때는 도시에서 떨어져 있는 농촌지역이 적합할 수 있다. 그러나 실험포장이 아니라 실험실에서 연구가 주로 이루어지고 연구자들의 사회활동이나 기본적인 서비스, 교통통신 등 편의시설이 중요한 고려대상일 경우에는 농촌지역보다 도시주변이 더 적합할 것이다. 그러나 농과대학과 가까운 곳에 지역농업연구소가 위치하면 연구협의가 대학교수들과 쉽게 이루어질 수 있고, 프로젝트에 대한 공동연구, 연구인력을 수시로 이용할 수 있으며, 도서관시설 등 연구자원에 대한 활용이 가능하다는 등 여러 가지 장점이 있다.

실험시설이나 실험포장, 건물 등 대규모 시설이 필요할 경우에는 대도시보다 농촌지역이 유리하다. 그러나 사회경제적 조건이나 연구자들의 편의성에 따라 농촌보다 대도시 주변이 유리할 경우가 있다. 이러한 갈등을 조정하기 위해서는 연구소 본부와 실험실은 대도시 주변에 위치하고 실험포장이나 실험 연구건물 등은 농촌지역에 위치하는 것도 하나의 방법이 될 수 있다. 그러나 지역연구소는 연구자들의 사회활동과 가족의 교육, 건강, 레크리에이션 시설 등을 어느 정도 갖춘 도시근교에 위치하거나 대학 등 연구시설과 협동연구가 쉽게 이루어질 수 있는 위치가 적합하다. 물론 쉽게 접근할 수 있는 교통이 편리한 지역이 연구자들뿐만 아니라 농민들이 쉽게 접근할 수 있는 중요한 요인이 된다. 또 다른 요인은 국가의 농업목표를 설정하고 계획을 수립하는 중앙부처와 연계가 쉽게 이루어질 수 있는 위치도 점차 중요성이 커진다.

지역농업연구소의 연구수행을 위해서 고려해야 할 또 다른 요소들은 하부구조(infra-structure)로서 실험실 빌딩, 연구원 거주지, 식물원(green house), 도서관, 농장건물, 도로, 전기 및 수도, 시설포장 등이다. 실험실 빌딩은 각 실험실에 유리온실, 선발실(screen house), 육종실험실 등이 구비되어야 하며 실험경과에 따라 환경을 변화시킬 수 있도록 신축성을 가져야 한다. 실험연구에 필요한 장비는 가장 중요한 요소이기 때문에 사전에 충분한 분석을 하여 구입하여야 하며 구입 후에는 이를 적절하게 사용할 수 있도록 계획을 세워야 한다. 또한 실험 중장비를 사용할 수 있는 훈련된 요원이 언제나 가능하도록 해야 한다. 특히 최근에는 작물재배를 위한 경운, 파종, 농약살포, 수확에 필요한 장비가 다양하며 토성을 분석하고 계측하는 장비 등이 필요하다. 물론 컴퓨터 등 최신 장비의 주기적인 교체도 필요하다. 이러한 장비사용을 위한 중장기 계획이나 수선과 유지에 필요한 일상적인 단기계획도 수립해야 한다.

6.2.3 지역농업 시험포장의 기능과 운영

지역농업 연구에서 가장 중요한 시험포장을 운영하기 위해서 고려해야 할 요인들은 시험포장의 기능, 부지선정, 규모 및 운영이다. 실험포장은 연구자들이 실질적인 훈련을 수행하고 농장경영을 위한 실습, 기술개발을 위한 현장시험, 전시효과 및 농민에 대한 서비스를 제공하는 기능을 수행한다. 시험포장의 부지는 그 지역의 주된 토양성분을 나타내는 일정한 토양(uniform soil)으로 대표성이 있어야 하며 경사가 심하지 않아야 한다. 불규칙적인 토양이나 토질, 경사를 갖는 지역은 부적합하다. 따라서 넓은 실험포장에서 적합한 지역은 목표하는 실험포장으로 사용하고 부적합한 지역은 여러 가지 다양한 영농체계를 위한 연구를 수행할 수 있다.

시험포장의 규모는 여러 해에 걸쳐 반복실험을 하거나 실험 후 효과(after-effects)를 분석하는 것이 중요하기 때문에 이를 고려하여 실험포장의 규모를 산정하여야 한다. 이러한 기간은 최소한 3년은 걸리게 된다. 따라서 새로운 시험을 하기 위해서는 한 해에 실험하기 위하여 필요한 규모보다 3～4배 이상의 면적이어야 한다. 실험포장에는 농장에서 필요한 장비가 갖추어지고 이를 수선·유지하기 위하여 수선유지 할 수 있는 장소(maintenance shop)가 구비 되어야한다. 시험포장의 운영을 위해서는 연구자가 아니라 시험포장 운영자(farm manager)가 중요하다. 운영자는 연구자들이 적절하게 실험을 할 수 있도록 제때, 제자리에 토지, 재배, 관개배수, 장비, 실험용품, 노동을 제공하고 시험포장 내에서 시험포장이 일반 농가의 농장과 똑같이 기능을 하여 시험이 원활하게 진행될 수 있도록 주의를 항상 기울여야 한다. 매니저는 언제나 연구자들과 정례적인 회합을 통하여 연구자들이 연구에 필요한 사항을 점검하여 시험에 어려움이 없도록 배려할 수 있어야 한다. 뿐만 아니라 연구자가 언제나 시험포장에 있는 것이 아니기 때문에 시험연구 과정에서 일어날 수 있는 돌발사태, 예를 들면 기후가 갑자기 돌변한 다든가, 실험장비가 제시간에 들어오지 못 할을 때 등 이에 대한 즉각적인 대처가 이루어질 수 있도록 실험내용에 대한 이해가 있어야 한다.

실험포장의 배분은 각 부서에 고정적인 규모를 배분하거나 작물의 윤작체계에 따라 계절적으로 배분하는 방법이 있다. 고정적으로 배분하는 경우에는 반복을 피해야 하는 시험이나 윤작조건에서 수행하는 연구는 수행하기 어렵다. 계절적 배분은 전체면적을 효율적으로 사용하기 어렵다는 문제점을 갖기 때문에 이를 적절하게 조정하여 시험포장의 배분이 이루어져야 한다. 시험포장의 실험내용이나 포장사용에 관한 기록은 체계적으로 이루어져 보관되어야 한다. 이를 위하여 재배작물, 경운기록, 비료와 농약사용에 대한 기록이나 노동, 농기계, 기타 투입물에 대한 기록은 농장의 경영분석이나 새로운 기술개발을 위한 정보를 제공하는 데 중요한 자료가 된다. 이러한 한해 한해의 기록이 정리되어 장기적인 자료를 제공하여 기술개발의 역사적 발전을 알 수 있도록 정리되고 보관되어야 한다.

6.2.4 지역농업 연구의 과제와 정책 방향

지역농업 연구는 비록 앞서 본 바와 같이 농업의 지역특성(location-specific)에 따라 지역에 알맞은 농업기술의 적합성 시험을 위하여 필요하나 전체적인 국가 농업연구체계 내에서 지역농업 연구체계가 이루어져야 한다. 그러지 않는 경우에는 연구노력의 분열(fragmentation of research effort)현상이 나타나고 조정이 이루어지지 않으며(lack of coordination), 낭비적인 중복연구(wasteful duplication)가 이루어지기 때문에 지역농업 연구는 국가의 농업 연구체계 내에서 상호 연계되어야 한다. 이것은 국가 농업 연구와 지역농업 연구의 연계와 지역농업 연구와 지역농업 연구 간의 연계를 말한다. 이와 같이 지역농업 연구는 전체적인 국가 농업 연구체계 내에서 농업 연구와 지역의 특성을 반영하는 농업 연구의 이중적인 기능으로 전체 국가 농업 연구체계 내에서 조정될 수 있는 단일체계(a single system)로 되어야만 제대로 기능을 수행할 수 있다.

일반적으로 지역농업 연구에서 그 지역의 단일작목에 대한 한정된 연구는 단작체계(mono-cultural system)에서 오는 위험이나 단점에서 벗어나기 어렵다. 따라서 어떤 영농체계에 통합되기 어려운 분야나 작목, 예를 들면 임업이나 수산연구, 쌀 연구 등을 제외하고는 여러 작목이 통합되어 다양화된 지역연구체계를 가져야 한다. 왜냐하면 지역농업 연구는 새로운 기술을 개발하기 위해서 단일품목이 아니라 농가의 영농체계(farming systems) 내에서 농업연구가 이루어져야 하기 때문이다. 이것은 지역농업연구소는 기본적으로 식물생리, 곤충, 토양 등 기초분야에 대한 연구를 공통으로 수행하여야 하기 때문에 이 모든 분야에 대한 최소한의 연구가 이루어져야 한다. 따라서 지역농업 연구가 한 분야에 치우쳐서는 안 되며 학제 간의 상호 긴밀한 연계를 바탕으로 연구체계가 이루어져야 한다. 한 지역연구소 내에 여러 그룹을 형성하여 상호 협력에 의한 기초연구와 기본적인 정보교환을 통하여 학제간의 협조가 이루어져야 할 것이다. 물론 지역농업 연구기관은 한정된 연구자원을 효율적으로 운용하기 위해서 지역의 대학이나 다른 연구소와 협력체계를 통하여 최소한의 연구자원을 활용할 수 있다. 더구나 현장연구나 영농체계에 관한 영농체계화 연구(farming systems research)를 위하여 지역 시험농장만이 아니라 지역현장에서 지역의 현장농민들과 쉽게 협조할 수 있는 장점을 충분히 활용하여야 한다.

6.3 지역농업 발전의 전망과 정책과제

6.3.1 지역농업 발전과 그 한계

지역농업은 외부경제를 농업경영에 보다 유리한 상태로 내재화시킬 수 있는 조건의 한 형태로서 나타나는 공간구조를 의미한다. 지역농업 정책은 외부효과의 일종인 집적효과(agglomeration ettects)로 인하여 지역과 같은 공간개념을 명시화하지 않는 전국을 대상으로 하는 일반농업 정책과 구분될 수 있다. 따라서 농업내부에서 농가소득의 증대 및 안정성이나 농업자원의 적정배분은 시장경제에서 개별경영에 의하여 이루어지며 국가의 일반농업 정책은 이를 대상으로 하게 된다. 그러나 경제발전 과정에서 나타나는 농업소득문제나 농업구조문제 등 농업문제는 일반농업 정책으로 풀 수 있는 농업내부의 문제만이 아닌 산업 간의 문제나 지역문제로 접근하여야 할 필요성이 있다.

농업소득을 높이기 위해서는 노동생산성을 올려야 한다. 노동생산성을 높이기 위해서는 토지생산성을 올림과 동시에 경지면적을 늘려야 한다. 미국과 같이 땅이 넓은 나라에서는 노임에 비하여 농지가격이 상대적으로 낮기 때문에 농업 기계화를 통하여 노동생산성을 올릴 수 있으며 공업부문에서 노동력을 흡수함으로써 농업의 구조조정이 이루어질 수 있었다. 더구나 미국은 농지가 많기 때문에 농지를 넓혀 농업 기계화를 통하여 농업구조조정을 이루었다. 뿐만 아니라 농업구조조정에 의한 농업생산력 증진으로 농업소득을 높여 농가 소득문제와 농업구조문제를 동시에 해결할 수 있었다. 그럼에도 불구하고 패리티 가격정책이나 부족불제 등 농업소득정책이나 가격정책과 같은 일반농업 정책의 한계를 극복하기 위하여 지역경제 정책을 통하여 지역농업 자원의 활용증대를 도모하였다.

그러나 일본과 같이 인구가 과밀하고 토지가 부족한 나라에서는 농외소득을 향상시켜 농가소득을 올림으로써 식량문제 다음에 나타나는 농촌의 소득문제를 해결할 수 있었다. 더구나 그동안 농산물 가격지지에 따라 농업소득이 높고 쌀 생산 기술의 발달로 쌀 전업농과 겸업농가의 생산성 격차가 크지 않기 때문에 일본의 농민들은 대부분 쌀 생산을 계속하는 겸업농가의 형태를 취하였다. 농민들은 농가소득이 높은 농외소득으로 인하여 도시근로자들의 임금소득 수준보다 높아 농촌의 소득문제는 해결하면서도 농업의 구조문제는 그대로 농업문제로 남아 있게 되었다. 따라서 일본은 농업구조문제를 지역농업의 조직화라는 지역농업 접근방법으로 해결하고자 한다. 일본의 지역농업은 지역 내에서 농업경영을 계속하고자 하는 확대 지향형 전업농가의 농업소득을 높이기 위해서 농업노동과 농업자원을 효율적으로 활용할 수 있도록 한다. 또한 지역 내에서 겸업농으로 농업경영을 축소하려는 농가에 대해서는 소유하고 있는 농업자원을 지역 내의 타농가가 유용하게 활용할 수 있게 하며 농외소득에 의한 농가소득 증대를 도모하게 한다. 한편 지역 내 농가들의 농업소득과 농외소득 증진을 통하여 지역농업의 전체적 이익을 추구하고 지역농업의 자원 활용을 효율적으로 이루어 농산물 생산비를 낮춘다. 동시에 지역 내 농촌 환경과 지역농업 자원을 보전하고 지역생활 환경의 정비를 촉진하는 것을 지역농업 발전의 목표로 설정하였다.

한국의 농업문제는 과거 1960년대 이래 수출 주도형 공업화를 추진하는 과정에서 주곡자급을 달성하기 위한 식량증산 정책에 따라 주곡의 자급을 이루었다. 그러나 농촌과 도시의 소득격차를 해소하기 위한 농산물 가격정책이나 소득정책 등 일반농업정책에 의한 농업 보호정책이 제대로 이루어지지 못했다. 따라서 우리농업은 농업소득문제가 그대로 남아 있는 가운데 수입 농산물 개방화에 따라 농산물 생산비절감을 통한 국제 경쟁력 제고를 위해 농업구조조정을 이루어야 한다는 이중적 부담을 그대로 안고 있다.

우리나라는 미국이나 일본 농업발전과 다르다. 미국은 농업구조조정을 통하여 농업구조문제와 동시에 농업소득문제를 해결하였다. 일본은 농외소득 제고를 통하여 농가소득문제를 해결하고 또다시 직면한 농업구조문제를 해결하기 위하여 지역농업의 조직화를 도모하였다. 우리나라의 지역농업 개발은 국가농정의 기본목표와 연계되어 추진되어야 한다. 우리 농정의 기본목표인 농업의 경쟁력 강화, 농촌의 생활여건 개선, 농민의 복지향상을 바탕으로 지역농업 발전방향이 모색되어야 한다는 의미이다. 이것은 바로 농민의 이농을 막아 지역인구의 역외유출을 억제하고 환경을 보전하여 농촌중심의 정주생활 체제를 유지하는 것이다.

그동안 농촌의 급격한 인구감소는 농가소득의 상대적 감소에 기인하였다. 따라서 과학영농에 의한 지역농업 생산성 제고와 지역농민 후생증대라는 기본 목표를 통하여 농가소득을 높이고 이를 바탕으로 지역을 중심으로 복지농촌 건설의 목표를 달성할 수 있어야 한다. 농업 기계화를 통한 노동생산성 향상은 전업농 육성에 의하여 농업소득으로 가계비를 충당할 수 있을 만큼 농업소득을 높이고 외국 농산물과 경쟁할 수 있어야 한다. 또한 농촌 공업개발이나 농산물 가공업 및 농업연관 산업·관광산업의 육성·농촌 환경개선을 통하여 농촌주민의 역외유출을 막아야한다. 지역인구의 유출은 장기적으로 수요 감소와 노동력 감소를 초래하여 지역경제 성장을 저해하는 근본요인이 되기 때문이다.

우리의 지역농업 발전방향은 지역 내 농업 자원의 효율적 배분에 의하여 농업생산력을 높이기 위해서 다양한 농업 경영체를 지역농업 내부에서 육성하고 이를 포괄할 수 있는 지역농업 조직체를 발전시켜야 한다. 그럼으로 비로소 농기계나 품목별, 유통·금융 중심의 생산조직을 보다 확대하고 농촌지역경제의 다원화를 추구할 수 있다. 이는 농업의 지역적 비교우위를 극대화시킬 뿐만 아니라 지역여건에 따라 농촌 공업개발과 농산물 가공·농업연관 산업·관광·휴양산업을 포괄한 지역경제의 다원화를 의미하는 것이다.

우리나라의 지역농업 개발은 단순히 농업의 기계화에 의하여 규모경제를 위한 농업구조조정만이 아니라 농업소득정책과 농업가격정책 등 일반 농업정책에 연계되어 추진되어야 한다. 이것은 우리나라의 농업문제가 지역의 불균형 성장이나 도시문제, 환경문제와 밀접한 관계를 가지며 조건 불리지역이나 한계자원 고용산업으로서 지역농업의 특수성을 나타내기 때문이다. 여기서 바로 우리나라 지역농업 발전의 한계를 엿볼 수 있다.

우리나라의 지역농업 문제는 농업구조조정보다는 산업 간의 문제로 접근하여 일반농업 정책을 보완하기 위한 하나의 시도인 미국의 지역농업 문제와 다르다. 또한 농가소득문제보다 광범위한 겸업농가를 포용한 채 지역농업의 조직화에 의하여 농업내부 문제인 농업의 구조조정을 이루기 위한 일본의 지역농업 문제와 다르다.

우리나라의 농업문제는 역사적으로 농업의 가격정책이나 소득정책에 의하여 농업의 구조조정 문제나 농가 소득문제를 해결하지 못한 채 지역농업 발전에 의하여 모든 문제를 일시에 해결할 수 있는 방법을 모색하고자 하는데 문제가 있다. 그렇다고 농업발전 과정에서 나타나는 지역농업의 중요성을 과소평가할 수 없는 것이 또한 현실이다.

비록 지역농업 문제에 의한 접근방법으로 모든 농업문제를 해결할 수 없다 하더라도 현실적으로 나타나는 지역농업 문제를 외면할 수 없다. 따라서 오늘날 우리나라의 농업발전을 위한 모든 짐을 지역농업 발전이 짊어지게 될 때 지역농업에 부과되는 과제는 실로 과중한 것이며 그것이 가져오는 효과는 결과적으로 미미할 수밖에 없다. 이것이 바로 우리나라의 지역농업 문제가 직면한 딜레마인 것이다.

6.3.2 지역농업 발전의 정책과제

6.3.2.1 지역농업 발전의 선행조건

지역농업 발전을 위해서는 원활한 농업 생산요소의 공급, 농산물 판매시장, 농업자금, 농업 연구기관, 생산 기반시설과 하부구조(infrastructure) 등 물적, 인적 제 요인이 필요하다. 지역농업에서 농가의 경영주체는 시장경제에서 시장신호(market signal)에 의하여 생산활동이 이루어지게 되지만 앞서 본 이론적 배경에 비추어 지역농업 발전을 위한 선행요건으로서 다음과 같은 세 가지가 먼저 이루어져야 한다.

첫째, 지역농업 발전을 위하여 생산기반 시설의 확충, 도로 등 하부구조 및 과학영농을 위한 지역농업 연구기반의 조성이 이루어져야 한다. 즉, 수리·관개·배수·경지정리 등 농업 생산기반 시설의 확충이 선행되어야 한다. 특히 오늘날의 농업 생산기반은 농업 기계화를 위한 경영규모의 확대나 구조개선을 통한 농지의 효율적 이용을 목적으로 한다. 따라서 경지정리, 배수개선 및 대단위 농업 종합개발계획에 대한 중요성이 크며 이것은 지역개발이나 농촌 정주권 개발과 연계되어 추진되어야 한다. 특히 쌀 이외의 다른 작목의 다양화를 위하여서는 밭의 수리시설이 필요하며 구조개선을 위한 재경지 정리사업이 이루어져야 한다. 농업기술 개발은 분야별, 품목별, 전문가들에 의하여 실험실이나 실험포장에서 이루어진다. 그러나 농업기술의 자연적 또는 지역적 특성(location-specific)은 공업기술과는 달리 환경에 대한 적합성문제 때문에 연구기관의 실험수준과 지역농민의 생산 수준 간에 상당한 기술격차를 가져온다. 또한 지역농민의 영농에 대한 문제의식 파악, 의사결정에 관한 정보, 농업기술과 작부체계와의 연계 등 적정 기술개발은 현장농업 연구(on-farming research)에 의해서 가능하다. 현장농업연구는 농업현장에서 농민의 참여 속에 이루어지는 농업연구이며 전문 농업연구진과 농민과의 지속적 접촉을 통하여 이루어질 수 있으며 지역농업 개발을 위한 선행요건이 된다.

둘째, 농업구조개선은 결과적으로 그 지역에서 탈농이나 복지대상 농가를 다량으로 배출하기 때문에 이에 대한 적극적인 대책이 선행되어야 한다. 즉 이들을 지역 내에서 흡수할 수 있도록 지역개발 정책과 연계가 이루어져야 한다. 지역 공업개발, 농업 연관산업, 농산물 가공산업, 관광농업 등 지역개발 정책과 지역농업 정책이 연계되지 않을 때 이농에 의한 지역인구의 역외유출을 억제할 수 없을 뿐만 아니라 장기적으로 지역경제 성장의 정체요인이 될 수 있다. 뿐만 아니라 오늘날 크게 문제되고 있는 농촌인구의 고령화에 대한 대책도 없이 젊은 전업농 육성을 중심으로 한 농업 구조개선 사업의 추진은 농촌의 사회문제로 나타날 수밖에 없다. 특히 WTO체제하에서 농업 보조금의 감축이나 철폐, 국경보호의 철폐에 따른 농산물 수입개방화의 진전은 농민소득을 감소시키게 된다. 따라서 WTO에서 허용하는 농민에 대한 직접지불(direct payment)에 의한 보조가 뒷받침되어야 한다. 즉 농작물 재해보험·의료보험·학자금보조·복지연금 제도가 먼저 도입되고 환경보전을 위한 여러 가지 형태의 직접지불제도가 선행되어야 한다. 이것은 시장경제로 설명되지 않는 농업의 비교역적 기능에 관한 경제논리로 그 당위성을 설명할 수 있으며 이러한 전제위에서 비로소 지역농업 발전이 이루어질 수 있기 때문이다.

마지막으로, 지역농업 발전을 위한 세 번째 선행요인은 농업구조개선에 의한 시장경쟁력을 강화하기 위하여 필요한 기계화나 또는 지역농업 자원의 효율적 배분을 위한 생산기반 조성을 위하여 농지의 교환분합이나 농업생산과정에서 농기계의 공동이용 등이 필요하다. 따라서 지역농업의 경영체를 다원화하기 위하여 농민의 지역단위의 합의체 형성이나 지역생산조직의 합리적 운영을 도모할 수 있는 지역의 조직화가 이루어질 수 있는 사회경제적 여건이 이루어져야 한다. 농지유동화, 위탁영농 등에 대한 제도적 정비가 이루어지면서도 이를 지역농업의 다원화된 경영체에 포괄할 수 있는 제도적 운영을 농민들이 제대로 수행할 수 있는 역량을 갖추지 못할 때 나타나는 사회적 손실은 실로 크다. 따라서 민주적인 방법에 의하여 농민들의 의사가 농촌현실을 반영할 수 있는 농민 스스로의 제도적 장치가 성숙되어야 할 것이다. 이러한 제도적 장치는 농민의 지역별, 품목별, 기능별 생산조직이나 조합형태 등에 의하여 다양하게 이루어질 수 있다.

이러한 몇 가지 선행조건의 성숙과 함께 지역농업 발전이 비로소 원활하게 이루어질 수 있다. 그렇지 못할 경우에는 농업문제로 나타나는 도시문제·실업문제·환경문제 등 경제발전의 역기능에 따른 사회·경제문제의 심각성이 지역농업 개발과정에서 그대로 노출될 것이다.

6.3.2.2 지역농업 발전전략과 정책과제

농업개발 전략에서 가장 중요한 과제는 바로 농업구조 개선이다. 지역농업의 구조개선을 위해서는 권역(圈域)을 중심으로 한 권역별 접근, 생산 작목이나 특화작목을 중심으로 한 작목별 접근, 농가유형(農家類型)을 중심으로 한 농가 유형별 또는 영농조직 형태별 접근 등 여러 가지 접근방법이 있다. 앞서 본 바와 같이 지역농업 개발방향은 이러한 다양한 접근방법에 공간구조로서의 지역요인을 고려하여 다원화하는 것이다.

먼저 권역별 분류에 의하면 도시근교, 평야지대, 산간지대, 준산간지대 등으로 나눌 수 있다. 도시근교를 중심으로 한 도시근교 농업지대에서는 과일, 채소, 화훼 등 소득 작목을 중심으로 토지 절약적이고 자본 집약적인 시설농업이 중심이 될 수 있다. 평야지대를 중심으로 한 쌀 생산지대에서는 쌀 중심의 전업농을 육성하기 위하여 대형농기구를 이용할 수 있도록 농업 기계화를 위한 재경지 정리 등 생산기반 시설을 통하여 규모 확대를 이룩해야 한다. 준산간지대에서는 쌀의 전업농 육성이나 쌀과 특화작물의 결합으로 복합영농을 통하여 소득증대와 농기계의 공동이용에 의한 생산비 절감이 이루어져야 한다. 산악지대는 미곡의 비중이 비교적 낮고 초지조성을 통한 축산과 인삼, 고랭지채소, 버섯 등 지역 특화작목을 미곡과 결합시켜 특화작목 중심의 농업경영구조가 유리하다. 또한 관광개발과 연계한 관광농업이나 축산개발의 잠재력을 개발해야 할 것이다.

품목별 접근방법으로는 특화작목에 따라 쌀·보리 등 대규모 영농의 유리성이 큰 토지 이용형 작목은 평야지에서 전업농으로 육성할 수 있고 또는 위탁영농과 보완하여 생산비를 절감시킬 수 있다. 배·사과·양돈·양계 등 품목은 우리나라도 어느 정도 비교우위가 있기 때문에 수출 농산물로 육성시킬 수 있다. 이러한 품목은 대규모 영농의 유리성보다 개별적 관리기능이 중요하기 때문에 개별경영에 의한 전업농 중심으로 지역농업 개발이 이루어질 수 있다. 채소, 생유, 화훼 등은 수입개방이 이루어져도 수입운송과 저장에 따른 비용으로 비교적 경쟁력을 가질 수 있기 때문에 생산비 절감을 통한 국제 경쟁력 제고가 바람직하다. 특히 채소, 화훼 등은 시설자동화 등 토지 절약적이고 자본 집약적인 농업으로 복합경영으로서 개별 경영 중심의 전업농 육성에 의하여 이루어질 수 있다.

농가의 유형별 접근에 따르면 전업농은 단작 중심의 전업농과 복합영농 중심의 전업농으로 나눌 수 있다. 또한 농업이외의 농외취업에 의하여 농외소득을 얻을 수 있는 겸업농이 있다. 단작중심의 전업농으로서 평야지대 쌀 생산 농가는 기계화에 의한 경영규모 확대와, 직파재배 기술도입에 의하여 생산비 절감을 이루어야 한다. 도시 근교는 과수, 채소 등 단작 중심의 전업농이나 산악지대와 준 산간지대는 양계, 양돈 등 축산농가, 고랭지채소, 인삼 등 특작을 중심으로 한 단일경영 전업농이 유리하다. 우리나라의 평야지대는 대부분 전형적인 쌀 중심의 농업형태로서 농외취업의 기회가 극히 제약되고 평야지대의 일부지대를 제외한 대부분 지역이 경영규모가 크지 않아 두 작목 이상의 다각경영을 하는 복합영농 중심의 전업농으로 나눌 수 있다. 따라서 논과 밭 작목의 결합에 의한 복합영농이나 논에서 비닐하우스에 의한 채소, 쌀과 과수, 축산 등의 복합영농이 일반적이다. 이와 같은 형태의 영세소농은 마을 중심으로 기계의 공동이용이나 작목반 조직을 통하여 특화 작목의 개발육성이 이루어져야 한다.

이와 같이 지역농업의 농업 구조개선과 발전을 모색하기 위하여 권역별, 작목별, 농가 유형별, 영농조직 형태별 접근에 의하여 지역농업의 특성에 비추어 앞으로 추진해야할 과제와 전략을 간단히 살펴보았다. 지역농업이 나가야 할 방향은 여러 가지 형태가 지역특성에 따라 다양하게 전개될 수 있으며 어느 한 방향으로 획일적인 모형이나 전략을 제시할 수 없는 것이다. 지역여건에 적합한 개발방향은 다양하게 전개될 수 있기 때문이다. 따라서 지역 정책당국, 농업관련 산업 기업가, 농민들은 지역농업 개발을 위한 선행요건 충족의 바탕 위에 지역농업 구조개선을 위한 여건을 조성하고 각각의 기능이나 역할분담에 따라 장기적인 방향에서 이것이 조정되어야 할 것이다. 그러나 이러한 조정은 지역 농업연구소를 중심으로 과학기술에 의한 생산력 증대나 성장의 장애요인을 극복하는 기반에서 이루어져야 한다. 오늘날과 같이 과학기술 위주의 농업에서 지역농업의 발전은 지역농업연구소에서 권역별, 작목별, 농가 유형별, 영농조직 형태별 농가의 조정을 위한 연구를 바탕으로 효율적이고 효과적으로 이루어질 수 있다.

참고문헌

강봉순 외(1984), "주요 생산조정 지향작목의 지역특화에 관한 연구", 「연구보고」 76, 한국농촌경제연구원.

박정근(1993), "전북 농업구조의 개선방향", 전북대학교 「농대논문집」, 제24집.

박정근 외(1993), "전북농업생산의 특성과 발전방향", 「농업경제연구」 vol.30.

최양부(1984), "농업연구의 변화와 농업구조정책의 새로운 구상", 농업경제학회 심포지움 논문.

최양부(1986), "한국농업의 발전방향과 지역농업개발", 제3차 농어촌지역 종합개발 워크숍.

박진도(1993), "농업구조개선과 지역농업의 개발", 농정연구포럼.

어명근 외(1993), "지역 전략산업 선정에 관한 연구", 한국농촌경제연구원 연구보고 293.

한국농업경제학회(1991), "지방자치제와 지역농업개발", 심포지엄자료.

Hayami, Yujiro(1988), *Japanese Agriculture under Siege*, Macmillan Press.

Mosher, A. T.(1969), *Creating a Progressive Rural Structure*, ADC Inc.

제3부

농업 연구방법과 연구평가

사막의 산세베리아꽃
(미국 네바다대 박도환 교수 제공)

농업연구는 농업의 지역적 특성에 따라 실험실 수준과 농가수준의 기술격차가 크기 때문에 적정기술개발을 위해서는 현장연구의 중요성이 크다. 또한 농업연구는 단순한 기술적 문제만이 아니라 농가의 사회경제적 특성에 따라 제약조건이나 해결방안이 달라져 사회과학자들을 포함한 학제간의 연구가 필요하다. 농업연구는 단순한 작부체계를 중심으로 한 농업경영의 합리화를 넘어서 국가의 농업정책과 연계된 농업경영의 합리화가 모색되어야 하기 때문이다. 따라서 농민이 참여하는 현장연구와 학제간의 연구가 중심이 되는 영농체계화연구(farming systems research)에 의하여 농가수준에서 기술적, 사회경제적 제약조건을 문제해결방식에 의하여 접근해야 한다. 이러한 접근방법은 공공 농업연구기관과 대학 등의 주도하에 이루어질 수 있으며 쌀 직파재배나 정밀농업 등 여러 가지 구체적인 현장 농업문제에 응용할 수 있다 쌀 직파재배는 농촌노동력 부족과 영농규모의 확대에 따라 호남지역의 대농을 중심으로 확산되었으며 정밀농업은 친환경농업을 지향하는 농업정책에 따라 저투입지속적 농업의 실현을 위해 실험단계에서 실제농가 수용 가능성을 모색하기 위한 접근이다. 앞으로 농업연구의 접근방법은 현장연구를 중심으로 농가의 현실 문제를 해결할 수 있는 영농체계화 연구방향으로 나아가야 할 것이다.

농업 연구개발은 공공기관에서 주도적으로 개발되기 때문에 연구관리를 체계화하여 연구기관의 제도적 역량을 배양할 필요가 있다. 왜냐하면 농업기술이 과거와는 달리 공급자 중심에서 수요자 중심으로 전환하면서 연구투자의 기술수요에 대한 반응과 연구평가 기능이 중요하기 때문이다. 따라서 농업 연구개발 평가모형이 정립되고 이에 따라 연구자원 배분의 합리화를 위한 우선순위 결정이 이루어져야 한다. 농업 연구개발 평가모형에서는 평가를 위한 관리체계뿐만 아니라 평가기준의 선정과 이에 따른 우선순위 결정의 이론과 실제가 정립되어야 한다. 연구자원배분의 우선순위 결정은 기준에 따라 달라지기 때문에 최선의 기준을 설정하기는 어렵고 여러 가지 기준에 따라 다양한 접근방법이 모색될 수 있다.

제 7 장

영농체계화 연구

기술개발은 분야별, 품목별 전문가들에 의하여 실험실이나 실험포장에서 이루어진다. 농업기술은 자연적 또는 지역적 특성(location specific)에 따라 공업기술과는 달리 연구기관의 실험수준과 농민의 생산수준의 기술격차를 보인다. 또한 농민의 영농에 대한 문제의식의 파악, 의사결정에 관한 정보, 영농기술과 작부체계와의 연계 등이 중요하기 때문에 적정기술 개발을 위해서는 현장농업연구(on-farm research)가 중요하다. 현장농업연구는 농업현장에서 농민이 참여하여 이루어지는 농업연구이다. 전문 농업연구진과 농민이 지속적인 접촉을 통하여 농민들의 제약조건이나 문제점들을 타개하는 접근방법이다. 더구나 농업기술은 사회과학자들이 참여하여 학제 간(interdisciplinary)의 정보교환을 바탕으로 실험수준과 농민수준의 기술격차를 줄이고 국가의 농업정책 목표와 개별농가의 농업경영 목표를 조정할 수 있어야 한다. 농업기술 개발을 위한 연구자원 배분은 기술 개발과정 분석을 중심으로 농업기술의 특성이 고려되어야 한다. 왜냐하면, 이러한 특성에 따라 농업 연구자원의 배분은 공공기관과 민간기관, 기초과학과 응용과학, 개발기술과 도입기술 등 여러 가지 방향이 결정될 수 있기 때문이다. 따라서 농업 연구개발 정책이나 연구자원 배분은 획일적인 정책방향보다 사회경제적 조건과 기술의 특성에 따라 다양하게 추진되어야 한다.

농업연구는 단순한 작부체계를 중심으로 농업경영 합리화 보다 개별 농업경영,

농업기술 개발, 농업구조개선에 관한 연구가 상호 연계를 가져야한다. 농업기술 개발은 현장농민의 수요에 의한 연구개발이 이루어져야 하며 농업구조문제도 단순한 규모경제 중심의 연구에 한정되어서는 안 된다. 현장연구 중심의 기술개발은 농업경영, 농업기술, 농업구조조정의 세 가지 문제를 통합하여 영농체계화에 의한 농업경영의 합리화를 모색할 수 있다. 이러한 접근방법은 농가단위의 농업경영주체의 행태분석을 중심으로 한 농가의 영농체계화(farming systems)에 의한 농업경영의 합리화를 추구하는 것이다. 이때 비로소 농업 연구개발이 농민의 수요에 의한 기술이 될 수 있다. 또 농업경영의 합리화는 농가수준에서 기술적, 사회경제적 제약요인을 문제해결방식(problem-solving approach)에 의하여 모색할 수 있다. 이러한 농가의 농업경영과 국가의 농업기술 정책의 연계가 가능한 현장농업기술 개발을 바탕으로 농업구조개선의 방향이 이루어져야 한다. 이것을 기초로 농업경영 합리화가 모색될 때 단순한 기술적 의미의 농업경영의 합리화가 아닌 기술적, 사회경제적 적합화에 의한 농업경영 합리화를 이룬다. 뿐만 아니라 이러한 농업경영 모형은 지역농업의 특성과 연결될 때 개별농가의 경영합리화를 기하고 동시에 지역개발에 의한 개별영농의 한계를 극복할 수 있다.

이 장(章)은 이러한 문제의식에서 농업 연구개발 접근방법에 기초이론을 제시할 수 있는 영농체계화 연구(farming systems research)의 이론을 정리하고 이를 분석하였다. 특히 샤너, 필립, 슈멜(Shaner, Philipp, Schmehl, 1982)의 영농체계화연구(Farming Systems Research and Development)에 대한 이론모형과 실증분석을 위한 가이드라인을 중심으로 요약한 것이다.

7.1 영농체계화 연구의 이론모형

7.1.1 이론모형

영농체계화 연구(farming systems research: FSR)는 농업을 하나의 체계나 조직(system)으로 보며 농민들이 영농하는 데 필요한 구성요소 간의 상호관계나 농민들의 환경요인들과 이러한 구성요소의 관계를 중점적으로 다루는 연구방법이다(W. Shaner, P. F. Philipp, W. R. Schmehl, 1982). FSR은 개별농가의 목표와 사회전체의 농업에 대한 목표가 일치하지 않은 상황이나 전통적인 연구방법이 실제 농가수준에서 적합하지 않은 경우에 이를 조정하기 위한 접근방법이라 할 수 있다. 즉 농민의 수익성에 대한 목표와 사회의 후생에 대한 목표를 동시에 달성할 수 있는 적정기술을 개발하기 위한 것이다 . 따라서 전통적인 농업 연구개발을 대체하는 새로운 접근방법이 아니라 전통적인 방법을 보완하는 또 다른 접근방법이라 할 수 있다. 왜냐하면 전통적인 연구방법은 개발된 새로운 기술이 언제나 농가수준에서 수용될 수 있다는 가정에서 출발 한다. 그러나 현실적으로 농가수준에서 새로운 기술이 수용되기에는 사회경제적 조건에 따라 여러 가지 문제에 직면하는 경우가 많다.

FSR은 연구개발 과정에 사회 과학자들의 참여를 통하여 농민들의 선호, 시장조건, 사회규범, 공공정책 등 모든 조건을 망라하여 고려함으로써 그러한 문제를 포함한 새로운 해결방법을 모색하게 된다. 뿐만 아니라 전통적으로 연구자와 농민을 지도사가 연결하거나 연구자와 지도사가 각각 독립적으로 농민과 연계가 이루어진 방식에서 벗어나 FSR의 중요한 현장연구(on-farm reserch)에서 연구자와 지도사, 농민이 상호 삼위일체식으로 연계된 방식을 통하여 현장연구의 효율성을 극대화 시킬 수

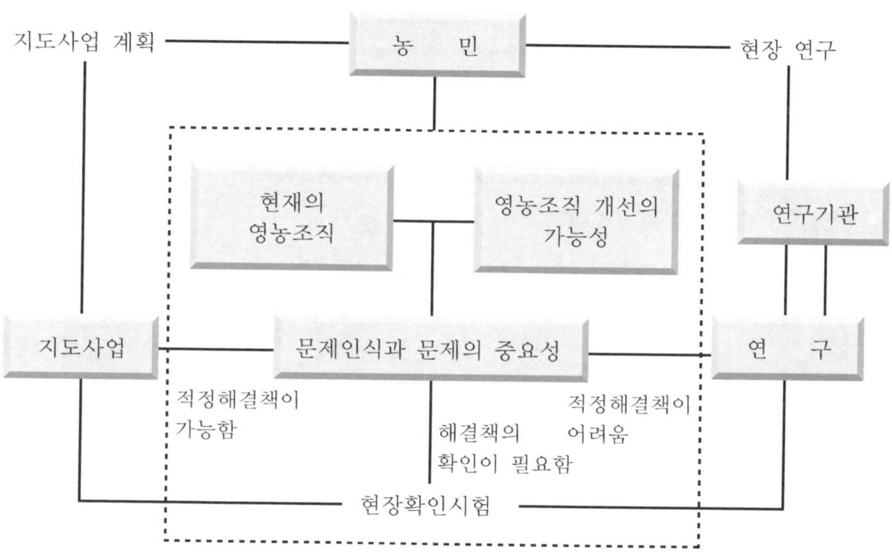

그림 7-1 FSR에 의한 농민·지도사업·연구사업간의 연계도

있다.

이러한 농민, 연구자, 지도사의 상호 연계방식은 〈그림 7-1〉에서 볼 수 있다. 즉 연구팀이 현재의 영농체계에서 농민의 활동과 가능한 새로운 영농체계를 검토하여 문제점을 파악하고 개발기회를 모색한다. 그 다음에 연구자나 지도사가 얻을 수 있는 해결책의 우선순위를 정하고 현장실험에 의하여 새로운 해결방안을 찾는 것이다.

이러한 과정을 거치기 위하여 FSR은 서로 연관되어 있는 일련의 활동을 포함하며 다음과 같은 5가지 활동으로 구분된다.

① 목표설정과 연구지역 선정
② 문제점 발견과 연구베이스 개발
③ 현장연구 계획
④ 현장연구 및 분석
⑤ 결과활용 및 보급

5개의 활동은 다음 〈그림 7-2〉와 같이 서로 연결시켜 설명할 수 있다. 먼저

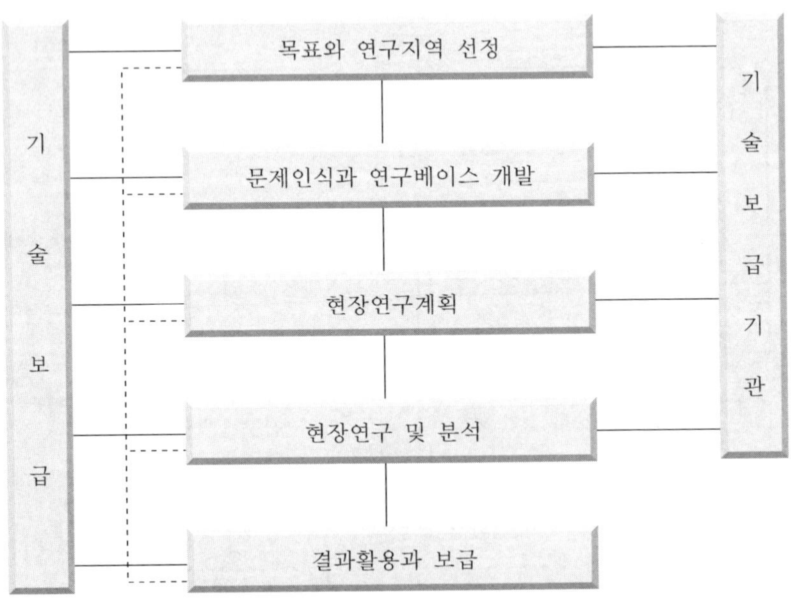

그림 7-2 FSR의 현장연구 5개 기본활동

4개의 활동과 농촌진흥청의 시험장과 같은 연구기관은 상호 밀접한 관계를 갖고 있으며 현장연구에서 중요한 지원을 할 수 있다. 농업기술센터와 같은 지도기관은 5가지 활동 모두와 연결되어 있으며 현장연구와 분석 및 결과의 보급활동은 앞의 3가지 활동과 상호 피드백한다.

FSR접근은 대상 농민집단과 지역선정에서 출발하는 데 이러한 선정은 국가의 목표, 즉 자원이용의 개선, 농가 소득증진 등에 따라 이를 위한 적정기술이나 정책개발을 목표로 한다. 물리적, 생물학적, 사회경제적 동질성을 바탕으로 지역이나 집단이 선택되어야 한다. 연구지역이 선정된 후에는 지역 내 농민들의 영농조직에 관한 문제점을 파악하며 이것은 2차 자료를 수집하고 관찰이나 농민들과 토론을 통하여 이루어질 수 있다.

현장연구에 관한 계획은 현장연구에 대한 기초 작업, 예비분석, 새로운 연구활동과 접근방법 모색 등을 토대로 이루어진다. 먼저 FSR팀은 우선순위에 따른 문제점이 무엇이며 팀 조직의 평가, 적정기술의 모색, 현실조건에 따른 가설이나 가정을 정립한다. 현장연구를 위한 예비분석에서는 가능한 변화에 따라 어떤 결과가 초래될 것인가에 대한 이해를 얻고자 하는 것이다. 새로운 연구활동이나 접근방법은 기술개발, 농민의 적응, 경영조직, 자원조건 등을 토대로 한다. 또한 실험설계, 실험기준을 설정하고 연구계획을 확정하기 전에 필요한 추가적인 자료를 수집한다.

현장연구와 분석단계에서는 FSR팀을 구성하여 현장연구를 수행하고 그 결과를 분석한다. 현장연구는 연구자가 수행하는 시험실습(researcher-managed trials), 연구자와 농민이 수행하는 시험실습(superimposed trials), 그리고 농민이 수행하는 시험실습(farmer-managed trials)의 세 가지로 분류된다. 각각의 시험실습은 시험포장 선정, 시험설계, 자료수집 및 모니터링과 분석 및 결과보고의 과정을 거쳐 이루어진다. 분석단계는 물리적, 생물학적, 경제적, 사회적 통합에 의하여 농민들이 새로운 기술을 받아들일 것인가에 대하여 예측하고 이를 측정한다. 부문시산분석법(partial budget analysis)이나 전체 농가분석법(whole farm analysis)에 의하여 새로운 기술에 대한 영향을 평가할 수 있다.

마지막으로 결과의 활용단계는 새로운 기술의 지도보급 단계를 말한다. FSR에 의한 새로운 기술개발은 상대적으로 소수의 농민들에게 보급되기 때문에 FSR과정에서 연구자와, 지도사가 서로 협력하여 기술보급을 확대하는 것이다.

7.1.2 접근방법과 그 수용조건

영농체계화연구(FSR) 접근방법이 농업발전에 기여할 수 있는 조건은 국가의 농업발전 목표와 소농이나 가족농의 농업발전에 대한 필요성이 일치하지 않을 때 이를 조정하는 것이다. 농업 연구기관의 연구목적이 국가정책 목표에는 부합되면서도 소농의 필요를 충족시키지 못하는 경우가 많다. 이는 특히 시장경제로 농업이 변화하는 과정에서 정부의 농업발전 정책이 시장가격 중심으로 이루어 질 때 이에 적응하지 못하는 소농의 경우에 연구기관의 새로운 연구개발 효과를 충분히 수용할 수 없는 경우가 있기 때문이다. 이러한 사실은 현실적으로 소농은 새로운 기술개발이 아니라 기존의 이용 가능한 기술도 충분히 활용하지 못한다는 점에서 알 수 있다. 따라서 이 접근방법은 이러한 문제점을 완전히 극복할 수 있는 하나의 대안적 정책지향이 아니라 기존의 연구개발 방향을 보충할 수 있는 보완적 접근방법이라 할 수 있다.

FSR 접근방법은 기존의 영농체계를 수정하거나, 새로운 영농체계를 도입하거나, 정책결정자나 연구자들에게 얼마나 변화를 가져와야 할 것인가에 대한 평가기준을 제공해줄 수 있다. 기존의 연구과제는 상품별, 분야별로 이루어졌으나 FSR 접근방법은 농민의 영농조직을 중심으로 한 전체적, 통합적 접근방법에 의하여 이루어진다. 따라서 모든 품목이나 모든 분야를 포함하여 현실적으로 농민이 직면하고 있는 문제점을 파악하고 이를 해결하고자 한다. 뿐만 아니라 FSR 활동을 위하여 연구기관이나 지도사업, 시장기구, 금융기관 등 보조기관들의 적정한 조정이 없으면 FSR 접근방법의 효과는 극히 제한적이기 때문에 이들과의 밀접한 연계가 이루어져야 한다.

FSR 접근방법은 현실적으로 조건이 다른 여러 농가수준에서 받아들일 때 몇 가지 특성에 의하여 탄력적 정책수단이 될 수 있다. FSR은 응용연구를 강조하고, 소농을 위한 새로운 기술을 개발하거나, 현존하는 농업기술을 소농의 조건에 적합하도록 한다. 또한 각 분야의 전문가와 현장지식을 충분히 갖는 실무자 및 농민들과 하나의 팀을 구성하여 접근한다. 따라서 고도의 전문지식을 갖는 전문가들의 절대적인 수요를 필요로 하는 기존의 연구팀과 달리 연구자원의 효율성을 높일 수 있다. 이것은 경험이 적은 연구자들을 팀에 포함하여 전문연구자와 연계를 통하여 그 연구효율을 높이기 때문이다.

FSR 접근방법이 실제로 정책결정자에 의하여 받아드려질 것인가의 여부는 이 접근방법의 비용-효과(cost-effectiveness)에 의하여 이루어진다. 왜냐하면 제약된 연구자원의 배분이 효과적으로 이루어지기 위해서는 FSR의 비용이 기존의 연구방법보다 낮은가, FSR에 의하여 개선된 기술의 수용률이 높은가, FSR에 의한 기술개발 효과가 얼마나 많은 농민들에게 받아 들여지는가가 판정의 기준이 되기 때문이다.

그러나 FSR 접근방법을 받아드릴 것인가를 결정하는 데 있어서 기존의 연구방법과의 직접적인 비용을 비교해서는 안 된다. 왜냐하면 FSR 접근방법은 기존의 연구방법을 대체하는 새로운 접근방법이 아니라 기존의 연구방법을 보완하는 연구방법이기 때문이다. 따라서 FSR의 비용은 기존의 연구방법을 확대하는 데 필요한 비용과 비교하는 것이 적절하다. 그러나 기존의 연구시설을 확대하는 데는 초기에 투입되는 설비투자가 크기 때문에 FSR을 위한 연구자원이 보다 적게 투입될 것이라는 사실은 자명하다. 또한 농가의 기술 수용률이라는 관점에서도 FSR 접근방법이 농민들의 현실적인 기술수용을 직접적인 목적으로 하여 기존의 연구결과 활용방법보다 수용률이 높을 것이다.

기술전파의 효과를 나타내는 연구결과의 영향을 받은 농민의 수를 보면 기존의 연구기관 연구결과는 일반적인 농민들의 기술향상을 목표로 한다. 이에 대하여 FSR은 특정 지역의 특정 농가를 대상으로 하기 때문에 FSR에 의하여 기술보급이 이루어진 농가 수는 제한되어 있다. 그러나 표본조사, 2차 자료수집 등에 의해서 FSR을 위한 자료수집의 비용을 줄인다던가, 농민을 위한 최선책(best solutions)이 아니라 보다 더 좋은 해결책(better solutions)을 모색하던가, 또는 FSR의 결과를 특정 지역의 특정 농민에 한정시키지 않고 농가조직과 환경요인에 대한 분석을 통하여 이를 일반화시킬 수 있을 때 FSR 접근방법의 효율을 높일 수 있을 것이다. 따라서 실질적인 정책결정에 있어서 FSR의 접근방법은 기존의 연구방법을 보완할 수 있는 효율적인 방법이 될 수 있다.

7.2 영농체계화 연구(FSR)의 실행과정

7.2.1 실행과정과 조직구조

FSR 접근은 그 사업규모에 따라 하나의 과제(project), 계획(program), 또는 기존의 연구개발 활동의 수정으로 구분하여 수행할 수 있다. 하나의 과제로 수행되는 FSR은 기존의 연구기관의 조직체계 내에서 수행되며 따라서 기존연구의 철학적 배경이나 조직의 구성, 연구계획에 변화를 가져오지 않는 범위 내에서 독립적으로 연구활동을 수행한다. 그와는 대조적으로 하나의 계획으로 수행되는 FSR은 공식적으로 국가의 농업 연구개발 계획의 일부가 되어 여러 기관이 상호 조정된 방법으로 FSR계획을 수행하든지 한 기관이 FSR에 대한 책임을 지고 다른 기관과 협조하여 수행할 수 있다.

과제수행에 대한 접근방법은 기존 연구자원에 대한 요구가 크지 않고 기존의 연구기관의 체계 내에서 과제가 수행되기 때문에 큰 반발을 유발시키지 않는다. 반면에 FSR 접근의 효과를 충분히 살려내기 어려운 제약을 갖는다. 그러나 계획수행에 의한 FSR 접근은 정부가 FSR수행을 위하여 새로운 기능과 조직을 부여하여야 한다. 따라서 기존의 기구에 이러한 기능을 덧붙여 수행하든지, 새로운 기구를 신설할 경우에는 독자적으로 계획을 수행할 수 있기 때문에 독립성이 보장되어 자유스럽게 계획을 실행할 수 있다. 그러나 기존의 연구기관과 협조체제에서 야기되는 행정상의 애로점을 회피할 수는 없을 것이다. FSR의 과제나 계획으로서 접근은 상황과 조건에 따라 선택될 수 있는 성격이다. FSR의 추진에 대한 분위기가 비협조적일 경우에는 과제로서 접근이 용이하며 협조적일 경우에는 계획으로서 접근방법도 가능하고 효율적이기 때문이다.

FSR의 조직구조는 상품별 및 분야별로 구성될 수 있다. 즉 FSR 접근은 상품과 분야를 어떻게 통합시켜 농민을 도울 수 있을 것인가라는 문제이며 각각 현지, 지역, 국가수준에서 FSR팀은 전문가들이 그들의 능력에 따라 상호 이해를 적절하게 조정·통합하는 것이다. FSR을 위한 새로운 조직구조를 신설하지 않는 과제접근방식에서는 조정위원회를 구성하여 분야별·품목별 사이의 협조체제를 강화해 나갈 수 있다. 그러나 계획접근 방식에서는 FSR을 위한 제도변화가 중요하며 새로운 제도는 관리중심 모형(management-centered modes)과 분야별·상품별 모형(interdisciplinary-commodity modes)으로 구분할 수 있다. 전자의 경우에는 고위관리자를 중심으로 FSR계획을 추진하는 것이며 후자는 분야별 또는 상품별 그룹이 FSR계획을 수행하는 것이다.

FSR을 추진하는 조직의 구성원(staffing)은 현지 팀, 분야별·상품별 전문연구자, 지도사 등으로 구성되며 특히 여러 분야에서 참여하는 팀의 리더십이 중요하다. 현지 팀들이 지역적으로 분산되어 있기 때문에 국가나 지역별로 자문위원회가 구성되어야 한다. 특히 국가수준의 자문위원회는 여러 기관의 제도적 연계를 이루어야 한다. 뿐만 아니라 현지 팀의 기술적 애로점을 뒷받침하거나 기술적으로 FSR의 목적에 벗어나지 않는가를 언제나 점검할 수 있는 기술자문단의 구성도 필요하다.

FSR 접근에서 가장 중요한 기능은 현지 팀에 의하여 이루어지며 현지 팀은 농민, 분야별 전문연구자, 농촌지도사와 밀접한 관계를 갖는다. 현지 팀은 어느 정도의 자율성을 가져야 한다. 현지 팀의 구성에서 그 규모는 유동적이며 기술수요가 클 때에는 규모가 커야 하며 훈련된 인원이 부족할 때는 규모가 작아질 수밖에 없다. 규모가 크면 각 분야별 전문가들이 상호 협조가 가능하지만 팀의 리더십이나 관리기술이 보다 요구된다.

FSR은 과제의 개선을 위해서 사업의 평가가 중요하다. 사업의 분석과 평가는 서로 다르며 사업의 분석은 농민들이 새로운 기술을 받아드릴 것인가에 대한 분석이다. 사업의 평가는 정책결정자나 과제책임자나 사업지원자의 관심대상이 되는 것이다. FSR사업의 평가는 정규평가제(built-in evaluations), 특별평가제(special evalutions), 그리고 영향평가제(impact evaluations)가 있다.

정규평가제는 사업의 성취와 문제점 및 개선책을 모색하기 위한 정기평가로 사업계획 자체 속에 포함되어 있다. 특별평가제는 사업관리에 어떤 문제가 발생하거나 사업자체를 변경할 필요가 발생하거나 어떤 특별한 관심대상이 되었을 때 부정기적으로 수행하는 것이다. 영향평가제는 사업이 종료된 후 사업의 결과나 영향을 면밀하게 평가하기 위하여 농민들의 기장을 중심으로 평가하는 것이다.

7.2.2 실행을 위한 훈련

현실적으로 FSR 접근을 실용화하기 위해서는 FSR의 철학, 개념, 등의 이론과 실제를 다룰 수 있는 연구자와 지도사의 훈련이 중요하다. 이러한 FSR의 훈련은 소그룹에 대한 FSR 훈련과 소그룹에서 훈련받은 사람들이 국내의 각종 FSR 훈련 프로그램을 확대하는 방안, 그리고 이러한 기본적 훈련을 보조하는 활동에 의해서 활성화될 수 있다.

FSR을 위한 연구자 훈련은 그들에게 FSR의 철학, 개념, 접근방법을 훈련시켜 그들의 환경조건에 알 맞는 FSR 접근방법을 개발하고 지역의 현지 팀을 이끌거나 다른 사람들을 훈련시키기 위해서 중요하다. 연구자에 대한 FSR 훈련은 일반적으로 9~12개월 정도가 소요되며 FSR 관련기구와의 계속적인 유대가 필요하다.

FSR을 위한 지도사 훈련은 연구자와 마찬가지로 FSR의 철학, 개념, 그리고 일반적인 과정에 대한 기본적인 이해를 돕기 위한 것이다. 또한 농민들과의 접촉, 자료수집, 모니터링과 정보의 제공 등을 주 업무로 할 수 있도록 훈련하는 것이다. 연구자와 지도사 이외에도 자료수집, 농사 장부정리, 실험구 설치, 표본조사 등의 업무를 수행할 수 있는 기술적 보조자의 훈련도 필요하다. 이들도 FSR훈련의 보조적 역할을 할 수 있다.

기본적인 훈련 이외에도 비정규 학위 과정, 학위과정, 단기과정 수료를 위한 워크샵, 세미나, 회합 등이 있다. 또한 국제기관에서 훈련을 받게 하거나 대학의 교과과정에 FSR 프로그램을 설치하여 훈련과정을 제공할 수 있다.

7.2.3 영농체계화 연구(FSR)의 전망과 정책과제

영농체계화연구(FSR)는 농업연구에 농민이 참여하여 연구기술과 농민기술의 차이를 줄이기 위한 연구방법이지만 농업연구의 사회적 특성과 지역적 특성을 최대한 활용할 수 있는 연구방법이다. 연구소 중심의 농업연구(station research)는 새로운 기술을 개발하기 위한 응용연구(applied research)가 수행되는데 비하여 FSR은 농민의 사회적 및 지역적 환경에 적합한 수 있도록 하는 적응연구(adaptive research)이기 때문이다. 따라서 연구과정에서 연구자는 참여농민과 피드백을 통하여 연구소에서 수행하는 응용연구에 미래연구의 우선순위를 결정하는 데 도움이 되는 정보를 제공받을 수 있다. FSR은 상향식(bottom-up) 연구이며 새로운 생산물을 만들기보다는 새로운 연구과정을 만드는 연구이다. 따라서 하나의 기술적 문제를 넘어서 농민이 현실적으로 직면하는 광범위한 문제를 해결하는 접근방법이다.

오늘날 농업기술 개발은 유발적 기술변화(induced innovation)로 파악할 수 있는 패턴모형(pattern model)에서 본 바와 같이 연구자가 시장경제에서 얻을 수 있는 부존자원의 가격정보뿐만 아니라 제도변화와 문화적 요인 등 사회환경의 변화에 따라 모든 요인에 적합화할 수 있는 기술개발이 이루어져야 한다. 이러한 기술개발은 실험실에서 연구자가 모든 정보를 얻기 어렵기 때문에 FSR 접근방법에 의하여 농민과 사회과학자가 연구개발에 참여함으로써 농업의 사회적 특성과 지역적 특성에 대한 적합화가 가능하다

오늘날 농업환경은 과거 자원위주의 농업과는 달리 기술위주의 농업이다. 그러나 WTO 체제에서 국제 농산물 무역개방이 이루어졌고 점차 환경규제에 대한 관심이 높아졌기 때문에 기술적요인만이 아니라 사회경제적 요인이 크게 영향을 미친다. WTO 체제에서 무역개방에 따른 경쟁만이 아니라 새로운 소득정책이나 가격정책이 농가에 미치는 영향은 점점 커진다. 따라서 연구자나 농민은 빠르게 달라지는 농업환경에 적합한 농민이 필요로 하는 농업기술이 이루어져야 한다.

이처럼 급변하는 농업환경에서 농민들은 과거와 같은 자연환경이나 시장여건에 대한 불확실성뿐만 아니라 그들이 익숙하지 못한 정책적 불확실성에 노출되어 있다. FSR에 의하여 농업의 지역적 특성이나 사회적 특성을 연구자에게 반영할 수 있는 정보를 제공함으로써 상향식 연구를 통하여 연구자원의 비효율성을 최소할 수 있고 그 효과를 극대화할 수 있다. 사실 정책적 불확실성은 농민의 의사결정에 중요한 영향을 미치며 생산이나 시장의 불확실성 이상으로 연구자원의 비효율적 배분과 사회적 후생의 손실을 가져오기 때문이다.

FSR은 연구소에서 이루어지는 연구와 경합하는 연구방법(research methodology)이기 보다는 연구소 연구를 보완하는 새로운 연구방법이다. 또한 단순한 연구방법이 아니라 폭넓게 연구환경을 조성할 수 있는 하나의 중요한 연구시각(research perspective)이라 할 수 있다. 오늘날 보다 뚜렷해지는 연구의 사회성과 지역성을 쉽게 극복하고 적합화할 수 있는 광범위한 시각이다. FSR은 시장경제에서 추구하는 효율성만이 아니라 부락농민들이나 세대 간의 형평성(equity)과 같은 사회문제가 고려될 수 있다.

앞으로 농업 연구정책에서 FSR이 소기의 목적을 달성하기 위해서는 다음과 같은 정책과제가 중요하다. 첫째, 국가 농업 연구체계에서 상품별 연구(commodity research)나 분야별 연구(disciplinary research)에 대한 연구가 충분히 FSR을 뒷받침할 수 있어야 한다. 기초연구에 대한 바탕 위에 연구소를 중심으로 FSR을 지원할 수 있는 응용연구가 이루어지고 FSR이 이를 보완할 수 있는 농업연구체계가 이루어져야 한다. 둘째, 국가 농업 연구계획에 FSR지원에 대한 규정이 명시적으로 포함되어 공식적으로 연구소 연구와 상호 보완할 수 있는 제도적 뒷받침이 만들어져야 한다.

셋째, FSR은 사전적인 평가계획에 따라 주기적으로 사전평가(ex-ante evaluation)가 이루어져 새로운 문제점을 사전에 점검하고 이에 대한 반복적 보완이 이루어져야 한다.

이러한 FSR의 연구방법에 따라 오늘날 복잡한 사회구조에 적합한 농업기술이 유발적 기술혁신 이론과 접합되어 농업기술의 사회적 및 지역적 특성을 내재화할 수 있어야 한다. 이때에 비로소 농업발전의 이론적 뒷받침에서 실증적인 분석이 가능할 것이다.

참고문헌

de Frahan, Bruno Henry(1995), "An Ex-Ante Evaluation of Farming Systems Research in Northeastern Mali: Implications for Research and Extension Policy", Michigan State University International Development *Working Paper* No. 52.

McCown, R. L.(2001), *Farming Systems Research and Farming Practice*, the Australian Society of Agronomy.

Simmonds, Norman W.(1985), "Farming Systems Research: A Review", *World Bank Technical Paper*, Number 43.

Shaner, W. W., P. F. Philipp, and W. R. Schmehl(1982), *Farming Systems Research and Development: Guidelines for Developing Countries*, Boulder, Colorado, Westview Press.

제 8 장

영농체계화 연구의 실증분석

우리나라에서 영농체계화 연구(FSR)에 의한 농업기술 개발은 그동안 이루어지지 않았다. 단순한 작부체계 중심이나 농업경영 형태별 농가소득의 비교분석에 그쳤다. 1970년대 이래 영농체계화 연구에 대한 필요성이 점증함에 따라 국제 농업 연구기관을 중심으로 이론적 체계와 현실적 타당성에 대한 분석이 이루어지기 시작하였다. 1980년대 이후에는 이에 대한 평가분석이 뒤따랐다. 그러나 국내외를 막론하고 이를 위한 실증분석이 충분히 뒷받침되어 있지 않아 이러한 접근의 필요성이 커지고 있다.

농업체계화연구의 또 다른 필요성은 다음과 같은 사실에서도 뒷받침 된다. 한국경제는 급속한 성장에 따라 농업여건이 크게 변하고 있다. 따라서 정태적인 후진국의 농업이나 발전된 선진국의 농업특성과는 달리 과도기적인 농업성장 여건에서 농업연구 투자배분의 효율성에 대한 특성을 파악할 수 있다. 한국에서 실증분석은 이러한 의미에서 이 분야에 이론적 및 실증적 기여를 기대할 수 있다.

이 장(章)에서는 영농체계화 연구방법을 최근 확산되고 있는 쌀 생산의 직파재배 기술과 정밀농업에 응용하기 위하여 이에 대한 이론적 모형에 따라 실증자료를 분석하였다. 이 장의 목적은 FSR 접근방법 중 핵심이 되는 현장연구에 의하여 농업 공공 연구기관과 대학에서 전북 김제평야 농가와 공동으로 수행한 직파재배와 정밀농업의 실증분석 결과를 토대로 농업 연구개발 정책에 이론적 및 실증적 뒷받침을 제공하고자 한다. 이 장(章)에서는 특히 박정근·강창용(1994)과 박정근·이호진·황정욱(2005) 논문을 재구성하였다.

8.1 공공 연구기관 중심의 영농체계화 연구 실증분석

8.1.1 전북지역 벼 직파재배 영농체계화 연구 실증분석

과거 농촌에 노동력이 풍부하고 주곡증산을 농정의 목표로 하였을 때 벼농사는 이앙하는 방법이 주가 되었다. 그러나 농촌에 노동력이 부족하고 노임이 상승하면서 기계이앙에 의한 생력기술이 개발되기 시작하였다. 따라서 어린모 기계이앙에 의한 8일모가 정착단계에 있었다. 그러나 8일모는 작업시간의 단축과 작업의 용이함에도 불구하고 짧은 기간에 집중적으로 노동력을 투하해야 하는 어려움이 있기 때문에 못자리 과정을 생략하는 직파재배법이 빠르게 전파되었다. 직파재배의 파종양식은 조파(條播), 산파(散播), 점파(點播) 등이 있다. 토양의 성격상 담수직파가 주를 이루는 전북지역에서는 도복의 위험이 상존하고 있었다.

전북의 직파재배기술은 독농가들이 주도한 기술개발이라 할 수 있다. 1991년 직파기술이 보급되기 전에 이미 김제 부량의 안태홍 농가는 이앙기에 부착할 수 있는 직파기를 개발하였다. 부안 보안의 임창식 농가는 인력 견인형 직파기를 이용하여 직파재배를 시도하였다. 전북도 농산과는 1991년 9월 30일에 김제 부량의 직파재배 작황평가를 통하여 수량성, 내도복성 등에서 직파재배의 가능성을 확인하였다. 1992년에는 직파 시험재배를 전라북도 특수시책으로 채택하여 직파시도 독농가들에게 직파 시험재배용 트랙터를 지원하였다. 또한 호남작물시험장, 전북대, 농산물 원종장의 3개 기관을 중심으로 직파 기술지원단을 구성하였다. 그 해에 수중직파재배 연시회와 종합평가회를 개최하여 입모, 제초, 도복에 대한 문제점에도 불구하고 직파재배의 가능성에 대한 낙관적인 결론을 얻었다. 왜냐하면 대부분 직파를 시도하는 농가들은 노동력 부족이 가장 큰 애로요인이며 직파재배의 수량감소나 도복위험에 대하여 어느 정도 대처능력을 가지고 위험을 감수할 수 있는 대농들이기 때문이다.

전북의 직파기술 개발은 민간주도에 의한 기술개발 보급이라 할 수 있다. 1992년

10월 7개 군의 독농가 25명이 종자를 비롯하여 직파에 대한 각종 정보를 교환하기 위하여 벼직파연구회를 결성하였다. 또한 담수직파가 주가 되는 전북지역에서는 도복의 위험을 경감시키기 위하여 벼 무논 골뿌림 파종기(담수조파기)가 개발되었다. 1993년 전북도는 대당 60만원인 수중직파기 40대를 무상으로 직파 시험재배 농가들에게 지원하고 전북도, 전북대, 호작시, 전북도진흥원의 4개 기관에서 관계되는 8명으로 직파기술 지원단을 구성하여 운영하였다. 이처럼 벼직파재배 연구회와 직파기술 지원단을 중심으로 벼직파재배 농가 토론회, 연시회, 평가회 등을 통하여 일반 농민들에게 직파재배 기술보급을 확대하였다. 즉 독농가들의 사례발표회를 개최하도록 지원하고 직파재배법을 도해하여 배부하였다. 또한 포장시찰 및 생육과정에 대한 토론회를 통하여 현지포장에서 나타나는 문제점과 개선방향을 토의하였다. 이와같이 직파재배에 관심 있는 독농가들의 모임인 벼직파재배연구회를 중심으로 학계와 전북도, 전북진흥원, 호작시 등이 연계하여 산·학·관·연의 협조체제가 이루어졌다.

직파재배 연구회는 농기계 박람회, 서산 현대농장 등의 견학과 연시회, 토론회를 통하여 상호 기술정보를 교환하고 전북도의 직파기술연구단과 함께 현장위주의 연구를 수행하였다. 즉 벼 직파재배 종합평가회에서 일반 농민, 직파기술지원단, 직파연구회원 등이 함께 모여 현장에서 직파재배와 일반 기계이앙재배에 의한 수확량을 직접 비교하기도 하였다. 또한 전북도 산하 농민교육원의 '고도 벼농사 농가기술 교육과정'에서 직파재배 사례, 직파재배 기술, 시책 등의 교육을 통하여 독농가 중심의 직파기술이 일반 농가에 확대될 수 있도록 지원하였다. 호남농업시험장에서는 독농가, 전북대, 지도사, 연구사 등이 함께 직파재배에 관한 현장연구 중심의 공동연구를 수행하였다. 특히 벼 무논 골뿌림 재배에서 야기되는 파종기의 문제점을 보완하기 위하여 새로운 파종기의 개발이나 적응품종 선정, 적정 파종시기, 파종 한계기의 구명, 적정 파종량과 시비량, 시비방법에 대한 연구를 수행하였다.

8.1.2 영농체계화연구(FSR)를 위한 연구팀 구성

한국의 전형적인 쌀 생산 지대인 전북은 이농이 빠르게 진행되었으며 농촌 노임의 상승에 따라 노동력 부족의 문제가 심각하였다. 더구나 UR 협상타결 이후 쌀 생산도 개방을 앞두고 국제 경쟁력을 높이기 위해서 생산비에서 큰 비중을 차지하고 있는

표 8-1 연구팀 구성

소속기관명	직 위
호남농업시험장	수도과장 작물보호연구실장 토양비료연구실장 생력재배연구실장
전북대학교 농업생명과학대학	재배학교수 농업경제학교수
전라북도 농업기술원	작물과장 작물지도과장
익산군 농업기술센터	기술보급과장
김제군 농업기술센터	기술보급과장
공동연구참여농가	안태홍 (김제), 양성기 (익산), 진창희 (익산)

토지용역비와 노력비의 절감이 필수적이다. 직파재배 기술은 농민들이 노동력 부족과 노임 상승에 대처하는 기술이다.

농촌 노동력 감소에 대처하고 생산비 절감을 위해서 직파재배 면적이 증가하고 있다. 특히 전북지역은 배수가 불량한 논이 72% 이상이기 때문에 담수직파에 대한 기술개발과 보급이 필요하다. 건답직파는 파종 적기에 강우로 인한 파종이 어려운 경우가 많고 입묘의 불안정성이나 잡초 방제가 곤란하여 담수직파에 대한 농민들의 요구가 크다. 따라서 노동력 절감이나 도복 경감으로 벼의 수량증대를 위하여 벼의 담수직파재배 현장기술의 일관 체계화 연구가 1993년부터 호남 농업시험장의 주도하에 수행 되었다. 현장연구를 위한 연구팀은 〈표 8-1〉과 같이 호남 농업시험장, 전북 농업기술원, 전북대학교, 익산 및 김제 농업기술센터, 익산과 김제의 세 농가로 구성되었다.

호시 수도과장의 연구총괄 하에 호시 연구팀은 병충해 방제 지원, 토양 및 비배관리, 재배 기술지원 및 포장 운영관리 전반에 대한 지원이 이루어졌다. 전북대학교에서는 직파재배 원리와 재배 기술 및 경영분석을 지도하고 전북 농업기술원과 익산군, 김제군 농업기술센터에서는 포장 선정, 포장 관리 및 재배기술을 지원하였다.

연구팀은 익산군 오산면 양성기 농가의 3,100평과 김제군 부량면 안태홍 농가의 1,700평을 무논 골뿌림 재배 현장연구 포장으로 선정한 후 직파재배 현장연구를 수행하였다. 현장연구의 직파재배와 비교하기 위한 기계이앙 농가는 익산군 오산면 진창희

표 8-2 현장연구 농가 재배법 개요

구 분	직파농가		기계이앙농가
	양 성 기 농 가	안 태 홍 농 가	진 창 희 농 가
지 역	익 산 군 오 산 면	김 제 군 부 량 면	익 산 군 오 산 면
공시품종	동진벼	대야벼	동진벼
파종기기종	금성사제작 (승용이앙기부착, 조파)	농가제작기 (보행이앙기부착, 점파)	기계이앙
파종기(월일)	5.17	5.15	5.18(이앙)
파종량(Kg/10a)	5.5	5.0	200g/상자
잡초방제	노난매 (3Kg/10a 17DAS)	소피트 (3Kg/10a 16DAS) fb밧사그란피(47DAS)	사단입제 (3Kg/10a 3DAT) fb마메트입제 (3Kg/10a 25DAT)
물관리 -눈그누기 -중간낙수	 5.24 6.21 , 7. 1	 5.22 6.23	 - 6.20
시비량(Kg/10a) -1차추비(월일) -2차추비	N - P205 -K20 11 - 7 - 8 6.10 -	N - P205 - K20 11 - 7 - 8 6.8 8.2	N - P205 - K20 11 - 7 - 8 6.4 7.28
병충해방제 (월일)	큐라텔입제+오리자입제 (6.12) 엘산+빔수화제(7.18) 몬세렌수화제(7.27)	후라단+파단입제(6.14) 몬세린수화제(7.12) 파단+빔수화제(7.12)	파단+오리자입제(6. 1) 바리문액제(7.20) 후치왕+파단입제(8.20)

농가를 선정하였다. 두 농가와 연구팀이 공동으로 무논 골뿌림 직파재배 시험 연구를 통하여 입묘상태, 물 관리 등 연구자와 농민의 시험실습(superimposed trials)을 수행하였다. 전북 농업기술원과 호시의 시험포장에서 무논 골뿌림 재배 파종기시험, 파종방법시험, 물 관리에 의한 도복 경감시험, 질소분시 방법시험, 잡초 방제시험을 통해서 연구자가 수행하는 시험실습(researcher-managed trials)을 수행하였으며 특히 전라남북도 지역 내에 직파재배 유형별 문제점을 파악 하였다. 일반 직파재배농가를 조사하여 농민이 수행하는 시험실습(farmers-managed trials)을 비교하였다. 연구팀의 실험설계에 의하여 농촌 지도사의 시험지도가 현장농가와 함께 이루어졌으며 현장농가의 무논 골뿌림 재배 시험실습 과정이 작업 일지에 기록되었다. 3개 현장 농가의 품종, 파종기, 파종수량, 잡초 방제, 물 관리, 시비량, 병충해 방제에 대한 개요는 앞의

〈표 8-2〉에 상세히 나타나 있다.

5월 파종 이후 6월 16일, 8월 4일, 10월 20일 연구팀이 전체 회의를 통하여 시험과정에서 나타나는 문제점을 검토하고 이에 대한 해결책을 모색하였다. 현장연구의 무논 골뿌림 재배에서 나타나는 문제점과 이에 대한 개선 방안은 〈표 8-3〉과 같다.

무논 골뿌림 재배와 같은 직파재배에서 나타나는 문제점은 입묘, 잡초 방제, 도복이다. 무논 골뿌림 재배는 도복 문제에 대처하기 위해서 새롭게 개발한 직파기를 사용하여 파종하는 방법이다. 그러나 작업과정에서 직파기가 작업을 하기에 적합한 논 굳힘이 어렵고 볏짚이 직파기에 걸려 어려움이 있었다. 따라서 골을 파고 파종하는 방법과 함께 구멍을 파서 그 속에 볍씨를 떨어뜨리는 새로운 방법이 제안되기도 하였다.

표 8-3 현장연구 농가의 문제점과 개선 방안

문 제 점	개선방안
○ 논 굳힘 지나칠 때 파종 직후 담수 시 종자가 뜸	-서서히 잠수 -다음날 아침 일찍 담수 * 파종과 동시에 가벼운 진압 장치 파종기에 부착 검토 필요
○ 논 굳힘 미흡 시 작조 불량 및 종자 매몰	-정지 후 완전 낙수로 땅 굳힘 철저히 함 -필지가 큰 논에서는 모래주머니 등을 이용 명거를 설치하여 표면배수 실시 -종자가 많이 묻혔을 경우 파종 후 미관수 상태로 3~4일 유지
○ 트랙터 심경 시 논 굳힘 기간이 길어짐 -정지작업 조잡 -굳힘 기간 길어 잡초발생 심함	-경운심도 15㎝이내로 얕게 경운 -지균 작업 철저 -명거 설치로 논 굳힘 촉진
○ 생고 시용 답 에서는 작구가 어려움 -작구장치에 걸려 구 형성 불량	-콤바인 수확 시 생고를 짧게 절단 -추경 또는 조 춘경으로 생고의 매몰 -조기 담수로 부숙 촉진
○ 제초제 오용 및 처리시기 일실 -초기 제초제 미 처리 시: 밧사그린피 의존 포졸, 솔네트, 론스타 처리농가 발아 현저한 저해로 재 파종	-파종 후 10일에 눈 그누기 후 관개를 하고 제초제 처리 * 노난매, 두배논, 마무리 등 초기제초제
○ 괴불 발생이 심함	-심한 눈 그누기 지양 * 괴불방지 시험 실시 중
○ 농가 제작 파종기 작구 폭 협소로 종자 매몰 심함	-작구 폭을 넓힘

잡초 방제에서 크게 문제되는 것은 밧사그란피의 사용이 가지과 등 후작에 영향을 크게 미치기 때문에 사용 제한이 이루어지게 된 것이다. 따라서 대체할 수 있는 새로운 약제가 개발되지 않는 한 직파재배는 크게 위축되리라는 우려가 제기되었다. 지금은 실제로 이에 대한 사용이 제한되고 있다.

연구자의 시험실습과 현장연구의 차이는 현장연구를 통하여 연구자들이 농민들의 애로점을 쉽게 파악할 수 있다는 점이다. 현장연구에서 문제가 된 무논 골뿌림의 논 굳히기의 경우 연구자는 원추 낙하 시험을 통하여 논의 굳기를 판단할 수 있으나 농민들은 경험에 의할 수밖에 없다. 따라서 실제로는 어느 정도 굳혀야 하는가가 문제가 되었다. 현장연구에서는 연구자와 농민의 상호 협조로 이러한 과정에서 상호 피드백을 통하여 현장애로의 타개를 위한 개선방안이 빠른 시간에 모색될 수 있었다. 또한 앞으로의 연구방향이 구멍파종기 개발이나 밧사그란피 대체약제 개발 등 보다 구체화되어 나타날 수도 있다.

8.1.3 현장연구농가 및 일반농가 조사개황

현장연구는 호남농업시험장의 연구팀과 농촌 지도사의 지도로 1993년도에 수행한 전북의 익산과 김제의 3개 독농가 사례분석을 중심으로 이루어졌다. 이들은 익산군 오산면 신지리의 진창희농가, 오산리 양성기농가, 김제군 부량면 대평리 안태홍농가이다. 양성기농가와 안태홍농가는 벼 무논 골뿌림 직파재배 농가이며 진창희농가는 직파재배가 아닌 기계이앙 농가이다.

현장연구농가와 비교하기 위한 일반농가는 전북지역의 직파농가 61농가를 유의 선정하여 직파재배와 이앙재배 각각에 대한 총 122개 조사표를 집계 분석하였다.

표 8-4 조사농가 구성과 평균경영 규모

구 분	도시근교		중간지대		평야지대		전 체	
	호수	평	호수	평	호수	평	호수	평
건 답	4	12,400	9	10,933	8	10,225	21	10,943
담수조파	4	12,900	12	10,842	9	21,100	25	14,832
담수산파	2	6,350	6	7,550	7	16,429	15	11,533
총 계	10	11,310	27	10,141	24	16,113	61	12,682

일반농가는 경영환경의 차이에 따른 편차를 최소화하기 위하여 직파재배와 이앙재배를 동시에 하고 있는 농가들을 대상으로 하였다. 표본농가는 도시근교, 중간지대, 평야지대에서 지대별로 구분하여 각 지대에서 건답직파, 담수기계직파, 담수산파 형태의 직파파종별로 선정하였다. 산간지대는 직파기술보급이 낮았기 때문에 조사대상에서 제외하였다.

현장연구농가와 일반농가의 경영 기초자료를 보면 〈표 8-5〉에서 나타난 바와 같이 별다른 차이를 보이지 않고 있다. 그러나 농가보유 노동력, 교육수준, 경작면적 등 모든 면에서 현장연구농가가 일반농가보다 약간 우위에 있다. 경영주의 연령은 약간 낮고 농기계 보유는 약간 높다. 그러나 현장연구농가는 벼 전업농이기 때문에 전작수입이 없어 농업소득은 오히려 일반농가보다 낮게 나타났다.

일반농가의 개황을 보다 구체적으로 보면 호당 평균 농기계 보유는 전북의 평균농가 수준보다 높은 수준을 보였다. 또한 직파재배는 대부분이 경영규모가 3ha가 넘는 대농을 중심으로 이루어지고 있다. 이와 같이 경영규모나 대형농기계의 보유에서 직파재배가 대농을 중심으로 이루어지고 있음을 알 수 있다.

일반농가의 총 경영면적과 직파면적을 비교하여 보면 총 경영면적 중 직파면적의 비율이 31.8%이다. 전 면적을 직파로 재배하는 농가는 없으며 전북의 직파재배는 아직 시험단계에 머무르고 있음을 알 수 있다. 파종방법에 따라 구분해 보면 담수기계파종의 경우 총 경영면적에서 직파면적의 비중이 가장 낮고 담수산파의 경우가 가장

표 8-5 농가경영의 기초자료

구 분	현장연구농가	일반농가
조사농가수(가구)	3	61
보유노동력(명)	2.3	2.23
경영주연령(세)	51.3	52.5
경영주교육수준(년)	10.0	8.3
경작면적(평)	14,400	14,047
전작(평)	–	1,402
수도작(평)	14,086	12,682
전작수익(만원)	–	246
수도작수익(만원)	1,733	1,540
총농업소득(만원)	1,733	1,786
농기계보유대수(대)	4.0	3.1
전업농유 · 무(%)	100.0	95

높아 담수기계에 의한 파종농가는 보다 신중하게 직파재배를 시도하였다.

벼 생산의 노동투하 구조와 노동투하 비용을 보면 이앙작업에 소요되는 노동시간과 노동비용이 높게 나타나며, 농가조사의 결과도 벼농사를 짓는데 가장 큰 문제점은 노동력 부족으로 지적되었다. 육묘와 이앙작업을 줄여 노동력을 절감할 수 있는 직파재배에서 가장 큰 문제점은 생산량 감소와 제초 및 도복이다. 대부분의 직파재배 농가들은 제초 및 도복을 직파재배에서 가장 큰 문제점으로 보는데 대하여 직파재배 아닌 농가들은 제초 및 생산량 감소를 가장 중요한 직파의 문제점으로 보고 있다. 따라서 직파재배에서 문제가 되는 도복경감효과를 위하여 개발한 벼 무논 골뿌림 재배법에 대한 현장연구의 결과를 이용하여 어린 묘 기계이앙에 의한 벼 재배와 무논 골뿌림에 의한 방법을 직접비교할 수 있다. 물론 이러한 연구결과는 하나의 사례연구이기 때문에 그 결과를 일반화할 수는 없을 것이다.

8.1.4 현장연구농가와 일반농가의 비교분석

벼 직파재배 기술에 대한 현장연구농가와 일반농가의 직접적인 비교는 몇 가지 위험을 내포하게 된다. 앞서 본 〈표 8-5〉의 농가 경영 기초자료에서 현장연구농가와 일반농가의 농업 경영규모나 노동력 보유, 경영주 연령, 학력 등 모든 면에서 별 차이가 없었다. 그러나 현장연구농가는 연구대상 농가로서 3개의 독농가들이기 때문에 사례연구이다. 따라서 현장연구를 위한 이앙재배 농가와 직파재배 농가는 지역적 특성이나 개별농가의 성격적 특성이 그대로 조사결과에 반영되어 있다. 그러나 일반농가의 경우에는 직파재배와 이앙재배를 동시에 행하고 있는 농가를 대상으로 하였기 때문에 비교적 환경적 요인에 따른 편차는 크지 않다고 본다. 더구나 일반농가의 경우에 직파재배에 대한 기술수준이 안정적이지 못하기 때문에 그 결과를 직접 비교하여 결론을 내리기는 어렵다. 이앙재배의 경우에는 모든 농가의 기술수준이 어느 정도 안정적이다.

이와 같은 제약에서 조사농가의 노동투하 시간과 생산비를 비교해 보기로 한다. 직파재배는 노동력부족에 대처하기 위한 생력기술이기 때문에 농민들의 관심이 생산비 절감보다 노동력 절감에 있다. 〈표 8-6〉에 현장연구농가와 일반농가의 10a당 노동투하 시간이 나타나 있다. 표에서 일반농가의 이앙재배 경우가 가장 노동투하 시간이 높고,

표 8-6 현장연구농가와 일반농가의 10a당 노동투하시간 비교

(단위: 시간)

구 분	현장연구농가		일반농가	
	직파재배	이앙재배	직파재배	이앙재배
육묘 및 이앙단계	5.88	15.0	5.21	16.21
육묘 · 이앙 이외단계	15.81	17.45	19.19	18.46
총 계	21.69	32.45	24.49	34.67

그 다음이 현장연구농가의 이앙재배, 일반농가의 직파재배, 현장연구농가의 직파재배의 순으로 나타났다. 이처럼 노동투하 시간은 일반농가의 이앙재배의 경우에 34.67시간으로 가장 많으며 현장연구농가의 직파재배가 21.69시간으로 가장 낮았다. 이것은 일반농가의 이앙재배보다 현장연구농가의 직파재배가 10a당 투하노동 시간이 12.98시간 절감되어 37.4%의 노동시간 절감을 나타낸다. 현장연구농가의 경우에는 직파재배가 이앙재배보다 33.2%, 일반농가의 경우에는 29.6%가 감소되었다.

이앙재배의 경우에는 현장연구농가의 일반농가에 대한 노동투하 시간의 감소가 6.4%에 불과하다. 직파재배의 경우에는 11.1%로 나타나 이앙재배의 기술수준은 안정적이어서 현장연구농가와 일반농가의 기술격차가 크지 않다는 사실을 알 수 있다.

노동투하 시간을 육묘, 이앙단계와 육묘, 이앙 이외의 단계로 구분하여 살펴보면 직파재배 기술의 특성이 보다 구체적으로 나타난다. 육묘 · 이앙단계에서 현장연구농가의 경우에 직파재배는 이앙재배에 비하여 60.8%의 노동투하 시간의 절감을 보이는데 일반농가의 경우에는 그보다 더 큰 차이인 67.9%의 절감효과를 보인다. 이 단계에서 일반농가의 경우가 현장연구농가보다 이앙재배의 노동투하 시간이 많으나 직파재배의 경우에는 오히려 일반농가의 경우가 더 낮게 나타났기 때문이다. 이러한 사실은 기술적 차이보다는 현장연구농가의 경우, 일반농가보다 직파재배 후 결주 보식에 대한 노동투하가 많았기 때문에 노동투하 시간이 더 많은 것이다.

육묘 · 이앙 이외의 단계에서 노동투하 시간은 현장연구농가나 일반농가사이에 큰 차이는 없다. 그러나 일반농가의 직파재배가 이앙재배보다 노동투하 시간이 더 높았다. 이것은 직파재배가 비료살포와 제초작업에 이앙재배의 경우보다 노동투하 시간이 많았기 때문이다.

이상에서 현장연구농가와 일반농가의 직파재배와 이앙재배에 대한 노동투하 시간을 비교한 결과를 보면 여러 가지 제약에도 불구하고 현실성 있는 결과를 보인다.

현장연구농가의 직파재배가 가장 노동투하 시간이 낮게 나타났기 때문이다. 그러나 일반농가의 직파재배와 현장연구농가의 직파재배의 노동투하 시간이 크게 차이가 나는 것은 아니다. 이것은 일반농가들도 직파농가는 대부분이 영농경험이 많고 새로운 기술을 개발하거나 수용하려는 독농가들을 중심으로 직파기술 보급이 이루어지기 때문인 것으로 사료된다.

벼 생산량은 현장연구농가의 이앙재배가 가장 높고 직파재배가 그 다음이며 일반농가의 이앙재배는 현장연구농가의 직파재배보다 낮고 직파재배가 가장 낮았다. 가장 높은 현장연구농가와 가장 낮은 일반농가의 생산량의 차이는 12.2%로 나타났다. 현장연구농가의 경우에는 이앙재배와 직파재배의 수량이 2.3%에 불과했으나 일반농가의 경우에는 5.89%의 차이를 보여 직파재배가 이앙재배보다 더 수량이 낮은 것으로 나타났다. 그러나 현장연구농가의 경우에는 이앙재배와 큰 차이가 없을 뿐만 아니라 일반농가 이앙재배의 경우보다 높은 수량을 보였다.

그러나 노력비가 현장연구농가의 이앙재배 경우에 높게 나타나 전체적인 생산비가 가장 높기 때문에 순수익은 오히려 가장 낮았다. 현장연구농가가 일반농가에 비하여 생산비가 높은 이유는 비료비와 농약비가 더 많았고 특히 토지용역비가 높았기 때문이다. 생산비의 계산은 투하노동 시간과는 달리 노임이나 토지용역비 등이 지역에 따라 다르기 때문에 생산비의 차이가 현장연구농가와 일반농가, 직파재배와 이앙재배 등의 특성을 그대로 반영할 수는 없다. 그러나 본 연구에서 일반농가의 경우에는 이앙재배와 직파재배를 동시에 행하는 농가를 대상으로 조사하였기 때문에 이들에 대한 직접비교는 가능하다고 본다. 더구나 순수익의 경우는 생산비뿐만 아니라 생산량에도 영향을 받기 때문에 직접 비교하기가 어렵다.

현장연구농가는 생산비의 일부분이 FSR 연구팀에 의하여 지원되었기 때문에

표 8-7 현장연구농가와 일반농가의 10a당 생산량 및 생산비 비교

(단위: kg, 원)

구 분	현장연구농가		일반농가	
	직파재배	이앙재배	직파재배	이앙재배
생산량(조곡)	745.6	763.2	670	712
노 력 비	60,282	103,500	83,462	88,080
생 산 비	589,688	644,869	493,556	522,870
순 수 익	259,219	224,034	235,422	250,608

연구팀의 주된 관심사인 생산량과 투하노동량에 대한 고려가 크게 이루어졌을 것이라는 사실을 배제할 수 없다. 이것은 생산량의 증가와 노동력 감소를 위하여 일반농가에 비하여 비료·농약 등의 투입물 증가가 이루어져 생산비가 높아졌다고 본다. 그러나 일반농가의 직파재배에 대한 관심은 수량증가나 비용감소보다 노동력 절감이 주된 목적이기 때문에 현 단계에서 생산비나 수량에 따른 농가경영 합리화보다 직파재배 기술의 습득에 있다.

이 연구에서 현장연구농가와 일반농가의 조사결과를 보면 직파재배의 수량이 이앙재배에 비하여 떨어지지 않으며 직파재배의 생산비가 이앙재배보다 높지 않다는 사실이 중요하다. 앞으로 직파재배에 대한 경영합리화를 통하여 농가의 소득증진이 이루어 질 수 있는 가능성을 엿볼 수 있다.

8.1.5 벼 직파재배의 전망과 연구개발의 정책과제

농업 연구기관이나 농민의 기술격차를 줄이고 지역특성에 맞는 농업기술을 개발하기 위하여 영농체계화 연구에 의한 현장연구가 필요하다. 최근 농촌 노동력 감소에 따라 벼의 육묘·이앙단계를 생략하여 노동력을 크게 줄일 수 있는 직파재배 기술이 빠른 속도로 농가에 보급되고 있다.

전북의 평야지대를 중심으로 호남농업시험장과 농촌지도소, 전북대 등 연구팀에 의한 직파재배농가에 대한 현장연구와 일반농가의 벼 생산 노동력투하와 생산비 조사에 의하면 직파재배 기술의 안정적 체계화가 이루어지고 있지 않음에도 불구하고 벼 생산수량이나 생산비 절감에 직파재배의 유리성이 나타난 바가 있다. 투하노동 시간은 현장연구농가나 일반농가의 어느 경우에나 직파재배의 노동력 감소 효과가 분명히 나타나 노동력 부족에 대응한 생력기술로서의 직파재배의 중요성을 알 수 있다. 특히 현장연구농가에서 일반농가보다 노동력 감소가 두드러지게 나타나 직파재배 기술에 대한 FSR 접근방법의 실효성을 어느 정도 긍정적으로 평가할 수 있었다. 또한 수확량에 있어서도 현장연구농가의 직파재배농가가 비록 이앙재배에 비하여 높지는 않지만 크게 뒤떨어지지 않았다. 이러한 사실은 현장연구에는 연구자의 연구성과가 그대로 농가에 직접 전달될 뿐만 아니라 현장에서 나타나는 문제해결이 신속하게 이루어지기 때문에 농민의 시행착오가 반복되지 않았기 때문이다.

그러나 생산비와 수익성 분석에서는 현장연구농가와 일반농가의 특성이나 직파재배농가와 이앙재배농가의 특성이 뚜렷하지 않았다. 그 이유는 생산비와 수익성 분석에서 중요한 노임이나 토지 용역비, 물재비 등에 대한 가격이 지역에 따라 다르기 때문이다. 따라서 기술적인 측면에서 직파재배가 노동력의 감소효과는 나타나도 생산비 감소나 순수익 증가는 달라질 수 있다. 또한 대부분 직파재배농가들이 직파재배 기술을 수용하는 목적이 벼농사의 수익성을 높이기보다는 영농의 가장 큰 애로점인 노동력 부족을 타개하는 데 있다. 적지 않은 직파재배농가들이 수량증대나 생산비 절감을 통한 농가소득증대에 대한 노력보다 편하고 쉽게 벼농사를 짓는 것을 원하고 있기 때문이다. 뿐만 아니라 직파재배 기술의 안정적 체계화가 이루어지지 않은 단계에서는 경영합리화를 위한 노력이 어렵다는 점도 배제할 수 없다.

그러나 영농의 궁극적 목적은 시장경제에서 수익성 증대에 있기 때문에 앞으로 직파재배농가의 경영합리화 문제가 새로운 과제가 될 것이다. 이것은 토지용역비가 높은 우리의 현실에서 직파재배가 답리작이 어렵기 때문에 토지이용률을 높일 수 있는 기술적 제약을 벗어나기 위하여 새로운 기술개발과 함께 이루어져야 한다는 것을 의미한다. 앞으로는 직파재배 기술체계의 안정적 확립뿐만 아니라 무경운 직파나 벼 수확과 동시에 보리를 파종할 수 있는 파종기의 개발 등 직파재배 기술의 영역을 넓히는 노력이 계속하여 필요할 것이다.

8.2 대학을 중심으로 한 영농체계화 연구의 실증분석

8.2.1 전북지역 벼 정밀농업 영농체계화 연구 실증분석

오늘날 농업 생산환경의 변화는 농업연구자에게 정밀농업(precision agriculture)에 대한 새로운 관심을 불러일으킨다. WTO체제에서 농업 무역 자유화에 따라 농산물 생산의 국제경쟁력을 높이기 위해서 대규모 농업경영을 위한 구조조정이 국가 농업정책의 근간을 이루고 있다. 또한 농촌 노동력의 급격한 감소와 고령화에 따라 농업생산의 빠른 기계화가 이루어지고 있다. 뿐만 아니라 사회적으로 환경문제에 대한 관심이 커지면서 농업 생산도 단순히 수량증대를 위한 성장위주의 농업에서 환경생태와 수질에 대한 오염을 최소화하고 식품의 안전성을 극대화하는 지속적 발전(sustainable development)을 위한 농업 생산으로 변모하고 있다. 따라서 농민들보다 농업연구자들은 과거에 관심을 가졌던 단순한 농업기계화에 의한 구조조정과 생산비 절감만이 아니라 농업 생태계의 오염을 줄이고 농산물의 안전성을 높일 수 있는 농업기계화를 위하여 정밀농업에 대한 관심이 높아지고 있다.

정밀농업은 포장 내의 공간변이에 대응하여 적절한 재배관리를 수행하여 작물의 안전생산과 농업투입물의 적정한 투하, 환경부하의 경감을 추구하는 작물생산 체계를 말한다. 그러나 우리나라 일반농민들은 직접적으로 농가소득에 큰 영향을 미치지 않는 정밀농업에 대한 관심이 없기 때문에 연구자들의 연구는 실험포장에 한정될 수밖에 없다. 더구나 대부분 경지규모가 제한된 우리나라의 소농체제에서 실험포장에서 얻은 결과를 가지고 앞으로 정밀농업이 실제로 농민들에게 받아드려질 수 있는 농업기술인가 라는 현실적 의문을 갖게 된다.

그러나 오늘날과 같이 달라진 농업 생산환경에서 앞으로 정밀농업은 농업연구의 새로운 과제로서 그 중요성을 과소평가할 수 없는 것도 사실이다. 따라서 우리나라의 정밀농업에 대한 연구는 기존의 실험연구 보다 농가를 중심으로 농장에서 농민과 연구자가 직접 함께 현장실험을 통하여 영농체계화연구(farming systems research: FSR)에 의하여 접근하는 방법이 타당할 것이다. 왜냐하면 정밀농업은 단순히 공간변이에 따른 변량시비나 재배관리의 작물생산 체계의 문제나, 영농규모와 기계화에 따른 농업 경영상의 문제만이 아니라, 환경오염과 식품의 안전성문제 등 사회문제에 이르기까지 모든 문제가 서로 혼합되어 있기 때문이다. 따라서 농민과 연구자가 서로 협력하여 영농체계화연구로 접근하면 새로운 기술에서 나오는 기술적 문제와 사회적 문제를 동시에 접근하여 실제로 농민들의 기술수용 과정에서 나타나는 여러 가지 문제를 현실적으로 파악하고 이에 대한 해결책을 제시할 수 있다.

특히 대학이 주도하는 기술개발은 국가 공공 연구기관과는 달리 정부의 농업정책의 추진과는 어느 정도 일정한 거리를 두고 농민들과 자유로운 분위기에서 공동연구를 수행할 수 있는 장점을 갖는다. 또한 직접 농민들의 소득증대나 생산비절감을 가져오기 쉽지 않는 정밀농업과 같은 장기적인 비전을 보이는 기술에서는 더 적합할 것이다. 이와 같이 농민들이 직접 관심을 갖기 어려우나 앞으로 사회적 수요가 증대하는 기술에 대하여 대학중심의 영농체계화연구의 접근방법에 의한 기술개발로서 정밀농업의 연구는 농업 연구방향에 새로운 좌표를 제공할 것이다.

8.2.2 벼 정밀농업 영농체계화 연구

오늘날 우리나라의 쌀 생산은 개방화에 따라 생산비를 줄여 국제 경쟁력을 높이고 동시에 수익성을 확보하기 위하여 규모화가 진행되고 있다. 한편 국민소득이 높아짐에 따라 환경에 대한 사회적 관심이 커졌다. 따라서 수익성만이 아니라 화학비료나 농약 등 토양오염으로 인한 환경문제가 대두되어 저투입 지속적 농업(low input sustainable agriculture: LISA)에 대한 연구가 활발해졌다. 그러나 기계화에 의한 규모 확대는 토양이나 작물의 재배환경에 관한 공간적 농업정보(spatial agronomic information)의 이용을 감소시킨다(Lowenberg-DeBoer & Swinton, 1997). 특히 환경보전을 위한 유기농업이 노임 상승으로 수익성에 대한 한계를 보이면서 최근 저투입 지속적 농업(LISA)에서 나아가 환경보전과 수익성(green and competition)을 동시에 추구하는 정밀농업(precision agriculture)에 관한 연구가 시작되었다.

정밀농업은 농업에 컴퓨터를 활용한 전자기술, 지리정보시스템(GIS), 위성을 이용한 지구 위치정보시스템(GPS) 같은 첨단기술을 활용하여 포장관리와 농작업의 정밀화로 작물종(作物種)이 갖고 있는 유전적 능력인 잠재수량에 접근하기 위한 것이다. 또한 철저한 작업관리와 자동화를 통하여 수익성을 높이고 비료와 농약은 적시에 적량을 투입하여 환경보전을 동시에 추구할 수 있다.

그동안의 관행적 영농기술은 모든 포장을 동일한 토양조건이라는 가정아래 동일한 재식밀도, 동일한 시비량을 획일적으로 적용하였다. 포장의 일부지점에 병충해가 발생할 경우라도 모든 포장에 동시에 같은 농약을 균일하게 처리하기 때문에 부분적으로 비료나 농약의 과다시용으로 비용상승과 환경오염이 심하게 나타난다.

정밀농업은 필지를 1m 이하의 포장단위로 구분한 후 포장 내의 토양특성, 생육상황, 작물수량 등을 조사한다. 각 포장 내 위치별 잠재적 작물 수확량에 따라 비료와 농약, 종자 등의 투입량을 달리하여 작물을 관리함으로써 농산물의 생산비를 낮추고 환경오염 피해를 줄이는 기술이다(이호진, 정영상, 박정근, 2003).

우리나라에서는 경지규모가 제약되기 때문에 정밀농업에 대한 관심이 적었으며 저투입 지속적 농업(LISA)과 연관하여 이에 대한 관심이 1990년대 말부터 본격적으로 태동되었다. 비록 농가수준에서 실용화가 이루어지고 있지 않으나 농촌진흥청 농공연구소와 대학연구소를 중심으로 한국정밀농업연구회가 2001년 결성되었고 기술적 가능성에 대한 연구가 진행되고 있는 단계에 있다. 또한 다음과 같은 이유에서 정밀농업에 대한 관심이 점차 높아진 것도 사실이다. ① 식량자급을 위한 화학비료와 농약의 과다시비가 지하수와 환경오염을 악화시킨 데 대한 환경문제, ② 환경안전성에 대한 국제적 기준 강화, ③ 농산물 개발에 따른 국제경쟁력 제고를 위한 생산비 절감 필요성, ④ 농촌노동력 부족과 고령화에 따른 노동력문제(Chung 외, 2005) 등이다.

이러한 문제의식에서 이 연구의 목적은 첫째 김제평야 대규모 쌀 생산농가의 정밀농업 도입의 기술적 가능성을 검토하고, 둘째 정밀농업 도입을 위한 경제적 실현성과 사회적 수용성을 분석하여 앞으로 우리나라 정밀농업 수용에 대한 정책적 기초자료를 제공하는 것이다.

8.2.3 연구방법과 자료

정밀농업에 대한 영농 체계화 연구를 위하여 2000년 12월 서울대학교 작물학교실을 중심으로 강원대학교 토양학 교실, 전북대학교 농업발전 연구실의 3개 대학 연구자들이 연구팀을 구성하여 3년 동안 우리나라의 대표적인 답작 지대인 호남평야에서 이에 대한 연구를 수행하였다.

이 연구를 위한 연구 분야는 벼 직파재배 정밀생산 관리, 토양 및 변량시비 관리, 농가 경영분석의 3개 분야이다. 정밀생산 관리에서는 시험포장을 선정하여 포장에 대한 재배상황을 조사하고 생육 및 수량조사에 의한 생육량 지도와 수량지도를 작성한다. 토양 및 변량시비 관리는 시험포장의 시험구별 토양분석을 통하여 토양특성의 공간변이성을 구명하고 토양특성의 분포도를 작성하여 토양 변이성에 따른 적정시비량을 산정한다. 농가의 경영분석 평가는 현장연구농가와 일반농가의 경영분석을 비교분석하여 정밀농업을 위한 경영합리화 모형을 정립하고자 한다.

호남평야의 중심인 김제 부량의 대신마을은 영농 규모화 사업으로 평균 경영면적이 최근 급격하게 증가하고 농촌 노동력 감소에 따라 직파재배 기술보급이 빠르게 확대되고 있다. 그동안 전북대학교 농과대학의 농업경영조사가 매년 이 마을과 주변마을에서 이루어졌다. 이 마을은 경지규모의 확대나 직파기술의 보급 등 비교적 새로운 기술에 대한 적응이 높다. 전북대학교 농업발전 연구실의 지속적인 농업 경영조사에 따라서 그동안 이 마을의 사회 경제적 조사 자료가 축적되었고 농가들의 대학연구팀과의 관계가 원만하여 정밀농업을 위한 영농체계화 연구의 연구대상 마을로 적합하였다. 따라서 대신마을의 선도농가인 정회헌, 장수용 농가를 중심으로 현장연구 농민을 선정하여 이 농가의 포장에서 공동으로 현장연구를 시작하였다.

정밀농업은 하나의 특정기술이나 개발된 기계가 아니고 작물생산에 대한 농가 전반의 농법변화이기 때문에 농업 전 시스템의 연구개발과 관련된다. 또한 한 실험에 관한 것이 아니고 농가의 농업기술체계 전체에 관한 연구이기 때문에 연구자의 실험포장이 아니라 농업체계화 연구(farming systems research)에 의하여 농가의 포장에서 연구자와 농민의 상호 협동에 의한 현장연구방법이 필수적이다.

따라서 이 연구는 서울대학교, 강원대학교, 전북대학교의 연구팀 구성으로 토양, 작물, 경영분석을 농민과 함께 수행하였다. 포장실험은 2003년 5월부터 10월 사이에 만경평야인 전북 김제시 부량면 용성리 대신마을과 금화마을 소재의 농가 소유의 벼-보리 이모작 답작 포장에서 이루어졌다. 이 마을을 중심으로 한 농가 경영조사는 12월에서 1월 사이에 시행되었다. 실험포장은 2개의 필드(field)를 소유 농가별로 나누어 포장 1은 담수직파재배에 따라 해평벼 10kg/10a를 동력 비료 살포기로 파종하였고, 나머지 포장 2는 중묘 기계이앙을 하였다. 각 필드를 둘로 나누어 대조구(control plot)와 변량시비 처리구(variable rate treatment plot: VRT)로 구성하여 대조구는 참여농가의 관행형태로 시비 처리하였고 변량시비 처리구는 전 시비과정을 연구팀의 변량시비 방법에 의하였다. 대조구와 변량시비 처리구의 시비 이외의 관리는 각 농가의 관행에 따라 동일하게 이루어졌다.

각 대조구와 변량시비 처리구 포장은 0.4ha로 30개의 구획단위(plot)에 따라 각 구획의 중앙지점에서 토양시료 채취, 작물 생육정보 등 자료를 수집하였다. 토양은 유기물, 인산, 칼륨, 규산 함량을 분석하고 생육량 조사는 초장, 분얼수, 건물중, 엽면적지수, 엽록수 함량에 대한 조사를 하였다.

2개의 포장은 콤바인을 이용하여 각 구획별로 예취하여 무게를 정량하였고 1개의 포장은 농업기계화연구소에서 개발한 수확량 모니터링 시스템을 이용하여 수량정보를 얻었다. 수확과 동시에 일정량의 곡물을 샘플링하여 수분함량을 측정하였다. 미질은 단백질, 아밀로스, 지방산 함량을 분석하였다. 토양침출수의 오염도를 측정하기 위해

총 6회에 걸쳐 질산염(nitrate) 함량을 측정하였다. 토양 및 생육량 정보에 의하여 공간 통계분석과 포장별 시비 추천량지도, 생육량 변이지도, 수확량 변이지도를 작성하였다. 이를 토대로 정밀농업 수용에 대한 기술적 가능성을 검토하였다.

정밀농업 수용에 대한 경제적 실현성과 사회적 수용 가능성은 2002년과 2003년 시험포장마을의 사회경제적 여건 및 시험포장 농가의 경영실태조사와 생산비조사를 기초로 부분 시산법(partial budget method)에 의하여 분석하였다. 부분 시산법은 새로운 기술을 도입할 때 얻는 추가적 수익이 추가적 비용보다 클 때 새 기술을 도입한다는 정태적 분석(static analysis)방법이다. 따라서 만일 부분 시산법에서 추가수익이 추가비용보다 크더라도 새로운 기술에 필요한 모든 투자에 대한 연간 자본비용을 추정하여 부분시산에서 나온 미래의 기대수익과 비교하는 비용과 편익분석(B/C analysis)이 필요하다. 이때에 비록 편익이 비용에 미치지 못할 경우일지라도 만일 환경오염에 대한 정(正)의 효과가 나타나거나 산출물의 품질변화가 나타날 경우에는 새로운 기술수용의 경제적 실현성이나 사회적 수용가능성을 배제할 수 없다.

부분시산은 먼저 시험포장에서 토양조사 결과 최적 비료 요구량과 관련하여 비료투입의 최소량, 최대량, 평균량과 최적량 시비와 일반농가의 관행시비의 경우를 〈표 8-8〉과 같이 시나리오별로 구성하여 경제적 성과액을 계산하였다. 비료투입의 최소량은 환경오염을 최소화할 수 있는 경우이며 최대량은 작물의 절대 생산량을 높일 수 있는 경우이다. 평균량은 이에 대한 평균적 경우이고 최적량 시비는 정밀농업을 도입할 경우이다. 따라서 각 시나리오별로 토양조사 결과에 따른 수확물의 잠재적 최대수량과 비료의 최적요구량과 비교하여 각 시나리오별 수확물 손실량과 비료손실(절감)량을 계산하였다.

정밀농업의 도입과 관련된 시나리오의 구성과 부분시산표의 작성을 위한 자료는

표 8-8 시나리오 개요

구 분	내 용
시나리오 1	구획별 비료 필요량 중 최소필요량을 일괄적으로 투입
시나리오 2	구획별 비료 필요량 중 최대필요량을 일괄적으로 투입
시나리오 3	전체 구획(30구획)의 비료 평균 필요량을 일괄적으로 투입
시나리오 4	구획별 비료 필요량을 적량 투입(정밀농업)
시나리오 5	농가의 관행 시비법으로 비료 투입(대조구)

시험구 포장 3곳과 대조구 포장 3곳의 자료 중 직파농가와 이앙농가의 자료를 이용하였다. 비료의 손실량은 토양조사 결과 각 구획별 비료 필요량을 기준으로 과부족을 계산하여 각 시나리오별 비료의 절감량과 손실(과다)량을 측정하였다. 수확물 감소량은 토양조사 결과 비료의 필요량을 적량 투입한 후 산출된 수확량을 기준으로 실제 또는 가상의 비료 투입량을 시비하였을 경우 얻게 되는 수확량을 계산하여 이 차이를 수확물 감소량으로 보았다. 이 때 비료투입량과 수확물량 간의 관계는 김제시 농업기술센터에서 실시한 비료(질소질)투입량과 수확물량간의 시험결과를 이용하였다.

정밀농업의 주요비용은 GPS 및 비료살포기 관련 비용으로 25ha당 600만원이며 내구연수는 10년이다. 토양조사 비용은 1필지 당 30구획(plot)을 조사할 경우 25,000원/plot이다. 토양조사 결과는 1회 조사로 3년간 이용할 수 있다고 보았다.

이상의 자료를 이용하여 시나리오를 구성하고 부분 시산표를 작성하여 농가의 경제적 성과액을 추정하였다. 이 연구에서 비료시비량의 감소로 인한 수질 오염방지 효과와 미질 변화에 대한 경제적 영향은 고려할 수 없었으며 결과적으로 사적 편익과 비용만을 고려한 것이다. 따라서 이에 관한 연구는 앞으로 중요한 연구과제가 될 것이다.

8.2.4 정밀농업 수용의 기술적 가능성

8.2.4.1 변량시비 처리의 비료절감 효과

변량시비는 토양정보와 생육정보에 따라 적정량의 시비량을 산출하여 포장 내 각 지점별로 산출된 시비량을 처리하는 것이다. 시험포장의 토성은 모두 미사질 양토였으나 변량시비 처리구 토양의 유기물, 이산, 규산, 칼륨 등은 인접한 포장임에도 불구하고 많은 차이가 나타났다. 유기물 함량은 3% 미만으로 낮았으나 인산과 칼륨의 경우는 높은 함량을 나타냈다. 이는 벼-보리 이모작을 위해 수확 후 부산물을 태우기 때문에 유기물 축적이 부족하고, 복합비료를 사용할 때 질소량을 기준으로 환산하여 시용량을 결정하기 때문에 인산과 칼륨이 동반적으로 다비되었기 때문이다. 규산은 정부에서 지급하는 규산질비료를 다량으로 시비하기 때문에 함량이 높게 나타났다. 따라서 유기물 함량이 낮고 규산함량이 높기 때문에 유기물과 규산함량을 이용해 구해지는 질소 추천량은 높게 나타나고, 인산과 칼륨의 함량이 높기 때문에 인산과 칼륨의 시비 추천량은 낮게 나타났다.

토양검정에 따라 유기물과 규산함량을 이용해 질소비료의 시비량을 결정하였고, 인산과 칼륨은 토양내의 각 성분의 함량에 따라 비료 시용량을 결정하여 기비 및 분얼비 살포시 각 포장에서 각 구획별로 적용하였다. 또한 출수기 이전의 엽면적지수, 엽록소 함량을 이용해 생육이 좋은 곳에 시비량을 줄이는 형식으로 질소비료 추천량을 계산하여 각 포장의 구획별로 수비를 변량시비 처리하였으며 평균 시비량은 표준 시비량과 일치시켰다.

그 결과 대조구와 변량시비 처리구의 기비, 분얼비, 수비의 포장별 평균 시비량은 〈표 8-10〉과 같다. 각 필드의 대조구와 변량시비 처리구의 시비량을 비교해 보면 직파재배 포장에서는 10a 기준으로 N-P-K 각각 0.95-8.8-5.7kg, 이앙재배 포장에서는 3.71-7.3-3.47kg의 차이로 변량시비 처리구의 시비량이 적게 나타났으며 이는 각

표 8-9 파종, 이앙 전 토양화학 분석

포 장	유기물함량 (g kg−1)	P_2O_5 (mg kg−1)	SiO_2 (mg kg−1)	K (cmol kg−1)
직 파 구	22.1* 11.4−34.3**	142 96−187	96.3 30.0−158.0	0.28 0.17−0.57
이 앙 구	27.2 17.5−35.5	201 73−289	79.0 41.1−113.9	0.30 0.18−0.45

*: 평균 **: 범위

표 8-10 각 시험구의 시비량

시 비	비료성분	시비량 (kg/10a)			
		직 파 구		이 앙 구	
		대조구	변량구	대조구	변량구
기 비	N	10.9	4.53	10.3	6.12
	P	8.8	0	5.6	0
	K	8.8	1.39	5.6	0.89
분 얼 비	N	0	4.52	7.2	2.45
수 비	N	2.4	3.3	0	3.3
	K	0	1.71	0	1.71
합 계	N	13.3	12.35	17.5	11.87
	P	8.8	0	5.6	0
	K	8.8	3.1	5.6	2.6

필드별로 변량시비 처리를 통해 절감한 비료의 양이다. 이것은 각각 7.1-100-64.8%, 23.6-100-47.5%의 비료 감소율을 나타냈다.

결과적으로 이 연구에서 이용된 토양검정에 의한 기비 및 분얼비 시비추천량과 벼 생육상태를 통해 추정한 수비 시비 추천량을 이용했을 경우 토양의 이화학적 특성과 비료성분에 따라서 차이가 나타났다. 일반적으로 작물시험장 등의 표준시비량과 큰 차이가 없거나 적게 나타났으나 일반농가의 관행적 시비체계와 비교했을 때는 큰 수준의 비료 절감효과를 얻을 수 있었다.

8.2.4.2 생육 및 수량효과

직파재배가 이루어진 필드 1에서 대조구와 변량시비 처리구의 각 구획별 출수기 초장, 분얼수, 건물중, 엽록소함량, 엽면적지수의 값과 정조수량을 측정하여 최소, 최대, 평균값과 표준편차, 변이계수를 계측한 결과는 〈표 8-11〉과 같다.

이 포장은 2모작으로 인해 늦은 시기에 직파를 하였고(6월11일), 봄철의 잦은 강우와 낮은 기온으로 초기생육이 좋지 않았으며 9월 태풍으로 전 포장에 도복이 심하게 나타났다. 출수기 생육량을 보면 엽면적 지수의 경우 대조구가 높았지만 초장, 분얼수, 건물중 등 생육정보의 평균값은 비슷했다. 수량의 경우는 변량시비 처리구가 10a당 기준으로 23.1kg 높은 것으로 나타나 4.3%의 증가를 보였다. 수량의 변이계수는 9정도로 나타나 직파재배 포장에서는 작은 값으로 볼 수 있다. 기계이앙을 통해 재배가 이루어진 포장(필드 2)에서는 농가의 관리 및 병충해 방제가 안정적이어서 병충해 피해나 도복피해 없이 재배기간 동안 안정적인 생육을 나타냈고 수량도 높게 나타났다.

표 8-11 직파구의 벼 생육과 수량의 통계지표

	초장,cm		분얼수,개/주		건물중,g/주		엽록도		엽면적지수		수량,kg/10a	
	대조구	변량구	대조구	변량구	대조구	변량구	대조구	변량구	대조구	변량구	대조구	변량구
최저	78.0	77.2	13.0	15.3	13.4	21.0	250.9	262.3	3.58	2.98	424.9	480.4
최고	92.3	88.0	26.0	26.3	33.6	38.7	382.6	398.2	5.96	4.96	623.3	675.8
평균	84.4	83.0	20.0	19.6	26.6	28.0	305.5	319.6	4.80	4.06	541.9	565.0
표준편차	3.59	2.21	2.68	2.55	3.69	3.90	33.46	36.03	0.57	0.53	50.78	51.84
변이계수	4.25	2.66	13.40	13.00	13.91	13.92	10.95	11.27	11.79	12.97	9.37	9.17

표 8-12 이앙구의 벼 생육과 수량의 통계지표

	초장,cm		분얼수, 개/주		건물중, g/주		엽 록 도		엽면적지수		수량,kg/10a	
	대조구	변량구	대조구	변량구	대조구	변량구	대조구	변량구	대조구	변량구	대조구	변량구
최 저	86.3	77.3	18.7	15.3	30.5	29.3	120.3	188.6	3.81	2.75	651.8	657.2
최 고	104.7	90.0	26.3	24.0	42.4	46.2	237.6	293.1	6.30	5.40	789.6	766.9
평 균	90.9	85.0	22.2	20.5	36.9	34.8	198.8	238.1	5.30	4.54	708.1	711.5
표 준 편 차	3.64	3.10	2.01	2.03	3.24	3.45	25.90	25.89	0.61	0.59	27.82	29.40
변 이 계 수	4.01	3.65	9 .06	9.92	8.79	9.93	13.03	10.87	11.50	13.11	3.93	4.13

〈표 8-12〉에서 출수기 생육량 평균값은 대조구가 변량시비 처리구보다 모든 항목에서 높은 값을 보였다. 수량의 경우도 대조구가 변량시비 처리구에 비하여 10a당 14.3kg이 높게 나타나서 2% 정도의 감소율을 나타냈다. 그러나 출수기 생육량의 차이와 수량의 차이를 비교하면 그 차이가 현저하게 감소하였다. 수량의 차이는 질소비료의 감소비율에 비하여 매우 적은 수치의 수량감소를 보였기 때문에 수비 시용시의 변량시비 처방이 생육량에서 크게 나타났던 차이를 수량에서 어느 정도 줄일 수 있었다.

포장 내 변이는 초장과 엽록소 함량에서 대조구의 변이가 매우 크게 나타났으며 이외의 사항에서는 변이의 차이는 크지 않았다. 그러나 변량시비 처리구의 엽록소 함량의 포장 내 변이가 대조구에 비해 크게 작아 엽록소 함량을 이용한 변량시비는 포장 내에서 효과를 거둔 것으로 보인다. 특히 이 포장에서는 수확량 모니터링 시스템을 이용하여 수확량 정보를 측정하였으며 한 포장 내에 지점별 수량을 보정하여 구획별로 정리한 후 평균하여 포장 내 구획별 수량을 얻었다.

8.2.4.3 침출수 질산(nitrate) 함량 및 미질분석

정밀농업은 질소질 비료 과다시용에 따른 부정적인 환경영향을 감소시켜 환경보전과 소비자들의 기호에 맞는 미질 개선에 기여할 수 있다. 따라서 계량기(Irrometer)를 사용해 추출한 토양수의 시기별, 포장별 질소(nitrate)함량을 보면 〈그림 8-1〉에 나타나 있다. 직파재배와 이앙재배 각 포장에서 수비시용 후에 채취한 침출수까지는 질소함량이 높아지고 이후에는 다시 낮아지는 경향을 보였다. 그러나 이앙 및 파종 후 20일 전후에 채취한 토양수의 질소 함량보다 수확 전에 마지막으로 채취한 토양수의 함량이 높게

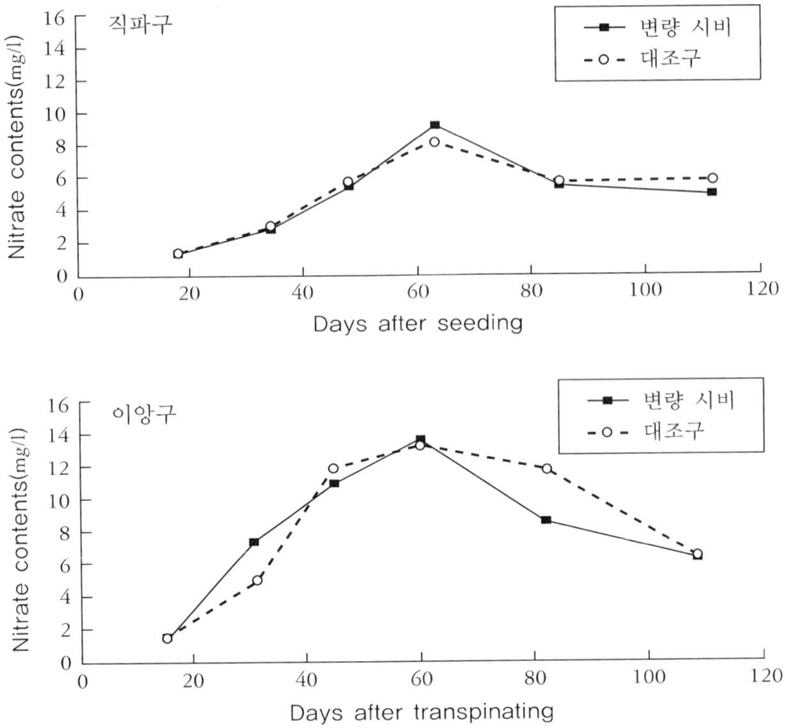

그림 8-1 논토양 침출수의 질산태 질소함량

나타났다. 또한 포장별로 최초의 함량은 거의 비슷한 값을 보였으나 수비사용 직후의 최대치와 수확전의 함량은 차이를 보였다. 직파재배의 경우보다 이앙재배가 논 침출수 중 질산태 질소 유출이 더 심함을 알 수 있다. 그러나 대조구와 변량시비구간에는 차이가 거의 없었다.

일반적으로 질소 시비량이 늘어나게 되면 곡물의 단백질과 아밀로오스 함량이 높아지게 되며 단백질 함량이 높으면 식미에 비린 맛이 나게 되고, 아밀로오스 함량이 높아지면 찰기가 없어져 미질이 떨어지게 된다. 변량시비를 통해 시비량을 줄였을 때 미질이 어떤 영향을 미치는지를 보기 위해서 단백질과 아밀로오스, 지방산의 성분함량을 통한 미질분석을 수행한 결과는 〈표 8-13〉과 같다. 각 필드별로 결과를 보면 큰 차이는 없으나 필드 2의 프로테인(protein)을 제외하면 변량처리구의 수치가 대조구

표 8-13 미립의 단백질, 아밀로즈, 지방산 함량

성 분	함 량 (%)			
	직 파 구		이 앙 구	
	대 조 구	변 량 구	대 조 구	변 량 구
단 백 질	8.95* 8.6- 9.3**	8.39 8.6- 9.2	6.87 5.65- 8.7	6.47 5.6- 6.8
아밀로즈	20.07 20.0-20.1	19.77 19.7-19.8	20.79 19.7-22.3	20.30 20.0-20.9
지 방 산	20.3 20.1-20.5	19.62 19.1-20.0	22.29 19.9-27.6	20.87 19.9-23.1

*: 평균 **: 범위

의 수치보다 모두 낮게 나타나 질소시비량을 감소시킨 변량시비 처리구의 경우 미질이 더 좋은 것으로 나타났다.

8.2.5 정밀농업의 경제적 실현성과 사회적 수용성

8.2.5.1 조사지역 쌀 농가 현황과 경영성과분석

정밀농업의 도입이 기술적으로 가능해도 실제로 농가가 수용하는가 여부는 경제적 실현성에 달려 있다. 그러나 기술적으로 가능하고 사회적 정(正)의 효과를 보이면 경제적으로 실현성이 적더라도 사회적 합의에 의하여 정밀농업의 수용이 가능하다. 따라서 이 절에서는 김제평야 쌀 농가에 대한 정밀농업의 기술적 가능성을 바탕으로 경제적 실현성과 사회적 수용성을 검토하고자 한다.

정밀농업 연구지역은 김제평야의 전형적인 답작 중심지역으로 총 가구 43호중에서 농가호수는 30호, 총인구는 144명, 호당인구는 3.3인이며 호당 농업인구는 2.0인이다. 농업경영주의 평균연령은 59.8세이고, 33.3%가 고졸이며 나머지는 모두 중졸 이하이다.

전체 경지면적은 자작지 55.0ha, 임차지 38.5ha로 93.5ha이며 호당 경지면적은 3.12ha로 우리나라 평균 호당 경지면적 1.46ha(2003년도)보다 두 배 이상 큰 대규모 답작 경영지역이다. 쌀 재배유형은 93.5ha중 이앙이 64.9ha(69.4%), 직파재배가 28.6ha(30.6%)로 직파재배의 비중이 전국평균에 비하여 높고 농기계 보유현황도 35-50%의 보유율로 높은 수준을 나타낸다.

표 8-14 10a당 노동투하시간

(단위 : 시간)

구 분	연구지역						전국 및 전북[1]	
	2002			2003			전 국	전 북
	이 앙	직 파	평 균	이 앙	직 파	평 균		
묘판, 온상, 파종	8.34	0.86	5.85	8.02	0.85	5.83	4.71	5.39
경 운 · 정 지	0.54	0.44	0.51	0.55	0.54	0.55	3.36	4.35
이 앙 (직 파)	3.61	1.03	2.75	3.59	1.19	2.86	5.03	5.79
시 비	0.59	0.23	0.47	0.61	0.27	0.51	1.81	1.97
병 충 해 방 제	0.91	0.41	0.74	1.14	0.73	1.01	2.07	2.25
제 초	0.39	0.20	0.33	0.36	0.13	0.29	1.77	1.70
본 논 관 리	5.68	4.22	5.20	5.58	4.47	5.24	4.97	4.68
수 확 및 운 반	0.86	0.78	0.83	0.86	0.84	0.85	3.72	3.35
건 조	0.42	0.37	0.40	0.39	0.29	0.36	0.96	1.04
기 타	0.65	0.48	0.59	0.65	0.56	0.62	0.17	0.37
계	21.99	9.02	17.67	21.75	9.02	18.12	28.57	30.89

주: 1) 농촌진흥청, 작목별 작업 단계별 노동투하시간, 2002에서 작성.

수도작 경영실태 분석을 위해 2002년과 2003년 마을전체 농가의 생산비 조사결과를 보면 10a당 노동 투하시간은 재배 유형별로 큰 차이를 보였다. 2002년의 경우 이앙이 21.99시간인데 비하여 직파의 경우 9.02시간으로 이앙대비 45% 수준이다. 평균노동투하시간도 이 지역이 대농중심의 직파가 확산되어 전국 대비 노동투하시간이 60%, 전북 대비 55%로 낮은 수준을 보인다.

10a당 생산비는 2002년 791,919원에서 2003년 820,958원으로 약 3.7% 상승하였다. 2003년 기상악화로 병충해가 발생하여 농약비가 40% 이상 증가하고 보리수매 축소로 이모작 재배면적이 줄어 토지용역비가 증가했기 때문이다. 실제로 2002년 평균적 병충해 방제횟수는 2-3회였으나 2003년에는 4회로 늘었고 이모작 보리 재배면적은 2002년에 비해 20% 감소하였다.

정곡 1kg당 생산비는 기상악화에 따라 생산비 증가와 수량감소로 2002년 1,618원에서 2003년 1,782원으로 10% 이상 상승하였다. 농가호당 조수입은 2002년 26,449천원에서 2003년 27,965천원으로 증가했으나 농업경영비와 생산비는 각각 10,629천원에서 11,018천원으로, 20,927천원에서 24,598천원으로 증가하였다. 농업소득은 15,820천원에서 16,947천원으로 증가했으나 농업순수익은 5,522천원에서 3,367천원으로 감소하

표 8-15 연구지역의 10a당 비목별 생산비

(단위: 원/10a)

구 분			2002			2003		
			이앙	직파	평균	이앙	직파	평균
10a당 생산량(kg)			510	500	507	475	470	474
직 접 생산비	종 묘 비		16,611	15,010	16,081	16,554	14,937	16,109
	비 료 비		22,283	18,874	21,154	22,563	19,188	21,633
	농 약 비		48,619	48,771	48,669	64,961	75,457	67,852
	영농광열비		10,812	11,762	11,127	10,681	14,095	11,622
	농 구 비		124,255	101,861	116,838	123,332	104,865	118,245
	영농시설비		2,337	2,851	2,507	1,770	1,766	1,769
	기타 제재료비		6,672	5,643	6,331	6,928	8,140	7,262
	노력비	자 가	105,031	49,288	86,568	104,341	52,217	89,983
		고 용	18,687	2,608	13,362	18,492	3,883	14,468
		계	123,718	51,896	99,930	122,833	56,100	104,450
	소계		355,308	256,668	322,637	369,622	294,549	348,942
간 접 생산비	토 지 용역비	자 가	266,446	222,637	251,901	265,612	262,324	264,606
		임 차	148,162	224,558	173,525	156,742	186,228	165,765
		계	414,608	447,195	425,426	422,354	448,552	430,371
	자본용역비		42,271	47,057	43,856	40,183	45,488	41,645
	소 계		456,879	494,252	469,282	462,537	494,040	472,016
10a당 생산비			812,187	750,920	791,919	832,159	788,589	820,958
kg당 생산비			1,669	1,514	1,618	1,817	1,688	1,782

였다. 그러나 이 지역의 쌀 조수입은 2002년 전국 평균 7,471천원의 3.5배 이상으로 높아 전형적인 답작 중심지역임을 알 수 있다.

8.2.5.2 부분 시산법(partial budget method)에 의한 단위 구획당 경제성 분석

정밀농업의 경제성 분석은 정밀농업의 도입과 관련하여 고려할 수 있는 모든 경우들의 시나리오를 구성하여 각 시나리오별 경제적 성과액을 부분시산에 의하여 계산하여 분석할 수 있다. 즉 신기술의 도입여부를 결정하기 위한 부분시산은 현재 기술의 경제적 성과와 정밀농업 도입후의 경제적 성과를 각각의 시나리오로 구성하여 평가하여야 한다.

시나리오 1은 필지당 30개 구획(plot)을 대상으로 토양조사를 실시한 결과 중 최소 비료필요량을 필지 전 면적에 일괄적으로 살포한 경우이며 비료손실은 없으나 비료부족으로 인한 수확량 감소가 예상된다. 시나리오 2는 필지당 30개 구획(plot)을 대상으로 토양조사를 실시한 결과 중 최대 비료 필요량을 필지 전면적에 일괄적으로 살포한 경우로 비료의 손실이 많고 비료 과다시용으로 인한 수확량 감소가 예상된다. 시나리오 3은 필지당 30개 구획(plot)을 대상으로 토양조사를 실시한 결과 중 구획당 비료필요량의 평균치를 필지 전면적에 일괄적으로 살포하는 경우로, 약간의 비료손실과 수확량 감소가 예상된다. 시나리오 4는 정밀농업을 실시하는 경우로 구획(plot)별 비료의 필요량만큼 적량 시비하여 비료와 수확물의 손실이 없다. 시나리오 5는 현행농가에서 관행적으로 실시하고 있는 시비법을 그대로 적용한 경우이다.

이렇게 구성된 시나리오별 경제적 성과액은 토양조사 결과에 따른 수확물의 잠재적 최대수량과 비료의 최적 필요량을 비교하여 각 시나리오의 수확물 손실량과 비료손실(절감)양을 계산할 수 있다.

시나리오별 단위구획(plot)당 경제성 분석은 이앙농가와 직파농가로 구분하여 분석하였다. 정밀농업을 도입할 경우(시나리오 4) 수확물 손실과 비료손실이 전혀 없는 것으로 나타났다. 이앙농가의 경우 시나리오별 수확량 감소와 비료손실의 물량과 금액으로 나타난 결과는 〈표 8-16〉과 같다. 표에서 시나리오 중 경제적 손실이 가장 큰 경우는 시나리오 1로 토양조사 결과 비료 필요량 중 최소 요구량을 전면적에 일괄적으

표 8-16 연구농가(이앙) 시나리오별 결과

No.	물량		금액			1필지당 (1200평) 손실 (원/필지)
	수확량손실 정곡기준 (kg/a)	비료손실 (kg/a)	수확량손실 정곡기준 (원/a)	비료손실 (원/a)	계 (원/a)	
시나리오 1	0.443	0.000	886.9	0.0	886.9	35,474.7
시나리오 2	0.249	0.130	498.2	67.8	566.0	22,641.1
시나리오 3	0.028	0.027	55.6	13.8	69.4	2,776.7
시나리오 4	0.000	0.000	0.0	0.0	0.0	0.0
시나리오 5	0.241	0.563	482.3	293.8	776.1	31,044.0

주) 1. 정곡 단위당 가격 : 160,000원 / 80kg = 2,000원/kg
2. 비료 단위당 가격 : 4,800원 / (20kg*0.46) = 521.7원/kg
(0.46 = 질소질 환산비율)

로 살포하면 비료손실은 없으나 수확량 손실이 커서 1a당 손실은 886.9원이고, 필지 당 35,474.7원이다. 정밀농업 다음으로 손실이 적은 경우는 시나리오 3으로 토양조사결과 각 구획의 비료필요량의 평균치를 전면적에 살포하는 경우이며 1a당 손실은 69.4원이며 필지당 2,776.7원이다. 관행 시비법을 행하는 시나리오 5의 경우에는 수확량 손실이나 비료손실이 커서 비록 시나리오 1보다는 손실량이 적으나 1a당 776.1원, 필지당 31,044.0원의 경제적 손실을 보인다.

직파농가의 시나리오별 수확량 감소와 비료손실에 대한 결과는 〈표 8-17〉에 나타나 있다. 직파농가의 경우는 시험구 포장과 대조구 포장에 도복피해가 있어 이를 고려하여 도복피해에 따른 수확감소량을 제거한 결과로 추정하였다. 표에서 이앙농가와는 달리 경제적 손실이 가장 큰 경우는 시나리오 2로 토양조사 결과 비료 필요량 중 최대 요구량을 전면적에 일괄적으로 살포하는 것으로 1a당 손실이 604.4원이며 필지당 24,176.1원으로 나타났다. 이것은 직파의 경우 과다시비에 따른 수확량 손실이 이앙의 경우보다 높게 나타난 결과로 볼 수 있다. 관행시비의 경우도 수확량 손실과 비료 손실에 따라 1a당 383.0원, 필지당 15,319.2원의 손실을 보였다.

이와 같이 이앙재배에 비하여 직파재배의 경우 정밀농업에 대한 관행농업의 경우 수확량 손실이나 비료 손실량이 더 적은 것으로 나타나 정밀농업의 효과는 이앙재배의 경우가 더 큰 것으로 보인다.

표 8-17 연구농가(직파) 시나리오별 결과

No.	물량		금액			1필지당 (1200평) 손실 (원/필지)
	수확량손실 정곡기준 (kg/a)	비료손실 (kg/a)	수확량손실 정곡기준 (원/a)	비료손실 (원/a)	계 (원/a)	
시나리오 1	0.281	0.000	562.0	0.0	562.0	22,478.1
시나리오 2	0.260	0.161	520.2	84.2	604.4	24,176.1
시나리오 3	0.029	0.028	57.4	14.8	72.2	2,888.6
시나리오 4	0.000	0.000	0.0	0.0	0.0	0.0
시나리오 5	0.167	0.095	333.3	49.6	383.0	15,319.2

주: 1. 정곡 단위당 가격 : 160,000원 / 80kg = 2,000원/kg
2. 비료 단위당 가격 : 4,800원 / (20kg*0.46) = 521.7원/kg
(0.46 = 질소질 환산비율)
3. 수확량(손실)은 도복에 따른 손실을 반영한 결과로 계산.

8.2.5.3 비용 편익법에 의한 개별농가 경제적 실현성과 사회적 수용성

시나리오별 구성결과를 정밀농업이 도입될 경우 농가에서 부담해야 하는 추가적 비용과 추가로 발생하는 편익을 고려한 순편익(net benefit)과 편익비용비(B/C ratio)를 계측하여 경제성을 평가하였다. 또한 정밀농업의 기술적 가능성에서 검토한 환경오염 감소 효과를 위하여 사회적으로 부담할 수 있는 범위를 파악하였다.

다음의 각 시나리오는 앞서 본 시나리오 각각에 대하여 정밀농업으로 대체할 경우를 비교한 것이다. 즉 시나리오 1은 최소 비료 필요량을 시비하는 경우 이를 정밀농업으로 대체하였을 때 나타나는 순편익과 편익비용비이다. 시나리오 2는 최대 필요량을, 시나리오 3은 평균 필요량을, 시나리오 5는 관행 시비량을 정밀농업으로 각각 대체하였을 때 나타나는 순편익과 편익비용비를 말한다.

먼저 이앙농가의 경우 각 시나리오에서 계산한 단위 구획당 경제적 성과액을 이 농가에서 경작하고 있는 면적(2.2ha)으로 환산하여 작성한 결과가 〈표 8-18〉이다. 표에서 농가가 정밀농업 도입에 따른 토양조사 및 GPS기기 등 모든 비용을 부담할 경우에는 정밀농업에 대한 모든 시나리오별 순편익이 손실을 나타내는 부(負)의 값을 가지며 편익 · 비용비(B/C ratio)는 1 이하로 나타나 전혀 경제성이 없음을 알 수 있다. 특히 시나리오 5의 경우는 농가가 정밀농업 도입에 따른 모든 비용을 전액

표 8-18 연구농가(이앙) 시산분석 결과

구분		전액 농가부담	〈GPS · 토양조사〉 보조비율 토양조사 100% GPS 0%	토양조사 100% GPS 50%	토양조사 100% GPS 100%
시나리오 1	순편익 (원)	−44,251	5,749	6,949	8,149
	(B/C ratio)	(0.167)	(2.842)	(4.619)	(12.316)
시나리오 2	순편익 (원)	−46,740	3,260	4,460	5,660
	(B/C ratio)	(0.108)	(2.358)	(4.717)	−
시나리오 3	순편익 (원)	−51,706	−1,706	−506	694
	(B/C ratio)	(0.013)	(0.289)	(0.578)	−
시나리오 5	순편익 (원)	−44,639	5,361	6,561	7,761
	(B/C ratio)	(0.148)	(3.234)	(6.468)	−

부담하여 기존 시비법을 정밀농업으로 바꿀 경우 연간 3,885천원의 손실을 입게 된다.

그러나 시나리오에 따라 토양조사에 대한 비용을 전액 정부가 부담하고 정밀농업 기기에 대한 비용의 어느 정도를 정부에서 부담하느냐에 따라 농가의 손실이 달라지고 경제적 편익도 가능한 결과를 보인다. 토양조사에 대한 비용만을 전액 정부에서 보조하고 GPS기기에 대한 보조가 전무할 경우에도 기존 관행 시비법을 정밀농업으로 바꿀 경우 연간 114천원의 경제적 편익을 얻게 되며 농가단위의 B/C ratio는 1.596로 정밀농업 도입에 대한 경제적 성과가 타당하게 나타난다. 토양조사 비용을 정부에서 보조할 경우에는 시나리오 1, 2, 5의 경우에는 순편익이 정(正)으로 나타나지만 시나리오 3은 여전히 부(負)로 나타나며 GPS비용까지 모두 100% 부담할 경우에야 정(正)으로 나타난다. 시나리오 3은 농가에서 정밀농업을 도입하지 않고 평균시비량을 일괄적으로 시비하는 경우이며 이 경우는 실제로는 정밀농업과 크게 차이가 나지 않아 정밀농업으로 전환시켜도 추가적인 이익보다 추가적인 비용이 크기 때문이다. 따라서 시나리오 1, 2, 5의 경우에는 정부에서 토양 조사비용을 부담하여 정밀농업으로 전환시키는 것이 타당하고 시나리오 3의 경우에는 정부보조에 의하여 정밀농업으로 전환시킬 수 있는 당위성이 적다는 것을 뜻한다. 이것은 곧 절대식량 확보를 위하여 비료를 과다 시용하거나 환경보전을 위한 최소비료 시용의 경우에는 농가손실이 크기 때문에 정밀농업을 지원하는 것이 경제적으로 타당하다. 또한 현재의 관행시비의 경우에도 토양조사비를 정부에서 부담하여 정밀농업으로 전환하는 것이 경제적으로 타당하다는 것을 의미한다. 그러나 시나리오 3의 경우에는 환경보전에 대한 손실이나 수확량 손실이 작기 때문에 토양조사비뿐만 아니라 GPS기기의 50% 이상을 보조해 주어도 농가의 입장에서는 정밀농업을 위한 비용이 커서 경제적 타당성이 없기 때문에 정밀농업에 의한 환경보전을 위한 사회적 비용부담이 의미가 적다는 것이다.

직파농가의 경우 각 시나리오별로 단위당 경제적 성과액을 현재 이 농가에서 경작하고 있는 면적(8ha)으로 환산하여 순편익(net benefit)과 편익 · 비용비(B/C ratio)를 계측한 결과는 〈표 8-19〉와 같다.

표에서 직파농가의 경우도 이앙농가의 경우와 같은 결과를 볼 수 있다. 즉 정밀농업에 따른 비용전액을 농가에서 부담할 경우에는 모든 시나리오에서 정밀농업으로 전환할 때 순편익이 부(負)의 값을 보이고 편익 · 비용비(B/C ratio)가 1보다 작아 경제적 실현성이 없다.

표 8-19 연구농가(직파) 시산분석 결과

구 분		〈GPS · 토양조사〉 보조비율			
		전 액 농가부담	토양조사 100%		
			GPS 0%	GPS 50%	GPS 100%
시나리오 1	순편익 (원)	−47,441	2,559	3,759	4,959
	(B/C ratio)	(0.106)	(1.836)	(3.021)	(8.510)
시나리오 2	순편익 (원)	−46,356	3,644	4,844	6,044
	(B/C ratio)	(0.115)	(2.518)	(5.037)	−
시나리오 3	순편익 (원)	−51,678	−1,678	−478	722
	(B/C ratio)	(0.014)	(0.301)	(0.602)	−
시나리오 5	순편익 (원)	−48,570	1,430	2,630	3,830
	(B/C ratio)	(0.073)	(1.596)	(3.191)	−

주: 1. 토양조사에 대한 정부보조는 0%(전액 농민부담)와 100%만을 고려하였음.
2. GPS에 대한 정부보조는 토양조사에 대한 정부보조가 100%일 경우에 한해 GPS 관련 보조 0%, 50%, 100%의 3가지 경우를 고려하였음.

그러나 토양조사에 대한 비용을 정부에서 보조하는 경우에는 시나리오 1, 2, 5의 경우 순편익이 정(正)의 값을 가지고 편익 · 비용비(B/C ratio)도 1보다 커서 경제적 실현성이 있다. 이 때에도 시나리오 3의 경우에는 순편익이 부(負)의 값을 가지며 편익 · 비용비가 1보다 작다. 다만 토양조사 비용만이 아니라 GPS에 대한 보조까지 정부에서 부담할 경우에 비로소 정밀농업 도입에 대한 경제적 실현이 가능하게 된다. 따라서 직파재배의 경우에도 이앙재배와 마찬가지로 절대식량 위주의 비료 과다시용 농가나 환경보전을 위한 비료 과소시용 농가는 정부의 토양조사비용 부담에 의한 정밀농업으로의 전환이 경제적 타당성을 갖는다. 그러나 평균시비량을 일괄적으로 시비하는 농가는 정부에서 토양조사나 GPS기기보조에 의한 정밀농업으로 전환이 경제적으로나 사회적으로 당위성을 갖지 못한다. 앞서 본 바와 같이 정밀농업 도입에 의한 추가적인 편익보다 정밀농업을 위한 추가적인 비용이 크기 때문에 농가의 정밀농업 도입에 대한 경제적 실현성이 낮을 뿐만 아니라 사회적으로도 구태여 정밀농업 전환을 위한 지원이 큰 의미를 갖지 못한다.

직파재배농가와 이앙재배농가의 정밀농업 도입에 따른 경제적 성과를 비교해 보면 정밀농업 도입에 따른 모든 비용을 농가가 부담할 때 직파재배 농가의 손실액이 이앙재배에 비하여 크게 나타나고 토양조사 비용을 정부에서 부담할 경우에도 이앙재배

농가의 경제적 편익이 크게 나타났다. 이것은 직파재배 농가의 경지면적이 이앙재배농가보다 크기 때문에 토양조사에 대한 비용이 크기 때문이다. 그러나 정밀농업 도입에 따른 비용을 전액 정부에서 부담할 경우 규모가 큰 직파농가에서 경제적 성과액이 더 크게 나타날 뿐만 아니라 그 증가율 또한 높게 나타났다.

8.3.6 정밀농업 연구개발 정책과제 및 정책적 함의

김제평야의 대규모 쌀 농가를 중심으로 현장농민과 3개 대학 연구진이 공동연구팀을 구성하여 정밀농업 수용가능성을 분석한 결과는 다음과 같다.

포장내의 쌀 수량 공간의존도가 높게 나타나 변량시비에 따른 비료절감과 수확량 모니터링 시스템을 이용하여 수확량 측정이 가능하였다. 또한 벼 생육 및 수확량 변이지도를 작성하고 변량시비를 통하여 시비량 절감효과를 확인할 수 있었다. 대조구와 변량시비 처리구에서 추출한 토양 침출수의 질소 함량은 큰 차이가 나지 않았으나 미질은 변량시비 처리구가 약간 높은 수치를 보여 미질이 향상되었다.

시험포장 계측결과를 토대로 연구농가의 정밀농업 도입을 위한 경제적 실현 가능성을 시나리오별로 부분시산법과 편익 · 비용비(B/C ratio)에 의하여 분석하였다. 농가가 정밀농업을 위한 토양조사, 기기비 등 모든 비용을 전액 부담할 경우에는 어느 경우에나 경제적 손실이 편익보다 커서 정밀농업 수용에 대한 경제적 실현성이 없었다. 그러나 토양조사에 대한 비용을 정부에서 부담할 경우에는 계획된 비료 요구량의 최소량이나 최대량을 투입하는 경우보다 정밀농업을 도입하는 경우의 편익이 손실보다 크고 관행시비보다 정밀농업의 경우 편익이 커서 경제적 실현성을 보였다. 그러나 계측된 비료량의 평균량을 시용할 경우에는 토양조사 비용만이 아니라 GPS기기에 대한 모든 비용을 정부에서 부담할 경우에야 농가의 경제적 실현성이 가능한 것으로 보였다.

이것은 절대량 확보를 위한 비료의 과다시용이나 환경오염을 줄이기 위한 과소시용, 현재 관행시비보다는 정부에서 토양조사비를 부담하여 정밀농업을 도입하는 것이 경제적 성과가 있다. 그러나 현재 농촌진흥청 추천시비를 하는 농가인 평균량을 시비하는 농가의 경우에는 정밀농업으로 전환하여도 경제적 성과가 적기 때문에 구태여 정밀농업으로 전환할 필요가 없다고 본다.

이러한 분석결과에도 불구하고 앞으로 정밀농업의 전망은 김제평야와 같이 대규모 농가에서는 그 수용가능성이 있다고 본다. 왜냐하면 농촌인구 감소와 기계화의 진전에 따라 소농에 비하여 경지규모가 넓어지면 관행적 영농은 토양정보의 이용 가능성이 낮아지기 때문이다. 따라서 경지규모가 확대되면 정밀농업의 잠재력은 오히려 커지게 된다. 미국과 같은 대규모 농가에서는 Ph, P, K 등에 대한 토양의 잠재력 가운데 73%만을 활용하고 있다(Fixen, 1994). 또한 GIS, GPS 등 정보기술(information technology)이 발달하여 정보비용이 낮아지면 수익성과 환경보전을 동시에 달성할 수 있는 정밀농업의 가능성은 점점 커진다. 따라서 우리나라 쌀 생산정책은 평야지대의 대규모 영농은 정밀농업에 의하여 환경보전과 수익성을 확보하고 산간지대의 소규모 영농은 환경친화적 영농으로 환경보전을 도모하는 등 지속적 영농을 위한 다양한 정책변수를 활용할 필요가 있다.

이 연구결과가 시사하는 우리나라 정밀농업에 대비한 정책방향은 다음과 같다. 이 연구는 농가와의 실험포장에서 정밀농업에 대한 기술적 가능성이 도출되었다. 그러나 토양지도, 수확량지도, GPS, 수확량 모니터링 시스템 등 기술적인 접근을 위한 조사방법은 미국 등 대규모 농가에 적합한 기기를 활용하였기 때문에 우리나라 영농현황에 얼마나 정확한 기술적 결과를 도출했느냐가 문제된다. 따라서 우리 현실에 맞는 정밀농업 관련기기로 수행한 연구결과의 축적이 필요하다. 특히 우리나라의 현실에서는 정밀농업의 연구는 농가나 기업에 의존할 수 없기 때문에 공공 연구기관에서 이 분야에 대한 연구축적이 가능하도록 연구자원 배분이 이루어져야 한다. 이 연구의 경제적 성과에서 볼 수 있듯이 정부지원 없이 정밀농업의 수용은 어렵다. 정밀농업의 환경보전에 대한 영향은 앞으로 더욱 연구가 이루어져야 하겠지만 농업의 환경보전문제는 공익적 기능을 갖기 때문에 이에 대한·사회적 합의가 바탕이 되어야 한다. 따라서 수질오염을 막고 환경오염을 줄일 수 있는 정밀농업의 가능성은 사회적 합의에 따라 정부지원의 범위가 결정될 수 있을 것이다.

정밀농업은 다수확 벼 품종이나 직파재배기술과 같은 특정기술이 아니다. 여러 가지 기술과 재배가 결합된 복합적 농법이기 때문에 농가의 단순한 기술수용이 아니라 넓은 범위의 연구개발이 필요하다. 또한 농민, 연구자, 기업가가 상호 연계되어 자료와 정보를 수집, 교환하고 과정분석과 자료해석에 대한 의견을 교환하는 것이 필수적이다. 따라서 정밀농업에 관한 각 분야의 전문가를 양성하고 농가교육 등에 대한 인간자본의 투자 등 장기간이 소요된다. 토양조사나 기계의 사용은 농업기술센터가 주축이 되어 개인농가만이 아니라 마을공동으로 정밀농업단지를 조성하여 정밀농업에 대한 규모경제를 도모할 수도 있다. 비록 지금은 농가수준에서 정밀농업 도입에 대한 수요가 거의 나타나지 않으나 앞으로 정밀농업의 활성화에 대비한 여러 가지 준비과정이 필요한 것도 사실이다.

참고문헌

곽한강 · 송요성 · 안병열 · 오왕근 · 정영상(2001), "토양검정에 의한 질소시비량 결정에 Mitscherlich-Bauls-Spillman 개념의 응용". 「한국토양비료학회지」 34(5): 311-315.

류일훈 · 김경욱(2003), "정밀 농업을 위한 수도 포장의 비료 성분 및 수확량 변이에 관한 연구". 「친환경정밀농업연구회지」 2(1): 42-62.

박원규(2002), "친환경 정밀농업 기술 개발". 「친환경정밀농업연구회지」 1(1): 1-21.

박정근 · 강창용(1994), "영농체계화 연구(FRS)에 의한 전북지역 벼 직화재배 농가분석", 「농업정책연구, Vol.21, No.2.

박정근 · 이호진 · 황정욱(2005), "쌀 농가 정밀농업 수용가능성 분석", 「농업경제연구」, Vol.46, No.4.

박철수 · 정영상 · 이호진 · 주진호 · 서준한(2000), "건답 직파재배 논에서 질소비료 형태에 따른 시용효과". 「한국토양비료학회지」 33(5): 324.

서준한 · 이호진 · 정영상 · 이승훈(2002), "수도 포장의 토양 및 수량 지도 작성과 변량 시비 추천". 「친환경정밀농업연구회지」 1(1): 51-60.

이춘수(1998), "토양 검정에 의한 작물별 시비량 결정". 토양 검정과 시비 처방에 관한 심포지엄. 제주대학교: 139-151.

이충근 · 성제훈 · 손연규 · 정인규 · 김상철 · 황성준 · 박우풍(2002), "벼 포장에 있어서 생육 변이의 공간통계학적 해석". 「친환경정밀농업연구회지」 1(1): 61-70.

이호진 · 정영상 · 박정근(2003), "벼 직파재배농가의 정밀농업 기법개발과 농경영 및 환경 개선", 농림부보고서.

이호진 · 서준한 · 이정삼 · 정영상 · 박정근(1996), "벼 직파재배 노동력 투입 및 에너지 효율성 비교". *Korean J. Crop Sci.* 41(1): 115-121.

이호진 · 서준한(2002), "작물재배에서 정밀농업기법의 활용". 「친환경정밀농업연구회지」 1(1): 31-38.

이호진 · 정지훈 · 서준한 · 이승훈 · 이창환(2003), "질소 변량시비가 직파재배 벼 수량에 미치는 영향". 「친환경정밀농업연구회지」 2(1): 37-41.

이호진(1998), "고투입 다수확 재배의 결과와 성찰". 경상대학교 개교 50주년 기념 심포지엄 21세기 한반도 농업전망과 대책, 210-232.

최민규 · 김상수 · 백남현 · 최원영 · 이재길 · 이충근 · 김순철(2002), "소규모 경작지에서 정밀관리를 위한 포장변이 지도 작성". 「친환경정밀농업연구회지」 1(1): 39-50.

Bouma J.(1997), "Precision Agriculture: Introduction to the Spatial Temporal Variability of Environmental Quality". In *Precision Agriculture: Spatial Temporal Variability of Environmental Quality*. 5-17. John Wiley & Sons Ltd.

Chung, Sun-Ok, Lee, Ho-Jin and Park, Jung-Keun(2005), "Precision Agriculture in the Republic of Korea", *The Newsletter*, May, Site-Specific Management Center, Purdue University.

Fixen, P. E.(1994), "Site-Specific Management Impacts on P and K Use and Productivity", Better Crops Plant Food, 78:3-5.

Griffin 외(2004), "Adoption, Profitability and Making Better Use of Precision Farming Data", *Staff Paper* #04-06, Dept. of Agricultural Economics, Purdue University.

Lee, C. K., J. Yanai, T. Kaho and T. Kosaki(2001), "Geostatistical Analysis of Soil Chemical Properties and Rice Yield in a Paddy Field and Application to the Analysis of Yield-Determining Factors". *Soil Science and Plant Nutrition* 47(2): 291-301.

Linsley, C. M., and F. C. Bayer(1929), "Test your Soil for Acidity", *Circular* 346, Univ. of Illinois, Agric. Exp. Sta.

Lowenberg-DeBoer and S. M. Swinton(1997), "Economics of Site-Specific Management in Agronomic Crops", in *The State of Site-Specific Management for Agriculture*, edited by F. J. Pierce and E. J. Sadler, Published by American Society of Agronomy, Crop Science Society of America and Soil Science Society of America.

Sawyer, J. E.(1994), "Concepts of Variable Rate Technology with Consideration for Fertilizer Application". *J. Prod. Agric.* 7: 195-201.

Steven T. Sonka(1997). *Precision Agriculture in the 21st Century*. Natinnal Research Council.: 16-18.

Umeda, M.(2003). "The Role of Precision Agriculture in Japan". *The Korean Society of Precision Agriculture* 2(1): 8-23.

제 9 장

농업 연구평가 모형

농업기술체계를 분석하기 위하여 거시적으로 접근해 보면 정부의 연구개발 정책, 공공연구기관의 기술개발과 기술이전, 그리고 농민의 기술이용의 네 부분으로 나눌 수 있다. 이 네 부분은 서로 유기적인 연계성을 가지고 전체적인 체계에서 파악되어야 한다.

정부의 농업 연구개발 정책은 국가의 경제정책, 개발정책이나 농업정책의 틀 속에서 기술개발방향이 정해진다. 기술개발은 농과대학의 농업 연구결과와 교육훈련에 의해 양성된 인적자원의 활용이나 외국의 연구기관과 학술자료 및 연구인력 교환을 통하여 연구기관에서 이루어질 수 있다. 이렇게 개발된 기술은 지식이전(knowledge transfer)과 투입물 이전(input transfer)에 의한 기술이전(technology transfer)을 통하여 농업기술의 최종 수요자인 농민들에게 이전된다. 이것이 국가의 농업기술 보급활동(extension service)으로 농업 기술지도와 보급이다. 농업기술의 최종수요자인 농민은 이전된 농업기술을 영농에 활용한다. 이때는 기술에 포함된 새로운 투입물을 시장에서 구입하고 산출된 생산물을 판매할 수 있는 농산물 시장과 이를 구매하는데 필요한 자금조달을 위하여 농업금융시장 등 농산물의 투입물과 산출물, 금융시장 조직이 중요하다.

오늘날과 같이 시장위주의 농업에서는 비록 농업기술의 개발이 민간기업이 아닌 공공기관에서 이루어진다고 하더라도 투입물 시장에서 그 나라 부존자원에 의해서 결정되는 자원가격은 농업기술개발에 결정적인 영향을 미치게 된다. 왜냐하면 기술은 비싼 생산요소를 싼 생산요소로 대체하는 촉매역할을 하기 때문에 농업기술개발은 비싼 생산요소를 절약하는 방향으로 나가기 때문이다. 따라서 농업연구자는 언제나 시장변화에 주목할 필요가 있으며 정부의 시장정책은 부존자원의 변화가 시장에서 가격으로 제대로 반영되어 왜곡되지 않도록 주의를 기울여야 할 것이다.

이 장(章)의 농업 연구평가 모형은 국가농업연구를 위한 국제기구(International Service for National Agricultural Research)에서 발간된 훈련교재(Training in Planning, Monitoring and Evaluation for Agricultural Research Management, 1995)와 자료집(Monitoring and Evaluating Agricultural Research: A Sourcebook, 1993)을 중심으로 구성한 것이다.

9.1 농업 연구평가의 이론

9.1.1 농업 연구관리체계 구축

농업 연구평가시스템(Agricultural Research Management System: ARMS)을 구축하기 위해서는 먼저 거시적 측면에서 네 개 분야로 나누어 본 농업 연구체계를 바탕으로 농업기술 개발을 위한 농업 연구관리체계를 살펴보고 농업 연구평가시스템의 구축이 가능하다. 농업 연구관리체계는 연구의 단계, 기능과 변수로 구성되어 각 단계마다 연구기능이 다르고 단계에 따른 연구기능은 여러 가지 변수에 의하여 결정된다.

연구체계(system)는 그 단계로서 연구기관(institute), 연구계획(program), 연구과제(project), 연구활동(activity) 4단계로 나눌 수 있다. 연구기능은 연구계획(planning), 연구모니터링(monitoring), 연구평가(evaluation)의 3개 기능이 있으며 연구변수는 연구배경(context), 연구자원(input), 연구과정(process), 그리고 연구결과(products)의 4변수로 구성되어 있다. 따라서 한국의 농촌진흥청과 같은 공공부문의 연구체계 구성은 〈그림 9-1〉에서와 같이 연구단계, 연구기능, 연구변수가 입체적으로 연계되어 분석되어야 할 것이다.

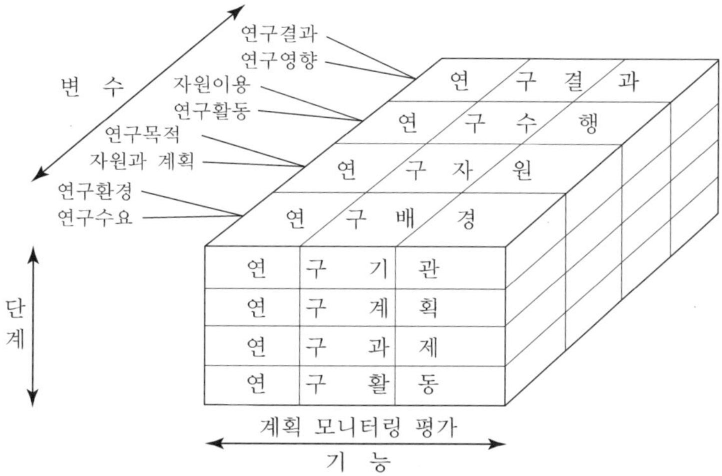

그림 9-1 농업 기술관리체계(ATMS)의 구성요소

9.1.1.1 연구의 단계(levels)별 구성요소

연구를 위한 의사결정(decision making)과 연구수행(implementation)은 각 단계(level)로 나누어 살펴볼 수 있다. 전체의 연구체계는 공공부문과 민간부문의 연구기관으로 되어 있으며 연구기관은 세부연구과제(project)와 연구활동(activity)을 통합한 과나 실의 총괄과제(program)를 모두 통합하여 연구체계를 형성한다. 연구기관은 이처럼 여러 단계에 걸쳐서 의사결정이나 연구수행이 각각 다르고 또 이러한 단계간의 통합, 참여, 분산 등 관계가 다양하게 나타난다. 따라서 각 단계간의 관계를 분석하여 효율적인 관계를 통하여 연구자원 배분의 합리성이 도모될 수 있다.

각 단계에서 이루어지는 의사결정을 보면 연구기관(institute)의 단계에서는 연구소간의 자원배분이나 연구원의 승진주기를 설정하는 문제가 있으며, 연구계획 단계에서는 상품별 또는 연구분야(disciplines)에 관한 조정문제, 과제단계에서는 특정연구목표, 시간배분, 예산배분 등에 관한 문제, 연구활동(activity)단계에서는 개별 연구자의 연구활동에 따르는 의사결정문제가 대두된다(그림 9-2).

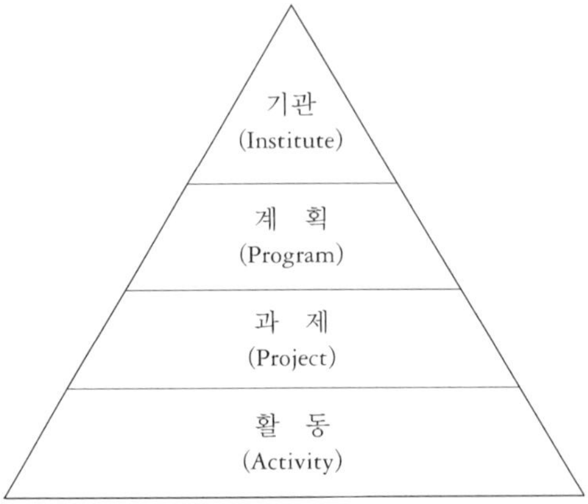

그림 9-2 연구기관 내의 단계별 의사결정수준

9.1.1.2 연구변수(variables)의 구성요소

연구변수는 연구배경(context), 연구자원(input), 연구과정(process), 연구결과(product)의 네 가지로 구분된다. 연구기관이 처해 있는 환경이나 배경(context)은 연구의 목표설정에 중요하다. 연구자원(input)은 연구를 수행하기 위하여 필요한 물적 및 인적자원과 연구시설 등이며 연구과정(process)은 자료를 수집하고 연구를 수행하는 과정을 의미한다. 연구결과(products)는 연구에 의하여 나타나는 재화나 용역을 총체적으로 말한다.

이처럼 주어진 연구단계는 시대적 배경, 국가의 경제발전 단계에 따라 달라지며, 연구자원의 배분에 따라 연구결과나 연구과정이 달라진다. 연구변수의 효율성을 높이기 위해서는 연구의 체계적 관리가 필요하다. 그러나 국가적, 문화적, 역사적 전통에 따라 연구관리 체계를 얼마나 효율적으로 운영할 수 있을 것인가라는 한계를 보이기도 한다.

9.1.1.3 연구의 기능(functions)별 구성요소

연구기관은 각 단계마다 그 목표를 달성하기 위하여 계획(planning)을 수립하고 연구모니터링(monitoring)과 평가(evaluation)를 통하여 연구관리의 효율성을 높힌다. 계획수립은 목표를 설정하고 연구자원을 배분하기 위한 과정을 말한다. 즉 주어진

환경에서 목표를 달성하기 위하여 연구자원의 적절한 배분을 수행하는 기능이며 이를 위한 합리적 방법과 목표달성을 위한 일관성, 목표와 자원과 정책의 일관성, 전략 등이 포함되어야 한다. 계획수립은 의사결정 단계마다 다르나 10-15년에 걸친 장기계획과 3-5년의 중기계획, 1년의 단기계획이 있다. 장기계획을 바탕으로 중기계획이 수립되어야 하며, 또 중기계획에서 단기계획이 나와야 한다. 장기계획이나 중기계획은 통합적이며 위험이 크나 신축성이 적은 특성이 있으며, 단기계획은 통합적이지 않고 위험이 적으나 신축성이 커야 한다.

연구모니터링(monitoring) 기능은 연구의 배경이나 목적, 기대하는 결과와 연구수행에 관하여 지속적으로 관찰(observation)하고 감독(supervision)하며 수정(revision)하는 과정을 뜻한다. 이 기능은 연구기관이나 연구자들이 수행하고 있는 활동이 기대한 결과나 목표에서 얼마나 벗어나며 어떤 문제점이 있는가를 점검하여 의사결정에 도움을 주기 위한 것이다. 연구의 모니터링 기능은 정보를 모으고(collection), 이를 분석하여(analysis) 장래에 이용할 수 있도록 보관(storage)하며, 보고서를 작성하여 배분하는 정보관리체계이며 이를 바탕으로 의사결정을 통하여 연구수행에 방향을 제시해 주는 모든 과정을 말한다.

연구평가(evaluation)의 기능은 연구의 질적 가치를 적법성(relevance), 효과성(effectiveness), 효율성(efficiency), 그리고 영향(impact)에 따라 판단하거나 결정하는 것이다. 연구평가는 각각의 의사결정 단계에서 이루어지며 연구의사결정자, 연구관리자, 정책수립자 등이 평가결과를 이용한다. 연구평가는 사전평가(ex-ante), 사후평가(ex-post), 외부평가(external evaluation)와 내부평가(internal evaluation), 동료평가(peer evaluation) 등에 의하여 이루어진다. 또한 연구배경(context), 연구자원(input), 연구수행과정(process), 연구결과(product), 연구영향(impact)에 대한 평가를 각 연구단계에서 수행할 수 있다.

9.1.2 농업 연구관리체계

연구관리는 연구사업이 효율적으로 이루어질 수 있는 여건을 창출하는 것이다. 이는 구체적으로 연구목적, 연구방법, 연구우선순위를 명확하게 규정하여 연구계획을 수립하고 이에 따른 책임을 부과시키며 물적, 인적 연구자원 배분과정에서 연구원들을

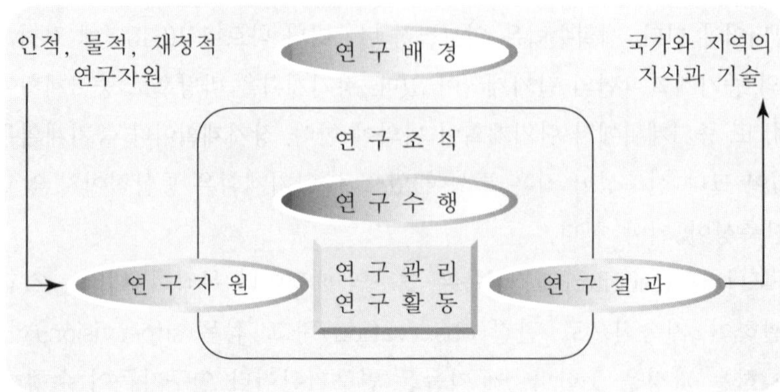

그림 9-3 농업 연구기관의 연구관리체계

감독하고 동기를 부여하는 모든 과정을 의미한다.

농업 연구기관은 앞서 본 연구조직의 체계에 따라 주어진 연구배경에서 인적, 물적, 재정적 연구자원을 이용하여 연구수행으로 얻은 연구결과를 국가와 지역에 필요한 지식과 기술로 활용하는 총체적 과정을 말한다. 이러한 과정을 수행하는 데 연구계획과 연구모니터링, 연구평가를 통하여 효율적인 연구관리를 체계적으로 수행할 수 있다. 이러한 농업연구기관의 연구관리체계는 〈그림 9-3〉에서 살펴볼 수 있다.

농업 연구기관의 연구관리체계는 연구관리의 순환적 흐름(management cycle)에서 또한 파악할 수 있다. 연구관리는 연구계획(planning), 연구수행(implementation), 연구평가(revision)의 순환적 흐름이다. 농업 연구기관은 연구계획을 통하여 농민이나 농업기술이용자들의 기술수요를 평가하고 과거의 경험을 토대로 연구목표를 설정하여 연구전략을 수립할 수 있다.

이를 위해서 사전평가(ex-ante assessment)가 이루어져야 한다. 농업연구의 수행과정에서는 연구계획에 따라 연구를 진행시키며 연구환경의 변화에 따라 연구계획이 조정될 수 있다. 특히 연구수행과정은 예산에 따른 연구자원 배분이나 연구계획에 따른 연구활동, 연구진행 상황 등을 정리하여 장래의 연구평가 자료로 활용되어야 한다. 연구평가는 모든 연구활동이 기술수요자들의 필요를 충족시킬 수 있는가, 또 연구목적이나 연구계획에 부합하는가, 연구결과나 연구결과의 영향이 연구계획대로

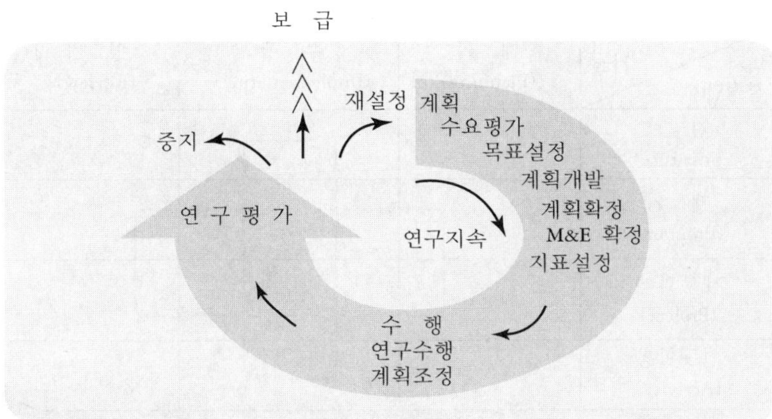

그림 9-4 연구관리의 순환적 흐름도

진행되었는가를 검토한다. 그 결과 계획대로 연구를 계속할 것인가, 다시 재구성할 것인가, 종료시킬 것인가, 또는 새로운 연구분야를 확대할 것인가를 결정해야 한다. 이러한 검토를 토대로 다시 연구계획을 수립하는 순환적 과정을 반복한다.

농업 연구관리체계는 이와 같은 순환적 흐름에서 의사결정단계(decision-making level)와 연구관리순환(management cycle)에 따라 보다 정형화된 형태로 전환시킬 수 있다. 즉 의사결정단계는 연구기관(institute), 연구총괄과제(program), 연구세부과제(project), 연구활동(activity)의 4단계이며 연구관리의 순환적 흐름은 연구계획(planning), 연구수행(implementation), 연구평가(revision)의 3가지로 나뉘어 〈그림 9-4〉와 같이 각 의사결정 단계에 따른 순환적 흐름의 각각 다른 단계를 볼 수 있다.

연구관리에서 의사결정이 효과적이기 위해서는 연구관리자에게 연구조직 내에서 연구 수행하는 모든 과정에 걸쳐 책임과 권위가 부여되어야 한다. 이러한 권위가 주어져 있지 않을 때는 중간관리자들의 연구관리과정에서 행동이 크게 제약을 받게 되기 때문이다. 또한 앞의 그림에서 나타난 연구조직 내에서의 모든 정보의 흐름은 관리순환의 국면을 나타내는 수평적으로나 의사결정단계를 나타내는 수직적으로 모두 원활하게 이루어져야 한다(그림 9-5).

수평적으로 계획에 나타나는 연구목표, 자원배분 등 연구계획은 연구수행과 연구

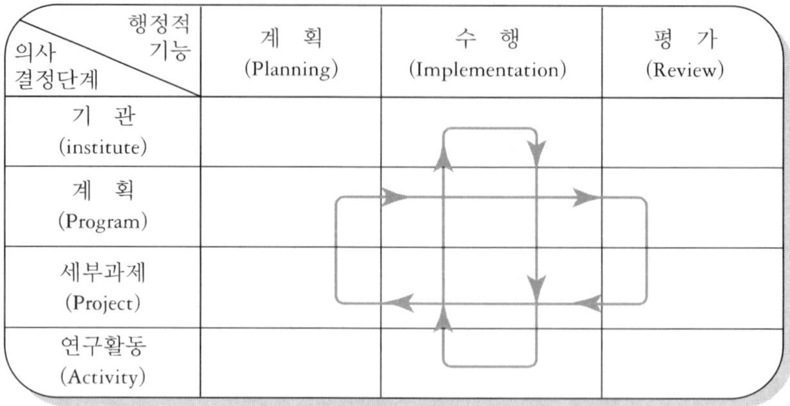

그림 9-5 연구관리의 순환적 흐름의 체계화

평가에서 그대로 접근되어야 하며 연구평가결과는 그 다음의 연구계획에 그대로 반영되어야 한다. 수직적인 의사결정단계에서 나타나는 모든 정보도 수직적으로 투명하게 전달되어야 한다. 연구기관수준의 모든 정보는 중간관리자들의 의사결정을 위한 지침이 되어야 하며 연구활동에 관한 모든 정보나 연구관리자의 연구계획, 연구수행, 연구평가에 그대로 반영될 수 있어야 한다.

9.1.3 농업 연구평가체계

9.1.3.1 농업 연구평가체계(ARES) 구축

농업 연구관리체계(Agricultural Research Management System: ARMS)에서 중요한 역할은 농업 연구평가시스템(Agricultural Research Evaluation System: ARES)의 구축이다. 왜냐하면 농업 연구관리는 연구평가에 대한 정확하고 시의에 맞는 정보를 바탕으로 효율적인 연구관리가 가능하기 때문이다. 농업기술평가는 변화하는 외부조건에 따라 적합한 연구관리를 판단하는 수단을 제공한다.

연구평가는 연구관리체계에서와 같이 농업 연구기관의 각각 다른 의사결정단계에 따라 수행된다. 그 결과는 연구관리자뿐만 아니라 정책관리자, 정부당국, 연구조정자, 연구와 관련된 이익집단 등에 의하여 폭넓게 이용될 수 있다.

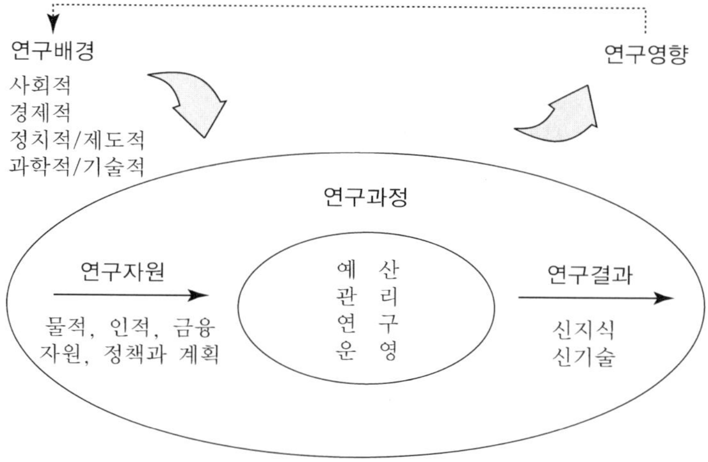

그림 9-6 연구평가의 목적: CIPP 모형

농업 연구평가의 대상은 CIPP모형으로 구성된 연구배경(context), 연구자원(input), 연구과정(process), 연구결과(products), 연구영향(impact)이다. 〈그림 9-6〉에서 볼 수 있는 바와 같이 연구배경은 사회적, 경제적, 정치적, 제도적, 기술적 여건으로 연구개발에 영향을 미친다. 연구자원은 물적, 인적, 금융적 자원에 대한 투입이며 연구과정은 연구예산을 집행하고 연구관리를 수행하는 모든 과정이다. 이러한 연구수행을 통하여 새로운 지식이나 기술이 연구결과로 나타나며 이것이 실제 기술수요

표 9-1 CIPP 평가모형

평가형태	목 적	활 용	
		관 리	책 무
연구배경평가	기술수요확인, 문제진단, 기술수요와 연구목적의 부합성 평가	연구목적선택과 연구우선순위 판단을 위한 지침	기록목적과 이론배경
연구투입물평가	연구수행을 위한 능력, 방법 및 계획 평가	전략과 계획선택을 위한 지침	선택된 전략과 계획 및 이론배경에 대한 기록
연구과정평가	연구수행 문제점 파악 및 개선을 위한 정보제공	연구수행을 위한 지침	실제 수행과정과 문제점 기록
연구결과평가	연구배경, 전략, 수행과정과 관련된 연구결과의 평가	연구종료, 계속, 재조정을 위한 판단지침	연구결과에 대한 기록

자들에게 영향을 준다. 이러한 CIPP모형이 연구평가체계의 핵심적 골격이 되어 연구체계에서 이론 틀을 형성하는 기본이 된다. 따라서 CIPP평가모형은 〈표 9-1〉에서 보는 바와 같이 구체적인 지침이라기보다는 넓은 시야에서 이론 틀을 정립하는 것이다.

CIPP모형에 의한 연구평가 형태와 연구관리단계는 〈그림 9-7〉에서와 같은 매트릭스로 나타낼 수 있다. 의사결정단계를 나타내는 연구관리단계는 연구기관, 연구총괄과제, 연구세부과제, 연구활동의 수준을 나타내고 평가형태는 CIPP모형에 따라 각

연 구 단 계	평 가 형 태			
	연구배경	연구자원	연구과정	연구결과
연 구 체 계				
연 구 기 관				
연 구 과 제				
연 구 활 동				

그림 9-7 CIPP접근에 의한 농업 연구평가 분석지표

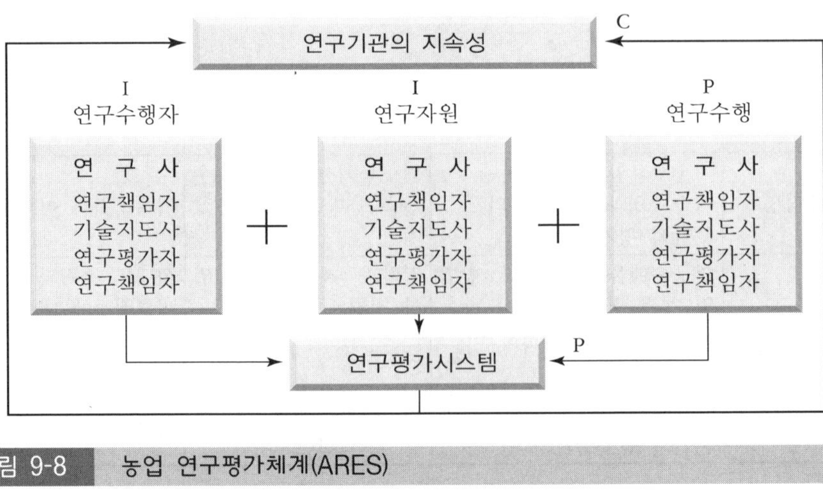

그림 9-8 농업 연구평가체계(ARES)

단계별로 사전평가, 사후평가, 현장평가가 이루어지거나 내부평가와 외부평가, 또는 동료평가(peer review)와 전문가평가(expert review) 등이 있다.

그러나 연구평가체계의 구축은 연구수행자, 연구자원, 연구수행활동을 통합시켜 제도적으로 기술평가를 지속시키고 또 사회적 환경변화에 신축적으로 대응할 수 있는 가장 효율적인 방법을 모색하기 위한 것이다. 연구평가체계의 제도화는 지속성이라는 측면에서 중요하다. 따라서 연구관리체계에서 연구평가는 주기적 평가업무(periodicity)로 제도화되어야 하며, 단기(1년), 중기(5년), 장기(10년) 순환이 상호 밀접하게 연계되어야 한다. 평가업무는 상설팀(technical team)으로 조직되어 운영할 때 효율적이며 모든 연구수행자들이 평가업무에 관련된 모든 정보에 자유롭게 접근할 수 있고 평가업무가 현재 수행하고 있는 각 단계에서 연구업무에 직접적으로나 간접적으로 실질적인 영향을 보여줄 때 그 실효성이 크다. 특히 평가업무는 팀 내의 업무수행자들이 훈련을 필요로 하며 이 업무에 대한 예산이 연구기관 내에 책정되어 제도적인 평가시스템의 지속성이 유지될 수 있어야 한다.

9.1.3.2 농업 연구평가 분석지표

농업 연구평가는 농업연구의 주된 제약요인이 무엇이며 어떻게 이 제약조건을 극복할 수 있는가를 체계적으로 평가하는 것이다. 농업 연구평가체계에서 중요한 것은 연구평가체계를 파악하기 위하여 분석지표(indicators)와 척도(measures)를 선택하는 것이다. 분석지표는 연구의 특성을 추정하기 위하여 사용되는 객관적 지표이며 연구자원, 조직과 활동형태, 연구결과 등에 대한 질적 및 양적 자료를 모으고 요약하는 수단이다.

분석지표에서 하나하나의 개별적 지표는 자료를 모아 연구특성을 얻기 위한 도구이다. 따라서 하나하나 개별적인 지표에서 그 특성을 파악하기 어렵고 개별 지표 전체를 총괄하여 연구평가시스템의 진단과 분석 및 전모를 파악할 수 있다. 또한 분석지표와 척도를 계측하는 것은 자료를 수집하고 수집된 자료를 상호 비교하며 현 체제의 진단을 위한 기초자료를 제공하는 역할을 수행한다.

경험적으로 연구평가시스템을 파악하고 측정하는 데 어느 지표와 척도가 가장 효율적이고 효과적인가라는 문제와 어느 지표와 척도가 현실문제를 파악하는데 가장 실제적인가라는 문제가 대두된다. 수집된 자료를 기초로 얻을 수 있는 연구평가 분석지

표 9-2 농업연구평가 배경자료

1. 연구배경자료	3. 연구기관자료
(1) 국가 연구조직표 (2) 평가연구기관의 연구조직표 (3) 평가연구기관 위치도	(1) 연구기관 부지 (2) 물적자원 (3) 예산출처, 사용추이 (4) 인적자원, 부서인원, 교육수준 (5) 훈련계획 및 목표 (6) 도서관, 학회지 구독 수
2. 거시분석자료	**4. 연구프로그램 자료**
(1) 주요작목의 생산량·단위수량·생산지역 (2) 생산추이 (3) 주생산지역의 농가규모 (4) 주요연구작목의 생산 및 교역목표 (5) 수입수량과 가격 (6) 수출수량과 가격 (7) 소비자료 (8) 가격자료 (10) 총연구예산자료	(1) 연구목표 (2) 연구계획 (3) 주요연구활동표 (4) 진행중인 실험목록 (5) 연구협약서식 (6) 연구보고서서식 (7) 지난 10년간 연구실적 목록 (8) 지난 5년간 연구발행물목록과 수록 학회지

표와 척도를 계측하여 가장 효율적이고 효과적이며 실제적인 분석지표와 척도를 정리할 수 있다. 이를 기준으로 연구평가시스템을 파악할 수 있다.

농업 연구평가 분석지표작성에 앞서 농업 연구체계를 파악하기 위하여 필요한 배경자료, 거시자료, 연구기관자료, 연구프로그램에 관한 자료는 〈표 9-2〉와 같이 정리할 수 있다. 따라서 기술평가에 필요한 배경자료를 비롯하여 이용 가능한 자료를 정리한 다음 평가분석자료와 척도를 작성할 수 있다.

농업 연구평가 분석지표는 농업 연구체계와 CIPP접근에 의한 분석지표로 나누어 볼 수 있다. 농업 연구체계에 따른 분석지표는 정책지표, 기술개발지표, 기술이전지표, 기술활용지표의 4분야로 나누어 〈표 9-3〉에서와 같이 각각의 지표와 이에 따른 척도를 구한다.

정책지표는 국가적 차원에서 목표와 방향을 제시하며 기술개발지표는 연구개발의 중요한 요인을 평가한다. 기술이전지표는 연구자로부터 농민에게 기술이 이전되는 과정에서 연구자원과 연구활동에 관한 정보를 제공하며 기술활용지표는 기술수용과 기술의 활용뿐만 아니라 연구자원의 활용까지 파악할 수 있다.

CIPP접근에 의한 농업 연구평가의 분석지표는 연구기관, 연구프로그램, 연구과제,

표 9-3 농업연구체계에 의한 농업연구평가 분석지표

주요 요인	분석지표
○ 정책지표	
– 정부의 농업투자	• 총예산 중 농업부문예산
– 농업연구 및 기술보급투자	• 농업예산 중 연구부문예산 • 농업예산 중 지도부문예산 • 연구예산과 지도예산의 비
– 농업금융이용	• 농업부문 금융예산의 비 • 농가규모에 따른 농업금융 이용
– 가격정책	• 국내가격과 국제가격의 비 • 비료가격과 주요곡물가격의 비
○ 기술개발지표	
– 농업연구를 위한 인적자원 배분	• 연구자와 연구지원 인력의 비 • 학력별 연구원 분포 • 인력자원의 추세
– 농업연구를 위한 물적자원 배분	• 농업연구의 운영비, 급료, 자본적 경비
– 품목별 연구자원 배분	• 품목별 연구비 배분 • 품목별 생산액과 연구비의 비교
○ 기술이전지표	
– 내부기술접근과 이용	• 연구와 기술지도 인력사이의 접촉 빈도수
– 기술지표 인력관리	• 개인평가와 감독기준 • 다른 기관의 급료비교
– 기술지도 시간배분	• 기술지도 시간과 기타시간의 비교
– 기술보급과 기술개발간의 연구 자원배분	• 기술보급인력과 연구인력의 급료비교 • 기술보급인력과 농가수와의 비
– 기술보급자원 배분	• 기술보급인력의 평균농가 방문 횟수 • 기술보급인력과 농가와의 접촉 빈도수 • 농가의지지도, TV에 의한 영농정보획득
○ 기술활용지표	
– 기술수용	• 새로운 기술을 수용하는 농가와 농지면적의 비
– 기술이용	• 농민의 투입물 공급변화 • 새로운 농업기술에 대한 농민의 인지정도

연구활동의 평가단계별로 각각 연구배경(context), 연구자원(input), 연구과정(process), 연구결과(product)에 따라 분석지표를 설정하는 것이다. 이러한 접근방법은 각 단계에 따라 기술평가의 분석지표가 세분화되어 구체적으로 나타나지만 연구이전과 기술활동에 대한 분석지표가 설정되어 있지 않다. 따라서 앞서 본 연구체계에 따른 평가분석지표와 CIPP접근을 보완적으로 활용하여 농업 연구평가시스템 구축에 이용할 수 있을 것이다.

9.1.3.3 농업 연구평가기준

연구평가에서는 비교하기 위한 특성과 성과의 기준(standard)이 중요하다. 농업 연구평가에서는 연구계획서, 연구활동을 위한 직무수행, 연구결과나 연구영향 등에 대한 특성과 성과에 대하여 〈표 9-4〉와 같은 7가지 기준에 따라 평가가 가능하다. 먼저 과거의 성과기준(past performance standard)은 가장 단순하고 널리 쓰이는 기준으로 현재의 성과는 과거에 비하여 얼마나 개선되었는가에 따라 그 평가기준을 삼는 것이다. 따라서 사전-사후 비교(before-after comparison)가 된다.

그러나 이 기준은 농업연구와 같은 미래지향적인 기술평가에서는 적합하지 않다. 더구나 이 기준에 의하면 모든 변화가 오로지 농업연구의 결과라는 암묵적 가정을 전제로 한다. 또한 기술수요자들의 요구가 기술진보 속도보다 더 빠를 때는 연구성과가 클 경우에도 현재의 상황이 더 나쁘게 평가될 수 있다는 단점이 있다.

다른 조직의 성과기준(the performance of other systems)은 비슷한 상황에 처해 있는 비슷한 다른 조직과 비교하는 것으로 같은 문제를 해결하기 위하여 다른 접근방법을 비교하여 평가하는 것이다. 따라서 가장 효과적인 해결방법을 찾아 응용하는 것이다. 이것은 다른 요인은 모두 같고 연구만이 가장 중요한 요인으로 가정하는 것이다.

바람직한 성과기준(desired performance standard)은 여러 연구수요자들과 관련자들의 관심, 기대, 인식을 기준으로 연구활동을 평가하는 방법이다. 이 기준은 연구성과를 개선하기 위해서라기보다도 여러 연구관계자(stake-holders)들의 기대를 설명하기 위한 기준이다. 연구결과는 항상 이 기대를 충족시킬 수 없으며 기대수준은

표 9-4 연구평가기준

기 준	예
1. 과거의 성과기준(past performance)	• 사전–사후 비교
2. 다른 조직의 성과기준(other systems performance)	• 유–무 비교
3. 바람직한 성과기준(desired performance)	• 농민, 연구자, 정부의 기대
4. 전문가 평가기준(professional standards)	• 동료평가
5. 최소한 성과기준(survival performance)	• 외부평가
6. 계획된 성과기준(planned performance)	• 목표에 대한 성과
7. 적정성과기준(optimal performance)	• 사회적 영향평가

언제나 빠르게 변한다. 그러나 이러한 기대는 여론을 형성하여 농업정책에 반영되기 때문에 이를 무시할 수 없다.

전문가평가기준(professional standards)은 가장 널리 쓰이는 보편화된 기준이다. 이 기준의 유용성과 응용성은 평가자들이 평가하려는 연구과제에 대하여 또한 사회경제적 정책환경에 대하여 얼마나 잘 알고 있는가에 달려 있다.

최소한 성과기준(survival performance standard)은 연구를 종료시켜야 할 것인가를 결정할 때 중요한 기준이 된다. 연구관리자나 평가자가 연구를 종료시켜야 할 것인가를 결정할 때는 연구가 종료시켰을 때 상실하게 되는 비교우위, 서비스, 또는 편익이라는 측면에서 최소한의 성과를 판정하기 위한 기준이다.

앞서 검토한 모든 기준은 연구관리와는 독립적으로 논의되었다. 그러나 계획된 성과기준(planned performance standard)은 그와는 달리 처음 설정한 연구목표가 중요한 평가기준이 되기 때문에 연구관리에 대한 평가기준을 제공한다. 그러나 연구목표가 현실성이 없을 경우에도 연구활동 수행의 부적절성으로 나타날 수 있는 오류를 범할 위험을 배제할 수 없다.

적정 성과기준(optimal performance standard)은 가장 유용한 기준으로 얼마나 훌륭하게 연구활동을 수행할 수 있었는가를 기준으로 하는 것이다. 그러나 이론과 실제의 간격이 가장 클 수 있는 평가기준이다. 이것은 경제적 접근에 의하여 연구성과가 사회적 후생에 얼마나 영향을 미치는가를 계측하는 방법이다. 그러나 이 방법은 여러 가지 가정과 자료가 필요하며 시간과 비용이 많이 소요된다. 또한 자료이용이 제약된 경우가 많고 신빙성 없는 자료는 그 결과에 대한 신뢰가 약할 수밖에 없을 것이다.

이상에서 살펴본 7가지 기준에서 어느 하나의 기준이 가장 적합한 것이라고 보기는 어렵다. 왜냐하면 연구평가의 목적에 따라 기준의 선택이 달라지기 때문이다. 예를 들어 연구평가의 목적이 가장 효과적인 연구과제를 개선시키는 것이라면 적정성과기준이 적합하다. 또 연구과정은 연구계획과 성과를 비교해야 한다. 따라서 한 가지 기준보다 몇 가지 기준을 동시에 이용하는 것이 보다 합리적이다. 연구과제의 계획서는 전문가기준과 적정성과기준이 적합하며 연구자금제공처(donors)가 그 성과를 알고자 할 때는 계획된 성과기준(planned performance standard)에 의하여 평가하는 것이 바람직하다.

9.2 농업 연구평가 분석기법

연구평가를 수행하기 위해서 여러 가지 평가방법이 이용된다. 그러나 모든 상황에 맞는 최적의 평가방법은 없으며, 각자의 방법은 평가를 수행할 때 장단점을 가지고 있다. 여러 가지 방법들을 조합하여 이용하는 것이 적절할 수 있다.

경제적 평가는 계량적 방법으로 농업 연구활동의 비용과 편익을 평가하며 평가기준은 시장가격으로 평가하거나 혹은 사회적 비용과 편익으로 평가한다. 평가유형으로서 미래효과를 예측하기 위하여 연구수행 전에 평가하는 사전연구(ex-ante)와 연구결과를 평가하기 위하여 연구사업 수행 후에 평가하는 사후평가(ex-post)로 구분할 수 있다.

사전적(ex-ante) 방법으로서 ① 평점방식(scoring model), ② 수익-비용(B-C) 분석, ③ 수리계획법(mathematical programming), ④ 의태모형(simulation model) 등이 있으며, 사후적(ex-post) 방법으로서 ① 지수적 접근방법(index number approach), ② 모수적 방법(parametric approach), ③ 비모수 접근방식(non-parametric approach) 등으로 구분할 수 있다. 평점형식(scoring model), 경제적 잉여(economic surplus), 모수적 방법(parametric approach)은 많은 실증적 연구가 이루어졌다.

9.2.1 사전적 평가방법

9.2.1.1 평점방식

평점방식(scoring method)은 가중지표법(weighted criteria method)이라고도 하며 연구자원 배분보다 연구우선순위를 결정하는 방법이다. 평점방식은 간단하며 여러 가지 지표를 조정하여 우선순위를 결정할 수 있다. 즉 정량적(quantitative) 지표나 정성적(qualitative) 지표, 기초연구와 응용연구 등 여러 가지 다른 연구목적을 평가지표를 통하여 비교할 수 있다. 그러나 품목에 대한 평가가 아닌 토양, 병충해 방제 등 비품목 분야에 적용하기 어렵고 주관적이라는 단점을 벗어날 수 없다.

평점방식은 다음과 같은 3단계를 통하여 이루어진다. 첫 단계에서는 지표의 가중치를 부여하는 것이다. 연구평가를 위해서 효율성, 평등성, 지속성 등 여러 가지 지표가 정해지면 그 평가에서 중요성에 따라 가중치(weight)를 부여한다. 그 가중치의 합은 100%가 되어야 한다.

표 9-5 지표의 가중치

	효 율 성	평 등 성	지 속 성
가중치(100%)	60	20	20

두 번째 단계는 각 연구테마의 지표에 대한 기여의 표준화된 측정치가 부여되어야 한다. 이 때 표준화수치는 1에서 5까지의 수치로 주관적 평가에 의하여 부여된다.

표 9-6 순 연구편익의 표준화

	A	B	C	D
할인된 순편익	100	260	600	420
표준값	1	2	5	4

주: 100-200=1 , 200-300=2, 300-400=3, 400-500=4, 500-600=5, A,B,C,D는 연구테마.

세 번째 단계는 각 연구테마의 각 기준에 가중평균치를 부여한 평점을 얻는 것이다. 이것을 식으로 표시하면 다음과 같다.

$$Y_i = \sum_{j=1}^{n} w_j \cdot Tg_j$$

Y_i : 연구테마 i의 평점
w_j : 지표 j의 가중치
g_j : 연구테마 i의 지표 j에 대한 상대적 평점
n : 총지표수

표 9-7 연구테마의 평점 부여

	효 율 성	평 등 성	지 속 성	총 계
가중치(%)	60	20	20	평 점
연구테마				
A	1	4	2	1.8
B	2	3	2	2.2
C	5	1	2	3.6
D	4	5	2	3.8

9.2.1.2 편익-비용분석법

편익-비용분석법(benefit-cost analysis)은 시장경제에서 연구투자에 의하여 나타나는 경제잉여를 시간에 따른 할인율을 적용하여 계산하는 방법이다. 이것은 정부기관이나 투자기관에서 개발과제에 대한 투자효과를 평가하거나 결정하기 위하여 광범위하게 사용한다. 이 방법은 연구투자로 나타나는 경제적 효율성이라는 단일 평가기준에 의하여 투자효과를 계측하여 우선순위를 결정하는 방법이며, 다음과 같은 세 단계를 거쳐 B/C비율을 도출한다.

제1단계에서는 매년 연구투자와 관련되어 나타나는 편익과 비용의 흐름을 파악한다. 농업기술은 농가에서 그 기술을 이용해 이익이 있을 때 수용하게 된다. 따라서 새로운 기술의 수용은 불확실하고 그 수익은 기대값(expected value)으로 나타난다. 뿐만 아니라 불확실성은 연구성과에 대한 불확실성과 농가의 기술수용에 대한 불확실성으로 나타난다. 기대값은 순수량 증가로 표시된 연구결과의 기대 분포(확률)에 달려있다.

이처럼 기대값은 기술개발과 기술수용에 따른 불확실성 때문에 연구효과의 시차, 기술수용에 대한 확률 분포 등에 대한 검토 후에 결정될 수 있다. 또한 편익뿐만 아니라 연구시차효과에 따라 기술개발에 대한 연구비용의 변동과 이에 대한 모형설정이 제1단계에서 검토되어야 할 것이다.

제2단계에서는 제1단계에서 검토된 모형에 따라 매년의 연구편익과 비용의 계산이 이루어지고 이를 표로 만든다. 즉 기대 순수량, 수용률, 산출물가격, 기본생산량에 따라 매년의 총편익과 총비용이 계측된다.

제3단계에서는 각 연구과제를 비교하기 위한 B/C비율을 계산하기 위하여 2단계에서 산출된 편익과 비용을 할인율을 이용하여 할인가치로 바꾸어야 한다. B/C비율만이 아니라 연구투자의 내부 수익률(internal rate of return)인 IRR, 연구투자의 현재순가치(net present value) 등이 계측될 수 있다. 이 방법은 연구투자효과의 경제적 효율성을 비교할 수 있으며 확산효과, 시장왜곡, 외부경제 등을 고려하여 보다 현실적인 결과를 얻을 수 있다. 그러나 단순한 경제적 효율성만을 고려한다는 제약점을 벗어날 수 없다.

9.2.1.3 의태모형

의태모형(simulation model)은 변수 간에 수학적 관계가 최적의 산출을 나타내기 위하여 서로 다른 시나리오가 제시되어야 한다. 이것은 연구우선순위, 즉 여러 목표, 연구제약, 사회경제적 변수, 위험, 불확실성과 같이 영향을 미치는 여러 요인들을 결합시킨다. 의태모형의 결과는 시스템의 최적목적에 맞는 연구우선순위집합이다. 전형적인 의태모형의 절차는 다음과 같이 네 단계로 구분된다.

① 연구지출, 농업생산성과 같은 수학적 관계를 정립

② 농업생산성에서 프로젝트성장에 대한 시나리오집합을 개발구성

③ 총효과에 대한 연구유발 생산성의 영향을 평가

④ 연구투자에 대한 사전 수익률을 추정

이 모형의 단점은 유능한 분석가의 시간과 자료수집 등 많은 노력이 필요하다는 것이다. 자료요구는 다른 경제적 방법보다 더 많고 이들 방법은 실용적인 면이 적은 편이다.

9.2.1.4 수리계획법

수리계획법(mathematical programming model: MPM)은 이용 가능한 자원의 제약조건에서 주어진 기준에 따라 가장 좋은 대안을 선택하는 방법이다. 평점방법과 같으나 다만 평점방법에는 제약조건이 없다는 점이 다르다. 또한 수리계획법(MPM)은 적정 연구과제의 포트폴리오(portfolio)를 선택할 수 있다.

수리계획법(MPM)은 각 연구활동에 대하여 변화하는 자금에 대처할 수 있는 능력을 가지며 따라서 각각의 목표 간에 대체관계를 볼 수 있다.

1) 선형계획법

선형계획법은 수리계획법에서 가장 기본적이고 널리 이용되는 기법이다. 연구자원을 용도에 맞게 효율적으로 배분하는 기본적 문제를 해결하는 데 사용하는 분석도구이다. 즉 의사결정 상황을 모두 1차 선형함수로 표시하여 선형함수들을 만족시키면서 선형인 목적함수를 최적화하는 것이다. 단체법(simplex method)에 의하여 쉽게 해(解)를 구할 수 있다.

2) 다목적선형계획모형

다목적선형계획모형은 여러 가지 목적을 동시에 고려하면서 가용자원의 제약 하에서 최선의 대안을 선택하는 방법이다. 농업기술부문별 연구투자 계획수립시 자료수집, 설문과 면담조사 및 농업생산관련 전문가들의 광범위한 의견수렴 과정을 통하여 도출된 다양한 평가기준들은 ① 기술경제외적 사회성, ② 기술성, ③ 경제성 등의 3개의 기준(criteria)으로 분류할 수 있다. 이러한 3개의 평가기준을 동시에 고려하면서 가용자원의 제약 상황 하에서 농업연구 기술부문별 적정 연구투자 배분비율을 구할 수 있다.

9.2.2 사후적 평가방법

9.2.2.1 경제잉여 접근방식(Economic Surplus Method)

지수적 접근방법으로서 경제적 잉여(economic surplus)방법은 경제잉여(생산자잉여와 소비자잉여)의 개념을 이용하고 투자비용과 투자로부터 발생한 경제적 잉여를 비교하여 평균수익을 구하는 방법이다. 이 방법은 주로 개별 품목의 분석에 주로 이용된다.

경제적 잉여접근에 의한 분석목적은 투자수익 즉 평균수익률을 추정하는 것으로서 기술변화에 의한 생산자와 소비자 잉여변화에 의해서 연구효과를 추정하기 위한 것이다. 내부수익률을 추정하기 위해서는 경제적 잉여와 연구비용을 이용한다.

경제적 잉여접근방법은 편익-비용비율, 농업연구에 의해서 유발된 수익의 순현재가치 등을 계산하는 데 널리 이용된다. 이것은 특정 품목이나 연구프로그램 혹은 프로젝트와 각 작목 혹은 연구유형에 대한 자원배분을 위해 이용된다. 이 방법은 생산자와 소비자 간의 연구효과의 분배를 추정하거나 서로 다른 기술, 품목, 지역, 나라 사이의 확산효과(spillover)를 평가하기 위하여 그리고 연구에 의해서 유발되는 효과에 대한 농업정책의 효과를 추정하기 위하여 이용된다.

9.2.2.2 모수적 방법(Parametric Approach)

이 방법은 의사결정에 대한 정보를 제공하기 위하여 생산, 공급, 비용 혹은 이윤함수를 추정하기 위해 이용된다. 농업경제학자는 농업 연구뿐만 아니라 전통적인 투입물(비료, 농기계, 노동 등)의 증투로부터 산출의 변화를 추정하기 위하여 이용한다. 연구비는 생산함수에서 전통적인 투입물과 같이 독립변수에 포함된다. 연구변수에 대한 추정계수는 연구의 한계생산과 연구투자에 대한 한계수익을 계산하기 위해서 이용된다. 모수적 접근방법은 주로 개별 품목이나 총량적 분석에 이용된다.

1) 원형 접근법(Primal Approach)

R&D 효과를 계측할 때 분석가들은 70년대까지 일원적 생산함수(primary production function)를 이용하였으며 시간변화에 따른 파라메타를 기술변화로 계측하였다. 기술변화의 요인을 포착하기 위하여 전통적 투입물과 비전통적 투입물의 질적 변화를 감안하였다. 투자효과를 계측할 때 명시적으로 생산함수 속에 직접 투입물로서 연구지도변수를 이용할 수 있다. 이때 연간 자료를 이용하고 기후와 같은 외생변수는 함수에서 오차 항으로 취급한다.

2) 쌍대형 접근방식(Dual Approach)

쌍대(dual) 접근방식은 생산함수대신에 비용함수 혹은 이윤함수를 이용하는 것이다. 생산함수에서 설명변수의 결합관계문제를 해소하기 위해서 투입량 대신에 요소가격을 이용한다. 비용함수방식에서는 비용함수와 요소수요함수체계를 추정하고 이윤함수방식에서는 이윤함수, 요소수요함수, 산출물공급함수를 추정한다.

3) 직접적인 공급함수 접근법

생산함수를 추정하는 것보다 공급반응함수를 추정하는 것이 유리할 때가 있다. 즉 연구에 대한 동태적인 반응에 따라 가격에 대한 동태적인 공급반응을 허용할 수 있기 때문이다.

9.2.2.3 비모수적 접근방법(Non-Parametric Approach)

비모수적 접근방법은 모수적 접근과는 달리 함수형태, 기술변화, 시차구조 등에 대한 전제를 필요로 하지 않고 행태적 공리에 대한 일관성을 점검하는 방법이다. 이 방법은 확률적 요인을 고려하지 않고 극단적인 관측치에 민감하게 영향을 받는다.

9.2.3 연구평가 분석기법의 비교

〈표 9-9〉는 경제적 평가방법들을 정리한 것이다(Norton and Davis, 1981).

앞서 본 바와 같이 계량경제적 접근(econometrics method), 수리계획법(mathematical programming method), 의태분석법(simulation model)과 같은 평가방법들은 평점방식(scoring method), 경제적 잉여법(economic surplus method)에 비해서 복잡하

표 9-9 연구평가방법의 주요 특성비교

구 분	사전적 평가				사후적 평가	
	Scoring	B/C	Simulation	수리 계획법	잉여	계량적 추정
1. 목적명시	O	X	X	O	X	X
2. 소득수준에 따른 소비자, 및 생산자잉여의 분배	X	O	O	X	O	X
3. 고용, 환경, 식량공급에 대한 연구효과	△	△	O	X	△	X
4. 경제정책과 교역효과	O	O	O	O	O	O
5. 분석가시간비용	△	△	다	다	△	다
6. 과학자시간비용	△	△	고	△	저	저
7. 행정가시간비용	△	△	△	△	저	저
8. 자료요구량	가변적	가변적	가변적	가변적	△	고
9. 의사결정자의 이해난이	고	△	저	저	△	저
10. 연구효과 총량화	X	O	O	X	O	O
11. 품목연구의 효과추정	O	O	O	O	O	O
12. 연구계획의 효과추정	O	O	O	O	O	X
13. 비품목, 비생산물연구의 효과추정	O	어려움	△	O	어려움	X
14. 다목적 기준에 의한 연구우선순위	O	X	X	O	X	X
15. 불확실성 조정여부	O	O	O	O	O	어려움
16. 연구와 채택의 시차고려	O	O	O	O	O	O
17. 공공과 민간의 분리	O	어려움	△	어려움	X	△
18. 연구와 지도간의 분리	X	X	△	O	X	△
19. 확산효과 추정	X	O	O	X	O	O
20. 한계수익률추정	X	X	△	X	X	O
21. 평균수익률추정	X	O	△	X	O	X
22. 기초연구의 평가	△	어려움	△	X	X	△

주: O : 가능 X : 불가능 △ : 중간

자료: Norton, G. W. and Davis, J. S.(1981) "Evaluating Returns to Agricultural Research: A Review", *American Journal of Agricultural Economics* 63, 685-699.

고 비용이 소요되며 계량적이고 분석적 능력을 요한다. 그러나 보다 구체적이며 여러 가지 목적에 부합되는 장점이 있다. 따라서 어느 한 가지 방법에 전적으로 의존하기 보다는 가능한 자료, 의사결정에 중요한 목적, 비용 등을 고려하여 여러 가지 방법을 혼용하는 것이 바람직할 것이다.

참고문헌

박정근(2000), "농업생산기술평가의 시스템구축에 관한 연구", 농촌진흥청.

Alston, J. M, and Philip G. Pardey(1996), *Making Science Pay: The Economics of Agricultural R&D Policy*, The AEI Press.

Alston, J. M, and Philip G. Pardey, Vincent H. Smith(1999), *Paying for Agricultural Productivity*", IFPRI.

Alston, J. M., G. W. Norton, and P. G. Pardey(1998), *Science Under Scarcity: Principles and Practice for Agricultural Research Evaluation and Priority Setting*, Cab International.

Byerlee. D. and G. E. Alex(1998), *Strengthening National Agricultural Research Systems*, The World Bank.

Griliches. Z.(1958), "Research Costs and Social Return: Hybrid Corn and Related Innovations," *Journal of Political Economy* 66.

Huffman, Wallace E.(1999), "Finance, Organization, and Impacts of U.S.A Agricultural Research Future Prospects", Iowa State University, Dept. Econ. *Staff Pape*r No. 314, March.

Huffman, Wallace E. and Richard E. Just(1999), "The Organization of Agricultural Research in Western Developed Countries", *Agricultural Economics*, 21.

Huffman. W. E. and R. E. Evenson(1996), *Science for Agriculture*, Iowa State University Press.

International Service for National Agricultural Research(1993), *Monitoring and Evaluating Agricultural Research: A Sowrcebook*, Cab International.

International Service for National Agricultural Research(1995), *Training in Planning, Monitoring and Evaluating for Agricultural Research Management*.

Norton, G. W. and Davis, J. S.(1981), "Evaluating Returns to Agricultural Research: A Review," *American Journal of Agricultural Economics* 63, pp.685-699

Ruttan. V. W.(2001), *Technology, Growth and Development : An Induced Innovation Perspective*, Oxford University Press.

제 10 장

농업 연구자원 배분의 우선순위 결정

농업 연구자원 배분의 우선순위 결정(priority setting)은 가능한 여러 가지 연구활동 가운데 연구자원 배분의 개선을 위하여 연구자원 배분의 우선순위에 대한 의사결정과정을 말한다.

연구자원 배분의 우선순위를 결정하기 위한 목적은 첫째 연구자원 배분의 효율성을 높이고, 둘째 연구계획 수립의 합리성을 도모하며, 셋째 연구목적에 대한 연구조직 내의 합의점을 도출하고, 넷째 연구자원 배분에 대한 신뢰성을 구축하기 위한 것이다.

연구자원 배분의 우선순위는 연구계획과 연구자원 배분에 밀접한 관계를 갖는다. 먼저 연구자원 배분과 우선순위가 어느 정도 일치하느냐에 따라 연구자원 배분의 효율성을 평가하고 개선시킬 수 있기 때문이다. 연구자원 배분의 우선순위를 결정하기 위해서는 먼저 연구활동과 연구자원에 대한 모든 정보를 수집하고 이를 기반으로 여러 가지 대안을 설정해야 한다. 다음에는 각각의 대안을 평가하여 모든 대안에 대한 우선순위를 결정하여 이를 토대로 연구자원 배분에 대한 최종결정이 이루어지고 이를 배분에 연계시켜야 한다.

우선순위의 결정은 연구조직(research system) 내의 각 단계(level)에 따라 달라진다. 일반적으로 연구조직단계(research system level)는 정부(national), 기관(institution), 프로그램(program), 과제(project)의 네 단계로 나눌 수 있다. 각 단계에서 우선순위의 평가기준이 달라질 뿐만 아니라 평가자의 주관에 따라 우선순위가 달라질 수 있다. 평가자가 경제학자나 분석가일 경우에는 평가방법의 정확성과 이론적 적합성이 중요하다. 그러나 정책 결정자는 오직 결정된 결과에 관심이 크다. 그러나 연구책임자는 평가과정에 중점을 두어야 한다. 또한 평가과정에서 투명성이 얼마나 보장되느냐에 따라 우선순위 결정을 위한 평가결과에 미치는 영향은 달라질 것이다.

이 장(章)의 우선순위 결정 이론은 국가 농업연구를 위한 국제기구(International Service for National Agricultural Research)에서 발간된 훈련교재(Training in Priority Setting for Agricultural Research Programs, 1997)와 자료집(Monitoring and Evaluating Agricultural Research: Sourcebook, 1993)을 중심으로 구성하였다.

10.1 연구자원 배분 우선순위 결정을 위한 이론 틀

10.1.1 우선순위 결정의 문제점

공공부문 연구의 자원배분을 위한 우선순위 결정은 비용증가나 비경제적 요인에 따른 여러 가지 기준(multi-criterion)으로 인하여 그 결정과정에서 어려움에 직면하게 된다. 비경제적 요인에 대한 고려는 우선순위 결정에 높은 비용을 추가시키며 따라서 비경제적 목표를 달성하기 위해서 연구투자 이외의 다른 방법을 모색하는 것이 효율적이라고 보는 견해도 있다.

그러나 연구투자에 대한 평가는 효율성만이 문제가 아니며 얼마나 그 영향이 효과적인가도 중요하다. 농업 연구투자의 평가는 경제적 효율성만이 아니라 그 이외의 다른 사회적, 환경적, 보건 위생적 목적에 얼마나 부합되느냐가 중요하다. 경제적 효율성은 연구투자효과의 극히 제한적 평가기준이 된다. 그러나 비경제적 목표를 달성하기 위하여 연구투자 이외의 다른 방법을 강구하는 것이 반드시 합리적이라는 의미는 아니다.

연구투자의 우선순위를 결정하는 데 그 기준이 하나가 아닌 여러 가지라는 사실은 중요한 의미를 지닌다. 여러 가지 기준은 서로 배치되는 경우가 일반적이기 때문에 하나 하나에 가중치를 두어야 한다. 그러한 가중치는 그 나라의 경제발전 단계나 연구조직 내의 단계에 따라 달라진다. 다른 목표를 가진 각각의 기준이 우선순위 결정을 위해서는 종합되어 단일지표로 나타나야한다. 단순한 경제제적 효율성을 기준으로 할 때는 모든 지표가 화폐로 표시되어야 하나 연구결과가 화폐로 표시될 수 없는 기준은 측정상의 문제점을 내포하고 있다.

농업기초연구의 경우에는 응용연구와는 달리 연구결과나 생산비 절감에 직접적인 영향을 주지 않기 때문에 연구평가에 어려움이 있다. 농업부문에서 공공연구는 기초연구부문의 몫이 크기 때문에 우선순위 결정에서 연구결과가 쉽게 눈에 나타나는 응용연구에 편중되기 쉽다.

우선순위 결정에 가장 중요한 요인 중의 하나는 이용할 수 있는 자료를 얼마나 얻을 수 있느냐이다. 객관적 자료를 얻기 어려운 경우에는 대부분 전문가의 주관적 평가에 의존할 수밖에 없다. 더구나 사전적 연구평가(ex-ante research evaluation)는 주관적 판단이 크게 좌우하게 되며 미래에 대한 불확실성이 영향을 미친다. 불확실성은 농업자체의 성격에서 나타나는 연구결과에 대한 자연적, 경제적, 정치적 변화요인에 따른 불확실성과 농업연구의 성공과 농민들의 기술수용에 대한 불확실성 때문에 나타난다. 이처럼 농업부문의 공공 연구투자에 대한 평가는 주관적 특성과 불확실성에 따른 어려움이 상존하는 것이 사실이다.

10.1.2 단계별 농업연구의 목적

농업 연구자원 배분의 우선순위 결정과정에서 농업연구의 목적을 명확하게 설정해야 한다. 그 목적이 명확하면 여러 가지 연구테마에 대한 평가를 위한 적절한 기준을 세우는 데 용이하다. 연구목적과 연구기준이 서로 일치할 때 비로소 연구의 우선순위 결정이 객관성을 가질 수 있다.

연구목적은 연구조직 내 연구체계의 각 단계에 따라 다르다. 연구조직의 연구체계 단계는 정부, 연구기관, 연구프로그램, 연구과제의 4단계로 나뉜다. 정부수준에서 농업연구목적은 국가의 경제발전목표나 경제계획에 좌우된다. 따라서 경제성장, 빈곤퇴치, 고용창조, 자원보호 등 국가적 개발목표가 중요하다. 농업연구는 이러한 목표를 달성하는 데 어떻게 기여할 수 있는가에 따라 연구목표가 정해질 수 있다.

연구기관 수준에서 연구목표는 공공부문과 민간부문 연구자원 배분의 특성에 따라 다르다. 공공 연구기관의 연구목표는 연구결과의 특허권이 제약되고 연구결과에 대한 이용의 비배제성(limited excludability)으로 인하여 공공재적 성격을 갖는 연구 분야에 연구투자가 이루어져야 한다. 또한 국제연구기관이나 다른 연구기관과 전략적 제휴에 의해서 연구성과를 높일 수 있는 연구목표 설정이 이루어져야 할 것이다.

연구프로그램 수준에서 연구목표는 쌀과 같은 특정작목, 토양과 같은 생산요소, 특정지역 또는 특정분야(disciplinary)에 한정된다. 따라서 연구목표가 연구결과에 대한 수요자를 만족시킬 수 있어야 한다. 연구과제(project)는 연구기관 내에서 개별 연구자나 연구팀이 주어진 시간과 예산 내에서 기대된 연구결과를 위해서 연구활동을 수행하는 것이다. 따라서 연구자의 기술적 또는 학문적 성취가 연구목표가 되며 연구과제 수준에서는 연구자원의 우선순위 결정 문제는 나타나지 않는다.

10.1.3 연구자원 배분의 우선순위 결정 기준

연구자원 배분의 우선순위를 결정하는 데 가장 중요한 논의 가운데 하나가 우선순위 결정기준(criteria)이다. 우선순위 결정 기준은 연구활동이 연구목표를 달성하기 위하여 얼마나 기여하는가를 나타낸다. 바람직한 기준이란 논리적으로 연구목표와 연계되어야 하며 연구를 위한 여러 가지 대안 간에 순위를 측정할 수 있어야 한다. 가장 흔하게 쓰이는 농업 연구자원배분의 우선순위 기준은 효율성(efficiency), 평등성(equity), 지속성(sustainability), 식량자급(food self-sufficiency)과 식량안보(food security) 등이다.

효율성 기준은 사회적 후생증진에 대한 연구효과이다. 농업 연구자원이 제약되어 있을 때 연구자원 배분의 효율성은 가장 중요한 우선순위 기준이다. 연구자원 배분의 효율성은 소비자잉여와 생산자잉여를 계측하여 경험적으로 용이하게 얻을 수 있고 경제적 이론기반이 확고하기 때문에 가장 많이 쓰이는 기준이다. 그러나 효율성 기준은 모든 생산자와 소비자에게 똑같은 후생증진을 가져온다는 비현실적 가정을 두고 있다. 그러나 사회적 후생의 분배라는 관점에서 빈민계층을 위한 연구결과는 다른 계층보다 더 큰 사회적 후생을 가져올 수 있다. 따라서 빈민계층과 같은 어떤 목표집단에 더 큰 가중치를 둔 평등성 기준이 요구된다. 그러나 평등성을 높이기 위해서는 효율성이 낮아지기 때문에 평등성과 효율성은 서로 경합적이다. 평등성 기준아래 사회적 후생을 높일 수 있으나 농업연구가 얼마나 사회적 평등성을 높였는가는 측정할 수 없다. 또한 농업연구가 가장 효율적인 사회적 후생배분의 수단은 아니다. 즉 농업연구 이외의 다른 소득분배 정책을 통하여 사회적 후생의 배분이 이루어질 수 있다.

지속성 기준은 자연자원을 미래에 사용하기 위하여 보존하는 데 농업연구가 얼마나 기여하는가를 나타내는 기준이다. 현재의 농업생산은 미래의 농업생산을 위하여 이용할 수 있는 자원에 영향을 주며 따라서 지속성 기준은 현재의 농업생산가치와 미래의 농업생산가치의 경합성을 어떻게 조정하느냐를 나타낸다. 그러나 지속성을 실제로 계측할 수 있는 현실적 방법은 극히 제약되어 있는 것이 사실이다.

식량자급 기준은 국내에서 필요한 식량을 충족시키는 데 농업연구가 얼마나 기여하는가를 나타내며 이것은 곧 세계 식량시장의 불안정에서 얼마나 벗어날 수 있는가를 말한다. 따라서 비교우위가 없는 곡물생산까지 모든 곡물을 자급하는 것이다. 식량안보 기준은 농업연구가 식량 이용가능성의 변동(the variance in food availability)을 얼마나 감소시킬 수 있는가를 말한다. 여기에는 시장 변동을 줄이거나 기술정책을 통하여 생산변동을 줄이는 것이다. 식량자급이나 식량안보 기준도 평등성이나 지속성기준과 같이 효율성기준과 경합관계를 나타낸다.

10.1.4 연구테마 선정

우선순위 결정은 여러 가지 연구테마 중 어느 테마를 선택할 것인가를 결정하는 과정이다. 어떤 테마가 가장 중요한 것인가를 선택하기 전에 여러 가지 연구결과에 대한 수요분석을 통하여 연구수요자에게 필요한 연구테마를 선정해야 한다. 이것은

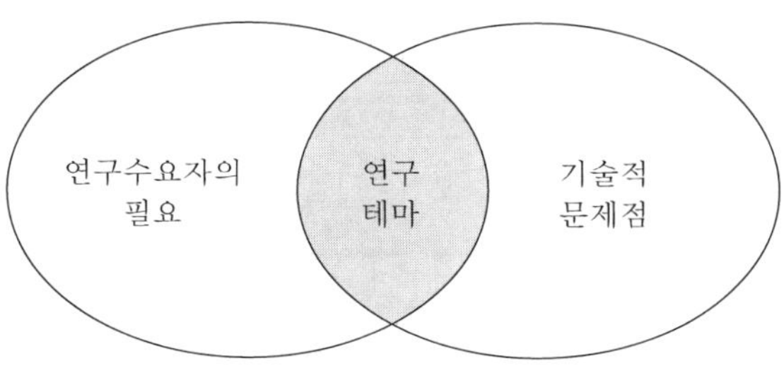

그림 10-1 연구테마 선정

수요자들이 직면하고 있는 기술적 제약을 극복할 수 있는 연구결과 중 가장 수요자들에게 필요한 연구결과를 가져올 수 있는 연구테마를 의미한다(그림 10-1).

이처럼 연구자원 배분을 위한 우선순위 결정의 기준은 다양하다. 그러나 객관적으로 수량화할 수 있는 기준은 효율성 기준이다. 즉 소비자잉여와 생산자잉여를 실증적으로 계측할 수 있기 때문에 효율성 기준이 우선순위 결정의 기본이 될 수 있다. 평등성 기준 또한 중요하며 지역별 또는 계층별 목표집단을 명확히 하여 경제적 효율성에 따른 후생배분의 계측이 이루어져야 한다. 식량안보는 국가 농업발전의 중요한 목표가 되기 때문에 우선순위 결정 기준에 반드시 포함되어야 한다. 그러나 식량안보 기준에 주어진 가중치는 농업연구가 식량안보에 얼마나 기여할 수 있는가를 나타내는 객관적 정보에 근거해야 한다. 장기적인 발전계획에서 지속성 기준의 중요성 또한 부인할 수 없으며 이를 계측할 수 있는 방법론적 개발이 선행되어야 한다.

이러한 테마의 선정은 제약나무분석(constraints tree analysis)을 통하여 체계적으로 이루어질 수 있다. 연구수요자들이 직면하는 여러 가지 제약조건은 과거의 정보를 수집하고 분석하여 파악할 수 있다. 이러한 제약조건의 인과관계를 흐름도(flow chart)로 가장 하위수준에 이를 때까지 구명하고 이러한 하위수준의 문제점을 제거하거나 줄일 때 상위수준의 문제점들이 어느 정도 해결될 수 있는가를 분석한다(그림 10-2).

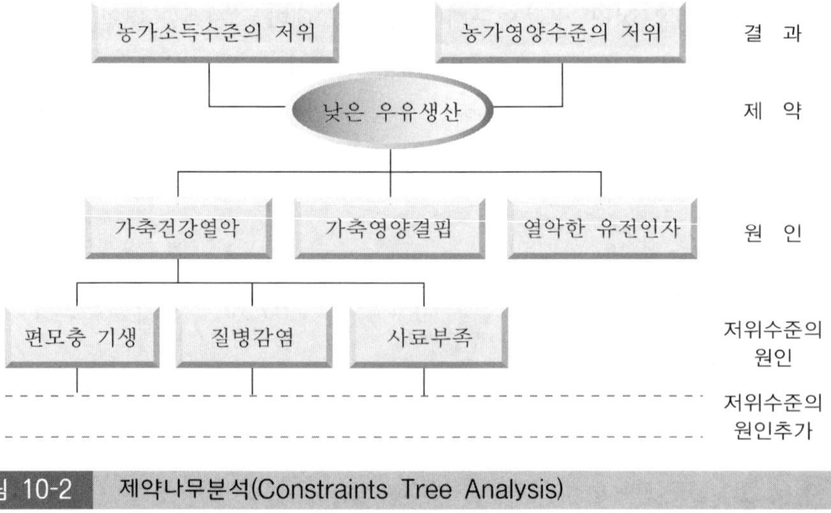

그림 10-2 제약나무분석(Constraints Tree Analysis)

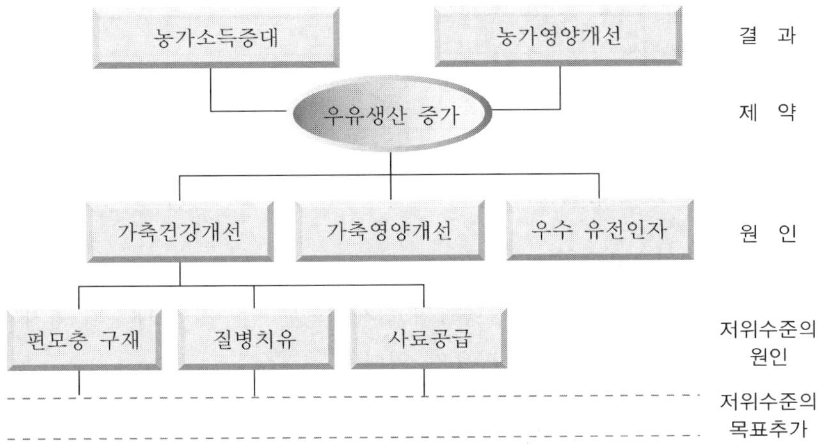

그림 10-3 해결나무분석(Solution-Tree Analysis)

이러한 제약이나 문제점들이 흐름표(flow chart)로 제약나무분석(constraints tree analysis)에 의하여 확인되면 다음에는 이러한 제약이나 문제점을 연구목적으로 전환시킬 수 있다. 연구테마는 바로 연구수요자의 문제점을 해결할 수 있는 연구활동과 연계되어야 하기 때문이다. 이것을 예시하면 〈그림 10-3〉과 같다.

축산농가의 낮은 우유생산에 대한 제약조건을 파악하고 이를 개선하기 위한 연구테마의 확정은 이와 같이 제약나무분석(constraints tree analysis)과 해결나무분석(solution tree analysis)을 통하여 가능하다. 이처럼 연구제약의 파악에 의하여 연구목적이 확정되면 연구활동이나 연구테마가 쉽게 결정될 수 있다.

10.2 우선순위 결정 과정과 방법

10.2.1 우선순위 결정에 대한 연구기관의 정형화된 접근방법

공공 연구기관은 연구자원 배분의 효율성을 높이고 그 적법성에 대한 정당성을 부여해야 한다. 왜냐하면 연구예산의 감축과 공식적 연구계획을 통한 연구과제결정에 대한 내부적 요구와 연구에 대한 투명성과 책무성 요구라는 외부적 요구, 또한 연구

표 10-1 외부 및 내부 우선순위 결정 비교

	장 점	단 점	제약조건
외부과정	신 속 인적 자원의 최소화	주체성 결여 학습효과 결여	자 금
내부과정	주체성 확보 학습효과	장기간 소요 과중한 업무	인적 자원

항목 확대로 인한 연구자원 배분의 복잡화 등 우선순위 결정에 대한 내외적 필요성이 점증하기 때문이다. 따라서 보다 정형화되고 체계화된 연구자원 배분의 평가와 이에 따른 우선순위 결정이 이루어질 필요가 있다.

우선순위 결정은 하나의 과정이며 그 과정은 연구기관의 외부에서 또는 내부에서 이루어질 수 있다. 외부에 의뢰하여 이루어질 경우에는 빠른 시간에 최소의 인적 자원으로 우선순위 결정이 가능하나 주체성 결여와 결정과정에서 이루어질 수 있는 학습효과를 얻을 수 없다.

연구기관 내부에서 수행할 경우에는 주체성 확보와 그 과정에서 얻을 수 있는 학습효과를 높일 수 있다. 그러나 우선순위 결정 과정에 시간이 오래 걸리고 인적 자원 투입으로인한 업무과중화가 우려된다. 따라서 내부에서 이루어질 경우에는 주된 제약조건이 인적 자원이며 외부에서 이루어질 경우에는 자원조달이 제약조건이 된다.

10.2.2 우선순위 결정 과정

연구자원 배분의 우선순위 결정 과정은 다음과 같은 4단계를 거쳐 이루어질 수 있다. 1단계는 팀을 구성하고 2단계에서는 연구목적을 분명히 하며 3단계에서는 측정방법을 선택하고 마지막 4단계에서 이를 수행하는 것이다.

1단계의 연구자원 배분의 우선순위를 결정하기 위한 팀 구성에서 그 구성원은 전반적인 연구계획에 관련을 갖은 사람이어야 한다. 특히 자연과학 전문가와 사회과학 전문가가 포함되어 전반적인 사회경제적 배경과 연구결과의 기술적 가능성에 대한 전문지식을 갖춘 연구자가 포함되어야 한다. 또한 전문적인 지식을 갖추지 않아도 폭넓은 경험을 가진 조력자(facilitator), 연구결과와 밀접한 연관을 가진 생산자, 소비자, NGO 등 관련자, 최종결정을 할 수 있는 책임자(decision makers) 등을 포함해서

10-20인 정도로 구성되는 것이 가장 효율적이다.

2단계에서 연구목적을 분명히 하기 위해서는 연구분야에 대한 부문분석(sector analysis)이 선행되어야 한다. 즉 연구분야에 대한 일반적인 자원, 기후, 토양조건과 사회경제적 구조 등에 대한 시계열 자료, 제도적 의사결정 과정 등에 대한 정보를 토대로 정책적 발전 배경, 제약조건, 문제점 등을 광범위하게 분석한 자료가 우선순위 결정에 필요한 참고자료로 사용될 수 있다.

연구목적은 연구체계의 수준(level)에 따라 달라진다. 국가수준에서는 식량안보, 빈곤퇴치, 소득제고, 지속성 함양 등이 그 연구목적이 되거나 그 중 어느 하나가 될 수 있기 때문에 연구목적이 분명하게 나타나야 한다.

우선순위 결정은 여러 연구대안(research alternatives) 중 그 순서를 정하는 것이기 때문에 모든 가능한 연구대안에 대한 목록을 작성해야 한다. 이를 위해서는 현장에서 연구프로그램(research program)이 다뤄야 하는 주요 문제점이나 제약을 분석하는 제약분석(constraints analysis)으로 접근하는 것이 타당하다.

이러한 제약은 연구활동에 의하여 극복되거나 발전계획에 의해서, 또는 완전히 외생적으로 이루어지는 것이다. 그러나 연구활동에 의하여 극복할 수 있는 문제점이나 제약조건의 분석이 연구과제의 대상이 될 것이다. 연구목표는 이러한 문제점을 극복함으로써 달성될 수 있기 때문이다.

연구대안들이 결정되면 이를 평가할 수 있는 우선순위 결정 기준이 만들어 져야 한다. 이러한 기준은 연구목적을 달성할 수 있는 계량지표와 일치되어야 하며 연구대안에 대한 범위가 확정된 이후에 최종적으로 선택될 수 있다. 이러한 기준이 단일 기준이 아니고 여러 가지 기준(multiple-criteria)일 경우에는 이들을 가중하는 방법이 모색될 수 있을 것이다.

제3단계에서는 여러 가지 연구대안 중 연구목적에 가장 부합되는 연구과제를 선택하는 것이다. 이를 위해서는 우선순위를 정하는 여러 가지 기법 중 가장 적절한 방법을 선택하여야 한다. 즉 이용 가능한 자료, 주어진 시간, 분석기술 등을 포함한 주어진 자원, 단순성, 논리성, 투명성 등 여러 가지 요인에 의하여 어떤 방법을 선택할 것인가가 달려 있다.

우선순위를 결정하기 위한 기준이 단일기준이 아니고 다중기준(multi-criteria)일 경우에는 각 기준에 대한 가중치를 변경시켜 어느 요인이 가장 중요한 영향을 주는가를

알 수 있는 감응도분석(sensitivity analysis)이 필요하다.

마지막 4단계는 우선순위에 따른 연구수행을 위한 준비단계이다. 우선순위가 결정되면 이것이 연구자원 배분에 연계되어 연구수행이 이루어져야 한다. 연구과제(research project)에 대한 우선순위에 따른 연구자원 배분은 이용 가능한 연구자원을 우선순위에 따라 간단하게 배분할 수 있다. 그러나 이 경우에도 이용 가능한 연구자원 가운데 연구수행에 필수적인 자원을 보유하지 못한 경우에는 아무리 우선순위가 높다해도 연구수행이 어려워 우선순위가 낮은 연구과제에 자원배분이 이루어질 수밖에 없는 경우도 회피할 수 없다.

연구프로그램(research program)의 우선순위 결정에 따른 연구자원 배분의 경우에 우선순위는 분명하나 자원배분이 분명하지 않을 경우가 있다. 이때는 우선순위에

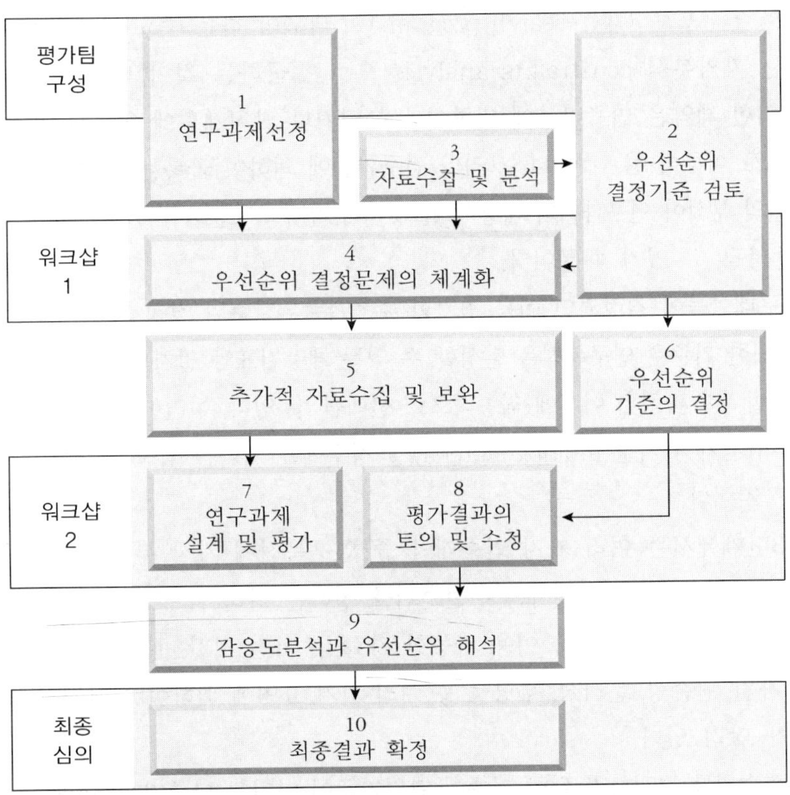

그림 10-4 연구우선순위에 기초한 연구과제 결정

따라 자원배분을 결정하여 더 중요한 연구프로그램에 덜 중요한 연구프로그램보다 더 많은 연구자원을 배분할 수 있다.

이와 같은 4단계에 걸친 연구과제 결정과정을 보다 구체적으로 살펴보면, 〈그림 10-4〉와 같이 10개의 단계로 세분화하여 실행할 수 있다.

10.2.3 우선순위 결정 방법

농업 연구자원 배분의 우선순위 결정은 연구자원 배분의 평가에 의하여 이루어진다. 연구평가는 과거의 연구투자에 대한 수익률을 추정하거나 장래의 연구영향을 예측하여 가능하기 때문에 사후평가(ex-post)와 사전(ex-ante)평가로 구분한다. 또한 우선순위 결정을 위한 연구평가방법은 우선순위 결정을 위한 기준이 다양하기 때문에 단순 지표법(simple criterion methods)과 다중 지표법(multiple criterion methods)으로 분류할 수 있다.

〈표 10-2〉에서와 같이 단순 지표법에는 경험적 방법, 편익-비용분석법, 경제적

표 10-2 우선순위 평가방법

단순 지표법(simple criterion methods)
1. 경험적 방법(rules of method) 　- 관례법(precedence method) 　- 일치성분석(congruence method) 　- 평가표(checklist) 2. 편익-비용분석법(benefit-cost analysis) 　- 국내 자원비용 비율법(domestic research cost ratios) 3. 경제잉여분석법(economic surplus analysis)
다중 지표법(multiple criteria methods)
1. 평점방식(scoring methods) 2. 분석적 계층화법(analytical hierarchy process) 3. 수리계획법(mathematical programming method) 4. 목표달성 평가법(goal achievement method) 5. 다속성 효용함수법(multi-attribute utility method) 6. 서열화법(outranking method) 7. 의태모형(simulation model)

잉여 분석법이 있다. 다중 지표법에는 평점방식, 분석적 계층화법, 수리계획법 등으로 연구목표, 자료 등에 따라 다양하게 우선순위 결정 방법을 활용할 수 있다.

10.2.3.1 단순 지표법(Simple Criterion Methods)

단순 지표법은 하나의 기준에 의거하여 평가하는 방법으로 가장 간단하고 필요한 자료도 단순하여 체계적인 평가방법의 출발점이 될 수 있다.

1) 경험적 방법

(1) 관 례 법

관례법은 연구자원 배분의 기준을 전년도 연구자원 배분에 따르는 것이다. 전년도의 예산이나 연구자원 배분이 달라졌을 경우에는 전년도 자원배분의 비율에 따라 비례적으로 배분한다. 이것은 연구활동의 지속성을 보장하는 장점이 있다. 그러나 연구자원의 수익체감(diminishing return)을 고려하지 않거나 새롭게 대두되는 문제나 새로운 연구분야에 대한 연구자원 배분이 소홀해질 우려가 있다.

(2) 일치성 방법(Congruence Method)

일치성 방법은 모든 이용 가능한 연구자원을 총생산물에서 차지하는 비중에 따라 품목별로 배분하는 방법이다. 예를 들면 쌀이 농산물 총생산에서 차지하는 비중이 30%이면 총 농업연구자원의 30%가 쌀에 투입되어야 한다는 것이다. 따라서 일치성 여부는 다음과 같이 계측할 수 있다.

$$C.I. = 1 - \sum_{i=1}^{n}(A_i - RS_i)^2$$

(단, $C.I.$: 일치성지수, A_i : 연구예산 중 i 작목의 연구예산 비중,
RS_i : 농업총생산액 중 i 작목 생산액의 비중)

따라서 어떤 작목이 $C.I.=1$일 때 완전한 일치성을 나타낸다. 이 방법은 단순하고 비용이 적게 들며 명료한 반면 이론적 배경이 없고 그 결과에 대한 신뢰성이 부족하다. 왜냐하면 새로운 연구에 대한 가능성이 높은 부문이나 앞으로 중요하게 될 것으로 예측되는 품목보다 과거에 역사적으로 중요했던 부문이나 품목에 대한 연구자원 배분이 쉽게 정당화 될 수 있기 때문이다.

(3) 평가표(Checklist)

단순지표의 경험적 방법에서 평가표(checklist)방법은 가장 비용이 적게 들면서 우선순위 결정의 질을 높힐 수 있는 방법이다. 이것은 과거의 역사적 경험과 개인의 판단에 따라 이루어진 연구자원 배분에서 가장 용이하고 적절한 방법이었다. 즉 연구자원배분의 우선순위를 결정하기 위하여 평가자는 일련의 평가 기준표와 질문서를 작성하여 이를 토대로 우선순위를 결정하는 것이다. 질문서는 연구의 영향, 비용, 그 실현 가능성에 대한 평가자료가 포함되어 있다. 이 방법은 계량적 측정이 배제되었기 때문에 경제적 평가가 어렵다. 그러나 계량화하기 어려운 여러 가지 경영적 측면에 대한 평가가 가능하다는 장점이 있다.

2) 편익-비용분석법(Benefit-Cost Analysis)

편익-비용분석방법은 시장경제에서 연구투자에 의하여 나타나는 경제잉여를 시간에 따른 할인율을 적용하여 계산하는 방법이다. 이것은 정부기관이나 투자기관에서 개발과제에 대한 투자효과를 평가하거나 결정하기 위하여 광범위하게 사용한다. 또한 연구투자로 나타나는 경제적 효율성이라는 단일 평가기준에 의하여 투자효과를 계측하여 우선순위를 결정하는 방법이다.

국내자원비용비율(domestic resource cost ratio)은 편익-비용분석법의 하나이며, 어떤 품목을 생산하는데 그 나라의 비교우위를 측정하는 방법이다. 그것은 어떤 품목을 생산하는 사회적 수익성을 나타내는 기회비용의 개념을 이용하여 편익-비용비율을 계측하는 방법이다. 그러나 생산지역의 크기를 고려하지 않고 현재의 비교우위만을 고려한다는 단점을 지닌다.

3) 경제잉여분석법(Economic Surplus Analysis)

경제잉여분석법은 B/C비율분석보다 더 정교하게 경제적 효율을 계산하는 방법이다. 연구결과가 산출물의 수요공급에 영향을 미치고 이로 인한 산출물 가격변동에 따른 경제적 효율의 변화, 또한 연구편익이 생산자와 소비자잉여에 어떤 영향을 주는가는 경제모형에 의해 정확하게 계측할 수 있다.

경제잉여분석법은 수요공급곡선을 이용하여 연구평가체계에 인구증가, 소득변화, 생산면적, 연구확산효과, 교역변화 등 여러 가지 다른 요인을 도입할 수 있는 장점이 있다. 그러나 B/C분석과 같이 명료하지 못한 단점을 갖는다. 왜냐하면 B/C분석처럼 기술개발과 수용 등에 대한 구체적 자료를 이용하기보다 경제모형을 이용하기 때문에 비경제전문가에 대한 설득력이 취약할 수밖에 없기 때문이다.

10.2.3.2 다중 지표법(Multiple Criteria Methods)

다중 지표법은 여러 가지 지표를 가중하여 산출한다. 따라서 단순 지표법에서 각각의 지표는 서로 대체적이기 때문에 한 가지 지표 이외에 다른 기준을 고려하지 않는 단점을 보완할 수 있다. 다중 지표법은 그 접근방법에 따라 평점방식(scoring method), 분석적 계층화법(analytical hierarchy process method), 그리고 수리계획법(mathematical programming method)이 있다.

1) 평점방식

평점방식(scoring model)은 구성된 점수에 따라 상품이나 연구분야를 서열화하는 기술평가방식이다. 서열구성을 위하여 여러 가지 기준에 대한 인식과 가중치가 중요하며 기준은 양적, 질적 기준으로 구분된다. 경제적 잉여 또는 계량적 추정이 어려울 때 여러 가지 기준에 따라서 연구계획안들에 대한 우선순위를 결정하여 연구자원을 배분하는 방법이다. 평점방식은 연구 우선순위 결정에 일차적으로 이용되고 자원이용이 경합적일 때 희소자원의 분배에 이용된다.

이 방법의 특징은 가장 적용되기 쉬운 방법으로 누구나 쉽게 이해할 수 있어 광범위하게 이용될 수 있다. 그러나 의사결정에 있어서 기준에 대한 상대적 중요성의 명확한 논증이 없이 수행되는 경향이 있다.

2) 분석적 계층화법(Analytical Hierarchy Process)

분석적 계층화법(AHP)은 복잡한 의사결정에서 계층화구조로 문제를 분해하여 해결하려는 종합적, 논리적, 구조적 접근방법이다. AHP는 여러 가지 목적과 여러 가지 기준을 서로 하나하나 비교하여 가장 적절한 결정기준을 제공한다. AHP의 배경에는 다음과 같은 세 가지 원리가 있다.

① 복잡한 문제의 분해

② 요소의 상대적 판단

③ 판단으로부터 우선순위의 종합화

기본모형

1단계

AHP의 첫 단계는 결정해야 할 문제를 계층구조로 분해하는 것이다. 계층의 기본구조는 〈그림 10-5〉에서와 같이 세 개의 수준으로 나눌 수 있다. 가장 높은 수준은 일반적인 목표를 나타내고 두 번째 수준은 목표(goal)를 달성하기 위하여 적합한 기준(criteria)이며 가장 하위의 수준은 대안적 연구과제(research project)이다.

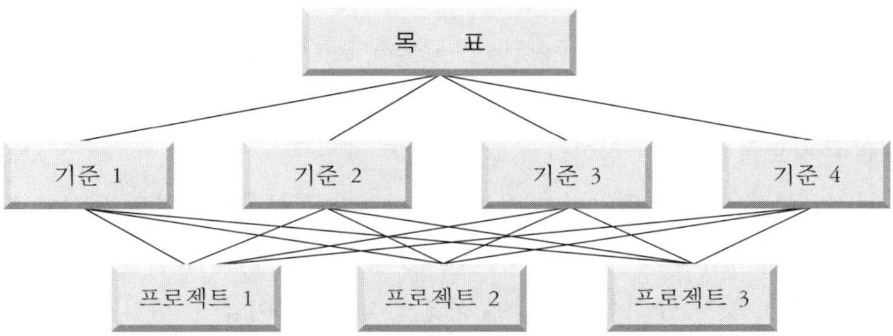

그림 10-5 계층화의 기본구조

2단계

2단계에서는 각 연구과제를 평가하여 각 기준에 가중치를 부여하는 것이다. 연구과제는 기준에 따라 서로 하나하나 평가하여 비교하여야 한다. 각각의 기준도 목표에 따라 하나하나 서로 비교하여 그 중요성을 평가한다. AHP는 주관적 판단에 기초하며 사전적 분석에서 그 적합성을 인정받는다. 상호 비교를 위해서는 다음 표에서와 같이 상대적 비교 단위가 만들어진다.

표 10-3 상대적 비교단위

중 요 도	정 의
1	똑같이 중요함
3	약간 더 중요함
5	더 중요함
7	아주 중요함
9	가장 중요함
2, 4, 6, 8	위 값들의 중간값

3단계

3단계는 계층화를 통하여 부문적 우선순위를 다음과 같이 통합하는 과정이다.

$$P_L = \sum_{m=1}^{M} P_{lm} V_m \quad \sum_{l=1}^{L} P_{lm} = 1 \quad \sum_{m=1}^{M} V_m = 1$$

P_L : 연구과제 L의 최종우선순위　　P_{lm} : 기준 m에 의한 연구과제 l의 우선순위
V_m : 기준 m의 가중　　L : (1, 2, ‥‥, L)
m : (1, 2, ‥‥, M)

AHP기법의 특징은 의사결정자가 구성요소들을 비교하는 "일련의 이원적 비교판단"(a series of pair-wise comparison judgement)을 통해 이들 계층 내에 있는 요소들의 영향력에 대한 상대적인 강도와 효용성을 측정하고 이를 비율척도(ratio scale)로 추정토록 한다는 점이다.

AHP의 장점은 첫째, 정량적인 정보뿐만 아니라 정성적인 정보도 동시에 평가할 수 있다. 둘째, 응답자로 하여금 이원비교를 통해서 동시에 둘씩 비교하게 함으로써 평가를 쉽게 한다. 셋째, 구어적인 응답에 적절한 척도를 부여할 수 있기 때문에 실제로 적용이 용이하다. 넷째, 응답 결과의 일관성 검증을 통하여 신뢰성을 확인하고 일관성이 부족한 경우에 피드백하여 평가의 신뢰성을 증진할 수 있다.

이와 같이 AHP가 많은 장점을 갖고 있지만 동시에 여러 문제점들이 지적되고 있다. 첫째, AHP는 어떤 이론적인 틀이 존재하지 않기 때문에 의사결정 문제를 계층화할 때 평가자의 경험과 능력에 의존하게 된다. 둘째, 계층분류와 대안이 많으면 비교항목의 개수가 기하급수적으로 증가하며 응답자의 시간적 부담도 증가한다.

3) 수리계획법(Mathematical Programming Methods)

수리계획법은 순위를 이용하는 대신에 여러 가지 목표와 자원제약(자금, 인적자본, 환경요소, 기술)하에서 최적연구 포트폴리오를 규명하는 데 이용한다. 이론적으로 수리계획법은 연구관리자가 품목 간, 연구 분야 간, 프로그램에 대한 연구자원을 배분하는 데 유용하다. 수리계획법은 여러 목적뿐만 아니라 연구에 대한 인적자원, 재정제약 등을 결합시킬 수 있다. 수리계획법에서 자료에 대한 정보요구는 평점방법이나 경제적 잉여방법과 비슷하며 평점방법과 같이 연구목적에 따라 정치적, 경제적 중요성을 반영하기 위하여 가중치를 이용한다.

수리계획법은 많은 분석적 능력과 시간을 요구하기 때문에 관리자나 연구자가 우선순위 결정에 수리계획법을 이용하는 것이 쉽지 않다. 질적 정보를 이 방법에 결합시키는 것이 어렵다. 그러나 이용 가능한 자원의 제약조건에서 주어진 기준에 따라 가장 좋은 대안을 선택하는 방법이다. 평점방법과 같으나 다만 평점방법에는 제약조건이 없다는 점이 다르다. 또한 MPM은 적정 연구과제의 포트폴리오를 선택할 수 있다. 수리계획법에는 앞서 연구평가기법에서 본바와 같이 선형계획법, 다목적 선형계획법 등이 있다.

4) **목표달성 평가법**(Goal Achievement Method: GAM)

목표달성 평가법은 비용편익분석의 한계인 정성적인 요인들을 평가에 반영하기 위하여 개발된 이론이다. 이는 달성목표들을 평가기준으로 설정하고 각 대안에 따라 목표별로, 집단별로 성취 점수를 산정하고 종합하는 것이다. 목표와 평가집단은 설문이나 과거 경험을 토대로 설정하고 목표 간 가중치와 평가집단 간 가중치는 전문가의 전문성과 경험을 바탕으로 작성한다. 계량화가 불가능한 목표에 대해서는 대안들이 각 목표에 접근하는 정도를 편익으로, 이탈하는 정도를 비용으로 판단한다. 계량화 가능 목표에 대해서는 각 대안이 갖는 비용과 편익을 목표와 동일한 측정단위로 평가한다. 정량적 목표와 정성적 목표가 섞여 측정단위가 상이할 경우에는 각 목표에 대한 비용과 편익의 크기를 종합하지 않는다. 의사결정자의 주관적 판단에 따라 목표간 우선순위를 결정하여 최종판단하는 목표달성계정법 또는 가중치를 설정하여 목표달성 정도를 통합된 지수로 표현하는 가중지수법을 사용한다.

목표달성 평가법은 개념 이해가 쉽고 계산이 비교적 간단하다는 장점이 있으며 다양한 평가집단의 견해 차이를 조정하는데 유리하다. 그러나 가중치를 객관적으로 산정하는 방법을 제시하지 못한다. 특히 목표에 대한 집단 간 이해 상충의 경우 이를 조정하는 적절한 방법을 찾지 못한다.

5) **다속성 효용함수법**(Multi-Attribute Utility Method: MAUT)

다속성 효용함수법은 정량적인 것뿐만 아니라 정성적인 기준들도 함께 고려할 수 있고 또한 평가기준의 가중치를 구할 수 있는 방법이다. 다속성 효용함수법은 단일 평가기준에 대한 효용함수를 함수의 최대값과 최소값으로 경계조건을 우선 설정하고 경계 조건에서 출발하여 질의응답을 반복하면 도출할 수 있다고 전제한다.

$X = (x_1, x_2)$ x_1과 x_2는 상호 효용독립

$U(x_1, x_2) = k_1 U(x_1) + k_2 U(x_2)$, 단 $\sum k_i = 1$

k_i: i번째 기준이 지니는 가중치

전문가 의견으로 가중치를 얻으면 각 대안들이 지니는 효용의 값을 구하는 대안간 우선순위를 결정할 수 있다. 그러나 평가기준에 대한 효용함수를 설정하는 데 응답자들의 주관이 개입되어 일관성을 확인할 수 있는 장치가 없다. 또한 평가기준의 수가 증가함에 따라 질문의 수가 매우 많아지고 객관적이고 일관성 있는 응답을 얻어낼 가능성이 줄어든다.

6) 서열화법(Outranking Method)

서열화법은 각 대안들을 짝을 지어서 한 대안이 다른 대안보다 우수한지 여부를 확인하는데 목적이 있다. 이 방법은 대안들의 평가기준들에 대한 가중치 행렬이 주어진 상태에서 시작된다. 우선 상이한 척도로 만들어진 측정치들을 동일한 척도로 만들어 주기 위해 벡터정규화법을 사용하여 정규화하고 이 값에 평가기준별 가중치를 곱하여 "가중 정규화 행렬"을 구한다. 다음에 대안 쌍별로 각 평가기준별 우열을 판정하고 우등지수와 열등지수를 계산한다. 마지막으로 우등지수와 열등지수의 기준치를 설정하여 저순위 대안 소거 기준으로 적용한다. 이 방법은 정량적 자료와 정성적 자료를 모두 다룰 수 있는 장점이 있다. 그러나 기준치 선정이 모호하고 우등지수에 따른 판단과 열등지수에 따른 판단이 서로 상충되는 경우에 양자를 조화시킬 수 있는 방법을 제시하지 못하고 있다.

10.2.4 우선순위 결정 방법의 선택

여러 가지 우선순위 결정방법 가운데 어느 방법이 가장 좋은가를 결정하기는 어렵다. 각각의 방법마다 장단점이 있고 이용 가능한 자료의 제약에 따라 현실적 적용이 어렵기 때문이다. 그러나 새로운 기술에 대한 연구투자 배분에서 경험적 방법인 관례법이나 일치성 분석은 실용성이 적다. 왜냐하면 새로운 기술개발의 가능성에 대한 연구투자가 정당한 평가를 받기 어려운 분석방법이기 때문이다. 편익-비용분석방법은 비록 경제적 효율성을 명료하게 나타내나 우선순위 결정 과정에 적극적으로

참여하는 전문가들이 제한된다. 따라서 각 단계에서 많은 전문가들이 참여할 수 있는 평점방식이 일반적으로 많이 쓰인다.

평점방식은 보다 체계적으로 다른 방법에서 나타난 결과를 이용하여 다중기준(multiple criteria)을 충족시킬 수 있다. 왜냐하면 각각의 여러 가지 기준에 따라 연구투자의 기여를 계측하여 이에 대한 가중치를 부여한 후 평점방식으로 통합하여 결과를 도출할 수 있기 때문이다. 이것은 평점방식이 다른 방법과 상호 배타적이지 않다는 의미이다. 그러나 평점방식은 많은 전문가들이 참여하는 대신에 시간이 많이 걸리고 다중 기준에 따른 이중계산이나 질적 자료와 양적 자료의 통합과정에서 이중계산의 우려도 크다. 더구나 이 방식은 연구의 우선순위 결정에 그치며 수리계획법과 같이 적정 연구자원 배분의 결정에 미치지 못한다.

그러나 현실적으로 연구기관에서 많이 쓰이는 것은 평점방식이다. 왜냐하면 이 방법은 다른 단순한 방법과 함께 이용할 경우 그 실용성이 높기 때문이다. 특히 편익-비용 방법과 평점방식의 결합은 가장 강력한 우선순위 결정 방법을 제공한다.

10.3 벼 직파재배 연구에 대한 우선순위 결정의 실증사례

10.3.1 벼 직파재배 연구 우선순위 결정 과정

10.3.1.1 벼 직파재배 연구자원 배분 기준과 접근방법

농업 연구자원 배분을 위한 우선순위 결정은 앞서 본 바와 같이 국가별, 기관별, 연구프로그램별, 연구과제별 수준에 따라 그 기준이 달라진다. 벼 직파재배연구는 농촌진흥청과 같은 공공 연구기관에서 이루어지며 품목별, 지역별, 분야별 연구프로그램의 우선순위 기준에 따라 자원배분의 우선순위가 결정된 연후에 직파재배 연구의 우선순위에 접근할 수 있다.

우선 연구목표인 품목별 적정자원 배분을 달성하기 위한 기준은 앞서 본 바와 같이 경제적 효율성, 사회적 형평성, 환경적 지속성, 또 다른 전략목적에 따라 다양하게 설정될 수 있다. 특히 쌀은 경제적 효율성이나 사회적 형평성뿐만 아니라 식량안보 등 전략적 효과에 의하여 우선순위를 결정해야 한다. 오늘날 농업의 발전방향은 자급적 농업에서 시장위주로, 자원위주의 농업에서 과학기술위주의 농업으로, 증산위주의 농업에서 환경보존을 위한 지속성위주의 농업으로 변모하고 있다. 이러한 변화에 따라 농산물 해외시장 개방이후 단순한 경제적 효율성만이 우리 농업의 적정자원 배분 기준이 될 수 없을 것이다.

앞서 본 바와 같이 농업 환경변화에 따라 쌀 이외의 다른 작목의 생산이 확대되고 쌀 생산의 연구자원 배분은 감소하는 추세를 보이나 노동력 절약을 위한 직파재배의 확대가 이루어지고 있다. 벼 직파재배에서 농민들이 부딪치는 어려움은 도복, 입모, 잡초문제이다. 이러한 어려운 문제를 연구자원배분과 연계시키기 위하여 문제나무분석(problem tree analysis: PTA)과 해결나무분석(solution tree analysis: STA)으로 파악하는 제약분석(constraints analysis)으로 접근할 수 있다.

도복, 입묘, 잡초문제에서 예컨대 도복문제는 벼 직파재배의 중요한 제약조건이 되며 결과적으로 벼 수량 감소와 노동력 증가를 가져올 것이다. 도복문제는 품종, 물 관리, 시비가 큰 요인이며 도복에 약한 품종을 재배하거나 부적절한 물 관리와

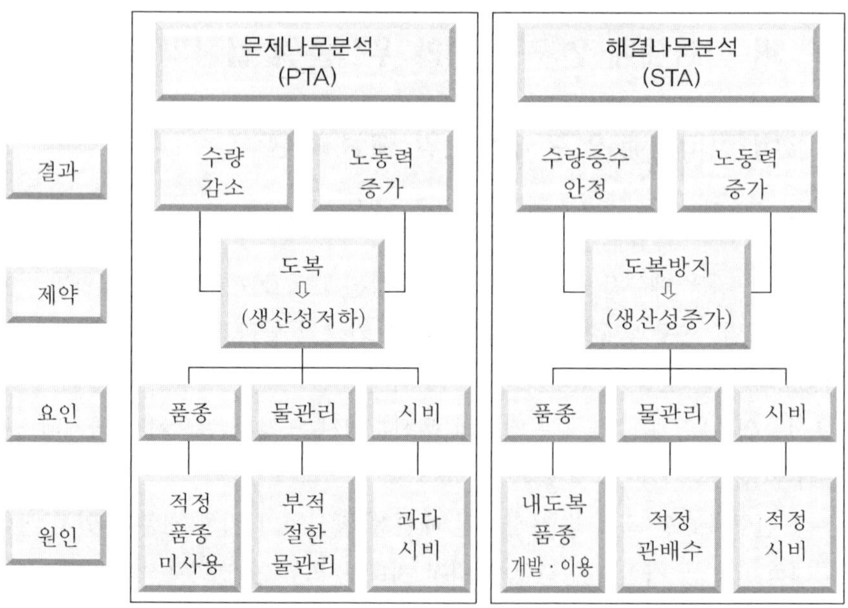

그림 10-6 문제해결을 위한 접근방법

과다시비에 의하여 야기되는 문제이다. 도복을 방지하기 위해서는 내도복(耐倒伏) 품종을 개발하여 이용하거나 적정 관배수를 사용하고 적정 시비에 의하여 해결할 수 있다. 결과적으로는 수량증수나 노동력 절감의 목표를 달성할 수 있다(그림 10-6).

이것은 곧 벼 직파재배에서 연구과제가 도복방지를 위하여 품종, 물 관리, 시비로 나누어 접근할 수 있으며 입모나 잡초방제도 이처럼 PTA와 STA에 의한 제약분석(constraints analysis)을 통하여 농민들의 벼 직파재배에서 제약조건을 연구과제와 연계시킬 수 있다.

노동력 절감으로 벼 생산비 절감을 통하여 국제경쟁력을 강화할 수 있는 벼 직파재배 기술의 목표를 달성하기 위한 연구과제의 설정과 이에 대한 자원배분의 우선순위 결정은 연구기준과 연구대안의 연계과정을 통하여 이루어질 수 있다. 즉 목표달성을 위한 기준은 경제적 효율성, 기술적 안정성, 환경적 지속성이며 직파재배 기술분류에 따라 생력화기술을 위한 기계화, 파종, 증수기술인 품종, 시비, 토양관리, 안정화 기술인 입모, 병충해, 잡초방제, 물관리 등의 연구과제로 나눌 수 있다. 이러한

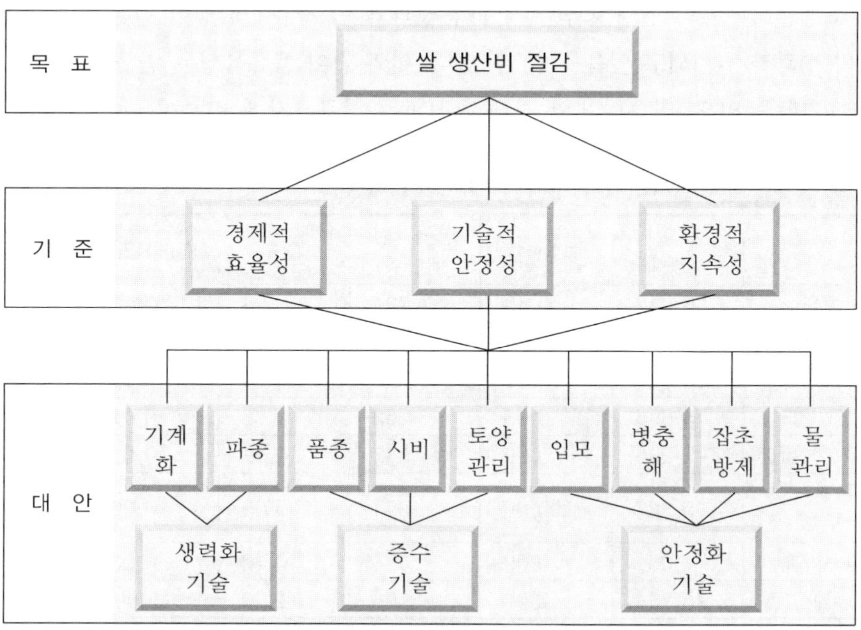

그림 10-7 직파재배 기술의 우선순위설정을 위한 분석적 계층구조

각각의 기술은 한 가지 기준에 의하여 자원배분의 우선순위를 결정하거나 여러 가지 복합적인 기준에 의하여 우선순위를 결정할 수 있다(그림 10-7).

10.3.1.2 벼 직파재배 연구자원 배분을 위한 우선순위 결정

1) 벼 직파재배 연구자원 배분의 일치성 분석

벼 직파재배 연구는 품종육성, 토양관리, 파종, 입모, 시비, 도복, 잡초방제 등 여러 분야에 걸쳐 이루어지고 있다. 일치성 분석은 각 연구분야의 경제적 성과에 비례하여 연구비를 배정하는 가장 단순한 방법이다. 그러나 현실적으로 연구비의 배분은 경제적 성과에 비례하여 이루어지기 어렵다. 따라서 일치성 분석은 연구성과와 연구비의 배분이 얼마나 일치하는가를 나타낸다.

〈표 10-4〉에서 보면 품종육성분야의 벼 직파재배 경제적 성과에 대한 기여도는 48%로 높게 나타났으나 실제로 배정된 연구비의 비중은 24%이기 때문에 품종육성에 대한 연구효과는 상대적으로 크다고 볼 수 있다. 이에 반해서 파종부문 연구비의 비중은 26%이었으나 경제적 성과에 대한 기여도는 14%로 나타나고 있다.

토양관리부문의 연구성과는 경제적 성과와 연구투자 배정이 같은 비율을 보여 투자와 성과가 일치되고 있음을 알 수 있다. 이와 같이 품종육성은 연구투자의 성과가 더 크고 파종, 입모, 잡초방제의 경제적 성과는 연구투자에 비하여 낮게 나타났으며

표 10-4 벼 직파재배 연구자원 배분의 일치성 지수

구 분	경제적 성과액	Si	연구자원 (백만원)	RSi	(Si−RSi)	(Si−RSi)2
품종육성	36,242	0.48	731	0.24	0.24	0.06
토양관리	2,136	0.03	95	0.03	0.00	0.00
파 종	10,677	0.14	808	0.26	−0.12	0.01
입 모	5,696	0.08	263	0.08	−0.01	0.00
시 비	7,096	0.09	532	0.17	−0.08	0.01
물 관 리 (도복)	6,827	0.09	294	0.09	0.00	0.00
잡초방제	7,081	0.09	384	0.12	−0.03	0.00
계	75,754	1.00	3106	1.00		0.08

$$C.I. = 1 - \Sigma(Si - RSi)^2 = 0.92$$

토양관리와 물관리부문은 일치하고 있다.

전체적으로 일치성 지수는 0.92를 나타낸다. 일치성 지수는 전체 연구비 중 어떤 부문의 연구비가 차지하는 비중이 전체 경제적 성과 중 그 부문의 가치가 차지하는 비중과 어느 정도 일치하는가를 나타내는 비율을 뜻한다. 따라서 일치성 지수가 1이 되는 것은 경제적 성과와 연구비배분과 일치하는 것이며 1과 차이가 날수록 불일치를 의미한다. 그러나 일치성 지수는 모든 연구부문에서 기술개발의 기회가 같고 또 기술개발비용과 상품의 시장가치가 서로 비례한다는 가정에서 정태적으로 비교하는 단순한 방법이라는 한계를 지니고 있다.

2) 평점방식에 의한 분야별 연구 우선순위 결정

연구목표에 따라 연구비 배분의 기준이 하나가 아닌 여러 가지 다중기준(multi-criteria)일 경우에 연구 우선순위 결정을 위한 가장 일반적인 방법이 평점방식이다. 이것은 여러 가지 기준에서 각 기준에 따라 가중지수를 이용하여 평점을 계산하여 우선순위를 결정할 수 있기 때문이다. 즉 경제적 성과뿐만 아니라 농민들이 얼마나 기술을 수용할 수 있는가 등 여러 가지 기준을 이용하여 우선순위를 정할 수 있다.

직파기술에 대한 연구평가를 위하여 먼저 직파재배 연구가 본격적으로 이루어진 1993년부터 1998년까지의 5년간 직파재배 기술이 주로 이루어진 기술원, 작물시험장, 호남농업시험장, 영남농업시험장의 직파기술별 과제 항목과 연구예산액은 지난 5년간 총 350항목의 과제 중 공통기술에 대한 항목수가 가장 많고 품종육성, 시비, 잡초방제, 기타의 순으로 나타난다. 예산배정도 대체적으로 그와 같은 순으로 그동안 배정되었음을 알 수 있다. 그러나 기술별 연구항목이나 예산배분의 추이를 보면 공통기술은 1993년 전체 예산의 57.1%에서 1998년에는 19.2%로 줄었다. 파종기술에 대한 연구비중은 1993년 14.3%에서 1998년 17.3%로 증가되었으며 품종육성은 9.5%에서 11.5%로, 시비는 4.8%에서 11.5%로 증가되었다. 잡초방제는 1994년 1.9%에서 1998년 7.7%로 증가되었다.

따라서 직파재배 연구는 과거에는 주로 기초연구부문인 공통연구에 집중되었으나 시간이 가면서 직접 농민들의 현장애로를 타개하기 위한 파종, 입모, 잡초방제, 물관리 등 기술적 문제점을 해결하기 위한 연구투자가 이루어지고 있다. 따라서 공통연구를 제외한 응용기술분야의 연구투자에 대한 우선순위를 결정하기 위하여 기술별 과제를

표 10-5 직파연구분야별 우선순위 결정(Ⅰ)

구 분	경제적 성 과	잠재적 활용률	예 산 (백만원)	기술 수요율	효율 지수	효율지수 순위	순효율 지수	순효율 지수순위
품종육성	36,242	0.13	654	0.23	1083.6	1	1.657	1
토양관리	990	0.20	113	0.03	5.9	6	0.053	4
파 종	881	0.24	1,059	0.26	55.0	4	0.052	5
입 모	2,506	0.07	335	0.09	15.8	5	0.047	6
시 비	652	0.04	627	0.16	4.2	7	0.007	7
물관리(도복)	3,264	0.53	425	0.1	173.0	3	0.407	3
잡초방제	2,429	1.27	534	0.13	401.0	2	0.751	2

주: (1) 경제적 성과는 수량증가와 비용증감으로 환산
(2) 비용감소: 노동시간(노동시간×노임), 물재비 감소
(3) 수량증가: 수량×가격
(4) 잠재적 활용률: 연구결과 활용 건수/연구 항목수
(5) 예산: 연구항목×항목당 연구비
(6) 기술수요율: 기술별 연구항목 수/직파 총 연구항목 수
(7) 효율지수: 경제적성과×잠재적활용률×기술수요율
(8) 순효율지수: 효율지수/예산액

품종육성, 토양관리, 파종, 입모, 시비, 물 관리, 잡초방제의 7개 분야로 나누어 이에 대한 투자우선순위를 어떻게 결정하는가를 살펴보고자 한다.

〈표 10-5〉에서 벼 직파재배 분야별 연구자원 배분의 우선순위는 경제적 성과, 기술활용, 농가수용 등을 고려하여 결정할 수 있다. 경제적 성과는 각 분야별 기술이 수량증가나 비용감소를 얼마나 가져올 수 있는가를 말한다. 기술의 잠재적 활용률은 연구투자가 얼마나 성공할 수 있는가를 확률적으로 예측한 연구성공률 대신에 총 연구항목수 중 연구결과 활용건수를 계산한 것이다. 농가수용률은 총 연구항목수 중 기술별 연구항목수를 계산하여 농가수용률을 대체하였다.

이와 같이 벼 직파재배 연구분야별 평점방식에 의한 경제적 효율지수를 보면 품종육성, 잡초방제, 물 관리(도복), 파종, 입모, 토양관리, 시비의 우선순위를 정할 수 있다. 그러나 경제적 효율성 지수는 총 효율성을 나타내기 때문에 이를 예산액으로 나누어 화폐단위당 각 연구분야의 효율성을 순효율지수로 전환시킬 수 있다.

순효율지수에 의한 우선순위는 총 효율지수에 의한 우선순위와 크게 다르지 않으나 파종, 입모, 토양관리 분야의 순위가 서로 바뀌어 순효율지수에서는 토양관리, 파종, 입모의 순위로 높게 나타나고 있음을 알 수 있다.

표 10-6 직파연구분야별 우선순위 결정(II)

구 분	경제적 성과	잠재적 활용률	예산 (백만원)	기술 수요율	효 율 지 수	효율지수 순위	순효율 지수	순효율 지수순위
품종육성	36,242	0.13	654	0.23	1083.6	2	1.657	2
토양관리	2,136	0.20	113	0.03	12.8	7	0.113	5
파 종	10,677	0.24	1,059	0.26	666.2	3	0.629	4
입 모	5,696	0.07	335	0.09	35.9	6	0.107	6
시 비	7,096	0.04	627	0.16	45.4	5	0.072	7
물관리(도복)	6,827	0.53	425	0.10	361.8	4	0.851	3
잡초방제	7,081	1.27	534	0.13	1169.1	1	2.189	1

그러나 이와 같은 기술분야에 의한 경제적 성과배분에서 수량증가는 오직 품종육성에 의한 성과로 계산한 결과 품종육성에 대한 가중치가 과도하게 계산된 결과를 가져온 사실을 알 수 있다. 수량증가는 품종육성에만 의존하는 것이 아니고 토양관리와 다른 모든 기술분야에 의하여 이루어진다. 따라서 다른 모든 기술분야에 수량증가에 의한 성과를 추가하여 계산할 필요가 있다. 이렇게 재조정한 경제적 성과분석에 의거하여 계측한 효율지수는 〈표 10-6〉에서 보는 바와 같이 품종육성분야의 편중에서 벗어난 잡초방제기술이나 파종기술에서 효율지수의 상승결과를 보였다. 따라서 우선순위는 품종육성보다 오히려 잡초방제가 가장 높고, 그 다음은 품종육성, 파종, 물 관리, 시비, 입모, 토양관리의 순으로 나타났다.

효율지수를 예산액으로 나누어 연구비 화폐단위당 효율지수를 나타내는 순효율지수를 계측한 결과 잡초방제와 품종육성분야의 순위는 효율지수의 순위와 같으나 파종보다 물관리의 순위가 높고 토양관리와 입모가 그 다음 순위로 나타난 결과를 보여 주었다. 따라서 시비분야가 가장 낮은 순위를 보여 준다. 이와 같이 평점방식에 의한 우선순위 결정은 경제적 효율성(efficiency)뿐만 아니라 연구비가 실제로 얼마나 성공 가능성이 있으며 또 농민들이 얼마나 수용하는가 등 연구결과의 실질적 효과(effectiveness)까지 평가기준으로 활용하여 보다 더 광범위한 연구효과를 측정할 수 있는 장점이 있다. 따라서 예산이 크게 문제되지 않은 경우에는 경제적 효율성 지수가 우선순위 결정의 기준이 될 수 있으나 예산이 크게 문제가 될 경우에는 연구비 화폐단위당 효율성 지수를 나타내는 순효율지수의 우선순위 결정을 따르는 것이 합리적이다.

3) AHP에 의한 벼 직파재배 연구자원 배분 우선순위 결정

분석적 계층화과정(AHP)은 의사결정을 위하여 이 문제에 관련된 모든 항목을 포함하여 문제의 상황을 정확히 규정하고 이 항목들의 계층을 구성하여 요소 상호간의 작용을 도식화 한 후 모든 요소에 대하여 상대적인 중요성을 숫자로 측정하여 각 요소에 대한 우선순위를 정하는 방법이다.

계층에 있는 각 요소의 상대적 중요성은 그 문제를 잘 파악하고 있는 전문가들에게 맡겨 평가하는 방법이다. 그러나 전문가의 경우에도 우선순위를 판단하기 위한 요소간의 차이를 식별하는 데 문제점이 있어 일관성을 갖지 못하게 될 경우에는 판단을 다시 행하거나 계층을 재구성해야 한다. AHP방법의 장점은 여러 가지 기준을 고려하여 우선순위를 결정할 수 있다는 점이다. 벼 직파재배 연구자원 배분을 위한 AHP방법을 적용한 우선순위결과는 〈표 10-7〉과 같다.

연구자원 배분을 위한 기술분야는 앞에서 본 평점방식과 같이 품종육성, 재배기술 공통, 토양관리, 파종, 입모, 시비, 물 관리, 잡초방제, 기타의 9개 분야로 나누어 농업경제 전문가, 육종전문가, 재배전문가에 의한 각 기술 분야별 상대적 중요성을 평가하였다. AHP방법에 의한 연구자원 배분의 우선순위를 결정하고 이에 대한 일관성 지수와 일관성 비율을 계측한 결과를 보면 각 전문가들의 시각에 따라 우선순위가 다르게 나타나고 있다. 농업경제 전문가는 재배기술 공통분야에 가장 높은 우선순위를 두고

표 10-7 전문가별 벼 직파재배 연구자원 배분의 우선순위

구 분	농업경제전문가		육종전문가		재배전문가		평 균	
	우선순위비	순 위	우선순위비	순 위	우선순위비	순 위	우선순위비	순 위
품종육성	0.26	2	0.21	1	0.08	6	0.18	1
재배기술 공통	0.28	1	0.17	2	0.03	8	0.12	4
토양관리	0.04	7	0.07	6	0.10	5	0.07	7
파 종	0.07	6	0.07	6	0.15	3	0.11	5
입 모	0.10	3	0.12	4	0.22	1	0.16	2
시 비	0.04	7	0.06	8	0.04	7	0.06	8
물관리(도복관리)	0.08	4	0.10	5	0.12	4	0.10	6
잡초방제	0.08	4	0.15	3	0.21	2	0.14	3
기 타	0.04	7	0.05	9	0.03	8	0.04	9
일치성지수(C.I.)	0.00		0.38		0.01		0.27	
일치성비율(C.R.)	0.00		0.26		0.01		0.19	

토양관리, 시비, 기타 부문에 낮은 우선순위를 두고 있다. 이에 대하여 육종전문가는 품종육성에 가장 높은 우선순위를, 그 다음 재배기술 공통부문이며 시비와 기타 부문에 가장 낮은 우선순위를 부여한다. 재배전문가는 입모와 잡초방제기술에 높은 우선순위를 부여하고 재배기술공통과 기타부문에 가장 낮은 우선순위를 보여주었다.

그러나 농업경제 전문가와 재배전문가는 일치성 지수나 일관치 비율이 완전한 일치성을 보이거나 거의 완전한 일치성을 보이는 데 반하여 육종전문가의 경우에는 일치성 지수가 높아 새롭게 재구성하거나 판단을 다시 해야 하는 것으로 나타났다.

이처럼 AHP방법은 계층구성이나 전문가들에 의해 그 우선순위가 달라짐을 알 수 있다. 그러나 그 일치성이 허용되는 범위 내에서는 모든 요소에 대한 상호 중요성을 상대적으로 평가하여 여러 가지 기준을 함께 고려하여 우선순위를 결정하는 방법이라 할 것이다.

참고문헌

박정근(2000), "농업생산기술평가의 시스템 구축에 관한 연구", 농촌진흥청.

Alston, J. M. and W. J. Martin(1995), "A Comment on Border Price Changes and Domestic Welfare in the Presence of Distortions", *Oxford Economic Papers.*

Griliches, Z.(1958), "Research Costs and Social Return: Hybrid Corn and Related Innovations," *Journal of Political Economy* 66.

International Service for National Agricultural Research(1993), *Monitoring and Evaluating Agricultural Research: A Sourcebook*, Cab International.

International Service for National Agricultural Research(1997), *Training in Priority Setting for Agricultural Research Programs.*

제4부

농업성장과 연구자원 배분의 효율성

나이가라폭포 상류
(원광대 김희정 박사 제공)

농업성장은 농업총생산성의 변화에 의하여 설명할 수 있으며 농업생산성의 변화는 농업기술에 의하여 이루어진다. 농업기술 변화는 농업 연구투자의 결과라는 사실은 농업 연구효과 계측의 실증분석에서 많은 연구결과가 이를 뒷받침하였다. 농업생산성 변화는 여러 가지 지수적 방법이나 모수적 방법에 의하여 계측할 수 있다. 기술변화는 솔로(R. Solow)가 잔여법(residual method)에 의하여 생산함수에 의한 접근을 시도한 이후 비용함수, 이윤함수 등 쌍대형 모형의 이론발전에 따라 다양한 접근방법이 이루어졌다. 최근에는 비모수적 접근에 의한 계측이 모색되기도 하였다. 어떠한 접근방법에 의한 결과나 모두 농업 연구투자의 효과는 시차에 따라 나타나며 투자수익률이 높아 농업 연구투자가 시장실패(market failure)를 보이고 있다는 사실은 분명하다

한국농업의 생산성 계측도 다른 나라에서와 마찬가지로 공공부문의 농업연구와 기술보급투자에 의하여 이루어졌으며 실제로 저투자(under-investment)되고 있다는 사실을 알 수 있다. 특히 농업 연구투자는 농업연구의 특성에 따라 농업생산성의 유지나 식품의 안전성, 환경오염 방지에 관한 연구 등 생산성 증대로 나타나지 않는 농업 연구투자의 효과로 인하여 저평가될 소지가 크다는 사실을 간과해서는 안 된다.

한국농업생산의 분야별 생산성을 계측하고 생산성 성장을 위한 연구자원배분의 우선순위 결정에 대한 사례를 보기 위하여 식량작물과 원예작물의 자료를 이용하였다.

제 11 장

한국 농업의 장기 성장분석

한국 농업은 역사적으로 조선말기의 봉건제적 농민착취와 일제 식민지 시대의 강압통치 이후 남북분단과 한국전쟁에 따른 혼란기에 만성적인 식량부족을 벗어나지 못하였다. 그러나 1970년대 중반 수출위주의 공업화를 추진하는 데 필요한 통일벼를 개발하여 주곡자급을 달성하였다. 그 후 빠른 경제성장 과정에서도 지속적인 농업성장을 이루었으나 부존자원이 부족한 소농 생산양식으로 농가 소득문제, 농업 구조문제 등 일반적인 농업문제의 테두리를 벗어나지 못하였다. 특히 1980년대 이후 농산물 무역 자유화의 영향으로 개방경제에서 농업경제 문제는 식품의 안전성, 농촌 노동력 부족과 농민 후계자문제, 농가 소득문제와 농업 구조문제 등 모든 농업문제가 동시에 혼합되어 나타나고 있다. 농업의 역할도 단순한 식량공급에서 경제발전을 위한 식량, 노동, 토지의 공급으로, 또한 경제발전과 국민소득 증대에 따라 농업의 비교역적 기능에 대한 역할의 중요성이 점차 확대되었다.

이러한 한국 농업의 성장과정은 농업생산, 농업투입 및 농업생산성의 정량적 계량분석을 통하여 실증적으로 농업생산과 생산성 변화의 특성을 파악할 수 있다. 농업생산의 장기적 성장은 부존자원에 대한 농업기술 변화의 조정과정이며 제도변화에 의하여 성장잠재력을 우리 사회가 얼마나 극대화하였는가를 볼 수 있다. 따라서 이 장(章)에서는 1910년부터 오늘에 이르기까지 한국농업의 총생산, 총투입 및 총생산성의 계측과 농업생산성 성장의 정책적 함의를 제시하고자 한다.

11.1 농업총생산, 총투입 및 총생산성 계측방법

농업생산의 총량적 추정을 위하여서는 농업총생산(gross agricultural production), 농업총산출(gross agricultural output) 및 농업부가가치(value added in agriculture)로 구분할 수 있다(반성환, 1974, p.21). 농업총생산은 농업생산물의 시장가치액이며 농업총생산에서 자급중간재를 공제한 잔액이 농업총산출이다. 농업총산출에서 구입중간재를 공제하여 농업부가가치를 얻을 수 있다. 농업총생산성 지수를 계측하기 위해서는 이 3가지 자료를 이용할 수 있다. 그러나 농업 산출의 경우 자급 중간재의 시장평가는 어려움이 따르고 부가가치는 토지와 노동, 자본의 본원적 투입물이 분리적(separable)이라는 생산기술에 관한 강한 가정이 필요하다(권오상 · 김용택, 2000, p.8). 더구나 농업생산에서는 비료나 농약, 농기계 등 농업 이외의 투입물이 생산비에서 차지하는 비중이 크기 때문에 총산출이나 부가가치를 이용한 지수보다 농업총생산을 기준으로 하는 산출량지수를 이용하여 계측하는 것이 간편하다.

생산이나 투입물의 총합(aggregation)과정에서 지수화 작업은 가중치의 크기만이 아니라 기준연도에 따른 지수문제(index number problem)를 유발한다. 기준연도의 가중치를 사용하는 라스파이레스(Laspeyres)방식과 비교연도의 가중치를 사용하는 파쉐(Paasche)방식에 따라 총지수는 달라진다. 총생산 지수에서 가격인상에 따라 생산이 증가된 생산물은 기준연도에서 낮은 상대가격으로 평가되고 상대가격 감소에 따라 생산이 감소된 생산물은 기준연도의 높은 상대가격으로 평가된다. 따라서 기준연도의 가중치를 사용하는 라스파이레스(Laspeyres)식은 일정 자원에 의한 생산액이나 투입물의 실질성장률을 과소평가하고 비교연도의 가중치를 사용하는 파쉐(Paasche)식은 과대평가하게 된다.

총생산성 지수는 투입과 산출의 관계를 나타내는 생산함수의 특성에 따라 다르다. 생산함수가 규모수익이 비동차성(non-homogeneous)을 갖고 가변적일 때는 트란스로그 선형동차함수(translog linear homogeneous function)를 잘 반영하는 퇴른크비스트지수(Törnqvist index)가 유용하다. 이 지수는 다음과 같이 계측한다.

$$\ln \frac{TFP_t}{TFP_{t-1}} = \frac{1}{2} \sum_{j=1} (R_{j,t} + R_{j,t-1}) \ln \frac{Q_{j,t}}{Q_{j,t-1}} - \frac{1}{2} \sum_{i=1} (S_{i,t} + S_{i,t-1}) \ln \frac{X_{i,t}}{X_{i,t-1}}$$

$R_{j,t}$: j 품목의 산출물 몫(output share)
$Q_{j,t}$: j 품목의 산출물 지수(output index)
$S_{i,t}$: i 의 투입물 몫(input share)
$X_{i,t}$: i 의 투입물 지수(input index)

생산액이나 투입액의 지수산출을 위한 가중치는 가격지수를 이용하며 특히 투입물 지수에서는 요소가격 대신에 요소분배율을 이용하여 계측할 수 있다. 요소분배율의 계측은 각 생산요소에 대한 비율을 추정하여 총비용에 대한 비율로서 분배율을 추정한다. 요소분배율이 연도에 따라 크게 달라지지 않고 일정하면 일정한 가중치를 이용할 수 있다. 그러나 매년 가격변화에 따라 요소배분이 달라지기 때문에 연쇄지수(chain-linked index)방식인 디비자지수(Divisa index)를 이용할 수 있다. 다음은 연쇄지수에 의한 총투입물 지수의 산출식이다.

$$I_t = I_{t-1} \cdot \sum w_{i,t} \frac{q_{i,t}}{q_{i,t-1}}$$

I_t : 총투입물 지수
$q_{i,t}$: i 의 투입물 지수
$w_{i,t}$: 투입물 몫(input share)

총생산성 지수(P_t)는 다음과 같다.

$$P_t = \frac{O_t}{I_t}$$

O_t : 총생산액 지수

농업생산성에서 개별 생산성은 토지생산성과 노동생산성으로 나눌 수 있다. 토지생산성은 단위면적당 농업생산액이며 노동생산성은 단위노동당 농업생산액이다. 기술위주의 농업에서 농업기술의 변화는 총요소생산성의 증가로 나타난다. 총요소생산성은 총생산과 총 자원투입량의 비율이며 총생산과 생산에 사용된 개별적 자원의 관계를 나타내는 개별 생산성과 구분된다. 개별 생산성은 자원간의 대체관계를 고려하지 않기 때문에 기술진보가 비중립적일 경우에는 생산성 추정에 편의(偏倚)를 가져온다. 그러나 개별 생산성은 계측상의 편의성 때문에 일반적으로 통용된다.

우리나라는 전통적으로 토지가 협소하고 인구가 조밀하기 때문에 토지생산성이 높고 노동생산성이 낮은 특성을 보였다. 그러나 경제발전 과정에서 부존자원이 달라지기 때문에 토지생산성과 노동생산성의 추이도 달라졌다. 토지생산성은 총생산과 조 부가가치, 경지면적과 식부면적에 따라 약간의 차이를 보인다. 총생산에 의하여 계측한 토지생산성이 부가가치에 의하여 계측한 토지생산성보다 높게 나타났다. 또한 경지면적보다 식부면적에 의하여 계측한 토지생산성이 높다. 노동생산성은 총생산과 부가가치별로 달라질 뿐만 아니라 농업인구와 노동투입량에 의하여 계측한 결과가 달라진다.

농업생산과 투입은 홍수나 가뭄, 기후 등 자연재해에 대한 영향을 받아 매년의 생산물이나 투입물 변동의 진폭이 크다. 이러한 변동의 진폭을 최소화하기 위하여 이 장에서 취급하는 모든 양적 자료는 5개년 이동평균법(moving average method)에 의하여 계측하였다. 따라서 표시된 연도는 양측 5개년의 중앙연도를 나타낸다.

여기서 분석한 한국농업 100년의 농업 총생산, 총투입 및 총생산성을 중심으로 한 각 지표와 지수의 양적 분석은 전 기간을 자원위주의 농업시기와 과학기술위주의 농업시기로 구분한 2기의 특성을 분석하여 한국농업 1910-2004년 기간의 양적 분석을 수행하였다.

11.2 이용자료 및 자료보정

한국의 농촌경제 사회발전 100년의 계량분석을 위하여 1906-2005년의 자료가 필요하다. 우리나라 농업통계의 기초인 농지통계는 1898년 농지측량인 양지(量地)를 전담하는 농지아문(農地衙門)이 설치되면서 출발하였다. 그러나 토지측량만이 아니라 토지소유권인 지권(地券)발급까지 맡는 지계아문(地契衙門)이 1902년 설치되면서 이에 귀속되었고 1904년 탁지부(度支部) 내에 양지국(量地局)이 설치되었다. 그 후 1910년 토지조사법이 제정 공포되면서 비로소 근대적인 토지조사 사업이 완성된 1918년 토지조사 사업의 기초를 정비하였다(한국통계발전사, 1992) 따라서 1910년부터 비로소 근대적인 농업통계자료가 가능하여 농산물 생산량, 농산물 가격, 생산액, 투입량, 투입액, 부가가치 등 농업과 관련된 가격지수들의 추계가 이루어졌다(박섭, 2005, p.95). 그러나 그 대부분이 한국 농업성장을 분석하기 위한 농업생산 추계 중심이었고 농업생산과 투입, 농업생산성 계측은 Ban(1971)의 1910~68년과, 반성환(1974)의 1918~1971년의 농업성장분석이 대표적이다.

황수철(1996)은 1955~1992년 기간의 한국농업 총요소생산성 추계를 위하여 산출지수와 투입지수의 구축을 시도하였으며 그 후 1955~1996년으로 연장한 바 있다(황수철, 1998). 박정근(2004, p.277)은 반성환(1974)의 1918~1971년 자료와 박정근(2000)의 1962~2000년 자료를 연계하여 1918~2000년의 농업 총생산, 총투입, 총생산성지수를 추계하였다.

그러나 박섭(2005)이 지적한 바와 같이 반성환(1974)의 1918~1971년의 추계는 재배업 산출 추정의 보완이 필요하고 1920~1935년의 미곡생산량 추정이 저평가되었다. 따라서 이 장(章)에서는 이를 보완하여 추계할 필요가 있으나 이를 보완하기 위한 근거자료가 아직 미비하기 때문에 「한국농업 · 농촌100년사 보정농업통계표: 1910~2001년」(2003)과 「농림통계연보」를 이용하여 1910~2004년의 농업생산, 투입 및 생산성의 시계열 자료를 추계하였다. 박섭(2005)의 1910~1944년 농업생산통계는 남북한 전체의 농업통계 추정이기 때문에 이시카와(Ishikawa, 1980)의 추계방법으로 남한만의 농업생산 통계를 추정하여 시계열 자료를 추계하였다. 그러나 1910~1917년의 자료에 대한 보정이 이루어지지 않았기 때문에 이때의 농업생산이 저평가되어 결과적으로 전체 성장률이 고평가되었다고 보아진다.

1910~36년의 농업생산 추계방법은 보정농업통계자료에서 먼저 품목별 및 도별 재배면적과 생산량자료를 이시카와(Ishikawa)의 남북한 논·밭 비율을 적용하여 추계하였다. 추계내용을 보면 해방 이전의 농업통계추정은 조선총독부 통계연보를 기초로 농업생산량은 1907년 쌀, 보리, 대두 등 14개 품목에서 시작하였다. 그 후 매년 몇 개의 품목을 추가하여 1936년 까지 61개 품목에 이르렀다(표 11-1). 그러나 실제로 생산된 품목은 이를 훨씬 웃돈 것이 사실이다(한국농업·농촌100년사 농업통계연구, 2003).

먼저 조선총독부 미곡생산고조사요람은 1936년부터 토지대장에서 논 면적으로부터 두둑 등 경작불능면적을 공제하였기 때문에 1910~35년 미곡재배면적은 5%를 차감하여 실 재배면적으로 보정하였다. 밭작물 재배면적의 수정은 재배면적의 변화가 거의 없거나 점차 면적이 줄어든 품목으로 1933년부터 이용 가능한 자료가 있는 가지, 오이, 호박, 수박, 마늘, 파, 무, 고추, 닥나무, 아주까리 10개 품목에 대하여 1910~32년

자료를 선형회기로 수정하였다. 이처럼 토지조사 사업 이전에는 부정확한 농지면적으로 비록 보정작업을 거쳤다 하더라도 생산량이 과소평가된 것이 사실이다

투입물은 경지면적, 농업노동, 경상 투입재 및 고정자본액이다. 이 장에서 경지면적과 농업노동에 대한 자료는 보정농업통계표(2003)를 이용하였고 경상투입재와 고정자본에 대한 자료는 반성환(1974)의 추계결과를 이용하였다.

투입물 추계대상은 토지, 노동, 고정자본, 경상투입재로 구분하여 아래와 같이 추계하였다.

먼저 토지면적의 추계에서 1910~1917년 남한 논, 밭 경지면적은 1918~1920년 전국 논과 밭 면적에서 남한 논과 밭 면적이 차지하는 평균 비중을 이용하여 추정하였다. 1918~1920년 전국 논, 밭 면적에서 남한 논, 밭 면적이 차지하는 평균비중은 각각 76.7%, 38.7%를 적용하였다. 1918~1943년 남한 경지면적은 이시카와(Ishikawa) 남북한 비율로 재추정한 자료를 이용하였다. 1943~1948년 경지면적은 식부면적과 경지이용률(1940~42년, 1949~51년 평균)을 이용하여 추정하였다.

둘째, 농가인구추계에서 남한 농가인구 1918~1943년까지는 반성환(1979)이 추정한 농가인구를 이용하였다. 반성환(1971) 자료에서 남한 농가인구가가 전국 농가인구 중 차지하는 비중이 1918~1922년 평균 61.6%를 차지하고 있어 그 비율을 1910~1917년 전국농가인구에 곱하여 추정하였다. 1910~1943년 전국 농가호수는 통계청 "통계로 다시 보는 광복 이전의 경제 · 사회상" 자료를 이용하였다. 노동투입량은 농가경제조사(1965~69) 통계자료에서 작목별 ha당 노동일수를 추정하여 각 재배면적에 곱하여 노동투입량을 추정하였다. 이때 노동투입량은 하루 8시간 노동한다는 가정과 1년에 280일을 노동한다는 가정하에 계산하였다. 1961년 이후는 농가호당 영농투하시간에 농가호수를 이용하여 구하였으며, 요소비용은 총투입노동에 1일 농업노임을 이용하여 산출된 총영농투입비용을 이용하였다.

셋째, 경상투입재(비료, 농약, 사료, 종자) 투입추계에서 1946~2004년까지는 비료와 농약의 성분량과 총소비액을 기준으로 비료와 농약의 각각에 대한 단위당 가격을 추정하였고 각각의 성분량에 단위당 가격을 가중하여 비료·농약의 투입물지수를 추정하였다. 1946년 이전 비료와 농약자료는 반성환(1974) 자료에서 실물량 자료를 이용하여 성분량으로 전환하여 비료소비액을 추정하였다. 투입비용은 총소비액을 이용할 경우 농업외의 이용이나 재고, 폐기되는 부분이 많기 때문에 이 장에서는 농가호당

사료비, 종자비에 농가호수를 곱하여 투입비용을 산출하였다.

넷째, 생산요소는 근본적으로 생산과정에 투입함으로써 생산에 공헌하게 된다. 따라서 고정자본액도 그의 재고액으로 평가할 것이 아니라 유량개념(flow concept)으로 파악하는 것이 경제적으로 보다 타당하다. 이러한 관점에서 대농기계, 건물, 대식물, 대동물의 감가상각비를 계산하였다. 이에 적용된 감가상각률은 권오상(2000)이 조사한 바 있는 기존 연구결과 등을 참조하여 건물과 대식물의 경우 연간 4%, 대동물은 11%, 대농구는 14%를 적용하였다. 1918~1961년 기간 동안은 반성환(1974)에서 투입액지수를 이용하여 각각 추정하였다. 대동물, 대농구, 건물은 1910~1917년은 1918~1922년의 증감률을 이용해서 1918년의 값을 할인하여 계산하였다. 수리비는 1918~1922년 수리비가 관개면적에서 차지하는 평균비율(0.0040)을 이용하여 1910~1917년 수리비를 추정하였다.

해방 이후의 통계는 1952년부터 매년 발간된 「농림통계연보」를 기초자료로 활용하였으나 1965년부터 농업생산량 통계가 행정조사에서 표본조사로 대체되기 시작하였다.

표 11-1 생산량 조사가 이루어진 최초 연도

연 도	품 목	품목수
1907	맵쌀, 찹쌀, 보리, 대두, 조, 육지면, 재래면, 삼베, 모시, 들깨, 아주까리, 인삼, 담배, 무	14
1909	밀, 쌀보리, 팥, 피, 기장, 수수, 옥수수	7
1910	귀리, 靑刈大豆 ,자운영, 알팔파	4
1912	왕골, 고구마, 감자, 배추, 참외	5
1913	메밀 ,사과, 포도, 배	4
1915	녹두	1
1916	땅콩, 참깨	2
1919	닥나무	1
1921	채두, 완두	2
1925	청모시, 고리버들, 제충국, 박하, 헤아리벳지	5
1930	복숭아, 감	2
1931	양배추, 파, 가지, 오이, 호박, 수박, 마늘, 곤약, 고추, 미나리	10
1933	황모시, 아마, 아마씨	3
1936	호밀	1
합 계		61

자료: 한국 농업·농촌 100년사 농업통계연구 1. 9. 7.

이후 비로소 어느 정도 일관성과 연속성을 가지고 신뢰할 수 있는 농업통계 자료가 정비되었다. 그 이전에는 해방 직후 미군정기와 대한민국 정부수립 이후에도 전쟁과 혼란 등으로 농업통계의 불연속성은 극심하였다. 그러나 1962년의 생산량 단위조정이나 1965년 이후 조사방법의 변경을 통하여 일관성 있는 자료를 정리하였다. 그 이전의 자료는 1955년까지 추계자료를 보정하여 일관성을 유지하려는 노력을 보였다. 해방 이후 산출과 투입계열의 품목은 〈표 11-2〉와 〈표 11-3〉과 같다.

〈표 11-2〉에서 추계 대상품목은 경종작물로 미곡, 맥류 등 49품목이며 축산품목은 가축 12품목, 축산물 7품목으로 19품목이 포함되었다. 엽연초 등 전매품목과 잠견, 화훼의 기타 품목은 4개로 경종작물, 축산, 기타품목을 합하여 총 72품목이 농업생산

표 11-2 추계대상품목의 분류

구분			대상품목
농업생산	경종(49)	미곡(1)	쌀
		맥류(5)	겉보리, 쌀보리, 맥주보리, 밀, 호밀
		잡곡류(4)	조, 수수, 옥수수, 메밀
		두류(5)	콩, 팥, 녹두, 강남콩, 동부
		서류(2)	감자, 고구마
		과실류(6)	사과, 배, 감, 포도, 복숭아, 감귤
		채소류(21)	무, 배추, 양배추, 파, 생강, 양파, 마늘, 오이, 호박, 참외, 수박, 토마토, 고추, 시금치, 당근, 딸기, 상추, 가지, 미나리, 우엉, 토란
		특용작물(5)	면화, 참깨, 들깨, 유채, 땅콩
	축산(19)	가축(12)	한우, 젖소, 비육우, 돼지, 염소, 사슴, 양, 토끼, 닭, 오리, 메추리, 말
		축산물(7)	계란, 오리알, 메추리알, 우유, 벌꿀, 산양유, 녹용
	기타(4)	전매작물(엽연초, 인삼), 잠견, 화훼	

주: ( )는 품목수.

표 11-3 투입물의 분류

구분	세부항목
토지	재배면적
노동	노동투입량
자본	건물, 시설, 대동물, 대식물, 대농구
중간투입물	비료, 농약, 사료, 종자

항목으로 추계되었다. 투입물은 〈표 11-3〉에서 알 수 있듯이 재배면적과 투입노동, 고정자본으로 건물, 대동물, 대식물, 대농구와 유동자본인 경상투입재로 비료, 농약, 종자, 사료항목으로 구성되었다. 이들은 해방 전의 61개 품목에서 비록 늘어나기는 했으나 전체 생산이나 투입에 비하여 과소평가되었다고 할 수 있을 것이다.

11.3 농업 총생산, 총투입 및 총생산성 변화(1910-2004)

농업의 총생산, 총투입요소 및 총요소생산성(total factor productivity)의 변화를 보면 농업생산 성장의 특성을 파악할 수 있다. 우리나라 농업은 1910~2004년 기간 동안 〈표 11-4〉에서 총생산의 연평균 성장률이 퇴른크비스트 지수(Törnqvist index)로 보면 2.5%의 성장률을 보였다. 농업 총생산의 성장은 총투입요소의 성장과 총요소생산성의 성장에 의하여 이루어졌다. 1910~2004년 동안 총투입요소의 연평균 성장률은 1.0%이며, 총요소생산성의 연평균 성장률은 1.5%로 총요소의 총생산에 대한 기여는 39.8%, 총요소생산성의 총생산에 대한 기여는 60.2%이다. 우리 농업은 지난 100년에 걸쳐 투입요소보다 총요소생산성에 의하여 농업생산의 성장이 주도되었음을 알 수 있다

농업성장의 특성은 자원위주의 농업과 과학기술위주의 농업으로 나타난다. 농업생산요소는 토지와 노동의 전통적인 생산요소와 생화학적 기술인 비료, 농약과 기계적 기술인 농기계와 같은 근대적 생산요소로 구분할 수 있다. 자원위주의 농업은 토지와 노동 같은 전통적 투입요소에 의하여 농업생산의 성장이 주도되며 과학기술위주의 농업에서는 비료, 농약, 농기계, 구입종자 등 근대적 농업생산 투입물에 의하여 농업생산

표 11-4 농업 총생산, 총투입, 총생산성 성장률과 생산에 대한 상대적 기여

구 분		성 장 률			상대적 기여	
		총투입(①)	총생산(②)	총생산성(③)	총투입(②/①)	총생산성(③/①)
Törnqvist 지수	1912-61	2.0	2.4	0.4	82.6	17.4
	1961-02	-0.2	2.5	2.8	-9.2	109.2
	1912-02	1.0	2.5	1.5	39.8	60.2

주: 1) 5개년 이동 평균에 의거하여 계산함.
자료: 부표 2.

이 주로 이루어진다. 근대적 생산요소의 증가는 농업생산이 자원위주의 농업에서 과학기술위주의 농업으로 변화하는 것을 의미하며 또한 자급위주의 농업에서 시장위주의 농업으로 변화하는 것을 의미한다. 전통적인 투입물은 농가 내부에서 자급할 수 있으나 근대적 농업투입물은 시장에서 구입하여야 한다. 따라서 이러한 변화는 자급위주의 농업에서 상업적인 시장위주의 농업으로 전환을 의미하며 시장생산에서는 시장수요에 부응하는 성장작목위주의 생산이 이루어진다.

우리나라 농업의 특성을 자원위주의 농업과 과학기술위주의 농업으로 구분하기 위하여 1910~2004년 기간 총생산, 총요소투입 및 총요소생산성의 시계열 변화를 볼 수 있다. 1910년부터 1960년대 초기까지는 총생산의 성장이 총요소투입에 의하여 이루어진 자원위주의 농업이며 1960년대 이후에는 총요소생산성에 의하여 농업생산의 성장이 이루어진 기술위주의 농업이라 할 수 있다. 이러한 사실은 〈그림 11-1〉에 의하여 확인할 수 있다.

〈표 11-4〉에서 요소투입물과 요소생산성의 성장률 및 농업생산의 성장에 대한 상대적 기여도를 보면 1912~1961년 기간에는 생산성보다 요소투입에 의하여 성장이 이루어지고 1961~2004년의 기간에는 투입물보다 생산성에 의하여 성장이 이루어진다는 사실을 알 수 있다. 즉 자원위주의 농업시기에는 생산성의 성장률이 낮은 값을

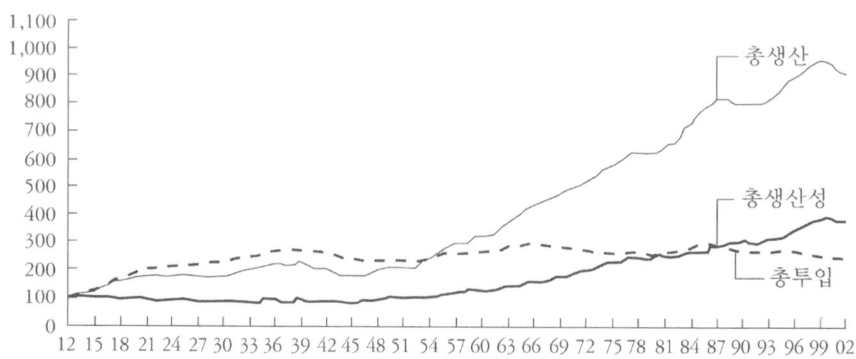

주: 1) 5개년 이동평균에 의거하여 계산함.
자료: 한국농촌경제연구원, 「보정농업통계표:1910-2001」, 2003, 반성환(1974,)「한국농업의 성장: 1918-1971」, 농림통계연보, 농가경제조사 각년도.

그림 11-1 총생산, 총투입 및 총생산성지수 추이(1910/14=100) (퇴른크비스트지수)

가져 성장의 기여는 투입요소에 달려 있다. 기술위주의 농업시기에 는 투입요소의 성장률이 부(負)의 값을 가져 농업생산의 성장은 전적으로 생산성에 의하여 좌우된다는 사실도 이를 뒷받침한다. 자원위주의 농업에서는 전통적인 투입물의 증대에 의하여 생산의 성장이 이루어지고 기술위주의 농업에서는 근대적인 투입물의 성장에 의하여 생산성이 높아진다.

〈표 11-5〉와 〈표 11-6〉에서 생산요소 연평균 성장률의 변화를 총투입요소를 구성하는 개별적 투입요소로 구분하여 보았다. 지난 100년간 한국농업은 전통적 생산요소에 의한 자원위주의 농업과 근대적 생산요소에 의하여 농업생산의 성장이 주로 이루어지는 기술위주 농업생산의 특징을 분명하게 알 수 있다. 〈표 11-5〉에서 1912~2002년 전 기간에 걸쳐 전통적인 투입요소인 노동과 농지의 성장률이 정(正)의 값을 보였다. 이 기간에 농업생산의 성장은 전통적인 투입물에 의하여 이루어지는 자원위주의 농업을 의미한다. 그러나 1961년 이후에는 노동과 농지의 모든 전통적인 투입요소가 부(負)를 나타내어 농업 총생산의 성장이 총투입요소가 아니라 총요소생산성에 의하여 크게 좌우된다는 사실을 알 수 있다. 이것은 바로 근대적 생산요소의 성장이 총요소생산성에 영향을 주고 있다는 사실을 의미한다. 전통적인 생산요소인

표 11-5 전통적 생산요소의 성장률

(단위: %)

구 분	농가인구	노 동	경작면적			식부면적
			논	밭	계	
1912–61	0.9	1.3	0.1	0.9	0.9	1.3
1961–02	−3.3	−2.8	−0.2	−0.3	−0.2	−1.0
1912–02	−0.7	−0.5	0.4	0.3	0.4	0.3

주: 1) 5개년 이동평균에 의거하여 계산함.
자료: 부표 4, 5.

표 11-6 근대적 생산요소의 성장률

(단위: %)

구 분	비 료 비	농 약 비	농 기 계	종자 · 씨앗	구입사료
1912–61	8.5	12.8	7.9	8.3	2.5
1961–02	3.0	13.8	13.7	5.1	11.0
1912–02	7.4	13.5	11.6	6.8	10.7

주: 1) 5개년 이동평균에 의거하여 계산함.
자료: 부표 6.

토지나 노동은 부(負)의 성장률을 나타내는 반면에 근대적인 생산요소인 비료, 농약, 농기계 등은 크게 성장하기 때문이다(표 11-6).

〈표 11-7〉은 총생산성보다 개별 생산성인 노동생산성과 토지생산성의 성장률을 나타낸다. 표에서 1961년 이전에는 토지생산성의 성장률이 노동생산성 성장률보다 높았으나 1961년대 이후부터는 노동생산성의 성장률이 크게 높아졌다. 토지-노동의

표 11-7 노동생산성과 토지생산성의 성장률

(단위: %)

	토지생산성(천원/ha)				노동생산성(천원/인)				토지/노동 비율(ha/인)
	TP/A	VP/A	TP/CA	VP/CA	TP/L	VP/L	TP/LT	VP/LT	A/L
1912-61	1.5	1.5	1.1	1.0	1.0	0.9	1.0	1.0	-0.6
1961-02	2.5	2.2	3.3	2.9	5.8	5.4	5.2	4.8	3.2
1912-02	2.0	1.8	2.1	1.9	3.1	3.0	2.9	2.7	1.1

주: 1) 총생산(TP), 조부가가치(VA), 농가인구(L), 영농투입노동(LT), 경지면적(A), 재배면적(CA)을 나타냄.
2) 5개년 이동평균에 의거하여 계산함.
자료: 부표 3.

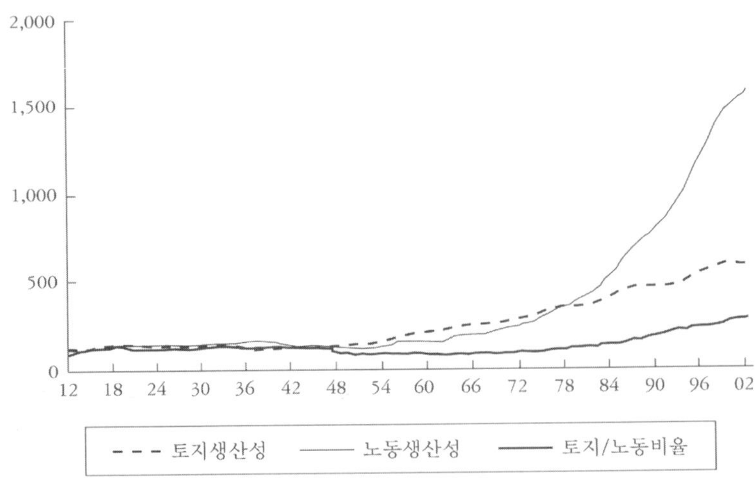

주: 1) 5개년이동평균계열에 의거하여 계산함. 2) 토지생상성은 총생산/경지면적, 노동생산성은 총생산/농가인구, 토지노동비율은 경지면적/농가인구 수치임.
자료: 부표 3.

그림 11-2 토지생산성 및 노동생산성 추이(1910/14=100)

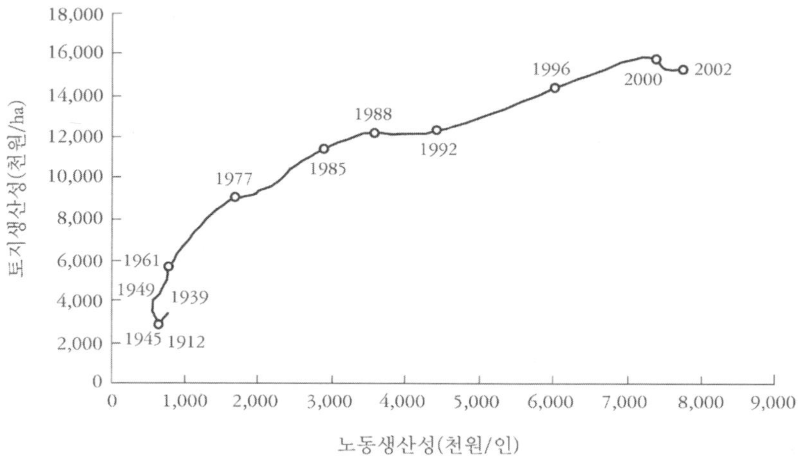

주: 1) 5개년이동평균에 의거하여 계산함. 2) 토지생상성은 총생산/경지면적, 노동생산성은 총생산/농가인구, 토지노동비율은 경지면적/농가인구 수치임.
자료: 부표 3.

그림 11-3 한국농업의 성장경로(1912-2002)

비율도 1960년 이전에는 부(負)의 성장률을 보였으나 1960년 이후부터는 정(正)의 성장률을 보이고 있다. 이처럼 우리나라의 농업성장은 경제의 고도성장에 따라 부존자원이 달라지면서 투입물의 구성과 총요소생산성의 변화가 분명하게 이루어졌다. 자원위주의 농업에서 토지의 부족에 따라 지속적으로 토지생산성은 증가하였으나 경제의 고도성장에 따라 이농이 급격하게 이루어지면서 노동생산성의 상승이 토지생산성을 크게 앞지르고 있다.

11.4 농업생산성 성장의 특성과 농업기술 정책적 함의

지난 1910~2004년 기간에 걸쳐 한국 농업성장의 특성을 시대별로 보면 일제 식민지시기(1910~1945)와 해방 후 혼란기(1945~1961)에는 농업생산의 성장이 총생산성보다 총투입물에 의하여 주로 이루어진 자원위주의 농업이다. 그 이후(1961~2004)는 과학기술위주의 농업으로 농업성장이 총투입물보다 총생산성에 의하여 좌우된 시기라 할 수 있다. 이처럼 시대별로 본 한국농업 100년의 4시기는 자원위주의 농업시기(1910~1961)와 과학기술위주의 농업시기(1961~2004)인 2시기로 구분할 수 있다.

이러한 한국 농업성장의 특성은 부존자원의 변화에 의하여 설명할 수 있다. 한국농업의 부존자원은 원래 토지가 부족하고 인구가 주밀하였다. 자원위주의 농업에서는 농업성장이 개간이나 간척에 의하여 부족한 토지자원을 확대하고 집약적인 노동투하에 의하여 농업성장이 이루어졌다. 일제 식민지시기에도 산미증식계획 등을 통하여 쌀 증산을 위하여 비료, 종자개량 등 농업생산성을 높일 수 있는 투입물을 확대하는 정책을 추진하였다. 그럼에도 불구하고 농업생산이 주로 농지와 농업노동력에 의하여 좌우되는 자원위주 농업의 특성이라는 한계를 벗어나지 못하였다.

1962년 제1차 경제개발 5개년계획을 시작하여 수출주도에 의한 공업화로 고도 경제성장이 이루어지면서 이농이 급속하게 확대되었다. 또한 도시화·공업화에 의한 농지전용으로 농업 부존자원은 크게 변모했다. 따라서 농지와 농업노동의 감소로 자원위주의 농업과는 달리 농업성장이 총투입물보다 총생산성에 의하여 결정되는 과학기술위주의 농업으로 전환하였다. 이 과정에서 통일벼 개발에 의한 녹색혁명(green revolution)을 성취하여 쌀 생산의 자급을 달성하였다.

과학기술위주의 농업에서 농업성장은 농업 연구자원(R&D) 배분의 효율성에 의하여 좌우되기 때문에 농업성장은 자연과학 발전에 의한 기술진보가 중요한 변수가 되었다. 그러나 고도 경제성장의 역기능으로 농업과 공업의 생산력 격차, 농촌과 도시의 지역 격차, 농민과 도시민의 소득 격차가 점차 확대되어 산업간, 지역간, 계층간의 갈등이 심화되었다. 이러한 갈등은 과거 농산물 수입개방 이전에는 농업 소득정책이나 농산물 가격정책, 농촌 공업화정책 등에 의하여 어느 정도 해소시킬 수 있었다. 1980년대 이후 농산물 시장개방의 확대에 따라 한국농업은 농업 구조조정문제에 직면하게 되었다. 1983년 이후 한국 농업성장의 특성은 비록 과학기술위주의 농업이라는 특성을 그대로 유지하면서 이 기간 농업성장은 크게 둔화되고 있다는 사실에서 이를 확인할 수 있다.

우리가 시급히 해결해야 할 농업 구조문제는 단순히 농업 생산성문제만이 아니다. 여기에는 농지문제, 농촌 사회문제와 농민의 복지문제가 혼합되어 있기 때문에 자연과학 지식에 의한 농업기술 개발로 녹색혁명 성취를 이룬 것과 같이 사회과학 지식에 의한 새로운 제도변화가 중요하다. 이것은 농업R&D배분에서 앞으로 이러한 방향으로 나가야 할 것이라는 정책적 함의를 갖는다. 따라서 앞으로 지속적인 농업성장을 위하여 효율적인 농업 연구자원의 배분이 중요하며 농업에서도 기술개발을 위한 자연과학 분야와 제도변화를 위한 사회과학분야에 대하여 균형을 이룰 수 있는 연구자원 배분이 중요하다고 본다.

참고문헌

권오상 · 김용택(2000), "한국 농업의 생산성 변화 계측: 1971-98", 「농업경제연구」 제41집 제1권.

박섭(2005), "1912-1940년의 한국농업생산통계", 「경제학연구」 제47집 제4호.

박정근(2000), "농업생산기술평가의 시스템구축에 관한 연구", 연구보고, 농촌진흥청.

박정근(2004), 「농업발전경제학-경제발전과 농업문제」, 박영사.

반성환(1974), 「한국농업의 성장」(1918-1971), 장문각.

안병직 편(2001), 「한국경제성장사-예비적 고찰」, 서울대학교 출판부.

한국농업농촌100년사(2003), 「보정농업통계표: 1910-2001」, 한국농촌경제연구원.

한국통계발전사 I, II, (1992), 통계청.

황수철(1996), "한국농업의 산출, 투입 및 생산성 추계연구: 1955-92", 서울대학교 대학원 박사학위논문.

황수철(1998), "한국농업의 총요소생산성 추계(1955-96년)", 「농업정책연구」, 제25권 2호

Ban, S. H.(1982), "The Growth of Agricultural Output and Productivity in Korea, 1918-1978", *Agricultural Development in China, Japan and Korea*, edited by Chi-Ming Hou and Tzong-Shian Yu, Academi a Sinica.

__________(1971), The Long-Run Productivity Growth in Korean Agricultural Development, 1910-1968, *Ph. D Thesis*, University of Minnesota.

Hayami, Y., and V. W. Ruttan(1985: First Edition, 1971), *Agricultural Development: An International Perspective*. Baltimore, MD: Johns Hopkins University Press.

Ishikawa(石川滋, 1980), 「韓國農業生産額の推計」, 1910-1970, 戰前/戰後接續の部, 一橋大學.

제 12 장

한국 농업의 분야별 생산성 변화와 연구자원 배분

우리나라의 농업성장 요인은 기술개발보급에 의해서 나타나는 농업생산성이 기여하는 몫이 점점 커지고 지식과 기술집약적인 농업생산이 이루어지고 있다. 이처럼 기술개발의 중요성이 증가하면서 농업 연구투자 효과뿐만 아니라 농업연구기관의 연구자원 배분의 효율성 문제에 대한 관심이 크게 높아졌다. 과거와는 달리 예산배분에서 기술개발이 수요자 중심의 연구예산 배분이 이루어지면서 연구투자에 대한 모니터링(monitoring)과 연구평가기능이 점점 중요한 설명변수로 나타나고 있다.

이처럼 그동안 이 분야 연구는 대부분 연구투자의 수익률 계측을 중심으로 이루어졌다. 앞의 9장(章)에서는 연구자원 배분을 위한 우선순위 결정에 관한 방법과 벼 직파재배 기술을 중심으로 단일 품목의 세부기술에 관한 연구자원 배분의 우선순위 결정에 관한 연구가 이루어졌다. 그러나 단일 품목이나 세부적 기술보다 품목별 우선순위 결정에 관한 응용이 실제 연구자원 배분에서 실용성이 높은 것이 사실이다.

따라서 이 장(章)의 목적은 연구자원 배분을 위한 적정모형을 이용하여 식량작물과 원예작물의 품목별 및 기술별 연구개발투자의 합리적 우선순위를 결정하고 연구자원 배분의 효율화 방안을 모색하고자 한다. 따라서 앞으로 이 분야 농업연구자들이 연구방향을 파악하고 농업 연구투자의 효율성을 높일 수 있는 연구정책 방향을 제시할 수 있을 것이다. 이 장(章)은 서동균·강창식·박정근(2004)과 박정근·서동균·김영철(2005)의 논문을 재구성하였다.

12.1 식량작물 연구투자의 우선순위 결정

12.1.1 식량작물 총생산의 성장과 구성의 변화

식량작물은 미곡, 맥류, 서류, 두류, 잡곡으로 구성되었다. 1962~2002년 기간의 농업에서 식량작물의 위상을 보면 1962년 농업 총생산에서 식량작물이 차지하는 비중이 76.9%로 높았으나 점차 낮아져서 2002년에는 34.9%에 불과하다. 〈그림 12-1〉과 〈표 12-1〉에서 볼 수 있듯이 미곡생산은 1962년 6,554억원으로 식량작물 생산액의 67.7%였다. 그러나 2002년에는 10,033억원으로 식량작물의 91.2%로 상승하였다. 맥류생산은 1975년까지 상승하였으나 그 후 지속적으로 감소하여 2002년에는 식량작물의 2.8%에 불과하다. 서류는 1962년 918억원으로 식량작물의 12.6%를 차지하였으나 2002년에는 277억원으로 2.5%로 감소하였다. 두류는 1962년 437억원으로 식량작물의 2.7%에 불과하였으나 지속적으로 증가하여 1982년에는 667억원으로 식량작물에서 차지하는 비중이 5.1%로 상승하였다. 그러나 그 후 점차 감소하기 시작하여 2002년에는 2.9%인 322억원으로 줄어들었다. 식량작물 중 가장 비중이 낮은 잡곡은 1962년 총생산이 91억원으로 그 비중도 1.3%에 불과하였다. 그 후에 지속적으로 감소하여 2002년에는 식량작물의 0.5%에 불과한 55억원이다.

이처럼 식량작물의 생산액은 쌀을 제외하고 다른 모든 작물이 크게 줄어들었고 따라서 쌀의 비중만 급격하게 상승하였다. 1981년부터 식량작물의 투입물에 대한

표 12-1 식량작물 품목별 생산액 및 비중의 변화

(단위: 억 원, %)

연도 \ 품목/구분	미곡		맥류		서류		두류		잡곡		식량작물	
	생산액	비중	생산액	비중	생산액	비중	생산액	비중	생산액	비중	생산액	비중
1962	6,554	67.7	967	15.7	918	12.6	437	2.7	91	1.3	8,966	100.0
1972	7,792	70.1	1,401	16.4	740	8.8	590	3.9	85	0.8	10,607	100.0
1982	9,143	80.8	758	7.9	453	5.3	667	5.1	100	0.8	11,122	100.0
1992	9,861	88.0	292	3.0	275	4.9	486	3.8	62	0.4	10,975	100.0
2002	10,033	91.2	309	2.8	277	2.5	322	2.9	55	0.5	10,996	100.0

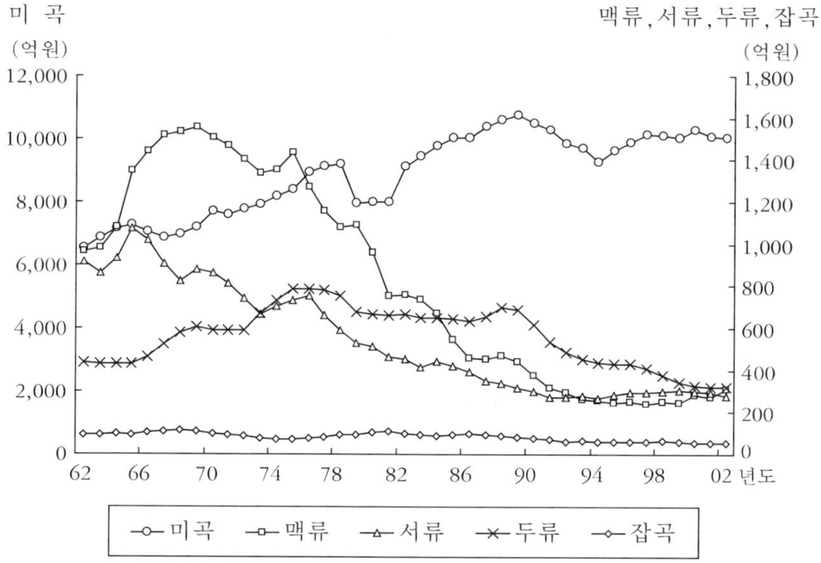

그림 12-1 식량작물 생산액의 추이(1962~2002)

자료가 가능하기 때문에 1981~2002년의 생산액, 투입물 및 다중요소생산성을 계측한 결과를 〈표 12-2〉와 〈그림 12-2〉에서 볼 수 있다. 식량작물의 생산액과 투입물이 모두 부(負)의 연평균 성장률을 보였으며 산출물보다 투입물의 감소가 더 커서 성장에 대한 생산성의 기여가 크게 나타났다. 따라서 식량작물의 연구자원 배분은 효율적으로 이루어졌다고 볼 수 있으나 연구투자와 경제적 성과에 대한 일치성 분석이나 연구투자의 품목별 및 기술별 우선순위 결정에 대한 평가분석을 통하여 식량작물 연구정책의 과제와 방향을 검토하는 것이 중요하다.

표 12-2 식량작물분야 산출, 투입 및 생산성, 연평균 성장률

구 분	연평균 성장률(%)		
	투 입	산 출	생산성
1981-1993	-2.90	-0.21	2.77
1993-2002	-2.52	0.26	2.85
1981-2002	-2.74	-0.01	2.80

12.1.2 식량작물 연구투자의 우선순위 결정

12.1.2.1 식량작물 연구투자 우선순위 결정을 위한 분석자료 및 계측방법

식량작물 연구자원 배분의 효율성을 분석하기 위한 기초자료는 1998~2002년의 농촌진흥청과 각 도 농업기술원에서 수행한 식량작물 연구를 위한 총 연구 항목수와 예산자료를 이용하였다. 식량작물의 연구자원 배분은 품목별로 미곡, 두류, 맥류, 서류, 잡곡, 특작 및 공통연구로 분류하였다. 그 중 재배기술은 토양관리, 파종. 육묘, 시비, 병충해, 제초, 기계화 및 기타 재배기술의 7개 부문으로 나누었다.

연구자원 배분의 효율성은 품목별 및 기술별 경제적 일치성 방법(congruence method)과 연구 우선순위 결정을 위한 평점방식(scoring method)에 의하여 분석하였다. 경제적 일치성분석은 연구결과로 나타나는 품목별 및 기술별 경제적 성과와 연구자원 배분이 얼마나 일치하는가를 나타낸다(Alston 등, 1995). 품목별 및 기술별 경제적 성과는 기술에 의한 수량증가나 비용감소를 경제적 성과로 환산하였다. 경제적 성과에 대한 자료는 농촌진흥청 농가소득자료를 이용하여 수량증가나 노동시간절감을 계측하였다. 즉 품종개발에 따른 수량증가 평가액이나 노동시간 감소와 물재비 감소 등을 경제적 성과로 평가하여 계측하였다. 경제적 일치성은 다음과 같이 계측하였다.

$$C.I. = 1 - \sum_{i=1}^{n}(S_i - RS_i)^2$$

(단, $C.I.$: 일치성 지수 , S_i : 총경제적 성과액 중 i작목 경제적 성과액의 비중, RS_i : 연구예산 중 i작목의 연구예산 비중)

따라서 어떤 작목이 $C.I.=1$일 때 완전한 일치성을 나타낸다. 이 방법은 단순하고 비용이 적게 들며 명료한 반면 이론적 배경이 없기 때문에 그 결과에 대한 신뢰성이 부족하다. 왜냐하면 새로운 연구에 대한 가능성이 높은 부문이나 앞으로 중요하게 될 것으로 예측되는 품목보다 과거에 역사적으로 중요했던 부문이나 품목에 대한 연구자원 배분이 쉽게 정당화 될 수 있기 때문이다.

연구의 품목별 또는 기술별 우선순위 결정은 농업의 특성에 따라 단순한 경제적 효율성만이 평가기준이 될 수 없다. 국민의 형평성, 환경적 지속성, 연구결과의 활용성이나 연구에 대한 농민과 연구자들의 기술수요 등 다양한 기준에 따라 평점방식에 의하여 가중치를 고려하여 결정하였다.

식량작물의 품목별 및 기술별 연구우선순위를 결정하기 위하여 경제적 성과는 연구수행 전의 총산출가액과 연구결과로 나타난 비용감소나 수량증대에 의한 경제적 편익의 차이를 계측하였다. 잠재적 연구결과의 활용률은 총 연구 항목수에 대한 연구 활용건수로 계측하였다. 연구에 대한 기술수요는 총 연구 항목수에 대한 기술별 연구 항목수를 계산하여 이용하였다. 품목별 및 기술별 우선순위 결정 지표인 효율지수는 경제적 성과, 잠재적 기술활용률, 기술수요율을 가중하여 총 효율지수를 산출하고 형평성기준을 나타내는 농가비율을 가중하였다. 총 효율지수를 연구예산액으로 나누어 연구비 화폐단위당 효율지수를 나타내는 순효율지수를 계측하여 최종적인 연구우선순위 결정 지표로 삼았다.

평점방식은 구성된 점수에 기초하여 상품이나 연구분야를 서열화하기 위하여 여러 기준에 대한 인식과 가중치로 구성되며, 기준은 양적, 질적 기준으로 구분된다. 평점방식은 연구 우선순위 결정에 일차적으로 이용되고 자원이용이 경합적일 때 희소자원의 분배에 이용된다.

평점방식에 의한 연구 우선순위 결정은 경제적 효율성(efficiency)만 중요한 것이 아니다. 연구가 실제로 얼마나 성공 가능성이 있으며 농민들이 얼마나 연구결과를 수용하는가 등 연구결과의 실질적 효과(effectiveness)까지 평가기준으로 활용하여 광범위한 연구효과를 고려할 수 있다. 이 방법은 가장 적용되기 쉬운 경제적 방법으로서 연구자나 관리자가 쉽게 이해할 수 있으며 농업 연구조직에서 가장 광범위하게 이용된다.

평점방식은 경제적 잉여 또는 계량적 추정이 어려울 때 여러 가지 기준에 따라서 연구계획안들에 대한 우선순위를 결정하여 연구자원을 배분하는 것으로서 정형화되고, 체계적이고 사안에 대한 가중치를 부여하는 방법이다. 그러나 이 방법은 의사결정에 있어서 기준에 대한 상대적 중요성의 명확한 논증이 없이 수행되는 경향이 있다.

12.1.2.2 식량작물 연구자원 투입현황

식량작물 연구자원 투입현황은 농촌진흥청과 작물시험장, 호남농업시험장, 영남농업시험장과 각도 농업기술원의 식량작물에 관한 품목별 및 기술별 연구항목과 연구예산액에 의하여 어느 정도 파악할 수 있다. 식량작물은 쌀, 맥류, 두류, 서류 및 잡곡을 중심으로 여기에 연구기관의 연구성격을 감안하여 특작분야까지 연구범주에 포함시켰다.

품목별 기술분류는 현장영향과 연구소 단위에서 효율적으로 계측구분할 수 있는 기술을 기준으로 하였다. 식량작물기술은 크게 육종과 재배기술, 기타로 구분하였고 재배기술은 토양관리, 파종육묘, 시비, 병해충, 제초, 기계화, 재배기타로 구분하였다.

1998~2002년의 5년간 식량작물의 품목별 및 기술별 연구 항목수는 〈표 12-3〉에서 알 수 있다. 품목별 과제 항목수를 보면 미곡이 729과제로 전체 연구과제의 37.7%이며 다음으로 특용, 약용작물이 517과제로 23.4%를 차지하여 두 번째로 높은 비중을 보인다. 맥류, 두류, 서류, 잡곡은 각각 10.0%, 9.5%, 7.4%, 6.4% 순으로 비슷하게 나타났으며 식량작물 공통부문은 5.7%를 보였다 기술별 과제 항목수는 육종이 39.7%, 재배가 52.0%, 기타가 8.2%로 재배분야의 비중이 컸다.

품목별 기술별 과제항목의 구성비를 살펴볼 때, 두류, 맥류, 잡곡분야는 재배기술보다는 육종기술개발을 더 중시하는 경향을 알 수 있고 미곡, 서류, 특작분야는 재배기술에 더 중점을 둔다는 사실을 알 수 있다. 미곡은 재배기술에서 재배기타를 제외하면 시비, 병해충, 파종, 육묘, 제초, 기계화 순으로 나타났고, 서류의 경우에는 병해충, 시비가 중요한 기술개발분야임을 알 수 있다. 그리고 식량공통기술로는 토양관리가 표에서 나타난 바와 같이 가장 중요한 연구분야라는 사실을 알 수 있다.

품목별로 각 기술분야에 대한 과제항목의 상대적 집중도를 보기 위하여 집중계수를

표 12-3 식량작물 품목별 기술별 과제 항목수

구 분	육 종	재 배							기 타	합 계
		토양관리	파종육묘	시비	병해충	제초	기계화	재배기타		
미 곡	729	33	121	173	170	114	45	505	120	2,010
두 류	343	3	24	14	55	16	19	144	25	643
맥 류	456	–	12	13	43	7	20	99	31	681
서 류	164	4	21	35	97	5	3	50	35	414
잡 곡	195	–	1	4	12	9	2	50	15	288
특 약	517	10	77	48	169	7	17	523	280	1,648
식량공통	34	100	2	48	54	24	–	57	14	333
계	2,438	150	258	335	600	182	106	1,428	520	6,017

표 12-4 품목별 과제항목의 집중계수

구 분	육 종	재 배							기 타
		토양관리	파종육묘	시비	병해충	제초	기계화	재배기타	
미 곡	0.90	0.66	1.40	1.55	0.85	1.88	1.27	1.06	0.69
두 류	1.32	0.19	0.87	0.39	0.86	0.82	1.68	0.94	0.45
맥 류	1.65	0.00	0.41	0.34	0.63	0.34	1.67	0.61	0.53
서 류	0.98	0.39	1.18	1.52	2.35	0.40	0.41	0.51	0.98
잡 곡	1.67	0.00	0.08	0.25	0.42	1.03	0.39	0.73	0.60
특 · 약	0.77	0.24	1.09	0.52	1.03	0.14	0.59	1.34	1.97
식량공통	0.25	12.05	0.14	2.59	1.63	2.38	0.00	0.72	0.49

* 집중계수: (품목의 분야별 과제수÷품목별과제수)÷(분야별과제수÷전체과제수)

구하여 비교해 보면 〈표 12-4〉와 같다. 먼저 미곡의 경우 상대적 집중계수가 1보다 큰 기술개발분야는 파종육묘, 시비, 제초, 기계화분야로 나타났고, 두류와 맥류의 경우, 육종과 기계화분야가 상대적으로 중요한 기술개발분야 임을 알 수 있다. 서류의 경우 파종육묘, 시비, 병해충이 중요한 기술개발분야로 나타났고, 잡곡의 경우, 육종과 제초가 중요한 기술분야로, 특용 및 약용작물의 경우, 파종육묘, 병해충, 재배기타, 가타분야가 상대적으로 많은 과제수를 차지하여 높은 연구집중도를 나타냈다.

연구 항목수는 1998~2002년에 투입된 연구자원의 간접적인 추계에 불과하며

표 12-5 품목별 기술별 연구예산액

(단위: 백만 원)

구 분	육 종	재 배							기 타	합계	구성비%
		토양관리	파종육묘	시비	병해충	제초	기계화	재배기타			
미 곡	13,146	529	1,986	2,522	5,207	1,821	2,081	9,595	1,987	38,874	37.7
두 류	5,395	71	318	182	904	218	176	2,167	401	9,830	9.5
맥 류	6,908	0	151	217	763	112	303	1,396	479	10,330	10.0
서 류	3,582	68	355	427	1,505	69	40	788	787	7,619	7.4
잡 곡	4,399	0	14	94	286	196	27	1,012	538	6,565	6.4
특 · 약	6,923	186	1,768	862	2,207	142	189	7,857	4,025	24,159	23.4
식량공통	619	2,073	72	715	772	366	0	945	299	5,861	5.7
계	40,971	2,927	4,663	5,020	11,642	2,924	2,815	23,760	8,515	103,238	100.0
구성비 %	39.7	2.8	4.5	4.9	11.3	2.8	2.7	23.0	8.2	100.0	

보다 구체적으로 이 기간에 투입된 연구예산 현황을 〈표 12-5〉에서 살펴보면 다음과 같이 연구 항목수의 추이와 비슷한 것을 알 수 있다.

먼저 연구예산의 품목별 구성비를 보면 미곡분야가 37.7%로 제일 크고 특용 및 약용작물분야가 두 번째로 예산투입이 많은 것으로 나타났다. 다음으로 맥류, 두류, 서류 순으로 나타났다. 기술별 예산투자 현황을 보면 육종분야가 39.7%로 제일 크고 다음으로 재배기타와 병해충 순으로 나타났다.

12.1.3 식량작물 연구자원 배분의 경제적 일치성과 우선순위 분석

12.1.3.1 경제적 일치성 분석(Congruence Method)

연구투자의 경제적 성과와 연구자원 배분의 일치성을 검토하여 식량작물 작목별 연구자원 배분의 효율성을 계측할 수 있다. 경제적 일치성 지수(congruence index)는 연구결과로 나타난 작목별 경제적 성과와 작목별 연구자원 배분이 얼마나 일치하는가를 나타낸다. 식량작물 연구투자의 경제적 일치성 지수는 〈표 12-6〉에서 0.895로 계측되어 품목별 연구자원 배분은 비교적 높은 것으로 나타났다. 그러나 품목별 경제적 성과와 연구자원 배분을 비교하여 보면 우리나라 식량작물 연구자원 배분의 문제점을 파악할 수 있다.

식량작물 품목별 경제적 성과액과 연구자원 배분율을 비교해 보면 미곡은 연구자원 배분의 구성비가 39.9%인 데 비해 경제적 성과액에서 차지하는 비중은 69.3%로 연구비 배분에 비하여 연구의 성과가 상대적으로 큰 것으로 나타났다. 물론 미곡의 연구효과가 크게 나타난 상당부문은 미곡 면적이 상대적으로 큰 것에 기인한다고 볼 수 있다. 그러나 미곡 이외의 모든 품목이 연구자원 배분비율에 비하여 경제적 성과가 차지하는 비율은 더 작은 것으로 나타났다. 두류의 경우는 식량작물의 경제적 성과에서 차지하는 비중은 3.9%에 불과하나 연구자원 배분에서 차지하는 비중은 10.1%를 나타내고 있다. 맥류는 연구비 비중은 10.6%이나 경제적 성과 비중이 1.2%에 불과하다. 따라서 우리나라 식량작물의 연구성과는 미곡에 의하여 주도되는 것으로 나타났다.

이러한 결과는 우리나라 농업생산이나 소비패턴이 미곡에 극히 치우쳐 있으며 농업연구가 그동안 식량작물 가운데 미곡위주로 편중되었기 때문이다. 또한 연구투자

표 12-6 식량작물연구의 품목별 연구자원 배분의 일치성 지수

구 분	경제적성과액 (백만원)	Si	연구자원 (백만원)	RSi	(Si-RSi)	(Si-RSi)^2
미 곡	1,158,368	0.693	38,874	0.399	0.294	0.086
두 류	65,238	0.039	9,830	0.101	-0.062	0.004
맥 류	20,708	0.012	10,330	0.106	-0.094	0.009
서 류	61,179	0.037	7,619	0.078	-0.042	0.002
잡 곡	13,924	0.008	6,565	0.067	-0.059	0.003
특 약	352,299	0.211	24,159	0.248	-0.037	0.001
계	1,671,716	1.000	97,377	1.000	0.000	0.105
					C.I.	0.895

$$* \text{ 일치성 지수}(C.I.) = 1 - \sum_{i=1} (S_i - RS_i)^2 = 1\text{-}0.105 = 0.895$$

이외에 주곡자급을 위한 정부의 지속적인 미곡 생산정책에 따라서 연구투자의 경제적 성과가 다른 작목에 비하여 어느 정도 과대평가될 수 있는 개연성도 부인할 수 없다. 그러나 그동안 통일벼 개발 등 품종개발을 위한 연구투자로 미곡의 증산에 의하여 주곡자급을 이룬 것이 사실이다. 그럼에도 불구하고 맥류, 두류, 서류 등 미곡 이외의 다른 식량작물 수입량의 절대액이 크고 점점 증가하는 추이를 보이고 있다. 이것은 앞으로 미곡 이외의 다른 식량작물에 대한 연구자원 배분도 확대되어야 한다는 해야 된다는 사실을 의미한다. 또한 미곡에 대한 연구방향이 생산 이외에 유통이나 수확후 기술 등 광범위하게 이루어져야 할 것이다.

12.1.3.2 평점방식(Scoring Methods)에 의한 우선순위 결정

경제적 일치성 지수는 연구자원 배분의 효율성을 단지 경제적 성과에 의하여 평가한다. 그러나 농업 연구투자는 단순히 경제적 효율성만이 아니라 소득배분, 지역균형문제, 환경보전 등 다양한 목표와 기준에 의하여 이루어져야 한다. 뿐만 아니라 농민들이 얼마나 연구결과를 활용하고 수용할 수 있는가 등 여러 가지 평가기준에 의하여 연구자원 배분의 효율성을 평가해야한다. 따라서 식량작물의 연구자원 배분의 효율성을 평가하기 위하여 연구결과의 경제적 성과, 연구의 성공률, 연구결과의 활용성, 농가의 형평성 등을 고려한 평점방식(scoring method)에 의하여 연구자원 배분의 우선순위를 결정할 수 있다. 평점방식에 의하여 계측한 분야별 식량작물 연구자원 배분 효율성 지수를 〈표 12-7〉에서 볼 수 있다.

앞에서 살펴본 〈표 12-6〉의 우리나라 현재 식량작물의 연구자원 배분은 연구비의 크기에 따라 미곡, 특작, 맥류, 두류, 서류, 잡곡 순으로 나타났다. 그러나 〈표 12-7〉의 총 산출액, 총 효율지수와 가중지수 기준으로 본 연구자원 배분 순위는 미곡, 특작, 서류, 두류, 잡곡, 맥류 순이다. 보다 구체적으로 〈표 12-7〉을 보면 총 산출 가액은 단연 미곡부문이 크고 다음이 특작, 두류, 서류, 맥류이며 잡곡은 극히 미미하다. 그러나 단위당 최대 비용감소나 수량증가를 나타내는 기대수량 변화율은 특작과 서류가 높고 미곡과 잡곡이 낮고 두류와 맥류가 가장 낮아 특작과 서류 이외의 부문은 새로운 기술개발의 가능성이 낮은 것을 알 수 있다. 연구결과의 잠재적 활용률도 특작과 서류부문이 크게 나타났다. 그러나 연구자들의 기술수요는 미곡과 특작이 높고 서류와 잡곡은 낮게 나타나 아직도 식량작물에서 우리나라 연구기관의 연구는 미곡부문에

표 12-7 평점방식에 의한 식량작물 연구자원 배분의 효율성 지수

품 목	총산출 가 액 (억원) a	기대 수량 변화율 b	잠재적 활용율 c	연구자 기 술 수요율 d	총효율 지수 e	총효율 순위 f	농가 비율 g	농가 지수 h	가중 지수 i	가중 순위 j
미 곡	95,564	0.08	0.193	0.33	491.72	1	0.55	270.864	469.63	1
특 작	11,448	0.16	0.341	0.27	171.08	2	0.03	4.379	154.41	2
서 류	2,946	0.12	0.304	0.07	7.40	3	0.35	2.626	6.93	3
두 류	3,120	0.03	0.196	0.11	1.96	4	0.43	0.843	1.85	4
잡 곡	514	0.08	0.184	0.05	0.36	5	0.17	0.060	0.33	5
맥 류	2,611	0.01	0.107	0.11	0.32	6	0.06	0.019	0.29	6

a: Pi·Qi = 상품 i에 대한 연구수행 전의 총산출가액
b: E(YiMAX) = 단위당 최대 비용감소율 또는 수량증가율
c: Pi = 잠재적 활용률 = 결과활용수÷해당과제수
d: AiMAX = 연구자의 기술수요율 = 품목별 과제수÷전체과제수
e: Gi = AiMAX·Pi·E(YiMAX)·Pi·Qi = 총효율지수
= 잠재적 활용율×연구자의 기술수용율×수량변화율×총산출가액
g: 농가비율 = 품목 생산농가수÷전체농가수
h: 농가지수 = 총효율지수 × 농가비율
i: 가중지수 = (총효율지수×0.9) +(농가지수×0.1)
j: 가중순위 = 가중지수에 의한 우선순위
※ 품목별 농가지수는 농업총조사 2000년 기준으로 작성

편중되어 있다는 사실을 말한다.

이 모든 평가기준을 고려한 총 효율지수는 미곡, 특작, 서류, 두류, 잡곡, 맥류의 순으로 우선순위를 보인다. 총 효율지수에 형평성 기준인 농가비율을 가중하고 가중지수에 의한 가중순위를 구할 수 있다. 〈표 12-7〉에서 식량작물의 가중순위는 미곡, 특작, 서류, 두류, 잡곡, 맥류의 순으로 미곡과 특작의 가중지수가 높고 그 외의 서류, 두류, 잡곡, 맥류는 낮은 지수를 보였다. 사실 미곡의 중요성에 대해서는 아무도 부인할 수 없으며 연구자들의 미곡에 대한 기술수요가 높아 미곡에 대한 연구자원 배분은 앞으로 계속되어야 할 것이다. 그러나 주곡자급과 쌀 소비의 감소에 따라 현실적으로 미곡의 연구는 수량보다 품질과 수확 후 기술의 중요성이 커지고 있다. 또한 쌀 위주의 연구에서 벗어나 특작과 서류 등 다른 작목에 대한 연구자원 배분을 확대시킬 필요가 있다.

12.1.4 식량작물 연구정책의 방향

이 절에서 농촌진흥청 산하 식량작물 기술개발과 관련된 연구소의 연구자원 배분에 대한 효율성을 분석하였다. 분석기간은 1998~2002년의 최근 5년간이며 분석 대상기관은 작물시험장, 호남농업시험장, 영남농업시험장, 고령지 농업시험장, 제주농업시험장 및 각 도 농업기술원이다. 이들 대상기관에서 식량작물과 관련된 연구자원 투입 특히 연구예산과 연구효과에 의해서 나타나는 경제적 성과액 등을 중심으로 연구자원 배분의 효율성과 연구우선순위를 분석하였다.

농업 R&D의 증가에 힘입어 식량작물의 연구비 예산도 크게 증가였다. 식량부문 기술별 연구예산은 육종부분이 큰 비중을 차지하고 병해충, 기타재배, 시비 등이 큰 비중으로 나타났다. 식량부문 연구과제수가 약 6,017과제로 그 중에 육종부문이 40.5%인 2,438과제로 제일 많았고 다음으로 재배기타와 병해충 과제수가 많았다. 과제수와 예산이 많은 미곡의 경우 연구자원의 상대적 집중도에서는 파종육묘, 시비, 제초, 기계화분야로 나타났고, 두류와 맥류의 경우, 육종과 기계화분야가 상대적으로 중요한 기술개발분야임을 알 수 있다. 서류의 경우 파종육묘, 시비, 병해충이 중요한 기술개발분야로 나타났고, 잡곡의 경우, 육종과 제초가 중요한 기술분야로, 특작의 경우, 파종육묘, 병해충이 상대적으로 많은 연구 집중도를 나타냈다.

식량부문의 품목별 연구자원 배분의 경제적 성과에 대한 일치성은 비교적 높게 나타나 연구자원 배분의 효율성은 높은 것으로 평가되었다. 이것은 미곡이 식량작물에서 차지하는 비중이 절대적으로 크고 과거 우리나라 식량정책이 주곡자급을 위한 미곡 신품종개발로 미곡 연구개발 효과가 컸기 때문이다. 그러나 미곡 이외의 다른 작물에 대한 연구자원 배분은 그 효율이 낮게 나타났으며 이것은 식량작물에서 차지하는 비중이 작기 때문에 이루어진 결과로 볼 수 있다.

평점방식에 의한 연구우선순위는 미곡, 특작, 서류, 두류, 잡곡, 맥류 순으로 나타났다. 미곡과 특작은 경제적 성과액과 연구 예산 또는 연구자들의 기술수요 등을 고려한 우선순위에서 다른 작목보다 가중지수가 높고 잡곡과 맥류는 낮다. 따라서 앞으로 특작에 대한 연구자원 배분이 높아져야할 것이다. 그러나 서류는 두류에 비하여 총 산출 가액이나 연구자들의 기술수요가 낮음에도 불구하고 효율지수가 높아 앞으로 이 분야에 대한 연구자원 배분의 확대가 필요하다. 또한 미곡의 경우에는 주곡의 자급과 소비감소 추세에 따라 수량보다 품질을 높이거나 수확 후 기술분야에 대한 연구자원이 배분되어야 할 것이다.

이와 같이 식량작물에 대한 연구자원의 배분은 단순한 경제적 효율성만이 아니라 기술의 잠재적 활용이나 수용성, 농민들의 형평성을 고려한 다양한 기준에 따라 이루어져야 한다. 농업 연구예산이 이러한 기준에 의하여 결정될 때 합리적이고 효율적이며 그 파급효과가 크게 나타날 수 있다.

12.2 원예작물 생산성 변화와 연구자원 배분에 관한 연구

12.2.1 원예작물 생산의 성장

경제성장에 따라 우리나라 국내총생산에서 농업부문의 비중은 1975년 23.7%에서 2002년 3.2%로 줄었다. 그러나 소득상승으로 소비패턴의 변화에 따라 원예부문이 농업에서 차지하는 비중은 2002년 27.4%로 28.7%인 쌀 다음으로 비중이 커졌다.

원예부문은 1970년대 이후 농어민소득증대 특별사업의 일환으로 생산기반을 확충하였다. 1980년대 이후에는 농산물수입자유화에 따른 보완조처로 농어촌발전대책에서 원예산업경쟁력 제고대책이 수립되었다. 따라서 원예산업의 국제경쟁력을 높이기 위한 시책이 적극적으로 추진되었다.

농업성장은 토지, 노동 등 투입물 증대와 농업생산성 증가에 의하여 이루어진다. 농업은 농업성장이 투입물에 의하여 주로 이루어지는 자원 위주의 농업과 농업생산성의 증가에 의한 과학기술 위주의 농업으로 구분된다(Hayami & Ruttan, 1985). 오늘날과 같은 과학기술 위주의 농업에서 농업생산성은 연구개발투자(R&D)에 의하여 크게 좌우된다. 따라서 농업 연구자원 배분의 중요성은 점점 커지고 있다.

우리나라 원예생산의 시계열추이를 보면 1970년대 중반 이래 1990년대 초까지 비약적인 성장을 보였다. 그러나 1990년대 중반 이후 답보상태를 나타내고 있다(그림 12-2). 이와 같은 1990년대 중반 이후 원예생산 성장의 둔화를 가져온 이유는 투입물과 생산성 성장의 추이를 보아 어느 정도 파악할 수 있다. 원예작물에 대한 투입물의 변화는 식부면적이나 노동투입에 기인하며 생산성의 정체는 연구투자의 저위나 연구자원 배분의 비효율에 의하여 나타난다. 원예작물 생산성 증진을 위해 연구자원의 배분은 기관별, 품목별 및 기술별 연구자원 배분이 어떻게 이루어지는가를 보아야 한다.

이 절의 목적은 1981년 이후 우리나라 원예생산의 산출, 투입 및 생산성 변화추이와 성장률을 계측하여 품목별 및 육종, 재배 등 기술별 연구자원 배분의 효율성을 분석하고자 한다. 이에 따라 1990년대 중반 이후 원예부문 생산의 정체에 따른 원예부문

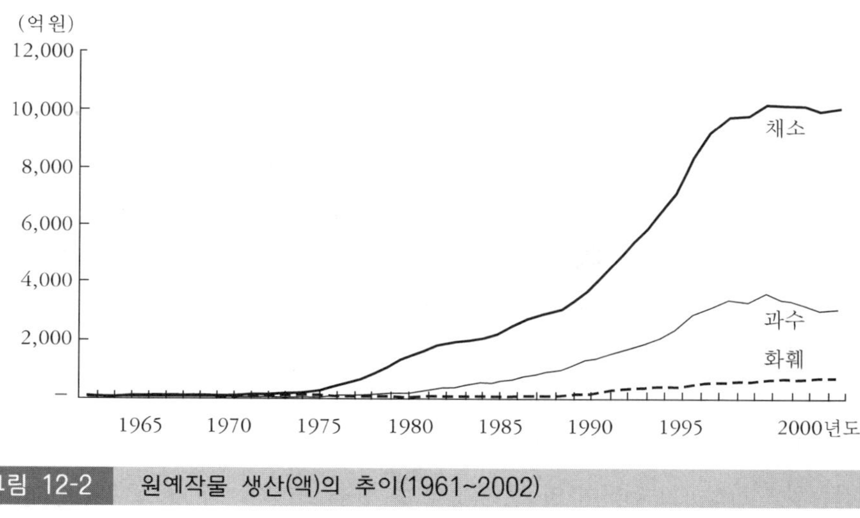

그림 12-2 원예작물 생산(액)의 추이(1961~2002)

연구자원 배분의 효율성을 평가할 수 있다. 이 분석결과는 앞으로 원예부문 연구자들의 연구방향과 원예정책 관련부문의 연구정책 수립에 활용될 수 있을 것이다.

12.2.2 자료 및 연구방법

이 연구를 위하여 원예작물 생산자료는 농림통계연보의 농업생산자료와 농협의 물가요람에서 가격자료를 이용하여 생산액을 계산하였다. 가격변동의 영향을 배제하기 위하여 2002년 불변가격으로 환산하여 1961~2002년 원예작물 총생산액의 시계열 자료를 얻었다. 투입물은 1981년부터 농촌진흥청의 농산물소득자료를 이용하여 추계하였다. 모든 생산과 투입자료는 3개년 이동평균법에 의하여 생산, 투입 및 생산성 지수를 계산하였다. 투입물지수는 다중요소 생산성 지수(multiple factor productivity index) 추계방법에 의하여 산출하였다. 원예작물 연구자원 배분의 효율성 분석을 위한 기초자료는 원예작물 생산의 정체가 뚜렷한 1998~2002년의 농촌진흥청과 도 농업기술원에서 원예부문 연구를 위한 총연구 항목수와 예산자료를 이용하였다.

원예작물의 연구자원 배분의 효율성 분석은 품목별 및 기술별로 접근하였다. 품목별 분류는 과수, 채소, 화훼의 3분야로 나누고 기술별 분류는 육종과 재배 및 기타 기술로 나누었다. 그 중 재배기술은 토양관리, 파종 · 육묘, 시비, 병충해, 제초, 기계화 및 재배 기타의 7부문으로 분류하여 분석하였다.

연구자원 배분의 효율성은 각 품목별로 기술별 일치성, 기술별 연구우선순위 결정에 의하여 분석하였다. 경제적 일치성 분석은 연구결과로 나타난 기술별 경제적 성과와 기술별 연구자원 배분이 얼마나 일치하는가를 나타낸다(Alston 등, 1995). 기술별 경제적 성과는 기술에 의한 수량 증가나 비용 감소를 경제적 성과로 환산하였다. 경제적 성과에 대한 자료는 농촌진흥청 농가소득자료를 이용하여 수량 증가나 노동시간 절감을 계측하였다. 즉 품종개발에 따른 수량증가 평가액이나 노동시간 감소와 물재비 감소 등을 경제적 성과로 평가하여 계측하였다.

기술별 연구의 우선순위 결정은 농업의 특성에 따라 단순한 경제적 효율성만이 결정기준이 될 수 없기 때문에 국민의 형평성, 환경적 지속성 등 다양한 기준에 따라 평점방식에 의하여 가중치를 고려하여 결정하였다. 원예작물의 품목별 및 기술분야별 우선순위를 결정하기 위하여 연구수행전의 총 산출 가액과 비용 감소나 수량 증대에 의한 경제적 성과, 총 연구 항목수와 연구활용 건수로 계산된 잠재적 연구결과의 활용률, 총 연구항목 중 품목별 연구항목으로 나타난 연구자 기술수요율을 가중하여 총 효율지수를 산출하고 형평성 기준을 나타내는 농가비율을 가중하여 산출한 효율지수로 우선순위 결정 지표로 삼았다.

이러한 평점방식에 의한 우선순위 결정은 경제적 효율성(efficiency)만이 아니라 연구가 실제로 얼마나 성공 가능성이 있으며 농민들이 얼마나 수요하는가 등 연구결과의 실질적 효과(effectiveness)까지 평가기준으로 활용하여 광범위한 연구효과를 측정할 수 있다. 예산이 크게 문제되지 않는 경우에는 경제적 효율성지수가 우선순위 결정의 기준이 될 수 있으나 예산이 문제가 될 때에는 연구비 화폐단위당 효율성 지수를 나타내는 순 효율지수에 의하여 우선순위 결정지표를 삼았다.

12.2.3 원예작물 생산성 분석

원예부문 생산의 성장은 1981~2002년 기간에 생산성보다 주로 투입물에 의하여 이루어졌다(그림 12-3). 이 기간에 생산성의 기여는 21.8%에 그쳤으며 78.2%가 투입물에 의하여 설명되며 1990년대 이래 생산성의 증가는 더욱 정체현상을 보인다(표 12-8).

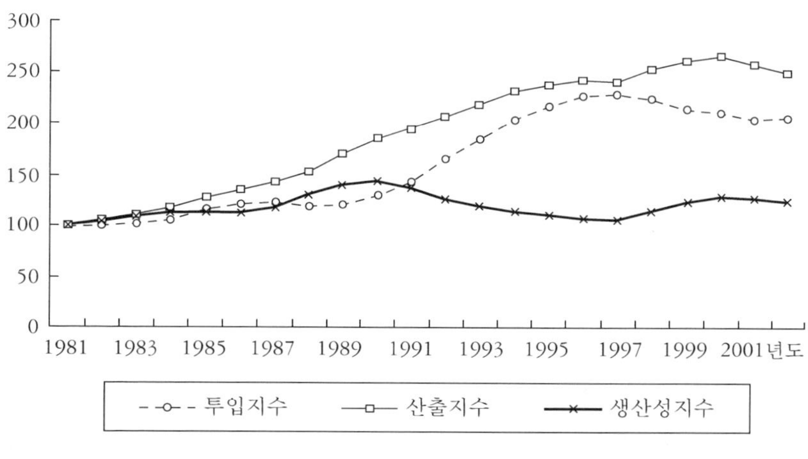

그림 12-3 원예작물 투입, 산출, 생산성 지수

표 12-8 원예작물 생산의 산출, 투입 및 생산성, 연평균 성장률과 기여도

구 분	연평균 성장률			기 여 도	
	산 출	투 입	생산성	투 입	생산성
1981-1993	6.70%	5.15%	1.48%	77.7	22.3
1993-2002	1.43%	1.16%	0.26%	81.9	18.1
1981-2002	4.41%	3.42%	0.95%	78.2	21.8

품목별 생산액 및 그 비중의 변화를 보면 1980년대까지는 채소의 비중이 컸으나 그 이후 과수부문이 점차 커지고 특히 화훼가 빠른 속도로 커졌다. 1962년 82.3%를 차지하던 채소가 2002년에는 69.6%로 감소하고 1982년 1.8%에 불과한 화훼가 7.4%로 급성장하였다(표 12-9). 따라서, 1990년대 중반 이후 원예생산 성장의 정체는 채소, 과수, 화훼 등 품목별 생산의 성장과 투입 및 생산성 변화에 의하여 어느 정도 설명이 가능하다.

표 12-9 원예작물 품목별 생산액 및 비중의 변화

(단위: 억 원, %)

구 분	채 소		과 수		화 훼		계	
	생산액	비 중	생산액	비 중	생산액	비 중	생산액	비 중
1962	13	82.3	3	17.7	–	–	16	100.0
1972	129	78.0	37	22.0	–	–	166	100.0
1982	1,517	75.1	467	23.1	35	1.8	2,020	100.0
1992	4,226	67.6	1,654	26.5	368	5.9	6,248	100.0
2002	7,021	69.6	2,330	23.1	743	7.4	10,094	100.0

원예작물 중 가장 비중이 큰 채소는 1981~2000년 기간까지는 꾸준한 성장을 보였으나 그 이후 차츰 성장이 둔화되었다. 투입물지수는 1995년까지 증가추세를 보이다 그 이후에는 차츰 감소하였다(그림 12-4). 생산성 지수는 1990년까지 증가추세를 보이다 그 이후 감소하고 다시 1998년부터 증가하였으나 그 이후 다시 감소추세가 되었다. 전체적으로 채소생산의 증가는 투입물보다 생산성에 의하여 이루어진 비중이 커서 1981~2002년 기간에 투입물의 기여는 42.1%인 데 반하여 생산성의 기여는 57.9%를 보였다(표 12-10).

과수부문의 생산은 1981년 이래 꾸준한 증가를 보였으며 투입물은 1996년까지 증가하다가 그 이후 감소추세를 보였다. 생산성은 1988년까지 증가하다가 그 이후

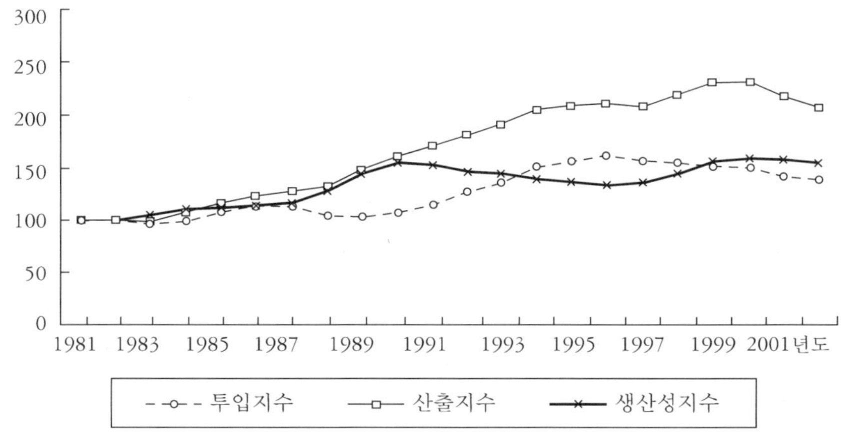

그림 12-4 채소의 투입, 산출, 생산성 지수

표 12-10 채소생산의 산출, 투입 및 생산성, 연평균 성장률과 기여도(%)

구 분	연평균 성장률			기 여 도	
	산 출	투 입	생산성	투 입	생산성
1981-1993	5.50%	2.48%	2.94%	45.8	54.2
1993-2002	0.87%	0.11%	0.77%	12.1	87.9
1981-2002	3.49%	1.46%	2.00%	42.1	57.9

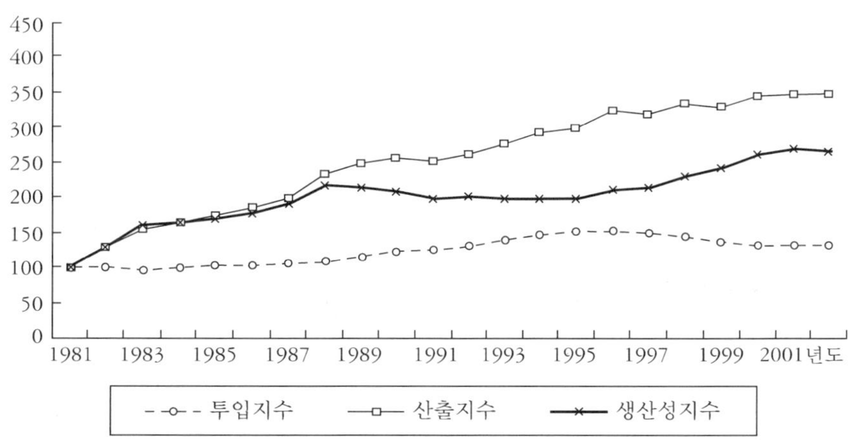

그림 12-5 과수의 투입, 산출, 생산성 지수

표 12-11 과수생산의 산출, 투입 및 생산성, 연평균 성장률과 기여도(%)

구 분	연평균 성장률			기 여 도	
	산 출	투 입	생산성	투 입	생산성
1981-1993	5.50%	2.81%	5.90%	32.3	67.7
1993-2002	0.87%	-0.67%	3.22%	-26.4	126.4
1981-2002	6.11%	1.30%	4.74%	21.5	78.5

1995년까지 감소추세를 보였고 그 이후에는 계속 증가추세를 보였다(그림 12-5). 따라서 과수생산의 성장은 1981~2002년 기간 투입물(21.5%)보다 생산성(78.5%)의 기여가 컸으며 특히 1993년 이후에는 투입물의 감소가 이루어졌으나 생산성 증가가 크게 이루어져 성장이 지속될 수 있었다(표 12-11).

최근 급속한 성장을 보이고 있는 화훼부문은 1993년까지 빠른 성장을 보였으나 그 이후에는 증가속도가 약간 둔화되었다(그림 12-6). 화훼부문의 성장은 주로 1997년까지 투입의 증가에 의하여 이루어졌으나 그 이후 투입지수의 감소추세가 나타났다. 생산성지수는 1991년까지 서서히 증가했으나 그 이후에는 오히려 감소추세를 보였다. 따라서 화훼부문 생산의 성장은 1981~2002년 기간 68.1%가 투입물에 의하여 설명되고 31.9%만이 생산성에 의하여 설명된다(표 12-12). 1994년 이후에는 생산성 성장률이 부(-)로 나타나 화훼부문의 생산성장은 전적으로 생산성보다 투입물에 의하여 설명되

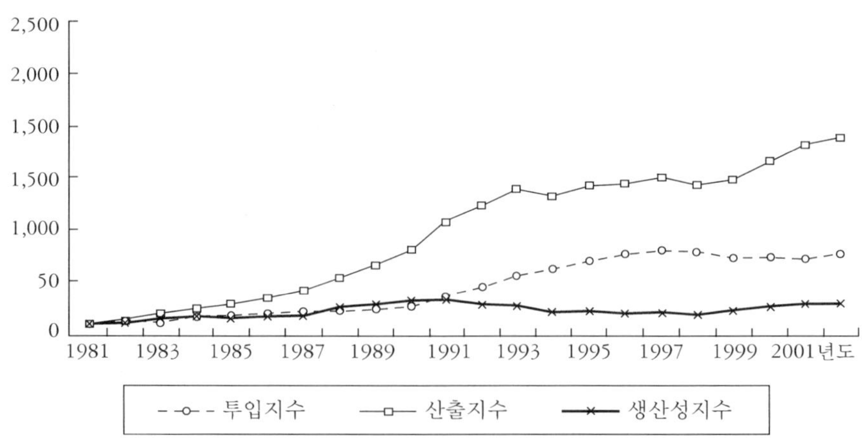

그림 12-6 화훼의 투입, 산출, 생산성 지수

표 12-12 화훼생산의 산출, 투입 및 생산성, 연평균 성장률과 기여도(%)

구 분	연평균 성장률			기 여 도	
	산 출	투 입	생산성	투 입	생산성
1981-1993	22.82%	14.00%	7.74%	64.4	35.6
1993-2002	3.12%	3.18%	-0.05%	101.6	-1.6
1981-2002	13.95%	9.23%	4.33%	68.1	31.9

고 있다.

이처럼 원예작물 품목별 투입물과 생산성의 추이를 보면 1995년 이후 모든 분야의 투입물이 감소추세를 보이고 과수부문의 생산성은 증가하였다. 그러나 1999년 이후 채소부문 생산성의 정체와 1991년 이후 화훼부문 생산성의 지속적인 정체로 원예부문 생산의 정체가 이루어지고 있다는 사실을 알 수 있다.

투입물의 감소는 농촌노동력 감소에 따른 노임 상승으로 지속적인 농촌문제이다. 또한 농산물개방 이후 외국농산물 도입과 가격 불안정에 따른 원예부문 투자의 불안정으로 설명할 수 있다. 따라서 국제경쟁력을 높이기 위해서는 원예작물 생산성 증대가 중요한 요인이라 할 수 있을 것이다. 농업생산성은 자본과 기술에 달려 있으며 기술은 농업 연구투자에 크게 의존한다. 연구투자의 확대나 연구자원 배분의 효율성에 의하여 농업생산력을 높일 수 있기 때문이다. 따라서 1990년대 중반 이후 원예생산의 정체는 원예부문 연구자원 배분 효율성분석에 의하여 그 원인의 일부를 규명하고자 한다.

12.2.4 원예작물 연구자원 배분 효율성 분석

12.2.4.1 원예작물 품목별, 기관별, 기술별 연구자원 배분 현황

원예작물 연구자원 배분의 분석은 1998~2002년의 5개년 간 농진청 산하 5개 연구소와 각 도 농업기술원의 원예부문 연구예산의 품목별 및 기술별 현황을 중심으로 이루어졌다. 농진청 산하 연구소는 원예연구소, 호남농업시험장, 영남농업시험장, 고령지 농업시험장과 제주농업시험장이며 강원, 경기 등 9개 도 농업기술원이 포함되었다.

〈표 12-13〉에서 원예부문 연구예산의 5개년 총계를 보면 5개 농진청 산하 연구소가

표 12-13 원예작물 연구예산액 현황

(단위: 백만 원, %)

품 목	산하기관			도 농업기술원			계		
	육 종	재 배	소 계	육 종	재 배	소 계	육 종	재 배	소 계
과 수	7,872	17,307	25,179 (43.1)	3,248	12,437	15685 (27.4)	11,120	29,744	40,864 (35.3)
채 소	6,339	11,201	17,540 (30.0)	3,928	21,760	25,688 (44.8)	10,267	32,960	43,228 (37.4)
화 훼	5,984	5,692	11,676 (20.0)	4,880	11,038	15,918 (27.8)	10,864	16,729	27,594 (23.8)
공 통	196	3,849	4,045 (6.9)	–	–	–	196	3,849	4,045 (3.5)
계	20,391 (34.9)	38,049 (65.1)	58,439 (100.0)	12,056 (21.0)	45,234 (79.0)	57,291 (100.0)	32,448 (28.0)	83,283 (72.0)	115,731 (100.0)

50.5%이고 도 농업기술원의 총계가 49.5%로 비중이 비슷하다. 기술별 연구예산은 육종(28.0%)부문보다 재배(72.0%)부문이 더 컸다. 재배기술은 토양관리, 파종 · 육묘, 시비, 병충해, 제초, 기계화부문으로 분류되었다. 원예부문의 품목별 연구예산 배분은 채소부문의 비중이 37.4%로 가장 컸으며 과수는 35.3%, 화훼는 23.8%, 공통부

표 12-14 원예작물 기술별 연구예산액과 비중(전체)

(단위: 백만 원, %)

연 도	육 종	재 배							기 타	총합계
		토양관리	파종육묘	시 비	병해충	제 초	기계화	재배기타		
1998	4,568 (25.2)	435 (2.4)	1,512 (8.4)	1,714 (9.5)	2,273 (12.6)	34 (0.2)	77 (0.4)	5,442 (30.1)	2,045 (11.3)	18,099 (100.0)
1999	4,783 (24.0)	480 (2.4)	1,441 (7.2)	1,970 (9.9)	2,951 (14.8)	83 (0.4)	94 (0.5)	5,509 (27.7)	2,596 (13.0)	19,908 (100.0)
2000	5,948 (27.2)	566 (2.6)	1,718 (7.8)	2,180 (10.0)	3,316 (15.1)	47 (0.2)	57 (0.3)	6,158 (28.1)	1,911 (8.7)	21,902 (100.0)
2001	7,769 (29.4)	437 (1.7)	1,542 (5.8)	2,089 (7.9)	4,120 (15.6)	95 (0.4)	117 (0.4)	8,090 (30.7)	2,126 (8.1)	26,385 (100.0)
2002	9,380 (31.9)	518 (1.8)	1,384 (4.7)	2,120 (7.2)	3,590 (12.2)	42 (0.1)	219 (0.7)	9,850 (33.5)	2,333 (7.9)	29,436 (100.0)
	32,448 (28.0)	2,437 (2.1)	7,597 (6.6)	10,073 (8.7)	16,250 (14.0)	301 (0.3)	564 (0.5)	35,050 (30.3)	11,011 (9.5)	115,731 (100.0)

문이 3.5%의 순으로 나타났다.

〈표 12-14〉에서 원예작물의 1998~2002년 5개년간의 연구자원 배분의 추이를 보면, 절대액은 1998년 18,099백만 원에서 2002년 29,436백만 원으로 1.6배의 증가를 보였다. 육종부문은 1998년 25.2%에서 2002년 31.9%로 그 비중이 상승했으나 재배부문은 63.6%에서 60.2%로 약간 줄었고 기타부문이 11.3%에서 9.5%로 줄어들었다. 재배부문에서는 토양관리, 파종 · 육묘, 시비, 제초부문의 연구예산의 비중이 줄어드는 추세를 보였다. 병해충방제부문은 변동을 보이지 않았으며 기계화부문과 재배기타부문은 상승을 보였다. 이처럼 원예부문 연구예산은 농산물 무역자유화에 따라 육종부문의 기술증진과 농촌노동력 감소에 따라 노동력 절감을 위한 기계화기술에 대한 연구투자가 확대되고 있다는 사실을 알 수 있다.

이러한 추이는 농진청 산하기관과 9개 도 농업기술원의 원예부문 연구자원 배분에서도 그대로 나타난다. 〈표 12-15〉에서 농진청 산하기관의 원예작물 기술별 연구예산액 비중의 추이를 보면 육종부문은 1998년 2,969백만 원에서 2002년 5,949백만 원으로 31.2%에서 38.4%로 크게 비중이 커졌다. 토양관리, 파종 · 육묘, 시비, 기타부문의 연구예산액의 비중은 감소추세를 보였으며 병해충방제는 변동이 적었고 시비와 기계화

표 12-15 원예작물 기술별 연구예산액과 비중(산하기관)

(단위: 백만 원,%)

연 도	육 종	재 배							기 타	총합계
		토양관리	파종육묘	시 비	병해충	제 초	기계화	재배기타		
1998	2,969 (31.2)	392 (4.1)	791 (8.3)	815 (8.6)	1,228 (12.9)	14 (0.1)	59 (0.6)	2,526 (26.6)	716 (7.5)	9,510 (100.0)
1999	3,245 (30.9)	429 (4.1)	582 (5.5)	782 (7.4)	1,730 (16.5)	29 (0.3)	51 (0.5)	2,542 (24.2)	1,109 (10.6)	10,499 (100.0)
2000	3,625 (32.6)	519 (4.7)	720 (6.5)	829 (7.5)	1,786 (16.1)	– (0.0)	13 (0.1)	2,818 (25.3)	813 (7.3)	11,124 (100.0)
2001	4,603 (38.9)	412 (3.5)	558 (4.7)	568 (4.8)	1,903 (16.1)	34 (0.3)	79 (0.7)	2,968 (25.1)	694 (5.9)	11,819 (100.0)
2002	5,949 (38.4)	432 (2.8)	700 (4.5)	928 (6.0)	1,918 (12.4)	36 (0.2)	132 (0.9)	4,463 (28.8)	931 (6.0)	15,488 (100.0)
	20,391 (34.9)	2,184 (3.7)	3,351 (5.7)	3,922 (6.7)	8,564 (14.7)	112 (0.2)	335 (0.6)	15,317 (26.2)	4,264 (7.3)	58,439 (100.0)

부문의 연구비 비중이 상승하는 추세를 보였다.

도 농업기술원의 원예분야 연구예산액의 변화도 농촌진흥청 산하기관과 비슷한 추세를 보였다. 〈표 12-16〉에서 알 수 있듯이 육종부문 비중의 증가, 파종 · 육묘, 시비, 기타부문의 비중 감소, 병해충부문의 비중 불변 추세가 1998~2002년의 도 농업기술원 연구예산 배분의 변화추이에 나타났다. 그러나 토양관리부문은 큰 변동이 없는 것으로 보였다. 이처럼 원예부문의 기술별 연구예산의 배분은 전체적인 추이는 농산물 수입개방에 따른 여건변화에 점차 적응하는 방향으로 진행되고 있으나 농진청 산하기관과 도 농업기술원의 대응은 그 차이가 엿보인다.

특히 육종부문에서 농진청 산하연구기관에서는 1998~2002년의 5개년 기간에 34.9%의 큰 비중을 보였으나 도 농업기술원은 21.0%로, 육종연구는 농진청 산하연구소에서 보다 집중적으로 이루어졌다. 재배기술중에서 토양관리도 농촌진흥청 산하기관의 비중 3.7%에 반하여 도 농업기술원은 0.4%에 그쳤다. 그러나 시비부문은 농진청 산하기관 6.7%에 대하여 도 농업기술원은 10.7%로 보다 큰 수치를 보이고 재배기타부문도 농진청 산하기관 26.2%에 비하여 도 농업기술원은 34.4%로 그 비중이 높다. 기타부문은 농진청 산하기관은 7.3%로 별 변동이 없었으나 도 농업기술원은 11.8%이

표 12-16 원예작물 기술별 연구예산액과 비중(도 농업기술원)

(단위: 백만 원,%)

연도	육 종	재 배							기 타	총합계
		토양관리	파종육묘	시 비	병해충	제 초	기계화	재배기타		
1998	1,599 (18.6)	43 (0.5)	721 (8.4)	899 (10.5)	1,045 (12.2)	20 (0.2)	17 (0.2)	2,916 (34.0)	1,328 (15.5)	8,589 (100.0)
1999	1,538 (16.3)	51 (0.5)	859 (9.1)	1,188 (12.6)	1,221 (13.0)	54 (0.6)	44 (0.5)	2,967 (31.5)	1,487 (15.8)	9,409 (100.0)
2000	2,323 (21.6)	47 (0.4)	999 (9.3)	1,351 (12.5)	1,530 (14.2)	47 (0.4)	44 (0.4)	3,340 (31.0)	1,098 (10.2)	10,779 (100.0)
2001	3,166 (21.7)	25 (0.2)	984 (6.8)	1,521 (10.4)	2,217 (15.2)	61 (0.4)	38 (0.3)	5,122 (35.2)	1,432 (9.8)	14,566 (100.0)
2002	3,430 (24.6)	86 (0.6)	684 (4.9)	1,193 (8.6)	1,673 (12.0)	7 (0.0)	87 (0.6)	5,387 (38.6)	1,402 (10.1)	13,948 (100.0)
평 균	12,057 (21.0)	253 (0.4)	4,246 (7.4)	6,152 (10.7)	7,686 (13.4)	189 (0.3)	229 (0.4)	19,733 (34.4)	6,747 (11.8)	57,291 (100.0)

나 1998년 15.5%에서 2002년 10.1%로 그 비중이 감소하는 추세를 보였다.

이처럼 1998~2002년간의 공공부문 원예분야 기관별 및 기술별 농업연구자원 배분의 변화추이를 보면 그 연구자원 절대액이 크게 상승했으며 농촌진흥청 산하기관과 도 농업기술원의 상승폭은 비슷했다. 농촌진흥청 산하기관은 원예분야의 토양관리에 연구자원 배분 비중이 컸으며 도 농업기술원은 파종·육묘와 시비, 재배기타와 기타 등 재배부문에 더 역점을 둔 것으로 나타났다.

이러한 연구자원 배분이 효율적으로 이루어졌는가는 경제적 성장과 연구자원 배분을 연관지어 분석해 볼 수 있다.

12.2.4.2 원예작물 품목별, 기술별 연구자원 배분의 일치성 분석

농업연구자원 배분의 효율성을 간단하게 평가하는 방법은 연구자원 배분의 결과로 나타난 품목별 또는 기술별 경제적 성과와 품목별 또는 기술별 연구자원 배분이 얼마나 일치하는가를 나타내는 일치성 분석이다(Alston 등, 1995, 박 등 2003). 현실적으로 연구비 배분은 경제적 성과에 비례하여 이루어지기 어렵다. 따라서 일치성 분석은 연구성과와 연구비의 배분이 얼마나 일치하는가를 나타낸다.

〈표 12-17〉에서 과수, 채소, 화훼의 품목별 연구자원 배분의 일치성 지수를 알 수 있다. 원예의 경제적 성과에서 과수와 채소는 각각 49.7%와 50.1%이며 원예연구자원에서 과수와 채소가 차지하는 비중은 각각 36.6%와 38.7%로 과수와 채소는 실제로 배정된 연구비의 비중보다 경제적 성과에 대한 기여도의 비중이 커서 2품목 모두 연구효과는 상대적으로 크다고 볼 수 있다. 따라서 과수와 채소부문의 연구성과는 경제적 성과와 비교적 일치하고 있다. 그러나 화훼부문의 연구자원 배분은 그 비중이

표 12-17 원예작물 품목별 연구자원 배분의 일치성 지수

구 분	경제적 성과액	Si	연구자원 (백만원)	RSi	(Si-RSi)	(Si-RSi)2
과 수	1,782,464	0.497	40,864	0.366	0.131	0.017
채 소	1,799,213	0.501	43,228	0.387	0.114	0.013
화 훼	6,581	0.002	27,594	0.247	−0.245	0.060
계	3,588,258	1.000	111,686	1.000		0.090

C.I. = 1 - Σ(Si-RSi)2 = 0.910

24.7%임에도 불구하고 경제적 성과에 대한 기여는 그 비중이 0.2%에 지나지 않아 연구자원 배분과 경제적 성과의 일치성이 크게 낮다. 즉 화훼부문의 연구효과가 원예작물에서 낮다는 사실을 알 수 있다.

표에서 전체적으로 원예작물 품목별 연구자원 배분의 일치성 지수는 0.910으로 나타났다. 일치성 지수는 전체 연구비중 어떤 부문의 연구비가 차지하는 비중이 전체 경제적 성과 중 그 부문의 가치가 차지하는 비중과 어느 정도 일치하는가를 나타내는 비율을 뜻한다. 따라서 일치성 지수가 1이 되는 것은 경제적 성과와 연구비 배분과 일치하는 것이며 1과 차이가 클수록 불일치를 의미한다. 따라서 1에 가까울수록 연구자원 배분이 비교적 효율적으로 이루어진다고 볼 수 있다. 원예작물의 품목별 일치성 지수는 비록 화훼부문의 연구자원 배분과 경제적 성과가 불일치하는 것으로 보이나 과수와 채소부문의 비중이 크고 일치성이 높기 때문에 원예 전체적 품목별 연구자원 배분의 효율성은 높게 나타난 것이다.

보다 구체적으로 원예작물 기술별 연구자원 배분의 일치성 지수를 계측해 본 결과는 〈표 12-18〉에서 0.826으로 품목별 일치성 지수 0.910보다 낮게 나타나고 있다. 이것은 육종부문이 연구자원 배분에서 차지하는 비중이 28%임에도 불구하고 경제적 성과 액에서 차지하는 비중은 8%에 불과하며 재배부문에서도 병충해부문은 연구자원 배분의 비중이 14%이나 경제적 성과액 비중은 8%, 재배기타의 연구자원 배분은

표 12-18 원예작물 기술별 연구자원 배분의 일치성 지수

구분		경제적 성과액	Si	연구자원 (백만원)	RSi	(Si−RSi)	(Si−RSi)2
육종		278,442	0.078	32,448	0.280	−0.203	0.041
재배	토양관리	110,228	0.031	2,437	0.021	0.010	0.000
	파종육묘	489,455	0.136	7,597	0.066	0.071	0.005
	시비	556,623	0.155	10,073	0.087	0.068	0.005
	병해충	292,712	0.082	16,250	0.140	−0.059	0.003
	제초	272,294	0.076	301	0.003	0.073	0.005
	기계화	312,179	0.087	564	0.005	0.082	0.007
	재배기타	181,374	0.051	35,050	0.303	−0.252	0.064
기타		1,094,951	0.305	11,011	0.095	0.210	0.044
계		3,588,258	1.000	115,731	1.000	−	0.174

C.I. = 1 - Σ(Si-RSi)2 = 0.826

30%이나 경제적 성과액 비중은 5%에 불과하여 연구자원 배분과 경제적 성과의 불일치성이 크게 나타났기 때문이다. 다만 파종·육묘부문의 연구자원 배분의 비중이 7%이나 경제적 성과비중은 14%, 시비(9%)와 기타(10%)부문의 경제적 성과액이 연구자원 배분의 비중 시비(16%)와 기타(31%)에 비하여 경제적 효율성이 높게 나타났다. 이처럼 기술별 연구자원 배분의 일치성은 품목별 일치성에 비하여 비교적 불일치성이 크게 나타나 연구자원 배분의 기술별 효율성이 품목별 효율성에 비하여 낮다고 볼 수 있다.

이상에서 원예작물 연구자원 배분의 효율성을 보면 품목별로 과수와 채소의 연구자원 배분의 효율성에 비하여 화훼부문의 효율성이 낮다. 기술별 효율성을 보면 육종부문과 병해충부문, 재배기타부문의 효율성 낮고 파종·육묘, 시비, 기타부문의 효율성이 높게 나타났다. 그러나 일치성 지수는 모든 연구부문에서 기술개발의 기회가 같고 또 기술개발비용과 상품의 시장가치가 서로 비례한다는 가정에서 정태적으로 비교하는 단순한 방법이라는 한계를 지니고 있다. 또한 원예기술 특히 재배부문보다 육종부문의 연구효과는 연구투자와 시차를 갖고 나타나는 것이 사실이나 시차효과를 무시한 계측결과라는 한계도 부인할 수 없다. 이러한 한계를 지니는 것이 사실이나 우리나라 원예부문의 연구의 경제적 성과와 연구자원 배분은 품목별, 기술별 일치성이 비교적 큰 것으로 나타나 합리적인 연구자원 배분이 이루어지고 있다고 볼 수 있다.

12.2.5 원예작물 연구개발 정책 방향

1981~2002년 기간의 원예작물 생산성 분석과 1998~2002년 기간의 원예작물 연구자원 배분의 현황과 효율성을 분석한 결과는 다음과 같다. 1981~2002년 기간의 원예작물 생산의 성장은 연평균 4.41%의 비교적 높은 성장을 보였다. 그러나 성장은 생산성보다 투입물의 증가에 의하여 이루어졌다. 1990년대 중반 이후 이와 같은 경향은 더욱 뚜렷하게 나타나 1993~2002년 기간의 투입물의 성장에 대한 기여는 81.9%임에 반하여 생산성의 성장에 대한 기여는 18.1%에 불과하였다. 원예작물의 성장에서 채소와 과수부문은 투입의 증가보다 생산성 증가에 의하여 이루어졌다. 화훼는 높은 산출의 성장에도 불구하고 생산성의 기여는 거의 나타나지 않고 투입물의 증투에 의하여 이루어졌다.

1998～2002년 기간 원예작물에 대한 연구투자는 크게 증가하였으며 농진청 산하기관과 도 농업기술원의 연구투자 증가는 큰 차이가 없었다. 농촌진흥청 산하기관의 연구투자는 주로 육종과 토양관리에 중점을 두었으며, 도 농업기술원은 파종 · 육묘와 시비 및 재배기타부문의 연구투자가 크게 이루어졌다. 원예작물의 연구자원 배분은 품목별 연구자원 배분과 경제적 연구성과가 비교적 높은 일치성을 보이나 기술별 연구자원 배분의 일치성은 상대적으로 품목에 비하여 낮게 나타났다.

오늘날 우리 농업생산의 성장은 자원위주의 농업에서 기술위주의 농업으로 변모하여 생산성 증가에 의하여 농업성장이 이루어지고 있다. 그러나 원예작물은 경제성장에 따른 수요구조 변화와 정부의 농업소득 증대를 위한 원예산업 제고계획에 힘입어 생산성 증대보다 투입물 증대에 의하여 성장이 이루어졌다. 농산물 무역자유화에 따라 원예분야의 국제경쟁이 심화되어 1990년대 이후 원예작물 생산의 불안정성이 나타나기 시작하였다.

그동안 원예작물 연구투자는 지속적으로 이루어졌으며 공공부문 연구자원 배분이 비교적 효율적으로 이루어졌다. 그러나 품목별 연구자원 배분보다 기술별 연구자원 배분의 효율성이 상대적으로 낮아 원예작물의 기술별 연구자원 배분과 연구관리의 효율성을 높여야 할 것이다. 특히 육종기술의 경제적 성과가 재배기술보다 낮아 앞으로 육종기술에 대한 연구자원 배분의 합리성을 도모하여야 한다.

참고문헌

농촌진흥청(각년도), "농업과학기술개발(R&D)을 위한 예산투자 방향설정과 투자계획", 2003년도 농업기술원 시험연구사업보고서.

박정근(2000), "농업생산기술평가의 시스템 구축에 관한 연구", 농촌진흥청 연구보고서.

박정근 서동균 김영철(2005), "원예분야의 생산성변화와 연구자원 배분", 원예과학기술지, Vol.23, No.3.

서동균(2004), "농업연구자원배분의 효율화 방안 연구," 농촌진흥청 연구보고서.

서동균 강창식 박정근(2004), "식량작물 연구투자의 효율화에 관한 연구", 농업경영정책연구, Vol.31, No.4.

유영찬(2003), "농림기술개발사업 투자우선순위 결정에 관한 연구", 서울 시립대.

영남농업시험장(각년도), 시험연구사업보고서.

작물시험장(각년도), 시험연구사업보고서.

진주영(1982), "연구과제 평가를 위한 점수제 모형 및 자원배분을 위한 선형계획모형의 공공연구소에의 적용", 한국과학기술원.

호남농업시험장(각년도), 시험연구사업보고서.

Alan L. Porter 외(1980), *A Guidebook for Technology Assessment and Impact Analysis*, V4, NorthHolland.

Alston, J. M., G. W. Norton and P. G. Pardey(1995), *Science under scarcity*, Cornell University Press.

Hayami, Yujiro & Veron W. Ruttan(1985), *Agricultural Developmant: An International Perspective*, The Johns Hopskins University Press.

Honam Agricultural Experiment Station(HAES).(1998-2003), *Research Report.*

International Service for National Agricultural Research(ISNAR)(1998), *Agricultural Research Priority Setting.*

ISNAR(1993), *Monitoring and Evaluating Agricultural Research-A Sourcebook.*

ISNAR(1998), *Agricultural Research Priority Setting.*

National Horticultural Research Institute(NHRI)(1998-2003,) *Research Report*.

Park, J. K., H. J. Lee, and S. J. Yoon(2003), "Congruency analysis for rice direct seeding research resource allocation". *Korean J. Crop Sci.* 48(3):135-138

Research Policy Division(RPD)(2003), "Present Status of Agri. R&D", 37-38, *Direction Setting and Investment Planning for Agricultural R&D*, Rural Development Adminstration.

Rural Development Adminstration(RDA)(1998-2003), *Budget Year Book.*

Suh. D. K. and J. K. Park(2004), "A Study on Efficiency of Agricultural Research Resource Allocation", *Food Crops*, 20-30, Rural Development Adminstration.

Youngnam Agricultural Experiment Station(YAES)(1998-2003), *Research Report.*

제 13 장

농업연구의 경제적 효과분석

농업 연구투자는 농업성장의 원천이며 농업생산성에 대한 기여는 그동안 이론적으로나 실제적으로 많은 분석이 이루어졌다. 농업 연구투자는 이론적으로 시차분석에 의하여 효과를 측정할 수 있으며 다른 자본투자와는 달리 공공재적 성격에 따라 순현재가치, 편익비용분석, 내부수익률 계측에 의하여 경제적 효과를 파악할 수 있다. 농업연구의 경제적 효과는 생산자를 중심으로 농업생산성이나 농업소득에 한정되지 않고 소비자후생에 미치는 영향도 평가하여 분석한다.

특히 최근에는 농업 연구투자의 효과와 영향분석에 대한 관심이 높아질 뿐만 아니라 방법론적인 다양화가 이루어지고 있다 따라서 이를 바탕으로 한 분석결과에 의하여 농업 연구자원 배분의 효율성을 높이기 위한 노력이 활발하다. 농업생산성 계측은 부문생산성 계측에서 총 요소생산성 계측으로, 지수적 접근방법과 모수적 접근방법에서 비모수적 접근방법으로 확장되었으며 과거의 단순한 생산성 계측에서 벗어나 농업 연구투자의 수익률 계측이 이루어진다.

이러한 농업 연구투자에 대한 경제적 효과분석은 미국을 비롯하여 세계 각국에서 수행된 많은 연구결과를 볼 수 있으나 한국의 농업 연구투자 효과에 대한 계측은 별로 소개된 바가 없다. 한국 농업의 생산성 분석에 관한 연구와는 달리 농업 연구투자의 경제적 효과분석에 대한 연구결과는 국내에서는 비록 활발하게 이루어졌음에도 불구하고 국제적으로는 극히 제한적이다. 오늘날 한국 농업 연구투자의 효과분석은 그동안 어느 정도 일관성을 지니고 있는 시계열자료가 정비되어 다양한 방법론에 따라 실증분석이 이루어지고 있다. 또한 세계 다른 나라와 같이 비교적 높은 투자수익률을 보인 것이 사실이다.

이 장(章)에서 농업연구투자 효과에 대한 이론적 접근은 알스톤 외(Julian M. Alston, George W. Norton, Philip G. Pardey, 1995)의 3장(Econometric Measurement of the Effects of Research)과 4장(Economic Surplus Methods)에 의거하여 정리하였으며 실증적 연구결과는 에반슨(Robert E. Evenson, 2001)의 자료에서 선별적으로 소개하였다.

13.1 농업연구의 경제적 효과측정을 위한 이론모형

13.1.1 농업 연구투자의 특성과 경제적 효과측정

농업 연구투자는 기술변화를 가져오며 기술변화는 농업 생산성 증가로 나타난다. 생산성 증가는 새로운 산출물의 개발이나 기존의 산출물의 개선, 새로운 투입물의 개발이나 기존 투입물의 개선, 또는 보다 값싼 투입물 개발과 생산자가 더 효과적으로 투입물을 결합시키는 유용한 지식의 축적 등에서 얻어질 수 있다. 즉 생산성 증가는 같은 투입물에서 더 많은 산출물을 얻거나 더 적은 투입물로 같은 양의 산출물을 얻을 수 있는 것이다.

이와 같은 연구투자에 대한 경제적 이익을 계측하기 위한 방법은 첫째, 상품시장에서 수요공급모형에 의한 소비자 잉여와 생산자 잉여를 계측하거나, 둘째, 총생산함수모형에서 연구개발 투자(R&D)에 의하여 주어진 투입물로 산출물의 증가를 가져오거나 주어진 산출물에서 투입물을 감소시키는 효과를 평가하기 위하여 생산함수의 파라미터를 계측하여 얻을 수 있다.

농업 연구투자의 효과를 계측하는 데 고려해야 할 사항은 연구개발투자(R&D)의 시차효과와 생산성 유지를 위한 연구투자 문제이다. R&D의 시차효과는 농업연구투자가 이루어진 후 그 수익을 얻는 데는 긴 시간이 필요하기 때문이다. 〈그림 13-1〉과

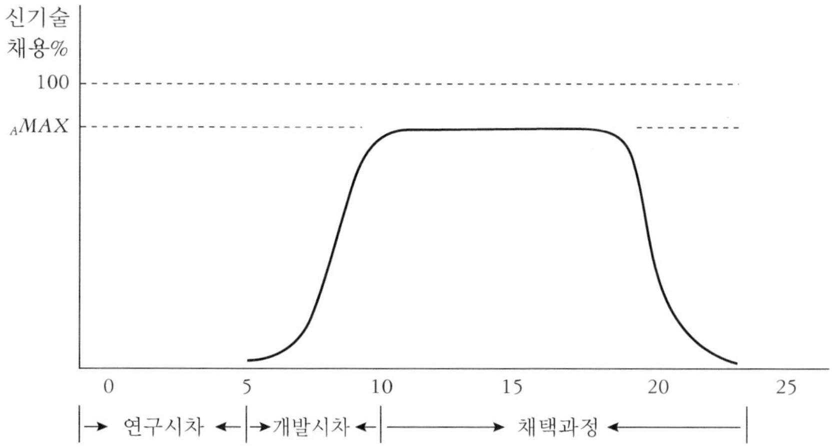

그림 13-1 연구개발 및 채택시차

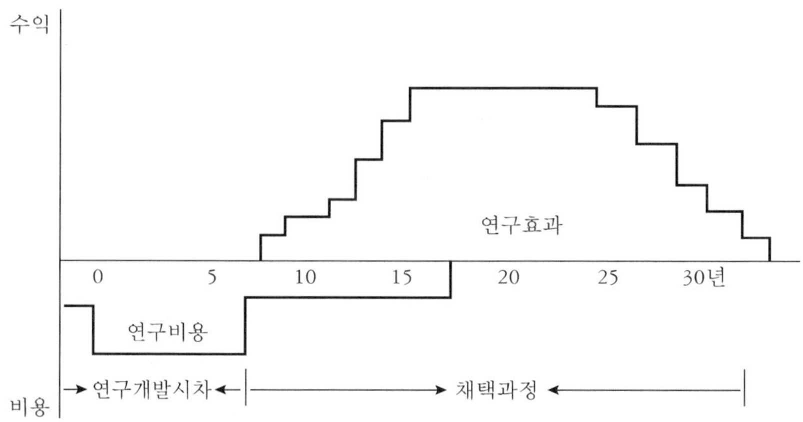

그림 13-2 시차에 따른 연구개발비 및 수익

〈그림 13-2〉에서 볼 수 있듯이 연구투자에 대한 비용과 수익은 시간적인 흐름(flow of the timing)을 갖는다. 그림에서 수직축은 어떤 특정연도의 수익과 비용의 흐름이며 수평축은 R&D사업이 시작된 후 연수를 나타낸다. 초기에는 R&D는 아무 성과도 없이 비용만 들어가기 때문에 수익은 부(負)로 나타난다. 그러나 R&D가 상업화로 성공하는 경우에는 이러한 비용이나 실패한 경우에 갖게 되는 비용을 시차를 두고

모두 되돌려 받을 수 있는 수입을 얻게 된다. 이러한 시차는 연구개발에 대한 시차(research and development lag)와 기술수용 과정에서 나타나는 시차(technology adoption process lag)로 구분하여 설명할 수 있다. 연구결과를 얻고 연구결과를 상용화 할 수 있도록 발전시키는 데는 시간이 필요하다. 즉 기술을 개발한 후 농장에서 시험하여 허가나 인증(certification)을 받고 보급품종을 만드는 데 시간이 걸리기 때문이다. 이처럼 성공한 기술을 상용화할 수 있는 데까지 개발하여도 이를 실제로 농가에 보급하는 데에는 긴 시간이 걸리며 따라서 농촌의 기술지도 보급사업이 필요하다. 이러한 기술개발과 보급에 필요한 긴 시간을 단축시키면 그 경제적 효과는 실로 막대한 것이다. 그림에서 볼 수 있듯이 기술이 개발되어 시차를 가지면서 보급되어 수익이 나타나지만 이러한 수익의 흐름은 무한히 지속될 수도 있으나 대부분 감소하게 된다. 왜냐하면 시간이 가면서 기존의 기술은 쓸모가 없어지게 되거나 가치가 감소되기 때문이다. 병충해 방제기술의 경우에 지속적인 기술의 사용은 병충해에 대한 내성(耐性)이 커져서 효과가 작아진다. 또한 새로운 기술의 개발에 의하여 쓸모없는 기술이 되거나 투입물과 산출물 시장조건의 변화로 경제성이 낮아질 수도 있다.

이러한 사실은 R&D가 반드시 생산성을 높이는 것만이 아니라 생산성이 낮아지는 것을 방지하기 때문에 생산성을 유지하기 위한 연구(maintenance research)의 기여도 R&D의 특성을 나타낸다. 농업에서는 토양의 비옥도, 병충해의 증가, 잡초나 병충해의 내성증가, 새로운 병충해의 생성에 따라 수량이 감소하기 때문에 수량의 유지를 위한 연구의 효과는 단순히 수량증진에 따른 생산력 증진으로만 나타나는 것은 아니다. 따라서 농업연구에서는 기술개발의 단순한 전후(before and after) 비교가 아니라 유무(with and without) 비교가 중요하다. 최근에는 환경이나 보건과 관련된 규제가 점차 심해져 생산성 유지를 위한 연구가 없으면 농업 생산성이 감소하기 때문에 생산성 유지를 위한 연구투자의 중요성이 커진다. 따라서 통합적 병충해 방제관리나 육종, 유전자 변형에 의한 병충해 방제를 위한 연구 등이 점차 늘어가고 있다.

13.1.2 농업 연구효과측정을 위한 수요공급모형

시장경제에서 연구효과에 대한 모형은 수요공급곡선에 의하여 다음과 같이 설명할 수 있다. 〈그림 13-3〉은 교역이 없는 폐쇄경제에서 수요곡선 D와 연구에 의한 기술개발이 이루어지기 전의 공급곡선 S_0이며 이때의 가격은 P_0, 수량은 Q_0에서 균형을 이룬다. 연구효과에 의한 기술개발은 평균비용(AC)과 한계비용(MC)을 낮추기 때문에 공급곡선이 S_0에서 S_1 으로 이동한다. 새로운 공급곡선 S_1과 수요곡선 D는 균형가격과 균형수량을 P_0와 Q_0에서 P_1와 Q_1으로 이동시킨다. 균형수량은 $\triangle Q=Q_1-Q_0$만큼 증가하고 균형가격은 $\triangle P=P_0-P_1$만큼 낮아진다. 따라서 소비자잉여는 P_0abP_1 이며 이것은 $P_0aeP_1[Q_0\times\triangle P]$와 삼각형 abe의 합이다. 생산자잉여는 P_1bcd로 $P_1ecd[=Q_0\times(R-\triangle P]$와 삼각형 bce의 합이다. 농업연구에 대한 총수익은 소비자 잉여와 생산자 잉여의 합인 $P_0abcd=I_0abI_1$이며 직사각형 $P_0acd=R\times Q_0$는 삼각형 abc가 상대적으로 작을 때 P_0abcd의 근사 값이다.

가격하락으로 인한 소비자잉여의 증가는 기술변화 전의 수량에 절약된 비용($Q_0\times\triangle P$)과 소비증가에 따른 순수익을 합한 액수이다. 생산자는 비록 기술개발에 의하여 공급증가로 가격이 하락하였으나 단위 수량당 비용이 단위당 R만큼 떨어졌으며 이것은 가격하락보다 크기 때문에 즉 $Q_0\times(R-\triangle P)$와 추가생산으로 얻은 수익을 합한 만큼 생산자의 수익이 커졌다. 따라서 소비자와 생산자의 수익을 합한 액수가 기술개발에 의한 경제적 수익이라 할 수 있다. 이것은 $R\times Q_0$에 의하여 근사값을 구할 수 있다.

교역이 이루어진 개방경제에서 수요공급모형은 달리 나타난다. 개방경제에서도

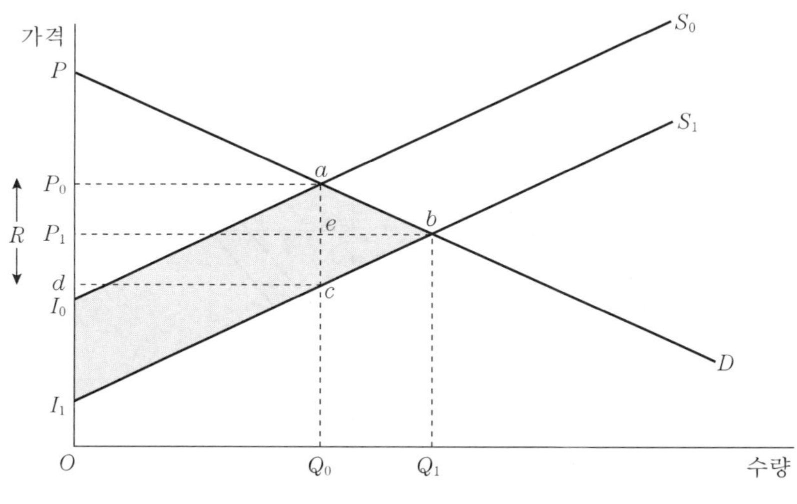

그림 13-3 연구투자의 수익모형

작은 나라에서는 기술개발에 의한 공급의 증가가 국제가격에 영향을 주지 못한다. 이러한 경우의 수요공급모형에 의한 기술개발의 효과는 〈그림 13-4〉와 같이 설명할 수 있다. 그림에서 기술개발 전의 소비량을 C_0, 생산량은 Q_0이며 국제가격은 P_w이다. 생산량 Q_0와 소비량 C_0의 차이는 T_0이며 이것은 수출국에서는 수출량, 수입국에서는 수입량을 나타낸다.

연구에 의한 기술개발로 공급곡선은 S_0에서 S_1으로 이동하며 생산량은 Q_0 에서 Q_1으로 증가한다. 그 결과 수출국에서는 수출량이 $C_0Q_0(QT_0)$에서 $C_0Q_1(QT_1)$으로 증가하고 수입국에서 수입량은 QT_0에서 QT_1으로 줄어든다. 이처럼 연구에 의한 기술개발이 개방된 작은 나라에서는 국제가격(P_w)에 영향을 주지 않으나 공급량에 영향을 주기 때문에 무역량에 영향을 준다. 그러나 국제가격에 영향을 줄 수 없기 때문에 경제적 잉여의 변화(I_0abI_1)는 모두 생산자 잉여로 귀착된다.

지금까지 시장경제의 수요공급모형에서는 공급곡선의 이동에 영향을 주는 기술개발의 효과를 계측하는 데 관심을 가졌다. 그러나 수확 후 기술개발이나 가공기술개발은 수요변화를 가져오는 기술이며 기초연구, 사회과학 연구, 환경영향에 관한 기술은 수요공급에 영향을 주지 않는 기술이라 할 수 있다. 특히 생물 다양성이나 품종보존, 지하수 오염, 농약잔류에 의한 인간의 안전성에 관한 연구 등은 경제적 잉여를 계측할 수 없는 비시장경제(non-market)에 관한 연구효과 계측문제라 할 수 있다. 그러나

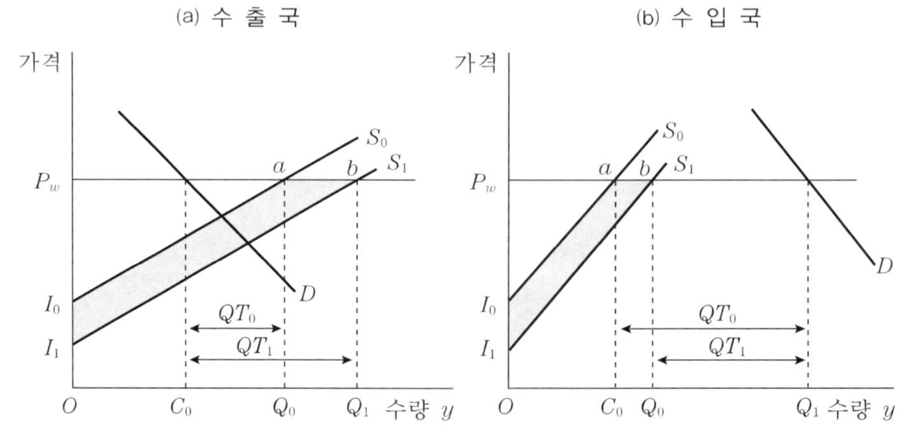

그림 13-4 작은 나라의 연구수익

이와 같은 비시장경제에서 농업연구 효과의 계측은 현실적으로 계량화하기 어렵기 때문에 계측이 어려운 것이 사실이다.

13.1.3 농업 연구효과의 계량경제적 접근

농업연구의 사후적 효과(ex-post effect)를 측정하기 위하여 농업 산출, 이윤, 비용을 직접 농업 연구투자와 함수적 관계로 연계시켜 연구투자가 산출이나 이윤의 증가와 비용감소에 얼마나 효과를 갖는지 계측할 수 있다. 이와 같은 계량경제적 접근방법에는 모수적 접근(parametric approach), 비모수적 접근(non-parametric approach)과 지수적 접근(index-number approach)방법이 있다. 이러한 접근방법은 다음과 같이 설명할 수 있다(Alston, Norton and Pardey, 1995).

13.1.3.1 모수적 접근방법

모수적 접근은 연구효과를 측정하기 위하여 산출물과 투입물을 명시적 함수관계로 나타내는 것이다. 모수적 접근은 원형 접근(primal approach), 쌍대형 접근(dual approach)과 공급방정식(supply equation)에 의한 접근으로 나눌 수 있다. 원형 접근방법(primal approach)은 산출물이 종속변수가 되는 생산함수(production function), 산출물이 토지와 같은 단일 투입물의 단위당 수량으로 나타나는 반응함수(response function)와 산출물이 총 투입물의 단위당 수량으로 나타나는 생산성 함수(productivity function)에 의하여 접근하는 것이다.

이처럼 원형 접근방법은 생산모형(production model)에서 연구를 설명변수(explanatory variable)로 하여 그 효과를 직접 측정할 수 있다. 쌍대형 접근(dual approach)은 연구 변수가 이윤함수(profit function)나 비용함수(cost function)에 설명변수로 포함된 것이며 공급방정식(supply equation) 접근은 요소수요함수(factor demand function)나 산출물 공급함수(output supply equation)에 설명변수로 포함된 것이다.

원형 접근(primal approach)에 의한 생산함수는 다음과 같이 나타난다.

$$Q_t = f(X_t, Z_t, I_t, U_t) \quad (1)$$

Q_t는 t기의 생산량, X_t는 전통적인 투입요소, Z_t는 여러 가지 하부구조에 대한 공공 투자로 준고정 요소(quasi-fixed factor), I_t는 기술지수(technology index)로서 지식저량(knowledge stock)인 K_t에서 오는 서비스 유량(flow of services) 이며 U_t는 기후나 병충해와 같이 통제할 수 없는 요인이다.

위 식에서 연구투자는 전통적인 투입물과 산출물의 질이나 가격을 변화시키고, 지식저량(knowledge stock)을 증가시켜 현존 지식저량을 이용하여 생산성(전통적 투입물 단위당 산출물 Q/X)을 변화시킨다. 기술지수(I_t)는 다음 식과 같이 지식저량(K_t), 요소의 상대가격(W_t), 농민의 인간자본 저량(H_t) 기술지도 및 보급(E_t), 하부구조 변수(Z_t)에 의하여 외생적으로 결정된다.

$$\tau_t = \tau(K_t, W_t, H_t, E_t, Z_t) \tag{2}$$

현존지식의 저량(the current knowledge stock)인 K_t는 더 개선된 정보나 환경변화에 따라 D_t만큼 감가상각이 되고, 과거의 연구투자에 의한 결과(K_{t-1})에 의하여 I_t만큼 증가하기 때문에 다음과 같이 표시할 수 있다.

$$K_t = K_{t-1} + I_t - D_t \tag{3}$$

따라서 현재의 지식저량은 이와 같이 지식의 감가(D_t)와 지식의 증분(I_t)의 누적이라 할 수 있다. 이처럼 현재의 유용한 지식의 증분(I_t)은 과거의 연구투자(R_{t-r})와 기술 보급투자(E_{t-e})의 관계로 다음과 같이 나타난다.

$$I_t = i(R_t, \cdots, R_{t-L_R}, E_t, \cdots, E_{t-L_E}, K_{t-1}, \widetilde{Z}_t) \tag{4}$$

위 식에서 $\widetilde{Z}_t$는 연구체계에 영향을 줄 수 있는 요인과 연구에 영향을 주는 제도적 및 연구경영 환경 요인으로 나타나는 준 고정요인(quasi-fixed factor)들이다. 이러한 연구투자와 유용한 지식저량 변화의 함수 관계는 연구생산함수(research production function)나 지식생산함수(knowledge production function)라 부른다. 그러나 지식저량을 직접 관찰할 수 없기 때문에 이를 계측하기 위해서는 다음과 같이 생산함수에서 시차분석에 의하여 접근해야 한다.

$$
\begin{aligned}
Q_t &= f(X_t, U_t, \tau_t[R_t, \cdots R_{t-L_R}, (E_t, \cdots, E_{t-L_E}), K_{t-1}, W_t, H_t, Z_t]) \\
&= f(X_t, R_{t-r}, E_{t-e}, W_t, H_t, Z_t, U_t) \text{ for } r, e = 0 \; to \; \infty
\end{aligned} \tag{5}
$$

위 식에서 현재의 산출 Q_t는 현재의 전통적 투입물 X_t, 무한한 시차로 나타난 과거의 농업연구투자 R_{t-r}과 기술보급 E_{t-e}, 현재의 요소가격 W_t, 인간자본의 저량 H_t, 교통이나 통신, 보건의료 등 하부구조를 나타내는 Z_t에 의해서 결정된다. 물론 Z_t에는 (4)식에서 나타난 연구기관이나 제도 및 환경요인도 포함되어 있다. 식(4)의 무한한 시차를 갖는 연구와 지도변수에서 식(5)에서는 지식저량의 시차변수 K_{t-1}을 빼고 대신 무한한 시차변수로 나타나는 연구와 지도변수를 R_{t-r}과 E_{t-e}로 시기가 한정된 시차변수로 바꾸었다. 이처럼 시차변수의 구조에는 지식의 감가분이 암묵적으로 반영되어 있다.

이와 같이 계량경제적 방법에 의한 생산함수 계측으로 총산출은 전통적인 투입물에 의하여 설명된 부분과 연구투자에 의하여 설명된 부분, 그리고 어느 것으로도 설명할 수 없는 잔여부분으로 나눌 수 있다. 결과적으로 매년 연구투자에 의하여 증가된 생산가액은 산출물 가격과 연구투자에 의하여 증가된 부분을 곱하여 얻을 수 있다. 이것은 앞서본 수요공급모형에 의한 연구투자의 경제적 효과계측과 같은 방법이다. 만일 산출물의 공급탄력성이 영(零)탄력적이고 수요탄력성이 무한 탄력적이라면 〈그림 13-5〉의 (a)와(b)에서 연구투자의 효과는 생산증가액이나 투입비감소액으로 나타

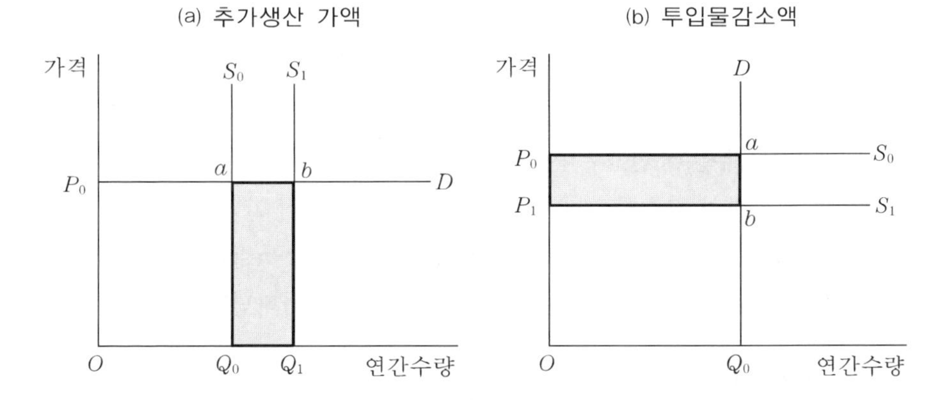

그림 13-5 가상적 연구투자효과 모형

난다.

그러나 실제 생산함수의 계측결과는 함수형태, 기술변화, 시차구조 등에 대한 특성에 따라 달라지기 때문에 이러한 문제에 대한 현실적인 주의와 선택이 중요하다. 원형 접근방법(primal approach)인 생산함수에 의하여 계측하는 연구투자 효과 분석은 생산함수에서 직접적으로 연구투자와 산출물의 관계를 도출하기 때문에 기술적 관계를 나타낸다. 따라서 비용함수나 이윤함수에서처럼 비용 최소화나 이윤 극대화 등 행태적 가정(behavioral assumption)을 전제로 하지 않는다는 이점을 가지고 있다. 그 결과 행태적 제약조건이 부적절한 경우에 초래할 수 있는 오류를 회피할 수 있다.

이에 대하여 두 번째 접근방법인 비용함수(cost function)나 이윤함수(profit function)로 접근하는 쌍대형 접근(dual approach)은 생산함수의 계측에서 나타나는 생산요소간의 다중 공선성(multicollinearity) 문제에서 자유로울 수 있다. 왜냐하면 이윤함수나 비용함수의 설명변수는 생산요소의 가격이기 때문에 가격간의 상관관계가 약하기 때문이다. 그러나 규모가 크지 않는 작은 나라에서 생산요소 가격의 변이가 크지 않고 생산요소 가격이 정부의 통제에 의하여 왜곡될 경우에는 추정된 모수의 신뢰성에 문제가 있다. 또한 비용 최소화나 이윤 극대화 등 행태적 제약조건이 전제되어야 한다. 쌍대형 접근인 비용함수는 다음과 같이 나타난다.

$$\begin{aligned} C_t &= c(Q_t, W_t, U_t, \tau_t[(R_t, \cdots, R_{t-L_R}), (E_t, \cdots, E_{t-L_E}), H_t, Z_t]) \\ &= c(Q_t, W_t, R_{t-r}, E_{t-e}, H_t, Z_t, U_{t)} \text{ for } r, e = 0\ to\ \infty \end{aligned} \tag{6}$$

이 식에서 C_t는 산출물 단위당 비용이며 W_t는 전통적 가변요소의 가격을 나타내는 등 모든 변수는 생산함수에서와 같다. 비용함수가 계측되면 매년 총생산비용을 전통적인 투입물에 귀속되는 부분과 연구투자에 귀속되는 부분으로 나눌 수 있다. 따라서 연구투자에 의하여 생산비의 감소를 계측하여 연구투자의 경제적 효과를 파악할 수 있다.

세 번째 접근방법은 상품에 대한 공급반응모형(supply-response model)인 단일 방정식모형(single equation model)이며 다음과 같이 나타난다.

$$Q_t = q(P_t,\ W_t,\ \tau_t,\ U_t) \tag{7}$$

위 식에서 P_t는 산출물의 기대가격이며 다른 모든 변수들은 앞서 본 변수와 같다. 식(7)은 시차변수에 의한 연구투자와 기술지도와 보급투자를 포함하여 다음과 같이 나타낼 수 있다.

$$\begin{aligned} Q_t &= q(P,\ W_t,\ U_t,\ \tau_t[(R_t, \cdots, R_{t-L_R}), (E_t, \cdots, E_{t-L_E}), H_t, Z_t]) \\ &= q(P_t,\ W_t, R_{t-r}, E_{t-e}, H_t, Z_t, U_t) \ \text{for } r, e = 0\ to\ \infty \end{aligned} \tag{8}$$

이와 같이 공급함수가 계측되면 연구효과를 얻기 위하여 수요함수를 계측하고 소비자와 생산자가 얻을 수 있는 이익을 수요공급모형에 의하여 구할 수 있다.

13.1.3.2 비모수적 접근방법(non-parametric approach)

모수적 접근방법은 생산함수 계측에서 함수형태, 기술변화, 시차구조의 선택에 따라 결과가 달라지는 제약조건 때문에 최근에는 이러한 문제에서 비교적 자유로운 비모수적 접근방법이 이루어지고 있다. 더구나 모수적 방법은 의사결정단위의 효율성을 전제로 하지만 실제로 효율적인지의 여부는 검증이 필요하다. 따라서 이러한 제약에서 벗어난 비모수적 접근이 유용하다. 왜냐하면 실제로 진정한 함수형태(true functional form)를 모르기 때문에 특정 함수형태를 전제로 하지 않는 비모수적 접근은 이에 대한 제약에서 자유롭기 때문이다. 그러나 비모수적 접근은 자료에 대하여 비용최소의 약공리(Weak Axiom of Cost Minimization: WACM)와 이윤극대에 대한 약공리(Weak Axiom of Profit Maximization: WAPM)의 행태적 공리(axiom of behavior)에 대한 일관성 여부를 점검해야한다.

챠베스(Chavase)와 콕스(Cox)에 의한 비모수적 접근모형(Chavase & Cox, 1988)은 다음과 같다. 이윤극대화를 추구하는 어떤 기업은 아래와 같이 표시할 수 있다.

$$\pi(P, \tau, h) = \underset{X}{Max}\ P'X\ subject\ to\ g(X, \tau) \geq h \tag{9}$$

X는 산출물을 정(正)으로 나타내며 투입물을 부(負)로 나타내는 물량 벡타이며, P는 물량에 대응하는 가격 벡타이다. 함수 $g(X, \tau)$는 기술을 나타내며 $\tau > 0$은 기술지

수, h는 스칼라, $\pi(.)$는 간접목적함수(indirect objective function)이다. 함수 $g(.)$는 X에 대하여 오목하다. 이 기업은 $X_1,\cdots,X_t$기에 각각 X를 선택한다. 이렇게 X를 선택할 때는 시장가격 P_t와 기술(h_t, τ_t), $t=1,\cdots,T$로 특징을 갖는다. 생산분석에서 비모수적 접근방법은 식(9)의 최적화 문제에서 실제로 결정하는 $X=\{X_1,\cdots,X_T\}$의 일관성 여부를 검증하는 것이다. 즉 X_t가 $max\{P_t^{'}X: g(x, \tau_t \geq h_t\}$를 충족하는 해(解)인 $X^*(P_t, \tau_t, h_t)$와 같은가의 여부를 판단하는 것이며 이때 $g(X,\tau)$, $\pi(X,\tau,h)$나 $X^*(P_t,\tau_t,h_t)$에 대한 함수형태를 특정화할 필요는 없다. 이처럼 비모수적 검증은 통계적 검증이 아니며 (9)식의 극대화 문제에서 자료가 합리성을 나타내는 생산함수의 존재를 보증하는 부등가(a set of inequality)를 검증하는 것이다.

이윤극대화(profit maximization)는 다음과 같다. h가 0일 때 (9)식에서 기술 $g(X,\tau)$는 암묵적 생산경계(implicit production frontier)를 나타낸다. 기술변화가 없는 때는 $t=1,\cdots,T$에서 $\tau_t=1$이며 $g(X_t,1)=0$이다. 이윤극대화는 모든 s와 t에 대하여 $P_t^{'}(X_t-X_s)\geq 0$이다. 이 부등가가 배리안(Varian, 1984)의 이윤극대에 대한 약공리이다. 즉 t기에 X_t가 이윤극대화가 되면 다른 X_s를 선택할 수 없으며 t기의 가격에서 X가 더 큰 이윤을 얻기 때문이다. 따라서 비모수적 접근방법은 자료에서 t기와 다른 기를 비교하여 이윤의 크기를 검증하는 것이다.

비용극소화는 식(9)에서 h_t가 산출물일 때 $g(X,\tau)$는 명시적 생산함수이며 X_t는 투입물가격이 W_t인 투입물 벡타이다. X_t는 부(負)의 값을 나타낸다. 배리안(Varian, 1984)에서 볼 수 있듯이 기술변화가 없을 때는 만일 $h_t \leq h_s$이면 비용극소는 모든 s와 t에 대하여 $W_t^{'}(X_t-X_s)\leq 0$으로 나타나며 이 부등가가 비용최소에 대한 약공리(WACM)이다. 즉 t기의 투입물은 h_t보다 더 큰 산출물을 생산할 수 있는 어떤 다른 투입물 조합보다 t기의 가격에서 비용이 적다는 것을 말한다. 비용이 t기에 최소가 되면 더 큰 비용을 들이지 않고 더 큰 산출물을 얻을 수 있는 다른 X_s의 조합은 있을 수 없다는 것이다. 이처럼 비용최소화의 비모수적 접근은 자료에서 t기의 물량 조합과 다른 기의 물량조합을 비교하여 비용최소화를 검증하는 것이다.

기술변화는 이 과정에서 배제되었으며 따라서 기술진보가 있으면 이윤극대에 대한 약공리(WAPM)나 비용최소에 대한 약공리(WACM)가 지켜지지 않는다. 그러나 콕스(Cox)와 챠베스(Chavase)는 중립적 기술과 편향적 기술을 포함시켜 이윤극대화 가설 하에서 생산행위의 일관성에 대한 필요충분조건을 제시하였다(Cox &

Chavase, 1990).

$$P'_t[y(Y_t, A_t) - y(Y_s - A_t)] - R'_t[x(X_t, B_t) - x(X_s, B_t)] \geq 0 \qquad (10)$$

위의 식(10)은 생산기술을 포함하나 특정 함수형태를 가정하지 않는 비모수적 분석을 위한 기본모형이다. 즉 투입물과 산출물에 기술변화를 포함한 이윤극대에 대한 약공리(WAPM)의 일반모형이다. 그러나 위 식(10)은 실증분석을 위해서는 $Y(y, A)$와 $X_i(x_i, B_i), i = 1, \cdots, n$에 대한 특정한 함수식이 필요하다. 차베스와 콕스(Chavase & Cox, 1992)에 의거하여 $Y = y - A$와 $X_i = x_i + B_i, i = 1, \cdots, n$이며 가산적 선형식(additive linear specification)으로 다음과 같이 표시할 수 있다.

$$P'_t[Y_t - A_t - Y_s + A_s] - R'_t[X_t + B_t - X_s - B_s] \geq 0 \qquad (11)$$

위 식에서 Y_t는 가격 P_t와 관련이 있는 스칼라 단일 산출물이며 X_t는 투입물 가격 R_t와 관련된 투입물 벡터이다. A_t는 실효산출물(output augments)로 값이 크면 생산성이 높다. B_t는 실효투입물(input augments)로 $B > 0$이면 요소절약적 투입물 편향(factor saving input bias)을 의미하고 $B < 0$이면 요소사용 투입물 편향(factor using input bias)을 의미한다.

$[Y(A_s, X_t)/Y(A_t, X_t)]$는 t기와 s기 사이에 생산함수의 이동(shift)을 계측하는 생산성 지수이다. 식(11)에서 $Y(A_s, X_t)/Y(A_t, X_t) = 1 + (A_s - A_t)/Y_t$는 t를 기준으로 s에서 기술변화의 영향을 계측하는 총요소생산성 지수(index of total factor productivity)라 할 수 있다.

이처럼 식(11)은 기술진보에 대한 연구효과를 분석하기 위한 기초를 제공하며 비모수적 접근이기 때문에 투입물간 대체에 관한 제약이 주어지지 않는다. 또한 생산기술, 기술변화, 기술진보에 관한 연구효과를 동시에 추정할 수 있으며 연구투자와 생산성 상승 간 시차분포의 길이나 모양에 대한 신축성이 있다. 또한 기술진보에 대한 민간연구와 공공연구의 효과를 분리할 수 있고 쉽게 계측할 수 있는 선형연산이 가능하다는 점이 장점이다(Chavase & Cox, 1992). 그러나 측정단위(scaling) 문제나 디프레이터(deflator)문제뿐만 아니라 프론티어(frontier)로부터 이탈을 비효율적인 것으로 간주하는 비모수 접근법은 확률적 요인을 전혀 고려하지 못한다. 따라서 관측치에 민감하게 영향을 받고 통계적 추론이 불가능하다는 등 단점도 있다.

13.1.3.3 지수적 접근방법

지수적 접근방법(index number approach)은 계량경제적 접근에 의한 생산기술 진보의 측정과 기술진보에 대한 연구효과를 측정하는 데 이론적 측면에서나 실제적 측면에서 중요하다. 왜냐하면 투입물과 산출물의 지수화 과정에서 투입물과 산출물의 총합(aggregation)이 어떻게 이루어지느냐가 결정되기 때문이다. 총합에 의하여 투입물과 생산물의 지수화가 이루어지고 이를 이용하여 총생산함수, 총비용함수, 총이윤함수를 추정할 수 있다. 또한 지수화 과정을 통하여 농업생산이나 농업생산성 성장의 특성을 파악할 수 있는 노동생산성이나 토지생산성, 총생산성 등 생산성을 계측할 수 있다. 이렇게 계측된 생산지수나 생산성지수를 이용하여 계량경제학적 방법으로 연구투자의 산출물 증가효과를 파악할 수 있다.

일반적으로 생산수준의 증가는 생산기술의 변화, 생산과정에서 투입물의 증가, 투입물의 효율성 변화의 세 가지 요인에 의하여 설명할 수 있다. 〈그림 13-6〉은 단일 생산물에 대한 신고전 생산함수 $F_1(X)$와 $F_2(X)$를 나타낸다. 두 생산함수는 생산과정에서 투입물 X와 산출물 Q에 대하여 기술적으로 효율적인 조합이며 F_1은 1기, F_2는 2기에 사용된 생산기술이다.

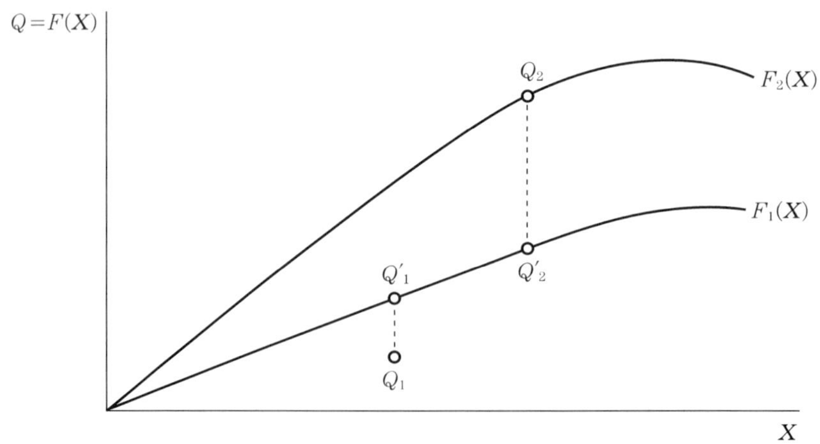

그림 13-6 생산성 격차의 신고전 모형

총생산성(TFP)은 F_1보다 F_2가 높으며 이 두 생산성 변화는 앞서본 3가지 요인에 의하여 설명할 수 있다. 먼저, Q_1은 $F_1(X)$ 위에 있는 Q_1'보다 투입은 같으나 산출이 낮으며 이것은 비효율성에 기인한다. 두 번째, 산출물 Q_2는 Q_1보다 투입물이 높은 규모경제에 의하여 산출물의 차이를 설명할 수 있으며 이것은 Q_1'과 Q_2'의 차이로 계측할 수 있다. 세 번째 생산함수 F_2는 F_1보다 높은 총생산성으로 설명할 수 있으며 이 차이는 Q_2와 Q_2'의 차이로 계측할 수 있다. 이와 같이 총생산성(TFP)의 차이는 생산효율, 생산규모, 생산기술의 3요인에 의하여 설명할 수 있다(John M. Antle and Susan M. Capalbo, 1988, p.49). 이처럼 지수적 방법에 의하여 총생산성을 계측하고 연구투자에 의한 총생산성의 경제적 효과를 측정할 수 있다. 실제적인 계측에서는 세 가지 요인이 분리될 수 없는 경우가 많기 때문에 정확한 효과를 측정하기는 어렵다.

지수(index number)는 경제학에서 모든 변수를 수량화할 때 필요하다. 생산성을 계측하기 위하여 지수적 접근방법에서는 다른 접근방법과는 달리 지수의 역할이 명시적으로 분명하다. 특히 투입물이나 산출물 또는 투입물 가격이나 산출물 가격을 총합화(aggregation)하는 과정에서 지수문제가 대두된다. 예컨대 상대적 가격변화에 따른 수량변화는 다른 요인에 따른 수량변화와 구분되어야 한다. 수량변화는 총합화 과정에서 가격을 가중치로 사용하게 되는데 상대적 가격변화에 따라 수량변화가 과소평가되거나 과대평가되기 때문이다.

상대가격의 변화에 따른 수량지수의 영향을 최소하기 위해서는 디비지아 지수(Divisia index)방법이 적절하다. 릭터(Richter, 1966)가 지적한 바와 같이 디비지아 지수는 투입물 수량만 변화하고 다른 실질적인 변화가 없을 때는 지수자체가 변하지 않기 때문이다. 물론 가격지수에서도 상대적 수량변화를 가중치로 사용하면 똑같은 지수문제에 부딪치게 된다. 즉 실제 가격변화가 없음에도 불구하고 상대적 수량변화에 따른 가격지수가 과소평가되거나 과대평가될 수 있다. 그러나 가격지수를 디비지아 지수방법에 의하면 이런 문제를 최소화할 수 있다.

디비지아 지수에 의한 총투입물지수는 다음과 같다.

$$XI_t^D = XI_b^D \exp \frac{W_s^{'} \triangle X_s}{W_s^{'} W_s} ds \tag{12}$$

XI_b^D는 기준년 b기의 지수, XI_t^D는 t기의 지수

X_s는 투입물 벡타, W_s는 투입물 가격벡타, $\triangle X$는 투입물 변화

위와 같은 식(12)의 디비지아 지수는 투입물과 가격이 연속형 지수이기 때문에 이산형 근사치(discrete approximation)는 연쇄지수(chain-linked index) 방식으로 다양하게 계측할 수 있다. 즉 라스파이레스(Laspeyres), 파쉐(Paasche), 피셔(Fisher), 퇴른크비스트(Törnqvist) 근사(approximation)에 의하여 다음과 같이 구할 수 있다.

라스파이레스 근사(Laspeyres approximation)

$$XI_t^{DL} = XI_{t-1}^{DL} [1 + \frac{W'_{t-1}(X_t - X_{t-1})}{W'_{t-1} X_{t-1}}] = XI_{t-1}^{DL} \frac{W'_{t-1} X_t}{W'_{t-1} X_{t-1}} \tag{13}$$

파쉐 근사(Paasche approximation)

$$XI_t^{DP} = XI_{t-1}^{DP} [1 + \frac{W'_t (X_t - X_{t-1})}{W'_t X_{t-1}}] = XI_{t-1}^{DP} \frac{W'_t X_t}{W'_t X_{t-1}} \tag{14}$$

피셔 근사(Fisher approximation)

$$XI_t^{DF} = XI_{t-1}^{DF} (\frac{W'_{t-1} X_1}{W'_{t-1} X_{t-1}})^{\frac{1}{2}} (\frac{W'_t X_1}{W'_t X_{t-1}})^{\frac{1}{2}} \tag{15}$$

퇴른크비스트 이산형 근사(Törnqvist discrete approximation)

$$XI_t^{DT} = XI_{t-1}^{DT} \prod_{i=1}^{m} \left(\frac{X_{i,t}}{X_{i,t-1}} \right)^{\bar{S}_{i,t}} \quad \text{where} \quad \bar{S}_{i,t} = \frac{1}{2}(S_{i,t} + S_{i,t-1}) \tag{16}$$

$$S_{i,t} = X_{i,t} W_{i,t} / (\sum_{i=1}^{m} X_{i,t} W_{i,t}))$$

특히 퇴른크비스트지수는 선형 동차 트랜스로그함수(linear homogeneous translog function)로 라스파이레스(Laspeyres)나 파쉐(Paasche)방법처럼 투입물 대체에 대한 제약이 없는 신축적인 일반적 함수형태를 갖기 때문에 최상(superlative)의 지수라 불린다(Diewert, 1976). 퇴른크비스트 방법에 의한 산출물 지수(QI_t^{DT})

와 성장률은 각각 다음과 같이 구할 수 있다. 산출물 j에 대한 t의 가중치는 산출물 수익비중으로

$$QI_t^{DT} = QI_{t-1}^{DT} \prod_{j=1}^{n} \left(\frac{Q_{j,t}}{X_{j,t-1}} \right)^{\bar{S}_{j,t}} \text{ where } \bar{S}_{j,t} = \frac{1}{2}(S_{j,t} + S_{j,t-1}) \qquad (17)$$

산출물 j에 대한 t기의 가중치는 산출물 수익 비중으로

$$S_{j,t} = Q_{j,t}P_{j,t}/(\sum_{j=1}^{n} Q_{j,t}P_{j,t})) \qquad (18)$$

$$\ell n(QI_t^{DT}/QI_{t-1}^{DT}) = \sum_{j=1}^{n} \frac{1}{2}(S_{j,t} + S_{j,t-1})\ell n(Q_{j,t}/Q_{j,t-1})) \qquad (19)$$

이와 같이 퇴른크비스트 지수는 다른 지수와는 달리 동차성이나 일정한 규모경제를 전제로 하지 않는 장점을 가졌다. 비록 통계이론에 의한 신뢰성을 평가할 수 없다 하더라도 작은 관측치를 가지고도 자유도 문제나 작은 표본에 따른 통계적 신뢰성 문제가 제기되지 않는 점들이 유리하다. 이에 반하여 계량경제적 접근은 자유도문제나 다중공선성(multicollinearity) 문제, 비용함수나 이윤함수의 계측에서 완전경쟁이나 효율적인 투입물이용 등에 대한 가정이 필요하다는 문제점을 갖는다. 따라서 이용 가능한 자료, 연구목적, 요구되는 자료에 따라 적절하게 가능한 접근방법이 이루어져야 하며 또 여러 접근방법이 상호간에 보완적으로 이용될 수 있다.

13.2 농업 연구효과 계측의 실증 모형

농업 연구효과를 계측하기 위한 이론적 접근방법은 앞서 본 바와 같이 모수적 방법, 비모수적 방법과 지수적 방법으로 각각의 장단점이 있다. 실제로 자료를 가지고 실증분석을 하기 위해서는 어느 한 가지 접근방법에 의해서 이루어지기 보다는 이러한 모든 접근방법을 이용하여야 한다. 먼저 총생산지수나 총투입지수를 구축하여 총생산성 지수를 계측하고 총생산지수나 총생산성 지수를 생산함수나 비용함수, 이윤함수 등 계량경제적 접근에 따라 생산기술의 특성, 투입의 한계생산, 기술변화, 규모경제, 생산탄력성이나 투입물의 대체탄력성을 분석하여 기술 진보율과 생산성 성장이나 기술진보의

원천을 구명할 수 있다. 또한 수요공급모형에 의하여 소비자잉여와 생산자잉여의 계측으로 농업 연구투자의 경제적 효과를 파악할 수 있다.

농업생산성의 실증적 계측을 위해서는 토지생산성이나 노동생산성과 같은 요소의 부분생산성(partial factor productivity: PFP)과 다중요소생산성(multiple factor productivity: MFP)으로 구분된다. 이론적으로는 총 요소생산성(total factor productivity: TFP)이라 할 수 있으나 실증적인 계측에서 총 요소를 포함하는 것은 불가능하기 때문에 다중요소생산성(MFP)으로 표시한다. PFP_i는

$$PFP_i = \frac{Q}{X_i} \qquad i = 1, \cdots, m \qquad Q\text{:산출물}, \quad X_i\text{: 투입물} \tag{20}$$

또는

$$PFP_i = \frac{Q^*}{X_i^*} \equiv \frac{QI}{XI_i} \qquad i = 1, \cdots, m$$

$$Q^*\text{:산출물 총계}, \quad X_i^*\text{:투입물 총계} \tag{21}$$

이며 QI와 XI_i는 각각 산출물과 투입물 i에 대한 총산출물 지수와 총투입물 지수를 말한다.

다중요소생산성(MFP)의 계측은 다음과 같이 총산출물 Q와 단위당 투입물 X로 나타난다.

$$MFP = \frac{Q}{X} \tag{22}$$

다중요소생산성의 성장률 mfp_t는 산출물 성장률(q_t)과 투입물 성장률(x_t)의 차로 다음과 같다.

$$mft = q_t - x_t \qquad mft = \frac{dMFP_t}{dt} \cdot \frac{1}{MFP_t} \tag{23}$$

$$q_t = \frac{dQ_t}{dt} \cdot \frac{1}{Q_t}, \quad x_t = \frac{dX_t}{dt} \cdot \frac{1}{X_t}$$

따라서 앞서 본 (12)식 디비지아 지수(Divisia index)에서 mft를 계측할 수 있다. 실제로 퇴른크비스트지수의 성장률 차이로 생산성의 성장률은 다음과 같이

계측한다.

$$mft \approx \ell n(MFP_t / MFP_{t-1}) = \ell n(QI_t^{DT} / Q_{t-1}^{DT}) - \ell n(XI_t^{DT} / XI_{t-1}^{DT}) \quad (24)$$

생산함수를 이용하여 농업연구의 효과를 계측하기 위해서는 기본적인 함수형태로 콥-다그러스 생산함수(Cobb-Douglas production function)를 이용하여 다음과 같이 나타낸다.

$$Q_t = \widetilde{\alpha}_0 \prod_{i=1}^{m} X_{i,t}^{\alpha_i} \prod_{g=1}^{k} K_{g,t}^{\beta_g} \prod_{h=1}^{z} Z_{h,t}^{\psi_h} e^{\mu_t} \quad (25)$$

Q_t : t기의 산출물 Q

$X_{i,t}^{\alpha_i}$: t기의 전통적 투입물인 토지, 노동, 자본과 구입 투입물

$K_{g,t}^{\beta_g}$: t기의 지식 저량을 결정하는 농업연구 지도에 관한 변수

$Z_{h,t}^{\psi_h}$: t기의 제도, 하부구조 등 정책변수

식(25)의 변수를 대수함수로 선형 변형시키면 다음과 같다.

$$\ell n\, Q_t = \alpha_0 + \sum_{i=1}^{m} \alpha_i \ell n\, X_{i,t} + \sum_{g=1}^{k} \beta_g \ell n\, K_{g,t} + \sum_{h=1}^{z} \psi \ell n\, Z_{h,t} + \mu_t \quad (26)$$

식(26)에서 모형의 기술구조는 모수인 α, β, ψ에 의하여 파악할 수 있고 μ는 산출물에서 측정할 수 없거나 통제할 수 없는 요인을 반영한다. 위 식에서 연구저량(research stock)의 생산탄력성은 다음 식에서 알 수 있듯이 회귀계수인 β 값이다. 또한 연구저량의 한계생산은 다음과 같이 구할 수 있다.

$$MP_{Q_tK_t}(t) = \frac{\partial Q_t}{\partial K_t} = \xi_{Q_tK_t} \frac{Q_t}{K_t} = \beta_K \frac{Q_t}{K_t} \quad (27)$$

콥-다그러스 생산함수에서 연구저량의 탄력성 β 는 일정하지만 연구저량의 한계생산은 식(27)에서 볼 수 있듯이 산출(Q_t)과 연구저량(K_t)에 의해서 달라질 수 있다. 그러나 지식저량의 탄력성 β_K는 시간의 흐름에 따라 가치가 감소하기 때문에 감가된 K_{t-1}이나 지식의 증가분 I_{t-1}에 따라 결정되어 다음과 같이 표시된다.

$$K_t = I_{t-1} + (1-\delta_K)K_{t-1} \quad \delta : \text{현존 지식의 감가율} \tag{28}$$

따라서 K_t에 대한 시차(lag)의 구성이 필요하다. 시차의 형태가 콥-다글러스 형태로 탄력성이 일정하다고 가정하면 지식저량은 다음과 같이 나타낸다.

$$K_t = \prod_{r=1}^{\infty} R_{t-r}^{\lambda_r} \tag{29}$$

위 식에서 λ_r은 $t-r$기의 연구 지출과 t기의 지식저량을 연계하는 시차계수(lag coefficient)이다.

또한 연구지출 변수로 $R_t^* = \prod_{r=0}^{L_R} R_{t-r}^{\lambda_r}$ 로 표시한다.

시차구조는 역V(inverted V)형태, 사다리(trapezoid)형태, 다항식(polynomial) 형태 등 여러 가지가 있다. 가장 널리 쓰이는 다항식 형태를 이용하면 〈그림 13-9〉에서 볼수 있듯이

$$\lambda_r = \alpha_0 + \alpha_1 r + \alpha_2 r^2 \qquad r = 0, \cdots, L_R \tag{30}$$

$$\begin{aligned} \ell n R_t^* &= \sum_{r=0}^{L_R} (\alpha_0 + \alpha_1 r + \alpha_2 r^2)\ell n R_{t-r} \\ &= \alpha_0 \ell n R_{0,t}^* + \alpha_1 \ell n R_{1,t}^* + \alpha_2 \ell n R_{2,t}^* \end{aligned} \tag{31}$$

$$\ell n R_{0,t}^* = \sum_{r=0}^{L_R} \ell n R_{t-r}\, ; \ell n R_{1,t}^* = \sum_{r=0}^{L_R} r\,\ell n R_{t-r} \tag{32}$$

위의 식(31)에서 회귀식 추정(regression estimation)에 의하여 $\alpha_0, \alpha_1, \alpha_2$를 계측하여 식(30)에 대입하면 $r = 0, \cdots, L_R$에 대한 λ_r을 얻을 수 있다.

시차함수에 의하여 λ_r이 계측되면 연구에 의한 생산효과는 단순히 지식저량(K_t)에 의해서 결정되는 것이 아니라 시기에 따른 연구지출(research expenditure)의 효과를 계측할 수 있다.

$t-r$기에서 지출된 연구비의 t기에서 효과는 식(27)과는 달리 생산탄력성이 식(33)이 된다.

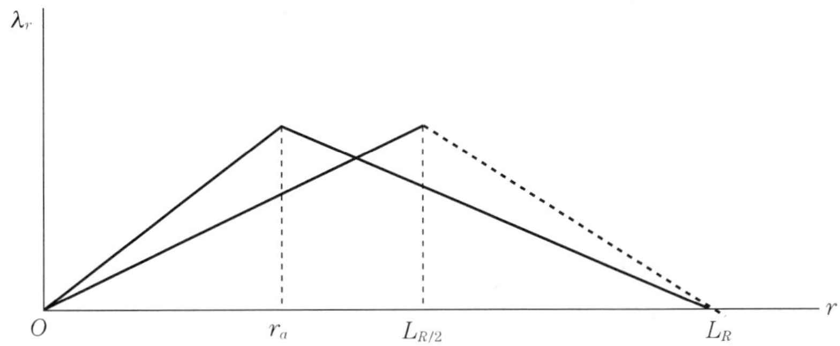

그림 13-7 역 V형 시차구조

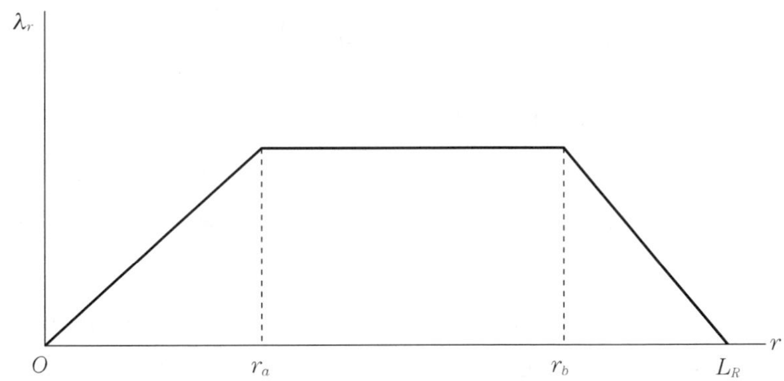

그림 13-8 사다리형 시차구조

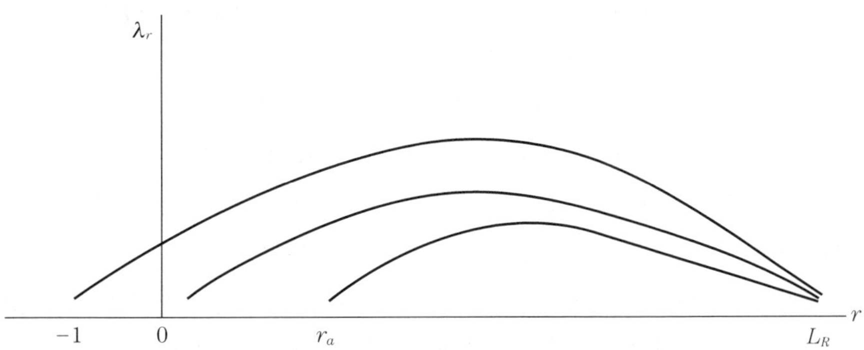

그림 13-9 다항분포 시차구조

$$\xi^{CD}_{QR_{t-r}} = \frac{\partial Q_t}{\partial R_{t-r}}\frac{R_{t-r}}{Q_t} = \frac{\partial Q_t}{\partial K_t}\frac{\partial K_t}{\partial R_{t-r}}\frac{R_{t-r}}{K_t}\frac{K_t}{Q_t} \tag{33}$$

$$= \xi^{CD}_{QK_t}\frac{\partial K_t}{\partial R_{t-r}}\frac{R_{t-r}}{K_t} = \beta_K\lambda_r$$

따라서 t기의 산출물에 대한 R_{t-r}의 한계생산은

$$MP^{CD}_{Q_tR_{t-r}}(t) = \frac{\partial Q_t}{\partial R_{t-r}} = \xi^{CD}_{Q_tR_{t-r}}\frac{Q_t}{R_{t-r}} = \beta_K\lambda_r\frac{Q_t}{R_{t-r}} \tag{34}$$

과거와 현재의 매년 연구지출에 대한 총효과는 다음식과 같이 도출된 수 있다.

$$TMP^{CD}_{Q_tR_{t-r}}(t) = \sum_{r=0}^{L_R} MP^{CD}_{Q_tR_{t-r}}(t) = \sum_{r=0}^{L_R}\beta_K\lambda_r\frac{Q_t}{R_{t-r}} \tag{35}$$

자료가 충분하지 않거나 다중공선성(multicollinearity) 문제가 있을 때는 생산함수 대신에 생산성함수(productivity function)에 의하여 연구투자의 효과를 계측할 수 있다. 또한 쌍대형 접근(dual approach)에 의하여 비용함수나 이윤함수로 접근할 수 있다.

농업연구의 효과는 지수적 접근에 의한 경제잉여방법(economic surplus method)으로 계측할 수 있다. 교역이 이루어지지 않는 폐쇄경제에서 〈그림 13-10〉과 같이 농업연구는 생산성을 높여 공급곡선이 우로 이동한다. 그림에서 연구투자 이전의 가격과 수량은 P_0, Q_0이며 연구투자 이후는 P_1, Q_1으로 이동한다. 공급곡선의 이동에 따른 총이익은 ΔTS=면적 I_0abI_1 이다. 이 면적은 원래의 균형수량 Q_0의 비용감소분(면적 I_0acI_1)과 생산자 잉여와 소비자 잉여의 증가에 따른 경제적 잉여 증가분인 소비증가분과 생산증가로 인한 비용증가분의 차로 나타난다($\triangle abc = Q_0abQ_1$-면적 Q_0cbQ_1). 이 면적은 소비자 잉여 증가분인 $\triangle CS$ = 면적 P_0abP_1과 생산자 잉여 증가분인 $\triangle PS$ = 면적P_1bI_1-면적 P_0aI_0의 합계로도 나타낼 수 있다. 만일 공급곡선 S_0가 우측으로 평행이동한다고 가정하면 면적dcI_1 = 면적 P_0aI_0이다. 또 P_0에서 P_1으로 균형가격이 하락하여 Q_0에서 Q_1으로 균형수량이 증가하면 생산자 잉여의 변화인 면적 P_1bcd는 현 생산량에서 순이익인 면적 P_1ecd와 Q_0에서 Q_1으로 수량증가에 따른 생산자 잉여의 증가인 면적 bce의 합계가 된다.

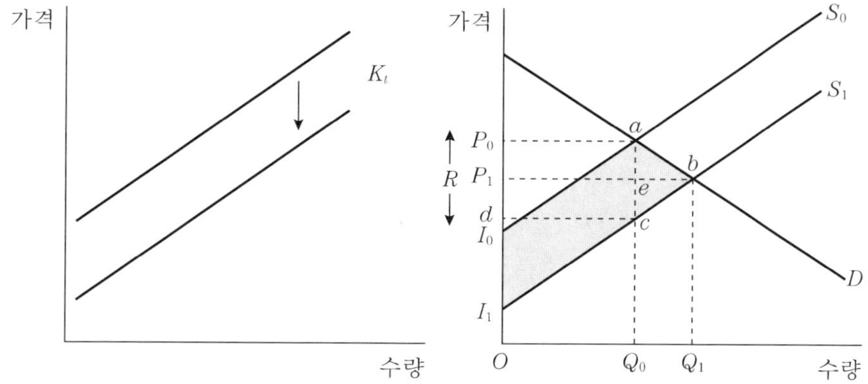

그림 13-10 폐쇄경제에서 경제적 잉여 계측

P_0에서 P_1으로 떨어진 상대적 가격하락을 $Z= K\epsilon/(\epsilon+\eta) = -(P_1 - P_0)/P_0$ 로 나타내고 ε 는 가격의 공급 탄력성, η 는 수요의 가격탄력이라고 하자. 위의 방정식 Z는 다음과 같은 가격에 대한 선형 수요공급방정식을 연립방정식으로 풀어 기울기와 절편의 모수(parameter)를 얻을 수 있다.

공급: $Q_S = \alpha + \beta(P + k) = (\alpha + \beta k) + \beta P$

수요: $Q_D = \gamma - \delta P$

위 식에서 k는 연구에 의하여 비용감소로 공급곡선의 하향이동을 나타내며 가격 P_0의 비율로 표시된 $k = (P_0 - d)$를 나타낸다. 최초가격 P_0에 대한 공급이동 $K = k/P_0 = (P_0 - d)/P_0$이다. $Q_s = Q_D = Q$일 때 균형가격 $P = (\gamma - \alpha - \beta k)/(\beta + \delta)$가 성립한다. $k = 0$일 때 $P_0 = (\gamma - \alpha)/(\beta + \delta)$이며, $k = KP_0$이면 $P_1 = (\gamma - \alpha - \beta KP_0)/(\beta + \delta)$이다. 연구에 의하여 유발된 가격의 변화는 $(P_1 - P_0) = -\beta KP_0/(\beta + \delta)$ 이며 상대가격변화의 절대값은 $-(P_1 - P_0)/P_0 = \beta K/(\beta + \delta)$이다. 따라서 분자와 분모에 각각 P_0/Q_0를 곱하여 탄력성으로 바꾸면 $Z = K\epsilon/(\epsilon + \eta) = -(P_1 - P_0)/P_0$이다.

소비자잉여의 변화는 $\Delta CS = P_0abP_1 = \square P_0aeP_1 + \Delta abe = (P_0 - P_1)Q_0 + 0.5(P_0 - P_1)(Q_1 - Q_0)$이거나 $\Delta CS = (P_0 - P_1Q_0)[1 + 0.5(Q_1 - Q_0)/Q_0]$이다. $Z = -(P_1 - P_0)/P_0$이기 때문에 $(Q_1 - Q_0)/Q_0 = Z\eta$ 은 $\Delta CS = P_0Q_0Z(1 + 0.5$

$Z\eta$)가 된다.

생산자잉여의 변화는 $\triangle PS = P_1bI_1 - P_0aI_0 = P_1bcd + dcI_1 - P_0aI_0 = P_1bcd$이다. 왜냐하면 수요와 공급이 직선이고 공급이동이 평행이라고 가정하면 $dcI_1 = P_0aI_0$이기 때문이다. 따라서 $\triangle PS = (P_1 - d)Q_0[1 + 0.5(Q_1 - Q_0)/Q_0]$이다. $(P_1 - d) = (P_0 - d) - (P_0 - P_1) = KP_0 - ZP_0$ 이면 $(Q_1 - Q_0)/Q_0 = Z\eta$이다. 결국 $\triangle PS = (K - Z)P_0Q_0(1 + 0.5Z\eta)$이다.

$\triangle CS = P_0Q_0Z(1 + 0.5Z\eta)$와 $\triangle PS = (P_1 - d)Q_0[1 + 0.5(Q_1 - Q_0)/Q_0]$에서 총경제잉여 $\triangle TS = \triangle PS + \triangle CS = P_0abcP_1 (= P_0acd + abc)$이며 여기서는 $P_0acd = I_0acI_1$이기 때문에 $I_0abI_1 (= I_0acI_1 + abc)$)가 된다.

따라서 경제적 잉여에 의한 연구효과를 계측하기 위해서는 상품의 수요량과 공급량, 가격에 대한 자료와 수요와 공급의 가격 탄력성, 공급곡선의 이동을 나타내는 K에 대한 계측이 필요하다.

이와 같이 매년의 경제적 이익(benefit)과 비용(cost)을 계측하여 다음 식에 의해서 순현재가치(Net Present Value: NPV)를 구할 수 있다.

순현재가치(Net Present Value: NPV): $$NPV_t = \sum_{k=0}^{\infty} \frac{B_{t+k} - C_{t+k}}{(1+r)^k} \quad (36)$$

그러나 순 현재가치(NPV)는 수익(benefit)과 비용(cost)의 절대량이 중요하기 때문에 다음과 같이 편익비용비율(B/C ratio)를 사용할 수 있다.

편익비용 비율(Benefit-Cost ratio: B/C): $$B/C = \frac{\sum_{k=0}^{\infty} \frac{B_{t+k}}{(1+r)^k}}{\sum_{k=0}^{\infty} \frac{C_{t+k}}{(1+r)^k}} \quad (37)$$

그러나 순현재가치(NPV)나 편익비용 비율(B/C ratio)은 할인율 r의 선택이 어렵기 때문에 내부수익률 방법이 유용하다. 연구투자의 내부수익률(Internal Rate of Return: IRR)은 다음과 같이 계측할 수 있다. 내부 수익률은 편익의 현재가치를 비용의 현재가치와 같게 하는 수익률을 말한다.

내부수익률(Internal Rate of Return: IRR): $$0 = \sum_{k=0}^{\infty} \frac{B_{t+k} - C_{t+k}}{(1+IRR)^k} \quad (38)$$

(단, B_{t+k} : 수익 C_{t+k} : 연구개발비용 r : 할인률)

지금까지 농업 연구효과를 보기 위하여 계량경제적 접근에 의하여 한계수익률을 계측하고 지수적 접근에 의하여 내부수익률을 계측하였다. 한계수익률은 한계개념(marginal concept)에 의한 계측이며 내부수익률은 평균개념(average concept)에 의한 계측이다. 지수적 접근인 내부수익률 방법은 연구가 이미 이루어졌으나 수익(return)이 발생하지 않는 기간까지 포함하는 농업 연구계획의 전 기간을 대상으로 하기 때문에 한계단위의 연구투자에 대한 수익률인 한계수익률에 의한 계측이 내부수익률보다 크게 나타난다. 농업 연구정책적 관점에서 한계 수익률이 더 적절하다. 왜냐하면 연구에 대한 결정은 한번에 전체(once and for all)를 결정하는 것이 아니라 지속적인 결정 과정의 일부분이기 때문이다(Tweeton, 1965).

13.3 농업 연구효과 계측의 실증분석 결과

13.3.1 농업생산성 계측연구

농업생산성은 노동이나 토지의 단위 투입물에 대한 생산의 비율인 요소의 부문생산성(partial productivity)과 총투입물에 대한 총산출물의 비인 총요소생산성(total factor productivity)으로 구분한다. 그러나 실제 계측에서 총투입(total inputs)은 이론적인 의미일 뿐이며 현실적으로 다중요소생산성(multiple factor productivity: MFP)이란 용어가 더 적절하다. 부문생산성은 다중요소생산성보다 현실을 설명하는데 부적절하다. 예컨대 노동생산성은 다중요소생산성보다 훨씬 빠르게 증가하는 데 이것은 단순히 기계화의 진전에 따라 생산성 증가보다 자본과 노동의 대체에 따른 결과일 수 있기 때문이다. 사실 역사적으로 미국, 캐나다, 호주 등 땅이 넓은 나라에서는 다중요소생산성의 증가는 노동생산성 증가에 의하여 이루어졌다. 상대적으로 인구·토지 비율이 높은 일본, 독일 등에서는 다중요소생산성의 증가는 토지생산성 증가에 기인하였다.

그동안 생산성은 투입물지수에 대한 산출물지수의 비(ratio)로 알려졌으나 틴버헨(Tinbergen, 1942)이 생산함수 이동(shift)으로 설명한 최초의 학자이다. 그 후 솔로(Solow, 1957)가 잔여법(residual method)에 의하여 총산출물의 성장에서 요소비용을 가중한 총투입물 성장의 차로 기술변화를 정의하였으며 이것이 바로 다중요소생산성을 말한다. 이처럼 솔로(Solow)의 기술변화 계측이 생산함수와 생산성 계측을 연계시켜 성장회계(growth accounting)에 의한 다중요소생산성(MFP) 계측을 처음으로 정형화한 것이다. 이 방법은 계측이 간결하고 건전한(robust) 계측결과를 얻을 수 있다는 장점이 있다. 그러나 다중요소생산성 지수에 의한 기술변화의 계측은 규모경제, 기술변화, 투입요소의 대체 등이 분리되지 않았다. 따라서 생산함수에 의하며 모수를 직접 계측하여 기술변화를 계측하는 모수적 접근(parametric approach)이 이루어졌다. 모수적 접근도 생산함수, 비용함수 등으로 시간변수를 이용하여 기술변화, 규모경제 요소의 편향성(factor biase), 요소가격탄력성 등에 대한 모수를 직접 추정할 수 있다.

〈표 13-1〉에서 미국농업의 지수적 방법에 의한 다중요소생산성과 모수적 접근에 의한 다중요소 생산성을 계측한 결과를 볼 수 있다(Trueblood and Ruttan, 1992). 지수적 접근방법에 의한 지수의 계측은 퇴른크비스트(Törnqvist)방법에서 최근에는 피셔(Fisher)방법으로 변하고 있으며 비록 계측방법과 계측기간이 달라도 연평균 성장률이 1.4-2.0% 범위에 있음을 알 수 있다. 퇴른크비스트(Törnqvist)법은 변수를 대수(logarithm)형태로 전환시키기 때문에 관측치가 영(零)이 되면 지수계측이 불가능하지만 이와 같은 문제가 없는 피셔(Fisher)방식을 선호한 것으로 보인다.

표 13-1 미국의 농업생산성 계측 결과

Index number(growth accounting) approach			
Study	Sample period	Indexing procedure	Average annual growth rate(%)
Barton and Cooper(1948)	1910–1945	Fixed-weight	1.65[a]
Loomis and Barton(1961)	1870–1958	Fixed-weight	0.80
Brown(1978)	1947–1974	Törnqvist–Theil	1.42
Kendrick(1983)	1948–1979	Törnqvist–Theil	3.50
Ball(1984)	1948–1979	Törnqvist–Theil	1.75
Capalbo and Vo(1988)	1948–1983	Törnqvist–Theil	1.22
Cox and Chavas(1990)	1950–1983	Törnqvist–Theil	1.89
USDA/ERS(1991)	1948–1989	Törnqvist–Theil	1.58[b]
USDA/BLS(1992)	1948–1990	Törnqvist–Theil(input) and Fisher Ideal(output)	3.06[b]
Jorgenson and Gollop(1992)	1947–1985	Törnqvist–Theil	1.58

Craig and Pardey(1996)	1949–1991	Törnqvist–Theil	1.76[c]
Ball, Bureau, Nehring, and Somwaru(1997)	1948–1994	Fisher Ideal	1.94[c]
Ball, Butault, and Nehring(2001)	1960–1996	Fisher Ideal	1.94[c]
Acquaye, Alston, and Pardey(2003)	1949–1991	Fisher Ideal	1.90[c]
Parametric approach			
Ruttan(1956)	1919–1950	Cobb–Douglas	1.23
Ray(1982)	1939–1977	Translog cost function	1.80
Hazilla and Kopp(1986)	1947–1974	Translog cost function	0.06
Capalbo and Denny(1986)	1962–1978	Translog production function	1.41
Capalbo(1988)	1950–1983	Translog cos function	1.4–1.6[d]
Jorgenson(1990)	1948–1979	Translog production function	1.61
Dorfman and Foster(1991)	1948–1983	Translog production function	0.21
Luh and Stefanou(1991)	1948–1982	Generalized Leontief value function	1.50
Acquaye(2000)	1949–1991	Translog cost function	1.99

Note :

a) Calculated as the growth in output minus the growth in inputs from 1910 to 1945, divided by the number of periods

b) Calculated from multi-factor productivity indexes using the regression formula, In(Z) = β 0+β 1(T), where Z=productivity index and T= year.

c) Represents a 48-state average.

d) Represents a 95% confidence interval.

자료: Michael A. Trubelood and Vernon W. Ruttan(1992), "A Comparison of Multifactor Productivity Calculations of the U.S. Agricultural Sector," *Staff Paper*:92-29.
Mathew Alan Anderson(2005), P개-Cyclical P개 샤파쇼 Patterns in V. S. Agriculture Ph.D dissertation, University of California/Davis.

모수적 접근방법은 루탄(Ruttan, 1956)의 콥-다글러스생산함수(Cobb-Douglas production function)에 의한 총생산성 지수의 계측 이래 그 후 확장 된 트랜스로그생산함수(translog production function)와 비용함수에 의한 지수계측이 이루어졌으며 지수적 접근보다 안정적인 성장률을 나타내었다. 또한 카팔보(Capalbo, 1988)의 트랜스로그비용함수(translog cost function) 계측에 의하면 1948-1982년 미국 농업의 기술진보 방향은 노동을 절약하고 자본과 자재를 많이 사용하는 쪽으로 진행된다고 보았다. 이것은 더로스트와 바튼(Durost and Barton, 1960)의 자료에 의하여 지수적 방법으로 보여준 루탄(Ruttan, 1982)의 부분생산성 계측에 의한 노동생산성과 토지생산성 계측결과와 같은 방향을 보여주었다.

이처럼 지수적 접근방법에 의하여 총생산성이나 부문생산성을 계측한 결과를 이용하거나 모수적 접근방법에 의하여 기술변화나 편향적 기술변화(biased technical change)를 계측하여 어느 방법에 의하여서든 가용자료와 연구목적에 따라 적절한 기술변화를 계측할 수 있다.

13.3.2 농업연구 수익률 분석

농업연구에 대한 실증적 효과분석은 앞서 본 바와 같이 접근방법뿐만 아니라 특정한 상품, 특정 연구나 지역, 연구기관의 프로그램 등에 따라 다양하게 이루어졌다. 또한 농업연구와 농업기술보급의 각각에 대한 효과, 두 가지를 결합한 기술과 지도보급에 대한 효과계측이 실증적으로 이루어졌다.

지수적 방법에 의하여 농업 연구효과를 처음으로 계측한 연구자는 그릴리케스(Griliches, 1958)이다. 그는 1940-55년 기간에 개량 옥수수(hybrid corn)의 개발효과를 계측하였다. 그의 연구는 사전연구(pre-invention science)나 개량연구방법(hybridization methodology), 육종에 관한 농업 응용연구(plant breeding research)를 모두 포함한 광범위한 연구 프로젝트(research project)에 관한 경제적 효과를 측정한 것이다. 특히 각 주(states)를 중심으로 개량 옥수수 종자의 수용패턴(pattern of adoption of hybrid corn varieties)을 중심으로 확산효과(spillover effect)에 대한 분석이 이루어졌다. 그의 계측은 개량 옥수수의 수량증가에 따른 소비자 잉여와 생산자 잉여를 계측하여 경제적 효과를 산출하였다. 그는 또한 옥수수 개발에 따른 평균 가변비용의 계산으로 시험자료에 의하여 유무 평가법(with-without design)을 이용하였다. 개량 옥수수 투자수익은 “달러 비용에 대한 달러 수익”의 비로 계측하여 700%의 높은 수익률을 보였다 내부 수익률은 35-40%로 농업 연구투자에 대한 수익률이 높다는 실증적인 결과를 보여주었다.

그 후 미국뿐만 아니라 〈표 13-2〉에서 볼 수 있듯이 영국, 남아프리카, 멕시코,

표 13-2 지수적 방법에 의한 농업 연구효과 계측

Study	Country	Commodity	Period	IRR(%)
Griliches(1958)	USA	Hyvird corn	1940–1955	35–40
Griliches(1958)	USA	Hyvrid sorghum	1940–1957	20
Grossfield and Heath(1966)	U.K.	Potato harvester	1950–1967	High NPV computed
Peterson(1967)	USA	Poultry	1915–1960	21–25
Evenson(1969)	South Africa	Sugarcane	1945–1962	40
Barletta(1970)	Mexico	Wheat	1943–1963	90
Ayer(1970)	Brazil	Cotton	1924–1967	77+
Schmitz and Seckler(1970)	USA	Tomato harvester	1958–1969	37–46
Hines(1972)	Peru	Maize	1954–1967	35–40
Monteiro(1975)	Brazil	Cocoa	1923–1975	16–18
Hayami and Akino(1977)	Japan	Rice	1930–1961	73–75
Hertford et al.(1977)	Colombia	Soyveans	1960–1971	79–96
Pee(1977)	Malaybia	Rubber	1932–1973	24
Peterson and Fizharris(1977)	USA	Sheep	1937–1942	50
Wennergren and Whitaker(1977)	Bolivia	Research and extension	1966–1975	34–44
Pray(1978)	Punjab (British India)	Rice	1906–1956	79–96
Scobie and Posada(1978)	Bolivia	Wheat	1957–1964	125–150
Kislev and Hoffman(1978)	Israel	Wheat	1954–1973	58
Nagy(1983)	Pakistan	Aggregate	1974–1996	22–30
Feijoo(1984)	Argentina	Aggregate	1950–80	41
Monares(1984)	Rwanda	Potato seed	1978–85	40
Brinkman and Prentice(1985)	Canada–Ontario	Aggregate	1950	66
Herruzo(1985)	Spain	Rice	1941–80	15–18
Haygreen et al.(1986)	USA	Forestry	1951–88	31–75
Beck(1988)	U.K.	Horticultural crop protection	1972–81	50
Ernstberger(1989)	Brazil	Rice	1979–2001	66–78
Hust et al.(1988)	Cananda	Swine	1968–84	45

Zachariah et al.(1988)	Uruguay	Rice	1965-85	52
Foz et al.(1989)	Canada	Dairy	1968-84	97
Norton et al(1992)	Tunisia	Seed potato	1976-85	81
Mazzueato(1992)	Kenya	Maize	1978	58
Boughton and Henry de Frahan	Mali	Maize	1969-91	135
Smale and Heisey(1994)	Malawi	Maize	1957-92	4-64
Ahmed et al(1995)	Sudan	Sorghum	1979-92	53-97
Seck et al.(1995)	Senegal	Cotton	1985-93	34-37
Seidi(1996)	Guinea Bissau	Rice	1986-94	26

자료: R. E. Evenson,(2001), "Economic Impacts of Agricultural Research and Extension", in Handbook of Agricultural Economics, Vol.1A, Agricultural Production, Editors: Bruce L. Gardner and Gordon Rausser.

브라질 등 각국의 농업연구의 투자효과에 대한 수익률 계측이 이루어졌다. 계측대상도 소맥, 목화, 쌀 등 품목만이 아니라 농업총생산에 대한 연구투자 효과가 계측되었다. 표에서 볼 수 있듯이 지수적 방법에 의한 농업 연구투자는 대부분 높은 내부수익률을 보여 농업부문의 투자효율성이 높고 그 결과 농업부문에서 연구투자가 낮다는 사실을 알 수 있다.

지수적 접근방법은 과거의 연구에 대한 수익이 무한히 계속된다는 가정에서 계산된 달러당 평균수익률이다. 이에 대하여 한계수익률을 계측하는 회귀분석법에 의한 연구투자 수익률은 탕(Tang, 1963)에 의하여 1880-1938년 기간 일본의 농업 총 생산성 증가가 연평균 35%의 수익률을 보였다는 연구를 시작으로 이후에는 지수적 방법보다 더 보편적인 계측방법이 되었다. 이것은 계측된 수익률에 대한 유의성을 통계적으로 검증할 수 있다. 또한 농업생산성에 미치는 연구투자 효과 이외에도 투자와 수익간의 시차효과, 연구와 지도에 대한 각각의 수익률 계측이 통계적으로 가능하다는 이점이 있기 때문이다. 연구에 대한 생산성의 효과계측을 기술지향 연구(technology oriented research)와 과학지향 연구(science oriented research)로 구분하여 각각의 효과를 측정할 수도 있다. 기술지향 연구는 식물 육종, 재배학, 동물사육, 농기계, 농업경영에 관한 연구이며 과학지향 연구는 식물병리학, 토양학, 식물학, 동물학, 유전학, 동물생리학과 식물생리학 등에 관한 연구이다. 〈표 13-3〉에서 계량경제적 방법에 의한 농업 연구투자의 효과분석에 대한 연구결과를 보면 미국 이외에 각국의 연구결과가 다양하게

표 13-3 계량경제적 방법에 의한 농업 연구효과 계측

Study	Country	Commodiry	Period	IRR(%)
Tang(1963)	Japan	Aggregate	1880-58	35
Griliches(1964)	USA	Aggregate	1949-59	25-40
Peterson(1967)	USA	Poultry	1915-60	21-25
Evenson(1968)	USA	Aggregate	1949-59	47
Duncan(1972)	Australia	Pastures	1948-69	58-68
Evenson and Jha(1973)	India	Aggregate	1953-71	40
Cline(1975)	USA	Aggregate	1939-480	41-50
del Rey(1975)	Argentina	Sugarcane	1943-64	35-41
Bredahl and Peterson(1976)	USA	Aggregate	1937-42	56
Kahlon et al(1977)	India	Aggregate	1960-73	63
Evenson and Flores(1978)	Asia(all)	Rice	1950-65	32-39
Flores et al(1978)	Philippines	Rice	1966-75	75
Nagy and Furtan(1978)	Canada	Rapeseed	1960-75	90-110
Kislev and Hoffman(1978)	Israel	Wheat	1954-73	125-150
Evenson(1979)	USA	Aggregate	1868-1926	65
Knutson and Tweeten(1979)	USA	Aggregate	1949-72	28-47
Norton(1981)	USA	Cash grains	1969-74	31-44
Otto and Havlicek(1981)	USA	Corn	1967-79	152-212
Sundquist et al.(1981)	USA	Corn	1977	115
Welch and Evenson(1989)	USA	Aggregate	1969	55
Evenson(1982)	Brazil	Aggregate	1966-74(est)	69
White and Havlicek(1982)	USA	Aggregate	1943-77	7-36
Smith et al.(1983)	USA	Dairy	1978	25
Feijoo(1984)	Argentina	Aggregate	1950-80	41
Makau(1984)	Kenya	Wheat	1922-80	33
Salmon(1984)	Indonesia	Rice	1965-77	133
da Siva(1984)	Brazil(Sao Paulo)	Aggregate	1970-80	60-102
Dole and Ridout(1985)	U.K.	Aggregate	1966-80	30
Nagy(1985)	Pakistan	Aggregate	1959-79	64
Fox(1986)	USA	Livestock	1944-83	150
Khan and Akbari(1986)	Pakistan	Aggregate	1955-81	36
Wise(1986)	U.K.	Aggregate	1986	8-15
Evenson(1987)	India	Aggregate	1959-75	100
Librero and Perez(1987)	Philippines	Maize	1956-83	27-48

Scobie and Eveleens(1987)	New Zealand	Aggregate	1976-84	30
Sumelius(1987)	Finland	Aggregate	1950-84	25-76
Thirtle and Bottomley(1988)	U.K.	Aggregate	1950-81	70
Evenson(1989)	USA	Aggregate	1950-82	43
Evenson and McKinsey (1991)	India	Rice	1954-84	65
Librero and Emlano(1990)	Philippines	Poultry	1948-81	154
Pray and Ahmed(1991)	Pakistan	Aggregate	1948-81	100
Karanjan(1990)	Kenya	Maize	1955-88	40-60
Azam et al.(1991)	Pakistan	Applied	1956-85	58
Evenson and McKinsey (1991)	India	Aggregate	1958-83	65
Dey and Evenson(1991)	Bangladesh	All crops	1973-89	143
Pqval(1991)	Pakistan - Punjab	Rice	1971-88	42-72
Setboonsarng and Evenson (1991)	Thailand	Rice	1967-80	40
Evenson and Quizon(1991)	Philippines	Aggregate	1948-84	70
Evenson(1992)	India	Aggergate	1959-75	72
Kumar and Mruthyunjaya (1992)	India	Cattle	1969-85	29
Evenson((1991)	USA	Applied-crop	1950-85	45
Evenson(1992)	Indonesia	All crops	1971-89	212
Fan and Pardey(1992)	China	All crops	1965-89	20
Evenson et al.(1994)	Indonesia	upland rice	1979-92	100+
Evenson et al.(1994)	Indonesia	Cabbage	1979-82	100+
Makki et al.(1996)	USA	Aggregate	1930-1990	27
Morris et al.(1994)	Nepal	Wheat	1960-1990	84
Yee(1992)	USA	Aggregate	1930-85	49-58
Norton et al.(1992)	USA	Aggregate	1987	30
Akgunkov et al. (1996)	Kenya	Wheat	1921-90	14-30
Isinika(1995)	Tanzania	Aggregate	1972-92	33

주: R. E. Evenson(2001), "Economic Impacts of Agricultural Research and Extension", in Handbook of Agricultural Economics, Vol.1A, Agricultural Production, Editors: Bruce L. Gardner andGordon Rausser.

이루어지고 있음을 알 수 있다. 지수적 방법은 품목별 투자수익률에 대한 연구가 많이 이루어졌으나 통계적 접근은 과거에는 대부분 총생산 함수에 의한 다중생산함수법이었으며 최근에는 상품 품목별 접근이 많이 이루어지고 있다.

13.3.3 농업 연구투자의 내부수익률 계측결과와 정책적 함의

에반슨(Evenson, 2001)은 접근방법, 상품, 지역에 따른 농업 연구효과 계측에 대한 결과를 분류하여 내부수익률을 비교하였다. 〈표 13-4〉에서 지수적 방법에 의한 내부수익률은 중위수가 40%로 통계적 방법에 의한 결과 50%보다 낮게 나타났다. 앞서 본 바와 같이 지수적 접근은 평균개념으로 연구투자가 이루어졌으나 효과가 발생하지 않는 전 기간이기 때문에 한계개념에 의한 통계적 방법보다 낮게 나타난 사실을 실증적으로 확인할 수 있다. 지수적 접근은 내부수익률이 21-40%로 나타난 것이 전체의 31%로 가장 높으며 계량경제적 방법은 41-60%가 23%로 가장 높다. 특히 계량경제적 방법은 내부수익률이 100%가 넘는 경우가 20%를 차지한 것으로 나타났다.

상품별 연구투자의 내부수익률은 과일과 채소부문이 67%로 가장 높고 쌀이 60%로 그 다음 높으며 가축이 36%로 가장 낮다. 임산물이 37%로 가축보다는 높으나 전체작물의 평균인 58%보다 훨씬 낮다는 사실을 알 수 있다. 지역별 농업 연구투자의 내부수익률은 아시아지역이 67%로 가장 높으며 OECD 40%, 라틴아메리카 47%, 아프리카 37%의 순으로 나타났다. 375개의 모든 응용연구에 대한 내부수익률은 49%임을 알 수 있다. 이것은 농업연구의 투자효과가 높다는 사실을 의미하며 과소투자(under-investment)에 따라 앞으로 이 부문에 더 많은 투자가 필요하다는 사실을 보여준다.

물론 농업 연구수익률의 실증적 계측에서 자료문제, 계측문제에 따른 오차를 간과할 수는 없다. 농업연구는 공공재적 성격을 갖기 때문에 세금부담에 대한 사회적 비용이나 세금부과나 징수의 행정비용, R&D에 대한 간접비 등에서 비용계측이 저평가되어 투자수익률이 높게 나올 수 있다(Fox, 1985). 뿐만 아니라 투자수익률이 낮은 경우에는 발표되지 않는 경우가 허다하여 실제보다 높게 나타날 수도 있다. 또한 생산성 계측에서 시장가격이 없는 자연자원에 대한 투입물은 계측에 포함시키지 않을

표 13-4 농업연구투자 내부수익률 비교

	Number of IRRs reported	Percent distribution						Approxm Median IRR
		0–20	21–40	41–60	61–0	81–100	100+	
Applied Research								
Project evaluation	121	.25	.31	.14	.18	.06	.07	40
Statistical	254	.14	.20	.23	.12	.10	.20	50
Aggregate Programs	126	.16	.27	.29	.10	.09	.09	45
Commodity Programs								
Wheat	30	.30	.13	.17	.10	.13	.17	51
Rice	48	.08	.23	.19	.27	.08	.14	60
Maize	25	.12	.28	.12	.16	.08	.24	56
Other cereals	27	.26	.15	.30	.11	.07	.11	47
Fruits and vegetables	34	.18	.18	.09	.15	.09	.32	67
All crops	207	.19	.19	.14	.16	.10	.21	58
Forest products	13	.23	.31	.68	.16	0	.23	37
Livestock	32	.21	.31	.25	.09	0.3	.09	36
By Region								
OECD	146	.15	.35	.21	.10	.07	.11	40
Asia	120	.08	.18	.21	.15	.11	.26	67
Latin America	80	.15	.29	.29	.15	.07	.06	47
Africa	44	.27	.27	.18	.11	.11	.05	37
All applied research	375	.18	.23	.20	.14	.08	.16	49

자료: R. E. Evenson(2001), "Economic Impacts of Agricultural Research and Extension", in Handbook of Agricultural Economics, Vol.1A, Agricultural Production, Editors: Bruce L. Gardner and Gordon Rausser.

경우 수익률이 높게 평가되고 환경에 대한 쾌적함 등 산출물에 포함되지 못할 경우에는 수익률이 낮게 평가된다. 농업 연구투자 중 생산성을 유지하기 위한 연구(maintenance research)는 생산성을 높이지 않기 때문에 효과가 저평가될 수 있다. 또한 식품의 안전성이나 환경개선을 위한 연구투자는 수익에 포함시킬 수 없어 나타나지 않기 때문에 투자수익률을 저평가할 수 있다. 이러한 여러 가지 생산성에 대한 투자효과를 높이거나 낮출 수 있는 가능성에도 불구하고 농업연구에 대한 투자수익률 계측은 연구자원 배분이나 연구투자정책에 유용한 평가기준이 될 수 있다.

농업 연구투자의 효율성을 나타내는 농업 연구투자의 높은 내부수익률은 농업

연구투자의 자원배분이 효율적으로 이루어졌다는 것을 말한다. 특히 미국의 농업연구 투자의 효율성이 높은 것은 분산성(decentralization)과 연계성(articulation)의 결과이다(Ruttan, 1982). 농업연구기관이 각 주를 중심으로 분산되어 있기 때문에 분산성이 높고 연구기관이 대학을 중심으로 연구, 교육, 기술보급이 연계되어 있기 때문이다. 분산성은 연구효과의 지역적 확산효과(regional spillover effect)를 보여 결과적으로 연구효과를 높인다. 또한 연구효과는 생산자로부터 소비자에게 확산하는 효과(spillover effect from producers to consumers)를 가져온다. 더구나 수요의 가격탄력성이 탄력적인 경우에는 생산자가 이익을 향유할 수 있으나 비탄력적인 경우에는 생산자의 이익이 수요자에게 대부분 이전된다. 따라서 실질적으로 농업연구에 대한 투자는 낮으나 높은 투자효과를 가져온다. 이것은 대부분의 농업연구가 공공부문의 투자에 의하여 이루어지기 때문이다. 따라서 공공부문의 농업 연구투자는 앞으로 더 커져야 할 것이다.

13.4 한국 농업의 연구투자효과의 계측과 분석결과

13.4.1 농업생산성 변화 연구

한국 농업생산에 대한 총생산성 변화는 반성환(1971)에 의하여 체계적으로 분석되었다. 그러나 토지생산성과 노동생산성을 중심으로 한 부문생산성에 의하여 농업생산성을 최초로 분석한 연구는 김준보(1967)이다. 김준보 연구에 의하면 1930~34년과 1960-64년의 토지생산성과 노동생산성을 계측하여 해방 전후의 농업생산력을 비교분석하였다. 품목별 토지생산성은 〈표 13-5〉에서 볼 수 있듯이 30년에 걸쳐 미곡이 150.4%, 담배가 135.3%로 높으며 옥수수는 57.4%, 조는 67.0%로 낮게 나타났다. 이 연구에서 노동생산성은 쌀의 1인당 생산량으로 계산하였으며 같은 기간에 131%로 성장하여 123%인 토지생산성 보다 높았다. 그러나 이 연구에서는 다중요소생산성이 계측되지 않았고 농업기술변화나 생산성에 대한 농업연구의 효과는 고려되지 않았다.

그 후 농업생산에서 기술변화의 효과를 파악하고자 시도한 연구는 이질현·최양부

표 13-5 **해방 전후, 米作 生産性 對比**

	反当勞力	反当收量(粗)	石当勞力	人當生産量	同 (精穀)
1930年代	人 15.4 (15.4)	石 2.85 (2.08)	人 5.5 (7.4)	石 0.187 (0.135)	石 0.094 (0.073)
1960~1964	14.4 (14.4)	3.50 (3.09)	4.1 (4.7)	0.244 (0.213)	0.122 (0.107)
比	0.94	1.23 (1.50)	0.75 (0.64)	1.31 (1.58)	1.31 (1.58)

자료: 同上. 解放後의 勞動時間을 1月 10時間으로 換算함. 但, 括弧內는 標本農家아닌 各全國的 計算資料

출처: 김준보(1967), "해방 전후의 농업생산력 비교 분석," 농업경제연구, 제9집, pp.1-26.

(1969)의 미곡 생산에 영향을 미친 요인분석이다. 이 연구는 1910~66년에 걸친 미곡의 재배면적, 생산량, 비료투입량, 가격, 수리시설, 강수량, 일조시간, 품종에 대한 시기별 자료를 이용하였다. 미곡의 총생산함수 모형에 따라서 기술변화를 시간변수(time)로 설정하여 기술조건에 의하여 좌우되는 미곡생산량의 변이를 계측하였다. 그러나 이 연구는 이론모형에 그쳤으며 실제로 생산함수를 계측하지 않고 단순히 시간의 변화에 따른 생산량변화로 기술변화를 계산하였다. 박정근(1970)은 코브-더글러스 생산함수(Cobb-Douglas production function)에 의한 솔로(Solow)의 잔여법(residual method)을 이용하여 실증적인 한국농업의 기술변화 계측을 시도하였으며 1963-68년의 농업 기술 진보율을 연평균 0.36%로 계측하였다.

한국 농업의 투입, 산출 및 총생산성의 분석은 반성환(1971)에 의하여 체계적으로 이루어지기 시작하였다. 연쇄지수(chain-linked index)방법에 의한 요소분배분을 가중치로 하여 부문생산성 지수와 총생산성 지수를 해방 전후의 시대구분과 한국전체와 남한으로 지역을 구분하여 〈표 13-6〉에서와 같은 결과를 얻었다. 이 표에 의하면 일제시대에는 총생산성 성장률이 부(負)의 값을 가졌으나 1950년대 이후 2.36~2.43%의 비교적 높은 성장률을 보였다.

반성환(1974) 연구는 그 후 1955~71년으로 자료를 보완하여 계속되었으며 신기엽(1984), 소휘영(1985) 등이 이를 확장하였다. 특히 반성환(1974) 연구는 지수적 접근방법만이 아니라 생산함수에 의한 계량경제적 접근법에 의하여서도 농업총생산의 성장률을 계측하였다. 그 후 김한호(1998)의 이론적 생산성 지수나 안동환 외(1999)의

표 13-6 남북한과 남한의 농업생산성 성장률(%)

총생산성			부문생산성					
			토 지		노 동		자 본	
남북한 전체	기 간	고 저	식부면적	경지면적	농업인구	농업노동	고정자본	유동자본
	1918-22~1937-41	-0.91-0.96	1.40	1.05	0.73	0.97	0.88	-13.40
남한	1918-22~1937-41	-0.74-0.96	1.52	1.02	0.70	1.11	0.70	-13.41
	1946-50~1964-68	1.12	3.31[a]	2.23	3.02	2.18	-1.22	-5.58
	1953-57~1964-68	2.43 2.36	3.15	3.09	2.85	2.80	0.09	0.37

a) 1949-53~1964-68 기간임.
자료: 반성환(1971), p.29.

맘퀴스트 지수(Malmquist index) 등으로 지수적 계측방법도 접근방법이 다양화하였다. 계량경제적 접근에서 반성환(1974)은 기술변수로 시간변수(t)를 이용하였으나 그 후 박정근(1986)과 김은순(1986)은 시간변수 대신에 농업연구와 지도투자를 직접 생산함수나 이윤함수에 포함시켜 계측하였다.

한국 농업생산성에 관한 연구는 1990년대 이후에는 단순한 생산성의 계측에 그치지 않고 생산성에서 규모수익성과 기술변화 효과의 분리(김영식, 1999; 권오상, 김용택, 2000), 효율성 변화와 기술변화의 분리(안동환, 강봉순, 권오상, 1999), 규모별 생산성 변화(김배성, 1999)의 분석, 추정 방법별 비교분석(김배성, 김영식, 1999) 등이 다양하게 이루어졌다.

농업생산성 변화에 대한 연구는 생산성 성장의 계측뿐만 아니라 부존자원의 변화에 따른 요소의 편향성에 의한 생산성 성장의 경로에 대한 연구로 확장되었다. 즉 유발적 기술변화 이론이나 기술의 편향성에 대한 연구가 이루어졌다. 농업기술의 유발성에 관한 연구는 이은우(1982)를 시작으로 박정근(1986)의 패턴모형에 의한 기술과 제도의 유발성, 유영봉(1993)의 농업기술변화에 대한 생산물의 편향성과 한국농업의 성장경로 분석 등이 이루어졌다. 이러한 유발적 기술혁신모형은 토지생산성과 노동생산성 등 부문별 생산성과 통일벼 개발이나 직파재배기술을 중심으로 실증적으로 분석되어 한국 농업성장의 성격을 구명하고자 하였다. 그러나 버마이스트(Burmeist, 1985)는 유신체제 하에서 통일벼 기술개발의 부존자원에 따른 요소가격의 유발성 보다 하향식 기술개발을 주장하여 논쟁이 이루어지기도 하였다.

방법론적인 측면에서도 단순한 지수적 접근에서 나아가 오차수정모형을 응용한

표 13-7 한국 농업생산성 변화분석

연 구 자	분석대상	분석기간	분석방법	연평균성장률
반성환(1974)	농업총생산	1955-1971	연쇄지수	1.8
(1980)	농업총생산	1945-1978	파쉐지수	2.0
이중용·권태진	농업총생산	1962-1984	연쇄지수	2.91
(1985)	쌀	1966-1984	연쇄지수	1.18
박정근(1986)	쌀	1962-1984	연쇄지수	1.83
이상순(1988)	쌀	1910-1940	라스파이레스	-0.41
서동균(1992)	농업총생산	1962-1988	연쇄지수	2.60
황수철(1996)	농업총생산	1955-1992	라스파이레스	1.2
(1998)	농업총생산	1955-1996	퇴른크비스트	2.2
김한호(1998)	농업총생산	1955-1992	이론적생산성지수	1.72
안동환,강봉순,권오상(1999)	쌀	1993-1997	맘퀴스트지수	2.74
권오상, 김용택(2000)	농업총생산	1971-1998	퇴른크비스트	2.26
서동균(2006)	농업총생산	1962-2002	연쇄지수	2.7

유발적 기술혁신 이론의 검증이 이루어졌다(이병기, 1997). 이러한 모든 연구의 결과는 한국농업의 성장과정에서 농업기술 개발은 부존자원에 따른 요소가격에 의하여 유발되어 편향적으로 이루어진 사실을 입증하였다.

13.4.2 한국 농업 연구투자의 효과에 대한 실증분석

한국 농업의 연구투자 효율성 분석에 대한 실증연구는 농업생산성 계측에 대한 실증연구보다 뒤늦은 박정근(1986)의 쌀에 대한 생산함수 접근과 김은순(1986)의 농업에 대한 이윤함수접근에 의해서 시작되었다. 그러나 농업교육과 지도에 대한 투자효과는 그 이전에 홍기용(1975, 1979)에 의해서 이루어졌다.

〈표 13-8〉에서 한국의 농업연구와 기술보급에 대한 투자효과를 내부수익률에 의하여 계측한 결과를 보면 분석대상, 분석기간, 분석방법에 따라 각각 다르지만 비교적 높은 수익률을 나타내고 있다. 한국에서도 앞서본 다른 나라에서와 마찬가지로 공공부문의 농업연구와 기술보급투자가 효율적으로 이루어졌으며 실제로 저투자(under-investment)되고 있다는 사실을 알 수 있다.

연구투자의 효과분석에서 농업 연구투자는 농업생산성에 미치는 효과가 시차를

표 13-8 한국 농업연구 및 지도사업 투자 효과 분석

연 구 자	분석대상	투자대상	분석기간	분석방법	내부수익률
홍기용(1975-1979)	농가소득	교육+지도	1967-1974	생산함수	농업145 작물185 쌀187
박정근(1986)	쌀	연구+지도	1963-1984	생산함수	57.5-79.5
김은순(1986)	농업총생산	연구+지도		이윤함수	276-317
서동균(1987)	쌀	연구+지도	1963-1985	생산함수	60-82
(1992)	쌀	연구+지도	1971-1989	생산함수	80-82
(1992)	농업총생산	연구+지도	1962-1989	생산함수	64.6
(1994)	농업총생산	연구+지도	1981-1992	생산함수	39.9
최민호, 최영찬(1995)	농업총생산	연구+지도	1962-1992	VAR 모형	44.82
사공용(1998)	쌀	연구	1981-1993	비모수적접근	45.98
강경하, 이민수, 최영찬 (2000)	원예	연구+지도	1965-1998	VAR 모형	56
김성수, 이민우, 최영찬 (2003)	농업총생산 축산	연구+지도 연구+지도	1966-1998 1966-2000	VAR 모형 VAR 모형	49 21
노재선, 홍준표, 권오상 (2004)	농업총생산	연구	1971-1998	트랜스로그비용함수	30.0
서동균(2006)	농업총생산	연구+지도	1962-2002	생산함수	48.6

두고 달라지나 박정근(1986)과 김은순(1986)의 연구는 시차기간을 각각 5-8년과 7년으로 가정하여 계측하였다. 따라서 농업 연구투자의 시차분석이 선행되어야 한다. 서동균(1987)은 최초로 알몬드 시차분포 함수를 이용하여 농업 연구투자의 시차분석을 시도하였다. 쌀의 경우 1963-85년의 자료로 계측한 결과를 보면 8-9년의 시차기간을 나타냈으며 그 후 농업 총생산은 9년의 시차기간을 보였다(서동균, 1992). 〈표 13-9〉는 농업연구 및 지도사업의 투자효과 계측을 위하여 필요한 연구투자의 시차기간에 관한 연구를 나타낸다. 표에서 서동균(1987, 1992)의 알몬 시차분포 함수에 의한 시차기간보다 최민호·최영찬(1995), 김성수, 이민수, 최영찬(2003)의 이동평균 매개변수에 의한 방법이 더 장기간 시차가 지속된 것으로 나타났다. 또한 지도사업의 시차기간은 연구사업의 시차기간보다 훨씬 짧은 것을 알 수 있다.

앞의 〈표 13-8〉에서 대부분의 연구는 모수적 방법에 의하여 연구투자 효과를 계측한 데 반하여 사공용(1998)은 비모수적 접근방법에 의하여 계측하였다. 그러나

표 13-9 농업연구 및 지도사업 투자효과의 시차분석

연구자	분석대상	투자대상	분석기간	분석방법	시차분석기준	시차기간
박정근(1986)	쌀	연구+지도	1962–1987	스톡	시차가정	5–8
김은순(1986)	농업총생산	연구+지도	19	스톡	시차가정	7
서동균(1987)	쌀	연구+지도	1963–1985	알몬시차분포	SE	9
(1992)	농업총생산	연구+지도	1962–1989	알몬시차변수	R2 SE	8 9
최민호, 최영찬 (1995)	농업총생산	연구+지도	1962–1992	이동평균매개변수	측정의크기	연구20 지도4
김성수, 이민수, 최영찬(2003)	농업총생산	연구+지도	1966–1998	이동평균매개면수	측정의크기	30
	축산	연구+지도	1966–2000	이동평균매개변수	측정의크기	30
	원예			이동평균매개변수	측정의크기	30
노재선, 홍준표, 권오상(2004)	농업총생산	연구	1971–1998	트랜스로그비용함수		7
서동균(2006)	농업총생산	연구+지도	1962–2002	알몬시차분포	R2.SE	15

시차기간은 30년으로 가정하였다. 비모수적 접근에 의한 내부수익률은 모수적 접근에 의하여 계측한 수익률보다 낮게 추정되었다. 특히 최민호, 최영찬은 시계열 모형을 이용하여 VAR을 측정하고 연구투자의 충격반응을 검토하였다. 또한 연구투자의 사회적 수익분석은 아키노-히야미(Akino-Hayami)의 경제잉여모형에 의하여 지수적 방법으로 계측하였다. 이처럼 보다 정교한 시계열분석에 의한 연구사업과 지도사업의 효과분석은 원예부문(강경화, 이인수, 최영란, 2000)과 축산부문(김성수, 이민수, 최영찬, 2003)에까지 응용되었다. 노재선, 홍준표, 권오상(2004)은 대부분 농업투자의 효과분석이 생산함수를 이용한 것과는 달리 트랜스로그 비용함수(translog cost function)를 이용하였다. 그들은 연구투자의 시차분포함수를 구성하여 시차기간을 정하고 내부수익률을 계측하여 연구투자의 효과를 측정하였다. 그 후 서동균(2006)은 농업 연구투자 효과의 분석기간을 1962-2002년까지 확장하였다.

농업 연구투자 효과에 대한 내부수익률 계측과는 달리 이승완, 정경수(2001)는 축산부문 연구개발 투자효과를 한우와 양돈을 중심으로 복수 시장체계를 수요공급의 시장구조 모형을 추정하여 연구개발 투자에 대한 후생변화를 계측하였다. 특히 사후적 연구개발 투자효과와 사전적 연구개발 투자효과를 〈표 13-10〉에서와 같이 시뮬레이션(simulation)방법에 의해 계측하였다.

표 13-10 축산부문 연구개발투자 효과계측

	기 간	증 감 액	총 편 익	한우부문	양돈부문
사후적 평가	1992-98	2,163	17,015	16,735	280
사전적 평가	1999-2004 R&D증가(%)				
	1	28	133	115	19
	5.8	163	745	672	73
	9	253	1,128	1,051	77

자료: 이승완, 정경수(2001).

최근 농촌진흥청은 농업기술개발 보급의 농업생산에 대한 파급효과를 〈표 13-11〉에서와 같이 계측하였다. 주요 작목별 기술개발 및 보급사업의 성과는 수량증가와 노동력절감에 따라 성과를 계측하였다.

표 13-11 주요 작목별 기술개발 및 보급사업 성과

작 목 별		주요성과						중점보급기술
		수량증가 (kg/10a)			노동력절감 (시간/10a, 두당)			
		'81	'03	증가율 (%)	'81	'03	감소율 (%)	
쌀		375	488	30.0	76	24	68.4	우량 품종 보급 기술혁신
고 추		91	555	509.9	252	184	27.8	신품종, 재배 및 건조기술보급
마 늘		586	1,143	95.1	235	146	38.4	새품종 보급, 비닐 멀칭 재배
시설채소	수 박	2,564	3,593	40.1	658	217	67.0	작형별시설 면적확대 4계절안전 생산기술
	참 외	1,986	3,151	58.7	721	440	39.0	
	오 이	3,010	7,384	145.3	848	683	19.5	
	토 마 토	2,808	6,651	136.9	994	506	49.1	
	딸 기	990	2,800	182.8	987	615	37.6	
과실류	배	769	1,316	71.1	465	200	56.9	품질향상 생력화 기술보급
	복 숭 아	870	1,193	37.0	377	197	47.6	
	포 도	781	1,518	94.4	382	239	37.3	
	감 귤	1,659	2,569	54.9	327	115	64.8	

<table>
<tr><td rowspan="6">축 산</td><td>번식우(천/두)</td><td>1,283</td><td>1,480</td><td>15.4</td><td>331</td><td>56</td><td>83.2</td><td rowspan="6">고급 품질
생산과
절감생산비</td></tr>
<tr><td>비육우(g/두)
(판매체중/두)</td><td>707
(466)</td><td>865
(598)</td><td>22.4
(28.3)</td><td>398</td><td>50.6</td><td>87.3</td></tr>
<tr><td>젖소(kg/두)</td><td>4,363</td><td>7,507</td><td>72.0</td><td>509</td><td>100</td><td>80.4</td></tr>
<tr><td>산란계(년/100수)</td><td>22,503</td><td>26,900</td><td>19.5</td><td>254</td><td>28</td><td>88.9</td></tr>
<tr><td>비육돈(g/회/두)</td><td>347</td><td>636</td><td>83.6</td><td>47</td><td>1.36</td><td>97.1</td></tr>
<tr><td>육계(g/회/100수)</td><td>30.8</td><td>38.3</td><td>26.0</td><td>55</td><td>1.10</td><td>98.0</td></tr>
</table>

자료: 농촌진흥청.

참고문헌

강경하 · 이민수 · 최영찬(2000), "원예부문 연구 및 지도 사업의 투자효과 분석", 「한국농촌지도학회지」, 제7권, 제2호.

권오상(1997), "한국 미작농가의 생산기술 분석: 비모수적 방법을 이용한 효율성 분석을 중심으로", 「경제학연구」, 제 45집, 제4호.

권오상 · 김용택(2000), "한국 농업의 생산성 변화 계측: 1971~98", 「농업경제연구」, 제41집, 제1권.

권오상, 김용택(2000), "한국 농업의 생산성 변화 요인 분석", 「농업경제연구」, 제41집, 제2권.

김배성(1999), "한국 미곡생산의 규모별 생산성 성격분석", 「농업경제연구」, 제40집, 제1권.

김배성 · 김영식(1999), "한국 농업생산의 기술변화에 대한 추정방법별 비교 분석", 「농업경제연구」, 제40집, 제2호.

김성수 · 이민수 · 최영찬(2003), "농업부문 연구투자의 효율성 분석" 「한국농촌지도학회지」, 제10권, 제1호.

김영식(1999), "수도작 농가의 기술 및 규모효율성 계측", 「농업경제연구」, 제40집, 제1권.

김은순(1986), "이윤함수접근법에 의한 농업연구·보급사업의 효과분석", 「농촌경제」, 제9권 제3호.

김준보(1967) "해방 전후의 농업생산력 비교 분석", 「농업경제연구」, 제9집, pp.1-26.

김한호(1998), "농업부문 국내총생산함수를 이용한 한국농업의 성장요인 분석", 「농업경제연구」, 제39집, 제1권.

노재선 · 홍준표 · 권오상(2004), "한국 농업의 연구개발투자 효과분석", 「농업경영 · 정책연구」, 제31권, 제2호.

박정근(1970), "한국 농업성장과 공업성장의 괴리에 관한 일 접근", 서울대학교 석사학위 논문.

반성환(1992), "한국농업생산성의 계측문제", 「농업경제연구」, 제33집.

변성환(1980), "농업생산 및 생산성의 성장과 요인", 「한국 농업의 근대화 과정」, 농촌경제연구원 연구총서 3.

반성환(1971), "The Long-Run Productivity Growth in Korean Agricultural Development,

1910-1968," *Ph.D. Thesis*, University of Minnesota.
반성환(1974), 「한국농업의 성장: 1918-1971」, 장문각.
사공용(1998), "미곡 연구투자의 효율성과 지속성", 「농업경제연구」, 제39집, 제1권.
서동균(1987),"농업연구와 지도의 시차분석에 관한 연구", 전북대학교 석사학위논문.
서동균(1992) "농업연구 및 지도에 관한 효과분석", 전북대학교 박사학위논문.
서동균(2006), "농업과학기술개발·보급성과 및 기술수요분석", 농촌진흥청 연구보고.
소휘영(1985),"한국농업부문의 고정자본 형성과정과 기술진보에 관한 분석연구", 서울대학교 석사학위논문.
신기엽(1984),"작물생산 및 생산성의 성장에 관한 연구", 서울대학교 석사학위논문.
안동환·강봉순·권오상(1999), "확률적 프론티어 접근법을 이용한 한국 쌀 농업의 생산성 변화 분리 계측", 「농업경제연구」, 제40집, 제1권.
왕인근(1983), "농업연구활동에 관한 사례적 분석", 「농업경제연구」, 제24집.
유영봉(1993), "한국농업의 기술변화에 대한 생산물편향성 분석", 「농업경제연구」, 제34집.
유영봉(2003), "한국농업의 성장과 기술변화의 특성: 1951~2000", 「농업경제연구」, 제44집, 제2권.
이병기(1997), "한국 농업부문의 유발기술혁신 분석", 「농업경제연구」, 제38집, 제2권.
이상순(1998), "한국도작생산에 있어서 투입·산출구조 및 성장요인분석 1910~1940", 「농업경제연구」, 제29집.
이승완·정경수(2001), "축산부문의 연구개발 투자효과", 「농업경제연구」, 제42권 제1호.
이은우(1982), "유발적 기술혁신에 관한 연구", 서울대학교 석사학위논문
이중웅·권태진(1985), "미곡생산의 요소분배와 기술진보에 관한 연구", 「연구보고」 101, 한국농촌경제연구원.
이질현·최양부(1969), "한국미곡생산에 영향을 미친 제 요인분석", 「농업경제연구」, 제11집, pp.51-64.
최민호v최영찬(1995), "농촌지도사업의 투자효과 변화의 추이 지도사업의 구조변화에 대응하여", 「한국농촌지도학회지」, 제2권, 제1호.
홍기용(1975), "교육과 농촌지도사업의 투자효과분석", 「한국농업교육학회지」, 제7권 제1호.
홍기용(1979), "The Contribution of Knowledge to Family Income Generation in Korean Agriculture", 「농업경제연구」, 제20집, pp.43-52.
황수철(1996). "한국농업의 산출, 투입 및 생산성 추계연구: 1955-92", 서울대학교 대학원 박사학위논문.
황수철(1998), "한국농업의 총 요소생산성 추계(1955~96년)", 「농업정책연구」, 제25집, 2

권.

Ahmed, M. M., W. A. Masters and J. H. Sanders(1995), "Returns to Research in Economies with Policy Distortions: Hybrid Sorghum in Sudan", *Agricultural Economics* 12:183-192.

Akgunkov, S., D. Makanda, J. Oehmke, R. Myers and Y. Choe(1996), "A Dynamic Analysis of Kenya Wheat Research and Rate of Return", in: *Proceedings of the Conference on Global Agricultural Science Policy in the 21st Century*, Melbourne.

Alston, Julian M., George W. Norton, Philip G. Pardey(1995), *Science Under Scarcity*, Cornell Unirersity Press.

Ayer, H. W.(1970), "The Costs, Returns and Effects of Agricultural Research in Sao Paulo, Brazil", *Ph.D. Dissertation*(Purdue University).

Azem, Q. T., E. A. Bloom and R. E. Evenson(1991), "Agricultural Research Productivity in Pakistan", *Economic Growth Center Discussion* Paper No. 644 (Economic Growth Center, Yale University, New Haven, CO).

Barletta, N. A.(1970), "Costs and Social Benefits of Agricultural Research in Mexico", *Ph.D. Dissertation*(University of Chicago).

Beck, H.(1988), "Costs and Benefits of an Agricultural Research Institute", *Agricultural Economics Society Conference*, Manchester.

Boughton, D., and B. Henry de Frahan(1994), "Agricultural Research Impact Assessment: The Case of Maize Technology Adoption in Southern Mali", *International Development Working Paper* No. 41(Michigan State University, East Lansing, Michigan.

Bredahl, M., and W. Peterson(1976), "The Productivity and Allocation of Research: U.S. Agricultural Experiment Stations", *American Journal of Agricultural Economics* 58:684-692.

Brinkman, G. L., and B. E. Prentice(1985), *Returns to a Provincial Economy from Investment in Agricultural Research: The Case of Ontario in Economics of Agricultural Research in Canada*, K. K. Klein and W. H. Furtan, eds.(The University of Calgary Press, Calgary).

Burmeist, L.(1985), "State, Society and Agricultural Research Policy: The Case of South Korea", *Ph.D. Dissertation*, Department of Sociology, Cornell University

Capalbo, S. M. and J. M. Antle(1988), *Agricultural Productivity Measurement and Explanation*, Resources for Future, Inc.

Cline, P. L.(1975), "Sources of Productivity Change in United States Agriculture", *Ph.. D Dissertation*(Oklahoma State University).

Cox, T. L. and J. P. Chavase(1988), "A Nonparametric Analysis of Agricultural Technology", *American Journal of Agricultural Economics* Vol. 70, No. 2.

Cox, T. L. and J. P. Chavase(1990), "A Nonparametric Analysis of Productivity: The Case of U.S. Agriculture", *European Review of Agricultural Economics* Vol. 17, No. 4.

Cox, T. L. and J. P. Chavase(1992), "A Nonparametric Analysis of The Influence of Research on Agricultural Productivity", *American Joumal of Agricultural Economics* Vol. 74, No.3.

da Silva, G. L. S. P.(1984), "Contribucao s Pesquisa e da Extensao Rural Para a Produtividade Agricola: Obser-vacoes no Caso de Sa Paulo", in: *Congresso Brasileiro de Economia e Sociologia Rural*, Anais 22, V.2. Brasilia, D. F. SOBER.

del Rey, E. C.(1975), "Rentabidad de la Estaciòn Experimental Agricola de Tucumòn", 1943-64, *Xa Reuniòn Anual de la Asociaciòn Argentina de Economia Politico*, Tomo 1, Mar del Plata, Argentina.

Dey, M. M., and R. E. Evenson(1991), "The Economic Impact of Rice Rersearch in Bangladesh"(*Bangladesh Rice Research Institute*, Gazipur, Bangladesh; International Rice Research Institute, Los Banos, Philippines; and Bangladesh Agricultural Research Council, Dhaka, Bangldesh).

Diewert, W. E.(1976), "Exact and Superlative Index Numbers." *Journal of Econometrics* Vol. 4, No. 2 pp.115-45.

Doyle, C. J., and M. S. Ridout(1985), "The Impact of Scientific Research on U.K. Aricultural Productivity", *Research Policy* 14:109-116.

Duncan, R.C.(1972), "Evaluating Returns to Research in Pasture Improvement", *Australian Journal of Agricultural Economics* 16:153-168.

Durost, D. D. & G.T. Barton(1960), "Changing Sources of Farm Output", USDA, *Production Research Report* No. 36.

Ernstverger, J.(1989), "Wohlfahrtseffekte der Entwicklung und Einfuhrung neuer Relssorten in Brasillen", *Ph.D. Dissertatino*(Technische Universität Müchen).

Evenson, R. E.(1968), "The Contribution of Agricultural Research and Extension to Agricultural Production", *Ph.D. Dissertation*(University of Chicago).

Evenson, R. E.(1969), "International Transmission of Technology in Sugarcane Production"(*Economic Growth Center*, Yale University, New Haven).

Evenson, R. E., and D. Jha(1973), "The Contribution of Agricultural Research Systems to Agricultural Production in *India", Indian Journal of Agricultural Economics* 28(4):212-230.

Evenson, R. E., and P. Flores(1978), *Economic Consequences of New Rice Technology in Asia*(International Rice Research Institute, Los Banos, Laguna, Philippines)

Evenson, R. E.(1979), "Agricultural Research, Extension and Productivity Change in U.S. Agriculture: A Historical Decomposition Analysis", *Agricultural Research and Extension Evaluation Symposium*, May 21-23, 1979, Moscow, Idaho.

Evenson, R. E.(1982), "Observations on Brazilian Agricultural Research and Productivity", *Revista de Economia Rural* 20:368-401.

Evenson, R. E.(1987), "The International Agricultural Research Centers: Their Impact on Spending for National Agricultural Research and Extension", *CGIAR Study Paper* No. 22(The World Bank, Washington, D.C.).

Evenson, R. E.(1989), "Productivity Decomposition in Brazilian Agriculture", *Unpublished Manuscript*(Economic Growth Center, Yale University, New Haven, CT).

Evenson, R. E.(1991), "Research and Extension in Agricultural Development", *Forum Valuazione* 2(Novem-ber).

Evenson, R. E., and J. Quizon(1991), "Technology, Infrastructure, Output Supply, and Factor Demand in Philippine Agriculture", in: *Research and Productivity in Asian Agriculture*(Cornell University Press, thaca, NY).

Evenson, R. E., and J. McKinsey(1991), "Research, Extension, Infrastructure and Productivity Change in Indian Agriculture", in: R. E. Evenson and C. E. Pray, eds., *Research and Productivity in Asian Agricultire*(Cornell University Press, Ithaca, N.Y.).

Evenson, R. E.(1992), "Notes on the Measurement of the Economic Consequences of Agricultural Research Investments", in: D. R. Lee, S. K. and N. Uphoff, eds., Assessing the Impact of International Agricultural Research for Sustainable

Development, *Proceedings from a Symposium at Cornell University*(CHFAD, Ithaca, New York).

Evenson, R. E., and B. Bravo-Ureta(1994), "Efficiency in Agricultural Production: The Case of Peasant Farmers in Eastern Paraguay", *Agricultural Economics* 10(1).

Evenson, R. E., E. Abdurachman, B. Hutabarat and A. C. Tubagus(1994), "Economic impact of agricultural research Indonesia", *Study Report.*

Evenson, R. E.(2001), "Economic Impacts of Agricultural Research and Extension", in *Handbook of Agricultural Economics*, Vol.1A, Agricultural Production, Editors: Bruce L. Gardner and Gordon Rausser.

Fan. S., and P .G. Pardey(1992), *Agricultural Research in China: Its Institutional Development and Impact*(International Service for National Agricultural Research, The Hague, Netherlands).

Feijòo, V. M.(1984), "La Rentabilldad de la Inversiòn en Investigaciòn Agricola", XIX a *Reuniòn Anuar de la Asociacion Argentina de Economia Politica*, Tomo 1(Misiones, Argentina).

Flores, P., R. E. Evenson and Y. Hayami(1978), "Social Returns to Rice Research in the Philippines: Domestic Benefits and Foreign Spillover", *Economic Development and Cultural Change* 26:591-607.

Fox, G.(1985), "Is the United States Realy Underinvesting Agricultural Research?" *American Journal of Agricultural Economics*, 67:806-12.

Fox, G.(1986), "Underinvestment, Myopia and Commodity Bias: A Test of three Propositions of Inefficiency in the U.S. Agricultural Research System" (*University of Guelph*, Department of Agricultural Economics and Business, Ontario).

Fox, G., R. Roberts and G. L. Brinkman(1989), "The Return to Canadian Federal Dairy Cattle Research-1968 to 1984", *Working Paper* 39/20(*University of Guelph*, Department of Agriculture and Business).

Griliches, Z.(1958), "Research Costs and Social Returns: Hybrid Com and Related Innovations", *Journal of Political Economy* 66:419-431.

Griliches, Z.(1964), "Research Expenditures, Education and the Aggregate Agricultural Production Function", *American Economic Review* 54:961-974.

Grossfield, K., and J. B. Heath(1966), "The Benefit and Cost of Government

Support for Fesearch and Development: A Case Study", *Economic Journal* 76: 537-549.

Hayami, Y., and N. Akino(1977), "Organization and Productivity of Agricultural Research Systems in Japan", in: T. M. and, D. G. Dalrymple, and V .W. Ruttan, eds., *Resource Allocation and Productivity in National and International Agricultural Research*(University of Minnesota Press, Minneapolis).

Haygreen, J., H. Gregerson, I. Holland and R. Stone(1986), "The Economic Impact of Timber Utilization Research", *Forest Products Journal* 36(2):12-20.

Herruzo, A. C.(1985), "Returns to Agricultural Research: Rice Breeding in Spain", *European Review of agricultural Economics* 12:265-282.

Hertford, R., J. Ardila, A. Rocha and G. Trujillo(1977), "Productivity of Agricultural Research in Colombia", In: T. M. arndt, D. G. Dalrymple, and V. W. Ruttan, eds., *Resource Allocation and Productivity in National and International Agricultural Research*(University of Minnesota Press, Minneapolis).

Hines, H.(1972), "The Utilization of Research for Development: Tow Case Studies in Rural Modernization and Agriculture in Peru", *Ph.D. Dissertation*(Princeton University).

Hust, M., G. Fox and G. Brinkmin(1988), "The Return to Canadian Federal Swine Research-1968 to 1984", *Working Paper* 88/4(Department of Agricultural Economics and Business, University of Guelph).

Iqbal, M.(1991), "The Rate of Returns to Investment in Agricultural Research: The Case of Rice and Cotton in Pakistan", *Ph.D Dissertation*(Ohio state University).

Isinika, A. C.(1995), "Assessing the Effect of Agricultural Research Expenditures on Agricultural Productivity in Tanzania", *Ph.D. Dissertation*(University of Kentucky, Lexington, Kentucky).

Kahlon, A. S., H. K. Bal, Saxena and D. Jha(1977), "Returns to Investment in Research in India", in: T. M. Arndt, D. G. Dalrympl and V. W. Ruttan, eds., *Resource Allocation and Productivity in National and International Agricultural Research*(University of Minnesota Press, Minneapolis).

Karajan, D. D.(1990) "The Rate of Return to Maize Research in Kenya: 1955-88", *M.S. Thesis*(Department of Agricultural Economics, Michigan state University, East Lansing, Michigan).

Khan, M. H., and A. H. Akbari(1986), "Impact on Agricultural Research and Extension on Crop Productivity in Pakistan: A Production Function Approach", *World Development* 14:757-762.

Kislev, Y., and M. Hoffman(1978), "Research and Productivity in Wheat in Israel", *Journal of Development Studies* 14(2):165-181.

Knutson, M., and L. G. Tweeten(1979), "Toward an Optimal Rate of Growth in Agricultural Production Research and Extension", *American Journal of Agricultural Economics* 61:70-76.

Kumar, P., and Mruthyunjaya(1992), "Measurement and Analysis of Total Factor Productivity Growth in Wheat", *Indian Journal of Agricultural Economics* 47 (7):451-458.

Librero, A., and M. Perez(1987), "Estimating Ceturns to Research Investment in Corn in the Philippines"(*Socio-Economic Research Department*, Philippine Council for Agriculture, Forestry, Natural Resources Research and Development, Los Banos).

Librero, A. R., and N. Emlano(1990), *Estimating Returns to Research Investment in Poultry in the Philippines*(PCARRD, Los Banos, Laguna), 1990.

Makau, B. F.(1984), "Measurement of economic returns to wheat research in Kenya", unpublished *M. A. Thesis*(University of Nairobi, Kenya).

Makki, S. S., L. G. Tweeten and C. S.Thraen(1996), "Returns to Agricultural Reseach: Are we Assessing Right?", Contributed Paper *Proceedings From the Conference on Global Agricultral Science Policy for the Twenty-First Century*, August 26-28, Melbourne, Australia, :89-114.

Mazzueato, V.(1992), "Non-research Policy Effects on The Rate of Return to Maize Research in Kenya: 1955-88", *M. S. Thesis*(Department of Agricultural Economics, Michigan State University, East Lansing, Michigan).

Monares, A.(1984), "Building an Effective Potato Country Program: The Case of Rwanda", CIP Social Science Department *Working Paper* 1984-3(Lima, Peru).

Monteiro, A.(1975), "Avaliacao Economica da Pesquisa Agricola: O Casu do Cacau no Brasil", *Thesis*(Vicosa, UFV).

Morris, M. L., H. J. Dubin and T. Pokhrel(1994), "Returns to Wheat Breeding Research in Nepal", *Agricultural Economics* 10:269-282.

Nagy, J. G.(1983), "Estimating the Yield Advantage of High Yielding Wheat and

Maize: The use of Pakistani on-farm Yield Constraints Data", *The Pakistan Development Review* 93.

Nagy, J. G.(1985), "The Ooverall Rate of Return to Agricultural Research and Extension Investments in Pakistan", *Pakistan Journal of Applied Economics* 4(1):17-28.

Nagy, J. G., and W.H. Furtan(1978), "Economic Costs and Returns for Crop Development Research: The Case of Rapeseed Breeding in Canadian", *Canadian Journal of Agricultural Economics* 26:1-14.

Norton, G. W.(1981), "The Productivity and Allocation of Research: U.S. Agricultural Experiment Stations, Revisited", in: G. W. Norton, W. L. Fishe, A. A. Paulsen and W. B. Sundquist, eds., *Evaluation of Agricultural Research*, Miscellaneous Publication 8-1984(Minnesota Agricultural Experiment Station, University of Minnesota).

Norton, G. W., J. Ortiz and P. G. Pardey(1992), "The Impact of Foreign Assistance on Agricultural Growth", *Economic Development and Cultural Change* 40(4): 775-786.

Otto and J. Havlicek, Jr.(1981), "As Cited in Evenson, R. E. 1980. Human Capital and Agricultural Productivity Change", *Draft*(Yale University).

Pee, T. Y.(1997), "Social Returns From Rubber Research on Peninsular Malaysia", *Ph.D. Dissertation*(Michigan State University).

Peterson, W. L.(1967), "Returns to Poultry Research in the United States", *Journal of Farm Economics* 49:656-669.

Peterson, W. L., and J. C. Fitzharris(1977), "The Organization and Productivity of the Federal State Research System in the United States", in: T. M. Arndt, D. G. Dalrymple and V. W. Ruttan, eds., *Resource Allocation and Productivity in National and International Agricultural Research*(University of Minnesota Press, Minneapolis).

Pray, C. E.(1978), "The Economics of Agricultural Research in British Punjab and Pakistani Punjab, 1905-75", *Ph.D. Dissertation*(University of Pennsylvania)

Pray, C. E., and Z. Ahmed(1991), "Research and Agricultural Productivity Growth in Bangladesh", in: R. E. Evenson and C. E. Pray, eds., *Research and Productivity in Asian Agriculture*(cornell University Press, Ithaca).

Richter, M. K.(1966), "Invariance Axioms and Economic Indexes," *Econometrica* Vol. 34, No. 4.

Ruttan, V. W.(1956), "The Contribution of Technological Progress to Farm Output: 1950- 75", *Review of Economics and Statistics*, :61-69.

Ruttan, V. W.(1982), *Agricultural Research Policy*, Minneapolis: University of Minnesota Press.

Salmom, D.(1984), "An Evaluation of Investment in Agricultural Research in Indonesia, 1965-1977", *Ph.D. Dissertation*(University of Minnesota).

Schmitz, A., and D. Seckler(1970), "Mechanized Agriculture and Social Welfare: The Case of the Tomato Harvester", *American Journal of Agricultural Economics* 52:569-577.

Scobie, G. M., and R. T. Posada(1978), "The Impact of Technical Change on Income Distribution: The Case of Rice in Colombia", *American Journal of Agricultural Economics* 60:85-92.

Seck, P. A., M. Sidibé and A. M. Béye(1995), "Impact Social de la Recherche et du Technologies sur le Coton au Senegal", *Mimeo*.

Seidi. S.(1966), "An Economic Analysis of Rice Research, Extension, and Seed Producion in Guinea-Bissau: Preliminary Evidence from the Case of Swamp Mangrove Rice", *Preliminary Report* to Rice Economics Task Force of West African Rice Development Association, Bissau, Guinea-Bissau.

Setboonsarng, S., and R. E. Evenson(1991), "Technology, Infrastructure, Output Supply and Factor Demand in Thailand´s Agriculture", in: R. E. Evenson and C. Pray, eds., *Research Productivity and Income in Asian Agriculture*(Cornell University Press, Ithaca).

Smile, M., and P. Heisey(1994), "Maize Research in Malawi Revisited: An Emerging Success Story", *Journal of Intemational Development*.

Smith, B., G. W. Norton and J. Havlicek, Jr.(1983), "Impacts of Public Research Expenditures on Agricultural Value-added in the U.S. and the Northeast", *Journal of the Northeastern Agricultural Economics* Council 12:109-114.

Solow, R. M.(1957), "Technical Change and the Aggregate Production Function", *Review of Economics and Statistics* Vol. 39, No. 3.

Sumelius, J.(1987), "The Return to Investment in Agricultural Research in Finland

1950-1984", *Journal of Agricultural Science in Finland* 59:257-353.

Sundquist, W. B., C. Cheng and Norton(1981), "Measuring Returns to Expenditures for Corn, Wheat, and Soybeans", in G. W. Norton, W. L. Fishel, A. A. Paulsen and W. B. Sundquist, eds., *Evaluation of Agricultural Reserch*, Miscellaneous Publication 8-1981(Minnesota Agricultural Experiment Station, University of Minnesota).

Tang, A.(1963), "Research and Education in Japanese Agricultural Development", *Economic Studies Quarterly* 13:27-41.

Thirtle, C., and P. Bottomley(1998), "Is Publicly Funded Agricultral Research Excessive?" *Journal of Agri-cultral Economics* 31:27-41 and 91-99.

Tinbergen(1942), "On the Theory of Long-Term Economic Growth", *Weltwirtschaftliches Archiv*, Vol. 55, :511-549.

Tweeton, Luther G. and Fred K. Hines(1965), "Contribution of Agricultural Productivity to National Economic Growth", *Agricultural Science Review*, 34.

Varian, H. R.(1984), "The Nonparametric Approach to Production Analysis", *Econometrica* Vol. 52, No. 3.

Welch, F., and R. E. Evenson(1989), "The Impact and Pervasiveness of Crop and Livestock Improvement Research in U.S. Agriculture", *Economic Growth Center* (Yale University, New Haven, Connecticut).

Wennergren, E. B., and M. D. Whitaker(1977), "Social Returns to U.S. Technical Assistance in Bolivian Agriculture: The Case of Sheep and Sheat", *American Journal of Agricultural Economics* 59:565-569.

White, J. F., and J. Havlicek, Jr.(1982), "Optimal Expenditures for Agricultural Research and Extension: Impli-cations on Underfunding", *American Journal of Agricultural Economics* 64(1):47-54.

Wise, W. S.(1986), "The Calculation Rates of Return on Agricultural Research from Production Functions", *Journal of Agricultural Economics* 37(2):151-161.

Yee, J.(1992), "Assessing Rates of Return to Public and Private Agricultural Research", *Journal of Agricultural Economics Research* 44(1):35-41.

Zachariah, O. E .R., G. Fox and G. L. Brinkman(1988), "The Returns to Broiler Research in Canada-1968 to 1984", *Working Paper* 88/3(Department of Agriculture Economics and Business, University of Guelph).

제5부

농업발전과 농업 연구개발 정책의 방향

조망(眺望)
(캐나다 해밀튼 아프리칸 사파리의 기린, 미국 퍼듀대 박도연 제공)

한국 농업 연구개발 정책은 합리적인 농업 연구관리체계를 구축하여 정부의 농업과학기술정책과 농업정책의 유기적 연계성을 갖고 농업 연구자원 배분이 효율적으로 이루어지기 위해서 연구자원 배분을 위한 우선순위가 설정될 수 있는 제도적 장치가 마련되어야 한다. 농업기술의 최종수요자인 농민은 시장조직 및 금융조직과 연계되고 연구기관은 지역적 공동연구개발 전략을 통한 연구계획의 통합화로 국가농업 연구체계와 연계를 강화하여야 한다. 농업 연구는 응용연구와 기초연구, 대학연구소와 공공연구기관과의 협동연구, 민간연구기관과 공공연구기관의 역할분담 등 현실적 문제에 대한 연구자원의 경영관리상 효율적이고 효과적인 접근을 위하여 농업 연구평가 시스템의 확립이 필요하다. 농업 연구평가는 연구배정, 연구투입, 연구과정, 연구결과 및 연구영향을 중심으로 연구수행자, 연구자원, 연구수행활동을 통합시켜 사회적 환경변화에 신축적으로 대응할 수 있어야 한다.

대학연구와 산학협동체계를 강화하기 위해서 지역농업정보 시스템을 구축하고 농민들이 언제나 접근할 수 있는 산학협력체계를 제도화 하여야 한다. 이를 위해서는 영농체계화연구에 의한 학제간의 연구와 현장연구를 중심으로 연구체계가 확립되어야 한다. 농업 연구개발의 정책방향은 현장농업연구의 강화와 농민조직의 연계를 통하여 현실적으로 농업 연구자원 배분의 효율성을 제고해야 할 것이다.

농업발전은 농업부존자원과 농업기술만이 아니라 제도적 요인과 문화적 요인을 포함한 여러 가지 요인의 상호 연계 하에 종합적으로 판단하기 위하여 패턴모형에 의한 접근이 필요하다. 따라서 쌀 산업 발전을 중심으로 패턴모형에 의하여 부존자원 기술, 제도, 문화 등 여러 요인을 종합적으로 접근하여 쌀 산업기술 발전을 위한 과제와 방향을 제시하고자 한다.

제 14 장

패턴모형에 의한 한국의 쌀 산업발전 접근

한국 농업의 변화과정을 조명하여 볼 때 한국의 경제성장 과정에서 농업생산의 성장이나 생산력의 증가는 괄목할 만하다. 특히 토지와 노동 등 공업부문의 자원 공급에 농업은 중요한 역할을 수행하여 한국의 경제발전에 크게 기여한 것도 사실이다. 또한 한국의 고도 경제성장을 견인한 인간자본 형성에 농업부문이 수행한 역할은 과소평가할 수 없다. 그러나 지난 40년간에 걸친 고도성장으로 농업부문의 GNP에서 차지하는 비중이 2.9%로 줄었으나, 농산물 수입개방에 따라 농업문제가 매년 반복되어 농민과 농업관련 분야만이 아니라 모든 국민들에게 부담이 되고 있다. 이처럼 우리 농업은 기술변화와 농업성장에도 불구하고 농업개방으로 새로운 제도적 조정과정이 요구된다.

이러한 문제는 농업의 시장경제(market economy)와 비시장경제(non-market economy)에서 농업의 특성에 따라 나타난다. 시장경제에서 농업의 특성은 생산물이 자연의 영향을 받고 유기적 생산이기 때문에 기계의 사용과 분업이 제약되며 소득상승에 따라 소비는 상대적으로 크게 늘지 않는다. 따라서 시장경제에서 소득탄력성과 수요와 공급의 가격탄력성이 비탄력적이기 때문에 열세산업, 불안정 산업의 특성을 보인다. 비시장경제에서 농업문제는 농업생산의 비교역적 특성에 따른 시장실패와 공공재적 성격에서 나타나는 무임승차문제, 농산물 정보의 비대칭성에서 오는 레몬재(lemon good)문제, 농민들의 공간적 분산성과 숫자의 역설(paradox of numbers)이 야기하는 농민조직문제 등 시장경제로 풀기 어렵고 다른 산업에 비해 불리한 여러 가지 문제를 갖는다. 따라서 우리가 직면하는 농업문제는 단순히 시장경제에서 효율성을 높일 뿐만 아니라 비시장경제에서 나타나는 여러 가지 특성에 대한 제도적 접근이 필요하다(박정근, 2004).

이러한 문제의식에서 한국의 농업에서 가장 중요한 쌀 산업의 기술과 성장을 살펴보고 쌀 산업 발전의 성격을 밝혀 한국 농업의 발전방향을 모색하고자 한다. 한국 쌀 산업의 발전방향을 패턴모형(pattern model)으로 접근하여 자원, 기술, 제도, 문화의 상호 연계성에서 파악할 것이다. 이와 같이 쌀 산업에 응용한 패턴모형의 접근방법은 앞으로 한국 농업발전의 모든 분야에 적용할 수 있는 예시화로서 의미를 갖는다.

14.1 쌀 산업의 기술과 제도문제

농지개혁 이후 지난 50년에 걸쳐 우리나라의 농민 수나 농가 호수는 크게 감소하였으며 1980년대 이후 3.0ha를 넘는 대농계층이 증가하고 있다. WTO체제에 의한 국제농산물 무역자유화에 따라 쌀도 최소시장접근(MMA)에 의하여 부분적으로 도입되고 있으며 국제경쟁력을 높이기 위하여 전업농 중심의 규모화 사업이 추진되었다. 그러나 영농규모 확대는 규모경제에 의하여 설명되기 때문에 앞으로 계속 추진되어야 하는지, 또는 영농규모 확대만이 농업 구조조정을 위하여 충분한 조건은 아닌지를 이론적으로 구명할 필요가 있다.

이에 대한 이론적 구명을 위해서는 우리 농업에서 규모경제가 존재하는가, 영농규모 확대의 성격이 무엇인가를 파악해야 한다. 역사적으로 영농규모 확대에 따른 농민의 이농은 다음과 같은 두 가지 상반된 견해로 설명된다. 먼저 이농은 농촌의 생산비 상승과 소득저하가 초래한 빈곤과 피폐에 따른 이중적 압박(cost-price squeeze)에서 나타난 금융위기(financial hardship)가 초래한 압박효과(push-effect)라는 것이다. 또 다른 설명은 농민의 이농은 단순히 공업화에 의한 비농업부문의 소득상승이 유발하는 견인효과(pull-effect)로 볼 수 있다는 상반된 견해가 있다. 또한 이농과 영농규모 확대를 가져온 결과가 대농기계의 개발에 의한 기술변화(technical change)에서 오는 것인가, 또는 자본과 노동의 생산요소 변화에서 오는 경제적 대체효과(substitution effect)에 의한 것인지에 따라 정책적 함의가 달라질 것이다.

만일 이농과 영농규모 확대가 농민들의 금융위기에서 온 것이라면 노동력 감소는 기계에 의한 노동의 축출(displacement)을 의미한다. 그러나 공업부문 소득상승에 따라 농민들의 기회비용(opportunity cost)이 높아지고 노임과 자본의 상대가격 변화에서 온 것이라면 단순한 자본과 노동의 대체(replacement)로 볼 수 있는 것이다. 또한 기술변화는 노동력을 축출할 수 있으며 생산요소 가격에 의하여 기술변화가 유발될 수 있다. 한편, 기술변화보다 단순히 자본과 노동의 대체에 따른 경제적 변수에 의해서 설명할 수 있으나 이러한 특성에 따라 영농규모화 사업에 대한 정책변수는 달리 나타날 것이다. 예를 들면 앞서 본 바와 같이 경지규모의 확대와 농촌 노동력의 감소가 농기계회사 대농기계의 대량공급에 의한 결과라면 이농에 대한 사회적 비용의 책임 일부는 대농기계 회사에서 담당해야 한다. 정부는 이농하는 사람에 대하여 직업전환을 위한 교육이나 훈련에 관심을 기울여야 할 것이다. 한편, 이농이 비농업부문의 높은 임금에 의하여 농민들의 노동력이 유발되어 나타난 현상이라면 국가의 농업연구나 농기계회사의 대농기계 공급은 시장경제에 의해서 이루어졌다고 보아 개인의 시장적응력에 따라 나타난 자연스러운 결과라고 보아야 할 것이다.

14.2 패턴모형에 의한 쌀 산업발전의 접근

모든 경제현상은 여러 요인이 복잡하게 얽혀 있고 따라서 각 요인의 상호 연관성을 종합한 전체적인 시각에서 그 현상의 성격을 구명해야 한다.

경제현상은 부존자원, 기술변화, 제도변화 및 문화의 네 가지 요인이 내생화되어 있는 패턴모형(pattern model)에 의하여 상호 연관성을 살펴볼 수 있다. 이것은 경제현상을 경제변수에 따른 양적 요소만이 아니라 정치적, 사회적, 문화적 요인을 조합하여 질적 요인을 고려하는 것으로 앞에서 본 2장 〈그림 2-1〉에서와 같이 모든 장기적 사회경제 현상의 변천을 전체적인 시각에서 상호 의존관계로 파악하는 것이다. 따라서 패턴모형은 우리가 어떤 사회현상 분석의 한계와 그 범위를 파악하는 데 유용하다. 뿐만 아니라 어느 한 부문에 한정된 결론의 도출보다 모든 요인의 상호 연관성을 종합한 전체적인 성격구명에 필수적이다.

우리 농업발전과정을 패턴모형에 따라 분석할 때 발전과정의 특성이 명료해진다. 예를 들어 쌀 생산에서 통일벼 개발이라는 기술변화는 분석시각에 따라 다르게 나타난다. 통일벼 개발이 우리의 경제성장을 위한 공업화 과정에서 식량자급이라는 국가목표를 달성하기 위하여 행정력을 통한 하향식 기술변화라면 제도가 기술을 유발시킨 (B)의 관계를 강조한다. 그러나 통일벼를 토지생산성 기술변화라는 의미에서 보면 협소한 토지라는 부존자원이 다수확 품종을 유발한 (A)의 관계를 말한다. 통일벼가 사라지고 양질미 생산을 강조한 것은 통일벼 맛이 일반 벼와 다르기 때문에 나타난 문화적 요인이 기술에 미친 영향(E)을 말한다. 호남농업시험장에서 지역특성에 알맞은 품종을 개발하는 것은 부존자원과 기술의 관계인 (A)를 나타낸다.

1970년대 이래 공업화에 따라 농촌노동력 감소로 농업기계화에 의한 노동생산성 증가는 부존자원의 변화가 기술에 영향을 준 (A)라 할 수 있다. 특히 노동력 부족과 통일벼 재배에 따른 집단재배 단지는 부존자원의 변화가 제도변화를 유발한 (c)와 기술변화가 제도변화를 유발한 (b)의 관계를 나타낸다. 농촌의 작목반이나 공동작업반은 부존자원의 변화가 제도변화를 유발한 (c)의 관계에 마을 공동체라는 문화적 요소가 가미된 (d)의 관계를 보인다.

우리나라의 농지제도는 1949년 농지개혁법 제정 이래 절대농지와 상대농지를 제정한 1972년 농지보전법, 농지임대차를 허용한 1980년 헌법과 1986년 농지임대차 관리법, 농업 진흥지역을 규정한 1990년의 농어촌발전특별조치법 등이 농지제도의 획을 긋는다. 이러한 농지제도의 변천과정은 영농 규모화사업의 이론적 배경을 중심으로 패턴모형에 의하여 보다 넓은 시각에서 상호 연관성을 살펴볼 수 있다. 먼저 1949년의 농지개혁법은 소작제도의 폐해를 없애기 위해 소작을 금지하고 농지소유 상한을 3정보로 규제하여 농지의 소유에 대한 제도가 개별농가의 농지소유라는 부존자원에 영향을 준 (C)의 관계를 말한다. 절대농지와 상대농지를 규정한 1972년 농지보전법은 공업화의 진전에 따라 농지의 공업용지 전용이 이루어짐에 따라 식량증산을 목적으로 제도적으로 부존자원을 규제한 (C)의 관계를 말한다. 1970년대 이후 공업화의 진전에 따라 농촌노동력의 이농이 급증하여 농업노동력이 감소하면서 농업기계화가 확대되자 경영규모 확대 문제가 현실화 되었다. 이에 따라 농지임대차를 허용하는 헌법(1980)과 농지임대차관리법(1986)이 마련되었다. 이것은 농가인구 감소라는 부존자원의 변화가 기계화에 의한 기술변화를 초래하고 이에 따라 새로운 제도변화를 유발시킨 (A)와 (b)의 관계로 볼 수 있다.

그러나 정부의 공업화 정책이 비농업부문의 소득상승과 이에 따라 이농에 관한 농업부문의 노동력 부족을 초래하고, 이를 완화시키기 위해 기계화를 촉진시킨 것은 제도가 부존자원과 기술변화를 가져온 (C)와 (B)의 관계를 보인다. 농기계 회사가 새로운 우리의 현실에 맞는 적정 농기계를 개발하는 대신에 대규모의 수입농기계를 확산시켜 영농규모 확대를 유발하는 것은 (b)의 관계를 보인 것이다. 또한 1988년부터 지원된 농지구입자금을 포함하여 추진된 영농규모화사업과 1995년부터 실시된 쌀 전업농육성은 제도변화가 부존자원에 영향을 준 (C)의 관계를 나타낸다.

쌀 산업과 관련된 농지제도에 관한 패턴모형에서 얻을 수 있는 결론은 다음과 같다. 먼저 우리나라에서 농지제도를 둘러싼 부존자원, 기술, 문화의 상호 연관성을 보면 정부가 주도한 제도가 주도적 역할을 한 것이다. 시장경제에 의하여 결정되는 투입요소의 상대적 가격변화는 정부정책에 의해서 왜곡된 점도 없지 않았다. 오늘날 제도변화는 제도의 수요 · 공급 메커니즘에 따라 한편으로는 사회경제 구조에 또 다른 한편으로는 정치 · 관료구조에 의해서 규정되는 보수매트릭스(pay-off matrix)에 따라 실현된다(2장 〈그림 2-4〉 참조). 그 사회의 제도변화에 대한 잠재수요가 현재수요로 나타나고 정부의 제도공급이 이러한 현재수요를 최대한 반영할 때 제도변화에 대한 사회적 비용을 최소화할 수 있다. 이를 위해서는 현장의 기술수요를 충분히 반영할 수 있어야 한다.

또한 앞서 살펴본 바와 같이 농업에서 규모경제는 제대로 실현되기 어려우며 여러 가지 사회경제적 요인의 상호 연관에 이루어진다. 이것은 단순히 영농규모화에 의해서 규모경제의 실현이 불가능하며 외부경제나 시장조건을 충분히 활용해야 한다는 것을 의미한다. 따리서 규모경제(economies of scale)만이 아니라 범위의 경제(economies of scope)가 확대되어야 한다. 결과적으로 영농규모화 사업을 둘러싼 농지문제, 적정 농기계뿐만 아니라 규모효율과 재배기술을 결합시키는 등 전체적 기술체계의 종합화가 이루어질 수 있어야 한다. 전업농의 육성도 경영주의 연령, 농기계 보유형태, 지역여건 등 여러 가지 요인에 의하여 다양하게 나타나기 때문에 이를 위해서는 지역농업의 특성을 이용한 지역영농 시스템 구축을 확립할 필요가 있다.

14.3 쌀 산업의 성장, 기술변화 및 발전방향

14.3.1 쌀 산업 투입, 산출과 생산성의 성장

한국 농업의 성장과정은 생산요소의 가격변화에 따라 값이 비싼 요소를 절약하고 싼 요소를 많이 쓰는 기술의 편향(bias)을 가져옴으로써 기술진보의 방향이 요소가격에 따라 결정되는 시장기구에 의하여 설명될 수 있다. 농업생산의 성장이 주로 토지, 노동 등 전통적인 투입물에 의해서 이루어지는 자원위주의 농업(resource-based agriculture)에서는 투입물의 사용이 시장가격에 의하여 이루어진다고 보기 어렵다. 그러나 농업생산이 농가에서 자급할 수 있는 전통적 투입물보다 시장에서 구입하는 비료, 농약, 농기구 등 근대적 투입물에 의하여 이루어지는 과학기술 위주의 농업(technology-based agriculture)에서는 투입물 수요는 투입물 시장가격에 의하여 영향을 받는다. 따라서 농업생산 성장의 장기분석에서 농업생산성 성장의 방향에 의하여 농업기술 진보의 성격을 파악할 수 있다.

한국 농업생산의 장기적 성장을 보면 1960년대 이후에야 비로소 농업성장이 투입물보다 주로 농업생산력에 의하여 이루어진다. 1960년대까지는 농업생산의 성장추이는 투입물의 추이와 비슷하여 농업성장이 투입물에 의하여 이루어진 자원위주의 농업이다. 1960년대 이후에는 농업생산의 성장추이는 투입물의 성장추이와 격차를 보여 농업성장은 농업생산력에 의하여 설명되는 과학기술 위주의 농업이라 할 수 있다(박정근, 2004, p.277).

쌀 산업은 지난 1962~2004년의 42년에 걸쳐 연평균 0.9%의 성장률을 보였으며 투입물은 -0.6%, 생산성은 1.5%의 연평균 성장률로 투입물의 감소에 따라 생산의 성장이 생산성에 의하여 설명된다. 이를 시기별로 보면 1962년부터 1970년까지 쌀 생산의 성장은 89.7%가 생산성에 의하여 이루어진 기술위주의 농업을 나타낸다. 1970~80년 기간에는 연평균 성장률은 1.6%, 투입물은 0.5%, 생산성은 1.1%로 1980년의 흉작에 따라 성장률이 낮게 나타났다. 그러나 1980~90년은 연평균 성장률이 2.1%, 투입물이 0.6%, 생산성이 1.5%로 성장하여 생산성의 기여율이 72.2%를 보여 별다른 변화를 보이지 않는다. 2000년대 이후 농업생산의 연평균 성장률은 1.6%, 투입물은

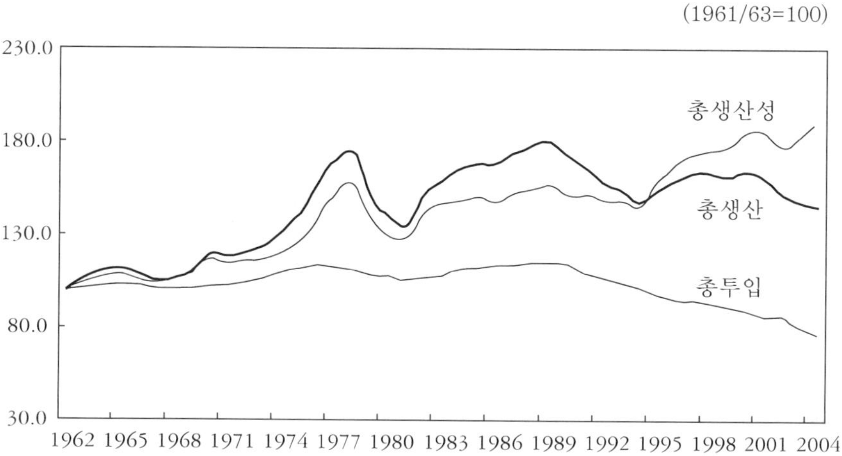

주: 1) 3개년 이동평균 계열 자료임.
자료: 농가경제조사, 농산물생산비조사 및 농림통계연보 각년도.

그림 14-1 미곡의 총생산, 총투입 및 총생산성 지수 추이

표 14-1 미곡 총생산, 총투입, 총요소 생산성의 성장률 및 총생산에 대한 기여도

(단위: %)

구 분	연평균성장률(%)			상대적기여도	
	총투입 (①)	총생산 (②)	총생산성 (③)	총투입 (②/①)	총생산성 (③/①)
62~04	-0.6	0.9	1.5	-70.7	170.7
62~70	0.2	2.2	1.9	10.3	89.7
70~80	0.5	1.6	1.1	33.2	66.8
80~90	0.6	2.1	1.5	27.8	72.2
90~04	-2.8	-1.2	1.6	237.4	-137.4

주: 1) 3개년 이동평균 계열 자료임.
자료: 농가경제조사, 농산물생산비조사 및 농림통계연보 각년도.

-2.8%, 생산성은 1.6%로 투입물의 감소에 따라 쌀 생산의 성장은 전적으로 생산성에 의하여 주도되었다(표 14-1).

투입물은 토지와 노동 같은 전통적인 투입물과 비료, 농약, 농기계, 신품종 등 근대적 투입물로 나눌 수 있다. 지난 42년간에 걸쳐 쌀 산업에서 토지, 노동 등 전통적인

표 14-2 미곡의 전통적 투입요소의 연평균 성장률

(단위: %)

구 분	노 동		재배면적		
	농가호수	노동시간	논 벼	밭 벼	합 계
62~04	-1.87	-4.10	-0.34	2.90	-0.31
62~70	-2.02	2.72	0.54	17.91	0.69
70~80	-0.24	-2.98	0.30	-3.97	0.24
80~90	-1.04	-4.19	0.18	-15.20	0.09
90~04	-3.51	-8.49	-1.65	14.83	-1.54

주: 1) 미곡노동시간은 10a당 노동시간에 미곡재배면적을 이용하여 계산함.
자료: 농림통계연보 및 농가경제조사 각년도.

표 14-3 미곡의 근대적 투입요소의 연평균 성장률

(단위: %)

구 분	비료비	농약비	제재료비	농구비	종묘비	계
62~04	1.91	12.17	6.06	8.83	0.85	4.15
62~70	5.25	36.34	12.78	13.36	0.31	5.39
70~80	4.03	17.59	19.42	15.98	-0.26	7.82
80~90	3.47	6.84	-7.16	14.54	4.39	7.50
90~04	-2.49	0.44	3.46	-2.05	-0.51	-1.35

자료: 농가경제조사, 농산물생산비조사 및 농림통계연보 각년도.

투입물은 지속적으로 감소추세를 보였다. 그러나 쌀 생산을 위한 재배면적이 1990년대까지 증가했으며 그 이후 감소율을 보였다(표 14-2). 이에 비하여 비료, 농약, 농기계 등 근대적인 농업투입물은 지속적으로 증가했으며 1990년대 이후 감소율을 보인 사실을 알 수 있다(표 14-3).

토지생산성과 노동생산성의 추이를 보면 모두 지속적인 성장을 보였으며 1975년까지는 토지생산성의 성장 속도가 빨랐으나 그 이후 노동생산성의 성장이 크게 증가하였다. 토지생산성은 노동생산성에 크게 미치지 못했으며 2000년 이후에는 감소추이를 보였다(그림 14-2).

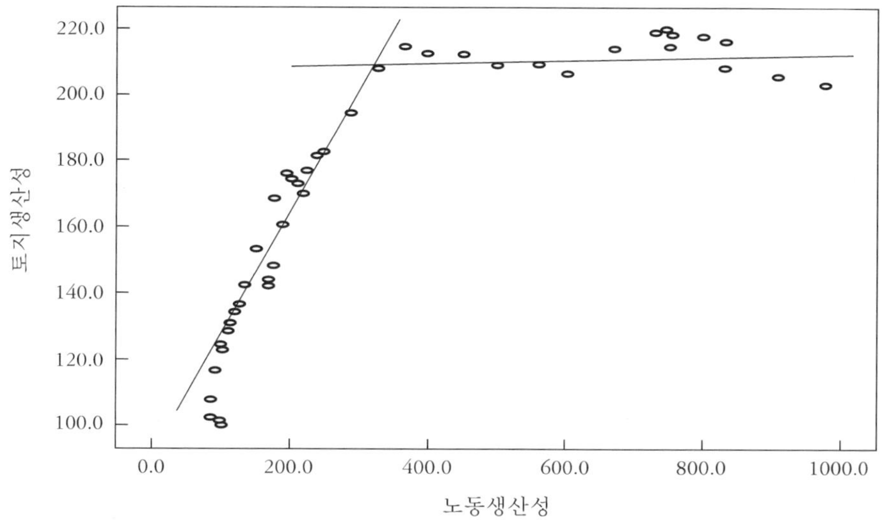

그림 14-2 토지생산성과 노동생산성 추이(1962~2004)

14.3.2 시장경제와 쌀 산업의 유발적 기술변화

14.3.2.1 토지생산성 증가기술과 노동생산성 증기기술

1970년대 한국의 쌀 생산에서 토지와 노동, 농기계와 노동 등 생산요소 결합비율과 농지가격과 노임, 농기계가격과 노임 등 생산요소 가격 결합비율의 변화는 생산요소 가격변화에 따른 기술변화의 과정으로 파악할 수 있다. 이것은 생산요소 가격의 결합비율이 달라짐에 따라 어느 정도 생산요소의 사용과 생산성 증가 방향에 영향을 주는 유발적 기술변화과정으로 설명할 수 있다(박정근, 1986).

통일벼개발은 요소시장 가격의 변화에 따라 유발된 새로운 품종개발에 의하여 토지생산력을 높여 생산의 장애요인이 되는 부족한 토지를 극복하는 기술개발 경로를 나타낸다. 이농에 따라 노동력부족과 노임상승으로 직파재배의 확대는 노동생산력을 높여 부족한 노동을 극복하기 위한 것이다. 비료값과 쌀값의 상대가격 하락과 단위면적당 쌀 수량증대는 단순한 비료값 하락에 따른 비료의 증가된 투입만이 아니다. 이는 새로운 품종개발에 따른 비료투입량 증대와 단위면적당 수량의 증대를 가격과 토지생산성을 높이는 기술개발로 설명할 수 있다. 뿐만 아니라 1970년대 이후 다수확 품종의 재배면적이 크게 늘어 한국의 총 쌀 생산량은 급격한 증가를 보였다. 1970년대 중반 이후 쌀 자급을 이룰 수 있었던 것은 공업화에 의하여 비료공급이 늘어나고 비료가격이 하락하면서 유발된 다수확 신품종 개발에 의한 것이다.

한국은 1970년대 통일벼 등 비료를 많이 투하하여 생산량을 높일 수 있는 다수확 품종의 개발에 의하여 부족한 농지의 제약에서 벗어나 쌀 자급을 이룰 수 있었다. 그러나 지속적인 공업화에 의하여 농촌의 노동력 부족과 노임 상승에 따라 농업 기계화가 빠른 속도로 진전되었다. 농업 기계화를 촉진시키기 위해서는 경영규모의 확대로 규모경제를 실현해야 한다. 그러나 대형 기계화에 의한 생산성 증가는 경지규모의 영세성으로 인하여 성장의 애로점이 되었다. 임대차에 의하여 경영규모의 확대나 위탁영농에 의하여 대형 농기계의 효율적 이용이 어느 정도 가능하였다. 그러나 경영비 중 노력비의 비중이 높기 때문에 노동력 절감을 위한 생력기술(省力技術)의 필요성이 절실해진 것이 사실이다. 경제성장에 따라 노동력 부족으로 인한 노임 상승이 토지집약적이고 노동절약적인 농업 기계화만이 아니라 토지가 부족한 여건에서 규모 중립적인 직파재배 기술을 유발하였다.

직파재배는 육묘와 이앙 단계를 모두 생략하고 직접 볍씨를 파종하기 때문에 토지에 대하여 중립적이며 노동시간이 크게 단축된다. 쌀 생산은 대형 기계화의 추세와 함께 노동력을 절감할 수 있는 직파재배 기술이 직파기 개발과 보급에 의하여 확산되었다. 직파재배도 직파기에 의한 파종보다 손으로 직접 뿌리는 산파(撒播)도 빠른 속도로 진행되었다.

통일벼 개발이 정부주도에 의하여 이루어진 기술임에 비하여 직파기의 개발과 보급은 독농가들에 의하여 이루어졌다. 특히 산파는 도복(倒伏)에 대한 우려에도 불구하고 농민들에 의하여 주도되고 있다. 따라서 통일벼 개발과는 달리 우리나라 벼의 직파재배 기술은 요소의 시장가격 변화에 따라 농민들에 의하여 주도되는 유발적 기술개발이라 할 수 있을 것이다.

14.3.2.3. 토지생산성과 노동생산성을 높이는 정밀농업의 가능성

우리나라의 쌀 생산은 개방화에 따라 생산비를 줄여 국제 경쟁력을 높이고 동시에 수익성을 확보하기 위하여 규모화가 진행되고 있다. 또한 국민소득이 상승함에 따라 환경에 대한 사회적 관심이 커졌다. 따라서 수익성만이 아니라 화학비료나 농약 등 토양오염으로 인한 환경문제가 대두되어 환경보전과 수익성(green and competition)을 동시에 추구하는 정밀농업(precision agriculture)에 관한 연구가 시작되었다.

관행적 영농기술은 모든 포장을 동일한 토양조건이라는 가정아래 동일한 재식밀도, 동일한 시비량을 획일적으로 적용하였다. 이에 반하여 정밀농업은 농업에 컴퓨터와 같은 첨단기술을 활용하여 철저한 작업관리와 자동화를 통하여 수익성을 높이고 비료와 농약은 적시에 적량을 투입하여 환경보전을 동시에 추구할 수 있다.

김제평야의 대규모 쌀 농가를 중심으로 정밀농업 수용 가능성을 분석한 결과를 보면 변량시비를 통하여 시비량 절감효과를 확인할 수 있었다. 대조구와 변량시비 처리구에서 추출한 토양 침출수의 질소 함량은 큰 차이가 나지 않았으나 미질이 향상된 사실을 알 수 있었다(박정근·이호진·황정욱, 2005). 시험포장 계측결과를 토대로 정밀농업 도입을 위한 경제적 실현 가능성을 시나리오별로 부분시산법과 편익·비용비(B/C ratio)에 의하여 분석하였다. 그 결과는 비료의 과다시용으로 절대량 생산을 높이거나 과소시비로 환경오염을 줄이는 것보다 정부에서 토양 조사비를 부담하여 정밀농업을 도입하는 것이 경제적 성과가 있는 것으로 나타났다. 그러나 현재 농촌진흥청 추천시비를 하는 농가의 경우에는 정밀농업으로 전환하여도 경제적 성과가 적기 때문에 구태여 정밀농업으로 전환할 필요가 없다고 본다.

그러나 앞으로 정밀농업의 전망은 김제평야와 같이 대규모 농가에서는 그 수용 가능성이 있다. 왜냐하면 농촌인구 감소와 기계화의 진전에 따라 소농에 비하여 경지규모가 넓어지면 관행적 영농은 토양정보의 이용 가능성이 낮아지기 때문이다. 따라서 경지규모가 확대되면 정밀농업의 잠재력은 오히려 커지게 된다. GIS, GPS 등 정보기술(information technology)이 발달하여 정보비용이 낮아지면 수익성과 환경보전을 동시에 달성할 수 있는 정밀농업의 가능성은 점점 커진다. 따라서 우리나라 쌀 생산정책은 평야지대의 대규모 영농은 정밀농업에 의하여 환경보전과 수익성을 확보하고 산간지대의 소규모 영농은 환경친화적 영농으로 환경보전을 도모하는 등 지속적 영농을 위한 다양한 정책변수를 활용할 필요가 있다.

정밀농업의 경제적 성과에서 볼 수 있듯이 정부지원 없이 정밀농업의 수용은 어렵다. 정밀농업의 환경보전에 대한 영향은 앞으로 더욱 연구가 이루어져야 하겠지만 농업의 환경보전 문제는 공익적 기능을 갖기 때문에 이에 대한 사회적 합의가 바탕이 되어야 한다. 따라서 수질오염을 막고 환경오염을 줄일 수 있는 정밀농업의 가능성은 사회적 합의에 따라 정부지원의 범위가 결정될 수 있을 것이다.

정밀농업은 여러 가지 기술과 재배가 결합된 복합적 농법이기 때문에 농가의 단순한 기술수용이 아니라 넓은 범위의 연구개발이 필요하다. 따라서 정밀농업에 관한 각 분야의 전문가를 양성하고 농가교육 등에 대한 인간자본의 투자 등 장기간이 소요된다. 토양조사나 기계의 사용은 농업기술센터가 주축이 되어 개인농가만이 아니라 마을공동으로 정밀농업 단지를 조성하여 정밀농업에 대한 규모경제를 도모할 수도 있다.

14.3.3 쌀 산업의 연구투자 효율성, 기술수명 추정 및 미래기술 수요분석

14.3.3.1. 쌀의 기술별 연구투자 효율성 분석

농업 연구자원 배분의 합리성과 연구투자의 효율성을 높이기 위하여 농업 연구자원 배분의 우선순위 결정이 중요하다. 연구자원 배분의 효율성을 평가하거나 연구 우선순위를 결정하는 가장 일반적인 방법은 평점방식(scoring method)이다. 평점방식은 연구목표에 따라 연구비 배분의 기준이 하나가 아닌 여러 가지 다중기준(multicriteria)과 정량적 자료와 정성적 자료를 동시에 적용할 수 있는 장점을 가지고 있다. 즉, 평점방식은 여러 가지 가중지수로서 연구개발에 의해 발생하는 경제적 성과와 기술수용률 등을 기준으로 연구자원 배분의 효율성을 평가할 수 있다.

농업기술은 이용목적에 따라 다양한 분류가 가능하다. 작물생산의 비전을 제시하고 비전을 달성할 수 있는 발전방향에 필요한 제품과 기능을 중심으로 핵심기술을 분류하거나 또한 현장영향과 연구소 단위에서 효율적으로 계측 구분할 수 있는 기술분류가 가능하다. 기술별 현장영향과 경제적 성과액 등을 계측, 기술별 효율성을 평가하는 데 보다 적합한 기준으로 크게 육종과 재배기술, 그리고 수확 후 관리기술로 구분하고 재배기술은 다시 토양관리, 파종·육묘, 시비, 병충해, 제초, 기계화, 재배공통으로 세분할 수 있다

평점방식에 의한 우선순위 결정에 앞서 쌀의 기술별 연구자원 투입과 연구성과를 보기 위하여 1998~2002년간 농촌진흥청 연구자원 배분을 정리한 결과를 보면 다음

표 14-4 쌀의 기술별 예산액 및 과제 수, 경제적 성과액(1998~2002)

구 분		연구자원				경제적성과액 (백만원)	
		예 산 액 (백만원)		과제항목수 (건)			
육 종		13,146	(33.8)	729	(36.3)	196,477	(17.0)
재배	토양관리	529	(1.4)	33	(1.6)	39,954	(3.4)
	파종육묘	1,986	(5.1)	121	(6.0)	124,743	(10.8)
	시 비	2,522	(6.5)	173	(8.6)	49,586	(4.3)
	병해충	5,207	(13.4)	170	(8.5)	53,164	(4.6)
	제 초	1,821	(4.7)	114	(5.7)	51,783	(4.5)
	기계화	2,081	(5.4)	45	(2.2)	224,513	(19.4)
	재배공통	9,595	(24.7)	505	(25.1)	203,812	(17.6)
수확후관리 유통 · 경영		1,987	(5.1)	120	(6.0)	214,336	(18.5)
계		38,874	(100.0)	2,010	(100.0)	1,158,368	(100.0)

〈표 14-4〉에 나타나 있다. 쌀의 기술별 연구자원 투입과 경제적 성과액을 보면 연구예산은 육종분야가 13,146백만 원으로 전체예산 38,874백만 원의 33.8%로 가장 많았으며, 과제항목 수 역시 전체 연구항목 2,010건의 36.3%인 729건이 육종분야 연구로 나타났다. 그러나 경제적 성과액은 연구자원 투입과 달리 기계화 분야가 전체 1,158,368백만 원의 19.4%인 224,513백만 원으로 가장 크게 나타났다. 육종부문은 17.0%에 불과하였다. 전체 예산의 5.1%, 전체 과제 항목수의 6.0%에 불과한 수확 후 관리와 유통·경영부문은 경제적 성과액이 18.5%로 높게 나타났다.

14.3.3.2 쌀의 기술별 연구투자 우선순위 결정

평점방식에 의하여 기술별 우선순위를 결정할 때 평가기준은 효율성 지표와 형평성 지표이다. 먼저 효율성 지표로는 총 산출가액과 기대수익 변화율, 잠재적 연구결과의 활용률, 연구자 기술 수요율이며, 이 지표들을 가중하여 총 효율지수를 산출하였다. 형평성 기준은 농가비율을 사용하였다. 효율성 지표와 형평성 지표를 가중하여 우선순위 결정지표로 삼을 수 있다.

효율성지표 중 총 산출가액은 기술 i에 대한 연구수행 전의 총 산출가액($P_i \times Q_i$)이며, 기대수익 변화율($E(Y_i^{MAX})$)은 단위당 최대 비용감소율 또는 수량 증가율을 의미한다. 연구자 기술 수요율(A_i^{MAX})은 지난 5년(1998~2002)간 수행된 총 연구과제수에서 차지하는 해당 기술 또는 세부기술의 연구과제수의 비중으로 계산된다. 잠재적 활용률(P_i)은 같은 기간(1998~2002) 해당 기술의 기술별 결과활용 건수가 각 연구과제수에서 차지하는 비중으로 계산된다.

이상의 각 지표들을 반영하여 계산한 것이 효율성 지표로서 총 효율지수가 되며, 이의 순위를 기준으로 연구자원 배분을 결정하게 된다.

$$\text{총 효율지수 } (G_i) = (P_i \times Q_i) \times E(Y_i^{MAX}) \times A_i^{MAX} \times p_i$$
$$= \text{총산출가액} \times \text{수량변화율} \times \text{연구자기술수용률} \times \text{잠재적 활용률}$$

형평성 지수로서 농가비율은 전체 농가 수에서 차지하는 기술별 생산농가수의 비중으로 구하였다. 평점방식에 의하여 구하는 우선순위 결정은 경제적 효율성(efficiency)뿐만 아니라 연구비가 실제로 얼마나 성공 가능성이 있으며 또 농민들이 얼마나 수용하는가 등 연구결과의 실질적 효과(effectiveness)까지 평가기준으로 활용하여 보다 더 광범위한 연구효과를 측정할 수 있다. 따라서 예산이 별로 문제되지 않을 경우에는 경제적 효율성 지수가 우선순위 결정의 기준이 될 수 있다.

그러나 대부분 일반적으로 직면하게 되는 예산이 크게 문제가 될 경우에는 연구비 화폐단위당 효율성 지수를 나타내는 순효율지수의 우선순위 결정을 따르는 것이 합리적이다. 순효율지수에서 경제적 성과액은 수량증가 평가액과 비용 증감액으로 구분할 수 있다. 수량증가 평가액은 기술별로 증가된 수량을 금액으로 평가한 것이며, 비용 증감액은 노동시간과 물재비의 변화부분을 금액으로 평가하여 계산하였다. 잠재적 활용률과 기술 수요율은 배점방식에서와 동일하다. 예산은 세부연구 과제별 예산액을 파악하여 기술별 연구항목의 연구비를 이용하여 계산하였다. 이상의 경제적 성과액과 기술 수요율, 잠재적 활용율을 반영하여 효율지수를 구하였다. 이 효율지수를 예산액으로 나누어 예산단위당 효율지수를 구한 것이 순효율지수이다.

배점방식에 의한 쌀의 세부 기술별 연구자원 배분 효율성을 분석한 결과를 보면 〈표 14-5〉와 같다. 효율지수 기준으로 평가할 때 재배공통 분야가 1위이고 다음으로 육종, 수확 후 관리, 파종·육묘, 기계화, 시비, 제초, 병충해 순으로 효율지수가 높아 재배공통, 육종, 수확 후 관리부문에 연구자원 투입을 확대할 필요가 있음을 알 수 있다. 그러나 기존에 투입된 예산 등 연구자원 배분을 감안한 순효율지수를 기준으로

표 14-5 쌀의 기술별 순효율지수

구 분		경제적 성과액 (백만원)	잠재적 활용율	연구자원 (백만원)	기술 수요율	효율 지수	효율 지수 순위	순효율 지수	순효율 지수 순위
육 종		196,477	0.097	13,146	0.363	6,940	2	0.528	5
재배	토양관리	39,954	0.333	529	0.016	219	9	0.413	7
	파종육묘	124,743	0.380	1,986	0.060	2,855	4	1.438	2
	시 비	49,586	0.214	2,522	0.086	913	6	0.362	8
	병해충	53,164	0.165	5,207	0.085	741	8	0.142	9
	제 초	51,783	0.281	1,821	0.057	824	7	0.453	6
	기계화	224,513	0.333	2,081	0.022	1,675	5	0.805	4
	재배공통	203,812	0.218	9,595	0.251	11,154	1	1.162	3
수확 후 관리		214,336	0.308	1,987	0.060	3,945	3	1.986	1
계		1,158,368	0.193	38,874	0.334	29,266	–	0.753	–

주: 1) 경제적 성과는 수량증가와 비용증감으로 환산
- 비용감소 : 노동시간(노동시간×노임), 물재비 감소
- 수량증가 : 수량×가격,

2) 잠재적 활용률 : 연구결과 활용 건수/연구 항목수
3) 예산 : 연구항목×항목당 연구비
4) 기술 수요율 : 기술별 연구항목 수/총 연구 항목수
5) 효율지수 : 경제적성과×잠재적 활용률×기술 수요율
6) 순효율지수 : 효율지수/예산액

보면 재배공통보다 수확 후 관리, 파종·육묘, 재배공통 등의 효율성이 높은 것으로 나타나 투자자원의 효율성 기준으로는 다르게 나타났다.

14.3.3.3 쌀 생산기술의 수명주기분석

1) 기술분류 및 데이터 수집/처리

미래의 기술에 대한 예측으로 연구자원 배분의 우선순위를 평가하기 위해서는 기술수명주기를 연구자원 배분의 우선순위 결정에 고려해야 한다. 기술수명주기(technological life-cycle)란 기술의 혁신적, 경제적 성과가 시간의 경과에 따라 일정한 패턴을 보이면서 변화하는 것을 의미한다. 넓은 의미에서 기술수명 주기는 기술예측(technology forecasting)의 한 수단이며, 기술예측이란 향후 기술의 가치변화, 발전방향, 경쟁구조 등을 파악하여 의사결정 등에 활용하기 위한 것이다(H. Ernst 1997).

기술수명주기를 계측하기 위해서는 계량 서지학적 방법 중의 하나인 특허인용

분석이 유용하다. 특허인용 분석은 이미 발표된 특허의 상호 인용수와 시차 등을 이용하여 기술수명주기를 계측하는 방법으로 정량적 지표에 해당한다. 따라서 특허인용 분석을 통한 농업기술 수명주기 분석은 우선 농업관련 특허를 이용하여 특허인용 수명을 파악하고, 정성적 인자인 기술혁신요인, 시장수요요인 등을 반영하여야 한다.

먼저 특허인용 분석을 이용한 기술수명주기 분석은 분석대상 기술군(技術群)데이터를 수집하여 연구목적에 맞도록 분류하고 한국과학기술정보연구원(KISTI)의 특허정보 데이터베이스를 이용하였다. 한국 특허제도는 특허출원시 이전 특허에 대한 인용과 관련된 내용을 기재하지 않아 인용수와 시차를 분석하는 데 문제가 있다. 반면에 미국 특허는 이미 발표된 특허에 대한 인용에 관한 정보를 특허출원시에 밝히도록 되어 있다. 이런 이유로 이 장에서는 미국의 특허정보 데이터베이스를 이용하여 특허인용 분석을 하였고, 정성적 방법으로 보완하였다. 다음으로 수집 · 분류된 기술(군)별로 특허별 인용 빈도수를 계산하여 기술수명 범위를 추정하였다.

특허인용 분석을 이용한 기술수명주기 분석은 CLT-1과 CLT-2의 두 방법이 있고, CLT-1은 자기대상법(self)과 전체대상법(all)으로 나누어 분석한다. CLT-1(cited-patent life)의 자기대상법(self)은 대상 특허군(特許群)의 특허가 같은 특허군 내의 다른 특허에 인용된 것을 추출하여, 인용된 특허의 활용수명을 추정한다. 이 방법은 특허인용 범위를 같은 기술군의 속성으로 제한한 것으로, 해당 기술군을 설명하는 데 대표성을 갖는 데이터라 할 수 있다. 반면 전체대상법(all)은 대상 특허군에서 인용하고 있는 다른 특허군의 특허인용도 포함하여 활용수명을 추정한다. 대상 기술군을 대표하는 값이라 할 수 없지만, 데이터가 너무 적을 경우 대상 특허군이 인용한 특허를 상관관계가 높은 같은 계열의 기술군으로 간주하고 분석한 것이다.

CLT-2 방법은 인용특허의 혁신주기를 파악하는 것으로, 미국 CHI연구소의 TCT(Technology Cycle Time)지수와 유사하다. 대상 특허군에서 개별특허당 인용하고 있는 특허의 등록연도와 인용하고 있는 개별특허의 등록연도의 차를 정렬하여 그 중앙값을 개별특허의 혁신주기로 보고 혁신주기의 평균값을 대상 특허군의 기술혁신주기로 간주한다.

특허인용 분석에 의한 기술수명 분석은 국제특허코드(IPC)를 앞에서 분류한 기술군별로 재분류하여 각 국제특허코드(IPC)별로 인용된 특허의 활용수명을 측정하여 해당 기술군(분석대상 데이터)의 수명을 추정하였다. 분석대상 데이터는 농업기술

관련 등록 특허를 활용하였으며, 대상연도는 1976년~2004년의 28년간 등록된 특허를 대상으로 하였다.

등록특허는 앞에서 설명한 바와 같이 등록내용에 주요 기술분야와 등록연도, 인용특허 구분, 인용특허의 등록연도 등이 수록되어 있어, 이를 근거로 기술별 특허 인용회수를 파악하는 방법을 이용하여 기술수명주기를 예측하는 방법이다.

구체적으로 기술별 특허 인용회수는 기술별로 구분된 분석대상 특허를 인용특허의 연차별 인용회수를 검색하여 데이터를 정리한 후 평균 인용빈도수와 3개년 이동평균으로 산정하였다. 기술별로 정리한 인용특허의 연차별 인용빈도수를 이용하여 평균 인용 빈도수 그래프와 기술수명 통계분석을 통하여 기술수명주기와 특성을 파악할 수 있다. 기술수명 통계분석은 데이터의 성격에 따라 각 기술별로 3가지 분석방법(CLT1-all, CLT1-self, CLT2)을 통하여 계측이 가능하며, 세 가지 결과 중 하나의 결과를 통계적 유의성 등을 고려하여 각 기술별 기술수명주기로 채택 · 활용하였다.

2) 라이프사이클 예측결과

앞에서 정리한 데이터와 방법으로 기술별 기술수명주기의 특성을 파악한 결과, '미곡-육종'기술의 인용빈도 그래프는 신기술(특허)이 등록된 이후, S자 곡선형태로 활용빈도수가 증가한 후, 점차 감소하다 소멸하는 '기술의 노화현상' 특성을 보이고 있음을 알 수 있다.

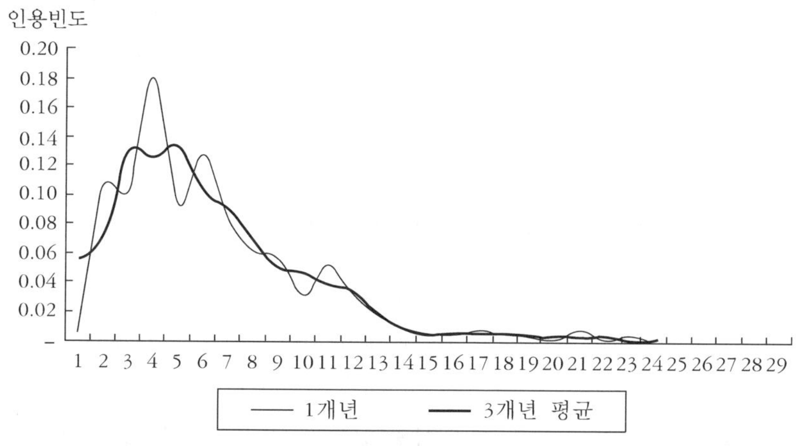

그림 14-3 쌀의 인용특허의 연차별 평균 인용빈도수 그래프(쌀)

표 14-6 인용특허에 의한 기술수명의 분석결과(미곡, 육종)

연구방법	CLT1-method		CLT2-method
	Rice-all	Rice-self	Rice-CLT2
통계결과	N : 274 평균 : 6.978102 분산 : 15.05061 표준편차 : 3.879512 최대값 : 24 최소값 : 2 Q1 : 4 Q3 : 9 중앙값 : 6 최빈값(횟수) : 5(39)	N : 31 평균 : 4.903225 분산 : 4.797086 표준편차 : 2.190225 최대값 : 11 최소값 : 3 Q1 : 3 Q3 : 6 중앙값 : 4 최빈값(횟수) : 3(12)	N : 60 평균 : 6.366666 분산 : 8.221944 표준편차 : 2.867393 최대값 : 17 최소값 : 2 Q1 : 4.5 Q3 : 7 중앙값 : 6 최빈값(횟수) : 7(8)

'미곡-육종'의 기술수명주기는 평균 6.98년(CLT1-all), 4.09년(CLT1-self)으로 계측되었다. '미곡-방제'의 기술수명주기는 평균 9.22년(CLT1-all), 6.71년(CLT1-self)으로 계측되었다. 이 중 분석대상 데이터의 성질 및 통계적 유의성 등을 고려하여 '미곡-육종'의 기술수명주기는 6.98년으로, '미곡-방제'는 9.22년으로 보는 것이 타당하다고 판단하여 이를 채택 · 활용하였다.

이상의 기술별 기술수명주기 계측결과를 요약하면, 미곡의 평균 기술수명은 10.21년이며, 육종기술 6.98년, 방제기술 9.22년, 기계화기술 11.20년, 수확 후 관리기술 12.32년 등으로 나타났다. 특히, 미곡 육종분야 기술수명주기가 상대적으로 짧은 것은 앞에서 정리한 연구투자 예산 및 과제항목이 집중되어 그에 따른 기술혁신이 다른 기술분야보다 빠르게 진행되는 것으로 보인다.

14.3.4 쌀의 미래기술 수요

14.3.4.1 미래기술 수요에 대한 여건 변화

미래사회는 지식, 정보, 과학기술을 기반으로 하는 다양화 사회로 변화될 전망이며, 농업의 수요지향적 구조변화는 과학기술에 대한 의존도를 더욱 높게 할 것이다. 최근 우리 농업은 WTO/DDA, FTA협상 등 시장개방의 진전, 환경과 안전성에 대한 국제적 제약과 부담이 증가되고 있는 상황이다. 이를 극복해 나가기 위해서는 미래 유망기술 및 국가경쟁력을 확보할 수 있는 핵심기술 개발이 요구된다.

이러한 여건변화를 반영하여 미래 농업기술의 개발은 농산물 경쟁력 제고 및 농가소득에 직결되는 기술개발을 위하여 BT, ET, IT 분야의 기술을 농업에 접목하여야 한다. 이러한 기술은 고품질, 신기능성 등 신품종과 신소재 개발, 농업환경의 보전과 소비자 요구에 부응한 농산물의 안전성 제고 기술개발, 농업인의 부가가치를 높일 수 있는 수확 후 처리 및 가공, 유통기술 등 상품성 향상기술 개발 등이 중심이 될 것으로 전망된다.

14.3.4.2 연구자의 농업기술 개발 수요

미래 농업에 대한 농업연구자의 쌀 산업기술 개발 수요를 보기 위하여 농촌진흥청 본청 및 작물과학원과 호남농업연구소, 영남농업연구소 및 도 농업기술원의 최근 7개년(1998~2004)의 연구과제 목록을 식량작물 기술(군)분류 기준으로 구분하여 파악하였다.

쌀의 육종, 시비, 병해충, 재배공통 등 주요 기술 연구항목 비중에 대한 연구자 기술수요의 변화추이를 살펴보면 〈그림 14-4〉와 같이 1998년 이래 육종부문의 비중이 높고 지속적인 증가를 보인다. 그 다음 높은 재배공통 부문은 2000년까지는 증가추이를 보였으나 그 이후 지속적인 감소추세로 전환하였다. 병해충 방제와 시비기술의 연구비중

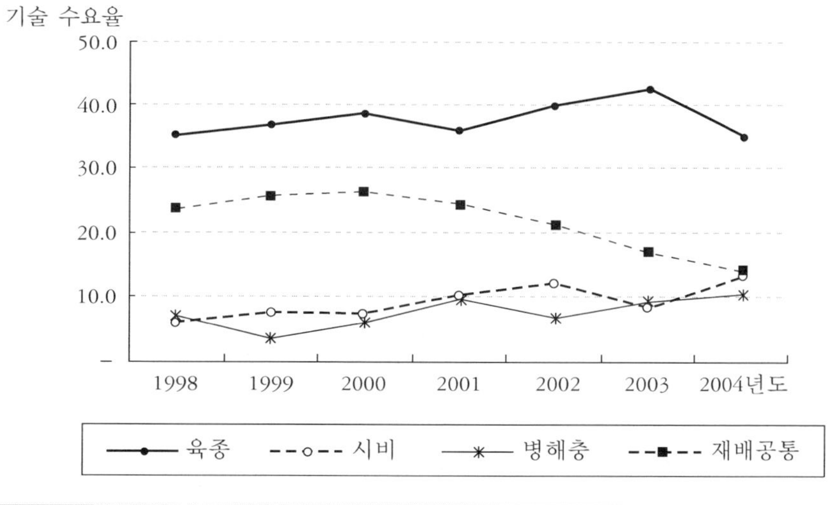

그림 14-4 연구자의 농업기술 개발 수요 추이(미곡, 1998~2004)

은 비교적 낮은 수준이었으나 점차 증가하는 추이를 보인다.

14.3.4.3 농업인의 미래기술 수요

농업인의 미래기술 수요를 보기 위하여 실제로 조사한 농가수는 총 198호로 그 중 쌀 농가는 63호이다. 조사농가의 개황을 살펴보면, 경영주 평균연령은 57.3세, 경영주의 평균 영농경력은 31.4년이며, 호당 평균 재배면적은 8,221평으로 나타났다.

쌀에 대한 농업인의 미래농업기술 수요조사 결과, 유통 · 경영(42.5%)과 육종(31.5%)이 높게 나타났다. 다음으로 주요 품목별 농업인 기술수요를 품목별 조사농가의 비율, 즉 농가의 기술별 수요율을 살펴본 결과, 미곡은 조사농가의 49.2%가 유통경영시스템에 관한 개선을 요구하였고, 생산성이 떨어지지 않는 고품질 쌀 등 육종에 대한 수요는 조사농가의 36.5%로 나타났다(표 14-7 참조).

이상의 농업인 기술수요를 통해 알 수 있는 것은 과거 생산 중심의 기술수요에서 최근 생산성 증대와 수입개방 등으로 인하여 농산물의 공급확대가 적정 농업소득 확보의 제약요인으로 나타나고 있는 것이다. 이러한 상황에서 향후 농업소득 증대가 경영능력이나 마케팅 능력에 의해 결정된다는 사실을 인식하고 이와 관련된 기술수요가 증가하고 있다는 사실을 알 수 있다.

표 14-7 쌀 재배농가의 기술수요

(단위: 호, %)

조사 농가수	육종	재배							기타	
		토양 관리	파종 육묘	시 비	병해충	제 초	기계화	재배 공통	수확후 관리	유통 경영
63	23 (36.5)	–	3 (4.8)	–	5 (7.9)	1 (1.6)	7 (11.1)	1 (1.6)	2 (3.2)	31 (49.2)

주: ( )는 (기술수요 응답농가수 ÷ 품목별 조사농가수)

14.3.5 연구투자효율과 라이프사이클, 미래 농업기술 수요 연관분석

14.3.5.1. 라이프사이클 및 미래 농업기술 수요에 기초한 기술별 연구투자 효율성

기술의 특성을 나타내는 지표로서 기술혁신 요인과 시장수요 요인을 반영하기 위하여 기술수명지수와 농업인 기술 수요율을 구하였다. 기술혁신 요인으로서 기술수명지수는 기술별 세부기술에 대한 기술수명주기를 파악한 후 각 기술수명주기별 비교를 통하여 기술수명지수를 구하였다. 시장수요요인으로서 농업인 기술 수요율은 농가조사를 통하여 기술별 장래 농업기술 수요에 대한 비율을 구하였다.

이상의 효율성 지표에 의한 총 효율지수와 형평성 지표인 농가지수, 기술특성 지표인 기술수명지수를 종합적으로 반영한 가중지수가 연구자원 배분 우선순위 결정의 기준이 되었다. 순효율지수를 구성하는 요소에는 경제적 성과액, 잠재적 활용률, 연구자원, 기술 수요율, 기술수명지수, 농업인 기술 수요율이 있다. 기술 수명지수와 농업인 기술 수요율을 가중하여 반영한 가중지수와 가중지수 순위가 순효율지수에 의한 농업 연구자원 배분 결정의 기준이다.

쌀의 경우 기술수명주기와 농업인의 기술 수요율을 반영한 연구투자의 효율성을 살펴보면 기술수명주기와 농업인 기술 수요율이 반영되기 이전의 순효율지수 순위는 수확 후 관리 및 유통 · 경영, 파종·육묘의 순으로 나타났으나 반영 이후에는 순위가 바뀌어 수확 후 관리 및 유통 · 경영, 육종, 기계화의 순으로 나타났다(〈표 14-8〉 참조). 따라서 향후 연구투자는 이와 같은 연구 분야에 우선적으로 지원을 확대해야

표 14-8 쌀의 기술별 라이프사이클 및 미래 농업기술 수요를 반영한 연구자원 배분 효율성

구 분		경제적 성과액 (백만원)	잠재적 활용률	연구 자원 (백만원)	기술 수요율	효율 지수	효율 지수 순위	순 효율 지수	순효율 지수 순위	기술 수명 지수	농업인 기술수요율	가중 지수	가중 순위
육 종		196,477	0.097	13,146	0.363	6,940	2	0.528	5	0.57	31.51	9.42	2
재배	토양관리	39,954	0.333	529	0.016	219	9	0.413	7	0.83	0.10	0.03	8
	파종·육묘	124,743	0.380	1,986	0.060	2,855	4	1.438	2	0.83	4.11	4.90	4
	시 비	49,586	0.214	2,522	0.086	913	6	0.362	8	0.83	0.10	0.03	9
	병해충	53,164	0.165	5,207	0.085	741	8	0.142	9	0.75	6.85	0.73	6
	제 초	51,783	0.281	1,821	0.057	824	7	0.453	6	0.75	1.37	0.46	7
	기계화	224,513	0.333	2,081	0.022	1,675	5	0.805	4	0.91	9.59	7.02	3
	재배공통	203,812	0.218	9,595	0.251	11,154	1	1.162	3	0.83	1.37	1.32	5
수확후 관리 유통·경영		214,336	0.308	1,987	0.060	3,945	3	1.986	1	1.00	45.21	89.76	1
계		1,158,368	0.193	38,874	0.334	74,504	–	1.917	–	–			

할 것으로 보인다.

이상의 분석결과를 기존 연구투자 효율성과 비교 검토한 결과 기술별로 기술수명주기와 농업인 기술 수요율을 반영한 우선순위는 이들 변수를 반영하기 이전에 비해 기술수명이 길며, 농업인의 기술 수요율이 높은 기술의 가중지수가 상승하여 이전 순위와 다소 차이가 있었다.

농업인의 기술수요와 연구자의 기술수요를 비교해 보면 육종, 토양관리, 병충해 방제, 수확 후 관리부문은 농업인과 연구자의 기술수요가 거의 일치하였다. 그러나 재배공통, 파종·육묘, 시비, 제초부문은 연구자의 기술수요가 농업인들의 기술수요보다 높았다. 연구자보다 농업인들의 기술수요가 높은 분야는 기계화분야와 경영부문으로 나타났다. 특히 농업인들의 농기계와 경영분야에 대한 기술수요는 연구자의 기술수요에 비해 그 격차가 다른 부문에 비해 월등하게 나타났다. 이것은 농촌 노동력 부족과 쌀 수입 개방에 따른 유통이나 가격문제가 쌀 생산 농민들이 현실적으로 직면하는 현안문제이기 때문인 것으로 보인다.

이와 같은 결과를 종합하여 앞으로 쌀 산업의 기술전략은 장기와 단기로 나누어 접근할 수 있다. 단기 전략은 농업인의 기술수요가 높은 부문에 투자를 확대하는 것이며 장기 전략은 기술수명주기가 긴 부문에 투자를 확대하는 것이다. 따라서 앞서

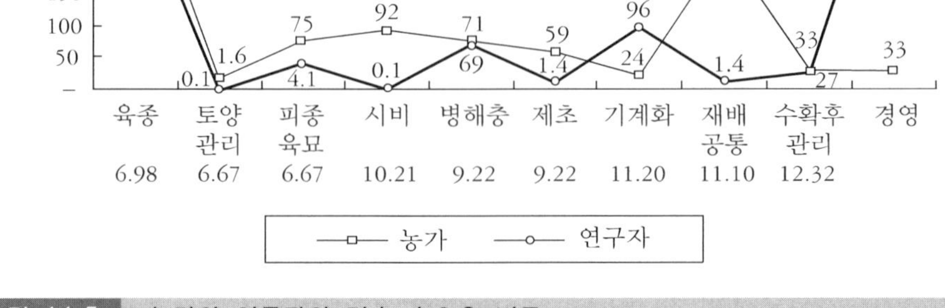

그림 14-5 농가와 연구자의 기술 수요율 비교

분석한 결과를 보면 단기 전략으로는 기계화와 경영부문이며 장기 전략으로는 수확 후 관리부문으로 나타났다. 앞의 〈표 14-8〉에서 쌀의 기술수명주기와 미래 농업기술 수요를 반영한 연구자원 배분의 효율성을 보면 가중 우선순위가 수확 후 관리와 유통·경영부문이 가장 높고 육종부문이 두 번째이며 기계화 부문이 그 다음 순위로 나타났다. 육종부문은 쌀 소비 감소에 따라 고품질·기능성 쌀에 대한 농업인들의 수요가 높고 유통부문은 쌀 수입개방에 따라 가격과 유통시스템에 대한 현실적 필요성을 반영한 것이다.

14.4 쌀 산업발전과 제도변화

14.4.1 쌀 산업 제도변화의 수요와 공급

농업성장은 농업기술에 의하여 좌우되며 농업기술은 부존자원에 따라 그 경로가 결정된다. 그러나 오늘날 농업기술은 과거와는 달리 농업 연구자원의 배분에 영향을 주는 사회체제에 따라 달라진다. 농업 연구조직이나 공공 연구기관 등 그 사회가 지닌 제도적 특성에 따라 농업기술이 영향을 받는다. 또한 농업기술 변화는 제도변화를 유발시키기 때문에 농업성장 분석은 농업기술 변화뿐만 아니라 제도변화의 과정과 특성을 파악할 필요가 있다. 지금까지의 농업성장이나 농업기술 변화의 분석방법은 제도변화를 하나의 외생변수로 본다는 가정에서 출발하였다.

1980년대 이후 우루과이라운드에 의한 다자협상의 결과 1995년 WTO체제가 성립하였고 농업부문도 무역자유화가 이루어졌다. 그러나 수입개방만이 아니라 경제발전 과정에서 농업 구조조정 문제(agricultural adjustment)는 공업화에 의한 이농으로 노동력 부족과 노임 상승 등 시장조건에 따라 기계적 기술이 필연적으로 나타났다. 따라서 임대차를 중심으로 한 농지 유동화문제가 농업생산 구조조정을 위하여 새로운 제도변화에 대한 수요로서 나타나게 되었다. 농업 구조조정은 경제발전과정에서 소득상승에 따른 농산물 수요구조의 변화로 생산구조를 소비구조에 적합하게 만들 뿐만 아니라 수입개방에 대응한 효율적인 자원배분 문제로서 기술변화와 이로 인한 새로운 제도변화의 수요이다.

농산물 가격문제는 대부분 농민들이 과거 자급자족적인 자원 위주의 농업에서 직면하던 것과는 달리 소농 생산양식을 지닌 채 투입물의 구입과 생산물의 판매로 시장생산에 부단히 노출되면서 농가부채문제로 표면화되었다. 따라서 농산물 가격문제는 자원배분의 효율성보다 소득분배문제로서의 성격이 뚜렷하다. 그러나 오늘날 농산물 가격문제는 경제발전을 위한 농업의 역할만이 아니라 경제발전에서 나타나는 실업문제나 공해문제 등 역기능을 완화시켜 주는 단순한 시장경제로서가 아닌 비시장경제적 요인으로서 제도변화에 대한 수요의 의미가 커졌다.

한국 농업의 제도변화문제는 1980년대 초 복합영농에 따른 소값 파동 이후 농민 집단행동에 의하여 그 성격이 달라졌다. 1980년대 이전 농업정책은 증산을 위한 기술정책이었으나 농어촌 지역종합 개발과 농가 부채경감 대책 등 제도적 접근과 1990년대 WTO의 설립으로 직접지불제 등 비시장 제도적 접근으로 전환하였다. 경제의 불균형 성장에 의한 도시나 농촌의 격차와 시장경제에 적응하지 못한 농촌의 궁핍화는 농가부채로 노출되어 농민의 집단의사 표시가 보다 조직화되었기 때문이다.

특히 1987년 6·29 선언 이후 일방적이고 하향적인 정책결정에 의한 제도공급에서 새로운 농업 제도공급이 양이나 질적 측면에서 큰 변화를 보였다. 따라서 농·수·축 조합장 직선, 양곡유통위원회 신설, 양곡수매가격의 국회 사전 동의제 등 새로운 제도변화가 나타났다. 이러한 제도공급은 한국개발원(1971), 한국농촌경제연구원(1978) 등 연구기관이 설립되어 정부의 정책개발과 제도문제에 어느 정도 기여하였다. 한국농촌경제연구원 이외에도 민간 연구기관의 외국농산물 개방 대응에 관한 정보수집, 제도분석, 보완대책에 대한 지속적인 연구축적 결과로 새로운 제도에 대한 공급비용이 절감될 수 있었다.

농지법 제정은 부존자원 변화로 요소의 상대가격 변화에 따라 규모경제를 추구하고자 하는 제도변화이며 수세 폐지조치는 농업기술 진보가 가져온 소득흐름에 대한 생산자들의 배분요구에 의하여 이루어진 제도변화라 할 수 있다. 1994년 농업특별세에 의한 농업 연구자원의 대폭적인 증대는 수입개방에 대비한 기술적, 제도적 대응이다. 따라서 농업관련 연구기관들은 제도변화를 위한 사회과학 지식축적과 경험을 통하여 제도 공급비용 절감에 기여할 수 있었다.

14.4.2 쌀 산업 제도의 변천과 역사

한국 농업발전 과정에서 농업기술과 제도변화를 시기별로 정리해 보면 일제 한일합병(韓日合併)에 앞서 일본이 통감부(統監府)를 설치한 해인 광무(光武) 10년인 1906년 권농모범시험장을 설립한 것이 최초의 근대적 농업기관의 설립이라 할 수 있다. 이때부터 대한제국은 수리조합 조례를 발표하고 국유미간지이용법을 공포하여 쌀 생산에 중요한 수리조합사업을 실시하고 소택지와 간사지 이용을 합법화 하였다. 1910년에 토지소유권을 확립하고 일본인의 토지취득을 위하여 임시토지조사국을 제정하여 토지조사사업을 시행하였다. 토지조사사업은 1918년에 완료되어 지적도(地籍圖)를 완성하여 배포하였다. 1920년에 산미증식계획을 수립하고 토지개량보조규칙을 공포하여 경지확장, 개량에 대한 기본조사에 착수하였다. 식산국(殖産局)에 토지개량과 외에 수리, 개간과를 증설하기도 하였다. 1930년에 총독부 농사시험장 김제간척출장소를 설치하여 간척지 제염촉진(除鹽促進)을 위한 시험연구를 실시하였다. 이처럼 일제 식민지시기에는 자원위주의 농업생산의 특성에 따라 식민당국은 농지의 확대와 수리시설 확충을 위한 제도적 정비에 총력을 기울였다.

1945년 해방 후 미군정하에서도 수리제도 심의회를 개최하여 토지개량사업 시행에 대한 기본방향을 설정하고 전국수리조합대회를 개최하여 토지개량 제도개혁과 사업실시에 대한 관심이 컸다. 1948년 대한민국 정부수립에 따라 농지개혁법이 1949년에 통과되고 그 이듬해 농지개혁에 착수하였다. 만성적인 식량부족을 PL480 미국 잉여농산물도입으로 대처하였으며 1957년 해방 후 처음으로 정부예산에 의하여 45지구 159ha의 개간사업이 시작되었다. 또한 경지면적 확장에 의한 농업증산 5개년 계획(1958~1962)을 수립하였다. 1958년 간척지 개발자금을 DLF차관으로 신청하고 ICA원조계획에 의한 수리용역단이 미국에서 내한하였다. 1960년에는 농경지확장 5개년 계획을 수립하고 UN특별기금에 의한 간척과 개간조사사업 계획안을 제출하는 등 식량증산을 위한 경지확장에 노력하였다. 일제 식민지 시대와 마찬가지로 해방 후 혼란기에도 자원위주의 농업의 특성에 따라 농지의 확장으로 농업 투입물을 증대시키는 농업의 제도적 뒷받침을 통하여 농업 생산증대를 도모하였다.

1945년 해방 이후 격동기의 쌀 가격제도는 농업경제보다 국민경제의 문제로 1946년 미곡수집령을 공포하여 정부통제에 의한 공출 배급제를 실시하였다. 그 후

1948년 대한민국 정부가 수립되자 양곡매입법을 통하여 시장가격보다 낮은 매입가격으로 정부양곡을 확보하였다. 이후 쌀 시장 자유화로 전환하였으나 정부가 비상시에 대비하여 쌀값조절 개입이 가능하도록 양곡관리법을 1950년에 제정하였다. 이 법에 의거하여 1954년부터 3년간 정부매입제를 시행하고 1961년 쌀부터 이를 본격적으로 실시하였다(김병택, 2004, pp.78-85). 정부관리양보 확보를 위하여 1951년 임시토지수득세법을 공포하여 현금으로 납부하던 농지세를 현물로 수납하고 1952년부터 양비교환제도(糧肥交換制度)를 실시하여 해외에서 도입한 비료를 쌀과 교환하였다. 그 후 1956년부터 1966년까지 도입된 미국 잉여농산물은 곡물가격을 어느 정도 안정시키고 고도성장의 밑거름이 되었으나 쌀값 하락으로 인한 농가소득 저위를 초래하였다. 이때에 쌀값의 계절변동을 줄이기 위하여 농협을 통해 수확 후 쌀을 담보로 융자받는 미곡담보융자제도를 1957년부터 실시하였다.

과학기술 위주의 농업에서는 전통적인 투입물보다 농업 생산력을 높일 수 있는 과학기술에 의하여 농업성장을 가져오는 제도변화가 중요하다. 1961년 5·16에 의한 군사정권 수립 후 1962년 제1차 경제개발 5개년계획이 시작되고 농업기술을 총괄하는 농촌진흥청이 발족되었다. 1961년 농업은행과 농협으로 2분화된 구농협을 종합농협으로 출발시켰다. 이 시기에도 물론 개간촉진법을 공포하고 동진강 수리간척 공사를 시작하여 경지확장을 위한 노력은 지속되었다. 그러나 1965년 경지정리사업 기본계획이 수립되고 정부예산에 의해 처음으로 시행되어 단순한 경지확장에서 생산성을 높이는 방향으로 전환되었다.

1961년 이후 과학기술 위주의 농업시기 초기에는 개간과 간척 등 경지확장을 위한 제도적 뒷받침과 수리시설 개량으로 식량증산을 위한 시책이 주를 이루었다. 그러나 점차 품종개량, 기계화 등 농업생산성을 높이기 위한 제도적 정책으로 이 시기에 생화학적 기술과 기계적 기술진보에 따라 마침내 주곡자급을 이룰 수 있었다.

1970년대 이후 본격적으로 농업생산성을 높이기 위한 제도적 정비가 이루어지기 시작하였다. 토지개량조합연합회와 지하수개발공사가 통합되어 1970년 농업진흥공사가 창립되었고 IBRD, ADB 등 차관도입에 의한 대단위 농업종합개발사업이 본격적으로 이루어졌다. 농촌진흥청 산하 수원에 작물시험장과 이리(裡里)에 수도육종연구소가 설립되어 벼 육종기술개발의 기반이 마련되었다. 1965년부터 필리핀에 있는 IRRI와 벼 공동연구가 시작되어 1970년에 처음으로 인디카와 자포니카의 원형교잡 육종에 의한 준단간 직립초형으로 내도복성과 내병성이 뛰어난 통일품종이 육성되어 주곡자급의 기틀이 되었다. 1971년 통일품종이 농가에 보급되기 시작했고 1975년 통일계의 단점인 밥맛을 개량한 유신벼가 개발되었다. 1970년대 중반 이후 고도 경제성장으로 국민소득수준이 향상되면서 농민들의 소득증대를 위한 고소득 작물에 대한 관심이 커지면서 채소, 과수 및 화훼에 대한 기술지도사업이 이루어졌다.

이 시기에 도시화·공업화의 빠른 진행에 따라 농지전용과 토지가격 상승으로 농지의 가격이 상승하였다. 농지가격의 상승은 농촌에 농지의 소유보다 임대차에 의한 경영규모 확대를 초래하였다. 따라서 농지개혁 이후 금지된 소작제를 그대로 금지시키면서 1980년 신헌법에 농업생산성 제고와 농지의 합리적 이용을 위한 임대차 및 위탁경영을 허용하는 조항을 삽입하였다.

고도 경제성장에 따라 농가소득의 상대적 저위를 해소하기 위하여 1969년부터 정부매입가격을 높이고 낮은 가격으로 방출하는 이중가격제도가 도입되었다. 또한 통일벼 확대보급을 위하여 통일벼에 대한 이중가격제도를 적용하면서 통일벼의 식부면적확대와 생산량 증가로 1976년에 쌀 자급을 달성하였다. 따라서 1963년부터 쌀 소비감소를 위하여 시작한 전국절미운동이 1969년 양곡관리법에 의거하여 쌀 소비억제를 위한 행정명령으로 소비억제를 강화하였으나 쌀 자급달성으로 1977년 이후 폐지되기도 했다.

1970년대 하반기부터 농업취업자수가 감소하기 시작하여 효율적인 기계화 영농이 필요하였다. 그보다 앞서 농업기계화는 농업기계화 5개년계획(1972~1976)을 수립하여 추진하였다. 또한 기계화를 위한 공동이용조직을 육성하고 영농기계화센터를 조성하였으며 종합 농업기계화 시범단지를 조성하였다. 한편 농업기계화의 제도적 장치를 위하여 1978년 농업기계화촉진법을 공포하였다. 이 후 농업기계화 기본계획을 수립하여 경제개발 5개년계획에 맞추어 5년 단위로 수립 시행하였다.

1980년은 농업개방의 원년으로 본격적인 농산물 수입자유화가 이루어지면서 농촌 활성화를 위한 농촌종합대책이 수립되었다. 농업구조개선사업에 역점을 두어 농지매입자금을 지원하고 이앙, 수확기 중심의 기계화가 촉진되었으며 산간지까지 경지정리가 확대되었다. 1986년 농지임대차관리법이 공포되어 임대차에 의한 경영규모 확대로 구조개선을 적극 추진하였다. 1990년 농어촌개발특별조치법이 제정되고 농업진흥공사를 농어촌진흥공사로 개편하여 농업구조개선을 위한 제도적 정비를 마련하였다. 1992년에 농업진흥지역 지정을 완료하였다.

1987년 6·29선언과 여소야대의 정치상황에서 1988년 양곡관리법을 개정하여 1973년 이래 폐지되어 대통령승인제도가 되었던 양곡의 정부매입제도를 국회동의제도로 부활하고 양곡유통위원회를 설치하였다. 식품소비패턴이 변화하여 쌀 소비 감소로 과잉미처리가 문제되면서 1989년부터 일반미와 신품종간의 동일가격을 차등가격으로 바꾸고 1992년에는 신품종 정부매입을 중단하면서 신품종은 사라지게 되었다. 정부는 민간유통을 활성화하기 위해 1991년부터 농협이 대행한 차액수매제도를 시행하였으나 정부미의 일반미로 둔갑 등 문제점을 개선하기 위하여 1994년 정부양곡공매제도를 도입하였다.

1986년에 시작한 UR협상이 1994년에 타결되어 WTO가 출범하면서 우리 쌀은 1994년부터 10년간 관세화 유예조치를 받았으나 최소시장접근(MMA)으로 일정량을 매년 수입하게 되었다. 또한 국내총보조금(AMS) 감축에 따라 정부매입제도에 따른 보조금 삭감이 이루어져야 했다. 이에 대처하여 신농정이 출범되어 1994년 농지법이 제정되고 1997년 양곡관리법을 개정하여 약정수매제도를 도입하였으나 농가의 소득증대에는 기여하기 어려웠다. 따라서 농업정책은 가격지지에서 소득지지를 위한 직접지불 형태로 전환하였다. 1997년 경영이양 직접지불제를 시작으로 친환경농업 직접지불제, 논 농업 직접지불제, 쌀 소득보전 직접지불제 등 그동안 수매제도가 폐지되고 다양한 직접지불제가 신설되었다.

한국농업은 자원 위주의 농업에서 과학기술 위주의 농업으로 전환되면서 단순한 농업 투입물 확대를 위한 제도에서 농업기술 개발을 위한 제도적 뒷받침뿐만 아니라 기술개발로 유발되는 새로운 제도변화가 이루어진 사실을 알 수 있다. 노동생산성을 높이는 농업기계화의 진전에 따라 경영규모 확대를 위한 농업구조개선과 이를 농지소유보다 임대차에 의하여 추진하기 위한 제도적 조치로서 농지법 제정이라는 일련의 제도변화 과정은 이러한 사실을 실증적으로 확인하는 것이다.

14.4.3 최근의 쌀 제도변화에 대한 분석실례: 휴경제도에 따른 경영평가와 보상대책

14.4.3.1 휴경지 관리제도

우리나라는 지난 2002년 4월 '쌀 산업 종합대책' 발표에 의해 쌀 증산정책이 공식적으로 폐기되면서 쌀 소득보전직불제와 함께 인위적인 생산조정제의 하나로서 휴경보상제가 검토되었다. 휴경보상제의 시행기간은 2003년 도입 이후 WTO 쌀 재협상이 끝나는 2005년까지 3년간 한시적이었으며, 시행면적은 전체 논 면적의 5% 수준인 5만ha에 한정하였다. 외국의 휴경제도는 환경적 목적과 경제적 목적으로 실시하여 환경적 목적의 휴경지 관리제도는 미국과 영국에서, 경제적 목적은 EU에서 실시되고 있으며 일본은 복합적인 형태를 띠고 있다. 그러나 우리나라의 휴경보상제는 도입할 때부터 소득보전 직접지불제에 의한 감산효과를 보완하는 보완책으로 검토되었으며, 2005년 쌀 재협상 결과와 쌀 수급동향을 고려하여 재검토하기로 하였다.

현행 휴경지 관리제도의 가장 큰 문제점은 휴경보상제의 도입 목적인 쌀 감산효과가 제대로 이루어지지 못했다는 것이다. 이는 휴경보상제 신청 농지가 경작이 어렵거나 생산력이 떨어져 기존부터 경작이 이루어지지 않고 있었거나 이에 준하는 한계농지 성격이 강한 농지가 많았기 때문이다. 휴경보상제 신청이유가 노동력부족(38.9%)보다는 영농조건이 불리하거나 채산성 저하, 황폐화 등(53.9%)의 이유가 높게 나타난 것으로도 알 수 있다(박석두 외, 2005). 이런 결과는 휴경보상제 신청 농지가 평야지보다 준산간이나 산간지대에 비교적 많이 분포되어 있는 현실을 보면 분명하다.

또 휴경보상제로 인한 휴경지의 증가에 따라 토지에 대한 수요에 비해 공급부족현

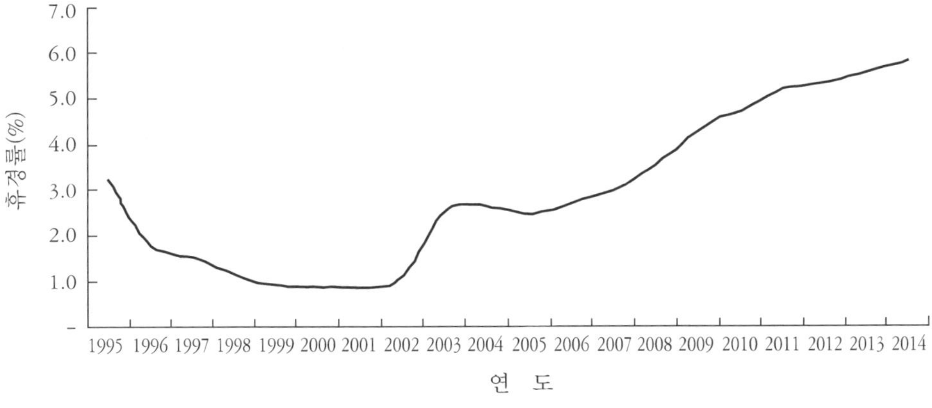

주: 1995~2004 : 국립농산물품질관리원, 「경지면적 통계」, 각년도.
2005~2014 : 박석두 외, 「휴경농지의 실태와 정책방향」, 2005, p.23에서 정리.

그림 14-6 휴경지 현황 및 향후 추이(추정치)

상이 나타나 토지가격이 상승하여 농가부담으로 작용하기도 한다는 점이다. 더구나 휴경보상금이 농지소유자에게 돌아감에 따라 임차농의 부담은 더욱 가중되고 있으며 이러한 결과로 휴경하지 않는 경작지에 대해서 더 많은 투입과 산출이 요구되고 있다는 문제점을 지닌다.

이와 같은 휴경보상제의 문제점에도 불구하고 현실적으로 휴경지 면적은 2000년까지 감소하다 2000년 이후 지속적으로 증가하고 있으며 이러한 추세는 향후 계속될 것으로 전망된다. 현행처럼 쌀 소득보전 직접지불제를 실시할 경우, 휴경률은 〈그림 14-6〉에서 볼 수 있듯이 2010년 4.7%, 2014년 5.8%에 이르게 될 것으로 추정되고 있다(박석두 외, 2005). 따라서 휴경지 관리는 장·단기적인 계획수립으로 더욱 효율적인 관리가 필요하다.

14.4.3.2 휴경지 관리유형별 경영수지 평가

1) 휴경지의 관리유형 구분

우리나라 휴경지의 관리유형은 휴경보상제에 포함된 휴경지일 경우, 일반작물 대신 사료작물이나 녹비작물, 경관작물 등을 재배하는 작물 재배관리와 작물을 재배하지 않고 경운만 년 2회 하는 경운관리로 구분된다. 지난 3년간 실시된 휴경지의 관리유형을 산간지와 평야지에서 사례 조사한 결과를 보면 산간지인 경남 함양군의 경우 경운관리가 66%로서 가장 높게 나타났다. 그 이유는 휴경보상제에 포함된 농지가 주로 생산력이 낮은 한계농지가 많고, 휴경지 관리주체인 휴경보상제 신청농가의 연령대가 높은 현실이기 때문으로 보인다. 사료작물과 녹비작물의 비중은 경남 함양군의 경우 약 6%와 30%로 녹비작물의 비중이 높게 나타났다. 이는 함양군이 산간지 경종작물 중심의 농업형태를 띠고 있으므로 사료작물에 대한 수요보다 녹비작물에 대한 수요가 크기 때문에 나타난 현상을 반영한다.

이에 반하여 평야지인 전북 정읍시(산외면)의 조사결과를 보면 이와 반대로 사료작물의 비중이 대단히 높게 나타났다. 정읍시(산외면)는 축산(한우) 중심의 농업형태를 띠고 있어 수수나 수단그라스와 같은 사료작물의 비중이 높게 나타났다. 또한 경관작물의 비중이 높은 고창군(공음면)의 경우 경관농업 직접지불제 선정지역에 포함되어 있는 선진농가에서 자발적으로 시작된 경관농업에 대한 관심으로 경관작물(메밀)을 대규모로 재배하고 있다.

표 14-9 경영수지 평가를 위한 휴경지 관리유형 구분

유형구분	1 년 차		2 년 차	비 고
작물재배관리	식량작물	벼	벼	
		보 리	벼	2년차에 논으로 복원 후 벼 재배
		콩	벼	
	경관작물	메 밀	벼	
		유 채	벼	
	사료작물	수 수	벼	
		호 밀	벼	
일반관리	경운관리	–	벼	
	나 지	–	벼	

주: 경운 · 관리는 휴경중 경운 2회 실시, 나지는 경운작업 실시 않음.

휴경보상제에 포함되더라도 관리가 잘 되고 있지 않거나, 휴경보상제에 포함되지 않는 농지로서 2년 이상 관리를 하지 않는 농지는 유휴지로서 농지의 기능을 상실하는 경우 이를 나지형태로 별도 구분된다. 따라서 휴경지의 관리유형은 〈표 14-9〉에서 구분한 것과 같이 작물재배관리(사료작물, 녹비작물, 경관작물)와 경운관리, 나지로 구분되며 휴경지의 관리유형별 비중은 지역농업구조의 형태나 휴경지 관리주체인 지자체와 농민의 정책적인 관심 등에 따라 지역별 차이를 나타내고 있다.

2) 휴경지 관리유형별 경영수지 평가

휴경지 관리유형별 경영수지는 1년차와 2년차로 구분하여 평가하였다. 1년차 휴경지에 각기 식량작물(벼, 보리, 콩)과 경관작물(메밀, 유채), 사료작물(수수, 호밀)을 재배한 후 생산비를 조사하고 2년차에는 휴경지를 논으로 복원한 후 벼를 동일하게 재배하여 각 재배작물 농지별 벼 생산비 조사를 하여 경영수지를 평가하였다. 휴경보상제에 포함된 농지의 관리는 식량작물을 재배하거나 나지형태로 방치할 수 없으나, 휴경지의 경영수지 평가를 위한 비교를 위하여 식량작물(벼, 보리, 콩) 재배와 나지형태의 경영수지를 평가하였다.

휴경 1년차 재배 작물별 생산비 조사와 2년차 논으로 복원 후 벼 재배 생산비 조사는 시험포장에서 생산비 조사결과와 해당 작물별 휴경농가의 생산비 및 휴경보상금 조사결과를 바탕으로 이루어졌다. 휴경 1년차에 식량작물을 재배할 경우, 휴경보상금은 포함되지 않으며 주산물 평가액만으로 콩, 벼, 보리의 순으로 수익이 높게

표 14-10 휴경지 관리유형별 경영수지 평가(1년차)

(단위: 천 원/10a)

관리유형	구 분	품 목	생산비 관리비 (A)	소 득			수익 (B-A)
				주산물 평가액	휴 경 보상금	계 (B)	
작물 재배 관리	식량작물	벼	559.3	880.7	–	880.7	321.4
		보 리	199.0	238.5	–	238.5	39.5
		콩	329.2	749.4	–	749.4	420.2
	경관작물	메 밀	110.9	142.1	170.0	312.1	201.1
		유 채	99.5	86.2	170.0	256.2	156.7
	사료작물	수 수	119.6	180.0	170.0	350.0	230.4
		호 밀	99.5	100.5	170.0	270.5	171.0
일반 관리	경운관리	–	67.4	–	170.0	170.0	102.6
	나 지	–	7.4	–	–	–	7.4

나타났다. 단 보리는 후기작이므로, 평야지에서는 벼+보리 형태의 작부형태가 주를 이루고 있다. 콩은 정부의 논콩 재배 장려에 따라 면적과 생산량이 증가하였으나, 근래에 판매(수매)문제가 발생하고 있는 것이 현실이다.

휴경 1년차에 휴경 보상금을 받을 경우, 경관작물에서는 메밀이 유채보다 수익이 높게 나타났으며, 사료작물에서는 수수가 호밀에 비해 높게 나타났다. 벼를 재배할 경우와 비교하면, 수수는 벼 수익의 약 72%를 얻게 되며, 메밀(62.6%), 호밀(53.2%), 유채(48.7%)의 순으로 나타났다.

휴경 2년차에 휴경지를 논으로 복원한 후 벼를 재배할 경우, 1년차 휴경지 관리유형별 경영성과는 시험포장의 결과를 바탕으로 하여 평가한 것으로 〈표 14-11〉과 같다. 이는 현재까지는 휴경보상제 대상 농지에서 아직 논 복원 후의 경영성과를 알 수 없기 때문이다. 2년차 경영성과(생산량 및 수익)는 1년차 식량작물 중 보리와 콩의 재배지에서의 벼 생산량이 747.5kg(정조중 기준)로 가장 높게 나타났으며, 이때 수익은 50만 원/10a로 나타났다. 다음으로 경관작물, 사료작물, 나지의 순으로 나타났다. 휴경 1년차와 논으로 복원 후의 2년차의 경영성과를 합계한 결과를 보면, 1년차에서 휴경보상금을 받는 휴경지 관리유형 중에서는 메밀 재배 후 벼를 재배하는 경우가 2년간 670.7천 원/10a로 가장 높게 나타났다. 반면 경운 2회만을 하며 휴경을 한 후 논으로 복원한 경우는 424.6천 원/10a로 나타났으며, 나지로 휴경을 한 후

표 14-11 휴경지 관리유형별 경영수지 평가(1-2년차)

(단위 : kg/10a, 천 원/10a)

관리유형	구 분	1년차 수익(A)	2년차 경영수지 평가				수익 합계 (A+B)
			2년차 생산비	생산량 (정조중)	주산물평가액	2년차 수익(B)	
작물재배관리	벼 재배 후 벼	321.4	559.3	620.2	880.7	321.4	642.8
	보리 재배 후 벼	39.5	559.3	747.5	1,061.5	502.1	541.7
	콩 재배 후 벼	420.2	559.3	747.5	1,061.5	502.1	922.4
	메밀 재배 후 벼	201.1	559.3	724.6	1,028.9	469.6	670.7
	유채 재배 후 벼	156.7	559.3	724.6	1,028.9	469.6	626.3
	수수 재배 후 벼	230.4	559.3	642.2	912.0	352.7	583.1
	호밀 재배 후 벼	171.0	559.3	642.2	912.0	352.6	523.7
일반관리	경운 · 관리 후 벼	102.6	559.3	620.6	881.3	322.0	424.6
	나지 관리 후 벼	− 7.4	559.3	620.6	881.3	322.0	314.6

논으로 복원한 경우는 2년간 314.6천 원/10a로 가장 낮게 나타났다.

현실적으로 농가에서 선택하는 휴경지 재배작물은 농가의 작부체계 및 축산 겸업 여부 등 농업 경영구조에 따라 다르게 나타나고 있다. 다만, 경운관리나 나지형태의 휴경지 관리는 사료작물이나 경관작물을 재배하는 휴경에 비해 경영성과가 낮게 나타나고 있다.

휴경지 관리 유형별 경영수지 분석결과는 휴경지 관리목적에 따라 그 관리유형 및 정책방향이 달리 운영되어야 한다. 첫째 생산량 조정(쌀 생산량 감산)수단으로써의 휴경관리, 즉 휴경보상제는 경제적 유인수단으로서의 영향력이 작아(1년차 수익 비교) 이에 대한 보완이 필요다. 둘째 농지기능 보존수단으로써의 휴경관리는 현행 사료작물이나 경관, 녹비작물의 재배가 의무화되어있지 않은 조항을 강화하여 휴경지의 작물재배를 의무화할 필요가 있다(2년차 수익 비교).

우리나라 휴경지 면적은 2000년 이후 지속적으로 증가추세에 있으며, 이러한 추세는 향후에도 지속될 것으로 예상된다. 따라서 휴경지 관리문제는 기존의 쌀 생산조정에 따른 보완정책에서 보다 적극적인 휴경지 관리라는 보다 명확한 정책목표를 설정하는 것이 우선되어야 할 것이다. 이에 따라 휴경보상제와 쌀 소득보전 직접지불제, 경관농업 직접지불제 등 관련제도를 종합적으로 검토하여 장·단기적인 관리방안을 모색해야 할 것이다. 휴경보상금제는 쌀 생산량 조정(감소)을 위한 한시적이고 단기적인 정책방안으로 시작되었으나, 휴경지 관리의 경제적 · 환경적 목적을 달성하기 위하여 수정 · 보완되어야 하기 때문이다. 장기적인 관점에서는 휴경지의 농지기능 유지를 위한 관리가 필요하며 이러한 접근은 지역별 · 경영형태별로 구분하여 접근해야 한다. 특히 평야지대는 생산량 조정관점에서, 산간지는 농지기능 유지 및 경관보전 측면에서 접근할 필요가 있다.

이처럼 휴경제도는 국민소득 증가에 따라 쌀 소비감소가 이루어지고 농업기술 진보에 의하여 쌀 생산 증대로 인하여 유발된 생산 조정제도이다. 쌀 생산이 자원 위주의 농업에서 과학기술 위주의 농업으로 전환하면서 농업 구조조정이 제대로 이루어지지 못하고 WTO체제에서 수매가격이 폐지되어야 하는 상황에서 휴경제도는 시장에서 가격정책에 의하여 소득문제를 해결할 수 없기 때문에 이를 보완하는 제도이다. 그러나 이 제도가 쌀 생산량 감축으로 재고문제를 해결하거나 농가소득을 보전하기 위한 단순히 시장경제를 보완하는 정책으로서는 그 한계를 보이기 때문에 휴경지 관리, 농지유지, 환경보존 등 보다 폭넓은 비시장적인 제도적 접근이 필요하다.

14.4.4 쌀 산업제도 변화의 정책적 함의

14.4.4.1 쌀 개방과 제도문제

쌀 수입개방에 대응한 가격 및 구조조정에 관련된 제도변화 문제는 앞서 본 바와 같이 우리 사회의 정치경제 구조에 따라 크게 좌우된다. 따라서 전체 국민의 합의를 바탕으로 새로운 제도변화가 이루어질 수 있는 체제가 중요하다. 이러한 체제에서는 점진적 제도변화를 이룰 수 있는 정책제시에 필요한 행태 분석적 접근이 가능하다. 사실 오늘날 우리의 쌀 개방문제는 가격과 자원배분 등 단순한 경제적 효율성 문제에 그치지 않고 소득문제를 중심으로 한 후생문제가 중요하다. 왜냐하면 과거의 쌀 문제는 쌀 수매가격에 시장의 효율성만이 아니라 농가의 소득을 포함한 후생문제가 포함되어 종합적으로 해결할 수 있었다. 그러나 WTO체제에서 쌀 문제는 비록 앞으로 재협상에 따라 10년간 관세화 유예를 인정받았다 하더라도 MMA에 의한 쌀 수입의 확대로 농가의 자원배분과 소득배분에 큰 영향을 가져온다. 이것은 생산자와 소비자의 시장행위에 한정된 문제만이 아니다. 사회구조나 정부 관료조직뿐만 아니라 생산자, 소비자,

기업인 등 이익집단이 개입된 복잡한 정치적 성격을 갖기 때문이다. 오늘날과 같이 자원 위주의 농업에서 과학기술 위주의 농업으로 전환하면서 농업의 특성도 시장에서 가격탄력성이나 소득탄력성 등 시장경제적 특성만이 아니라 생산자와 소비자, 기업인들의 조직과 관료체제, 집단행위 등 비시장경제적 특성에 따른 제도적 요소가 점차 중요해진다.

오늘날 쌀 산업도 시장경제가 진전되면서 과거에 비하여 지역별, 형태별 이익단체의 성격이 강해지고 기술진보로 생산량이 높아지면서 정부정책 등 제도문제에 대한 관심이 커졌다. 쌀 개방에 대한 농민의 의식수준이 높아지고 상대적 빈곤감이나 소외의식도 과거와 다르다. 또한 경제발전에 따라 농민의 수가 작아지고 교통, 통신의 발달로 정보에서 크게 불리하지 않으며 무임승차자문제가 줄어들고 있다. GNP에서 차지하는 부문도 크게 줄어들어 다른 부문으로부터 부담비용도 감소된다. 따라서 앞으로 기술변화에 따른 각 집단간의 이해관계가 조직화되고 정치기구를 통하여 구체화되는 사회체제의 발전이 중요한 변수가 된다. 이러한 체제에서는 쌀 산업발전에 중요한 새로운 기술혁명이나 제도변화가 현장중심의 피드·백 시스템(feed-back system)으로 이루어질 가능성이 커지며 정치관료 엘리트나 과학기술 엘리트의 역할뿐만 아니라 사회전체의 창의성이 극대화될 수 있다.

쌀 산업정책에 대한 제도적 접근에서 고려해야 할 문제는 가격정책과 소득정책의 분리문제이다. 쌀 산업정책에서 구조문제, 생산조정, 개방화, 유통문제 등은 가격기구에 의하여 그 효율성이 이루어질 수 있는 배분적 효율성(allocative efficiency)을 나타내며, 그 기준은 자원에 대한 수익률(rate of return)이다. 식량, 의료, 주택, 건강, 교육, 노후보장, 레저 등은 소득정책에 의하여 이루어지는 사회적 효율성(social efficiency) 문제이며, 그 기준은 사회적 후생의 최저수준이다. 따라서 쌀 산업정책은 자원의 효율성이나 사회적 효율성을 위한 분명한 정책목표가 설정되어야 한다.

그러나 쌀 생산 농민의 소득배분이 한국과 같이 국가의 불균형 성장 경제정책에 의하여 지속적인 저위 소득문제로 나타난 역사적 배경에서는 농촌의 후생문제를 자원배분의 효율성이나 도시영세민과의 형평성에서만 접근할 수 없다. 더구나 쌀 생산은 시장경제만으로 설명할 수 없는 비시장경제적 특성에 따라 시장경제의 효율성과 함께 제도적 접근에 의하여 정책목표를 달성할 수 있는 사회적 합의가 중요하다.

쌀 산업자원의 효율적 배분을 위한 가격정책과 농민의 후생증진을 위한 소득정책의 장기적, 궁극적 실천은 기술변화와 제도변화를 위한 연구자원에 대한 투자배분에서 이루어질 수 있다. 예를 들면 쌀 산업발전에서 나타나는 농업의 구조조정이라는 장기적 자원배분 과정은 규모화에 따른 기술문제와 농지문제에 따른 제도문제를 동시에 해결할 수 있는 기술과 제도의 유발성에 따라 이루어지게 된다. 이것은 농업기술의 연구가 농업과학자들의 가치중립이나 합목적성에도 불구하고 그 연구결과가 대농을 위한 것인가, 소농을 위한 것인가, 농기업가를 위한 것인가, 농업노동자를 위한 것인가, 또는 농민을 위한 것인가, 농업관료를 위한 것인가라는 과학자 자신의 가치판단을 넘어서는 결과만이 아니라 마침내 과학자 자신의 도덕성 문제에까지 이르게 한다. 또 다른 구체적인 예로서 최근 수입농산물에서 나타난 식품의 안전성 문제가 대두되면서 무공해 식품생산이나 유기농법 등 비시장적 생산에 대한 관심이 점증되었다. 그러나 이러한 생산도 생산성 향상과 연계되었을 때 장기적으로 경제적 지속성을 가질 수 있으며 생산성 향상은 결국 생산자보다 과학기술 연구자원 배분에 의하여 과학기술자가 지어야 할 책임이다. 따라서 기술개발과 제도변화를 위한 적절한 연구자원이 배분되는 환경이 조성되어야 한다.

14.4.4.2 쌀 산업문제에 대한 인식전환

쌀 문제를 접근하기 위해서는 현실적 경제이론의 범위를 보다 확대할 필요가 있다. 시장경제이론을 기업과 가계의 순환적 흐름으로 체계화한 사무엘슨(Samuelson)류의 경제모형과는 달리 쌀 문제는 경제계와 자연계의 순환적 흐름을 파악하는 물질균형모형(material balance model)을 바탕으로 하는 인식의 전환이 필요하다. 기업의 생산을 위한 투입요소는 가계가 아닌 자연환경에서 나온다. 기업의 생산활동에 의하여 상품만이 생산되는 것이 아니다. 산업폐기물이 동시에 배출되어 다시 자연환경으로 되돌아간다. 또한 생산된 상품이 최종소비자에게 판매되면 결국 상품은 소비행위에 의하여 다시 폐기물이 되어 자연환경으로 되돌아가게 된다. 경제성장은 생활수준을 향상시키고 물질적 풍요를 가져오며 빈곤을 타파한 반면 환경오염과 생태계의 파괴를 초래한다. 그러나 지속적인 농업(sustainable agriculture)은 농업기술과 환경을 조화시켜 생태계의 물질순환시스템을 통하여 지역자원과 환경을 보전하여 장기적인 생산성과 수익성을 확보할 수 있다(박정근, 2004, pp.143-145).

시장경제의 효율은 가격에 의해서 평가되기 때문에 시장가격으로 평가되기 어려운 가치는 시장실패(market failure)로 나타난다. 경제성장 과정에서 나타나는 환경오염이나 생태계의 파괴는 시장가격으로 평가되지 않는 시장실패로 인하여 점차 심각해진다. 쌀 생산은 국민들에게 안전한 식량을 안정된 값으로 공급하는 식량안보 기능이나 자연환경과 국토보전을 위한 공익적 기능, 홍수조정 기능, 수자원의 함양, 토양침식 방지, 대기보전, 자연경관과 휴식공간 제공 등 시장경제에서 평가받을 수 없는 시장실패로 나타나는 비교역적 역할(non-trade concerns)이 중요하다. 뿐만 아니라 쌀 산업의 쇠퇴로 이농현상이 가속화되어 도시의 과밀화 현상으로 인한 주택가격 폭등, 교통혼잡, 범죄 문제 등 여러 가지 도시문제가 발생하고 있다. 이 밖에도 농촌인구의 고용문제나 지역의 불균형 문제 등 국민경제에 대한 보완적 기능을 수행하는 쌀 생산의 비시장경제적 기능은 무한하다.

쌀 생산에 대한 직접 지불(direct payment)은 시장경제에서 이와 같은 시장실패를 보완하기 위한 방법이다. 농업에 대한 소득보상이 도시근로자나 기업에 대한 형평성(equity)문제를 가져오는 의문에 대한 논리적 설명이 화란병(Dutch disease)이론이다. 농산물 수입개방에 따라 농산물 가격이 하락하여 농업부문의 생산요소가 다른 부문으로 이동하게 되면 농업생산량은 줄어들게 될 것이다. 그러나 농업의 환경보전이나 생태계 파괴를 막기 위한 공익적 기능으로서 최소한의 농업생산량의 유지가 필요하지만 농업의 공익적 기능에 대한 시장실패로 화란병 현상을 나타내게 된다면 농민들이 시장가치로 평가받지 못하는 부분에 대한 소득의 직접보상이 이루어져야 한다. 만일 직접보상이 이루어지지 않는다면 농업 생산이 감소되어 사회가 필요한 만큼의 농업의 공익적 기능이 소멸될 수밖에 없기 때문이다. 외국에서 교역에 의하여 농산물은 수입할 수 있으나 농업생산이 갖는 공익적 기능은 수입할 수 없다. 따라서 쌀 산업이 수행하는 비시장경제적 기능을 직접보상에 의하여 시장기능을 보완함으로써 공익적 기능을 수행할 수 있도록 하는 것이다.

14.4.4.3 쌀 산업정책의 재음미

과거 쌀 수매가격은 식량의 적정량을 확보하거나 농업자원의 보호, 농촌고용량의 증대 등 여러 가지 목적을 위한 것이다. 오늘날 부족불제도(不足拂制度)는 기초농산물에 대하여 생산자 평균 수취가격이 정부가 생산비를 감안한 목표가격보다 낮을 경우에 그 차액을 농민에게 지불하는 제도이다.

농산물의 가격정책과 소득정책의 분리는 생산 중립적인 농업보조를 의미한다. 따라서 농업생산자에게 지급되는 정부보조금이 특정한 품목 또는 특정한 생산에 사용되는 자원의 배분과 직접적인 연관이나 영향이 없을 때 생산 중립적인 소득지지가 된다. 농산물 가격정책은 농업자원의 효율적 배분을 위한 수단이며 농업소득정책은 농민의 후생(welfare)을 증진시키기 위한 수단이다. 가격 지지정책은 농민의 소득을 증진만이 아니라 과잉 생산으로 자원배분의 효율성을 왜곡시킨다. 이러한 정책은 과잉생산을 해소하기 위하여 생산조정정책이 뒤따라야 하며 가격 지지정책과 과잉생산의 악순환으로 나타난다. 또한 생산량에 기초를 둔 소득정책은 농업소득보조가 평균이상의 경지를 보유한 중·대농에게 집중됨으로써 형평의 문제를 야기 시킬 수 있다. 모든 가격지지를 소득지지를 위하여 사용할 때 자원배분의 효율성이 문제가 되며 가격정책에 의한 자원배분의 효율성이 반드시 농민의 소득증진을 통한 후생을 가져오지 않는데 문제가 있다. 따라서 가격정책과 소득정책을 분리시키는 생산 중립적 보조방식이 필요하다.

그러나 가격정책과 소득정책의 분리는 쌀 산업문제를 단순히 시장경제에 의하여 접근하는 방식일 뿐이다. 과거에는 쌀 수매방식에 따라 가격정책에 의하여 농가의 소득문제를 해결하였다. 그러나 WTO체제에서 이를 분리하였으며 이처럼 쌀 문제를 자원배분의 효율성과 소득에 의한 후생문제로 구분하는 것은 시장경제에 의한 접근방식이다. 쌀 문제는 시장경제에서 가격과 소득만이 아니라 쌀 생산의 공익적 기능, 무임승차 문제, 생산물에 대한 정보의 비대칭성이나 공간적 분산성에 따른 비시장경제적인 특성에 따라 다양한 제도적 접근이 필요하다.

쌀 산업정책은 가격정책과 소득정책의 분리만이 아니라 시장경제정책과 비시장경제정책으로 나눌 필요가 있다. 이러한 구분으로 쌀 산업의 시장경제에서 시장실패가 쌀 산업문제나 쌀 생산 농가의 시장경제에서 나타나는 문제로 한정되지 않고 국가경제의 문제이며 전체 국민경제문제라는 의미를 가질 수 있다. 정부의 쌀 산업정책은 시장의 효율성이나 사회적 후생문제에 그치지 않고 단순히 시장실패에 따른 농업이나 농업인의 보호가 아니라 국가와 국민의 보호이며 시장경제에 의하여 쌀 산업을 살리는 것은 다만 국민의 부담을 줄이기 위한 것이라는 인식 전환이 중요하다. 이러한 인식을 바탕으로 쌀 산업정책은 전업농육성, 규모화, 가격차별화, 생산조정 등 시장경제 정책의 한계에 따라 직접 지불제도, 작물 보험제도, 품질보증제도 등 비시장경제정책이 상호 보완될 수 있어야 한다.

14.4.4.4 농민들의 자세

공공재(public good)에 대한 투자는 민간부분의 투자기준인 자원배분의 효율성만이 아니라 그 나라의 사회경제적 특성이나 정치관료적 성격에 따라 달라진다. 농업기술과 같은 공공재에 대한 수요는 시장에서 나타나는 재화에 대한 수요와는 달리 새로운 기술에 대한 잠재수요(latent demand)가 이익집단의 조직과 집단행동(collective action) 등에 의하여 현재 수요(actual demand)로 나타날 수 있다. 농업에서 이익집단의 조직과 집단행동은 농업 연구자원 배분의 중요한 요인이 된다.

농민의 집단행동은 정치시장에서 강한 이익집단으로 정치적 영향력을 발휘할 수 있기 때문에 농업기술과 같은 공공재의 잠재수요(latent demand)를 현재수요(actual demand)로 나타나게 하는데 중요한 역할을 한다. 경제발전의 초기단계에서 교통·통신의 발달이 충분하지 않기 때문에 농업기술 투자와 같은 공공재의 공급을 요구하는 집단행동의 비용은 높게 나타난다. 또한 농민들의 수는 많으나 대부분 교육을 받지 못하고 경제발전의 초기단계에 나타나는 사회적 불안정과 분열로 정치지도자는 농민에 대한 비중을 높게 두지 않기 때문에 농업부분의 공공투자에 대한 한계수익은 높지 않다. 경제발전의 초기단계에 공업화에 대한 국민적 욕구가 크고 정부는 농업부분에서 자본을 형성하기 위하여 농업부분의 투자보다는 토지세나 수출세 부과, 낮은 농산물 가격정책 등 농업보다 공업 우선정책에 중점을 두기 때문에 농업부문 공공재의 한계수익은 낮다(박정근, 2004, pp.99-101).

경제가 발전함에 따라 농업인구가 감소하고 교육수준이 높아지면 농민의 정치의식이 강화되고 도시민에 대한 상대적 박탈감이 커지게 되어 무임승차문제가 줄어든다. 무임승차문제가 완화되면 농민들의 농업보호를 요구하는 집단행동이나 정치투쟁이 격화된다. 이 단계에서 대부분의 농업정책은 가격지지, 국경보호, 보조금지급 등 농업인 소득보호를 위한 정책으로 전환된다. 공업화의 진전으로 농업의 국민경제에서 관리하는 비중이 작아지기 때문에 농업보호에 대한 국민들의 부담도 크지 않다. 따라서 경제가 발전하면 농업정책은 농업 보호정책으로 전환하게 된다.

그러나 오늘날과 같은 WTO체제에서 농산물 개방화에 따라 농업보조금 감축과 최소시장접근(MMA) 등으로 농업 보호정책은 한계에 부딪치고 가격정책과 소득정책의 분리로 직접지불제와 같은 허용보조의 확대가 필요하다. 또 이러한 부문의 확대는 무역개방에 의하여 이익을 보는 부문에서 재원이 조달될 수 있을 때 어느 정도 용이하다. 이것은 국민들의 합의에 의하여 가능하며 이때 농업인들의 도덕적 해이(moral hazard)는 가장 큰 장애가 된다.

최근 양돈 농가와 원예 농가를 중심으로 활성화되고 쌀 생산 농가를 중심으로 논의가 시작되고 있는 농업인의 자조금(checkoff)제도나 시행의 확대를 모색하고 있는 농업작물 보험제도는 다른 산업부문과는 달리 상당부문 그 자원부담이 국가에서 조달된다. 오늘날과 같이 정치발전이 이루어진 상황에서는 국가의 정책수행은 납세자인 국민의 여론에 크게 좌우된다. 따라서 과거와는 달리 농업인의 집단행위는 공공재 투자에 대한 현재수요(actual demand)를 나타낼 뿐만 아니라 납세자인 국민을 설득할 수 있는 합리적인 접근이 필요하다. 이런 측면에서 농업인의 도덕적 해이(道德的 解弛)문제가 국민의 이해를 얻는 데 과거와는 다른 중요한 변수가 될 수 있다.

14.5 쌀 산업 발전을 위한 기술과 제도의 정책적 함의

우리 쌀 산업은 1960년대 이후 자원 위주의 농업에서 과학기술 위주의 농업으로 변모하여 기술개발을 위한 농업연구의 중요성이 커졌다. 우리나라는 원래 토지가 부족하여 농지가격이 높아 토지생산성을 높이는 신품종 기술에 의하여 쌀 자급을 이룰 수 있었다. 그러나 수출 위주 공업화에 의한 고도경제성장으로 농촌인구의 이농에 따라 농업노임이 상승하면서 노동 생산성을 높이는 농업 기계화 기술이 빠른 속도로 진행되었다. 이처럼 우리 쌀 산업은 시장경제가 진전하면서 부존자원의 변화에 따라 기술진보가 유발되어 높은 생산성 향상으로 쌀 생산의 성장이 이루어졌다.

그러나 기술변화에 따른 제도변화가 농업의 적절한 구조조정을 가져오지 못하고 농업개방이 빠르게 진행되면서 현실적인 어려움에 직면하고 있다. 왜냐하면 쌀 문제는 기술변화에 의하여 유발되는 제도변화에 따라 가격, 소득, 농지문제 등 시장경제에서 나타나는 농업문제만이 아니라 시장실패로 나타나는 쌀 생산의 공익적 기능이나 비시장경제적인 환경문제, 농업인들의 조직문제 등에 기술변화와 제도변화가 적절한 조정을 이루지 못했기 때문이다. 쌀 문제는 단순히 생산성의 증대문제만이 아니라 농가의 소득문제, 국토환경문제, 도시와 농촌의 균형문제 등 복합적인 문제이다. 그동안 제도문제로서 쌀 문제의 접근은 단순히 쌀 수매가격에 의하여 모든 복합적인 문제를 해결하였다. 그러나 WTO체제에서 가격정책과 소득정책의 분리에 따라 쌀 수매제도를 폐지하고 직접지불제도에 의하여 소득문제를 해결하려 하지만 쌀 산업의 비시장경제적 특성에 따라 새로운 제도적 접근의 필요성이 커졌다.

쌀 산업이 살아가기 위해서는 시장경제만이 아니라 비시장경제에서 기술과 제도가 적절히 조정되어야 하며 특히 제도변화의 중요성이 커지고 있다. 먼저 시장경제에서 기술과 제도변화의 정책방향은 다음과 같이 정리할 수 있다. 첫째, 부존자원의 변화에 의하여 기술의 경로가 결정되기 때문에 부존자원의 변화가 시장에 제대로 반영되어 요소시장의 왜곡이 없어야 한다. 둘째, 연구자의 기술수요와 현장농업인 기술수요의 괴리를 줄이기 위하여 농업체계화연구에 의한 현장농업연구가 활성화되어야 한다. 셋째, 농업기술정책은 기술별, 지역별, 규모별 특성에 따라 다양하게 이루어져야 한다. 또한 기술의 수명주기를 파악하여 기술별 농업 연구자원 배분을 위한 우선순위에 따라 합리적인 농업 연구자원의 배분이 이루어져야 한다. 넷째, 가격정책과 소득정책이 분리되어 시장에서 자원배분의 효율성과 농업인의 후생복지의 증진이 이루어질 수 있는 생산 중립적인 농업정책이 수행되어야 한다. 다섯째, 농업연구는 학제 간 뿐만 아니라 자연과학과 사회과학 사이에 적절한 연구자원 배분이 이루어져야 한다.

쌀 산업의 비시장경제적 특성에 따라 기술과 제도변화의 정책방향은 다음과 같이 정리할 수 있다. 첫째, 쌀 산업정책은 시장경제정책으로 가격정책과 소득정책의 구분만이 아니라 비시장경제정책으로 구분하여 비시장경제의 특성에 대한 제도적 접근이 필요하다. 이것은 쌀 생산의 비교역적 특성에 따른 시장실패를 보완하기 위한 직접지불제만이 아니라 작물보험제도, 자조금제도, 환경유지관리, 농업인의 조직문제 등 보다 넓은 제도를 수용할 수 있기 때문이다. 또한 농업인의 지역별, 기술별, 규모별 조직화나 농업인이나 연구자들의 행태분석에 의한 제도적 접근이 가능하게 된다. 둘째, 쌀 산업의 미래는 쌀 산업 내부의 시장경제에 의한 기술과 제도변화만이 아니라 전체 국민의 쌀 문제에 대한 이해를 바탕으로 해야 한다. 특히 시장경제의 효율성에 의해서는 문제의 해결이 아니라 다만 국민의 부담이 줄어들 뿐이라는 인식을 갖게 해야 한다.

셋째, 오늘날과 같이 기술변화에 따른 이익집단 간의 경제적 이해관계가 조직화되고 정치구조에 의하여 민주적으로 현실화될 수 있는 사회체제에서는 국민들의 쌀 문제에 대한 비시장경제적 특성을 이해시키는 과정에서 농업인들의 도덕적 해이가 중요한 변수가 된다.

참고문헌

국립 농산물 품질 관리원(1995~2004), 경지면적 통계.

김병택(2004), 「한국의 쌀 정책」, 한울.

박석두 외(2005), "휴경농지의 실태와 정책방", 한국농촌경제연구원.

박정근 외(2000), "농업생산기술평가의 시스템 구축에 관한 연구," 농촌진흥청.

박정근(2004), 「농업발전경제학: 경제발전과 농업문제」, 박영사.

______(2003), "경제발전과 농업의 역할", 「한국 농업 · 농촌 100년사 논문집」 제1집, pp. 60-87, 한국농촌경제연구원.

______(1994), "쌀 생산기술의 유발성에 관한 연구" 「농업경제연구」, Vol. 35, pp.157-171.

______(1986), "한국 미곡생산 성장의 성격분석 1963-1984", 「농업경제연구」 Vol.27, pp.13-28.

박정근 · 이호진 · 황정욱(2005), "정밀농업 수용 가능성분석", 「농업경제연구」 제46권 제4호.

박정근(1986), "농업개발의 종합 연계화론," 「전북대 논문집」 제 27집, pp.13-23.

서동균 외(2004), "농업 연구자원 배분의 효율화 방안 연구," 농촌진흥청.

이규천 외(2004), "미래 농업기술 예측 · 로드맵 작성 및 효율적인 투자기술 개발," 한국정보통신연구진흥원.

이호진 · 정영상 · 박정근(2003), "벼 직파재배 농가의 정밀농업 기법 개발과 농경영 및 환경개선," 농림부.

Bingswanger, H. P., and V. W. Ruttan(1978), eds. *Induced Innovation: Technology, Institutions and Development. Baltimore*, MD: Johns Hopkins University Press.

Ernst, H.(1997), "The Use of Patent Data for Technological Forecasting: The Diffusuin of CNC-Technology in the Machine Tool Industry". *Small Business Economics*, 9:361-381.

Hayami, Y., and V. W. Ruttan(First Edition, 1971), *Agricultural Development: An International Perspective*. Baltimore, MD: Johns Hopkins University Press, 1985.

Lowenberg-DeBoer and S. M. Swinton(1997), Economics of Site-Specific Management in Agronomic Crops, in *The State of site-Specific Management for Agriculture*, edited by F. J. Pierce and E. J. Sadler, Published by American Society of Agronomy, Crop Science Society of America and Soil Science Society of America.

Park, Jung Keun(2002), "Sources of Korean Agricultural Growth 1918-2000", 「농업사연구」, pp.153-172.

_______________(1986), "Fertilizer Response Functions in Korean Rice Production", *Bulletin of the Agricultural College*, Chonbuk National University, Vol.12, No.1, 159-172.

Ruttan, Vernon W.(1982), *Agricultural Research Policy*, Minneapolis, University of Minnesota Press.

제 15 장

한국 농업 연구개발 정책의 과제와 방향

농업 연구정책의 변화는 정책결정자뿐만 아니라 농업연구에 관련된 모든 사람들이 연구개발의 직선모형(linear model of innovation)이라는 고정관념에서 벗어날 수 있는 인식의 전환에서 출발해야 한다. 연구개발의 직선모형은 기술개발과정을 단순히 기초연구에서 응용기술개발과 보급의 기계적이고 단계적인 과정으로 보는 것이다. 오늘날 기술개발은 이와 같은 단순한 기술적 과정만이 아니라 사회적, 경제적 과정을 포함하는 활동이며 관리, 조정, 학습, 협상 등을 내포하는 지속적인 사회적 활동과정을 의미한다. 여기에는 R&D뿐만 아니라 수요자의 필요를 개발하고 새로운 제품을 관리하는 등 여러 가지 R&D 이외의 요소가 포함되어 있다. 따라서 단순한 연구자원의 크기만이 아니라 연구자원 배분과 관리, 조직에 이르기까지 다양한 활동이 포함된다고 보아야 한다. 따라서 농업기술개발은 지식, 조직, 기술이 함께 공존하는 사회적 통합화 과정으로 인식되어야 한다. 연구개발경로에는 사회적 가치와 정치적 결정과정이 내재해 있으며 그 나라의 부존자원과 함께 사회구조와 문화형태가 연구개발에 중요한 역할을 한다. 더구나 연구정책은 거시경제정책이나 산업정책 및 교육정책과 밀접한 연관을 갖는 통합된 개발과정이다. 이처럼 연구개발은 다양한 요소를 포함하기 때문에 체계적으로 이루어져야 한다.

이러한 새로운 인식을 바탕으로 농업 연구개발 정책을 모색할 때 현실적인 정책과제와 방향이 설정될 수 있다. 농업기술은 농업생산이 갖는 기술적 성격뿐만 아니라 사회경제적 특성 때문에 단순히 경제적 수익성에 한정되어서는 안 된다. 농업 연구정책은 농민들에게 적정 기술을 개발·보급함으로써 농업생산력을 높일 수 있는 연구자원의 효율적 배분을 가져올 수 있어야 한다. 이때의 적정 기술은 농민의 자연적, 경제적, 사회적 환경에 적합하고 영농목표뿐만 아니라 국가의 정책목표에도 부합되어야 하는 복합적 성격을 갖는다. 이처럼 기술개발과정이 사회경제적 특성을 갖기 때문에 농업연구정책은 사회적 통합화과정을 거쳐 이루어져야 한다. 사회적 통합화는 농업문제의 인식단계에서부터 평가개선에 이르기까지 농업연구가 과학기술행정가에 한정될 수 없다는 사실을 의미한다. 따라서 이를 활용하는 이용자나 소비자에 이르기까지 다양하고 광범위한 각계각층의 이익집단이나 관계기관이 연계되기 때문에 농업 연구개발과정에서 현장농업연구(on-farm research)를 포함해야 하며 다양하고 광범위한 기술평가시스템이 확립되어야 한다. 더구나 이러한 과정이 조직화된 이익집단의 구성을 바탕으로 이루어져야 한다.

15.1 농업 연구개발 정책의 과제

15.1.1 합리적 농업 연구관리체계의 구축

농업 연구자원의 효율적 배분을 위해서는 합리적인 국가의 농업 연구관리체계(agricultural research management system)를 구축해야 한다. 국가의 농업 연구체계는 정부의 기술정책과 농업정책, 공공부문의 농업기술개발과 기술이전 및 기술보급, 민간부문의 농업기술개발, 그리고 농민의 기술수용으로 나눌 수 있으며 이들은 유기적인 연계성을 가지고 전체적인 체계에서 파악해야 한다.

농업 연구자원의 효율적 배분을 위한 연구관리는 농업 연구개발의 문제점을 정확하게 파악하기 위하여 농업 연구문제를 국가연구개발정책에서 농업 연구문제, 농업 연구개발 내부에서 농업 연구문제, 농업 연구활동에 따른 농업 연구문제로 분류하여 접근해야 한다. 또한 농업 연구문제는 지역문제로서의 농업 연구문제, 품목별 농업 연구문제, 프로그램별 농업 연구문제로 나누어 문제점을 정리하고 이에 대한 구체적 해결방안이 모색되어야 한다.

농업 연구자원 배분이 효율적으로 이루어지기 위해서는 자원배분을 위한 우선순위(priority setting)가 설정될 수 있는 제도적 장치가 마련되어야 한다. 이를 위해서는 국가의 농업목표가 분명해야 하며 정기적으로 농업 연구행정가, 과학자, 과학기술이용자, 소비자들이 함께 모여 장기적인 관점에서 현재의 연구활동이나 가능한 연구 환경을 평가하고 새로운 연구자원 배분에 대한 우선순위를 결정하여 국가 농업 연구과제(a national research agenda)로 채택할 수 있는 제도가 이루어져야 한다. 이와 같은 장기적인 정책목표에 부합되는 단기적 연구계획이 각 연구분야의 예산배정과 조정되어 현실적으로 농업 연구자원 배분의 우선순위 결정이 체계화될 수 있는 제도적 장치가 필요하다. 이를 배경으로 연구계획의 과정이 점검되고 상호간에 의견조정이 이루어질 수 있으며, 연구목표에 대한 내부적 평가가 이루어질 수 있다. 이러한 모든 과정은 과거의 경험에 대한 평가보고서, 예산확보를 위한 당위성(rationale) 제공, 그리고 장기계획의 수행을 위한 정례보고서 형식으로 지속적으로 수행되어야 한다. 그 결과 농업 연구방향이 일관성을 지니고 정책당국의 책임소재가 분명해질 수 있다.

정부의 기술정책이나 농업 연구정책은 국가의 경제정책, 개발정책, 농업정책의 틀 속에서 농업 연구개발 방향이 정해지며 연구개발은 연구기관만이 아니라 농과대학의 농업연구와 농업교육에 의해 양성된 인적 자원의 활용이나 외국의 연구기관과 학술자료 및 연구인력 교환을 통하여 이루어질 수 있다. 이렇게 개발된 기술은 지식이전(knowledge transfer)과 투입물이전(input transfer)에 의한 기술이전(technology transfer)을 통하여 농업기술의 최종 수요자인 농민들에게 이전되며 이것이 국가의 농업기술 보급활동(extension service)으로 농업기술 지도와 보급이 이루어진다. 농업기술의 최종 수요자인 농민은 이전된 농업기술을 활용하며 기술에 포함된 새로운 투입물을 시장에서 구입하고 생산물을 판매하기 위한 시장조직 및 금융조직과 연계된다.

이러한 체제 내에서 개별연구자, 연구팀, 연구관리자의 목표나 국가적 연구목표가 일치할 수 있는 폭넓은 조정이 이루어질 수 있을 때 연구자원 배분의 효율성이 높아질 수 있다. 그러나 민간부문과 대학, 최종 수요자의 갈등이 최소화되기 위해서는 공동연구, 정보망 구성, 연구결과의 공유, 연구자원 배분의 개선, 지적소유권(intellectual property rights)확립 등 제도적 개선이 이루어 질 수 있어야 한다.

농업연구는 확산효과가 크기 때문에 지역적, 국제적 연구기관과 연계를 강화하여 연구자원의 효율성을 높여야 한다. 이를 위해서는 지역적 공동 연구개발 전략을 통한 연구계획의 통합화를 바탕으로 국가 농업 연구체계와 연계를 강화할 필요가 있다.

이러한 폭넓은 농업 연구관리체계는 농업 연구자원 출처나 농업 연구수행기관의 다양화에 따라 농업부문의 공공 연구기관 이외에 대학연구기관, 농업 이외의 타 부처의 공공 연구기관, 민간부문을 총괄하여 조정할 수 있는 체계가 이루어져야 할 것이다.

15.1.2 농업 연구평가 시스템의 확립

연구개발 정책에서 중요한 기술평가와 연구의 결과가 가져오는 기술의 영향평가는 어떤 기술이 개발되거나 도입되거나 전파될 때 발생하는 사회에 대한 기술의 영향을 체계적으로 파악하는 것이다. 농업기술은 농업과 농업연구의 특성에 따라 전 산업에 걸쳐서 특히 농업 연관산업, 농업 연구기관, 소비자, 정부 또는 국제교역이나 원조, 협력 등 국제관계에 이르기까지 광범위한 영향력을 갖는 농업기술개발의 사회적 통합화 과정에 따라 농업기술평가는 중요한 과제라 할 수 있다. 더구나 과거와 달리 기술도입이나 개발속도가 빨라 짧은 시간에 광범위하게 전파되는 기술이 미치는 사회 전체적 영향이 불분명할 때 기술평가의 의미는 더욱 중요해진다.

농업연구는 응용연구와 기초연구, 대학연구소와 공공연구기관과의 협동연구, 민간연구와 공공연구의 역할분담 등 여러 가지 현실적인 문제에 대한 복잡한 연구경영관리상의 효율적이고 효과적인 접근이 필요하다. 이를 위해서는 농업 연구경영관리에 대한 모니터링(monitoring)과 평가(evaluation)를 토대로 농업 연구평가 시스템을 구축하여 체계적으로 수행할 수 있는 제도적 장치가 마련되어야 한다. 그렇게 함으로써 농업연구는 농업기술에 대한 정확하고 시의에 맞는 정보를 바탕으로 효율적인 기술과 연구자원관리가 가능하고 변화하는 외부조건에 따라 적합한 연구관리를 판단하는 신축적인 수단을 제공할 수 있기 때문이다.

농업 연구정책에 기술평가문제가 연계되면 광범위한 사회경제적 성격에 따라 불분명한 농업기술개발은 보다 명료해지면서 경제정책, 농업정책, 농업 연구정책 방향에 분명한 지표를 제공할 수 있다. 이러한 농업 연구평가 시스템 확립을 위해서는 농업 연구분야에 사회과학적 접근이 보완됨으로써 연구결과가 사회경제에 미치는 효과를 체계적으로 파악할 수 있을 것이다.

기술평가는 연구관리체계에서와 같이 농업 연구기관의 각각 다른 의사결정단계에 따라 수행된다. 그 결과는 연구관리자뿐만 아니라 정책관리자, 정부당국, 연구조정자, 연구와 관련된 이익집단 등에 의하여 폭넓게 이용될 수 있다. 농업 연구평가의 대상은 CIPP모형으로 구성된 연구배경(context), 연구자원(input), 연구과정(process), 연구결과(products) 및 연구영향(impact)이다. 연구배경은 사회적, 경제적, 정치적, 제도적, 기술적 여건으로 연구개발에 영향을 미친다. 연구자원은 물적, 인적, 금융적 자원에 대한 투입이며 연구과정은 연구예산을 집행하고 연구관리를 수행하는 모든 과정이다. 이러한 연구수행을 통하여 새로운 지식이나 기술이 연구결과로 나타나며 이것이 실제 기술수요자들에게 영향을 준다. 이러한 CIPP모형이 연구평가체계의 핵심적 골격이 되어 연구체계에서 이론 틀을 형성하는 기본이 된다. CIPP평가모형은 구체적인 지침이 아니라 보다 넓은 시야에서 이론 틀을 정립하는 것이다.

연구평가체계의 구축은 연구수행자, 연구자원, 연구수행활동을 통합시켜 제도적으로 연구평가를 지속시키고 또 사회적 환경변화에 신축적으로 대응할 수 있는 가장 효율적인 방법을 모색하기 위한 것이다. 따라서 연구평가체계의 제도화는 지속성이 중요하다. 연구평가는 주기적 평가업무(periodicity)로 제도화되어야 하며 단기(1년), 중기(5년), 장기(10년) 순환이 상호 밀접하게 연계되어야 한다. 평가업무는 이처럼 상설 제도화되어 조직되고 운영할 때 효율적이다.

모든 연구수행자들이 평가업무에 관련된 모든 정보에 자유롭게 접근할 수 있고 평가업무가 현재 수행하고 있는 각 단계에서 연구업무에 직접적으로나 간접적으로 실질적인 영향을 보여 줄 수 있어야 그 실효성이 크다. 특히 평가업무는 업무수행자들의 전문적인 훈련을 필요로 하며 이 업무에 대한 예산이 연구기관 내에 책정되어 제도적으로 평가시스템의 지속성이 유지될 수 있어야 한다.

이처럼 보다 정형화되고 체계화된 기술평가는 연구기관의 외부에서 또는 내부에서 이루어질 수 있다. 외부에서 이루어질 경우에는 빠른 시간에 최소의 인적 자원으로 가능하나 주체성 결여와 평가과정에서 이루어질 수 있는 학습효과를 얻을 수 없다. 연구기관 내부에서 수행할 경우에는 주체성 확보와 그 과정에서 얻을 수 있는 학습효과를 높일 수 있다. 그러나 시간이 오래 걸리고 인적자원 투입으로 인한 업무과중화가 우려된다. 따라서 내부에서 이루어질 경우에는 주된 제약조건이 인적 자원이며 외부에서 이루어질 경우에는 자원조달이 제약조건이 된다.

15.1.3 산학 협동체제의 강화

오늘날 농업발전에 필수적인 산학협동을 위한 여러 가지 현실적인 어려움에도 불구하고 대학 내 학제 간의 공동연구 강화와 이를 토대로 산학협동의 효율적인 추진이 이루어져야 한다. 농민들이 필요로 하는 현장애로 기술은 농업의 특성에 비추어 학제 간의 공동연구에 의하여 가능하거나 효율적으로 이루어질 수 있다. 농업생산은 그 유기적 특성에 따라 분업이 제한되어 있으며 생산부터 판매에 이르기까지 여러 분야가 연계되어 있다. 따라서 농민들의 현장애로는 학제간의 공동연구가 필수적이다.

농민들의 현장애로를 해결해 줄 수 있는 분석지원업무를 체계화하고 농민들이 이용할 수 있는 학습 프로그램을 개발해야 한다. 이와 같은 지원업무는 상설기구로 언제나 농민들이 자유롭게 이용할 수 있는 사용자 중심 체계로 이루어져야 하며, 농민들이 직접 참고할 수 있는 대농민 교재가 개발되어야 한다. 우리나라의 농촌지도 사업은 농촌진흥청을 중심으로 체계화 되어 있으며 농과대학은 겸직 연구관이나 지도관, 농촌진흥청은 겸직 교수제도를 통하여 상호 연계를 갖고 있다. 그러나 농민교육뿐만이 아니고 농업연구의 핵심기관인 농과대학과 농민들이나 관련 기업체들의 상호교류는 극히 제한적이며 산학협동은 체계화되지 못한 실정이다. 농과대학은 동물병원이나 식물병원을 설치하여 언제나 농민들이나 기업들이 직접적인 연계를 갖고 농민들이 직접 흥미를 갖고 읽을 수 있는 읽기 쉬운 농민 독본형식의 교재를 정기적으로 개발하여 농민들이 필요로 하는 현장애로 기술을 제공할 수 있어야 한다.

산학협동체제는 지역농업의 협력을 강화할 수 있는 체제로 이루어져야 한다. 지역 농업의 특수성을 바탕으로 지역의 모든 농과대학과 농업기술원을 연계하여 그 지역농민들이 다른 지역에서 얻을 수 없는 지역농업의 협력체제에 바탕을 두어야 한다. 이것은 지역의 학·연·산·컨소시엄을 구성하여 지역의 농촌에서 부딪치는 현장애로 기술을 해결하는 노력만이 아니라 지역의 농업 정보시스템을 구축하여 데이터베이스화 하고 농민들의 교육을 통하여 농민들이 이를 쉽게 이용할 수 있는 여건을 만들어 지역의 산학협동체제를 보다 체계화하기 위한 지속적인 노력을 기울여야 한다. 자원위주, 자급위주, 증산위주의 농업에서 기술위주, 시장위주, 환경위주의 농업으로 전환하고 있는 오늘날 공공연구기관과 농과대학의 역할은 지금까지의 교육과 연구중심에서 체계적인 산학협동이 요구되는 시점에 와 있기 때문이다.

최근 활성화되고 있는 산학협동은 농림부, 과학기술처, 학술 진흥 재단, 과학재단 등의 연구지원이 현장 중심으로 농민이나 기업체 참여를 적극적으로 권장하며, 그에 대한 연구비가 확대됨에 따라 과거보다 체계적으로 이루어지고 있다. 그러나 이러한 산학협동의 체계화는 농업 연구자원의 배분이 농업기술 정책과 연계되는 영농체계화 연구(farming systems research)와 같은 현장연구가 영농체계에서 이루어지는 접근 방법에 의하여 보다 체계적으로 이루어질 수 있다. 시장경제에서 기술개발 속도가 빨라지는 오늘날 새로운 기술개발을 경영의 합리화에 내재화함으로써 현실적으로 동태적인 농업경영의 합리화를 이룰 수 있는 영농체계화 연구의 접근방법은 농업연구를 농촌현장과 연계시키는 현실성을 갖게 한다. 또한 새로운 기술개발에 따라 위험 부담을 안게 되는 농민들을 위하여 지역에서 농민들의 새로운 기술개발을 지원할 수 있는 농업부문 벤처(venture)기업을 육성하는 연구단지(research park)의 조성이 필요하다. 이러한 벤처기업의 육성과 연구단지는 지역의 농과대학과 공공연구기관을 주축으로 이루어 영농체계화 연구수행의 실현성을 높여야할 것이다.

각 지역 농과대학에 설치한 농업 개발 대학원의 농업 최고경영자 과정은 대학과 농민들이 직접 만날 수 있는 산학협동의 연결 고리가 될 수 있다. 농업 최고경영자 과정의 다양한 학습 프로그램을 통하여 지속적인 농민교육과 산학협동이 이루어지고 공공 농업연구기관과 연계되어 농민에 대한 기술보급활동이 체계적으로 이루어지면 지역 농업의 산학협동은 활발하게 이루어질 수 있다. 농민들도 개별적인 활동만이 아니라, 보다 조직적으로 산학협동이 이루어질 수 있도록 농민회, 연구회 등 다양한 형태의 산학협동 방법을 모색할 수 있어야 할 것이다.

15.2 농업 연구개발 정책의 방향

15.2.1 현장농업연구의 강화와 농민조직의 연계

농업기술개발은 전통적으로 분야별, 품목별 전문가들에 의하여 실험실이나 실험포장에서 이루어지고 있다. 그러나 농업기술은 자연적, 지역적 특성에 따라 공업기술과는 달리 언제나 환경에 따른 적합성 문제로 인하여 연구기관의 실험수준과 현장농민의 기술격차가 나타난다. 뿐만 아니라 농민의 현장 문제의식 파악, 농민의사결정에 관한 정보, 농업기술과 작부체계와의 연계 등 적정 기술개발에 필요한 모든 변수는 현장농업연구(on-farm research)에 의하여 가능하다.

현장농업연구는 농업현장에서 농민의 참여 속에 행해지는 농업연구를 말한다. 전문농업연구진과 농민이 지속적이고 잦은 접촉에 따라 농민의 제약조건이나 문제점들이 연구개발과정에서 충분히 검토될 수 있는 여건이 마련된다. 농업현장실험이나 연구는 농업기술개발이 농민의 현실조건에서 이루어지며 실험결과를 실제로 확인할 수 있다. 그렇지 않을 경우에는 농촌 현실과 맞지 않는 실험결과가 권장될 위험성이 크다. 따라서 농업연구에는 반드시 농업현장연구에 의한 농민의 참여가 확대되어야 한다.

시장경제에서 기술개발은 공업부문에서는 기업가에 의하여 주도되지만 농업기술과 같은 공공재적 성격을 지닌 기술개발은 사회적 통합화 과정을 통해서 이루어진다. 농업 연구개발의 사회적 통합화과정은 그 사회의 기술수요에 따라 연구자원이 배분될 때 가장 효율적인 연구자원 배분이 이루어지며 농민의 기술수요와 연계된 상향식 정책 결정이 밑받침되어야 한다. 이것은 기술개발에 따른 각 집단간의 경제적 이해관계가 조직화되고 정치기구를 통하여 구체화될 수 있을 때 그 사회가 기술의 사회적 통합화과정을 거칠 수 있다는 것을 의미한다.

따라서 농업 연구개발의 사회적 통합화 과정은 같은 분야나 같은 지역의 동질적 농협과 같은 농민을 주체로 한 농민단체, 원예 · 축산 등 생산을 주체로 한 생산자단체 또는 지역을 중심으로 조직된 단체 등 어느 것이나 가능하다. 이러한 동질적 이익집단을 중심으로 연구자원 배분이 연계될 수 있을 때 연구프로젝트는 계약관계를 유지할 수 있고 공공연구기관에 사회적 기술수요를 전달하는 통로가 될 수 있다. 왜냐하면 기술이 시장과 연결되어 유발되는 사회에서 시장기구는 개인기업의 기술개발과 연계되나 가격기구와 이윤으로 연결될 수 없는 농업부문의 연구자원 배분에는 시장과 연결된 적절한 통로가 없기 때문이다.

15.2.2 농업연구를 위한 인적 자원배분의 효율성 제고

우리 농업은 1960년대 이후 자원 위주의 농업에서 과학기술 위주의 농업으로 전환하여 농업생산의 성장은 농업생산성 증가에 의하여 주도되었다. 따라서 농업생산성을 높이는 데 중요한 역할을 한 연구투자효과는 비교적 높은 수치를 보였다. 그러나 농업연구는 민간부문이 최근 약간의 증가 추세를 보이나 정부의 공공부문이 대부분을 차지하고 있다. 농업 R&D 인적 자원도 공학이나 이학 등에 비해 상대적 비중이 크게 낮아졌으며 과거에는 시험기관에 편중되었으나 최근 대학과 민간부문의 비중이 커졌다. 농업연구의 인적 자원의 성장은 비록 높지 않으나 박사학위 소지자의 비중이나 농학 전공자가 농업분야에 종사하는 비중이 높고 연구인력당 연구비가 높아지는 등 농업 연구인력의 질적 변화에 따른 농업생산성 향상이 이루어졌다. 또한 큰 비중을 차지하고 있는 공공기관의 연구효율에 의하여 비교적 높은 투자수익률을 얻은 것으로 볼 수 있다.

그러나 WTO 체제에서 농산물 국제무역 개방에 따라 농업의 국제 경쟁력을 높이기 위한 기술개발과 농업 연구자원 배분의 효율성을 높이기 위해서는 보다 효율적인 농업 연구관리체계를 확립할 필요성이 있다. 왜냐하면 농업연구는 정부주도의 공공부문에서 민간부문의 확대와 대학의 역할이 커져갈 뿐만 아니라 과학기술의 발달에 따라 농업기술이 세분화된 과학기술과의 연계에 따라 다양화한 연구기관을 조정하여 농업인력 조직화에 의한 농업 연구자원 배분의 효율성을 높일 수 있기 때문이다. 이러한 농업 인적 자원조직에 대한 폭넓은 조정은 국가의 농업 연구조직만이 아니라 지역적, 국제적 연구조직과의 연계를 통하여 이루어져야 한다. 또한 농업연구는 연구과정에서 모니터링과 평가기능을 제도화하여 농업 기술평가 시스템을 구축함으로써 농업 인적 자원의 효율성을 높일 수 있다. 왜냐하면 농업 인적 자원관리는 농업기술개발 과정에 대한 정확한 정보에 의하여 효율적으로 이루어질 수 있기 때문이다.

앞으로 농업 연구자원 배분의 효율성을 높이기 위해서는 새로운 인적 자원조직화만이 아니라 연구자원 배분에 대한 사회과학 지식의 축적도 중요하다. 농업기술개발이 농업과학발전을 위한 연구투자에 의하여 크게 좌우되는 것과 같이 인적 조직에 대한 제도변화는 사회과학 지식의 축적에 달려 있으며 이것은 사회과학분야의 연구투자에 의하여 이루어지기 때문이다. 그러나 농업 연구자원 배분은 실제로 현실적 정치기구를 통하여 정부의 예산배분에 의하여 실질적인 결과를 얻을 수 있다. 따라서 이러한 사회과학적 연구결과의 도출과 실제로 제도화될 수 있는 현실은 별개의 문제이다. 왜냐하면 농민만이 아니라 농업관련자들의 정치적 역량이 제도적으로 현실화할 수 있는 힘을 얼마나 발휘할 수 있느냐는 사회구조나 정치체제에 달려 있으며 그 한계를 벗어날 수 없기 때문이다.

참고문헌

박정근(2004), 「농업발전경제학」, 박영사.

한국농촌 경제연구원(1996), "개방화 시대에 대응한 농업과학 기술개발 및 보급전략에 관한 연구."

Schultz, T. W.(1975), "The Value of the Ability to Deal with Disequilibria." *Journal of Economic Literature* Vol. 13, No. 3: 827-46.

Phillip G. Pardey, Jobannes Roseboom, and Shenggen Fan(1999), "Tredns in Financing Asian and Australian Agricultural Research", *Financing Agricultural Research: A Sourcebook*, edited by Stenven R, Tabor Willem Janssen and Hilarion Bruneay.

부 록

부표 1. 농업총생산액

(단위: 5개년 이동평균, 백만원, 2000년 불변가격)

연 도	총생산액	식량작물					
		소 계	미 곡	맥 류	서 류	두 류	잡 곡
1912	3,512,439	3,108,427	2,228,105	309,233	18,906	508,471	43,711
1913	3,806,063	3,348,464	2,366,543	345,620	30,093	552,059	54,148
1914	4,074,092	3,583,374	2,540,028	358,214	44,258	580,247	60,627
1915	4,371,699	3,832,250	2,719,611	373,997	54,720	609,968	73,954
1916	4,925,628	4,319,583	3,033,067	396,393	67,858	739,018	83,246
1917	5,312,487	4,642,352	3,221,828	438,499	78,048	813,726	90,251
1918	5,688,508	4,953,377	3,395,413	470,306	86,993	899,665	101,001
1919	6,012,679	5,195,119	3,493,274	517,523	92,459	983,411	108,452
1920	6,315,706	5,433,892	3,628,429	542,548	95,956	1,052,371	114,588
1921	6,349,848	5,433,122	3,636,994	549,530	96,892	1,031,335	118,371
1922	6,215,071	5,265,358	3,486,821	548,311	97,682	1,010,204	122,341
1923	6,227,571	5,244,916	3,481,438	557,805	98,266	987,757	119,651
1924	6,256,959	5,252,600	3,520,703	551,048	93,368	966,332	121,149
1925	6,357,770	5,321,192	3,589,151	552,764	97,394	962,611	119,271
1926	6,231,673	5,152,748	3,468,469	562,159	99,403	903,531	119,186
1927	6,226,405	5,113,676	3,437,019	561,169	100,920	894,409	120,159
1928	6,417,055	5,275,219	3,604,486	557,223	103,315	886,032	124,162
1929	6,398,174	5,254,779	3,581,460	567,801	112,141	871,211	122,166
1930	6,338,030	5,184,444	3,501,418	588,066	116,712	854,869	123,379
1931	6,610,112	5,426,444	3,686,403	608,183	124,182	888,085	119,591
1932	6,836,919	5,636,355	3,852,944	632,168	130,499	900,975	119,770
1933	6,829,340	5,564,083	3,743,558	668,123	139,908	897,701	114,793
1934	6,991,176	5,663,285	3,865,224	679,280	145,610	857,950	115,223
1935	7,553,989	6,130,693	4,276,795	745,088	158,366	836,652	113,791
1936	7,845,187	6,348,679	4,493,315	769,816	176,031	794,362	115,154
1937	7,530,846	5,996,716	4,164,054	805,749	186,522	695,786	144,606
1938	7,601,012	6,079,484	4,306,235	824,948	198,644	609,923	139,735
1939	7,925,078	6,372,461	4,576,573	859,075	223,484	577,965	135,364
1940	7,214,964	5,682,490	4,062,077	808,128	211,637	469,949	130,700
1941	6,842,809	5,348,202	3,830,888	775,163	218,854	399,464	123,832
1942	6,980,616	5,520,427	4,001,384	782,554	235,705	404,813	95,970
1943	6,618,004	5,251,271	3,851,298	664,688	266,830	376,926	91,529
1944	6,033,620	4,744,143	3,451,716	590,095	267,506	345,346	89,480
1945	6,132,635	4,913,463	3,645,439	531,292	299,943	357,136	79,652
1946	6,275,187	5,017,568	3,761,681	502,149	311,001	363,723	79,014
1947	6,645,017	5,260,867	4,022,669	435,117	327,408	393,886	81,786
1948	6,888,855	5,374,611	4,089,556	496,858	312,391	394,976	80,831
1949	7,024,413	5,303,192	4,049,611	471,437	310,472	385,894	85,779
1950	6,915,848	5,053,254	3,783,390	485,512	290,540	387,167	106,645
1951	6,991,699	5,033,795	3,704,866	515,037	317,905	390,832	105,156
1952	7,058,611	5,062,463	3,720,782	549,456	322,878	378,773	90,574
1953	7,717,492	5,530,112	4,104,047	588,686	351,466	392,937	92,977
1954	8,248,908	5,987,060	4,428,680	685,789	371,820	414,225	86,547
1955	9,105,612	6,749,035	5,103,150	732,916	413,237	430,885	68,846
1956	9,708,693	7,267,237	5,559,065	793,540	405,105	437,701	71,826
1957	10,244,355	7,718,503	5,959,709	850,948	411,366	426,257	70,222
1958	10,341,063	7,791,411	5,995,169	900,372	410,752	416,664	68,454
1959	10,877,821	8,302,511	6,410,531	956,773	440,796	424,507	69,903
1960	11,078,642	8,411,525	6,416,012	1,018,276	477,909	427,983	71,345

부표 1. 농업총생산액(계속)

(단위: 5개년 이동평균, 백만원, 2000년 불변가격)

연 도	총생산액	식량작물					
		소 계	미 곡	맥 류	서 류	두 류	잡 곡
1961	11,411,063	8,671,785	6,658,178	983,235	529,844	430,724	69,804
1962	12,161,287	9,206,366	6,985,187	1,007,513	693,060	446,699	73,907
1963	12,818,061	9,668,950	7,172,006	1,068,116	876,441	472,189	80,197
1964	13,516,454	10,087,295	7,360,539	1,143,086	1,028,141	474,096	81,434
1965	14,221,095	10,480,680	7,600,954	1,218,248	1,079,069	500,346	82,062
1966	14,595,625	10,544,968	7,374,780	1,381,876	1,144,695	552,943	90,674
1967	14,998,805	10,679,326	7,431,398	1,458,642	1,105,544	592,891	90,852
1968	15,433,995	10,849,710	7,608,557	1,484,272	1,040,270	628,652	87,959
1969	15,612,532	10,821,984	7,638,239	1,463,087	972,116	661,915	86,626
1970	16,009,415	10,986,040	7,781,104	1,465,750	980,848	674,314	84,023
1971	16,628,673	11,292,015	8,192,245	1,412,368	941,213	671,784	74,406
1972	16,961,160	11,251,360	8,238,833	1,347,410	879,567	717,419	68,131
1973	17,391,137	11,425,696	8,379,557	1,351,041	870,743	759,649	64,707
1974	18,131,830	11,698,815	8,585,629	1,379,058	861,589	807,909	64,631
1975	18,875,272	12,029,810	9,005,163	1,235,629	845,069	873,542	70,408
1976	19,478,407	12,163,473	9,137,592	1,212,978	831,232	907,254	74,418
1977	20,193,408	12,321,215	9,298,081	1,230,673	819,841	887,891	84,728
1978	19,883,365	11,567,363	8,803,328	1,083,209	738,530	847,559	94,737
1979	20,029,048	11,422,557	8,870,585	931,470	684,992	833,326	102,184
1980	20,152,712	11,185,205	8,731,074	924,820	627,784	792,982	108,546
1981	20,610,816	11,159,466	8,853,007	845,872	591,567	762,691	106,329
1982	20,864,940	11,225,595	9,081,014	726,785	558,975	754,368	104,453
1983	22,403,023	12,003,959	9,921,298	679,280	543,507	758,220	101,654
1984	23,511,052	12,097,184	10,153,681	606,380	511,299	725,853	99,971
1985	24,469,117	12,218,897	10,367,405	560,907	481,747	710,923	97,915
1986	25,256,782	12,496,720	10,721,937	506,812	443,477	725,476	99,018
1987	25,899,142	12,629,087	10,911,843	456,822	433,654	730,537	96,230
1988	25,966,621	12,659,727	11,017,531	428,387	391,531	728,528	93,749
1989	25,664,867	12,611,337	11,045,153	408,771	356,934	713,578	86,902
1990	25,678,228	12,603,579	11,105,777	374,588	358,633	684,432	80,148
1991	25,454,759	12,103,277	10,713,250	333,978	351,010	630,231	74,808
1992	25,435,850	11,713,962	10,478,489	286,238	314,228	563,865	71,142
1993	25,774,674	11,363,640	10,190,245	265,166	320,051	521,278	66,901
1994	26,534,736	11,357,778	10,192,169	257,982	339,359	502,536	65,732
1995	27,289,896	11,358,893	10,240,694	237,209	331,499	486,115	63,376
1996	28,154,200	11,457,602	10,381,877	213,927	331,655	466,727	63,416
1997	29,015,065	11,548,166	10,465,861	214,303	359,123	446,805	62,075
1998	29,774,257	11,750,368	10,711,208	191,574	370,193	418,276	59,117
1999	30,060,753	11,785,694	10,793,852	186,233	356,195	392,417	56,997
2000	29,727,103	11,557,575	10,584,687	189,675	360,067	367,772	55,374
2001	28,854,497	11,259,315	10,325,230	185,652	350,091	344,611	53,732
2002	28,599,180	11,142,221	10,220,065	176,296	341,114	352,135	52,611

주: 1) 5개년 이동평균계열에 의거하여 계산함. 2)1910-1936년 남북한 분할은 이시카와(石川,1980)의 분할 비율을 적용하여 재배면적 및 생산량을 분할하였음. 1937년 이후 자료는 한국농촌경제연구원「보정농업통계표:1910-2001년」을 이용함. 3)불변생산액은 가격자료가 있을 경우에는 평균가격('99-'01)을 고정웨이트를 이용하여 산출하고, 가격정보가 없을 경우에는 유별 농산물판매가격지수와 생산자물가지수를 이용하여 디플레이트함.

자료: 한국농촌경제연구원 「보정농업통계표: 1910-2001년」 2003 ; 반성환, 「한국농업의 성장」, 1974. 농림통계연보 각연도 ;한국은행조사부,「경제연감」 각연도, 내무부 통계국, 「대한민국통계연감」 각연도.

부표 1. 농업총생산액(계속)

(단위: 5개년 이동평균, 백만원, 2000년 불변가격)

연 도	소 계	경제작물				
		특 작	채 소	과 수	기 타	축 산
1912	258,530	68,080	134,651	6,606	49,193	145,482
1913	299,591	79,228	156,019	9,733	54,611	158,008
1914	328,302	86,360	171,900	11,522	58,520	162,416
1915	373,528	103,671	194,158	12,979	62,720	165,922
1916	435,901	118,458	235,508	13,873	68,063	170,143
1917	483,723	140,466	261,344	13,209	68,704	186,412
1918	535,895	161,126	287,935	12,737	74,097	199,236
1919	585,251	176,389	317,009	13,478	78,376	232,308
1920	630,354	184,616	340,192	14,073	91,473	251,460
1921	645,408	197,261	342,740	14,837	90,569	271,317
1922	673,610	205,306	358,094	16,451	93,759	276,103
1923	690,004	208,702	368,328	16,810	96,164	292,652
1924	726,331	223,991	384,447	17,408	100,484	278,029
1925	754,132	230,557	403,999	18,357	101,219	282,446
1926	798,002	237,720	422,705	19,119	118,458	280,923
1927	837,528	238,700	441,599	19,704	137,524	275,202
1928	871,416	247,577	454,111	20,535	149,193	270,420
1929	879,396	233,807	466,662	21,639	157,289	263,998
1930	898,320	233,564	476,180	22,849	165,727	255,266
1931	928,708	231,059	502,022	25,548	170,079	254,960
1932	943,589	238,574	510,385	28,043	166,586	256,975
1933	1,006,820	251,633	545,899	31,360	177,928	258,437
1934	1,043,976	253,684	568,212	33,457	188,622	283,915
1935	1,119,986	281,165	604,912	36,407	197,502	303,310
1936	1,182,146	299,390	636,650	38,804	207,302	314,362
1937	1,212,316	307,871	641,567	41,436	221,442	321,814
1938	1,188,491	297,589	621,084	45,804	224,013	333,037
1939	1,223,795	317,176	620,040	56,437	230,142	328,822
1940	1,192,892	299,189	590,456	60,126	243,121	339,582
1941	1,159,252	316,231	548,638	63,920	230,464	335,354
1942	1,130,458	321,982	529,758	68,549	210,169	329,731
1943	1,054,532	307,602	493,720	66,427	186,782	312,201
1944	967,394	286,715	454,654	63,306	162,719	322,083
1945	890,115	253,656	438,867	61,568	136,025	329,057
1946	886,620	203,921	476,700	68,122	137,877	370,999
1947	962,444	184,384	533,545	75,399	169,116	421,706
1948	999,715	181,096	564,311	81,727	172,582	514,529
1949	1,127,651	189,489	663,694	100,634	173,834	593,570
1950	1,206,054	200,632	713,723	114,338	177,361	656,541
1951	1,208,142	198,210	720,286	118,510	171,137	749,762
1952	1,177,999	180,047	716,791	122,767	158,395	818,149
1953	1,241,529	180,051	748,602	133,879	178,997	945,851
1954	1,189,868	167,264	694,176	127,273	201,155	1,071,980
1955	1,192,707	152,213	696,744	132,868	210,882	1,163,870
1956	1,204,819	140,274	693,438	144,020	227,087	1,236,637
1957	1,185,949	129,359	673,379	157,500	225,712	1,339,902
1958	1,166,001	109,481	661,364	169,758	225,398	1,383,651
1959	1,205,002	101,462	694,776	178,011	230,753	1,370,308
1960	1,252,611	102,351	713,539	194,214	242,507	1,414,506

부표 1. 농업총생산액(계속)

(단위: 5개년 이동평균, 백만원, 2000년 불변가격)

연 도	소 계	경제작물				
		특 작	채 소	과 수	기 타	축 산
1961	1,271,41	99,597	723,677	200,695	247,442	1,467,866
1962	1,389,59	98,712	801,336	213,361	276,139	1,565,373
1963	1,552,73	101,172	888,716	245,706	317,138	1,596,379
1964	1,764,064	101,934	997,827	287,488	376,815	1,665,096
1965	1,984,706	109,022	1,119,482	324,817	431,385	1,755,709
1966	2,299,591	122,149	1,303,740	372,531	501,170	1,751,066
1967	2,521,776	136,897	1,431,276	415,860	537,744	1,797,703
1968	2,696,843	155,997	1,537,392	441,700	561,754	1,887,442
1969	2,868,694	173,990	1,658,500	459,062	577,142	1,921,854
1970	3,083,988	187,736	1,747,009	488,175	661,067	1,939,387
1971	3,247,365	202,892	1,784,117	524,194	736,161	2,089,293
1972	3,449,809	216,189	1,859,065	560,128	814,427	2,259,991
1973	3,648,483	225,166	1,923,477	588,817	911,023	2,316,958
1974	3,902,998	243,826	2,014,247	635,187	1,009,738	2,530,017
1975	4,153,820	258,676	2,127,228	702,007	1,065,909	2,691,642
1976	4,333,617	271,300	2,186,947	762,978	1,112,391	2,981,317
1977	4,692,372	281,231	2,422,505	829,654	1,158,982	3,179,821
1978	4,908,815	270,069	2,612,560	894,585	1,131,601	3,407,188
1979	5,024,196	256,055	2,705,850	989,625	1,072,666	3,582,295
1980	5,205,471	259,153	2,836,043	1,081,375	1,028,900	3,762,036
1981	5,514,274	288,459	3,046,419	1,209,047	970,349	3,937,076
1982	5,550,938	324,119	2,976,620	1,288,718	961,481	4,088,406
1983	5,836,952	380,456	3,057,766	1,424,147	974,583	4,562,112
1984	6,243,102	443,381	3,251,811	1,518,705	1,029,205	5,170,766
1985	6,422,799	494,104	3,294,705	1,601,570	1,032,420	5,827,421
1986	6,703,078	529,883	3,440,207	1,674,469	1,058,520	6,056,983
1987	7,124,207	539,669	3,628,575	1,862,802	1,093,162	6,145,848
1988	7,337,342	539,872	3,741,218	1,931,398	1,124,853	5,969,553
1989	7,459,981	511,230	3,800,957	1,991,609	1,156,185	5,593,549
1990	7,879,986	487,674	4,055,976	2,097,835	1,238,500	5,194,664
1991	8,148,627	424,125	4,248,598	2,134,564	1,341,340	5,202,855
1992	8,359,159	394,466	4,451,078	2,092,203	1,421,412	5,362,730
1993	8,843,441	383,103	4,808,946	2,200,042	1,451,350	5,567,593
1994	9,183,785	374,189	5,065,534	2,293,779	1,450,282	5,993,173
1995	9,353,636	367,228	5,209,219	2,368,478	1,408,711	6,577,367
1996	9,379,806	381,083	5,256,684	2,410,792	1,331,248	7,316,792
1997	9,690,633	370,925	5,543,591	2,499,549	1,276,567	7,776,266
1998	9,853,213	361,060	5,649,830	2,523,303	1,319,020	8,170,676
1999	10,095,25	361,257	5,806,104	2,582,138	1,345,726	8,179,834
2000	10,192,907	341,905	5,886,231	2,592,470	1,372,301	7,976,621
2001	10,271,114	309,223	5,954,611	2,618,857	1,388,422	7,324,069
2002	10,277,379	299,043	5,926,667	2,635,895	1,415,774	7,179,580

주: 1) 5개년 이동평균 계열에 의거하여 계산함.2)기타에는 전매(담배,인삼), 잠견 및 화훼를 포함. 화훼는 1975년부터 농업총생산액에 포함시킴.

자료: 한국농촌경제연구원 「보정농업통계표:1910-2001년」, 2003. ; 반성환, 「한국농업의 성장」, 1974. 농림통계연보 각 연도. ; 한국은행조사부,「경제연감」 각연도, 내무부 통계국,「대한민국통계연감」각연도

부표 2. 농업 총투입, 총생산 및 총생산성 지수

(단위: 5개년 이동평균, 1912=100)

연 도	퇴른크비스트지수(Tornqvist index)		
	총투입	총생산	총생산성
1912	100.0	100.0	100.0
1913	108.5	104.1	95.9
1914	115.7	111.6	96.4
1915	122.4	120.2	98.2
1916	136.1	134.9	99.1
1917	151.4	145.6	96.2
1918	166.4	155.9	93.7
1919	180.5	164.6	91.2
1920	193.9	172.8	89.1
1921	198.7	174.2	87.7
1922	200.6	171.0	85.2
1923	202.9	171.8	84.6
1924	205.4	173.4	84.4
1925	207.6	176.8	85.2
1926	210.6	174.4	82.8
1927	213.9	174.8	81.7
1928	218.3	180.7	82.8
1929	222.2	180.6	81.3
1930	226.5	179.1	79.1
1931	231.0	186.9	80.9
1932	235.8	193.3	82.0
1933	241.2	193.6	80.3
1934	247.5	199.3	80.5
1935	253.7	216.0	85.1
1936	259.0	225.3	87.0
1937	258.5	217.4	84.1
1938	261.6	219.7	84.0
1939	262.7	228.7	87.1
1940	259.4	210.1	81.0
1941	257.1	199.4	77.6
1942	256.1	201.5	78.7
1943	246.3	190.0	77.1
1944	236.5	174.0	73.6
1945	233.0	176.2	75.6
1946	227.9	180.9	79.4
1947	228.4	192.4	84.2
1948	226.2	199.9	88.4
1949	225.4	205.9	91.3
1950	224.4	203.4	90.7
1951	225.1	205.0	91.1
1952	224.9	206.5	91.8
1953	233.0	225.5	96.8
1954	242.4	239.0	98.6
1955	249.2	262.9	105.5
1956	252.3	279.7	110.9
1957	252.9	294.5	116.4
1958	252.3	296.7	117.6
1959	255.4	311.9	122.1
1960	257.2	318.3	123.7

부표 2. 농업 총투입, 총생산 및 총생산성 지수(계속)

(단위: 5개년 이동평균, 1912=100)

연 도	퇴른크비스트지수(Tornqvist index)		
	총투입	총생산	총생산성
1961	262.7	327.1	124.5
1962	268.5	349.6	130.2
1963	276.3	371.0	134.3
1964	278.7	394.5	141.5
1965	285.3	417.9	146.5
1966	286.2	436.3	152.4
1967	285.9	451.5	157.9
1968	282.4	466.3	165.1
1969	279.6	474.7	169.8
1970	274.6	488.6	178.0
1971	271.3	506.5	186.7
1972	263.6	518.1	196.5
1973	259.0	532.0	205.4
1974	256.3	556.2	217.0
1975	254.6	576.9	226.6
1976	254.1	595.6	234.4
1977	257.8	621.3	241.0
1978	258.3	618.5	239.5
1979	255.6	623.6	244.0
1980	252.7	630.7	249.6
1981	259.2	647.5	249.8
1982	266.2	652.9	245.2
1983	274.3	699.5	255.0
1984	283.5	737.5	260.2
1985	290.9	769.0	264.4
1986	288.5	793.3	275.0
1987	285.2	812.7	285.0
1988	279.8	814.2	291.0
1989	271.4	803.6	296.1
1990	264.8	803.5	303.4
1991	263.8	798.0	302.5
1992	261.8	799.6	305.4
1993	262.5	814.0	310.1
1994	266.8	841.3	315.3
1995	267.9	867.3	323.8
1996	261.1	892.8	342.0
1997	256.3	921.4	359.5
1998	252.7	945.6	374.1
1999	248.0	956.0	385.5
2000	241.4	946.3	392.1
2001	241.6	919.3	380.5
2002	238.7	910.4	381.4

주: 1) 5개년 이동평균계열에 의거하여 계산함. 2) 총투입은 노동(영농투입량), 토지(식부면적), 자본(대식물,대동물, 농기계, 건물, 수리시설 감사상각액), 경상투입재(종묘, 비료, 농약, 사료비)로 구분함.

자료: 농림통계연보, 농가경제조사 각년도, : 반성환, 「한국농업의 성장」, 1974. : 농촌경제연구원 「보정농업통계표: 1910-2001」, 2003.

부표 3. 노동 및 토지생산성 추이(5개년이동평균)

연 도	토지생산성				노동생산성				토지/노동 비율
	TP/A	VA/A	TP/CA	VA/CA	TP/L	VP/L	TP/LT	VA/LT	A/L
	천원/ha	천원/ha	천원/ha	천원/ha	천원/인	천원/인	천원/인	천원/인	ha/인
1912	2,657	2,656	2,375	2,374	486	485	3,179	3,177	1.83
1913	2,678	2,676	2,372	2,370	501	500	3,198	3,196	1.87
1914	2,655	2,652	2,380	2,378	513	512	3,223	3,220	1.94
1915	2,641	2,638	2,421	2,418	532	531	3,288	3,284	2.03
1916	2,699	2,696	2,466	2,463	586	586	3,370	3,366	2.19
1917	2,642	2,638	2,393	2,390	621	620	3,291	3,287	2.35
1918	2,653	2,649	2,339	2,335	655	654	3,230	3,225	2.46
1919	2,734	2,730	2,285	2,281	686	685	3,161	3,155	2.50
1920	2,821	2,815	2,225	2,220	716	714	3,099	3,092	2.54
1921	2,838	2,831	2,195	2,189	715	713	3,058	3,051	2.52
1922	2,781	2,773	2,144	2,138	696	694	2,981	2,972	2.50
1923	2,785	2,776	2,140	2,133	695	693	2,963	2,953	2.50
1924	2,797	2,786	2,135	2,127	697	694	2,963	2,951	2.49
1925	2,839	2,826	2,161	2,151	702	699	2,996	2,983	2.48
1926	2,781	2,766	2,107	2,096	681	677	2,920	2,904	2.45
1927	2,775	2,757	2,096	2,083	673	668	2,903	2,884	2.42
1928	2,860	2,838	2,144	2,128	683	678	2,974	2,951	2.39
1929	2,852	2,828	2,125	2,107	672	666	2,947	2,922	2.36
1930	2,824	2,798	2,091	2,071	657	651	2,907	2,880	2.33
1931	2,937	2,908	2,162	2,141	678	671	3,009	2,979	2.31
1932	3,030	2,996	2,221	2,197	695	687	3,095	3,061	2.29
1933	3,016	2,977	2,209	2,181	685	676	3,081	3,041	2.27
1934	3,077	3,030	2,259	2,224	693	682	3,146	3,098	2.25
1935	3,315	3,261	2,428	2,389	740	728	3,373	3,318	2.23
1936	3,436	3,377	2,515	2,472	762	749	3,484	3,423	2.22
1937	3,293	3,231	2,446	2,400	727	713	3,395	3,331	2.21
1938	3,318	3,255	2,467	2,420	732	718	3,396	3,332	2.21
1939	3,456	3,395	2,567	2,521	756	742	3,509	3,447	2.19
1940	3,146	3,086	2,372	2,326	680	667	3,218	3,156	2.16
1941	2,975	2,917	2,265	2,221	635	623	3,054	2,994	2.14
1942	3,045	2,989	2,296	2,253	664	651	3,088	3,031	2.19
1943	2,948	2,895	2,243	2,202	640	628	3,008	2,953	2.18
1944	2,796	2,743	2,150	2,109	592	581	2,867	2,813	2.13
1945	2,941	2,882	2,247	2,202	602	590	2,971	2,911	2.07
1946	3,114	3,050	2,379	2,330	611	599	3,126	3,062	1.99
1947	3,347	3,274	2,561	2,505	589	577	3,333	3,260	1.78
1948	3,500	3,428	2,672	2,616	577	565	3,464	3,392	1.66
1949	3,559	3,485	2,747	2,689	564	553	3,558	3,484	1.59
1950	3,497	3,422	2,709	2,650	539	527	3,534	3,458	1.54
1951	3,553	3,476	2,734	2,674	528	517	3,546	3,469	1.49
1952	3,628	3,550	2,762	2,703	544	532	3,552	3,476	1.50
1953	3,943	3,854	2,980	2,913	590	576	3,796	3,710	1.50
1954	4,193	4,095	3,102	3,029	624	610	3,912	3,819	1.49
1955	4,605	4,502	3,362	3,287	682	667	4,225	4,130	1.48
1956	4,875	4,770	3,562	3,485	721	706	4,485	4,388	1.48
1957	5,114	5,009	3,743	3,666	751	735	4,727	4,630	1.47
1958	5,146	5,045	3,771	3,697	744	729	4,783	4,689	1.45
1959	5,392	5,295	3,967	3,896	771	757	4,973	4,883	1.43
1960	5,458	5,365	4,022	3,954	769	756	5,094	5,007	1.41

부표 3. 노동 및 토지생산성 추이(계속)

연 도	토지생산성				노동생산성				토지/노동 비율
	TP/A	VA/A	TP/CA	VA/CA	TP/L	VP/L	TP/LT	VA/LT	A/L
	천원/ha	천원/ha	천원/ha	천원/ha	천원/인	천원/인	천원/인	천원/인	ha/인
1961	5,583	5,479	4,091	4,015	776	761	5,195	5,098	1.39
1962	5,852	5,734	4,251	4,165	810	793	5,442	5,331	1.38
1963	6,034	5,896	4,327	4,229	840	820	5,649	5,519	1.39
1964	6,206	6,055	4,435	4,328	871	849	5,951	5,807	1.40
1965	6,394	6,227	4,560	4,441	905	882	6,147	5,987	1.42
1966	6,432	6,258	4,580	4,456	922	897	6,357	6,184	1.43
1967	6,525	6,348	4,643	4,518	948	922	6,680	6,499	1.45
1968	6,692	6,513	4,795	4,666	995	968	7,094	6,904	1.48
1969	6,784	6,594	4,889	4,752	1,021	993	7,382	7,176	1.50
1970	7,000	6,803	5,071	4,928	1,066	1,036	7,844	7,623	1.52
1971	7,319	7,115	5,343	5,193	1,124	1,092	8,341	8,107	1.54
1972	7,514	7,294	5,510	5,348	1,182	1,147	9,153	8,884	1.57
1973	7,744	7,510	5,677	5,505	1,235	1,197	9,839	9,539	1.59
1974	8,099	7,844	5,888	5,703	1,326	1,285	10,629	10,294	1.63
1975	8,442	8,165	6,187	5,984	1,431	1,384	11,435	11,059	1.69
1976	8,730	8,417	6,447	6,215	1,548	1,492	12,219	11,782	1.77
1977	9,076	8,734	6,816	6,558	1,676	1,612	12,545	12,070	1.84
1978	8,968	8,599	6,912	6,626	1,710	1,639	12,360	11,850	1.91
1979	9,075	8,688	7,212	6,903	1,811	1,734	12,717	12,173	2.00
1980	9,175	8,762	7,474	7,137	1,914	1,828	13,079	12,491	2.08
1981	9,434	8,965	7,842	7,452	2,039	1,937	13,154	12,506	2.15
1982	9,593	9,057	8,102	7,649	2,150	2,029	13,182	12,454	2.23
1983	10,347	9,730	8,859	8,329	2,415	2,269	14,035	13,209	2.33
1984	10,906	10,190	9,472	8,850	2,642	2,468	14,535	13,588	2.41
1985	11,386	10,583	9,951	9,249	2,872	2,669	15,122	14,054	2.51
1986	11,783	10,927	10,410	9,653	3,126	2,899	16,128	14,955	2.64
1987	12,110	11,198	10,829	10,013	3,388	3,132	17,179	15,880	2.79
1988	12,181	11,209	10,986	10,108	3,559	3,274	18,316	16,842	2.92
1989	12,095	11,080	11,052	10,122	3,733	3,418	19,725	18,051	3.09
1990	12,187	11,096	11,353	10,333	3,975	3,617	21,415	19,474	3.26
1991	12,180	10,963	11,497	10,346	4,188	3,765	22,705	20,413	3.43
1992	12,284	10,926	11,800	10,492	4,426	3,931	24,282	21,581	3.59
1993	12,602	11,104	12,209	10,756	4,774	4,202	25,939	22,846	3.78
1994	13,169	11,476	12,809	11,162	5,176	4,507	27,966	24,360	3.92
1995	13,752	11,905	13,407	11,605	5,596	4,844	30,364	26,281	4.06
1996	14,394	12,519	14,056	12,225	6,009	5,228	33,122	28,823	4.16
1997	15,028	13,113	14,592	12,733	6,443	5,624	35,640	31,115	4.28
1998	15,566	13,615	15,071	13,181	6,854	5,996	37,723	33,003	4.40
1999	15,828	13,923	15,282	13,442	7,162	6,300	38,916	34,234	4.52
2000	15,749	13,930	15,219	13,462	7,393	6,540	39,597	35,030	4.70
2001	15,385	13,377	15,033	13,061	7,481	6,499	39,723	34,494	4.88
2002	15,357	13,205	15,229	13,082	7,742	6,650	41,037	35,223	5.05

주: 1)총생산(TP), 조부가가치(VA), 농가인구(L), 노동투입량(LT), 경지면적(A), 식부면적(CA)를 나타냄. 2)총생산액(TP)은 '99-'01년 평균가격을 고정웨이트로 이용하여 불변가격으로 전환한 자료임. 3)총생산액은 미곡,맥류,두류,서류,잡곡,채소,과수,특작,축산,기타(전매,잠견,화훼)합계임. 4)중간투입액은 비료,농약,사료,종묘비 합계임. 5)조부가가치(VA)는 총생산에서 중간투입액을 제외한 것임.

자료: 농림통계연보, 농가경제조사 각연도, 반성환, 「한국농업의 성장」,1974. ; 농촌경제연구원 「보정농업통계표: 1910-2001년」,2003. ;한국은행조사부,「경제연감」 각연도, 내무부 통계국,「대한민국통계연감」각연도.

부표 4. 농가인구, 농가호수 및 영농투입노동(5개년이동평균)

연 도	농가인구	농가호수	영농투입노동	영농투입액
	명	호	천명, 8시간	불변, 백만원
1912	7,206,650	1,524,872	1,105	14,490,217
1913	7,580,348	1,561,120	1,187	15,575,517
1914	7,917,710	1,593,435	1,260	16,527,662
1915	8,199,251	1,619,241	1,326	17,394,165
1916	8,387,751	1,627,435	1,466	19,225,640
1917	8,542,525	1,635,035	1,623	21,287,050
1918	8,670,702	1,647,966	1,773	23,259,883
1919	8,763,526	1,659,281	1,913	25,102,126
1920	8,824,148	1,667,871	2,040	26,764,594
1921	8,886,904	1,675,892	2,076	27,238,690
1922	8,931,887	1,682,716	2,086	27,360,735
1923	8,955,233	1,684,336	2,102	27,579,140
1924	8,978,010	1,686,500	2,112	27,709,278
1925	9,048,349	1,696,285	2,122	27,839,980
1926	9,153,177	1,711,708	2,134	27,993,885
1927	9,268,130	1,727,868	2,146	28,147,485
1928	9,394,944	1,744,766	2,157	28,301,897
1929	9,522,789	1,762,635	2,171	28,479,595
1930	9,635,757	1,777,168	2,179	28,579,793
1931	9,739,135	1,799,179	2,196	28,805,758
1932	9,840,893	1,820,385	2,209	28,978,616
1933	9,971,871	1,845,440	2,217	29,078,173
1934	10,091,177	1,868,764	2,222	29,144,624
1935	10,200,467	1,889,472	2,239	29,372,901
1936	10,289,268	1,897,865	2,251	29,530,870
1937	10,357,304	1,903,497	2,207	28,950,151
1938	10,382,206	1,902,725	2,227	29,219,072
1939	10,477,299	1,908,902	2,246	29,465,149
1940	10,613,598	1,914,759	2,226	29,200,048
1941	10,778,926	1,917,079	2,227	29,209,933
1942	10,538,086	1,851,659	2,252	29,537,530
1943	10,347,894	1,797,123	2,190	28,732,170
1944	10,229,104	1,758,462	2,106	27,631,646
1945	10,215,423	1,747,650	2,069	27,138,196
1946	10,269,247	1,757,815	2,011	26,381,274
1947	11,325,290	1,939,809	1,992	26,132,611
1948	11,991,120	2,065,325	1,985	26,044,919
1949	12,506,418	2,152,848	1,973	25,879,804
1950	12,881,992	2,223,720	1,953	25,618,363
1951	13,215,369	2,280,377	1,967	25,801,452
1952	12,966,117	2,232,502	1,981	25,986,858
1953	13,051,242	2,223,853	2,017	26,458,371
1954	13,184,627	2,227,177	2,094	27,470,898
1955	13,331,702	2,222,648	2,152	28,237,578
1956	13,451,413	2,216,486	2,165	28,406,931
1957	13,642,542	2,221,078	2,170	28,468,827
1958	13,894,434	2,247,342	2,165	28,398,051
1959	14,107,040	2,272,656	2,187	28,687,756
1960	14,408,068	2,324,363	2,176	28,541,416

부표 4. 농가인구, 농가호수 및 영농투입노동 (계속)

연 도	농가인구	농가호수	영농투입노동	영농투입액
	명	호	천명, 8시간	불변, 백만원
1961	14,711,326	2,363,817	2,197	28,816,721
1962	14,996,780	2,402,395	2,232	29,282,526
1963	15,247,240	2,433,874	2,267	29,736,385
1964	15,501,681	2,476,505	2,265	29,714,915
1965	15,697,942	2,499,988	2,312	30,325,764
1966	15,826,210	2,532,574	2,297	30,138,448
1967	15,833,389	2,533,761	2,254	29,563,855
1968	15,555,420	2,529,045	2,188	28,702,603
1969	15,341,644	2,517,295	2,126	27,889,749
1970	15,061,416	2,490,291	2,047	26,856,942
1971	14,808,796	2,464,642	1,997	26,196,178
1972	14,382,853	2,449,633	1,882	24,694,689
1973	14,147,311	2,428,821	1,801	23,621,324
1974	13,762,036	2,399,687	1,729	22,677,161
1975	13,288,414	2,370,104	1,665	21,836,982
1976	12,664,993	2,324,810	1,596	20,937,746
1977	12,149,838	2,280,934	1,611	21,128,551
1978	11,666,384	2,236,097	1,609	21,110,623
1979	11,109,023	2,174,851	1,576	20,680,484
1980	10,584,900	2,113,219	1,545	20,261,664
1981	10,174,386	2,068,544	1,570	20,594,182
1982	9,800,651	2,030,888	1,585	20,793,826
1983	9,339,516	1,985,047	1,597	20,953,722
1984	8,975,697	1,960,319	1,619	21,240,378
1985	8,592,254	1,935,456	1,625	21,318,932
1986	8,151,771	1,900,638	1,575	20,661,720
1987	7,705,930	1,860,302	1,516	19,892,062
1988	7,333,980	1,828,534	1,428	18,735,757
1989	6,911,721	1,787,799	1,317	17,282,395
1990	6,498,878	1,741,679	1,221	16,014,746
1991	6,125,789	1,694,905	1,137	14,911,033
1992	5,802,164	1,652,132	1,055	13,839,825
1993	5,440,116	1,598,874	997	13,081,023
1994	5,164,871	1,554,333	955	12,533,804
1995	4,917,147	1,514,098	912	11,962,866
1996	4,715,671	1,478,206	861	11,293,336
1997	4,524,147	1,442,935	821	10,766,808
1998	4,360,328	1,419,480	791	10,378,667
1999	4,208,570	1,394,297	773	10,134,624
2000	4,033,040	1,362,454	751	9,858,568
2001	3,859,132	1,332,737	727	9,534,930
2002	3,700,082	1,304,491	699	9,173,683

주: 1) 남한 농가인구 1918-1943년까지는 반성환(1979) 추정한 농가인구를 인용함. 2) 반성환(1979) 자료에서 남한 농가인구가가 전국 농가인구에서 차지하는 비중이 1918-1922년 평균61.6%를 차지하고 있어 그 비율을 1910-1917년 전국농가인구에 곱하여 추정함. 3) 영농투입량은 1910-1963년까지는 1965년 농가경제조사 품목별 재배면적당 노동일수에 식부면적을 곱하여 추정하고, '61-'65년 평균비율을 통해 수정함. 4) 1910-1943년 농가호수는 전국(남북한) 호당 농가인구수를 농가인구에 곱하여 추정함. 5) 1944-1948년 농가인구는 1943년과 1949년 연평균 성장률(4.27%)을 이용하여 보완함.

자료: 조선총독부, 「농업통계표」 각년도. 한국농촌경제연구원 「보정농업통계표: 1910-2001년」, 2003. : 반성환, 「한국농업의 성장」,1974. 농림통계연보 각연도. : 한국은행조사부, 「경제연감」 각연도, 내무부 통계국, 「대한민국통계연감」 각연도.

부표 5. 경지면적 및 재배면적 (5개년이동평균)

(단위: ha)

연 도	경지면적			식부면적
	소 계	논	밭	
1912	1,319,173	761,724	557,449	1,479,208
1913	1,417,676	817,071	600,605	1,601,684
1914	1,541,878	875,600	666,278	1,706,393
1915	1,671,308	932,321	738,986	1,800,857
1916	1,842,882	1,004,990	837,892	2,005,198
1917	2,007,049	1,074,449	932,600	2,237,258
1918	2,134,525	1,127,967	1,006,558	2,456,803
1919	2,193,885	1,152,637	1,041,248	2,652,238
1920	2,238,708	1,173,082	1,065,626	2,842,108
1921	2,237,452	1,173,216	1,064,236	2,893,270
1922	2,234,766	1,172,141	1,062,625	2,898,847
1923	2,235,932	1,173,994	1,061,938	2,910,481
1924	2,237,044	1,176,732	1,060,313	2,931,041
1925	2,239,082	1,181,249	1,057,834	2,941,491
1926	2,240,400	1,186,239	1,054,161	2,957,138
1927	2,243,942	1,193,681	1,050,260	2,970,831
1928	2,244,005	1,199,230	1,044,775	2,991,511
1929	2,243,461	1,204,477	1,038,984	3,009,670
1930	2,244,447	1,209,758	1,034,689	3,028,871
1931	2,250,383	1,216,952	1,033,431	3,054,855
1932	2,256,305	1,223,796	1,032,509	3,077,612
1933	2,263,700	1,231,269	1,032,431	3,090,135
1934	2,271,471	1,238,396	1,033,074	3,094,753
1935	2,278,534	1,245,420	1,033,114	3,109,868
1936	2,282,568	1,251,385	1,031,183	3,118,138
1937	2,288,080	1,258,219	1,029,861	3,063,632
1938	2,291,936	1,263,845	1,028,091	3,065,912
1939	2,294,175	1,268,442	1,025,733	3,071,136
1940	2,293,189	1,269,783	1,023,406	3,021,848
1941	2,300,654	1,293,109	1,007,545	3,005,012
1942	2,291,560	1,306,150	985,410	3,030,614
1943	2,241,849	1,294,628	947,221	2,938,927
1944	2,165,278	1,266,551	898,727	2,814,226
1945	2,095,335	1,242,530	852,805	2,742,959
1946	2,025,243	1,200,965	824,278	2,651,203
1947	1,984,136	1,178,316	805,819	2,593,578
1948	1,964,648	1,164,750	799,898	2,573,990
1949	1,971,735	1,168,555	803,181	2,555,080
1950	1,974,888	1,170,731	804,157	2,549,617
1951	1,966,322	1,166,106	800,216	2,553,083
1952	1,945,704	1,153,031	792,673	2,550,388
1953	1,953,859	1,160,768	793,091	2,574,993
1954	1,963,822	1,168,588	795,234	2,647,029
1955	1,975,085	1,176,488	798,597	2,703,923
1956	1,989,654	1,185,942	803,711	2,724,436
1957	2,002,824	1,194,328	808,496	2,738,280
1958	2,008,817	1,198,101	810,716	2,743,810
1959	2,016,955	1,202,532	814,422	2,742,373
1960	2,029,727	1,208,566	821,162	2,754,490

부표 5. 경지면적 및 재배면적(계속)

(단위: ha)

연 도	경지면적			식부면적
	소 계	논	밭	
1961	2,043,187	1,214,253	828,934	2,788,423
1962	2,074,145	1,225,903	848,242	2,854,183
1963	2,120,463	1,241,893	878,570	2,957,842
1964	2,172,568	1,257,135	915,433	3,040,716
1965	2,222,417	1,270,620	951,797	3,117,820
1966	2,270,241	1,282,863	987,379	3,189,653
1967	2,298,271	1,287,238	1,011,033	3,230,636
1968	2,306,495	1,284,588	1,021,906	3,219,346
1969	2,302,138	1,280,133	1,022,006	3,196,888
1970	2,288,212	1,273,916	1,014,296	3,161,536
1971	2,272,708	1,268,579	1,004,129	3,116,402
1972	2,258,160	1,265,765	992,396	3,080,785
1973	2,246,595	1,266,494	980,101	3,063,549
1974	2,239,977	1,271,526	968,452	3,079,333
1975	2,237,758	1,280,270	957,489	3,055,913
1976	2,233,891	1,290,134	943,757	3,031,383
1977	2,225,619	1,298,538	927,081	2,974,153
1978	2,216,845	1,304,576	912,269	2,879,015
1979	2,206,855	1,308,186	898,669	2,777,905
1980	2,196,633	1,309,857	886,776	2,700,107
1981	2,185,576	1,310,651	874,925	2,631,760
1982	2,176,633	1,312,438	864,195	2,579,727
1983	2,166,352	1,316,067	850,285	2,534,705
1984	2,156,897	1,320,162	836,736	2,488,597
1985	2,149,567	1,328,191	821,376	2,464,133
1986	2,143,829	1,336,576	807,253	2,430,011
1987	2,138,702	1,343,143	795,558	2,392,253
1988	2,131,581	1,347,213	784,368	2,363,947
1989	2,121,557	1,348,548	773,010	2,323,187
1990	2,106,858	1,341,162	805,696	2,264,355
1991	2,090,231	1,329,255	800,976	2,216,777
1992	2,071,428	1,312,129	799,299	2,159,317
1993	2,046,717	1,284,247	802,471	2,113,858
1994	2,017,638	1,252,435	805,203	2,074,760
1995	1,988,356	1,222,060	766,295	2,040,786
1996	1,959,409	1,193,857	765,552	2,005,978
1997	1,932,653	1,170,950	761,703	1,990,179
1998	1,913,355	1,159,585	753,765	1,975,875
1999	1,899,487	1,153,572	745,910	1,967,079
2000	1,887,307	1,148,683	738,619	1,952,795
2001	1,874,490	1,142,567	731,918	1,917,298
2002	1,861,831	1,135,041	726,786	1,877,925

주: 1) 1918-1943년 남한 경지면적은 강원도, 경기도 경지면적을 이시카와 남북한 비율로 추정한 자료임. 2) 1910-1917년 수정방법은 1916-1925년의 전국 경지면적(논, 밭별)을 선형회귀하는 방법으로 추계함. 3) 1910-1917년 남한 논, 밭 경지면적은 1918-1920년 전국 논과 밭 면적에서 남한 논과 밭 면적이 차지하는 평균 비중을 이용하여 추정함. 4) 1918-1920년 전국 논, 밭 면적에서 남한 논, 밭 면적이 차지하는 평균비중은 각각 76.7%, 38.7%임. 5) 1943-1948년 경지면적은 식부면적과 경지이용률(40-42년,49-51년평균)을 이용하여 추정한 자료임.

자료: 조선총독부, 「농업통계표」 각년도. 한국농촌경제연구원 「보정농업통계표: 1910-2001년」, 2003. : 반성환, 「한국농업의 성장」, 1974. 농림통계연보 각연도. : 한국은행조사부, 「경제연감」 각연도, 내무부 통계국, 「대한민국통계연감」 각연도.

부표 6. 경상투입재 투입액

(단위: 5개년이동평균, 백만원, 2000년 불변가격)

연 도	경상투입재				
	소 계	비료비	농약비	종묘비	사료비
1912	3,032	1,321		1,711	
1913	3,748	1,622		2,126	
1914	4,632	1,992		2,641	
1915	5,726	2,445		3,281	
1916	7,149	3,073		4,076	
1917	8,951	3,803		5,148	
1918	10,936	4,388		6,548	
1919	13,627	5,380		8,247	
1920	16,755	6,548		10,207	
1921	19,986	7,602		12,384	
1922	22,885	8,250		14,635	
1923	26,120	9,308		16,812	
1924	29,951	10,963		18,988	
1925	34,507	13,342		21,165	
1926	41,049	17,708		23,341	
1927	48,927	23,409		25,518	
1928	57,791	30,022		27,769	
1929	64,076	34,130		29,946	
1930	71,933	39,810		32,122	
1931	79,308	45,009		34,299	
1932	89,997	53,522		36,475	
1933	103,964	65,313		38,652	
1934	123,378	82,475		40,903	
1935	141,653	98,574		43,080	
1936	161,698	116,442		45,256	
1937	174,962	127,529		47,433	
1938	184,163	134,554		49,609	
1939	182,214	130,428		51,786	
1940	176,351	122,389		53,962	
1941	163,832	107,693		56,139	
1942	150,622	92,307		58,315	
1943	136,273	75,781		60,492	
1944	128,435	65,767		62,668	
1945	135,934	71,015		64,920	
1946	150,829	83,733		67,096	
1947	184,682	115,410		69,273	
1948	186,785	107,818	953	71,449	6,565
1949	192,050	112,599	761	73,626	5,063
1950	191,719	110,942	842	75,802	4,133
1951	192,936	107,554	694	78,054	6,635
1952	184,693	96,349	777	80,230	7,338
1953	220,861	128,595	1,133	83,533	7,600
1954	247,486	149,205	1,711	86,835	9,735
1955	270,282	164,588	2,555	90,737	12,402
1956	282,777	173,470	3,159	92,389	13,759
1957	282,110	170,272	3,707	94,190	13,941
1958	278,664	164,216	3,967	94,115	16,366
1959	301,078	188,559	4,063	91,338	17,119
1960	312,356	208,397	3,888	83,908	16,163

부표 6. 경상투입재 투입액 (계속)

(단위: 5개년이동평균, 백만원, 2000년 불변가격)

연 도	경상투입재				
	소 계	비료비	농약비	종묘비	사료비
1961	354,539	240,816	4,581	86,760	22,382
1962	374,662	247,982	5,124	95,066	26,490
1963	406,876	260,770	5,973	111,512	28,620
1964	397,403	246,507	7,504	113,666	29,727
1965	405,214	242,235	9,850	121,802	31,327
1966	394,358	231,459	11,888	121,752	29,259
1967	404,822	248,001	15,270	109,558	31,994
1968	412,285	265,298	20,528	91,132	35,326
1969	434,094	274,744	27,949	91,089	40,312
1970	449,351	286,634	35,578	85,939	41,200
1971	464,733	301,983	45,587	80,874	36,290
1972	502,513	314,393	53,245	91,121	43,755
1973	545,132	325,544	65,121	99,810	54,657
1974	590,390	331,515	74,440	111,841	72,594
1975	643,245	335,437	86,277	138,441	83,090
1976	728,238	347,434	101,795	172,494	106,515
1977	797,324	351,084	121,370	186,551	138,320
1978	860,990	355,310	140,123	205,949	159,607
1979	913,389	364,566	156,641	225,217	166,965
1980	951,974	350,918	165,753	231,282	204,022
1981	1,052,256	344,434	184,702	233,827	289,294
1982	1,183,472	364,596	204,755	253,932	360,188
1983	1,332,343	386,852	231,914	265,975	447,602
1984	1,521,937	420,284	267,118	272,361	562,174
1985	1,714,950	465,603	306,630	278,571	664,146
1986	1,833,702	497,766	330,418	287,922	717,597
1987	1,952,084	526,492	360,190	288,394	777,008
1988	2,069,992	544,418	393,493	296,357	835,724
1989	2,153,866	555,906	419,558	303,268	875,133
1990	2,296,570	573,264	442,633	308,642	972,032
1991	2,539,105	614,659	502,488	317,686	1,104,272
1992	2,807,526	654,094	556,877	342,417	1,254,138
1993	3,057,123	693,922	594,603	359,495	1,409,103
1994	3,405,084	745,051	641,491	377,384	1,641,158
1995	3,664,338	776,939	696,406	401,964	1,789,029
1996	3,670,768	754,928	723,232	432,283	1,760,325
1997	3,699,305	745,226	750,616	466,112	1,737,350
1998	3,735,383	750,989	798,373	502,942	1,683,080
1999	3,618,598	747,294	834,343	543,118	1,493,843
2000	3,435,160	747,902	843,382	576,457	1,267,419
2001	3,760,503	791,403	880,541	610,023	1,478,536
2002	3,999,581	823,634	909,742	662,614	1,603,592

주: 1) 농가경제조사에서 호당평균 비료비, 농약비, 종묘비, 사료비에 농가호수를 이용하여 투입액을 산출함. 농가구입가격지수를 적용하여 2000년 기준 비목별 불변가격을 산출하였음. 2) 1961년 이전 자료는 반성환(1974)「한국농업의 성장」에서 추정한 1965년 불변자료를 이용하여 추정함. 3) 1918-1965년 동안의 비료비, 농약비, 종묘비, 사료비는 1964-1966년 평균비율 0.0894, 0.1967, 0.0027,0.0425을 적용하여 추정하고, 1918년 이전 자료는 1918-1922년 연평균성장률을 이용하여 추계함.

자료: 농림통계연보, 농가경제조사 각연도, : 반성환, 「한국농업의 성장」, 1974. : 농촌경제연구원 「보정농업통계표: 1910-2001년」, 2003. : 한국은행조사부, 「경제연감」 각연도, 내무부 통계국, 「대한민국통계연감」 각연도.

부표 7. 고정자본 투입액

(단위:5개년이동평균, 백만원, 2000년 불변가격)

연 도	고정자본 투입액					
	소 계	대식물	대동물	대농구	건물	수리시설
1912	94,197	469	67,891	45	505	25,286
1913	102,239	690	73,737	51	566	27,196
1914	106,057	831	75,794	57	634	28,742
1915	109,647	937	77,430	64	710	30,506
1916	119,582	994	85,187	71	796	32,534
1917	128,335	967	92,103	79	898	34,289
1918	139,712	921	101,853	89	1,015	35,833
1919	150,858	907	111,382	101	1,151	37,316
1920	160,524	879	119,589	114	1,304	38,639
1921	163,962	825	121,780	129	1,483	39,746
1922	166,605	780	123,108	146	1,680	40,890
1923	168,629	742	123,734	166	1,907	42,080
1924	170,779	716	124,086	187	2,165	43,626
1925	172,746	686	124,106	211	2,458	45,286
1926	174,664	665	123,687	240	2,786	47,287
1927	177,300	648	123,565	272	3,163	49,652
1928	181,139	630	124,113	309	3,594	52,494
1929	185,494	632	125,029	351	4,078	55,404
1930	190,441	638	126,432	399	4,634	58,337
1931	196,157	661	128,018	455	5,298	61,725
1932	201,516	688	129,431	513	5,968	64,916
1933	206,469	721	130,780	589	6,841	67,539
1934	211,197	762	132,054	685	7,959	69,737
1935	216,108	816	133,214	801	9,304	71,972
1936	217,029	879	131,165	932	10,823	73,231
1937	221,074	964	132,200	1,068	12,414	74,428
1938	225,253	1,091	133,454	1,192	13,867	75,648
1939	229,326	1,210	134,844	1,323	15,391	76,558
1940	232,756	1,270	136,020	1,464	17,042	76,960
1941	238,712	1,318	140,432	1,579	18,363	77,020
1942	237,896	1,290	138,069	1,725	20,079	76,732
1943	229,871	1,308	129,333	1,813	21,102	76,315
1944	221,381	1,342	120,377	1,871	21,772	76,020
1945	213,794	1,402	112,361	1,913	22,250	75,868
1946	208,390	1,537	105,474	2,010	23,380	75,989
1947	206,816	1,750	102,715	2,077	24,163	76,111
1948	201,014	1,867	96,832	2,156	25,078	75,080
1949	199,053	1,961	95,784	2,159	25,114	74,034
1950	200,129	2,045	96,291	2,277	26,489	73,026
1951	199,498	2,038	95,818	2,349	27,321	71,972
1952	200,890	2,008	97,644	2,393	27,829	71,017
1953	217,226	1,990	111,285	2,472	29,916	71,563
1954	224,055	1,982	119,254	2,657	32,092	68,069
1955	225,166	2,005	124,180	2,731	32,547	63,704
1956	227,352	2,065	128,389	2,824	34,705	59,368
1957	227,498	2,130	131,774	3,114	38,275	52,206
1958	226,047	2,178	130,516	3,416	42,545	47,393
1959	227,816	2,173	126,486	3,548	45,283	50,326
1960	235,276	2,170	121,787	3,981	47,735	59,603

부표 7. 고정자본 투입액(계속)

(단위: 5개년이동평균, 백만원, 2000년 불변가격)

연 도	고정자본 투입액					
	소 계	대식물	대동물	대농구	건물	수리시설
1961	243,476	2,131	117,946	4,459	51,311	67,630
1962	250,575	2,146	112,679	5,337	49,512	80,901
1963	256,148	2,238	108,682	6,103	46,419	92,705
1964	270,533	2,673	108,505	6,900	46,775	105,680
1965	289,990	2,831	111,404	7,338	48,522	119,896
1966	309,840	3,277	120,954	8,172	47,689	129,748
1967	336,879	5,117	130,738	8,690	52,872	139,463
1968	367,537	6,993	144,161	9,100	59,081	148,201
1969	402,078	10,205	163,902	9,436	66,695	151,841
1970	442,668	14,762	201,205	12,619	76,455	137,627
1971	479,184	18,695	222,341	16,143	85,973	136,031
1972	503,901	21,572	241,122	19,154	98,234	123,820
1973	525,803	24,117	254,824	23,130	109,820	113,912
1974	543,165	26,153	260,488	28,625	122,139	105,760
1975	576,931	27,567	257,837	36,505	140,363	114,659
1976	617,380	28,760	266,386	44,885	161,446	115,903
1977	661,874	29,085	270,360	53,991	176,539	131,900
1978	694,565	28,661	277,033	62,476	189,022	137,373
1979	739,294	28,430	288,354	76,939	200,461	145,111
1980	780,744	27,450	314,747	86,556	205,405	146,587
1981	907,608	29,903	393,358	114,354	228,173	141,820
1982	1,042,937	31,899	479,455	144,070	253,577	133,936
1983	1,181,339	34,448	551,056	174,764	283,088	137,984
1984	1,279,529	35,654	587,564	201,112	315,492	139,708
1985	1,357,840	36,603	598,356	224,753	352,666	145,462
1986	1,341,076	39,296	541,333	247,304	377,293	135,850
1987	1,340,003	44,771	498,499	270,983	402,710	123,040
1988	1,378,785	50,812	474,050	305,208	447,323	101,391
1989	1,468,549	54,320	497,855	346,639	490,954	78,782
1990	1,605,101	59,617	533,399	395,830	560,460	55,795
1991	1,935,063	62,178	601,867	525,805	694,173	51,040
1992	2,281,713	58,839	673,315	652,190	848,031	49,338
1993	2,638,013	55,224	758,301	770,755	1,001,615	52,118
1994	2,995,779	56,744	810,741	899,257	1,172,822	56,215
1995	3,263,042	57,114	828,960	1,018,249	1,304,055	54,665
1996	3,322,165	70,816	777,707	1,027,497	1,391,187	54,959
1997	3,370,350	88,588	693,168	1,019,732	1,518,425	50,436
1998	3,385,169	118,664	593,293	1,010,362	1,621,225	41,624
1999	3,364,126	153,613	507,405	972,217	1,699,881	31,009
2000	3,308,802	174,503	429,718	922,407	1,759,995	22,179
2001	3,352,837	190,443	396,651	887,943	1,862,229	15,570
2002	3,321,778	204,018	375,784	867,549	1,864,487	9,940

주: 1) 5개년 이동평균계열에 의거하여 계산함. 2) 1961년 이전자료는 반성환(1974) "한국농업의 성장" 자료를 인용하여 추정함. 3) 고정자본 감가상각율은 서상택(1998)이 조사한 바 있는 기존 연구결과 등을 참조하여 건물과 대식물의 경우 연간 4%, 대동물은 11%, 대농구는 14%를 적용하여 감가상각액을 추정함. 4) 1918-1965년 동안의 대식물, 대동물, 대농구, 건물은 각각 0.160, 0.059, 0.124, 0.033, 0.026으로 1964-1966년 평균비율을 적용하여 추정함. 5)1910~1917년 수리시설은 1914~1918년 관개면적에 대한 수리비 비율을 이용하여 추정함.

자료: 농림부 "농림통계연보", "농가경제조사" 각 년도, : 농촌경제연구원 "보정농업통계표: 1910-2001" 반성환, 「한국농업의 성장」, 1974. : 한국은행조사부,「경제연감」 각연도, : 내무부 통계국, 「대한민국통계연감」 각연도

부표 8. 품목별 재배면적

(단위: 5개년이동평균, ha)

연 도	총재배면적	식량작물					
		소 계	미곡	맥류	두류	잡곡	서류
1912	1,442,282	1,333,219	701,587	308,700	225,251	93,575	4,106
1913	1,562,248	1,450,094	749,273	338,681	246,666	109,308	6,166
1914	1,665,252	1,542,033	781,684	369,493	262,657	119,660	8,539
1915	1,758,272	1,621,670	809,106	385,150	277,988	138,624	10,802
1916	1,958,773	1,799,739	882,069	406,994	333,829	163,274	13,572
1917	2,187,224	2,004,255	950,640	466,360	382,726	188,162	16,367
1918	2,403,496	2,191,444	1,012,824	525,552	425,181	209,137	18,750
1919	2,595,971	2,363,227	1,069,089	574,656	468,841	230,040	20,601
1920	2,782,964	2,534,995	1,123,743	633,985	508,760	246,364	22,143
1921	2,834,130	2,580,758	1,123,668	677,042	509,285	248,095	22,669
1922	2,839,680	2,582,466	1,124,175	680,138	508,280	247,265	22,608
1923	2,851,230	2,585,457	1,125,774	683,594	506,736	246,681	22,671
1924	2,871,631	2,592,873	1,128,804	692,736	502,812	246,074	22,447
1925	2,882,251	2,590,584	1,125,564	697,333	498,891	246,047	22,748
1926	2,898,296	2,594,167	1,118,008	706,796	495,302	250,845	23,216
1927	2,911,709	2,600,577	1,123,326	716,644	491,167	245,255	24,186
1928	2,932,015	2,617,048	1,130,434	728,582	487,116	245,887	25,030
1929	2,949,792	2,634,795	1,137,676	740,166	484,293	246,367	26,292
1930	2,968,685	2,658,681	1,143,535	750,606	484,491	252,563	27,486
1931	2,993,649	2,685,308	1,162,919	763,303	480,804	249,376	28,906
1932	3,016,060	2,702,687	1,169,486	774,030	476,033	252,793	30,345
1933	3,028,621	2,709,084	1,168,761	781,717	469,919	256,590	32,098
1934	3,045,582	2,715,429	1,169,884	790,651	462,291	258,274	34,330
1935	3,072,679	2,723,366	1,178,258	805,540	450,239	252,633	36,697
1936	3,093,374	2,727,015	1,180,061	820,277	437,166	249,742	39,768
1937	3,051,366	2,667,861	1,096,148	835,275	420,009	273,016	43,413
1938	3,065,912	2,660,749	1,097,416	859,876	391,444	263,746	48,268
1939	3,071,136	2,642,965	1,097,458	868,213	365,618	256,502	55,174
1940	3,021,848	2,572,176	1,022,293	878,195	329,725	282,200	59,762
1941	3,005,012	2,543,169	1,003,173	887,437	305,978	281,283	65,299
1942	3,030,614	2,566,345	1,026,250	894,015	288,817	286,259	71,005
1943	2,938,927	2,491,582	1,001,128	837,111	281,086	291,329	80,927
1944	2,814,226	2,402,227	985,055	776,035	269,561	289,173	82,404
1945	2,742,959	2,365,660	1,046,949	713,296	271,294	248,310	85,811
1946	2,651,203	2,303,473	1,050,571	649,828	267,959	246,305	88,810
1947	2,593,578	2,263,259	1,082,761	589,109	271,457	228,793	91,139
1948	2,573,990	2,255,672	1,091,338	584,175	273,372	221,082	85,704
1949	2,555,080	2,233,179	1,054,764	579,248	279,156	234,902	85,109
1950	2,549,617	2,230,405	993,537	581,675	288,141	284,353	82,698
1951	2,553,083	2,231,896	984,964	599,868	289,872	274,435	82,757
1952	2,550,388	2,233,420	989,864	616,198	286,535	258,733	82,090
1953	2,574,993	2,258,148	989,900	633,332	291,900	259,650	83,366
1954	2,647,029	2,330,802	1,026,209	675,355	296,235	246,717	86,286
1955	2,703,923	2,390,666	1,085,650	711,124	298,013	203,123	92,754
1956	2,724,436	2,421,161	1,093,499	719,934	302,810	211,096	93,823
1957	2,738,280	2,445,068	1,102,435	728,842	306,168	211,944	95,679
1958	2,743,810	2,459,923	1,108,843	735,586	307,340	209,274	98,881
1959	2,742,373	2,473,856	1,115,123	737,532	312,592	206,738	101,871
1960	2,754,490	2,487,464	1,121,947	738,996	315,700	204,809	106,011

부표 8. 품목별 재배면적(계속)

(단위: 5개년이동평균, ha)

연 도	총재배면적	식량작물					
		소 계	미곡	맥류	두류	잡곡	서류
1961	2,788,423	2,524,681	1,131,363	758,649	319,584	201,123	113,962
1962	2,854,183	2,587,112	1,147,660	785,568	323,068	200,883	129,933
1963	2,957,842	2,678,998	1,169,059	825,241	331,624	202,104	150,970
1964	3,040,716	2,740,162	1,189,708	853,276	331,365	195,111	170,701
1965	3,117,820	2,795,034	1,208,960	875,984	338,597	186,743	184,751
1966	3,189,653	2,828,533	1,208,059	890,938	346,977	185,903	196,656
1967	3,230,636	2,828,753	1,213,030	891,443	354,118	171,157	199,005
1968	3,219,346	2,778,516	1,208,071	871,617	353,133	153,074	192,621
1969	3,196,888	2,723,765	1,199,894	848,822	352,160	139,224	183,665
1970	3,161,536	2,661,703	1,191,061	827,011	344,733	124,634	174,264
1971	3,116,402	2,597,084	1,197,225	790,731	342,816	103,589	162,723
1972	3,080,785	2,537,868	1,194,203	767,396	336,449	90,761	149,060
1973	3,063,549	2,506,021	1,197,139	752,895	331,476	81,951	142,560
1974	3,079,333	2,497,135	1,206,030	749,632	327,734	76,314	137,425
1975	3,055,913	2,449,531	1,213,818	703,278	325,736	73,047	133,651
1976	3,031,383	2,408,715	1,223,424	675,821	314,206	66,496	128,768
1977	2,974,153	2,340,193	1,229,188	624,623	301,146	61,804	123,433
1978	2,879,015	2,232,175	1,232,193	544,528	285,137	57,668	112,649
1979	2,777,905	2,133,796	1,229,991	468,979	276,715	54,456	103,655
1980	2,700,107	2,058,530	1,221,597	427,694	261,947	52,967	94,324
1981	2,631,760	1,989,325	1,221,344	382,810	248,490	50,403	86,278
1982	2,579,727	1,947,026	1,220,869	354,232	242,635	49,471	79,819
1983	2,534,705	1,906,511	1,221,615	330,549	233,121	46,971	74,255
1984	2,488,597	1,847,519	1,224,022	294,270	217,036	45,061	67,131
1985	2,464,133	1,821,083	1,238,872	267,965	210,975	42,793	60,477
1986	2,430,011	1,783,106	1,245,201	237,084	204,151	41,432	55,238
1987	2,392,253	1,744,808	1,250,365	203,635	197,860	39,490	53,457
1988	2,363,947	1,722,654	1,251,880	187,158	196,204	38,861	48,551
1989	2,323,187	1,693,670	1,246,386	173,986	190,792	37,368	45,138
1990	2,264,355	1,634,228	1,225,298	153,156	175,378	34,677	45,719
1991	2,216,777	1,580,366	1,200,435	137,323	164,809	33,081	44,718
1992	2,159,317	1,515,713	1,169,620	118,492	153,910	32,420	41,271
1993	2,113,858	1,451,199	1,131,926	104,533	142,878	30,633	41,229
1994	2,074,760	1,406,904	1,100,146	98,127	136,110	29,418	43,104
1995	2,040,786	1,374,352	1,079,248	91,337	133,622	28,943	41,202
1996	2,005,978	1,347,375	1,063,871	84,542	128,612	29,506	40,845
1997	1,990,179	1,332,260	1,056,590	82,896	120,779	28,880	43,116
1998	1,975,875	1,326,738	1,059,889	78,620	115,774	28,196	44,259
1999	1,967,079	1,325,397	1,066,603	77,907	111,315	27,394	42,179
2000	1,952,795	1,322,397	1,066,761	80,182	106,677	26,872	41,905
2001	1,917,298	1,303,121	1,058,181	76,409	101,694	25,933	40,904
2002	1,877,925	1,284,278	1,045,173	73,738	100,035	25,640	39,693

주: 1) 미곡은 경기도, 강원도 논 면적에 대한 이시카와 비율을 적용하여 추정하고 나머지 작목은 합계자료를 이용하여 추정하고 나머지 작목에 대해서는 밭 면적 비율을 적용하여 추정함. 2) 1910-1932년 가지, 오이, 호박, 수박, 마늘, 파, 무, 고추, 닥나무, 아주까리 10개 품목은 1933년 이전 조사품목 제외 품목으로 선형회귀로 보완함(박섭, 2005).

자료: 조선총독부, 「농업통계표」 각년도. ; 한국농촌경제연구원 「보정농업통계표: 1910-2001년」, 2003. ; 반성환, 「한국농업의 성장」, 1974. 농림통계연보 각연도. ; 한국은행조사부, 「경제연감」 각연도. ; 내무부 통계국, 「대한민국통계연감」 각연도.

부표 8. 품목별 재배면적(계속)

(단위: 5개년이동평균, ha)

연 도	경제작물				
	소 계	채 소	과 수	특 작	기 타
1912	109,063	23,577	3,356	68,640	13,491
1913	112,154	25,844	4,936	66,973	14,400
1914	123,219	28,146	5,947	73,503	15,622
1915	136,603	30,574	6,709	82,151	17,169
1916	159,034	34,180	7,184	98,287	19,383
1917	182,969	37,816	7,026	117,043	21,084
1918	212,052	41,047	6,705	139,722	24,578
1919	232,744	44,168	6,557	154,488	27,531
1920	247,969	46,977	6,318	165,938	28,735
1921	253,372	48,424	5,863	170,226	28,859
1922	257,214	50,198	5,501	172,475	29,040
1923	265,773	52,053	5,140	179,666	28,914
1924	278,758	54,175	4,942	189,574	30,067
1925	291,668	56,461	4,663	196,772	33,772
1926	304,128	58,719	4,378	202,176	38,856
1927	311,132	60,678	4,052	202,920	43,482
1928	314,966	62,710	3,801	201,073	47,382
1929	314,998	64,336	3,664	196,269	50,728
1930	310,003	66,420	3,598	187,694	52,291
1931	308,340	68,729	3,810	183,012	52,789
1932	313,373	71,079	4,218	184,574	53,502
1933	319,537	73,819	4,658	186,766	54,293
1934	330,153	76,838	5,139	193,287	54,888
1935	349,313	79,309	5,729	208,129	56,146
1936	366,359	81,644	6,289	221,254	57,173
1937	383,505	84,297	6,938	234,253	58,017
1938	405,163	86,099	7,933	251,473	59,658
1939	428,170	87,874	9,854	269,215	61,226
1940	449,672	90,023	10,786	285,835	63,027
1941	461,843	89,802	11,649	296,150	64,242
1942	464,269	86,561	12,399	300,592	64,717
1943	447,344	83,358	12,855	287,157	63,975
1944	411,998	80,108	12,529	257,829	61,531
1945	377,299	78,455	12,956	228,517	57,372
1946	347,729	79,233	13,975	200,831	53,690
1947	330,320	83,167	15,140	180,233	51,779
1948	318,318	81,711	16,231	170,986	49,390
1949	321,902	82,684	17,017	174,634	47,566
1950	319,212	82,098	17,729	171,770	47,615
1951	321,187	81,022	17,629	174,329	48,207
1952	316,968	80,306	17,496	171,374	47,791
1953	316,845	83,956	17,462	166,564	48,862
1954	316,227	86,319	17,602	161,128	51,178
1955	313,257	88,761	17,945	153,079	53,472
1956	303,275	90,145	18,789	139,215	55,126
1957	293,212	89,494	19,570	127,861	56,287
1958	283,887	91,682	20,068	115,150	56,986
1959	268,517	92,745	20,642	100,275	54,855
1960	267,026	94,245	21,176	98,265	53,340

부표 8. 품목별 재배면적(계속)

(단위: 5개년이동평균, ha)

연 도	경제작물				
	소 계	채 소	과 수	특 작	기 타
1961	263,742	96,383	21,389	93,504	52,466
1962	267,071	102,671	22,229	86,549	55,622
1963	278,844	109,498	26,162	81,806	61,377
1964	300,554	117,553	30,356	80,203	72,441
1965	322,786	129,032	35,111	75,938	82,705
1966	361,120	144,328	40,281	77,644	98,867
1967	401,882	160,649	45,525	83,552	112,157
1968	440,830	179,643	48,676	91,727	120,784
1969	473,123	198,410	50,644	98,497	125,572
1970	499,833	212,592	52,669	101,759	132,812
1971	519,318	225,016	55,389	105,506	133,407
1972	542,916	237,813	58,973	111,598	134,532
1973	557,528	241,906	62,536	114,476	138,611
1974	582,198	252,221	69,405	118,227	142,345
1975	606,382	264,930	77,202	122,400	141,850
1976	622,668	272,366	83,791	126,952	139,558
1977	633,960	287,990	88,952	124,911	132,107
1978	646,840	311,569	93,961	121,325	119,985
1979	644,108	328,391	96,687	112,920	106,111
1980	641,577	338,763	98,103	110,538	94,172
1981	642,436	348,485	100,356	109,877	83,717
1982	632,701	344,085	102,596	109,254	76,765
1983	628,194	339,406	104,527	111,918	72,343
1984	641,077	340,273	106,928	122,436	71,441
1985	643,050	332,648	109,052	132,215	69,135
1986	646,905	333,754	111,867	134,956	66,328
1987	647,444	330,607	115,838	136,610	64,390
1988	641,293	322,807	120,937	134,984	62,565
1989	629,517	313,771	126,259	129,230	60,257
1990	630,127	318,941	133,420	118,589	59,177
1991	636,412	323,727	140,530	111,025	61,130
1992	643,604	332,740	147,477	102,654	60,733
1993	662,660	348,156	155,455	100,487	58,562
1994	667,856	355,704	162,349	94,414	55,389
1995	666,434	356,415	168,029	90,418	51,572
1996	658,602	351,446	172,152	89,801	45,203
1997	657,919	350,872	174,731	90,432	41,884
1998	649,137	346,804	174,463	85,801	42,069
1999	641,682	341,983	173,184	85,233	41,281
2000	630,398	336,194	171,228	83,138	39,838
2001	614,177	330,095	168,672	77,688	37,723
2002	593,646	321,989	165,263	72,451	33,943

주: 1) 기타에는 전매(담배,인삼), 잠견 및 화훼를 포함. 화훼는 1975년부터 농업총생산액에 포함시킴.

자료: 조선총독부, 「농업통계표」 각년도. ; 한국농촌경제연구원 「보정농업통계표: 1910-2001년」, 2003. ; 반성환, 「한국농업의 성장」, 1974. 농림통계연보 각연도. ; 한국은행조사부, 「경제연감」 각연도. ; 내무부 통계국, 「대한민국통계연감」 각연도.

부표 9. 농업 생산액

(단위: 5개년이동평균, 백만원, 경상가격)

연 도	총생산액	식량작물					
		소 계	미 곡	맥 류	서 류	두 류	잡 곡
1912	0.197	0.168	0.133	0.015	0.001	0.015	0.003
1913	0.211	0.177	0.139	0.017	0.001	0.017	0.004
1914	0.222	0.183	0.141	0.017	0.002	0.018	0.004
1915	0.249	0.199	0.152	0.019	0.003	0.019	0.005
1916	0.334	0.265	0.201	0.023	0.005	0.029	0.007
1917	0.479	0.382	0.292	0.034	0.007	0.038	0.010
1918	0.619	0.498	0.378	0.045	0.010	0.053	0.013
1919	0.697	0.558	0.420	0.052	0.011	0.060	0.014
1920	0.771	0.618	0.467	0.056	0.012	0.067	0.016
1921	0.779	0.621	0.469	0.056	0.012	0.067	0.017
1922	0.735	0.575	0.427	0.054	0.011	0.065	0.017
1923	0.725	0.558	0.417	0.054	0.011	0.060	0.017
1924	0.757	0.582	0.440	0.055	0.010	0.059	0.017
1925	0.770	0.588	0.446	0.056	0.010	0.058	0.017
1926	0.756	0.568	0.430	0.058	0.010	0.054	0.017
1927	0.725	0.542	0.410	0.055	0.010	0.050	0.016
1928	0.679	0.510	0.392	0.050	0.009	0.044	0.015
1929	0.603	0.449	0.343	0.044	0.009	0.039	0.014
1930	0.541	0.402	0.304	0.041	0.009	0.036	0.013
1931	0.531	0.396	0.302	0.039	0.009	0.034	0.012
1932	0.531	0.398	0.305	0.039	0.009	0.034	0.011
1933	0.553	0.406	0.303	0.044	0.010	0.039	0.011
1934	0.629	0.467	0.349	0.052	0.011	0.042	0.012
1935	0.745	0.557	0.421	0.064	0.013	0.045	0.013
1936	0.844	0.628	0.475	0.073	0.017	0.048	0.015
1937	0.897	0.650	0.466	0.092	0.020	0.049	0.023
1938	0.998	0.722	0.514	0.108	0.025	0.050	0.024
1939	1.130	0.815	0.579	0.125	0.033	0.053	0.025
1940	1.131	0.786	0.544	0.133	0.034	0.050	0.026
1941	1.166	0.800	0.544	0.140	0.039	0.049	0.026
1942	1.243	0.858	0.585	0.153	0.046	0.051	0.023
1943	3.803	2.634	1.784	0.286	0.320	0.181	0.064
1944	31.1	23.083	17.455	2.206	1.768	1.244	0.410
1945	82.4	62	48.366	5.245	4.434	2.971	0.815
1946	174	125	98	10	9	6	2
1947	293	201	148	19	16	12	5
1948	486	347	269	32	24	17	6
1949	1,419	958	779	65	58	39	18
1950	4,260	2,873	2,302	232	139	121	79
1951	8,568	5,931	4,717	482	380	239	114
1952	13,088	8,876	6,789	883	638	406	160
1953	24,568	16,937	13,163	1,647	1,190	694	242
1954	38,816	27,048	21,188	2,694	1,770	1,066	329
1955	55,321	39,480	31,575	3,634	2,447	1,443	382
1956	68,887	49,324	39,473	4,648	2,955	1,757	490
1957	81,909	58,548	46,461	6,041	3,503	1,963	581
1958	92,036	64,800	50,384	7,653	3,969	2,126	668
1959	104,685	74,478	56,437	10,269	4,631	2,308	833
1960	113,904	79,847	57,824	13,024	5,548	2,433	1,017

부표 9. 농업 생산액(계속)

(단위: 5개년이동평균, 백만원, 경상가격)

연 도	총생산액	식량작물					
		소 계	미 곡	맥 류	서 류	두 류	잡 곡
1961	144,445	102,256	73,784	16,319	7,778	2,972	1,404
1962	200,307	143,896	98,993	24,092	14,577	4,156	2,079
1963	250,211	175,488	117,719	29,819	20,028	5,434	2,488
1964	309,625	207,592	138,059	34,621	25,472	6,660	2,780
1965	371,858	240,018	158,566	40,404	28,957	8,986	3,105
1966	422,933	260,400	166,584	47,087	32,516	10,659	3,555
1967	477,747	283,039	185,005	50,753	32,003	11,700	3,578
1968	565,169	321,128	212,920	56,580	33,659	14,134	3,834
1969	666,508	372,936	249,551	66,130	36,605	16,477	4,173
1970	812,731	459,983	313,182	80,831	42,802	18,615	4,553
1971	977,126	550,087	381,447	91,948	49,487	22,398	4,808
1972	1,179,7	637,212	435,585	105,806	60,410	29,956	
1973	1,456,183	792,052	529,934	138,280	78,935	38,348	6,555
1974	1,930,661	1,056,100	728,894	168,387	99,319	51,562	7,938
1975	2,492,113	1,340,578	960,599	175,745	123,683	70,499	10,052
1976	3,299,278	1,686,374	1,220,880	213,945	151,884	87,578	12,088
1977	4,260,948	2,137,833	1,578,089	263,520	179,506	101,531	15,187
1978	5,020,354	2,429,902	1,821,827	273,264	196,837	117,361	20,613
1979	6,147,024	2,964,542	2,269,142	291,433	224,047	152,576	27,344
1980	7,236,255	3,445,398	2,682,425	326,477	231,341	172,710	32,444
1981	8,253,519	3,901,840	3,094,941	343,022	234,917	193,673	35,287
1982	9,132,139	4,290,135	3,461,994	337,688	232,531	218,130	39,791
1983	10,319,358	4,796,497	3,942,052	334,737	243,227	234,528	41,952
1984	11,018,296	5,013,445	4,185,498	316,380	242,101	226,961	42,505
1985	11,669,102	5,273,687	4,429,906	304,778	256,386	236,956	45,662
1986	12,568,394	5,717,243	4,838,130	291,890	281,958	257,452	47,813
1987	13,465,115	6,133,462	5,221,504	282,728	309,976	271,500	47,754
1988	14,396,680	6,543,849	5,635,738	275,545	303,865	281,920	46,781
1989	15,435,307	6,883,663	5,969,076	269,416	314,153	288,102	42,917
1990	16,667,259	7,240,668	6,310,471	255,877	348,536	287,724	38,060
1991	17,526,468	7,232,188	6,339,049	236,457	340,636	280,981	35,066
1992	18,761,377	7,319,779	6,471,518	208,852	332,161	274,703	32,544
1993	20,288,852	7,424,403	6,525,221	205,544	371,239	290,606	31,793
1994	22,218,064	8,027,096	7,049,923	207,429	422,794	312,028	34,922
1995	24,110,835	8,646,809	7,655,219	194,676	430,183	327,668	39,062
1996	25,903,205	9,349,603	8,336,740	179,929	450,213	338,227	44,493
1997	27,704,239	10,164,026	9,093,603	184,208	477,932	358,554	49,729
1998	28,859,122	10,977,034	9,942,200	169,025	455,675	358,198	51,935
1999	29,603,471	11,330,208	10,349,497	174,065	402,512	351,199	52,936
2000	29,898,805	11,290,016	10,344,309	184,203	361,994	345,439	54,071
2001	30,306,940	11,173,160	10,258,133	184,100	332,508	343,984	54,434
2002	30,813,758	11,086,226	10,151,956	178,754	335,907	365,357	54,252

주: 1) 5개년 이동평균계열에 의거하여 계산함. 2) 1910-1942년 쌀,겉보리,밀,쌀보리,대두,팥,조,면,감자,무,배추,사과, 누에고치 가격 자료는 조선총독부「농업통계표」자료를 이용함. 3) 나머지 품목에 대해서는 1959년 농가판매가격 농산물 도매물가지수를 적용하여 경상가격을 산출함.

자료: 조선총독부, 「농업통계표」 각년도. ; 한국농촌경제연구원 「보정농업통계표: 1910-2001년」, 2003. ; 반성환, 「한국농업의 성장」, 1974. 농림통계연보 각연도. ; 한국은행조사부, 「경제연감」 각연도, ; 내무부 통계국, 「대한민국통계연감」 각연도.

부표 9. 농업 생산액 (계속)

(단위: 5개년이동평균, 백만원, 경상가격)

연 도	경제작물					축 산
	소 계	특 작	채 소	과 수	기 타	
1912	0.020	0.006	0.011	0.001	0.003	0.009
1913	0.024	0.006	0.013	0.001	0.004	0.009
1914	0.029	0.008	0.016	0.001	0.004	0.010
1915	0.039	0.011	0.021	0.002	0.006	0.011
1916	0.056	0.015	0.032	0.002	0.007	0.013
1917	0.078	0.022	0.044	0.002	0.009	0.019
1918	0.097	0.026	0.057	0.003	0.011	0.025
1919	0.109	0.028	0.066	0.003	0.012	0.030
1920	0.120	0.029	0.074	0.003	0.013	0.034
1921	0.122	0.030	0.075	0.003	0.014	0.036
1922	0.124	0.030	0.077	0.003	0.014	0.035
1923	0.131	0.032	0.083	0.003	0.014	0.036
1924	0.141	0.033	0.091	0.003	0.014	0.034
1925	0.148	0.034	0.096	0.004	0.014	0.035
1926	0.153	0.033	0.101	0.004	0.015	0.034
1927	0.150	0.031	0.101	0.004	0.015	0.033
1928	0.138	0.028	0.092	0.004	0.015	0.030
1929	0.128	0.025	0.083	0.004	0.016	0.027
1930	0.116	0.023	0.075	0.003	0.014	0.024
1931	0.113	0.021	0.074	0.003	0.014	0.022
1932	0.112	0.022	0.072	0.004	0.015	0.021
1933	0.125	0.026	0.078	0.004	0.017	0.021
1934	0.137	0.028	0.085	0.005	0.019	0.025
1935	0.159	0.031	0.098	0.006	0.025	0.029
1936	0.182	0.035	0.110	0.007	0.031	0.034
1937	0.207	0.037	0.124	0.008	0.037	0.039
1938	0.230	0.039	0.138	0.011	0.043	0.046
1939	0.264	0.044	0.156	0.015	0.049	0.051
1940	0.287	0.047	0.167	0.017	0.056	0.058
1941	0.304	0.054	0.175	0.019	0.056	0.063
1942	0.319	0.060	0.182	0.022	0.055	0.066
1943	0.955	0.243	0.487	0.077	0.148	0.214
1944	6.101	1.415	3.166	0.690	0.830	1.903
1945	15	2.841	8.589	1.457	2	5.322
1946	37	6	22	4	5	12
1947	71	12	41	8	11	21
1948	102	18	58	11	15	37
1949	338	53	206	47	32	122
1950	987	140	602	133	112	400
1951	1,784	242	1,102	240	201	853
1952	2,847	375	1,721	389	362	1,366
1953	4,809	664	2,796	671	678	2,822
1954	7,027	984	3,995	1,004	1,044	4,740
1955	9,369	1,165	5,417	1,394	1,393	6,472
1956	11,453	1,339	6,577	1,819	1,719	8,110
1957	13,555	1,437	8,047	2,104	1,968	9,806
1958	16,070	1,350	10,006	2,324	2,390	11,166
1959	18,376	1,257	11,804	2,414	2,902	11,831
1960	21,088	1,274	13,500	2,685	3,630	12,969

부표 9. 농업 생산액 (계속)

(단위: 5개년이동평균, 백만원, 경상가격)

연 도	경제작물					축 산
	소 계	특 작	채 소	과 수	기 타	
1961	27,125	1,309	18,557	2,862	4,398	15,064
1962	37,195	1,620	25,403	3,852	6,320	19,216
1963	49,697	2,034	33,073	5,189	9,400	25,026
1964	70,276	2,854	47,311	6,594	13,517	31,757
1965	90,039	3,698	60,405	8,348	17,588	41,801
1966	110,299	4,651	72,687	10,779	22,182	52,234
1967	129,886	6,566	85,885	13,006	24,428	64,822
1968	164,347	8,038	114,002	15,979	26,328	79,694
1969	199,217	10,084	139,600	19,670	29,863	94,354
1970	241,605	12,833	163,775	24,446	40,551	111,143
1971	288,414	16,768	187,148	29,912	54,586	138,624
1972	362,529	22,363	227,602	39,081	73,483	180,049
1973	447,028	30,034	272,791	50,082	94,122	217,103
1974	577,704	39,761	350,288	64,180	123,475	296,857
1975	760,643	51,262	473,001	86,594	149,786	390,892
1976	1,026,253	58,733	676,393	114,687	176,441	586,651
1977	1,366,814	64,909	938,789	147,527	215,589	756,300
1978	1,649,269	69,949	1,160,111	174,866	244,343	941,183
1979	1,950,021	79,228	1,389,143	214,651	266,998	1,232,461
1980	2,215,869	91,026	1,570,015	249,446	305,382	1,574,989
1981	2,356,157	120,919	1,624,579	278,341	332,319	1,995,521
1982	2,515,191	151,859	1,677,745	319,582	366,005	2,326,812
1983	2,848,329	188,890	1,872,718	385,207	401,514	2,674,533
1984	3,104,798	239,803	1,972,236	448,563	444,196	2,900,054
1985	3,350,586	294,315	2,052,266	534,625	469,380	3,044,829
1986	3,840,653	336,588	2,346,126	650,011	507,928	3,010,499
1987	4,196,044	359,297	2,508,693	769,198	558,855	3,135,610
1988	4,526,124	382,886	2,669,939	860,881	612,418	3,326,707
1989	4,964,564	377,229	2,908,446	986,285	692,604	3,587,080
1990	5,528,728	363,591	3,266,800	1,102,127	796,210	3,897,863
1991	6,009,320	328,137	3,507,319	1,251,378	922,486	4,284,959
1992	6,782,287	332,718	3,932,328	1,483,788	1,033,452	4,659,311
1993	7,797,886	333,747	4,509,073	1,837,761	1,117,306	5,066,563
1994	8,618,573	336,468	5,072,344	2,057,414	1,152,347	5,572,395
1995	9,433,124	346,366	5,575,006	2,336,729	1,175,023	6,030,902
1996	10,030,888	360,341	6,013,378	2,480,159	1,177,011	6,522,714
1997	10,490,956	346,974	6,338,584	2,600,600	1,204,798	7,049,257
1998	10,407,869	342,464	6,309,629	2,488,220	1,267,556	7,474,219
1999	10,523,468	342,976	6,466,832	2,381,833	1,331,827	7,749,795
2000	10,429,219	320,795	6,397,373	2,284,872	1,426,178	8,179,570
2001	10,683,274	302,712	6,701,859	2,172,990	1,505,712	8,450,506
2002	10,696,377	302,343	6,795,774	2,032,882	1,565,378	9,031,155

주: 1) 5개년 이동평균계열에 의거하여 계산함. 2) 1910-1917년 축산생산액은 1918-1922년 농업총생산액에서 차지하는 평균비율(4.64%)를 이용하여 추정함. 3) 1918-1944년까지 반성환(1974) 자료에서 농업총생산액에서 축산생산액이 차지하는 각 연도별 비율을 이용하여 추계함. 기타에는 전매,잠견,화훼 합계임.

자료: 조선총독부, 「농업통계표」 각년도. ; 한국농촌경제연구원 「보정농업통계표: 1910-2001년」, 2003. ; 반성환, 「한국농업의 성장」, 1974. 농림통계연보 각연도. ; 한국은행조사부, 「경제연감」 각연도. ; 내무부 통계국, 「대한민국통계연감」 각연도.

부표 10. 농업 생산액 구성비

(단위: %)

연 도	식량작물						경제작물					축산
	소계	미곡	맥류	서류	두류	잡곡	소계	특작	채소	과수	기타	
1912	85.4	67.8	7.9	0.5	7.7	1.6	10.2	2.8	5.4	0.4	1.5	4.4
1913	84.0	65.6	8.1	0.7	7.9	1.7	11.6	3.0	6.2	0.6	1.7	4.4
1914	82.6	63.9	7.8	1.1	7.9	1.9	13.0	3.4	7.0	0.6	1.9	4.4
1915	79.9	61.2	7.5	1.4	7.8	2.2	15.6	4.5	8.3	0.7	2.2	4.4
1916	79.2	60.2	6.8	1.6	8.6	2.1	16.7	4.5	9.4	0.6	2.2	4.0
1917	79.8	61.0	7.2	1.5	8.0	2.0	16.2	4.6	9.3	0.5	1.8	4.0
1918	80.5	61.0	7.3	1.6	8.5	2.1	15.6	4.1	9.2	0.5	1.7	4.0
1919	80.0	60.3	7.5	1.6	8.6	2.1	15.6	4.0	9.4	0.4	1.7	4.3
1920	80.2	60.5	7.3	1.5	8.7	2.1	15.5	3.7	9.6	0.4	1.7	4.4
1921	79.7	60.2	7.2	1.5	8.6	2.2	15.7	3.9	9.6	0.4	1.8	4.6
1922	78.3	58.2	7.3	1.5	8.9	2.4	16.9	4.1	10.4	0.5	2.0	4.8
1923	77.0	57.5	7.4	1.5	8.3	2.3	18.1	4.3	11.4	0.4	1.9	5.0
1924	76.8	58.1	7.3	1.3	7.9	2.3	18.6	4.3	12.0	0.4	1.9	4.5
1925	76.3	57.9	7.2	1.3	7.5	2.2	19.2	4.4	12.5	0.5	1.9	4.5
1926	75.2	56.9	7.6	1.4	7.1	2.2	20.3	4.4	13.3	0.5	2.0	4.5
1927	74.8	56.6	7.6	1.4	7.0	2.2	20.8	4.3	13.9	0.5	2.1	4.5
1928	75.2	57.8	7.4	1.4	6.4	2.3	20.4	4.1	13.5	0.6	2.2	4.4
1929	74.4	56.9	7.3	1.6	6.4	2.3	21.2	4.2	13.8	0.6	2.6	4.4
1930	74.2	56.1	7.5	1.6	6.6	2.4	21.4	4.3	13.9	0.6	2.6	4.4
1931	74.6	57.0	7.3	1.7	6.5	2.2	21.2	4.0	13.9	0.7	2.6	4.2
1932	74.9	57.4	7.3	1.7	6.4	2.1	21.1	4.2	13.5	0.7	2.8	4.0
1933	73.5	54.8	7.9	1.8	7.0	2.0	22.7	4.7	14.1	0.8	3.1	3.9
1934	74.2	55.6	8.2	1.7	6.7	1.9	21.8	4.5	13.6	0.8	3.0	4.0
1935	74.8	56.5	8.6	1.8	6.1	1.8	21.3	4.2	13.1	0.8	3.3	3.9
1936	74.4	56.3	8.7	2.0	5.7	1.8	21.6	4.1	13.0	0.8	3.7	4.0
1937	72.5	51.9	10.3	2.3	5.5	2.6	23.1	4.2	13.9	0.9	4.2	4.3
1938	72.3	51.5	10.9	2.5	5.0	2.4	23.1	3.9	13.8	1.1	4.3	4.6
1939	72.1	51.3	11.0	2.9	4.7	2.2	23.4	3.9	13.8	1.3	4.3	4.5
1940	69.5	48.1	11.7	3.0	4.4	2.3	25.4	4.1	14.8	1.5	4.9	5.2
1941	68.6	46.7	12.0	3.4	4.2	2.3	26.1	4.6	15.0	1.6	4.8	5.4
1942	69.0	47.1	12.3	3.7	4.1	1.9	25.7	4.8	14.6	1.8	4.4	5.3
1943	69.3	46.9	7.5	8.4	4.8	1.7	25.1	6.4	12.8	2.0	3.9	5.6
1944	74.3	56.1	7.1	5.7	4.0	1.3	19.6	4.6	10.2	2.2	2.7	6.1
1945	75.0	58.7	6.4	5.4	3.6	1.0	18.5	3.4	10.4	1.8	2.9	6.5
1946	71.9	56.1	6.0	5.3	3.5	1.1	21.2	3.5	12.5	2.2	3.0	6.8
1947	68.4	50.6	6.6	5.6	4.0	1.6	24.4	4.1	13.8	2.6	3.8	7.2
1948	71.4	55.2	6.5	4.9	3.5	1.3	20.9	3.7	11.8	2.3	3.1	7.7
1949	67.5	54.9	4.6	4.1	2.8	1.2	23.9	3.8	14.6	3.3	2.3	8.6
1950	67.5	54.0	5.4	3.3	2.8	1.9	23.2	3.3	14.1	3.1	2.6	9.4
1951	69.2	55.0	5.6	4.4	2.8	1.3	20.8	2.8	12.9	2.8	2.3	10.0
1952	67.8	51.9	6.7	4.9	3.1	1.2	21.7	2.9	13.1	3.0	2.8	10.4
1953	68.9	53.6	6.7	4.8	2.8	1.0	19.6	2.7	11.4	2.7	2.8	11.5
1954	69.7	54.6	6.9	4.6	2.7	0.8	18.1	2.5	10.3	2.6	2.7	12.2
1955	71.4	57.1	6.6	4.4	2.6	0.7	16.9	2.1	9.8	2.5	2.5	11.7
1956	71.6	57.3	6.7	4.3	2.6	0.7	16.6	1.9	9.5	2.6	2.5	11.8
1957	71.5	56.7	7.4	4.3	2.4	0.7	16.5	1.8	9.8	2.6	2.4	12.0
1958	70.4	54.7	8.3	4.3	2.3	0.7	17.5	1.5	10.9	2.5	2.6	12.1
1959	71.1	53.9	9.8	4.4	2.2	0.8	17.6	1.2	11.3	2.3	2.8	11.3
1960	70.1	50.8	11.4	4.9	2.1	0.9	18.5	1.1	11.9	2.4	3.2	11.4

부표 10. 농업 생산액 구성비(계속)

(단위: %)

연 도	식량작물						경제작물					축산
	소계	미곡	맥류	서류	두류	잡곡	소계	특작	채소	과수	기타	
1961	70.8	51.1	11.3	5.4	2.1	1.0	18.8	0.9	12.8	2.0	3.0	10.4
1962	71.8	49.4	12.0	7.3	2.1	1.0	18.6	0.8	12.7	1.9	3.2	9.6
1963	70.1	47.0	11.9	8.0	2.2	1.0	19.9	0.8	13.2	2.1	3.8	10.0
1964	67.0	44.6	11.2	8.2	2.2	0.9	22.7	0.9	15.3	2.1	4.4	10.3
1965	64.5	42.6	10.9	7.8	2.4	0.8	24.2	1.0	16.2	2.2	4.7	11.2
1966	61.6	39.4	11.1	7.7	2.5	0.8	26.1	1.1	17.2	2.5	5.2	12.4
1967	59.2	38.7	10.6	6.7	2.4	0.7	27.2	1.4	18.0	2.7	5.1	13.6
1968	56.8	37.7	10.0	6.0	2.5	0.7	29.1	1.4	20.2	2.8	4.7	14.1
1969	56.0	37.4	9.9	5.5	2.5	0.6	29.9	1.5	20.9	3.0	4.5	14.2
1970	56.6	38.5	9.9	5.3	2.3	0.6	29.7	1.6	20.2	3.0	5.0	13.7
1971	56.3	39.0	9.4	5.1	2.3	0.5	29.5	1.7	19.2	3.1	5.6	14.2
1972	54.0	36.9	9.0	5.1	2.5	0.5	30.7	1.9	19.3	3.3	6.2	15.3
1973	54.4	36.4	9.5	5.4	2.6	0.5	30.7	2.1	18.7	3.4	6.5	14.9
1974	54.7	37.8	8.7	5.1	2.7	0.4	29.9	2.1	18.1	3.3	6.4	15.4
1975	53.8	38.5	7.1	5.0	2.8	0.4	30.5	2.1	19.0	3.5	6.0	15.7
1976	51.1	37.0	6.5	4.6	2.7	0.4	31.1	1.8	20.5	3.5	5.3	17.8
1977	50.2	37.0	6.2	4.2	2.4	0.4	32.1	1.5	22.0	3.5	5.1	17.7
1978	48.4	36.3	5.4	3.9	2.3	0.4	32.9	1.4	23.1	3.5	4.9	18.7
1979	48.2	36.9	4.7	3.6	2.5	0.4	31.7	1.3	22.6	3.5	4.3	20.0
1980	47.6	37.1	4.5	3.2	2.4	0.4	30.6	1.3	21.7	3.4	4.2	21.8
1981	47.3	37.5	4.2	2.8	2.3	0.4	28.5	1.5	19.7	3.4	4.0	24.2
1982	47.0	37.9	3.7	2.5	2.4	0.4	27.5	1.7	18.4	3.5	4.0	25.5
1983	46.5	38.2	3.2	2.4	2.3	0.4	27.6	1.8	18.1	3.7	3.9	25.9
1984	45.5	38.0	2.9	2.2	2.1	0.4	28.2	2.2	17.9	4.1	4.0	26.3
1985	45.2	38.0	2.6	2.2	2.0	0.4	28.7	2.5	17.6	4.6	4.0	26.1
1986	45.5	38.5	2.3	2.2	2.0	0.4	30.6	2.7	18.7	5.2	4.0	24.0
1987	45.6	38.8	2.1	2.3	2.0	0.4	31.2	2.7	18.6	5.7	4.2	23.3
1988	45.5	39.1	1.9	2.1	2.0	0.3	31.4	2.7	18.5	6.0	4.3	23.1
1989	44.6	38.7	1.7	2.0	1.9	0.3	32.2	2.4	18.8	6.4	4.5	23.2
1990	43.4	37.9	1.5	2.1	1.7	0.2	33.2	2.2	19.6	6.6	4.8	23.4
1991	41.3	36.2	1.3	1.9	1.6	0.2	34.3	1.9	20.0	7.1	5.3	24.4
1992	39.0	34.5	1.1	1.8	1.5	0.2	36.2	1.8	21.0	7.9	5.5	24.8
1993	36.6	32.2	1.0	1.8	1.4	0.2	38.4	1.6	22.2	9.1	5.5	25.0
1994	36.1	31.7	0.9	1.9	1.4	0.2	38.8	1.5	22.8	9.3	5.2	25.1
1995	35.9	31.8	0.8	1.8	1.4	0.2	39.1	1.4	23.1	9.7	4.9	25.0
1996	36.1	32.2	0.7	1.7	1.3	0.2	38.7	1.4	23.2	9.6	4.5	25.2
1997	36.7	32.8	0.7	1.7	1.3	0.2	37.9	1.3	22.9	9.4	4.3	25.4
1998	38.0	34.5	0.6	1.6	1.2	0.2	36.1	1.2	21.9	8.6	4.4	25.9
1999	38.3	35.0	0.6	1.4	1.2	0.2	35.5	1.2	21.8	8.0	4.5	26.2
2000	37.8	34.6	0.6	1.2	1.2	0.2	34.9	1.1	21.4	7.6	4.8	27.4
2001	36.9	33.8	0.6	1.1	1.1	0.2	35.3	1.0	22.1	7.2	5.0	27.9
2002	36.0	32.9	0.6	1.1	1.2	0.2	34.7	1.0	22.1	6.6	5.1	29.3

주: 1) 5개년 이동평균계열에 의거하여 계산함. 2) 1910-1944년 쌀,겉보리,밀,쌀보리,대두,팥,조,면,감자,무,배추,사과,누에고치 가격 자료는 조선총독부「농업통계표」자료를 이용하고 나머지 품목에 대해서는 서울도매물가지수를 이용하여 산출하였음.

자료: 조선총독부, 「농업통계표」 각년도. ; 한국농촌경제연구원 「보정농업통계표: 1910-2001년」, 2003. ; 반성환, 「한국농업의 성장」, 1974. 농림통계연보 각연도. ; 한국은행조사부, 「경제연감」 각연도. ; 내무부 통계국, 「대한민국통계연감」 각연도.

부표 11. 농업 R&D 현황

	국내 총생산	농업 총생산액	총연구 개발비	총농업연구비 (농학+경특)	총농업연구비 (농학+경특)	농진청 연구비	본청연구
	명목, 십억원	명목, 십억원	명목, 백만원	명목, 백만원	실질, 백만원	명목, 백만원	
1962	500	238	610	336	37,768	197	197
1963	711	285	916	475	51,523	220	220
1964	798	358	1,375	492	33,026	248	248
1965	1,024	377	2,065	905	41,132	454	454
1966	1,259	441	3,164	1,281	57,875	735	735
1967	1,630	456	4,845	1,292	49,915	743	743
1968	2,130	495	6,688	1,827	66,189	898	898
1969	2,672	654	9,774	3,986	131,522	1,669	1,669
1970	2,764	780	10,548	4,206	105,572	1,370	1,370
1971	3,420	948	10,667	4,871	105,891	1,698	1,698
1972	4,218	1,146	12,028	4,716	87,333	1,824	1,824
1973	5,454	1,305	15,629	5,507	88,823	1,691	1,691
1974	7,778	1,859	38,182	15,384	185,349	1,944	1,944
1975	10,386	2,601	42,664	16,337	155,590	2,978	2,978
1976	14,305	3,488	60,900	17,351	133,469	3,981	3,981
1977	18,356	4,254	108,286	19,918	131,039	4,671	4,671
1978	24,745	5,685	152,418	27,508	147,102	5,469	5,469
1979	31,732	6,720	174,038	39,125	173,889	7,060	7,060
1980	38,775	6,366	211,727	42,105	150,914	8,565	8,565
1981	48,673	9,102	293,132	38,513	116,706	10,483	10,483
1982	55,722	9,814	457,688	54,802	155,688	14,278	14,278
1983	65,559	10,678	621,749	47,184	126,160	19,240	17,488
1984	75,126	11,054	833,894	58,008	146,485	19,511	17,302
1985	84,061	12,188	1,155,156	60,573	145,959	22,041	19,767
1986	98,110	12,676	1,523,279	76,038	173,603	25,566	22,744
1987	115,164	13,025	1,877,965	85,217	184,054	27,537	24,762
1988	137,112	15,122	2,347,415	96,869	194,516	30,427	27,464
1989	154,753	16,110	2,705,104	108,235	205,380	36,286	32,205
1990	186,691	17,698	3,210,486	109,642	188,388	41,637	36,379
1991	226,008	19,131	4,158,441	121,640	188,882	62,956	50,902
1992	257,525	20,385	4,989,031	161,003	232,328	90,526	73,193
1993	290,676	20,725	6,152,983	265,834	360,697	115,271	93,200
1994	340,208	23,390	7,894,746	262,214	329,829	136,765	110,579
1995	398,838	25,854	9,440,606	322,425	377,547	174,939	141,444
1996	448,596	28,129	10,878,051	320,653	357,075	207,905	168,098
1997	491,135	29,258	12,185,807	341,014	363,167	236,603	191,301
1998	484,103	29,639	11,336,617	335,391	337,415	248,761	201,131
1999	529,500	31,857	11,921,752	368,342	370,939	212,591	168,345
2000	578,665	31,829	13,848,501	347,144	347,144	236,542	190,816
2001	622,123	32,383	16,110,522	419,742	405,548	262,504	216,637
2002	684,264	32,164	17,325,682	355,125	333,451	294,929	249,649
2003			19,068,682	362,438			

부표 12. 도원연구비, 자도사업비 및 기타 통계

	도원연구	지도사업비	호당 농업연구비	국내총생산	농가 호수	GDP deflator	농산물판매지수
			백만원/천호	억원	천호	2000=100	2000=100
1962		433	0.1	4,996	2,469	0.9	1.3
1963		720	0.2	7,111	2,416	0.9	2.0
1964		1,181	0.2	7,981	2,450	1.5	2.4
1965		1,604	0.4	10,237	2,507	2.2	2.6
1966		1,725	0.5	12,593	2,540	2.2	2.8
1967		2,127	0.5	16,298	2,587	2.6	3.1
1968		2,529	0.7	21,302	2,579	2.8	3.6
1969		3,298	1.6	26,721	2,456	3.0	4.2
1970		3,440	1.7	27,639	2,483	4.0	5.2
1971		4,927	2.0	34,199	2,482	4.6	6.2
1972		5,622	1.9	42,179	2,452	5.4	7.5
1973		6,831	2.2	54,536	2,450	6.2	8.3
1974		10,793	6.5	77,777	2,381	8.3	10.9
1975		15,888	6.9	103,861	2,379	10.5	13.7
1976		22,306	7.4	143,045	2,336	13.0	16.9
1977		21,170	8.6	183,564	2,304	15.2	19.6
1978		25,384	12.4	247,447	2,224	18.7	26.2
1979		30,102	18.1	317,319	2,162	22.5	29.2
1980		34,690	19.5	387,749	2,155	27.9	35.9
1981		46,003	19.0	486,727	2,030	33.0	45.5
1982		53,635	27.5	557,217	1,996	35.2	48.0
1983	1,752	56,927	23.6	655,590	2,000	37.4	48.6
1984	2,209	63,811	29.4	751,263	1,974	39.6	49.0
1985	2,274	73,042	31.5	840,610	1,926	41.5	49.8
1986	2,822	89,711	39.9	981,102	1,906	43.8	48.6
1987	2,775	105,806	45.5	1,151,643	1,871	46.3	51.2
1988	2,963	121,700	53.0	1,371,115	1,826	49.8	57.4
1989	4,081	147,665	61.1	1,547,534	1,772	52.7	59.9
1990	5,258	175,731	62.0	1,866,909	1,767	58.2	67.3
1991	12,054	199,677	71.5	2,260,076	1,702	64.4	74.1
1992	17,333	224,051	98.1	2,575,254	1,641	69.3	77.1
1993	22,071	243,660	166.9	2,906,756	1,592	73.7	77.3
1994	26,186	312,252	168.3	3,402,083	1,558	79.5	83.6
1995	33,495	396,407	214.8	3,988,377	1,501	85.4	91.2
1996	39,807	478,571	216.7	4,485,964	1,480	89.8	96.0
1997	45,302	558,935	236.9	4,911,348	1,440	93.9	93.3
1998	47,630	404,171	237.4	4,841,028	1,413	99.4	93.0
1999	44,246	392,366	266.6	5,294,997	1,382	99.3	99.0
2000	45,726	399,121	250.9	5,786,645	1,383	100.0	100.0
2001	45,867	611,649	310.1	6,221,226	1,354	103.5	105.1
2002	45,280	615,846	277.3	6,842,635	1,280	106.5	110.7

주: 1) 실질R&D투자액은 GDP deflator를 적용하여 계산함. 2) 농업생산액은 "농림통계연보" 자료임.

찾아보기

국문색인

[ㄴ]

[ㅅ]

[ㅎ]

영문색인

저자약력

서울대학교 농경제학과 졸업(농학사)
서울대학교 대학원 농경제학과 졸업(농학석사)
미국 미네소타대학교 응용경제학과 졸업(응용경제학 박사)
미국 위스컨신대학교, 미네소타대학교, 예일대학교 객원연구원
미국 미주리대학교, 퍼듀대학교 객원교수
네덜란드 Wageningen University, Development Economics Group 객원교수
인도네시아 The Third Irrigation Sector Project PME Consultant
전북대학교 기획연구처장, 중앙 도서관장
한국 농업경제학회 회장
양곡유통위원회 위원
농업정책심의회 심의위원
전북대학교 농업경제학과 교수(현)

저　　서

농업발전경제학 박영사, 2004
현대농업경제학개론(공저) 서울대학교 출판부, 2001
쌀농사 이렇게 짓자(공저) 농민신문사, 1995
농지제도(공저) 농민신문사, 1994
쌀 어떻게 지킬 것인가(공저) 농민신문사, 1992

농업 연구개발 정책

2007年　8月　10日　初版印刷
2007年　8月　15日　初版發行

著　者　박　정　근
發行人　安　鍾　萬
發行處　(株) 博 英 社
서울特別市 鍾路區 平洞 13-31番地
電話 (733) 6771　FAX (736) 4818
登錄 1959. 3. 11. 제300-1959-1호(倫)

www.pakyoungsa.co.kr　e-mail: pys@pakyoungsa.co.kr

定　價　30,000원　　ISBN 978-89-7189-547-4